高等学校土木工程专业卓越工程师教育培养计划系列规划教材

防灾减灾工程学

主　编　李耀庄

副主编　何旭辉

WUHAN UNIVERSITY PRESS

武汉大学出版社

图书在版编目(CIP)数据

防灾减灾工程学/李耀庄主编.—武汉:武汉大学出版社,2014.6
高等学校土木工程专业卓越工程师教育培养计划系列规划教材
ISBN 978-7-307-12915-3

Ⅰ.防…　Ⅱ.李…　Ⅲ.灾害防治—高等学校—教材　Ⅳ.X4

中国版本图书馆 CIP 数据核字(2014)第 050212 号

责任编辑:余　梦　　　责任校对:李嘉琪　　　装帧设计:吴　极

出版发行:**武汉大学出版社**　　(430072　武昌　珞珈山)
　　　　　(电子邮件:whu_publish@163.com　网址:www.stmpress.cn)
印刷:武汉科源印刷设计有限公司
开本:880×1230　1/16　印张:20.25　字数:646 千字
版次:2014 年 6 月第 1 版　　2014 年 6 月第 1 次印刷
ISBN 978-7-307-12915-3　　定价:41.00 元

高等学校土木工程专业卓越工程师教育培养计划系列规划教材

学术委员会名单
（按姓氏笔画排名）

主 任 委 员：周创兵

副主任委员：方　志　　叶列平　　何若全　　沙爱民　　范　峰　　周铁军　　魏庆朝

委　　　员：王　辉　　叶燎原　　朱大勇　　朱宏平　　刘泉声　　孙伟民　　易思蓉

　　　　　　周　云　　赵宪忠　　赵艳林　　姜忻良　　彭立敏　　程　桦　　靖洪文

编审委员会名单
（按姓氏笔画排名）

主 任 委 员：李国强

副主任委员：白国良　　刘伯权　　李正良　　余志武　　邹超英　　徐礼华　　高　波

委　　　员：丁克伟　　丁建国　　马昆林　　王　成　　王　湛　　王　媛　　王　薇

　　　　　　王广俊　　王天稳　　王曰国　　王月明　　王文顺　　王代玉　　王汝恒

　　　　　　王孟钧　　王起才　　王晓光　　王清标　　王震宇　　牛荻涛　　方　俊

　　　　　　龙广成　　申爱国　　付　钢　　付厚利　　白晓红　　冯　鹏　　曲成平

　　　　　　吕　平　　朱彦鹏　　任伟新　　华建民　　刘小明　　刘庆潭　　刘素梅

　　　　　　刘新荣　　刘殿忠　　闫小青　　祁　皑　　许　伟　　许程洁　　许婷华

　　　　　　阮　波　　杜　咏　　李　波　　李　斌　　李东平　　李远富　　李炎锋

　　　　　　李耀庄　　杨　杨　　杨志勇　　杨淑娟　　吴　昊　　吴　明　　吴　铁

　　　　　　吴　涛　　何亚伯　　何旭辉　　余　锋　　冷伍明　　汪梦甫　　宋固全

　　　　　　张　红　　张　纯　　张飞涟　　张向京　　张运良　　张学富　　张晋元

　　　　　　张望喜　　陈辉华　　邵永松　　岳健广　　周天华　　郑史雄　　郑俊杰

　　　　　　胡世阳　　侯建国　　姜清辉　　娄　平　　袁广林　　桂国庆　　贾连光

　　　　　　夏元友　　夏军武　　钱晓倩　　高　飞　　高　玮　　郭东军　　唐柏鉴

　　　　　　黄　华　　黄声享　　曹平周　　康　明　　阎奇武　　董　军　　蒋　刚

　　　　　　韩　峰　　韩庆华　　舒兴平　　童小东　　童华炜　　曾　珂　　雷宏刚

　　　　　　廖　莎　　廖海黎　　缪宇宁　　黎　冰　　戴公连　　戴国亮　　魏丽敏

出版技术支持
（按姓氏笔画排名）

项 目 团 队：王　睿　　白立华　　曲生伟　　蔡　巍

特别提示

  教学实践表明,有效地利用数字化教学资源,对于学生学习能力以及问题意识的培养乃至怀疑精神的塑造具有重要意义。

  通过对数字化教学资源的选取与利用,学生的学习从以教师主讲的单向指导的模式而成为一次建设性、发现性的学习,从被动学习而成为主动学习,由教师传播知识而到学生自己重新创造知识。这无疑是锻炼和提高学生的信息素养的大好机会,也是检验其学习能力、学习收获的最佳方式和途径之一。

  本系列教材在相关编写人员的配合下,将逐步配备基本数字教学资源,其主要内容包括:

课程教学指导文件

(1)课程教学大纲;

(2)课程理论与实践教学时数;

(3)课程教学日历:授课内容、授课时间、作业布置;

(4)课程教学讲义、PowerPoint 电子教案。

课程教学延伸学习资源

(1)课程教学参考案例集:计算例题、设计例题、工程实例等;

(2)课程教学参考图片集:原理图、外观图、设计图等;

(3)课程教学试题库:思考题、练习题、模拟试卷及参考解答;

(4)课程实践教学(实习、实验、试验)指导文件;

(5)课程设计(大作业)教学指导文件,以及典型设计范例;

(6)专业培养方向毕业设计教学指导文件,以及典型设计范例;

(7)相关参考文献:产业政策、技术标准、专利文献、学术论文、研究报告等。

  🔍 **本书基本数字教学资源及读者信息反馈表请登录www.stmpress.cn下载,欢迎您对本书提出宝贵意见。**

丛 书 序

　　土木工程涉及国家的基础设施建设,投入大,带动的行业多。改革开放后,我国国民经济持续稳定增长,其中土建行业的贡献率达到1/3。随着城市化的发展,这一趋势还将继续呈现增长势头。土木工程行业的发展,极大地推动了土木工程专业教育的发展。目前,我国有500余所大学开设土木工程专业,在校生达40余万人。

　　2010年6月,中国工程院和教育部牵头,联合有关部门和行业协(学)会,启动实施"卓越工程师教育培养计划",以促进我国高等工程教育的改革。其中,"高等学校土木工程专业卓越工程师教育培养计划"由住房和城乡建设部与教育部组织实施。

　　2011年9月,住房和城乡建设部人事司和高等学校土建学科教学指导委员会颁布《高等学校土木工程本科指导性专业规范》,对土木工程专业的学科基础、培养目标、培养规格、教学内容、课程体系及教学基本条件等提出了指导性要求。

　　在上述背景下,为满足国家建设对土木工程卓越人才的迫切需求,有效推动各高校土木工程专业卓越工程师教育培养计划的实施,促进高等学校土木工程专业教育改革,2013年住房和城乡建设部高等学校土木工程学科专业指导委员会启动了"高等教育教学改革土木工程专业卓越计划专项",支持并资助有关高校结合当前土木工程专业高等教育的实际,围绕卓越人才培养目标及模式、实践教学环节、校企合作、课程建设、教学资源建设、师资培养等专业建设中的重点、亟待解决的问题开展研究,以对土木工程专业教育起到引导和示范作用。

　　为配合土木工程专业实施卓越工程师教育培养计划的教学改革及教学资源建设,由武汉大学发起,联合国内部分土木工程教育专家和企业工程专家,启动了"高等学校土木工程专业卓越工程师教育培养计划系列规划教材"建设项目。该系列教材贯彻落实《高等学校土木工程本科指导性专业规范》《卓越工程师教育培养计划通用标准》和《土木工程卓越工程师教育培养计划专业标准》,力图以工程实际为背景,以工程技术为主线,着力提升学生的工程素养,培养学生的工程实践能力和工程创新能力。该系列教材的编写人员,大多主持或参加了住房和城乡建设部高等学校土木工程学科专业指导委员会的"土木工程专业卓越计划专项"教改项目,因此该系列教材也是"土木工程专业卓越计划专项"的教改成果。

　　土木工程专业卓越工程师教育培养计划的实施,需要校企合作,期望土木工程专业教育专家与工程专家一道,共同为土木工程专业卓越工程师的培养作出贡献!

　　是以为序。

2014年3月于同济大学四平路校区

前　言

自古以来,人类就和灾害进行着不懈的斗争。随着社会经济的发展,人类对自然界改造的力度越来越大,灾害给人类生命和财产造成的损失也越来越大。我国幅员辽阔,灾害种类繁多且发生频繁,其中尤以地震、火灾、洪水、台风等为甚。为了使土木工程专业的学生增强防灾减灾意识,掌握土木工程防灾减灾的基本原理、设计方法和处置措施,全国多所高校将防灾减灾工程学作为土木工程研究生的平台课程来开设。但是由于防灾减灾工程学涉及的专业知识面广、学科交叉性强,而且各种灾害及其防治技术差别巨大,要想以有限的篇幅对各种灾害进行论述是十分困难的,且受学时所限制,也不可能面面俱到。

本书将土木工程常见的四种灾害——火灾、地震、地质灾害、风灾作为重点进行介绍。全书分为6章,包括:绪论、火灾灾害、地震灾害、地质灾害及其防治对策、风灾灾害及其防治和灾害风险管理,是在中南大学多年硕士研究生试用讲义的基础上经修改充实后编撰而成的。

本书由李耀庄担任主编,何旭辉担任副主编。第1章和第2章由李耀庄编写,第3章由李耀庄和熊伟编写,第4章由申永江编写,第5章由何旭辉和邹云峰编写,第6章由王薇编写。全书由李耀庄负责统稿。

本书在编写过程中引用了大量的参考书籍,包括科技论文、著作、标准规范和新闻图片等,在此向各位作者表示衷心的感谢。但是参考文献可能有遗漏或引用不当之处,还请作者给予理解和指正。

由于时间仓促,编者水平有限,书中难免存在不足甚至失误之处,恳请读者批评、指正,并将意见和建议发送到邮箱:liyz@mail.csu.edu.cn,以便日后修改完善。

本书在编写过程中,得到了武汉大学出版社的大力支持,在此表示衷心的感谢。

编　者

2014年1月于中南大学

目　录

1 绪论 ………………………………… (1)
 1.1 灾害 ……………………………… (1)
  1.1.1 灾害及其分类 …………… (1)
  1.1.2 灾害的特征 ……………… (2)
  1.1.3 灾害的危害 ……………… (3)
  1.1.4 灾害概况 ………………… (4)
 1.2 防灾减灾工程学的学科定位和研究
  内容 ……………………………… (4)
  1.2.1 防灾减灾工程学的学科定位 …… (5)
  1.2.2 防灾减灾系统工程 ……… (5)
  1.2.3 防灾减灾工程学研究内容 …… (6)
 1.3 国内外防灾减灾发展概况 ……… (7)
  1.3.1 我国防灾减灾发展概况 …… (7)
  1.3.2 国外防灾减灾发展概况 …… (8)
 1.4 防灾减灾工程的发展趋势 …… (11)
  1.4.1 灾害源发生机理研究 …… (11)
  1.4.2 灾害的作用机制、分析和抗灾
   设计 ………………………… (11)
  1.4.3 工程结构的灾害控制 …… (12)
 参考文献 …………………………… (12)

2 火灾灾害 ………………………… (13)
 2.1 火灾定义、分类、特征及其危害 …… (13)
  2.1.1 火灾的定义 ……………… (13)
  2.1.2 火灾的分类 ……………… (13)
  2.1.3 火灾的特征 ……………… (15)
  2.1.4 火灾的危害 ……………… (15)
 2.2 火灾科学主要研究内容 ……… (18)
  2.2.1 建筑防火 ………………… (18)
  2.2.2 结构抗火 ………………… (19)
  2.2.3 火灾后结构的损伤鉴定与加固 …… (20)
 2.3 火灾基本知识 ………………… (20)
  2.3.1 燃烧条件 ………………… (20)
  2.3.2 防火和灭火 ……………… (21)
  2.3.3 燃烧的基本类型 ………… (22)
 2.4 建筑火灾发展过程 …………… (23)
  2.4.1 火灾初起阶段(OA 段) …… (23)

 2.4.2 火灾发展阶段(AB 段) ……… (24)
 2.4.3 火灾猛烈燃烧阶段(BC 段) …… (24)
 2.4.4 火灾熄灭阶段(CD 段) …… (24)
 2.5 描述火灾的几个参数 ………… (25)
  2.5.1 火灾荷载密度 …………… (25)
  2.5.2 火灾燃烧速度 …………… (29)
  2.5.3 火灾全面发展的持续时间 …… (31)
  2.5.4 火灾全面发展的室内温度 …… (31)
 2.6 建筑材料高温性能 …………… (34)
 2.7 钢材的高温性能 ……………… (35)
  2.7.1 钢材高温力学性能 ……… (35)
  2.7.2 钢材高温物理性能 ……… (39)
 2.8 混凝土的高温性能 …………… (40)
  2.8.1 混凝土高温力学性能 …… (41)
  2.8.2 混凝土高温物理性能 …… (43)
 2.9 结构抗火设计方法简介 ……… (45)
  2.9.1 基于试验的构件抗火设计
   方法 ………………………… (46)
  2.9.2 基于计算的构件抗火设计
   方法 ………………………… (47)
  2.9.3 基于计算的结构抗火设计
   方法 ………………………… (47)
  2.9.4 基于火灾随机性的结构抗火
   设计方法 …………………… (47)
 2.10 处方式建筑构件的抗火设计 …… (48)
  2.10.1 建筑构件燃烧性能和耐火
   极限 ………………………… (48)
  2.10.2 建筑构件抗火设计 …… (49)
  2.10.3 提高构件耐火性能的措施 …… (50)
 2.11 钢结构构件抗火设计 ……… (52)
  2.11.1 钢结构构件抗火设计步骤 …… (52)
  2.11.2 钢构件升温计算 ……… (52)
  2.11.3 钢结构抗火极限承载力与作用
   效应组合要求 ……………… (55)
  2.11.4 基于抗火极限承载力的验算
   方法 ………………………… (56)
  2.11.5 基于临界温度的验算方法 …… (58)

2.12 混凝土结构构件抗火设计 ………… (65)
 2.12.1 混凝土结构构件抗火设计
   方法 ………………………… (65)
 2.12.2 混凝土构件截面温度场
   计算 ………………………… (65)
 2.12.3 钢筋混凝土构件抗火验算
   方法 ………………………… (67)
 2.12.4 混凝土的爆裂 …………… (77)
参考文献 …………………………………… (77)

3 地震灾害 ………………………………… (79)
3.1 地震概述 …………………………… (79)
3.2 地震的基本概念、类型与成因 …… (79)
 3.2.1 地震的基本概念 ………… (79)
 3.2.2 地震的类型 ………………… (79)
 3.2.3 地震的成因 ………………… (80)
 3.2.4 地震波 ……………………… (81)
3.3 地震震级与烈度 …………………… (83)
 3.3.1 地震震级 …………………… (83)
 3.3.2 地震烈度 …………………… (84)
3.4 地震活动及其分布 ………………… (87)
 3.4.1 世界地震活动 ……………… (87)
 3.4.2 中国地震活动 ……………… (89)
 3.4.3 各类建筑的抗震设防标准 … (90)
3.5 工程结构抗震设防 ………………… (91)
 3.5.1 抗震设防目的和要求 ……… (91)
 3.5.2 建筑抗震设防分类和设防
   标准 ………………………… (91)
 3.5.3 建筑抗震设计方法 ………… (92)
3.6 地震的破坏作用 …………………… (92)
 3.6.1 地震中地表的破坏 ………… (92)
 3.6.2 地震中工程结构的破坏 …… (94)
 3.6.3 地震次生灾害 ……………… (94)
 3.6.4 有关地震记载 ……………… (95)
3.7 减轻地震灾害的对策和措施 ……… (95)
 3.7.1 工程性措施 ………………… (95)
 3.7.2 非工程性措施 ……………… (96)
3.8 抗震概念设计的总体原则 ………… (96)
 3.8.1 建筑物场地选择 …………… (96)
 3.8.2 建筑物体型的确定 ………… (99)
 3.8.3 结构抗震体系的选取 ……… (103)
 3.8.4 结构延性的实现 …………… (104)
 3.8.5 多道抗震防线的设置 ……… (106)
 3.8.6 非结构构件的处理 ………… (107)

 3.8.7 建筑材料的选择和施工质量 …… (108)
3.9 工程结构地震反应分析方法 ……… (109)
 3.9.1 结构抗震设计理论的发展和
   回顾 ………………………… (109)
 3.9.2 结构地震作用计算的基本
   原则 ………………………… (110)
 3.9.3 单自由度体系的地震位移
   反应分析 …………………… (111)
 3.9.4 单自由度体系的水平地震作用
   和反应谱 …………………… (112)
 3.9.5 多自由度体系运动方程的
   建立 ………………………… (116)
 3.9.6 多自由度无阻尼体系自由
   振动 ………………………… (117)
 3.9.7 多自由度体系地震反应计算的
   振型分解反应谱法 ………… (117)
 3.9.8 多自由度弹性体系地震作用
   计算的底部剪力法 ………… (122)
 3.9.9 结构基本周期的近似计算 … (124)
 3.9.10 水平地震作用下地震内力的
   调整 ………………………… (129)
 3.9.11 考虑水平地震作用扭转影响的
   计算 ………………………… (130)
 3.9.12 竖向地震作用的计算 …… (131)
 3.9.13 多自由度体系弹塑性地震反
   应的时程分析法 ………… (132)
 3.9.14 结构静力弹塑性地震反应
   分析法 …………………… (136)
3.10 工程结构抗震验算 ……………… (137)
 3.10.1 地震作用效应和其他荷载作用效应
   的基本组合及截面抗震验算 … (138)
 3.10.2 结构抗震变形验算 ……… (140)
3.11 工程结构减震与隔震 …………… (143)
 3.11.1 结构隔震技术 …………… (143)
 3.11.2 消能减震技术 …………… (148)
3.12 防震减灾规划 …………………… (149)
 3.12.1 防震减灾概述 …………… (149)
 3.12.2 城市抗震防灾规划目标 … (149)
 3.12.3 城市抗震防灾规划的主要
   内容 ……………………… (150)
 3.12.4 抗震防灾规划参考指标 … (151)
 3.12.5 城市规划中的地震应急避难
   场所 ……………………… (151)
参考文献 …………………………………… (152)

4　地质灾害及其防治对策 ……………… (153)

　4.1　地质灾害及其分类 ………………… (154)

　　4.1.1　地质灾害的定义 ……………… (154)

　　4.1.2　地质灾害的分类 ……………… (154)

　4.2　滑坡灾害及其防治 ………………… (155)

　　4.2.1　滑坡的定义和形态要素 ……… (155)

　　4.2.2　滑坡的识别 …………………… (156)

　　4.2.3　滑坡活动的阶段性 …………… (157)

　　4.2.4　滑坡分类 ……………………… (157)

　　4.2.5　滑坡的形成条件 ……………… (159)

　　4.2.6　滑坡的治理 …………………… (160)

　　4.2.7　抗滑桩的设计计算 …………… (161)

　　4.2.8　滑坡实例 ……………………… (172)

　4.3　崩塌灾害及其防治 ………………… (174)

　　4.3.1　崩塌的定义与分类 …………… (174)

　　4.3.2　崩塌的形成条件 ……………… (174)

　　4.3.3　崩塌的运动学特征 …………… (175)

　　4.3.4　崩塌的防治措施 ……………… (176)

　4.4　泥石流灾害及其防治对策 ………… (178)

　　4.4.1　泥石流的形成条件 …………… (178)

　　4.4.2　泥石流特征 …………………… (179)

　　4.4.3　泥石流的分类 ………………… (181)

　　4.4.4　泥石流的预防与治理 ………… (183)

　4.5　地面沉降及其防治 ………………… (185)

　　4.5.1　地面沉降概述 ………………… (185)

　　4.5.2　地面沉降的地质环境 ………… (186)

　　4.5.3　地面沉降的成因 ……………… (186)

　　4.5.4　地面沉降的控制与治理 ……… (187)

　4.6　土木工程领域其他常见的地质灾害

　　　　及其防治 ………………………… (187)

　　4.6.1　隧道工程中常见的地质灾害

　　　　　　及其防治 …………………… (187)

　　4.6.2　路基工程中常见的地质灾害

　　　　　　及其防治 …………………… (188)

　　4.6.3　基坑工程中管涌及其防治 …… (189)

　　4.6.4　房屋地基不均匀沉降及其

　　　　　　防治对策 …………………… (190)

　4.7　地质灾害防治规划 ………………… (191)

　　4.7.1　地质灾害防治规划的目标 …… (191)

　　4.7.2　地质灾害防治规划的内容 …… (191)

　　4.7.3　地质灾害的预报制度和防治

　　　　　　方案的内容 ………………… (192)

　　4.7.4　地质灾害的防治体系建设 …… (192)

　参考文献 ………………………………… (193)

5　风灾灾害及其防治 ……………………… (195)

　5.1　大气边界层的风特性 ……………… (195)

　　5.1.1　自然风 ………………………… (195)

　　5.1.2　平均风特性 …………………… (197)

　　5.1.3　脉动风特性 …………………… (198)

　　5.1.4　基本风速和风压 ……………… (201)

　5.2　桥梁抗风设计及风振控制 ………… (203)

　　5.2.1　桥梁风灾灾害 ………………… (203)

　　5.2.2　桥梁风荷载 …………………… (205)

　　5.2.3　风致静力失稳 ………………… (205)

　　5.2.4　涡激振动与控制 ……………… (207)

　　5.2.5　颤振振动与控制 ……………… (215)

　　5.2.6　抖振分析与抑制 ……………… (220)

　　5.2.7　斜拉索风雨振及控制 ………… (225)

　　5.2.8　驰振分析 ……………………… (230)

　5.3　建筑结构抗风设计及风振控制 …… (231)

　　5.3.1　建筑结构风灾灾害 …………… (231)

　　5.3.2　极值风压 ……………………… (231)

　　5.3.3　等效静力风荷载 ……………… (236)

　　5.3.4　低矮房屋的风致内压 ………… (239)

　　5.3.5　高层建筑抗风设计的特点与

　　　　　　风振控制 …………………… (241)

　　5.3.6　大跨结构抗风设计的特点 …… (244)

　5.4　电力设施抗风设计及风振控制 …… (249)

　　5.4.1　电力设施风灾灾害 …………… (249)

　　5.4.2　输电塔的抗风设计及风振

　　　　　　控制 ………………………… (250)

　　5.4.3　冷却塔的抗风设计 …………… (257)

　参考文献 ………………………………… (270)

6　灾害风险管理 …………………………… (272)

　6.1　灾害风险概述 ……………………… (272)

　　6.1.1　灾害风险概念 ………………… (272)

　　6.1.2　灾害风险分析评估的意义

　　　　　　和发展 ……………………… (275)

　　6.1.3　灾害风险分析流程 …………… (276)

　6.2　风险分析方法 ……………………… (278)

　　6.2.1　灾害风险辨识方法 …………… (278)

　　6.2.2　灾害风险概率估计方法 ……… (279)

6.2.3　灾害风险损失估计方法 ………（284）

6.2.4　灾害风险评价方法 …………（286）

6.3　风险控制 …………………………（289）

6.3.1　风险控制原则 …………（289）

6.3.2　风险控制措施 …………（290）

6.3.3　灾害的风险控制绩效评价 ……（291）

6.4　案例 ………………………………（292）

6.4.1　火灾风险分析方法及案例 ……（292）

6.4.2　地震灾害风险分析及案例 ……（297）

6.4.3　地质灾害风险分析及案例 ……（304）

参考文献 ……………………………（309）

1 绪 论

1.1 灾 害 >>>

1.1.1 灾害及其分类

在介绍防灾减灾工程之前,首先必须阐述灾害的概念。对于灾害,大家都十分熟悉,例如我们生产和生活中常见的地震、火灾、风灾、洪水、泥石流等。但是到目前为止,没有一个大家都接受的统一定义。"灾"原指自然发生的火灾,在《左传·宣公十六年》中这样描述:"人火曰火,天火曰灾。"后泛指水、火、荒、旱等造成的祸害。世界卫生组织给出的灾害定义为:任何引起人员伤亡、经济损失的恶性事件,当其超出社区承受能力而必须向外界求援时称之为灾害。日本学者矢野给出的灾害定义为:异常的自然现象作为外力克服了阻力,打破平衡,造成国土和设施破坏,或生命财产损失以及使其功能降低的现象称之为灾害。联合国"国际减轻自然灾害十年"给出的灾害定义为:指自然发生或人为产生、对人类社会具有危害后果的事件或现象。从上述定义可以看出,判断某种现象是否为灾害,主要看它是否造成了人员伤亡和(或)财产损失。例如,发生在荒无人烟的深山上的山体崩塌是不是灾害?如果没有造成人员伤亡或财产损失,就不是灾害。但是,如果山体崩塌阻断河流形成堰塞湖,堰塞湖溃决,淹没了下游的农田、毁坏了村庄等,这种山体崩塌就是灾害。又如,每年都会发生多次陨石撞击地球事件,由于地球上海洋占绝大部分面积,大部分陨石坠入大海,不会造成灾害。但是,如果陨石坠落在人类聚居的地区,将可能造成灾难性的后果。如2013年2月15日发生在俄罗斯乌拉尔山脉东麓的车里雅宾斯克州萨特卡市的陨石坠落引发强烈冲击波,导致车里雅宾斯克州近300栋房屋窗户破损,造成1200多人受伤,10亿卢布的经济损失,很显然,此次陨石坠落事件就是灾害。

总之,灾害是自然或(和)人为的原因对人类的生存和发展造成祸害的现象或事件。灾害种类较多,可以从不同的角度对灾害进行分类。

第一种分类方法:根据灾害形成的原因,它可以分为自然灾害和社会灾害(也称为人为灾害)。自然灾害是给人类生存和发展带来祸害的自然现象,又分为地质灾害、气象灾害、生物灾害和天文灾害等,例如常见的地震、崩塌、泥石流、滑坡、洪涝、冰雹、地面沉陷、干旱、传染病等。社会灾害是由于人类社会行为失调或失控而产生的危害人类生存和发展的社会现象,例如温室效应、水体和大气污染、水土流失、人口膨胀、爆炸、核泄漏、水库溃坝、交通事故、战争、金融风暴、社会动乱等。应当指出的是,自然灾害和社会灾害往往不可完全区分,正所谓"七分天灾,三分人祸"。表面上看来,地震、火山喷发、陨石坠落等是纯自然灾害,而战争、金融风暴、恐怖袭击等则是纯社会灾害。但是,人为因素如乱砍滥伐森林、围湖造田造成水土流失,增加了洪水和干旱灾害的发生频率,工程建设中偷工减料、质量低劣等造成地震灾害的加重,都是人为因素引发或加重自然灾害的例子。

第二种分类方法:从灾害发生的过程及其特点,它可以分为突变型、发展型、持续型和演变型四种类型。突变型灾害的发生往往缺乏先兆,发生的过程历时较短,但是破坏性巨大,例如地震灾害发生往往只有十几秒到几分钟,却能造成毁灭性的破坏,唐山地震就是一个例子。发展型灾害一般有一定的先兆,其发展往往也是比较迅速的,其过程和结果有一定的可预估性,例如暴雨、洪水和台风灾害等。根据目前的技术,对台风灾害的发生和发展可以进行一定的预测,包括台风的强度、路径等。持续型灾害持续的时间往往较长,一般持续时间为几天到几年,而且也有一定的先兆,例如干旱、洪水、传染病等灾害。演变型灾害是长期自然过程的累积,但是其发展缓慢,不易引起人们的注意,而且这种灾害往往难以控制和减轻。演变型灾害有一定的可预报性,例如沙漠化、水土流失、地面下沉、海面上升等。我国北京、太原、西安、郑州等大城市出现的地面下沉,在几十年前就已经出现了。近年来,由于地下水的过量开采以及气候的变化等原因,这些城市的地面有加速下沉的趋势,对建筑和地下设施造成的危害越来越严重,不可小视。

第三种分类方法:从灾害发生的时间次序来划分,它可以分为原生灾害、次生灾害和衍生灾害。灾害发生往往是相互关联的,形成一个灾害链。在灾害链条中最早发生、起主导作用的灾害称为原生灾害,而由原生灾害所诱发的其他灾害称为次生灾害。在灾害发生后一定时间内造成人们生存条件和社会环境变化而产生的社会危害称为衍生灾害。例如,地震发生所产生的一系列灾害,其中地震造成的房屋倒塌、人员伤亡和财产损失等是原生灾害;由地震所引发的洪水、海啸、崩塌、滑坡、堰塞湖、火灾、爆炸等为次生灾害;地震灾害发生后,幸存者所产生的心理疾病、社会秩序混乱、经济发展停滞等则是衍生灾害。

第四种分类方法:从灾害造成的经济损失和人员伤亡进行分类。从灾害的定义来看,不管什么灾害,都会造成一定的经济损失或人员伤亡,因此从该角度进行分类具有一定的可比性。根据我国的基本国情,将灾害分巨灾、大灾、中灾、小灾和微灾五级(表1-1)。

表1-1 我国灾害分级

灾害分级名称		死亡人数	经济损失
A级	巨灾	>10000 人	>1 亿元
B级	大灾	1000～10000 人	1000 万～1 亿元
C级	中灾	100～1000 人	100 万～1000 万元
D级	小灾	10～100 人	10 万～100 万元
E级	微灾	<10 人	<10 万元

注:在具体区分灾害等级时,经济损失和死亡人数两个指标,只要满足其中一个即可。

国内外的灾害分级标准尚难统一,因为它涉及一个国家承受灾害的能力及灾情处理的层次和职责划分。将灾害分为巨灾、大灾、中灾、小灾和微灾五级的标准也是根据我国目前的实际情况确定的,并将随着经济发展的水平、承灾能力的变化等发生变化。在进行灾害等级评估时,其经济损失应包括直接经济损失和间接经济损失。直接经济损失是指一次灾害发生过程中由原生灾害和次生灾害所造成的经济损失的综合。间接经济损失是指一次灾害基本结束以后,由于此次灾害所造成的工农业生产、经济贸易、社会公益和管理等方面的停顿、减缓、失调以及卫生防疫所造成的损失,对应于上述衍生灾害造成的损失。

1.1.2 灾害的特征

一般来说,灾害具有以下特性:

① 危害性。这是灾害最本质的特性。灾害对人类生命、财产、生存的环境等产生严重的危害,其破坏程度巨大,往往在本系统内部无法承受而需要外界的援助。

② 突发性。在目前技术条件下,小部分灾害可以提前预报,但是大部分的灾害还不可预报或者难以精确预报,因此灾害具有突发性,往往短时间发生,造成巨大的损失,例如地震、泥石流、爆炸和恐怖袭击等。

③ 永久性。自然灾害不以人的意志而改变或转移,是自然界客观存在的,是自然界运动的结果。例如地震、海啸、台风、洪水等。只要人类存在,这些灾害就不会消失。

④ 反复性。各种灾害按照自身确定或不确定的规律反复发作,相互之间交叉影响、交叉诱发。尽管地震、洪水、台风等灾害发生具有一定的周期性,但是它们的发生往往不会十分准确地按照周期发生,而且由于人类对自然界的认识有限,无法对灾害进行准确预报,因此这些灾害会长期、反复地发生。

⑤ 广泛性。各种灾害在全世界广泛分布,但是,具体到某种灾害又具有一定的区域性。例如,超大地震

往往发生在环太平洋地震带和欧亚地震带上,其他的区域很少发生,这是由地震成因决定的。不同地区自然环境、经济条件、社会政治不同,灾害类型、成因、特点及其产生的影响也不同。

⑥ 群发性。灾害分布具有时间和空间上的群发性。许多自然灾害往往在某一时间段或某一区域相对集中出现,形成群发性的局面。

此外,自然灾害还具有偶然性、区域性、多因性、潜在性、周期性、季节性、阶段性、共生性和伴生性等特征。

1.1.3 灾害的危害

我国灾害类型多样,发生频繁,灾害破坏形式多样,对人类的生存和发展造成了巨大的危害。小的自然灾害造成一定的经济损失和人员伤亡,例如,地震灾害造成地裂、喷水冒砂、建筑结构倒塌、水坝开裂;大的地震灾害可能在顷刻间造成整个城市的毁灭。灾害发生后,长期存在的衍生灾害也将对经济和社会发展造成一定的影响。因灾亡国、因灾绝族这样的事件在中外史书也时有记载。例如,我国科学家多次考察了古代楼兰王国的遗迹,大量的证据表明楼兰古国的灭绝可能是由于一次大的自然灾害。

自然灾害的危害是多方面的。第一,对人民群众的生命财产构成严重威胁,造成巨大人员伤亡和财产损失。1556 年 1 月 23 日,陕西潼关 8.5 级地震,83 万人死亡;1920 年 12 月 16 日,宁夏海原 8.5 级地震,23.55 万人死亡;1976 年 7 月 28 日,唐山 7.8 级地震,24.2 万人死亡;1954 年长江中下游特大洪水,3.3 万人死亡。第二,对人们正常的生产生活秩序造成影响,大的自然灾害往往需要几年甚至几十年才能够恢复。例如水资源遭受污染以后,靠天然净化进行恢复不仅需要大量的物质保障和经济投入,而且往往需要十分漫长的时间。第三,对建筑结构、交通、水利工程设施、通信设施、电力工程设施、城市生命线工程设施、机械设施、农业设施等造成巨大影响。第四,可能引发某些疾病的爆发和流行,造成人们心理恐慌。第五,造成社会治安问题,引发犯罪和社会动荡。第六,破坏资源和环境,威胁国民经济的可持续发展。灾害和环境具有密切的关系,环境恶化导致自然灾害,自然灾害反过来会导致环境恶化。例如,森林资源的减少会导致水土流失、土地沙漠化等灾害,而水土流失又会加剧森林资源的减少。

据统计,在发达国家,自然灾害损失占国民生产总值和财政收入的比例均很低。例如,美国灾害损失占国民生产总值的 0.27%,占财政收入的 0.78%;日本灾害损失占国民生产总值的 0.5%;而我国灾害损失占国民生产总值的 5.09%,占财政收入的 27%,显然,与发达国家相比,我国自然灾害的损失更加严重。表 1-2 是 20 世纪中后期我国自然灾害损失占工农业生产总值的比重。从表 1-2 中可以看出,我国自然灾害损失占工农业生产总值的比重在下降,但是下降的幅度逐渐减小。而且,由于我国经济的飞速发展,尽管灾害比重在下降,但是工农业生产总值增加的幅度更大,实际造成的损失还是在不断地增加。

表 1-2　　　　　　　　　20 世纪中后期我国自然灾害损失占工农业生产总值的比重

年代	50 年代	60 年代	70 年代	80 年代	90 年代
比重	15%	9.4%	4.6%	2.5%	2.1%

我国是世界上受灾害影响最为严重的国家之一。根据 1995 年发布的《中国灾情报告》分析,在我国各种自然灾害造成的直接经济损失中,气象灾害损失最大,约占 68%,其余依次是农业生物灾害、地震灾害、森林生物灾害、海洋灾害、地质灾害以及其他灾害。因灾死亡人数方面以地震灾害最多,约占 54%,其后依次是气象灾害,约占 40%,地质灾害约占 4%,海洋灾害和森林灾害约占 2%。

需要说明的是,尽管灾害给人类造成了巨大危害,但是从长期的角度来说,有些灾害也会给人类带来财富。例如,俄罗斯公布的一个超大钻石矿就位于西伯利亚地区的一个名为"珀匹盖"的陨石坑内,是类似陨石一样的物体撞击现有钻石矿后形成的产物。矿内钻石储量估计超过万亿克拉,是全球其他地区钻石储量之和的 10 倍,能满足全球宝石市场 3000 年的需求。又如,我国著名的长白山天池就是因为 1702 年火山喷发后火山口积水形成的,湖面面积 9.2 km²,平均水深 204 m,是松花江、图们江和鸭绿江三江之源,是世界上最高的火山湖,现在是我国著名的旅游胜地。

1.1.4　灾害概况

1.1.4.1　全球自然灾害概况

世界七大洲主要灾害分布如下。

① 亚洲。它是世界上灾害最多的洲,主要灾害有地震、火山和沙漠化等。日本和中国都是世界上地震发生频繁的国家,日本附近地区平均每年释放的能量约占全球总释放能量的1/10,而中国在20世纪发生七级以上强震的次数占全球总次数的35%。此外日本有活火山270多座,占世界活火山总量的10%。

② 欧洲。其自然灾害较少,但洪水、酸雨、污染及森林大火等灾害时有发生,如2002年8月发生的百年一遇的洪水,仅德国就损失40亿欧元。瑞典、挪威、德国则酸雨严重,导致湖泊酸化,鱼类死亡。森林火灾在法国也时有发生。

③ 非洲。它是古老而稳定的大陆,地质灾害较少,但是沙漠化严重。撒哈拉沙漠每年向南推进10 km,加之人口过快增长,导致粮食严重短缺,世界上33个最不发达国家中有27个在非洲,其最严重的灾害为周期性旱灾。1984—1985年因旱灾引发的饥荒致使100多万人死亡。

④ 北美洲。自然和人为灾害并重。龙卷风每年在美国西部发生数百起,飓风、地震灾害在美国和墨西哥不断出现。酸雨严重影响加拿大和美国。同时,森林火灾在北美洲也是非常严重的灾害之一。

⑤ 南美洲。哥伦比亚曾发生火山地震,智利是地震频发的国家之一。

⑥ 大洋洲。新西兰和太平洋岛屿上地震频发。家养生物野生化造成的灾害较多。澳大利亚的盐碱化面积占世界盐碱化总面积的37.4%。

⑦ 南极洲。由于全球变暖,冰雪消融加快,冰体污染加重,动物减少。

1.1.4.2　中国自然灾害概况

我国是世界上自然灾害最为严重的少数国家之一。大陆地震频度和强度居世界之首,占全球地震能量的10%以上,台风登陆频次平均每年达十次,旱涝灾害、山地灾害、海岸带灾害连年不断。我国自然灾害呈现三个特点:一是种类多,几乎囊括了世界上各种类型的自然灾害;二是发生的频率高、强度大、损失重;三是时空分布广,灾害地域组合明显。

① 气象灾害。它包括热带风暴、龙卷风、雷暴、大风、干热风、暴风雪、暴雨、寒潮、冷害、霜冻、雹灾和旱灾等。

② 海洋灾害。它包括风暴潮、海啸、潮灾、海浪、赤潮、海水入侵,海平面上升等。

③ 洪水灾害。它包括洪涝灾害和江河泛滥等。

④ 地质灾害。它包括滑坡、崩塌、泥石流、地裂缝、塌陷、火山喷发、矿井突水突瓦斯、冻融、地面沉降、土地沙漠化、水土流失、土地盐碱化等。

⑤ 地震灾害。它包括由地震引起的各种灾害以及地震诱发的各种次生灾害,如砂土液化、喷砂冒水、城市大火、河流和水库决堤等。

⑥ 农作物灾害。它包括病虫害、鼠害、农业气象灾害、农业环境灾害等。

⑦ 森林灾害。它包括森林病虫害、森林鼠害和森林火灾等。

1.2　防灾减灾工程学的学科定位和研究内容　>>>

灾害伴随着人类的产生而产生,人类文明的发展历史就是不断与灾害进行斗争的历史。我国古代漫长的历史长河中就留下了无数人类与自然灾害进行斗争的故事。

西汉刘安(公元前179—前122年)所著《淮南子》中记载的"羿射九日"可能是最早的人类与干旱作斗争的故事。家喻户晓的"大禹治水"是人类与洪水作斗争的历史记载。东汉天文学家、地震学家张衡(公元

78—139 年)发明了世界第一台监测地震的仪器——候风地动仪,尽管该地动仪不能对地震的发生进行预报,但可以对地震发生的方位进行记录。

近现代以来,随着科学技术的进步,人类与灾害的斗争也有了长足的发展。人类在与灾害斗争的过程中形成和发展了较为系统的防灾减灾学科体系。

1.2.1 防灾减灾工程学的学科定位

防灾减灾工程学就是研究各种灾害的成灾机理与灾害监测、预报、防治的现代工程和管理科学技术,以及改变灾害发生的频率、缩小灾害的影响范围、降低灾害的破坏程度,达到减少灾害危害的目的的一门学科。防灾减灾工程及防护工程是土木工程一级学科下属的一个二级学科(土木工程下属二级学科包括结构工程、岩土工程、市政工程、供热供燃气通风及空调工程、防灾减灾工程及防护工程、桥梁与隧道工程)。防灾减灾工程学是土木工程专业学生的一门重要的基础平台课程,是一门具有显著交叉性的新兴学科,它涉及地质、气象、地震工程、建筑学、土木工程、水利工程、信息科学、管理科学、经济学、人文科学等多个相关专业领域。

防灾减灾工程实际上包括不可分割的两部分内容:防灾工程和减灾工程。防灾就是在灾害发生前,采取适当措施避免灾害的发生;减灾就是在灾害发生以后,采取适当措施,降低或减小灾害造成的损失。而实际上由于防灾和减灾密不可分,通常不加区分地称为防灾减灾工程。

1.2.2 防灾减灾系统工程

灾害之间存在复杂的因果关系,形成一个复杂的系统。因此,防灾减灾也不可能在一个部门、一个地区、一门学科之内进行,必须采用系统的观点和方法,采取综合的对策和措施。防灾减灾的各项措施和对策必须相互衔接、紧密配合。因此,建立一个具有综合防灾减灾功能的部门,协调各方面的技术和力量进行灾害教育与立法、灾害防御、规范标准、灾害监测与预报、规划设计、防灾抗灾救灾、灾后重建、灾情评估、灾害保险等就显得尤为重要。防灾减灾系统工程是一个由多种防灾减灾措施组成的有机整体,主要包括灾害监测、灾害预报、防灾、抗灾、救灾、灾后重建、灾情评估等多个环节(图 1-1)。

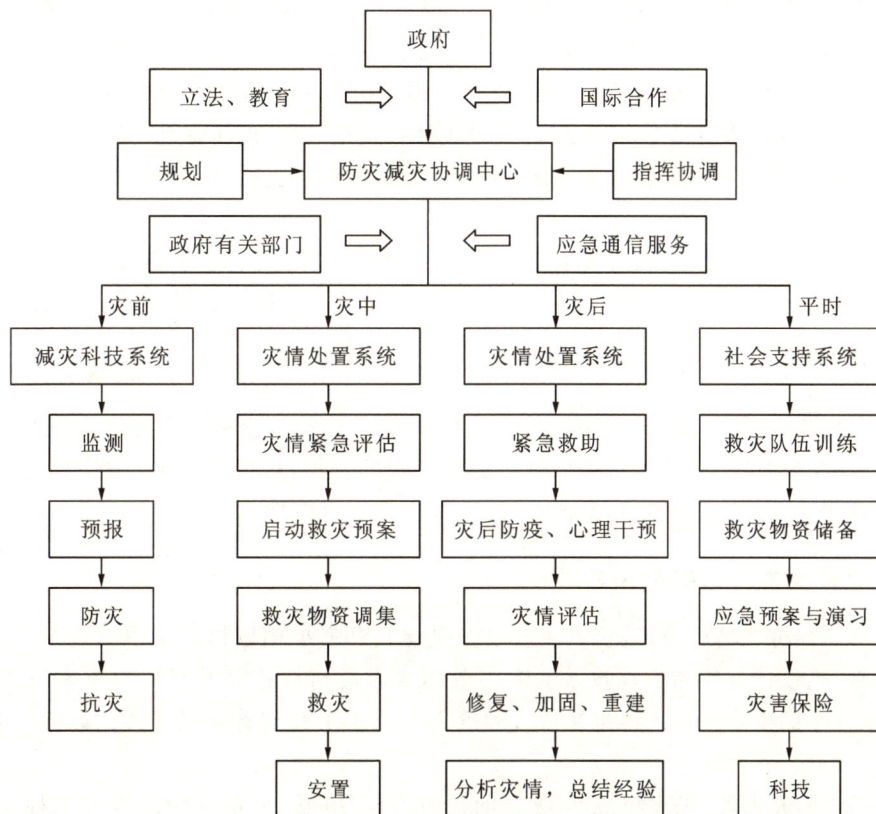

图 1-1 防灾减灾系统工程

（1）灾害监测

灾害监测是指运用各种观察、测量手段,对灾害孕育、发生、发展和致灾成灾的全过程相关因素进行观察和监视。监测工作的直接目的是取得自然因素的变化资料,用来认识灾害的发生、发展规律并进行预报。自然灾害的检测方式包括卫星与航空遥感监测、地面台站检测、深部和地下孔点检测、水面和水下监测、政府部门与群众哨卡监测等。自然灾害监测系统主要起到灾前预警、灾中跟踪、灾后评估以及提出减灾决策方案等作用。灾前预测,即对潜在灾害,包括发生时间、范围、规模等进行预测,为有效防灾做准备;灾中监测,即随时监测各种灾害,快速、准确地提供如洪水、干旱、地震等重大灾害灾情信息,为紧急救援提供帮助;灾后评估,即在灾情发生后对灾情进行准确的评估,它是灾后重建的最主要依据之一。我国运用现代科学技术手段建立了各种自然灾害监测系统。

（2）灾害预报

灾害预报是根据灾害发生发展规律、孕灾环境的变化和动态监测资料,对自然灾害发生的可能性及时间、地点、强度、影响范围和可能造成的危害程度进行预测和通报。灾害预报一般分为长期预报、中期预报和短期预报。目前,因为对自然灾害监测能力有限,且不平衡,所以对自然灾害的预报水平还比较低。随着科学技术的进步和对灾害规律认识的提高,灾害预报水平也将逐步提高。例如,地震预报从世界范围来说仍处于探索阶段,目前尚未完全掌握地震孕育发生的规律,我国的地震预报主要是根据多年积累的观测资料和地震实例而作出的经验性预报,因此不可避免地带有很大的局限性。目前我国地震预报水平和现状,大体概括如下:对地震孕育发生的原理、规律有所认识,但还没有完全认识;能够对某些类型的地震作出一定程度的预报,但还不能预报所有的地震;作出的较大时间尺度的中长期预报有一定的可信度,但短临预报的成功率还相对较低,特别是临震预报。

（3）防灾

防灾是在灾害发生前采取一定的措施防止灾害的发生或减小灾害的损失。防灾包括规划性防灾、工程性防灾、技术性防灾、转移性防灾和非工程性防灾。规划性防灾是指在进行设计规划和选址时尽量避开灾害危险区。例如,在进行工程建设时,尽量避开地震断裂带和地质灾害易发地段等。工程性防灾是指在进行工程建设时,充分考虑灾害因子的影响程度从而进行设防,包括工程加固以及避灾空地、避难工程和避灾通道的建设等。例如,在台风来临之前对房屋进行的临时性加固,在结构防火设计中对消防通道、疏散通道的设计等。技术性防灾是指运用科学技术手段来抵御灾害的危害,例如工程结构中采用的隔震、耗能减震和振动控制技术来避震。转移性防灾是在灾害预报前提下,将人和财产等转移到安全的地方,转移性防灾依赖于灾害的成功预报。非工程性防灾是指通过灾害知识教育、灾害立法、完善防灾组织等达到防灾的目的。

（4）抗灾

抗灾是指采用工程性措施抵抗灾害的发生或减少灾害的损失。例如,采取工程性措施进行的抗震、抗火、抗风、抗洪、抗滑坡等以及在灾后进行的工程结构加固等。在目前灾害预报水平还比较低的情况下,工程抗灾措施是相当有效的手段之一。

（5）救灾

救灾是在灾害发生后采取的减灾措施。救灾实际上是一场动员全社会力量对抗灾害的斗争。从指挥运筹到队伍组织,从抢救到医疗,从物资供应到生命线工程的维护,构成了一个严密的系统,需要周密计划、严密组织。救灾效果主要取决于救灾预案的科学性、严密性和有效性。

1.2.3 防灾减灾工程学研究内容

防灾减灾工程学研究内容十分广泛,其主要任务是建立和发展用以提高工程结构抵御自然灾害和人为灾害能力的科学理论、设计方法和工程技术。灾害造成的人员伤亡和财产损失与土木工程有很大的关系,因此,防灾减灾工程学的主要研究内容也在很大程度上与土木工程有着千丝万缕的联系。其主要研究内容包括:

① 灾害的分类、形成机理、规律和特点、灾害的预防、预测预报、灾害的评估、灾害的模拟与仿真、灾害区划、灾害的政策与法律法规、灾害经济和灾害保险、灾害心理、灾害教育、灾害管理。

② 灾害对工程结构的影响、工程结构的灾变行为和特点、灾变行为控制理论与方法、灾害控制措施、灾变行为的模拟与仿真。

③ 防灾减灾技术与设备的相关原理,材料、设计、制造、安装、维修、养护、使用、检测与评价等。

④ 工程结构防灾规划,工程结构防灾、抗灾和减灾技术,工程结构灾后检测、评估和加固等。

其中第④点是防灾减灾工程学的主要研究内容。本书主要从土木工程防灾减灾的角度出发,介绍地震灾害、火灾灾害、风灾灾害和地质灾害等几个日常生活中常见灾害的特点、形成规律、防灾抗灾和减灾技术,以及灾后评估等内容。

1.3 国内外防灾减灾发展概况 >>>

灾害是危险因素和地区脆弱性相互作用的结果。危险因素主要包括地震、台风、洪水或人为的灾害事件。地区脆弱性主要是指影响该区域应对各种潜在威胁的能力或使区域易发生灾害的长期因素。人类自从诞生以来就一直努力认识灾害发生的原因,寻找灾害形成的规律,探索灾害发生的先兆和预报方法,总结救灾经验和教训,在灾害防御方面取得了巨大的成就。

1.3.1 我国防灾减灾发展概况

我国是一个灾害多发的国家,新中国成立以来就十分重视防灾减灾工程建设。1989 年,成立了"中国国际减灾十年委员会",1994 年,制定了《中国 21 世纪议程》,明确可持续发展为核心。为了深入、系统地开展防灾减灾工程学科研究和培养高级专门的防灾减灾人才,1996 年国务院学位委员会将原来的地震工程和防护工程等专业合并,组建"防灾减灾工程及防护工程"学科,为土木工程的一个二级学科。1997 年,建设部公布《城市建筑综合防灾技术政策》纲要,将地震、火灾、洪水、气象灾害、地质灾害列为五大灾种,提出防灾减灾的各种技术措施。1997 年,制定《21 世纪国家安全文化建设纲要》,强调城市综合防灾减灾研究的重要性。1998 年,制定《中国减灾规划》,建议逐步提高工业基地、高风险城镇、基础设施和高风险源的抗灾设施建设。近年来,国家县级以上政府部门基本设置了减灾工作领导小组,并先后颁布实施了《水法》、《环境保护法》、《人民航空法》、《防震减灾法》、《防洪法》、《消防法》、《职业病防治法》、《安全生产法》、《减灾法》、《防沙治沙法》等。

2011 年,国务院办公厅制定了国家综合防灾减灾规划(2011—2015 年),对"十一五"期间防灾减灾工作取得的成效进行了全面的总结。"十一五"是新中国成立以来自然灾害最为严重的时期之一,南方低温雨雪冰冻、汶川特大地震、玉树强烈地震、舟曲特大山洪泥石流等特大灾害接连发生,严重洪涝、干旱和地质灾害以及台风、风雹、高温热浪、海冰、雪灾、森林火灾等灾害多发并发,给社会经济发展带来严重影响。面对严峻的灾害形势,有关各方密切配合,高效、有序地开展抗灾救灾工作,大力加强防灾减灾能力建设,并取得了显著成效。

① 防灾减灾管理体制机制和法制不断完善。27 个省、自治区、直辖市成立了减灾委员会或减灾救灾综合协调机构,防灾减灾综合协调职能得到充分发挥。修订、公布了《中华人民共和国防震减灾法》、《中华人民共和国突发事件应对法》、《自然灾害救助条例》、《气象灾害防御条例》、《中华人民共和国抗旱条例》等法律法规。

② 自然灾害监测预警体系基本形成。气象、水文、地震、地质、农业、林业、海洋、环境等各类自然灾害监测站网和预警预报系统得到改进,天气和自动气象观测系统建设初具规模,山洪、地质灾害群测群防体系进一步完善,台风早期预警水平得到提高,农林病虫害和森林草原火灾的监测预警能力进一步加强。环境与灾害监测预报小卫星 A、B 星和风云三号 A 星、风云二号 E 星成功发射,卫星减灾应用业务系统初步建立。

③ 自然灾害工程防御能力稳步提升。实施了防汛抗旱、危房改造、饮水安全、公路灾害防治等重大工程,大江大河防洪能力进一步提高,重点防洪保护区基本达到规定的防洪标准,人口密集区、大中城市及国家重大工程建设区的地质灾害隐患点得到初步治理,中小学危房改造工程、校舍安全工程全面实施,农村困难群众危房改造工程扎实稳步推进。

④ 重特大自然灾害应对能力大幅提升。以应急指挥、抢险救援、灾害救助、恢复重建等为主要内容的救灾应急体系初步建立。应急救援、运输保障、生活救助、医疗救助、卫生防疫等应急能力大大增强,有效应对了地震、干旱、泥石流等一系列重特大自然灾害,最大限度地减轻了灾害损失,维护了社会和谐稳定。

⑤ 科学技术的支撑作用明显增强。对自然灾害发生、发展机理和演变规律的研究逐步深入,灾害监测预警、风险评估、应急处置等技术水平不断提高,遥感、卫星导航与通信广播等技术在应对重特大自然灾害过程中发挥了重要作用,有关防灾减灾的科研机构相继成立,科技支撑平台逐步形成。

⑥ 防灾减灾人才和专业队伍逐步壮大。防灾减灾人才队伍建设纳入《国家中长期人才发展规划纲要(2010—2020 年)》,专兼结合的防灾减灾人才队伍初步形成,人民解放军、武警部队、公安民警、民兵预备役在防灾减灾中发挥了骨干作用,防汛抗旱、抗震救灾、森林防火等专业队伍不断壮大,建立了 50 余万人的灾害信息员队伍,防灾减灾救灾队伍建设进一步完善。

⑦ 防灾减灾社会参与程度显著提高。防灾减灾社会动员能力和社会资源整合能力明显增强。在重特大自然灾害面前,社会各界踊跃奉献爱心,积极投身抢险救援、生活救助、生命救治和恢复重建,海内外和衷共济,形成了合力防灾减灾的良好氛围。2008 年 5 月 12 日四川汶川大地震以后,国家将 5 月 12 日设立为"防灾减灾日",防灾减灾宣传教育活动逐步推广,公众防灾减灾意识明显提升。

⑧ 防灾减灾国际合作与交流不断深化。我国与国际组织、机构以及有关国家政府在防灾减灾领域的合作不断深入。在上海合作组织、东南亚国家联盟、中非合作论坛和中日韩区域合作等框架下,建立了防灾减灾合作机制和行动计划。我国政府积极援助遭受重特大自然灾害的国家,履行了防灾减灾国际义务,在防灾减灾领域的国际影响得到进一步提高。

1.3.2 国外防灾减灾发展概况

美国前总统卡特的科学特别助理、美国国家科学院院长、地震学家 F. Press 博士在 1984 年第 8 届世界地震工程会议上提出,1988 年联合国成立了"国际减轻自然灾害十年"指导委员会,并由其下属的联合国教科文组织、救灾署、开发署、环境署、世界气象组织、世界卫生组织、世界银行、国际原子能机构等十多个部门的领导担任委员。1989 年 44 届联合国大会通过了《国际减轻自然灾害十年决议》及《国际减轻自然灾害十年国际行动纲领》并建立了相应的机构。纲领确定了国际减轻自然灾害十年的目的、目标和各国需要采取的措施以及联合国需要采取的行动,并规定每年 10 月的第二个星期三为"国际减轻自然灾害日"。其目的是通过国际社会的共同努力,充分利用科学技术成就和开发新技术,提高各国减轻自然灾害的能力。其主要活动内容是注重减轻由地震、风灾、海啸、水灾、土崩、火山爆发、森林火灾、蚱蜢和蝗虫、旱灾、沙漠化以及其他自然灾害造成的生命财产损失和社会经济失调;提高每一个国家迅速有效地减轻自然灾害影响的能力,尤其重视在发展中国家建立预警系统;要求世界各国都要拟订国家减轻自然灾害方案;动员科学技术机构、金融机构、工业界、基金会和有关非政府组织,支持和充分参与国际社会拟定和执行的各种减灾活动;宣传和普及民众防灾知识,注意备灾、防灾、救灾和援建活动。每年的国际减灾日主题由联合国国际减轻自然灾害十年指导委员会提出,由联合国国际减轻自然灾害十年秘书处发布。表 1-3 列出了历年来国际减灾日的主题。

表 1-3   历年国际减灾日主题

年份	主题
1991 年	减灾、发展、环境——为了一个目标
1992 年	减轻自然灾害与可持续发展
1993 年	减轻自然灾害的损失,要特别注意学校和医院
1994 年	确定受灾害威胁的地区和易受灾害损失的地区——为了更加安全的 21 世纪

年份	主题
1995 年	妇女和儿童——预防的关键
1996 年	城市化和灾害
1997 年	水:太多、太少——都会造成灾害
1998 年	信息与媒体——减灾从信息开始
1999 年	减灾的效益——科学技术在灾害防御中保护了生命和财产安全
2000 年	防灾、教育和青年——特别关注森林火灾
2001 年	抵御灾害,减轻易损性
2002 年	山区减灾和可持续发展
2003 年	面对灾害,更加关注可持续发展
2004 年	减轻未来痛苦,核心是如何学习
2005 年	利用小额贷款和安全网络,提高抗灾能力
2006 年	减灾始于学校
2007 年	防灾、教育和青年
2008 年	减少灾害风险,确保医院安全
2009 年	让灾害远离医院
2010 年	建设具有抗灾能力的城市:让我们做好准备
2011 年	让儿童和青年成为减少灾害风险的合作伙伴
2012 年	女性——抵御灾害的无形力量

在防灾减灾法制建设和管理、防灾减灾体制与机制、防灾减灾规划、防灾减灾科学研究、灾害资金的投入、灾害保险、防灾减火知识的宣传和教育等方面,日本、美国、欧洲等一些国家或地区的经验值得我们借鉴。

(1)日本

日本国土面积狭小,经济发达,是一个自然灾害发生比较频繁的国家,主要的自然灾害包括地震、火山喷发、台风、暴雨等。从 1980—1999 年,全世界因自然灾害造成的直接经济损失达到 8.9 亿美元,其中日本为 1.6 亿美元,占 18.5%,可谓是"多灾多难"的国家。

作为日本防灾减灾基本法的《灾害对策基本法》是日本经历了 1959 年严重台风灾害以后,于 1961 年发布实施的。日本防灾减灾法律体系就是以《灾害对策基本法》为龙头的法律体系,按照日本《防灾白皮书》的分类,这一体系共由 52 部法律构成,其中属于基本法的有《灾害对策基本法》等 6 项,与防灾直接有关的有《河川法》《海岸法》等 15 项,属于灾害应急对策法的有《消防法》《水防法》《灾害救助法》3 项,与灾害发生后的恢复重建及财政金融措施直接相关的有《关于应对重大灾害的特别财政援助法》《公共土木设施灾害重建工程费国库负担法》等 24 项,与防灾机构设置有关的有《消防组织法》等 4 项。

《灾害对策基本法》的制定在日本具有重大意义。该法对与防灾减灾及灾害应急等有关的一些重大事项进行了明确的规定。主要内容包括:各级政府乃至民众对防灾减灾所负的责任,防灾减灾组织结构设置,防灾减灾规划的制订,关于防灾的组织建设、训练实施和物资储备等各项义务,发生灾害后的应急程序和职责,支援灾后重建的财政特别措施等。

中央政府设置"中央防灾会议",作为防灾减灾工作的最高决策机构,每年召开 4 次。当发生较大规模的灾害时,中央政府成立"非常灾害对策本部",如果是自然灾害则由防灾担当大臣担任本部长,如果是事故灾害则由主管部门大臣担任本部长。当发生特大灾害时,中央政府成立"紧急灾害对策本部",由内阁总理担任本部长。相应地,各地设置本地方的"防灾会议",辖区内发生较大规模灾害后则需设置"灾害对策本部"。中央政府中日常负责防灾减灾工作的机构在 2001 年前是国土厅的防灾局,定编 36 人。机构改革后被置于内阁府内,定编 50 人,并在内阁成员中新设置了 1 名防灾担当大臣。

"中央防灾会议"负责制定《防灾基本规划》,作为防灾领域的最高层次规划。该规划是制定防灾减灾行动原则的定性规划,在日本阪神大地震后进行了全面的修订。中央政府有关部门和指定公共机构以《防灾基本规划》为指导,制定《防灾业务规划》,地方政府的"防灾会议"制定《区域防灾规划》。

日本防灾领域的政府资金分为科学研究、灾害预防、国土整治、灾后恢复重建四个项目,这些资金的投入分散在政府的各个部门。1999 年的防灾减灾政府资金投入为 45627 万日元,占当年政府一般会计预算支出的 5.7%。当发生特大灾害时,该年份的比重会明显上升,如阪神大地震发生的 1995 年达到 9.5%。

人们在无数灾害所付出的巨大代价中逐渐认识到:灾害面前的无知是人类最大的灾害,国民灾害意识和灾害知识水平是一个国家文明进步的标志。日本政府对防灾减灾知识的宣传教育非常重视。每年 9 月 1 日为"防灾日",8 月 30 日到 9 月 5 日为"防灾周",3 月 1 日和 11 月 9 日为"全国火灾预防运动",6 月第二周为"危险品安全周",12 月 1—7 日为"雪崩防灾周"等,在这些活动时间内,组织丰富多彩的防灾减灾宣传普及活动。在学校特别是中小学开展防灾教育,以及多种多样的防灾训练。

(2)美国

美国幅员辽阔,其主要灾害为飓风和台风、风暴潮、地震、洪水、森林火灾、干旱、滑坡等。从生命财产的损失及其发生的频率来看,洪水是美国最为严重的自然灾害。美国减灾战略的重点是预防灾害,而不是被动应付灾害,因此十分重视灾害监测、分析与预报,开展实际风险以及风险承载能力的评估,研究并改进防灾减灾科学技术手段,加强国际和国内合作,从灾害中吸取经验和教训。

在法制上,美国 1976 年通过了《全国紧急状态法》,对紧急状态的过程、期限以及权力作了详细的说明。除此以外,还有《洪水灾害防御法》《灾害救济法》《地震法》《海岸带管理法》等。

美国防灾减灾应急管理机构实行联邦政府、州和地方政府三级响应机制。各级政府都有防灾减灾的责任,不同灾种由相应的政府主管部门和组织应对,其中承担应急救助的机构包括警察、消防、911 中心、医疗系统、社会服务、通信和运输等政府机构。为了提高综合防灾减灾能力,各级政府都设有负责应急管理的常设机构,负责防灾减灾工作的日常管理和综合协调。

美国应急决策机构是总统和国家安全委员会。美国总统是政府首脑和应急管理的最高行政首长,负责对国家防灾减灾工作进行统一领导,在发生重大灾害时对政府应急处置实施统一指挥和协调。国家安全委员会是美国联邦政府关于国家安全事务的决策议事机构,由总统、副总统、国务卿、国防部长、国家安全顾问、中央情报局局长、参谋长联席会议主席等成员组成,主要功能是国家安全和重大危机处置,为总统决策提供咨询、建议和意见。对于涉及国家安全方面的重大事件处理,由总统召集和主持国家安全会议进行讨论和决策。联邦应急事务管理局和安全部是国家应急综合协调机构。1979 年,美国政府组建了美国联邦应急管理署(Federal Emergency Management Agency,FEMA),为防灾减灾的核心协调机构,将原本分散在不同部门的救灾机构综合起来。2003 年开始,FEMA 隶属国土安全部,总部设在华盛顿,在全国各地建有办事处。它是综合性的应急管理系统,涵盖灾害预防、保护、反应、恢复和减灾各个领域。

FEMA 是一个从中央到地方,统合政、军、警、消防、医疗、民间组织及市民等一体化指挥、调度,并能调动一切资源进行管理的体系。美国这种灾害管理体系主要通过政府、非政府以及危机信息等方面进行规范,从而实现灾害危机管理的目的。FEMA 的工作主要是改善国家的防备以及加强各种类型应急反应的能力,全面负责国家减灾规划与实施。其职责包括:在国家遭受攻击时协调应急工作;在国家安全遭受威胁的紧急时期保障政府功能的连续性、协调资源以及动员工作;在灾害规划、预防、减轻、反应和恢复行动的各个阶段全面支持各州和地方政府;在总统宣布发生灾害和紧急事件后汇总协调联邦政府的援助;促进有关灾害破坏效应的研究及成果的实际应用;和平时期出现放射性污染事件时的应急民防协调工作;提供培训、教育和实习机会,加强联邦、州、地方应急管理的职业训练;减轻国家遭受火灾的损失;实施国家火灾保险计划中的保险、减轻火灾损失及其危险评估工作;负责执行地震灾害减轻计划;领导国家应急食品和防洪委员会;实施有关灾害天气应急和家庭安全的社会公众教育计划等。

美国防灾减灾管理体系的特点主要体现在以下五个方面:第一,应急反应标准化和自动化。标准化主要体现在应急术语的标准化、应急成员单位衣着穿戴规范化和灾害事件所处状态表现形式规范化。如在灾害发生后,各救援成员单位根据预先安排好的地点,穿上指定颜色的衣服,按照应急预案规定的应急术语进行工作。第二,应急预案的精细化。应急预案不仅包括交通、通信、消防、民众管理、医疗服务、搜索和救援、环境保护等内容,还包括重建和恢复计划、心理咨询等内容。第三,联动机制的效率化。实施紧急救援,各部门之间的联动至关重要。目前,美国联动机制主要靠应急处理小组或应急处理委员会及各种突发公共事件预案、计划予以保证。美国紧急救援汇总根据事件的层次和特点,决定各成员之间的分工和合作关系。第四,参与的大众化。大众力量在防灾减灾工作中起着重要作用,尤其在专业救援力量不足时,大众力量更是防灾减灾、实现自救互救不可或缺的力量。目前,美国民众防灾减灾主要通过社区救援反应队、红十字会、教会、工商协会应急救援组织、城镇防震行动议会等基层组织、非政府组织、志愿者组织参与救援工作。第五,应急处置宣传的透明化和信息共享。各级政府有专门针对媒体记者的现场信息发布点,注重各种媒体在紧急救援中的作用。应急处置中心的信息系统,相关成员单位均可以进入。应急处置中心可以进入国家的一些信息系统,如国家地理信息系统、城市资源信息系统等,及时获得所需信息,更好地为救援工作服务。

1.4　防灾减灾工程的发展趋势　》》》

我国在《国家综合防灾减灾规划(2011—2015 年)》中,提出了国家综合防灾减灾的基本原则,主要由政府主导,社会参与;以人为本,依靠科学;预防为主,综合减灾;统筹规划,突出重点。同时,《国家综合防灾减灾规划(2011—2015 年)》提出了"十二五"期间的十大建设任务,包括:① 加强自然灾害监测预警能力建设;② 加强防灾减灾信息管理与服务能力建设;③ 加强自然灾害风险管理能力建设;④ 加强自然灾害工程防御能力建设;⑤ 加强区域和城乡基层防灾减灾能力建设;⑥ 加强自然灾害应急处置与恢复重建能力建设;⑦ 加强防灾减灾科技支撑能力建设;⑧ 加强防灾减灾社会动员能力建设;⑨ 加强防灾减灾人才和专业队伍建设;⑩加强防灾减灾文化建设。在十大建设任务中,和土木工程防灾最直接相关的是工程结构防御灾害能力的建设。

1.4.1　灾害源发生机理研究

灾害预测是一个十分复杂的问题,要成功预测灾害发生的时间、地点、强度等信息,必须以全面了解灾害源发生机理为基础,目前,人类对灾害的预测能力还相对薄弱。尽管从学科角度来说,这不属于土木工程的范畴,但是却和土木工程防灾减灾密切相关。例如,地震地面运动特性是进行抗震分析和设计的重要基础。我国多次大地震的经验表明,工程结构的抗震设防烈度严重低于实际发生地震的烈度,以致设计的工程结构在地震中遭受严重破坏,因此必须加强灾害源发生机理的基础研究工作。对于地震基础研究,必须充分吸收强震机理和预测的研究成果,以强震观测记录和大城市地震活动断层探查资料为依托,将震源破裂过程的模拟、地震波的传播和场地条件的影响的研究紧密结合,开展强地震动特征、近场强地震动、场地条件对地震动的影响以及地震地表变形和破裂研究。

1.4.2　灾害的作用机制、分析和抗灾设计

对于灾害对结构的破坏作用,从材料、构件到结构各个层次均进行了一系列的研究。但是目前灾害对结构的影响研究主要集中在材料和构件层次,在结构层次的研究相对较少。在力学分析方面,主要集中在线弹性静力研究,以后将更加关注非线性破坏机理的研究、非线性动力行为下结构抗灾动力学分析与设计。在设计理论方面,基于性能的抗灾设计理念已经逐步得到人们的关注,包括基于性能的抗震设计、抗火设计和抗风设计等,目前在基于性能的抗灾设计理论方面有部分设计标准和指南,在一些重要工程中也得到了部分应用,但是总体而言尚处于起步阶段。

1.4.3 工程结构的灾害控制

结构振动控制技术可以有效减轻结构在风和地震等动力灾害作用下的反应和损伤、有效提高结构的抗震能力和抗灾性能。结构振动控制按其工作机理大体上可分为基础隔震、耗能减震、主动和半主动控制，以及近年来发展起来的智能控制技术。基础隔震通过在上部结构和基础之间设置水平柔性层、延长结构侧向振动的基本周期，从而减少水平地震地面运动对上部结构的作用。超高层建筑由于 $p\text{-}\Delta$ 效应，容易产生倾覆破坏，不适合采用基础隔震的控制方案。结构被动耗能减振则是在结构中设置阻尼耗能元件和吸振系统，耗散结构的振动能量，起到减轻结构动力反应的目的，是适用于高层建筑抗震和抗风的优良控制装置。结构主动控制通过实时测量结构反应或环境干扰，采用现代控制理论的主动控制算法，在精确的结构模型的基础上运算和决策最优控制力，最后作动器在很大的外部能量输入下实现最优控制力。主动调谐质量阻尼器（HMD）和主动质量阻尼器（AMD）等主动控制系统在高层建筑、电视塔和大型桥塔结构的风振和地震反应控制应用中取得了很大的成功。但是由于主动控制系统需要稳定的外部能源以及制造、运行和维护成本高、噪声大等原因，其应用受到了一定的限制。

结合结构振动控制技术，发展基于性能设计的结构非线性损伤控制方法，是提升结构抗震水平和提高结构抗震能力的有效技术途径，然而在该方面研究成果极少。从理论上应开展以下研究：结构破坏控制设计理论研究、结构减震、隔震装置理论模型和分析方法、工程结构减震设计理论、减震结构的破坏机制，大型复杂结构减震理论和技术研究等。

防灾减灾是一项长期复杂的工作，不仅需要多学科的交叉融合和支持，从根本上解决所面临的科学技术难题，而且要充分利用和推广各类成熟的科学技术，切实提高工程结构的抗灾能力和水平。

参考文献

[1] 周云,李伍平,浣石,等.防灾减灾工程学.北京:中国建筑工业出版社,2007.

[2] 陈龙珠,梁发云,宋春雨,等.防灾减灾工程学导论.北京:中国建筑工业出版社,2005.

[3] 江见鲸,徐志胜.防灾减灾工程学.北京:机械工业出版社,2005.

[4] 李新乐.工程灾害与防灾减灾.北京:中国建筑工业出版社,2011.

[5] 林家彬.日本防灾减灾体系考察报告.城市发展研究,2002,9(3):36-41.

[6] YUSUF ARIFIN JUSEP.美国防灾减灾管理体系研究.山西能源与节能,2009(4):87-92.

[7] 国务院办公厅.国家综合防灾减灾规划(2011—2015 年).

[8] 周福霖,崔杰.土木工程防灾的发展与趋势浅论.黑龙江大学工程学报,2010,1(1):3-10.

[9] 郑居焕,李耀庄.日本防灾教育的成功经验与启示.中国公共安全(学术版),2007,9(2):107-109.

2 火灾灾害

2.1 火灾定义、分类、特征及其危害 >>>

2.1.1 火灾的定义

人类能够对火进行利用和控制，是文明进步的重要标志之一。钻木取火、照明取暖、制作食物、制造陶器、冶炼金属、制造火药和火炮等无不与火有关。人类使用火的历史以及同火灾作斗争的历史相生相伴。在《吕氏春秋·荡兵》中有"火,善用之则为福,不善用之则为祸"的说法。在《消防基本术语　第一部分》(GB 5097—1986)中将火灾定义为在时间和空间上失去控制的燃烧所造成的灾害。在各种灾害中,火灾是一种不受时间和空间限制、发生频率最高、生活中最为常见的灾种之一。据统计,火灾发生的频率、剧烈程度和经济损失与一个国家和社会的经济发达程度往往呈正相关关系。

2.1.2 火灾的分类

按照不同的侧重点,火灾有不同的分类方法。

2.1.2.1 按照可燃物的类型和燃烧特性进行分类

原国家标准《火灾分类》(GB/T 4968—1985)按照物质的燃烧特性将火灾分为 A、B、C、D 四类,新国家标准《火灾分类》(GB/T 4968—2008)按照可燃物的类型和燃烧特性将火灾分为 A、B、C、D、E、F 六类,增加了 E 类和 F 类两种类型。其目的是为了指导防火和灭火,特别是在火灾发生时合理地选用灭火器材。

① A 类火灾:固体物质火灾。这种物质往往是有机物质,一般燃烧后能产生灰烬,如木材、棉、毛、麻、纸张等。

② B 类火灾:液体火灾或可熔固体物质的火灾,如汽油、煤油、柴油、原油、甲醇、乙醇、沥青、石蜡等物质引起的火灾。

③ C 类火灾:气体火灾,如煤气、天然气、甲烷、乙烷、丙烷、氢气等物质引起的火灾。

④ D 类火灾:金属火灾,如钾、钠、镁、铝镁合金等引起的火灾。

⑤ E 类火灾:带电火灾,如物质带电燃烧引起的火灾。

⑥ F 类火灾:烹饪器具内的烹饪物(如动物油脂)引起的火灾。

2.1.2.2 按照火灾造成的经济损失和人员伤亡进行分类

为贯彻执行国务院颁布的《生产安全事故报告和调查处理条例》(国务院令 493 号),2007 年 6 月 26 日,公安部下发了《关于调整火灾等级标准的通知》(公消〔2007〕234 号),新的火灾等级标准由原来的特大火灾、重大火灾、一般火灾三个等级调整为特别重大火灾、重大火灾、较大火灾和一般火灾四个等级。新的火灾标准从 2007 年 6 月 1 日起执行,其目的是为了便于调查火灾原因,统计火灾损失、依法对火灾事故作出处理。

① 特别重大火灾:造成 30 人以上死亡,或者 100 人以上重伤,或者 1 亿元以上直接财产损失的火灾(注:"以上"包括本数,"以下"不包括本数,下同)。

② 重大火灾:造成 10 人以上 30 人以下死亡,或者 50 人以上 100 人以下重伤,或者 5000 万元以上 1 亿元以下直接财产损失的火灾。

③ 较大火灾:造成 3 人以上 10 人以下死亡,或者 10 人以上 50 人以下重伤,或者 1000 万元以上 5000 万元以下直接财产损失的火灾。

④ 一般火灾:造成 3 人以下死亡,或者 10 人以下重伤,或者 1000 万元以下直接财产损失的火灾。

注意:凡是在火灾的扑救过程中因烧伤、摔、砸、炸、窒息、中毒、触电、高温、辐射等原因所致的人员伤亡应列入火灾伤亡统计范围。其中,死亡以火灾发生后七天内死亡为限,伤残统计标准按有关规定认定。火灾损失分为火灾直接财产损失和火灾间接财产损失。火灾直接财产损失是指被烧毁、烧损、烟熏和灭火中破拆、水渍以及因火灾引起的污染等所造成的损失。火灾间接财产损失是指因火灾而停工、停产、停业所造成的损失,以及现场施救、善后处理费用(包括清理火场、人身伤亡之后所支出医疗、丧葬、抚恤、补助救济、歇工工资等费用)。

2.1.2.3　按照火灾发生的地点进行分类

按照火灾发生的地点可以将火灾分为地上火灾、地下火灾、水上火灾和空间火灾四类。我国火灾执行"谁主管,谁负责"的原则,实行统一领导,分级、分部门管理。上述分类目的是便于对火灾进行统计和管理。

① 地上火灾:可以分为民用建筑火灾、工业建筑火灾和森林火灾。其中民用建筑火灾可以分为一般民用建筑火灾、公用建筑火灾和高层民用建筑火灾,工业建筑火灾可分为一般工业建筑火灾和特种工业建筑火灾。

② 地下火灾:可以分为矿井火灾、地下商场火灾、地下油库火灾、地下停车场火灾、地铁火灾等。

③ 水上火灾:可以分为江河湖海的客货轮火灾、海上石油平台火灾等。

④ 空间火灾:可以分为飞机火灾、航天飞机火灾、空间站火灾等。

全国火灾统计工作由公安部统一归口管理,实施火灾统计监督。省市县乡镇火灾统计工作,分别由各级公安部门负责,行使相应的管理监督职能。接受地方公安部门监督的单位发生火灾,由所在地公安部门负责统计。跨区域的油田、管道、交通工具等发生火灾,由起火地公安部门负责统计。由铁道、交通、民航公安部门实施消防监督的单位,其火灾统计分别由铁道、交通、民航公安部门负责。军队、矿井地下部分、森林发生的火灾,分别由其主管部门负责统计。一起火灾如果涉及几个独立的统计调查单位,其火灾统计由主管起火单位监督工作的公安部门负责。

2.1.2.4　按照火灾发生的原因进行分类

火灾发生的直接原因很多。概括起来,可以分为三个方面:第一,由于思想麻痹,用火不慎,不遵守操作规程或机械、电气设备不良,安装不当而引起的火灾;第二,由于自然的、化学的或生物的作用而引起自燃起火;第三,人为纵火。具体地说,在火灾统计中将火灾原因分为以下九类。

① 用火不慎。如使用炉火、灯火不慎,乱丢未熄灭的火柴、烟头、火灰复燃等引起的火灾。

② 用火设备不良。如炉灶、火炕、火墙、烟囱等不符合防火要求,靠近可燃结构,或年久失修,裂缝蹿火,引起可燃材料起火。

③ 违反操作规程。如焊接、烘烤、熬炼,或在禁止产生火花的场所穿带铁钉的鞋、敲打铁器,在充满汽油蒸气、乙炔、氧气等气体的房间吸烟或使用明火等引起火灾。

④ 电气设备安装、使用不当。如电气设备及其安装不合乎规格、绝缘不良,超负荷,电气线路短路,在电灯泡上包纸和布等可燃物,乱接乱拉电线,忘记拉断电闸都易造成火灾。

⑤ 小孩玩火。小孩玩火柴、打火机和吸烟,乱烧纸,在有可燃物的地方放鞭炮,不仅容易造成火灾,而且往往会伤及自身。

⑥ 爆炸引起的火灾。火药爆炸,化学危险品爆炸,可燃粉尘纤维爆炸,可燃气体爆炸,可燃与易燃液体蒸汽爆炸,以及某些生产、电气设备爆炸,往往造成很大的火灾。

⑦ 自燃起火。浸油的棉织物,新割的干草、谷草、树叶,新打的粮食,没晒干的豆子、籽棉、泥炭、煤堆等通风不良,以及硝化纤维胶片、硫化亚铁、黄磷、磷化氢等,都易自燃起火。另外,有些物质如钾、钠、锂、钙等

与水接触立即起火;棉花、稻草、刨花与浓硝酸接触也易起火。有些化学产品,如高锰酸钾与甘油混合立即起火。因此,必须根据这些物质的特性,采取相应的防火措施。

⑧ 静电放电、雷击起火。大家经常可以看到雷击引起的火灾,但静电放电往往不太注意。例如转动的皮带、沿导管流动的易燃液体、可燃粉尘等都易产生静电。如果没有消除静电的相应措施,静电放电极易产生火花造成火灾。许多油库油罐起火,就是这种原因引起的。

⑨ 纵火。有纵火破坏、刑事纵火破坏及精神病患者纵火等。

据有关资料统计,火灾原因中电气火灾占 26.8%,用火不慎占 21.8%,玩火占 11.0%,吸烟占 7.7%,生产作业占 4.3%。按照火灾的原因进行分类,有利于进行火灾预防。

2.1.3 火灾的特征

火灾根据发生区域的不同,可以分为室内火灾和室外火灾两大类,其特点也不相同。

室内火灾一般具有以下三大特点。

① 突发性。一般情况下火灾隐患都有较长时间的潜伏性,往往是小患不除,酿成大灾。

② 多变性。火灾的多变性特点包含两个方面的含义:一是指火灾之间千差万别,引起火灾的原因多种多样,每次火灾的形成和发展过程各不相同;二是火灾发展过程瞬息万变,不易掌握。火灾的蔓延和发展受到各种外界条件的影响和制约,与可燃物的种类、数量、房屋的空间布局、通风状况、初期火灾的处置措施等有关。

③ 瞬时性。

室外火灾主要特点是:

① 室外火灾受空间的限制小。燃烧处于完全敞露状态,氧气供给充足,空气对流快,火势蔓延速度快,燃烧面积大。

② 室外火灾受气温影响大。气温越高,可燃物的温度随之上升,与着火点的温差越小,更容易被引燃,造成火势蔓延。气温越低,火源与环境温度差异越大,火场周围可燃物所蒸发出的气体相对较少,火势蔓延相对较慢。但是随着火场上空的空气对流速度加快,会使火场温度迅速升高,燃烧速度加快。

③ 风对室外火灾的发展起着决定性作用。风助火势是指风会给燃烧区带来大量新鲜空气,空气中的氧气成分不断增加,促使燃烧更加猛烈。火势蔓延方向随着风向改变而改变,大风中发生的火灾,会造成飞火,形成多处火场,致使燃烧范围迅速扩大。

2.1.4 火灾的危害

2.1.4.1 危害生命

火灾的危害首先表现为严重威胁人们的生命安全。在火灾过程中,物体燃烧后产生高温和烟雾可以使人体受到伤害,甚至危及人的生命。火灾中,人的生命受到威胁主要有以下几个因素。

① 缺氧。人在空气中能自由活动,是因为空气中有氧气。通常情况下,大气中氧气占所有气体成分的21%,如果氧气浓度过低,人体就会产生各种反应,包括肌肉功能会减退、神志不清,产生幻觉,直至窒息死亡。一般人存活的氧气浓度最低极限为 10%,火灾发生时,燃烧的物体消耗了大量氧气,很容易造成室内缺氧状况的出现,加上人在火场中过于紧张,快速奔跑,加大了对氧气的需求,更加容易出现缺氧症状。另外,火场燃烧中产生大量的二氧化碳,虽然其本身并无毒性,但它在火场中会降低空气中氧的含量,同样也会对人的生命造成威胁。在普通大火中,二氧化碳浓度增加到 2% 时,人就感到呼吸困难;达到 5% 以上时,人便会窒息死亡。

② 火焰。烧伤主要是因为人体与火焰直接接触或者热辐射引起的。如果皮肤温度在 66 ℃ 以上,仅持续 1 s 就可以造成烧伤。任何人在没有保护措施的情况下绝不能在火焰中穿行,尤其是火焰外围的外焰,其温度比焰心温度高出好几倍。因此,人在火场中千万不能靠近外焰。热辐射也容易把人灼伤,人在火场周围经常感到一股热浪迎面而来,这股热浪就是热辐射。火场中热辐射往往非常强烈,即使与火焰相隔好几米远,人体也可能会被灼伤。

③ 高温。高温对火场中的人员也具有危险性。火焰产生的热空气,能引起人体烧伤、热虚脱、脱水、呼吸不畅。人的生存极限气温是 130 ℃,超过这个温度,会使人体血压下降,毛细血管破坏,以致血液不能循环,严重的会导致脑神经中枢破坏而死亡。另外,物体发热还使其强度下降,建筑物受热作用后容易倒塌。

④ 毒气。火场中的有毒气体会对人体呼吸器官或感觉器官产生刺激,使人窒息或昏迷。火场中,一些材料燃烧后产生的气体种类很多,有时甚至多达上百种,这些混合气体中包含着大量有毒气体,如一氧化碳、二氧化氮、硫化氢等。大量火灾死亡统计资料显示,大部分人因为吸入一氧化碳等有毒气体后在火场遇难。一般情况下,空气中一氧化碳含量达到 1% 时,人吸气数次后就丧失知觉,经 1～2 min 就可能中毒死亡。即使含量只有 0.5%,人体吸入 20～30 min 后也有生命危险,在火灾现场吸入一氧化碳而昏倒的人被救醒后,往往会留下不同程度的后遗症。

⑤ 烟。很多人认为,火灾中人员死亡的主要原因是被火烧死,其实,物体燃烧后产生的烟气,才是致死的主要原因。烟是物体燃烧的产物,由微小的固体、气体颗粒组成。建筑物起火后,大多数受害者首先见到的是烟。烟的迅速蔓延会使受害者呼吸困难,心率加快,判断力下降,造成心理恐慌。更加严重的是,烟降低了能见度,隐蔽了逃生线路,恶化了人员疏散条件。在火灾现场,人们经常会见到既没有烧伤又无压伤的尸体。科学家对火灾中人的死亡原因进行统计分析,发现其中因缺氧窒息和中毒死亡的要占 70% 以上。因此可以说,火场上的浓烟比烈火更可怕,烟气是火场上的真正"杀手"。

2.1.4.2 毁坏物质财富

火灾对人们的危害还表现为侵吞大量社会物质财富。一把火,往往使人们辛勤劳动创造出的物质财富,顷刻间化为灰烬。我国 2000—2008 年重特大火灾造成的直接经济损失共计 68076.91 万元。火灾的破坏性不仅表现为造成人身死亡、财物毁坏的后果,还表现为造成严重的间接损失。一场火灾烧毁房屋、工厂,财产损失可以用金钱来衡量,但是火灾造成工厂停业、工人失业、学校停课、学生失学等损失就无法用金钱来计算了。如果烧毁了文物、档案、科研成果、重要资料等,其损失更难以用经济价值来衡量。

2.1.4.3 破坏生态平衡,污染环境

人类的生存,离不开森林、草原、江河湖海,它们对调节气候、净化空气、维持生态平衡、保护人类适宜的生存环境,都有着很大的作用和影响。而一场大火,尤其是森林、石油品仓库和重要工业基地火灾,往往对环境造成破坏,并损害大众健康。

大兴安岭是我国重点林区和主要木材生产基地。1987 年 5 月 6 日,大兴安岭因野外吸烟和使用割灌机时,违反操作规程引发山火,经过 5 万多人的顽强扑救于同年 6 月 2 日彻底扑灭。火灾致使长 160 公里、宽 63 公里地域内的林海遭烈火吞噬,是新中国成立以来烧毁森林面积最大,损失最为严重的一次。据有关资料统计,经济损失为 84.75 亿元。大面积的森林毁灭,造成水土流失、沙漠侵袭、珍稀动植物死亡,严重破坏了自然界的生态平衡,其损失无法估量。表 2-1 和表 2-2 给出了 2001—2011 年火灾统计及 2000—2011 年国内部分重大火灾事件。

表 2-1 　　　　　　　　　　　　　　**2001—2011 年中国火灾统计结果**

年份	火灾事件/万起	伤亡人数	损失/亿元
2001 年	21.6	死亡 2334 人,伤 3781 人	14.0
2002 年	25.8	死亡 2393 人,伤 3414 人	15.4
2003 年	25.4	死亡 2482 人,伤 3087 人	12.9
2004 年	25.3	死亡 2563 人,伤 2969 人	6.7
2005 年	23.6	死亡 2496 人,伤 2506 人	13.6
2006 年	22.3	死亡 1517 人,伤 1418 人	7.8

续表

年份	火灾事件/万起	伤亡人数	损失/亿元
2007 年	15.9	死亡 1418 人,伤 863 人	9.9
2008 年	13.3	死亡 1385 人,伤 684 人	15.0
2009 年	12.7	死亡 1076 人,伤 580 人	13.2
2010 年	13.2	死亡 1108 人,伤 573 人	17.7
2011 年	12.5	死亡 1106 人,伤 572 人	18.8

表 2-2 **2000—2011 年国内部分重大火灾事故一览**

时间	地点	人员伤亡	事故原因
2000 年 3 月 29 日	河南焦作"天堂"录像厅大火	死 74 人	石英电暖器烤燃邻近可燃物
2000 年 12 月 25 日	河南洛阳东都商厦火灾	死 309 人	非法施焊,管理混乱、娱乐城无照经营、超员纳客
2002 年 10 月 29 日	广西南宁矿务局二塘煤矿电气火灾	死 30 人	变压器超负荷运行和变压器低压侧接线错误导致电缆短路,产生电弧火花,点燃绝缘油和变压器油
2003 年 11 月 3 日	湖南衡阳衡州大厦火灾	牺牲 20 名消防官兵	底层一商铺硫黄熏烤八角引起
2004 年 2 月 15 日	吉林市中百商厦火灾	死 54 人 伤 70 人	中百商厦伟业电器员工于洪新将点燃的香烟掉落在库房中,引燃地面纸屑、纸板等可燃物发生火灾
2004 年 2 月 15 日	浙江海宁市草棚火灾	死 40 人	草棚起火倒塌
2004 年 12 月 21 日	湖南常德桥南市场火灾	伤 69 人	起火处通电状态下 14 英寸彩色电视机内部故障引起火灾
2005 年 12 月 15 日	吉林辽源中心医院住院楼火灾	死 40 人	停电后电工在一次电源跳闸、备用电源未自动启动的情况下,强行推闸送电
2005 年 6 月 10 日	广东汕头华南宾馆发生火灾	死 31 人 伤 3 人	华南宾馆 2 层南区金陵包厢门前吊顶上部电线短路故障引燃周围可燃物
2007 年 10 月 21 日	福建莆田飞达鞋面加工作坊火灾	死 37 人 伤 19 人	该加工坊为三合一厂房,原因疑为电线老化
2008 年 9 月 20 日	广东深圳舞王俱乐部火灾	死 44 人 伤 64 人	该俱乐部演职人员使用自制礼花弹手枪发射礼花弹,引燃天花板的聚氨酯泡沫
2008 年 9 月 20 日	黑龙江鹤岗富华煤矿井下火灾	死 31 人	残留煤柱破碎、裸露、漏风,引起煤炭氧化升温自燃
2009 年 1 月 31 日	福建长乐拉丁酒吧火灾	死 15 人	桌面燃放烟花
2010 年 2 月 9 日	北京央视新大楼北配楼火灾	死 1 人 伤 6 人	非法燃放烟花,使用不合格保温板

续表

时间	地点	人员伤亡	事故原因
2010 年 11 月 15 日	上海静安区教师公寓火灾	死 58 人 伤 71 人	施工人员违规电焊作业,电焊金属熔融物引燃聚氨酯保温材料
2011 年 7 月 22 日	京珠高速河南信阳大客车火灾	死 41 人 伤 6 人	非法携带、运输易燃化工产品

2.2　火灾科学主要研究内容　>>>

　　20 世纪 70 年代初期,H. W. Emmons 教授将质量守恒定律、能量守恒定律、动量守恒定律以及化学反应原理等巧妙地运用到建筑火灾的研究中,开创了火灾科学的先河,因此,H. W. Emmons 教授被世界公认为"火灾科学之父"。火灾科学的主要研究内容包括火灾物理、火灾化学、烟气的毒性、火灾统计、火灾危险性、人与火灾的相互作用、火灾探测、火灾对工程结构的破坏、火灾防治、火灾扑救等。20 世纪 80 年代出现的火灾动力学以火灾物理、火灾化学为基础,研究火灾的孕育、发生、发展规律以及火灾对人类、材料、结构的危害或破坏。火灾防治则主要研究火灾风险评估、清洁高效阻燃剂、智能火灾探测技术、高效清洁灭火机理以及火灾扑救和调度的优化控制理论,采用的主要研究方法就是火灾模拟实验、实体实验和火灾数值模拟,采用多维、多相、非定常和非线性模型研究火灾确定性规律,火灾数据分析和统计则是研究火灾随机性规律。与火灾科学密切相关的学科包括数学物理学科(微积分、数值方法、概率与统计、非线性、流体力学、固体力学、爆炸力学等)、化学学科(化学动力学、热化学等)、生命科学(热、烟、毒对生物体的损伤)、安全工程、工程热物理、材料科学、信息技术等。火灾作为土木工程防灾减灾研究的主要灾害之一,主要研究内容如下。

2.2.1　建筑防火

　　建筑防火主要包括建筑总体布局、防火分区和防火间距、建筑内部防火隔断、建筑装修防火、消防通道、消防扑救、安全疏散、自动灭火系统设计、火灾探测报警系统设计、建筑防排烟系统设计等。在建筑防火上,我国已经有的《建筑设计防火规范》(GB 50016—2006)和《高层民用建筑设计防火规范(2005 年版)》(GB 50045—1995),作出了详细的规定。由于建筑设计防火规范和高层民用建筑设计防火规范存在的问题,目前有关部门正着手修订,将二者合并,于 2011 年 11 月提交了修订后的《建筑防火设计规范》的征求意见稿。

　　需要说明的一点是,在 20 世纪 90 年代国外发展了一种火灾安全设计新方法,即性能化防火设计。性能化防火设计方法比传统的"处方式"设计方法具有更多的优越性,主要包括:设计方案更加科学合理、设计方法更加灵活,能有效保证建筑防火设计达到预期的消防安全目标,可以减少或降低建筑成本,有利于新技术、新材料、新产品的发展,有利于充分发挥设计人员的才能,有利于设计规范和标准的国际化。

　　传统的建筑防火设计详细地规定了防火设计必须满足的各项设计指标或参数,设计人员只要按照规范条文的要求按部就班地进行设计,不用考虑所设计的建筑物具体达到什么样的安全水平,就像医生看病开处方一样,这种设计方法被称为"处方式"的设计方法,也有的人称之为"规格式的""规范化的"或"指令性的"设计方法。处方式的防火设计规范是长期以来人们在与火灾斗争过程中总结出来的防火灭火经验的体现。这种规范清楚明了、简单易行,对设计和验收评估人员的要求不高,能够满足大多数规模或功能等要求较简单建筑的设计与监督需要。因此,处方式的防火设计规范,在规范建筑物的防火设计、减少火灾造成的损失方面起到了重要作用,目前在我国广泛应用。性能化设计是一种全新的建筑防火设计方法。它是建立在火灾科学和消防安全工程学基础上的,考虑火灾孕育、发生、发展和蔓延的规律及火灾燃烧产物的性质与烟气的蔓延规律,火灾中人员的行为特征等,并结合实际火灾中积累的经验,对具体建筑物的功能、性质、使用人员特征及内部可燃物的燃烧特性和分布情况进行具体分析,设定火灾,并对火灾的发展特性进行综合计算和分析,用某些物理参数描述出火灾的发生和发展过程,预设各种可能起火的条件和由此造成的火烟蔓延途径、人员疏散情况,并分析这种火灾对建筑物内人员、财产及建筑物本身的影响程度,以此来确定选择哪一种消防安全措施,并加以评估,从而核准预定的消防安全目的是否已达到,最后再视具体情况对设计方案作出调整和优化。在我国的《建筑性能化防火设计通则》中明确给出建筑性能化防火设计的定义是:一种以相对于设计目标的性能目标、工程分析和定量评价为基础,针对特定的建筑用途、火灾荷载和火灾场景,利用可接受的工程分析工具、方法和性能判据所进行的建筑防火工程设计方法。

性能化防火设计的主要思想是在防火设计时仅提出建筑防火安全所需要的性能要求或指标,而不直接要求设计人员必须采用某些特定的解决方法。如何达到这一指标要求,采取什么样的工程措施则由设计人员确定。但是,设计人员最终要向审核人员证明其所选择的工程解决方法或措施是安全可靠的,因此消防安全评估技术是建筑性能化防火设计的核心。

建筑防火系统分为主动防火系统和被动防火系统。

主动防火系统的基本功能是早期发现和扑灭火灾、保障人员安全疏散和减少烟气的伤害。主要设备包括:

① 消防给水系统,包括消防水池、消火栓和消防水泵等;

② 火灾自动报警系统,包括各类火灾探测器和控制器等设备;

③ 自动灭火系统,包括气体、水、泡沫和水喷雾等多种形式的灭火设备;

④ 消防电源和安全疏散诱导系统,包括消防电源、应急照明、事故广播和疏散线路指示等设施;

⑤ 防排烟系统,包括防排烟管道、各类阀门、送排烟风机等。

被动防火系统基本功能是控制烟气和火灾蔓延,减少生命财产损失,防止建筑物坍塌,与主动防火系统实现主动配合和互补,包括:

① 采用阻燃和难燃材料装饰装修;

② 采用防火涂料;

③ 设置防火分区和防烟分区;

④ 划分建筑物耐火等级;

⑤ 使用各种管道和孔洞封堵材料;

⑥ 合理设置疏散路线等。

2.2.2 结构抗火

为了防止结构在火灾中的倒塌,减小火灾后结构的修复和加固费用,最大限度地减少人员伤亡和财产损失,减轻对环境的污染和影响,必须对结构进行抗火设计。结构抗火设计的内容主要包括以下几点。

① 结构材料在高温下的性能研究,主要包括钢材、混凝土材料、砌体材料等主要结构材料在高温下和高温后的强度、弹性模量、应力-应变曲线等力学性能参数,以及材料的导热系数、比热容、质量密度、线膨胀系数、高温徐变等内容。

② 结构构件在火灾温度下构件截面的温度场研究。由于钢材的导热系数很大,热量在构件截面的传播很快,而混凝土是热惰性材料,热量在构件截面的传播很慢。因此,结构构件温度场的分析和研究主要集中在对各种混凝土截面形式、大小等的温度场计算上。

③ 结构构件在高温下的力学性能和变形性能研究,主要包括钢结构构件、钢筋混凝土结构构件、组合结构构件等在拉、压、弯、剪、扭等荷载单独或组合作用下的力学性能和变形性能。

④ 钢结构构件的耐火保护研究。由于钢结构的耐火性能差,在火灾高温下将很快失去承载能力而倒塌,耐火极限仅仅 $10\sim15$ min。目前,世界各国对钢结构采取多种措施进行保护,主要有截留法和疏导法。

a. 截留法。其原理就是截断和阻滞火灾产生的热量向构件内部传递,从而使构件在规定的时间内温度升高不超过其临界温度。一般是在构件的表面涂抹保护材料,火灾产生的高温先传给保护材料,再由保护材料传给构件。由于保护材料一般导热系数小,热容较大,能阻滞热量流向构件从而起到保护作用。截留法又分为喷涂法、包封法、屏蔽法和水喷淋法。喷涂法就是在构件表面喷涂防火涂料形成保护层,喷涂要求要符合中国工程建设标准化协会制定的《钢结构防火涂料应用技术规范》(CECS 24—1990)中的规定。包封法就是在构件表面包封防火板材、混凝土或砖、钢丝网耐火砂浆等。屏蔽法就是将钢构件包裹在耐火材料组成的墙体或吊顶内。水喷淋法是在结构顶部安装喷淋供水管网,火灾时自动喷水,在构件表面形成连续水膜形起到保护作用。

b. 疏导法。其允许热量传递到构件,但是设法将热量传递走,目前仅有水冷却法一种。该方法就是在构件封闭空心截面内注入水,依靠水的循环将热量带走。主要存在的问题是水压过大、钢材锈蚀和水结冰等,目前应用较少。

⑤ 整体结构抗火性能。目前研究尚处于起步阶段。

⑥ 建筑构件的标准耐火试验设备和试验方法的研究。

⑦ 新型组合结构的抗火设计。

目前欧洲各国颁布了钢结构耐火设计规范,法国制定了混凝土结构耐火强度计算方法。与国外相对应,我国出台了《建筑钢结构防火技术规范》(CECS 200:2006)。至于混凝土结构抗火设计规范,则一直没有出台。

2.2.3　火灾后结构的损伤鉴定与加固

火灾后结构的损伤鉴定与加固主要包括:火灾调查和火场温度确定、火灾后结构材料性能检测、火灾后及结构构件剩余承载力分析与计算、结构受损的综合评定、火灾后结构加固和修复技术等。

目前,火灾后结构损伤鉴定主要依照《火灾后建筑结构鉴定标准》(CECS 252—2009),并配合《工业建筑可靠性鉴定标准》(GB 50144—2008)和《民用建筑可靠性鉴定标准》(GB 50292—1999)等鉴定标准进行。至于火灾后结构的加固修复,目前的研究尚不充分,长期以来主要依靠设计人员的经验来选择加固方法,依照《混凝土结构加固技术规范》(CECS 25—1990)和《钢结构加固技术规范》(CECS 77—1996)等进行。目前,火灾后结构加固方法常用的有喷射混凝土法、粘钢加固法、碳纤维增强复合材料加固法等。

2.3　火灾基本知识　>>>

2.3.1　燃烧条件

燃烧是可燃物与氧化剂作用发生放热反应,通常伴有火焰、发光和(或)发烟现象。物质燃烧必须同时具备三个要素,即可燃物、助燃物和着火源,三者缺一不可。但是并不是具备了上述三个条件就一定会发生燃烧现象。三个要素还必须达到一定的量,并且能够相互作用才能发生燃烧。

① 可燃物。凡是能与氧或氧化剂发生剧烈化学反应的物质统称为可燃物,也称为还原剂。缺少可燃物,燃烧就不能进行,如木材、纸张、酒精、氢气、乙炔等。可燃物按照其组成可以分为有机可燃物和无机可燃物两大类。从数量上来说,绝大部分是有机物,少量为无机物。可燃物按照其状态可以分为可燃固体、可燃液体和可燃气体三大类。同一种物质的不同状态其燃烧性能不同,一般来说,气体比较容易燃烧,固体最难燃烧。

② 助燃物。凡是能帮助和支持燃烧的物质称为助燃物,确切来说就是能与可燃物发生燃烧反应的物质。化学危险品中的氧化剂类物质均为助燃物,此外还有未列入化学危险品的氧化剂,如氧气等。

③ 着火源。凡是能引起可燃物燃烧的热能源称为着火源。其主要包括明火、高温物体、电热能、化学热能、机械热能、生物能、光能、核能等。

可燃物、助燃物和着火源构成了燃烧三要素。这是质方面的条件,此外还必须要有量方面的条件,因此燃烧发生还必须具备以下条件。

① 足够的可燃物质。如可燃气体或蒸气在空气中的浓度不够,燃烧就不会发生。例如,用火柴在常温下去点汽油,能立即燃烧。若用火柴去点柴油则不能燃烧。

② 足够的助燃物。燃烧若没有足够的助燃物质,火焰就会减弱直至熄灭。例如,氧气在空气中的浓度下降到14％～18％,一般的可燃物质就不能燃烧。又如,在密闭的小空间里面点燃蜡烛,随着氧气的耗尽蜡烛会最终熄灭。

③ 着火源达到一定的温度。例如,火星落到棉花上,很容易着火,而落在木材上则不易起火,因为木材燃烧需要的热量比棉花多。白磷在夏天很容易着火,而煤则不然,这是由于白磷燃烧所需要的温度很低,而煤燃烧需要的温度很高。又如,火柴可以点燃一张纸而不能点燃一根木头。

④ 未受抑制的链式反应。汽油的最小点火能量为0.2 MJ,乙醚为0.19 MJ。对于无焰燃烧,前三个条件同时存在,相互作用,燃烧就会发生;对于有焰燃烧,除了满足上述三个条件以外,燃烧过程还存在未受抑制的游离基,形成链式反应,从而使燃烧继续下去,也是燃烧的充分条件之一。

2.3.2　防火和灭火

一切防火措施,就是为了防止产生燃烧的条件,不让燃烧的三因素相互结合并发生作用,采取限制、削弱燃烧条件发展的办法,阻止火势蔓延。防火的基本措施如下。

① 控制可燃物。限制燃烧的基础或缩小可能燃烧的范围,主要措施包括:以难燃烧或不燃烧的材料代替易燃或可燃材料作为建筑结构和装饰材料;加强通风,降低可燃气体、蒸汽和粉尘的浓度;用防火涂料浸涂可燃材料,改变其燃烧性能;对性质上相互作用能发生燃烧或爆炸的物品采取分开存放、隔离等措施;限量存放汽油、酒精、香蕉水等易燃、易爆物品;切勿在走廊、楼梯口等处堆放杂物,要保证通道和安全出口的畅通。

② 控制助燃物。限制燃烧的助燃条件,主要措施包括:密闭有易燃、易爆物质的房间、容器和设备,使用和生产易燃、易爆物质应在密闭设备管道中进行;对有异常危险的生产采取充装惰性气体的措施;使可燃性气体、液体、固体不与空气、氧气或其他氧化剂等助燃物接触,即使有着火源,也因为没有助燃物参与而不发生燃烧,如将二硫化碳、磷储存于水中,将金属钾、钠储存于煤油中。

③ 消除着火源。消除或控制着火源,严格控制明火源、电火源,防止摩擦撞击起火,防止静电火花等。主要措施包括:不乱丢烟头,在危险场所禁止吸烟、动用明火、穿带钉鞋;教育孩子不玩火,不玩电器设备;不乱接乱挂电线,电路熔断器切勿用铜、铁丝代替;发现燃气泄漏,要迅速关闭气源阀门,打开门窗通风,切勿触动电气开关和使用明火;进行烘烤、熬炼、热处理作业时,严格控制温度,不超过可燃物质的自燃点;存放化学易燃物品的仓库,应遮挡阳光;装运化学易燃物品时,铁质装卸、搬运工具应套上胶皮或衬上铜片、铝片;对火车、汽车、拖拉机的排烟气系统,安装防火帽或火星熄灭器等。

④ 阻止火势蔓延。不使新的燃烧条件形成,防止或限制火灾扩大,主要措施包括:建、构筑物及贮罐、堆场等之间留足防火间距,设置防火墙,划分防火分区;在可燃气体管道上安装阻火器及水封等;在能形成爆炸介质(可燃气体、可燃蒸汽和粉尘)的厂房设置泄压门窗、轻质屋盖、轻质墙体等;在有压力的容器上安装防爆膜和安全阀。

灭火的基本方法如下。

① 窒息灭火法。使燃烧物质断绝氧气或其他助燃物质的助燃而熄灭。灭火时采用物体捂盖的方式使空气不能进入燃烧区域,也可以用氮气、二氧化碳等惰性气体稀释空气中的氧气,使燃烧终止。窒息法灭火实用性强,简便易行,灭火迅速,不会造成水渍,是一种物理灭火方法。

② 冷却灭火法。使可燃物质的温度降低到燃点以下而终止燃烧。灭火时将水、泡沫或二氧化碳等具有冷却和吸热作用的灭火剂喷洒到物体上,使温度降到燃点以下。要注意的是,电器火灾未切断电源时不能用水扑救,否则容易导致触电。高温状态下的化工设备火灾不能用水扑救,因高温设备遇水后骤冷,容易变形爆裂;对于硫酸、盐酸、硝酸等不能用水扑救,以免酸液灼伤人体;对于钾钠碳酸钙等火灾不能用水扑救,因为其将与水发生反应放出大量的热量。冷却灭火法也是一种物理灭火方法。

③ 隔离灭火法。将燃烧物体附近的可燃物质隔离或疏散开,使燃烧终止。通常草原或森林大火,在火场外围挖壕沟或将外围可燃物先烧掉形成隔离带,通常所说的"以火攻火"就是典型的隔离灭火方法。隔离

灭火法也是一种物理灭火方法。

④ 抑制灭火法。使灭火剂参与到燃烧反应的过程中去,使燃烧产生的游离基消失而使燃烧终止。这是一种化学灭火方法。例如将干粉或卤代烷灭火剂喷洒到燃烧物体上,使燃烧终止。

可以根据实际情况,采用以上一种或多种方法,达到灭火的目的。

2.3.3　燃烧的基本类型

① 闪燃和闪点。在液体表面产生足够蒸汽,遇火产生一闪即灭的燃烧现象称为闪燃。在规定的试验条件下,液体挥发的蒸汽与空气形成混合物,遇火产生闪燃的液体最低温度称为闪点,用 ℃ 表示。闪燃是短暂的闪火,不是持续的燃烧。这是因为液体在闪燃温度下蒸发速度有限,所产生的蒸汽仅能维持短时间的燃烧,新的蒸汽来不及补充维持燃烧。但若温度继续上升,液体挥发的速度加快,就可能持续燃烧或发生爆炸。闪点是评定液体火灾危险性大小的重要参数。但是有些固体物质,如樟脑和萘等,在一定的条件下,也能缓慢蒸发产生可燃气体,因而也可以用闪点来衡量其火灾危险性。物质的闪点越低,火灾危险性越大。闪燃是可燃液体着火的先兆,是危险的警告。

我国《建筑设计防火规范》(GB 50016—2006)对生产和存储液态物质的火灾危险性,是根据闪点进行分类的。一般以 28 ℃ 作为易燃和可燃物质的界限,把闪点低于 28 ℃ 的液体定为易燃液体,具有甲类火灾危险性;把闪点大于或等于 28 ℃ 的液体定为可燃液体,闪点不小于 28 ℃ 但小于 60 ℃ 的液体具有乙类火灾危险性,闪点不小于 60 ℃ 的液体具有丙类火灾危险性。液体火灾危险性等级是确定厂房、仓库、堆场、液体储罐等的耐火等级、安全疏散、防火间距、布置等的重要依据。

② 着火和燃点。可燃物与火源接触,达到一定温度,产生有火焰的燃烧,并在火源移除后仍能持续燃烧的现象,称为着火。在规定的试验条件下,应用外部热源使物质表面起火并持续燃烧一定时间所需的最低温度称为燃点或着火点,用 ℃ 表示。所有可燃液体的燃点都高于闪点,因此评价液体火灾危险性时,燃点没有实际意义。但是燃点对可燃固体及闪点较高的可燃液体具有实际意义,如果将这些物质的温度控制在燃点以下,就可以防止火灾的发生。

③ 自燃和自燃点。可燃物质在没有外部火源的作用下,因受热或自身发热并蓄热所产生的自然燃烧的现象,称为自燃,可分为受热自燃和自热自燃。在规定的条件下,可燃物质产生自燃的最低温度称为自燃点,用 ℃ 表示。自燃点是衡量可燃物质受热自燃危险性的重要依据。自燃点越低,火灾危险性越大。我国《建筑设计防火规范》(GB 50016—2006)对于生产和存储在空气中能够自燃的物质的火灾危险性进行了分类。在常温下能自行分解或在空气中氧化能迅速自燃或爆炸的物质具有甲类火灾危险性。

④ 爆炸和爆炸极限。物质由于急剧氧化或分解产生温度、压力增加或两者同时增加的现象称为爆炸。从广义上来说,爆炸是物质从一种状态迅速转变为另一种状态,并在瞬间产生大量能量,同时产生声音的现象。在未燃烧介质中传播速度不大于声速的爆炸称为爆燃,而大于声速的则称为爆轰。按照爆炸的性质不同,可将爆炸分为物理爆炸、化学爆炸和核爆炸三种类型。物理爆炸是指装在容器内的液体或气体,由于温度、压力等物理变化引起体积迅速膨胀,导致容器压力急剧增加,由于超压或应力变化使容器发生爆炸,且在爆炸前后物质的性质和化学成分不发生改变的现象,如蒸汽锅炉发生的爆炸。化学爆炸是指物质本身发生化学反应,产生大量的气体并使温度、压力增加或两者同时增加而形成的爆炸现象,如炸药爆炸。核爆炸是指原子核裂变或聚变反应,释放核能所形成的爆炸。爆炸极限是指可燃气体、蒸汽或粉尘与空气混合后,遇火发生爆炸的最高或最低浓度。气体和蒸汽的爆炸极限通常用体积百分比来表示,粉尘通常以对单位体积的质量来表示。遇火发生爆炸的最低浓度都称为爆炸下限,遇火发生爆炸的最高浓度称为爆炸上限。如果可燃气体在空气中的浓度低于爆炸下限,遇火既不燃烧,也不爆炸;如果高于爆炸上限,遇火不爆炸但能燃烧。爆炸极限是衡量可燃气体(粉尘)作业场所是否具有火灾危险性的重要依据。爆炸下限越低,爆炸极限范围越宽,则爆炸危险性越大。例如,汽油的爆炸极限范围为 1.0%～6.0%,乙炔的爆炸极限范围为 1.53%～82%,汽油爆炸极限低,容易发生爆炸,乙炔的爆炸范围广,发生爆炸的机会大。我国《建筑设计防火规范》(GB 50016—2006)将爆炸下限小于 10% 的气体称为甲类气体,不小于 10% 的气体称为乙类气体,相应地将生产和存储可燃气体火灾危险性分为甲类和乙类。

2.4 建筑火灾发展过程 >>>

一般建筑室内发生火灾时由一点引燃,并逐步发展。根据室内火灾温度随时间变化的过程可将火灾发展过程分为初起、发展、猛烈燃烧和熄灭四个阶段,如图 2-1 所示。

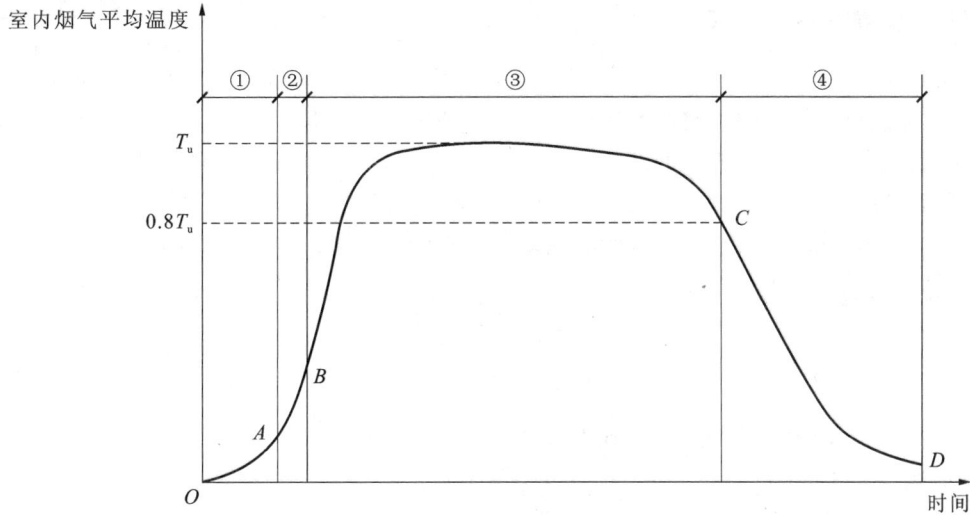

图 2-1 室内火灾烟气平均温度和时间关系

①—初起阶段(OA);②—发展阶段(AB);③—猛烈燃烧阶段(BC);④—熄灭阶段(CD);T_u—室内烟气平均温度最高值

2.4.1 火灾初起阶段(OA 段)

室内火灾发生后,最初只是局部部位起火,然后其周围可燃物燃烧。这时,由于火灾规模很小,氧气消耗量也很少,火灾如同在敞开的空间进行一样。初起阶段燃烧范围小,火灾仅限于初始起火点位置附近,室内烟气流动小,室内温差大,仅在燃烧区域存在高温,室内平均温度低,火灾发展速度慢,在发展过程中火势不稳定。火灾在初起阶段持续的时间受点火源、可燃物性质和分布以及通风条件影响,长短差别比较大,一般持续时间为几分钟到十几分钟。为确保人员安全疏散,应满足下式(图 2-2):

$$t_p + t_a + t_{rs} \leqslant t_u \tag{2-1}$$

式中　t_p——从着火到发现火灾所需要的时间;

　　　t_a——从发现火灾到开始疏散所需要的时间;

　　　t_{rs}——人员转移到安全地点所需要的时间;

　　　t_u——火灾现场出现人们不能忍受条件的时间。

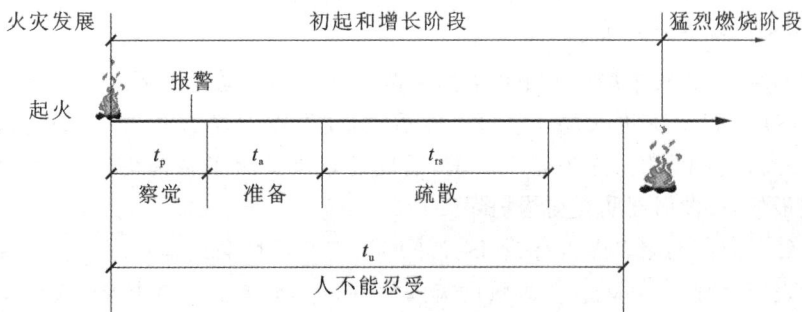

图 2-2 人员安全疏散判据

为了满足式(2-1)的人员安全疏散判据,应尽量减小 t_p、t_a 和 t_{rs},增加 t_u。利用火灾自动探测器和报警器可以有效减小 t_p;设置消防广播和良好的疏散标志,有合理火灾的应急预案可以有效减小 t_a;合理的安全疏散设计,包括安全出口个数和宽度、安全疏散走道、安全疏散距离等可以有效减小 t_{rs};合理的建筑防火设计,包括安装配备灭火设备、防排烟设备、采用不燃或难燃材料装修等可以有效增加 t_u。

火灾初起阶段是灭火和人员疏散的最佳时机,因此应设法延长火灾初起阶段持续的时间。对于社会单位和人员强调"检查消除火灾隐患的能力、扑救初期火灾的能力、组织人员安全逃生的能力、消防宣传教育的能力"也是对初期火灾是灭火和人员疏散有利时机的具体应用。

2.4.2 火灾发展阶段(AB段)

在火灾初起阶段后期,火灾范围迅速扩大,当火灾房间温度达到一定值时,聚集在房间内的可燃气体突然起火,整个房间充满火焰。房间由局部燃烧到全面燃烧的突变现象称为轰燃。轰燃是室内火灾最为显著的特征之一,标志着火灾猛烈燃烧阶段的开始。对于安全疏散而言,如果人员在轰燃之前没有安全撤离则很难幸存。研究轰燃产生的条件对防火和灭火都具有十分重要的意义。

有几个标准预测轰燃的发生,其中最简单的标准是着火房间地面上的热辐射强度达到 2 W/cm²。1981年,托马斯提出轰燃判别公式为:

$$\dot{Q} = 387A_w \sqrt{h_w} + 7.8A_t \tag{2-2}$$

$$A_w = B_w h_w \tag{2-3}$$

式中 $\dot{Q}$——产生轰燃所需要的火焰热释放速率,kW;

A_w——通风口面积,m²;

B_w——通风口宽度,m;

h_w——通风口高度,m;

A_t——着火房间内表面积,包括四周墙壁、顶棚、地板面积,但扣除通风口面积,m²。

2.4.3 火灾猛烈燃烧阶段(BC段)

轰燃发生以后,房间内可燃物都猛烈燃烧,放热速度快,房间温度骤然上升,并出现持续高温。火焰、高温烟气从房间的开口部位大量喷出,使火灾蔓延到建筑物其他部分甚至相邻的建筑物。室内高温对结构构件产生热作用,使构件结构材料劣化,承载力下降,严重的将造成建筑物局部或整体坍塌。猛烈燃烧阶段持续的时间取决于可燃物的燃烧性能和数量以及通风条件。这时燃烧稳定,燃烧速度几乎不变,温度到达最大值,可燃物烧毁的质量占整个火灾燃烧总质量的80%以上。火灾发展到猛烈燃烧阶段则很难扑灭。为了防止猛烈燃烧阶段造成更大的损失,建筑防火规范采取的措施包括:设置合理的防火分区和防烟分区,选用合理的防火分隔材料,将火灾发生的区域及火灾烟气蔓延的区域控制在一定的范围内;设置合理的防火间距,防止火灾蔓延到相邻的建筑物;合理选用结构材料和结构承重体系,合理设计构件的耐火极限,防止结构发生局部或整体坍塌。

2.4.4 火灾熄灭阶段(CD段)

随着室内可燃物的减少,火灾燃烧速度下降,室内烟气平均温度也开始下降。当室内烟气平均温度下降到最高平均温度的80%时,火灾进入熄灭阶段。随后,房间温度明显下降,直到房间内的全部可燃物烧尽,室内外温度趋于一致,火灾结束。火灾熄灭之前,温度还很高。由于结构构件经过长时间的高温作用,构件的承载力下降到最低点,此时要防止结构坍塌。

上述四个阶段持续的时间与诸多因素有关,因此不同火灾其特性曲线也存在很大的差异。上述的火灾发展过程是火灾自然发展过程。实际上,大多数火灾发生和发展会受到人为控制,人们总会采取各种措施来控制火灾的发展。不同的措施可以在火灾的不同阶段发挥作用。例如在火灾的早期,启用自动灭火系统可以有效控制温度升高并可能扑灭火灾。

2.5 描述火灾的几个参数 >>>

2.5.1 火灾荷载密度

火灾燃烧的基本条件之一是必须有可燃物。火灾持续时间、温度的高低与可燃物的燃烧热值、数量以及着火房间的性能有关。火灾荷载密度是房间内所有可燃物完全燃烧所产生的总热量与房间的特征参考面积的比值。房间特征参考面积可以采用房间的内表面积 A_T，也可以采用房间的地板面积 A_f。由于不同可燃材料的燃烧热值不同，为便于比较，通常将可燃物质量转化为等效木材的质量。所谓等效，就是以单位质量木材发热量为基数，将其他可燃材料按燃烧热值换算成等效发热量的木材。因此，火灾荷载密度的公式为：

$$q = \frac{\sum M_i H_i}{A_f H_0} \tag{2-4}$$

式中 q——火灾荷载密度，kg/m^2；

$\quad\quad M_i$——室内第 i 种可燃材料的总质量，kg；

$\quad\quad H_i$——室内第 i 种可燃材料的燃烧热值，MJ/kg；

$\quad\quad H_0$——木材的燃烧热值，MJ/kg；

$\quad\quad A_f$——室内地面面积，m^2。

我国《建筑钢结构防火技术规范》(CECS 200:2006)给出了标准火灾荷载密度，将可燃物等效为木材，且以房间内表面积计算，定义为：

$$q_k = \frac{\sum M_i H_i}{A_T} \tag{2-5}$$

式中 q_k——标准火灾荷载密度，MJ/m^2；

$\quad\quad A_T$——包括窗户在内房间六壁面面积之和，m^2。

按地板面积确定的火灾荷载密度，定义为：

$$q_0 = \frac{\sum M_i H_i}{A_f} \tag{2-6}$$

于是得到：

$$q_k = \frac{q_0 A_f}{A_T} \tag{2-7}$$

我国《建筑钢结构防火技术规范》(CECS 200:2006)给出的火灾荷载密度见表 2-3。

表 2-3   各类建筑的火灾荷载密度

建筑使用功能	火灾荷载密度/(MJ/m²)	建筑使用功能	火灾荷载密度/(MJ/m²)
住宅、公寓	1100	设计室	2200
一般办公室	750	教室	550
医院病房	550	图书室	4600
旅馆卧室	750	商场	1300
会议室、讲堂、观众席	650		

标准火灾荷载密度一般宜根据建筑物的使用功能按式(2-5)确定可燃物数量。当难于按实际情况确定时，也可以按式(2-7)估算。

设计所使用的火灾荷载密度 q_T 还需要考虑结构的重要性、火灾的危险性以及所采取的主动防火措施等,按下式确定:

$$q_T = \gamma_1 \gamma_2 \gamma_3 q_k \tag{2-8}$$

式中 q_k——标准火灾荷载密度,MJ/m^2;

γ_1——结构重要性系数,按表 2-4 确定;

γ_2——火灾危险性系数,按表 2-5 确定;

γ_3——主动防火系数,按表 2-6 确定。

表 2-4   结构重要性系数 γ_1

建筑物使用功能	建筑高度/m			
	小于 5	不小于 20 或地下不小于 10	不小于 30 或地下大于 10	大于 30
公寓、住宅、办公室、公共机构	0.8	1.1	1.6	2.2
会议室、商店	0.8	0.8	1.1	2.2
工厂	0.6			
车库	0.4			1.6

注:建筑物高度是指室外地面到顶层檐口高度,不计入屋顶局部突出物,如楼梯间等。

表 2-5   火灾危险性系数 γ_2

建筑物使用功能	火灾危险性系数 γ_2
公寓、住宅、办公室、公共机构	1.2
会议室、商店、工厂、车库	0.8

表 2-6   主动防火系数 γ_3

主动防火措施	主动防火系数 γ_3	
	$\gamma_1 \gamma_2 \leqslant 1.6$	$\gamma_1 \gamma_2 > 1.6$
设置有效的灭火系统	0.60	0.75
其他情况	1.00	1.00

欧洲规范 EC1:Part 1.2 给出的设计火灾荷载密度为:

$$q_T = m \delta_{q1} \delta_{q2} \delta_{q3} q_k \tag{2-9}$$

式中 q_k——标准火灾荷载密度,MJ/m^2;

m——燃烧系数,考虑到大多数可燃物为固体,可能不完全燃烧,对于一般火灾取 0.8;

δ_{q1}——考虑防火分区大小的危险性系数;

δ_{q2}——考虑结构用途的危险性系数,δ_{q1} 和 δ_{q2} 的取值见表 2-7。

$\delta_{qn} - \delta_n = \prod_{i=1}^{n} \delta_{ni}$,$\delta_{ni}$ 为综合考虑各项主动防火措施的效应系数,按表 2-8 确定。

表 2-7   火灾危险性系数 δ_{q1} 与 δ_{q2} 取值表

防火分区大小/m²	δ_{q1}	δ_{q2}	结构用途
25	1.10	0.78	画廊、博物馆、游泳池
250	1.50	1.00	办公室、住宅、旅馆、造纸厂
2500	1.90	1.22	机械及发动机车间
5000	2.00	1.44	化工厂、油漆车间
10000	2.13	1.66	烟花工厂、油漆工厂

表 2-8　主动灭火系统效应系数 δ_{ni}

自动灭火系统				自动火灾探测				人工灭火系统			
自动喷水灭火系统	独立供水系统			自动火灾探测		消防站自动报警	现场消防员	非现场消防员	安全进入路线	灭火工具	排烟系统
	0	1	2	热探测	烟雾探测						
δ_{n1}	δ_{n2}			δ_{n3}	δ_{n4}	δ_{n5}	δ_{n6}	δ_{n7}	δ_{n8}	δ_{n9}	δ_{n10}
0.61	1.0	0.87	0.7	0.87 或 0.73		0.87	0.67 或 0.78	0.9 或 1 或 1.5	1.0 或 1.5	1.0 或 1.5	

室内可燃物一般可以分为固定可燃物、容载可燃物和临时性可燃物。固定可燃物是房间内装修用的位置基本固定不变的可燃材料，如墙体、楼板、顶棚、地板以及固定家具等，相当于结构荷载中的永久荷载，可以较为确切地计算。容载可燃物是指为了房间的正常使用而布置的，其位置可变性比较大，如可移动家具、衣物、书籍、用具等，相当于结构荷载中的可变荷载，一般难以计算。临时性可燃物，是指使用者临时带来的在此短暂停留的可燃物，相当于结构荷载中的临时施工荷载，计算中一般不考虑。

不同的材料，其燃烧热值变化范围比较大。表 2-9 列出了常见材料的燃烧热值，可以作为计算火灾荷载密度时的参考。

表 2-9　材料燃烧热值表

材料	热值/(MJ/kg)	材料	热值/(MJ/kg)	材料	热值/(MJ/kg)
无烟煤	31～36	聚醋酸乙烯酯	20～21	聚酯	30～31
沥青	40～42	聚酰胺	29～30	纤维增强聚酯	20～22
煤焦油	41～43	聚甲醛	16～18	聚乙烯塑料	43～44
纤维素	15～18	聚异丁烯	43～46	聚碳酸酯	28～30
碳	34～35	丝绸	17～21	聚丙烯塑料	42～43
衣物	17～21	稻草	15～16	聚四氟乙烯	5.0
煤、焦煤	28～34	木材	17～20	聚氨酯	22～24
软木	26～31	羊毛	21～26	聚氨酯泡沫	23～28
棉花	16～20	硬纤维板	17～18	聚氯乙烯	16～17
谷物	16～18	石油	40～42	泡沫	12～15
油脂	40～42	汽油	43～44	泡沫橡胶	34～40
厨房垃圾	8～21	亚麻籽油	38～40	苯	40.1
皮革	18～20	甲醇	19～20	乙醇	26.9
油毡	19～21	煤油	40～42	乙炔	48.2
纸张、纸板	13～21	酒精	26～28	一氧化碳	10.1
石蜡	46～47	赛璐珞塑料	17～20	氢气	119.7
ABS 塑料	34～40	环氧树脂	33～34	甲醛	18.6
聚丙烯酸酯	27～29	三聚氰胺树脂	16～19	甲烷	50
硫化橡胶	31～33	酚醛树脂	27～30	乙烷	48
丙烷	45.8	丁烷	45.7	磷	25.1

火灾荷载密度的大小对防火系统的设计至关重要。目前我国还没有火灾荷载密度的相关调查数据。表 2-10 是日本建筑物火灾荷载密度的统计资料，可供参考使用。

表 2-10　　　　　　　　　　　　　　日本建筑物火灾荷载密度

建筑用途	一般情况/(MJ/m²)	通常最大值/(MJ/m²)	建筑用途	一般情况/(MJ/m²)	通常最大值/(MJ/m²)
住宅建筑	644～662	1104	设计室	552～2760	2208
一般办公室	129～607	736	教室	552～828	736
剧场舞台	—	1380	图书馆	2760～9200	7360
医院	276～552	552	图书室	1840～4600	4600
宾馆卧室	460～736	736	仓库	3680～18400	—
会议室、讲堂、观众席	368～644	644	商场	—	1840～3680

EC1:Part 1.2 给出的各类建筑中的火灾荷载密度见表 2-11。

表 2-11　　　　　　　　　　　EC1:Part 1.2 中各类建筑的火灾荷载密度

建筑用途	平均火灾荷载密度/(MJ/m²)	分位值		
		80%	90%	95%
住宅	780	870	920	970
医院	230	350	440	520
医院仓库	2000	3000	3700	4400
宾馆卧室	310	400	460	510
办公室	420	570	670	760
商店	600	900	1100	1300
工厂	300	470	590	720
工厂仓库	1180	1800	2240	2690
图书馆	1500	2550	2550	—
学校	285	360	410	450

【例 2-1】　某宾馆标准客房长 5 m,宽 4 m,室内容纳可燃物及其发热量见表 2-12。试计算该标准客房的火灾荷载密度(等效为木材的发热量)。

表 2-12　　　　　　　　　　　标准客房陈设、家具、内装修材料燃烧热值表

分类	品名	材料	质量/kg	单位发热量/(MJ/kg)
容载可燃物	单人床	木材	113.40	18.837
		泡沫塑料	50.04	43.534
		纤维	27.90	18.837
	写字台	木材	13.62	18.837
	大沙发	木材	28.98	18.837
		泡沫塑料	32.40	43.534
		皮革	18.00	20.93
	茶几	木材	7.62	18.837
固定可燃物	壁纸	厚度 0.5 mm	17.38	16.744
	涂料	厚度 0.5 mm	15.64	16.744

【解】 根据已知条件,按照式(2-5),分别求出固定火灾荷载密度和容载火灾荷载密度,再求出整个标准房间的火灾荷载密度。

(1)固定火灾荷载密度

$$q_1 = \frac{17.38 \times 16.744 + 15.64 \times 16.744}{18.837 \times 5 \times 4} = 1.5 (kg/m^2)$$

(2)容载火灾荷载密度

$$q_2 = \frac{18.837 \times 163.62 + 43.534 \times 82.44 + 18.837 \times 27.90 + 20.93 \times 18.0}{18.837 \times 5 \times 4} = 20.1 (kg/m^2)$$

(3)全部火灾荷载密度

$$q = q_1 + q_2 = 1.5 + 20.1 = 21.6 (kg/m^2)$$

2.5.2 火灾燃烧速度

单位时间内室内等效可燃物燃烧的质量称为燃烧速度。燃烧速度大小决定了室内火灾释放热量的多少,直接影响室内火灾温度的变化。室内火灾在开口大小不变的情况下,火灾在猛烈燃烧阶段有两种燃烧状况:一种是室内开口特别大,室内氧气供应充足,燃烧速度受可燃物表面积和燃烧特性决定,与开口大小无关,称为受燃料控制的燃烧;另一种是可燃物的燃烧速度由流入室内的空气流控制,称为受通风控制的燃烧。绝大多数建筑的室内空间,在一般开口情况下,火灾发展是受通风控制的燃烧。下面研究室内火灾受通风控制的燃烧的燃烧速度。

为便于分析计算,假设着火房间内各处的温度相等,同时假设沿窗口高度的压力分布呈直线,在房间窗口某高度处必然存在室内外压力差为零的中性层。在压力差作用下,新鲜空气从窗口下部流入房间,而房间内的火焰、高温烟气从窗口上部流出。在上述假设情况下,可以得到房间开口部位的空气压力和流速分布,如图2-3所示。

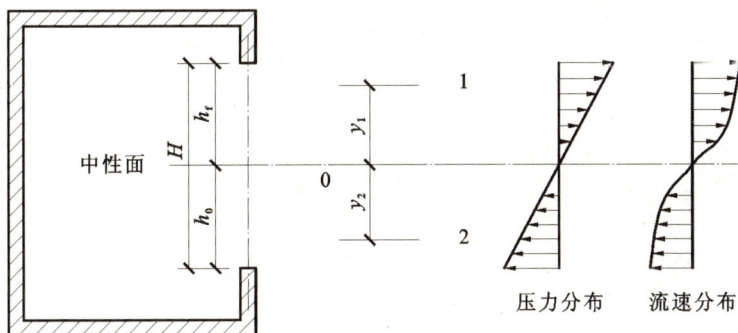

图 2-3 火灾房间开口部位空气压力和流速

设室内外气体的密度分别为 ρ_1 和 ρ_0,中性层处的压力为 p_0,重力加速度为 g。在中性面以上某高度 y_1 处室内1点的压力 $p_1 = p_0 - \rho_1 g y_1$,该高度室外相应点的压力 $p_{10} = p_0 - \rho_0 g y_1$。对于相同高度处室内外相关点,根据伯努利方程,得到:

$$\frac{p_1}{\rho_1} + \frac{v_1^2}{2} = \frac{p_{10}}{\rho_0} + \frac{v_{10}^2}{2} \tag{2-10}$$

式中 v_1, v_{10}——分别为中性层以上高度 y_1 处室内外1点的水平流速。

根据室内气体温度相同的假设有 $v_1 = 0$。若认为从1点所在开口处流出的气体温度、密度不发生改变,则式(2-10)可以写成:

$$\frac{p_0 - \rho_1 g y_1}{\rho_1} = \frac{p_0 - \rho_0 g y_1}{\rho_1} + \frac{v_{10}^2}{2} \tag{2-11}$$

整理式(2-11)得到:

$$v_{10} = \left[\frac{2(\rho_0 - \rho_1) g y_1}{\rho_1} \right]^{1/2} \tag{2-12}$$

同理,对流入室内的空气作类似分析,可以得到:

$$v_{20} = \left[\frac{2(\rho_0 - \rho_1)gy_1}{\rho_0} \right]^{1/2} \tag{2-13}$$

v_{20} 代表 2 点处空气流入的水平速度。为了代表一般性,用下标 F 表示室内空气,0 表示环境气体,式(2-12)和式(2-13)可以改写为:

$$v_F = \left[\frac{2(\rho_0 - \rho_F)gy}{\rho_F} \right]^{1/2} \tag{2-14}$$

$$v_0 = \left[\frac{2(\rho_0 - \rho_F)gy}{\rho_0} \right]^{1/2} \tag{2-15}$$

这两个流速数量级为几米每秒,将它们分别在各自的流通面积内积分,可以算出流入和流出的气体的质量流率 $\dot{m}_{air}$ 和 $\dot{m}_F$,分别为:

$$\dot{m}_{air} = C_a B \rho_0 \int_{-h_0}^{0} v_0 \, \mathrm{d}y \tag{2-16}$$

$$\dot{m}_F = C_a B \rho_F \int_{0}^{h_f} v_F \, \mathrm{d}y \tag{2-17}$$

式中　C_a——流通系数;

　　　B——通风口的宽度,m;

　　　$\dot{m}$——气体的质量流速,kg/s;

　　　h_0, h_f——分别为冷空气和热烟气流通口的高度,m。

将式(2-14)和式(2-15)分别代入式(2-16)和式(2-17)中,得到:

$$\dot{m}_{air} = \frac{2}{3} C_a B h_0^{3/2} \left[2\rho_0 g(\rho_0 - \rho_F) \right]^{1/2} \tag{2-18}$$

$$\dot{m}_F = \frac{2}{3} C_a B h_f^{3/2} \left[2\rho_F g(\rho_0 - \rho_F) \right]^{1/2} \tag{2-19}$$

室内可燃物的燃烧通常为不完全燃烧。设 1 kg 可燃物不完全燃烧所需的空气量为 $\frac{\gamma}{\varphi}$ kg(γ 为可燃物不完全燃烧所需的空气量,φ 为修正系数)。根据物质守恒定律得到:

$$1 \text{ kg(可燃物)} + \frac{\gamma}{\varphi} \text{ kg(空气)} \rightarrow \left(1 + \frac{\gamma}{\varphi}\right) \text{ kg(产物)}$$

将得到:

$$\frac{\dot{m}_F}{\dot{m}_{air}} = \frac{1 + \dfrac{\gamma}{\varphi}}{\dfrac{\gamma}{\varphi}} = 1 + \frac{\varphi}{\gamma} \tag{2-20}$$

将式(2-16)和式(2-17),以及 $H = h_0 + h_f$ 代入式(2-20),得到中心面距离通风口下边缘的高度 h_0 可表示为通风口总高度 H 的函数。得到:

$$\frac{h_0}{H} = \frac{1}{1 + \left\{ \left[1 + \left(\dfrac{\varphi}{\gamma} \right)^2 \right] \rho_0 / \rho_F \right\}^{1/3}} \tag{2-21}$$

如果使用 γ、φ 和 ρ_F 的一般值进行计算,可得到 $\dfrac{h_0}{H} = 0.3 \sim 0.5$。这就是说,进风部分的高度一般比排风部分的高度略小。燃烧产物的质量绝大部分是空气,故可假设 $\dot{m}_{air} = \dot{m}_F$,即 $\dfrac{\varphi}{\gamma} = 0$。于是,从式(2-21)得到:

$$h_0 = \frac{H}{1 + \left(\dfrac{\rho_0}{\rho_F} \right)^{1/3}} \tag{2-22}$$

将式(2-22)代入式(2-18)，得到：

$$\dot{m}_{air} = \frac{2}{3} A_w H^{1/2} C_a \rho_0 (2g)^{1/2} \left\{ \frac{\frac{\rho_0 - \rho_F}{\rho_0}}{\left[1 + \left(\frac{\rho_0}{\rho_F}\right)^{1/3}\right]^3} \right\}^{1/2} \quad (2\text{-}23)$$

式中　A_w——通风开口的面积，m^2。

对于轰燃以后的室内火灾，$\frac{\rho_0}{\rho_F}$ 的值一般为 1.8～5.0，式(2-23)密度项的平方根近似取 0.21。将 $\rho_0 = 1.2 \ kg/m^3$、$C_a = 0.7$、$g = 9.81 \ m/s^2$ 代入式(2-23)，得到空气流入质量速率为：

$$\dot{m}_{air} = 0.52 A_w H^{1/2} \quad (kg/s) \quad (2\text{-}24)$$

在室内发生完全燃烧的情况下，1 kg 木材完全燃烧所需要的空气质量约为 5.7 kg，于是得到木材的燃烧速度可以表示为：

$$R = \frac{\dot{m}_{air}}{5.7} \approx 0.09 A_w H^{1/2} \quad (kg/s) = 5.5 A_w \sqrt{H} \quad (kg/min) \quad (2\text{-}25)$$

在经过如此多的假设以后，由理论分析得到的燃烧速率与川越邦雄的经验公式一致。该式经过许多实际房间和小比例房间的火灾试验所证实，对于耐火建筑受通风控制的室内火灾是完全适用的。

2.5.3　火灾全面发展的持续时间

在轰燃之前，室内火灾烟气的平均温度很低，对建筑结构的破坏很小。因此，火灾持续时间一般不计室内轰燃之前的时间，从轰燃以后开始计算，直到火灾熄灭所经历的时间。火灾持续时间可以通过下式计算：

$$t = \frac{qA}{R} = \frac{qA}{5.5 A_w \sqrt{H}} \quad (min) \quad (2\text{-}26)$$

公式中的符号含义同前。

【例 2-2】　计算例 2-1 宾馆标准客房发生火灾的持续时间，设窗户宽 2 m，高 1 m，门宽 1 m，高 2 m。试计算火灾持续的时间。

【解】
$$A = 5 \times 4 = 20 \ (m^2)$$
$$A_w \sqrt{H} = \sum A_{wi} \sqrt{H_i} = 2 \times 1 \times \sqrt{1} + 1 \times 2 \times \sqrt{2} = 4.83 \ (m^2)$$
$$t = \frac{qA}{5.5 A_w \sqrt{H}} = \frac{21.6 \times 20}{5.5 \times 4.83} = 16.26 \quad (min)$$

除了采用式(2-26)计算火灾持续时间以外，根据火灾荷载还可以推算出火灾燃烧时间的经验数据，见表 2-13。此表的使用条件是，火灾荷载为纤维类可燃物，即可燃物发热量与木材的发热量相当或接近，油类和爆炸物品不适用。

表 2-13　　　　　　　　　　　　　火灾荷载和火灾持续时间的关系

火灾荷载密度/(kg/m²)	25	37.5	50	75	100	150	200
火灾持续时间/h	0.5	0.7	1.0	1.5	2.0	3.0	4～4.5

2.5.4　火灾全面发展的室内温度

结构材料的劣化主要是因为火灾高温作用。因此，计算火灾全面发展阶段的室内温度就成为建筑防火设计、火灾后结构鉴定和加固的基础和重要依据。同样，由于火灾发生轰燃前的温度很低，对结构的破坏作用很小，因此不计室内轰燃之前的温度升高。普通房间发生轰燃后室内平均温度的计算十分复杂，而且准确计算也十分困难。目前，可以采用多种方法来分析或估算火灾发生轰燃后的室内温度。

① 第一种方法,就是根据可燃物燃烧持续的时间,通过国际标准 ISO834 所规定的标准火灾升温曲线计算火灾室内温度。国际标准火灾升温曲线公式为:

$$T - T_0 = 345\lg(8t + 1) \tag{2-27}$$

式中　T——t 时刻的炉内温度,℃;

　　　t——加热持续时间,min;

　　　T_0——炉内初始温度,℃。

在我国对建筑构件进行耐火试验时,一般采用式(2-27)控制炉温,加热试件。也可以通过式(2-27)估算实际火灾持续 t 时间后的室内温度。在国际上,也有些国家如美国、加拿大等采用 ASTM-E119 火灾升温曲线,公式近似表示如下:

$$T - T_0 = 1166 - 532\exp(-0.01t) + 186\exp(-0.05t) - 820\exp(-0.2t) \tag{2-28}$$

式(2-27)和式(2-28)所表示的火灾升温曲线如图 2-4 所示,在典型时刻的火灾温度见表 2-14。

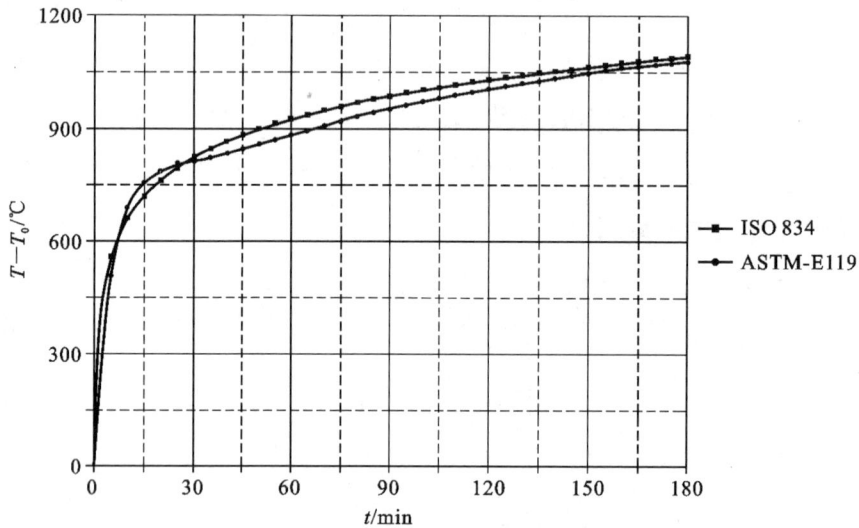

图 2-4　火灾升温曲线

表 2-14　　　　　ISO 834 和 ASTM-E119 火灾升温曲线典型时刻温度($T - T_0$)

典型时刻/min	10	20	30	60	90	120	150	180
ISO 834/℃	658	761	822	925	986	1029	1062	1090
ASTM-E119/℃	686	784	811	883	952	1006	1047	1078

从图 2-4 中曲线的特点可以看出,初始升温非常快,这和实际室内火灾升温有所区别,而且曲线没有下降段。因为要采用上述曲线进行构件火灾试验,所以一般是发生火灾的最不利情况时才会出现。要注意的是,上述方法推定的火灾室内温度往往偏高。

② 第二种方法,根据火灾后残留物烧损特征推定。该方法根据火灾后各种材料的特征温度,例如熔点、燃点、融化、变形等推定火灾温度。注意现场残留物的原始位置,由原始位置推定该处温度。火灾温度最高处一般位于楼板底、梁底、门窗洞口上方过梁等处。各种材料的特征温度见表 2-15~表 2-18。

表 2-15　　　　　　　　　　　　　玻璃的变态温度

名称	代表制品	形态	温度/℃
模制玻璃	玻璃砖、杯、缸、瓶、玻璃装饰物	软化或黏着	700~750
		变圆	750
		流动	800

续表

名称	代表制品	形态	温度/℃
片状玻璃	门窗玻璃、玻璃板、增强玻璃	软化或黏着	700～750
		变圆	800
		流动	850

表 2-16　　　　　　　　　　　　　　金属材料的变态温度

材料名称	代表制品	形态	温度/℃
铅	铅管子、蓄电池、玩具	锐边变圆,有滴状物	300～350
锌	锚固件、测锤、其他镀锌材料	有滴状物形成	400
铝及其合金	机械部件、门窗及其配件、支架材料、厨房用具	有滴状物形成	650
银	装饰物、餐具	锐边变圆,有滴状物形成	950
黄铜	门拉手、锁、扣子机具、五金	锐边变圆,有滴状物形成	950
青铜	窗框、艺术品	锐边变圆,有滴状物形成	1000
紫铜	电线、铜币	方角变圆,有滴状物形成	1100
铸铁	管子、暖气片、机架支座	有滴状物形成	1100～1200
低碳钢	管子、家具、支架	扭曲变形	>700

表 2-17　　　　　　　　　　　　　　材料燃点温度

材料名称	燃点温度/℃	材料名称	燃点温度/℃	材料名称	燃点温度/℃
木材	240～270	涤纶纤维	390	丁烯	210
纸张	130	橡胶	130	丁烷	405
棉花	150	尼龙	424	聚乙烯	342
棉布	200	酚醛	571	聚四氟乙烯	550
麻绒	150	乙烯	450	聚氯乙烯	454
树脂	300	乙炔	299	氯-醋共聚物	443～557
粘胶纤维	235	乙烷	515	乙烯丙烯共聚物	454

表 2-18　　　　　　　　　　　　　　建筑用塑料软化点

种类	软化点/℃	主要制品	种类	软化点/℃	主要制品
乙烯	50～100	地面、壁纸、防火材料	氟化塑料	150～290	配管支撑材料
丙烯	60～95	装饰材料、涂料	聚酯树脂	120～230	地面材料
聚苯乙烯	60～100	防热材料	聚氨酯	90～120	防水防热材料、涂料
聚乙烯	80～135	隔热、隔潮材料	环氧树脂	95～290	地面材料、涂料
硅	200～215	防水材料			

③ 第三种方法,混凝土表面特征推定法。混凝土受到高温作用,其表面颜色和外观特征会发生变化。据此可以大致推定表面温度。混凝土表面颜色在火灾后的颜色变化情况见表 2-19。标准耐火试验中混凝土构件表面颜色及其他外观特征见表 2-20。

表 2-19   混凝土表面颜色随温度变化情况

温度/℃	<200	300～500	500～700	700～800	>800
颜色	灰青色,近似常温	浅灰,略显粉红色	浅灰白,显浅红色	灰白,显浅黄色	浅黄色

表 2-20   标准耐火试验中钢筋混凝土表面颜色及其外观特征

时间/min	温度/℃	外观特征				锤击声音
		混凝土颜色	表面裂纹	疏松脱落	露筋	
20	790	灰白,略显黄色	棱角处少许裂纹	无	无	响亮
20～30	790～863	灰白,略显浅黄色	表面较多细裂纹	无	无	较响亮
30～45	863～910	灰白,略显浅黄色	表面有少量贯穿裂纹	无	无	沉闷
45～60	910～944	浅黄色	表面少量细裂纹	角部疏松/严重炸裂脱落/骨料石灰化	无	声哑
60～75	944～972	浅黄色	裂纹不清	表面起鼓/角部严重脱落	露筋	声哑
75～90	972～1001	浅黄色并显白色	裂纹不清	表层疏松脱落严重	露筋	声哑
100	1026	浅黄显白色	裂纹不清	表层严重脱落	严重露筋	声哑

④ 第四种方法,混凝土表层烧损厚度推定法。在火灾后通过检测混凝土表层的烧损厚度推定混凝土表面温度,见表 2-21。

表 2-21   不同温度下混凝土表层烧损厚度   (单位:mm)

温度/℃	烧损深度	喷水冷却后烧损深度	温度/℃	烧损深度	喷水冷却后烧损深度
556	1.3～1.4	1.3～1.4	925	11.0～16.0	18.0～23.0
795	4.3～5.0	6.5～8.0	986	20.0～26.0	23.0～28.0
857	6.0～9.0	10.0～14.0	1030	26.0～30.0	28.0～33.0

2.6 建筑材料高温性能 >>>

建筑物由各种建筑材料组成。建筑材料的主要作用包括三个方面:第一,作为结构材料,承受各种荷载;第二,作为室内外装修材料;第三,作为功能材料,主要用于保温、隔热、防水、防潮、防火等方面。建筑材料的高温性能主要包括燃烧性能、高温物理力学性能、导热性能、隔热性能、发烟性能和毒性性能六个方面。作为装饰材料和功能材料,火灾高温性能主要关注其燃烧性能、发烟性能和毒性性能;而作为结构材料,更关注其高温物理力学性能、隔热性能和导热性能。

① 燃烧性能。燃烧性能是指材料、产品和(或)制品燃烧或遇火所发生的一切物理力学变化,也就是对火反应的特性,即材料的可燃性,包括非燃、难燃、可燃和易燃;火焰的传播性,包括燃烧速度、发热量;燃烧方式。根据国家标准《建筑材料及制品燃烧性能分级》(GB 8624—2012),将建筑材料及制品划分为四个等级,见表 2-22。不燃建筑材料是指在空气中受到火烧或高温作用不起火、不燃烧、不碳化的建筑材料,如各类岩石、水泥制品等。难燃建筑材料是指空气中受到火烧或高温作用难起火、难碳化,当火源移走后,燃烧或微燃立即停止的建筑材料,如纸面石膏板、水泥刨花板、难燃木材、硬质 PVC 塑料地板等。可燃建筑材料是指空气中受到火烧或高温作用时,立即燃烧或微燃,并且离开火源仍能继续燃烧或微燃的建筑材料,如天然木材、木质人造板、竹材、木地板、聚乙烯塑料制品。易燃建筑材料是指在空气中受到火烧或高温作用,立

即起火,且火焰传播速度很快的建筑材料,如有机玻璃、泡沫塑料等。对建筑材料,包括平板状建筑材料、铺地材料、管状绝热材料,以及建筑用制品,包括窗帘幕布、家具制品、装饰用织物,电线电缆套管、电气设备外壳及附件,电器家具制品用泡沫塑料,软质和硬质家具等,国家标准《建筑材料及制品燃烧性能分级》(GB 8624—2012)给出了具体的燃烧性能分级、分级判据标准以及试验方法,这里不再赘述。

表 2-22

建筑材料及制品燃烧性能等级

燃烧性能等级	名称	燃烧性能等级	名称
A	不燃材料(制品)	B2	可燃材料(制品)
B1	难燃材料(制品)	B3	易燃材料(制品)

② 高温物理力学性能。它是指在火灾高温下或高温后,材料力学性能,包括强度、弹性模量等随温度升高而变化的规律。结构材料高温下和高温后良好的力学性能是保证结构构件承载能力,防止结构坍塌的主要依据。后面将详细介绍混凝土材料和钢材的高温力学性能。

③ 导热性能。导热性能好的材料,往往耐火性能比较差,这取决于材料的导热系数和热容量。例如,钢材的导热性能良好,其耐火性能较差,混凝土材料的导热性能差,其耐火性能好。

④ 隔热性能。在隔热方面,材料的热导率和比热容是两个重要参数。另外,同一类材料由于具有不同的变形特性而对隔热性能产生不同的影响,这些特征包括膨胀、收缩、变形、裂缝、熔化、熔融、粉化等。

⑤ 发烟性能。烟是指由燃烧或热解作用所产生的悬浮在大气中,可见的固体和(或)液体微粒。装饰材料或功能材料在燃烧时往往会产生大量的烟气,一方面会使人窒息丧生;另一方面因为烟会产生视线遮蔽及刺激效应,可能使人无法选择正确的逃生途径,并激发恐惧心理。在火灾中,烟往往更具有危害性。据不完全统计,在火灾中,80%以上的人员死亡不是直接被火烧死而是因烟气窒息而死的。不同可燃物在不同燃烧条件下产生的烟气具有不同的特征,例如烟气的颗粒大小及粒径分布、烟气的浓度、烟气的光密度及火场能见度等。烟气颗粒大小用颗粒的平均粒径表示,同时采用粒径的标准差来表示颗粒分布范围。烟气的浓度是由烟气中所含固体颗粒或液滴的多少及性质来决定的,一般用质量密度法、颗粒浓度法、光通量法等来表示。

⑥ 材料的种类及火灾中氧气的供给状况。如果氧气供给不充分,火场烟气中充满大量热分解产物和不完全燃烧产物,烟气毒性更大。火灾中烟气中常见的毒性气体包括 CO、HCN、$COCl_2$、CO_2、HCl、Cl_2、H_2S、SO_2、HF、NO_2 等。

2.7　钢材的高温性能　》》》

钢材是现代建筑结构主要用材之一,质量轻、强度高是其主要优点。钢材遇火不燃烧,也不向火源提供燃料,但是钢结构构件截面宽展、瘦长,导热系数大(是混凝土材料的 40 倍)受到火的作用将迅速变软,继而造成结构坍塌。在没有任何防火保护的情况下,当受火时间超过 15～20 min(ISO 834 标准升温曲线 20 min 温度达到 761 ℃),钢材强度降低到原始强度的 10% 左右,失去承载能力。因此,未作防火保护的钢结构不耐火,钢结构的致命弱点是耐火性能差,火灾对钢结构的威胁远远大于钢筋混凝土结构和砖石结构。众所周知的"9·11"事件中的世界贸易中心大厦两栋塔楼在受到飞机撞击后,飞机燃油燃烧引发大火导致主体承重钢结构迅速升温,承载力下降,上部结构坍塌,并使下部结构在高温和冲击荷载作用下发生连锁倒塌。为了弥补钢材耐火性能差的缺陷,一般采取防火措施来提高钢结构的耐火极限。

2.7.1　钢材高温力学性能

欧洲规范 EC3:Part 1.2 给出普通低碳钢在高温下的应力-应变关系曲线包括一个初始直线段、曲线段、平台段和下降段(破坏阶段),如图 2-5 所示。

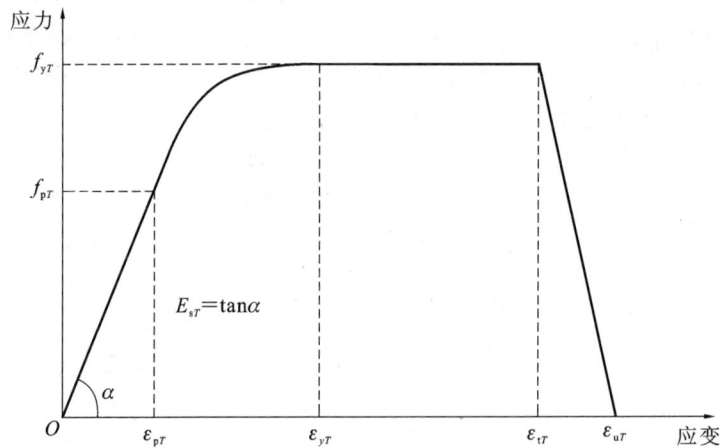

图 2-5　高温下低碳钢应力-应变关系

高温下低碳钢应力-应变的表达式为：

$$\sigma = \left\{ \begin{array}{ll} E_{sT}\varepsilon & (\varepsilon \leqslant \varepsilon_{pT}) \\[2mm] f_{pT} - c + a \left[a^2 - \dfrac{(\varepsilon_{yT} - \varepsilon)^2}{b} \right]^{0.5} & (\varepsilon_{pT} < \varepsilon < \varepsilon_{yT}) \\[4mm] f_{yT} & (\varepsilon_{yT} \leqslant \varepsilon \leqslant \varepsilon_{tT}) \\[2mm] \left(1 - \dfrac{\varepsilon - \varepsilon_{tT}}{\varepsilon_{uT} - \varepsilon_{tT}} \right) f_{yT} & (\varepsilon_{tT} < \varepsilon \leqslant \varepsilon_{uT}) \end{array} \right\} \tag{2-29}$$

$$\varepsilon_{pT} = \frac{f_{pT}}{E_{sT}}, \quad \varepsilon_{yT} = 0.02, \quad \varepsilon_{tT} = 0.15, \quad \varepsilon_{uT} = 0.2 \tag{2-30}$$

$$\left. \begin{array}{l} a^2 = (\varepsilon_{yT} - \varepsilon_{pT}) \left(\varepsilon_{yT} - \varepsilon_{pT} + \dfrac{c}{E_{sT}} \right) \\[3mm] b^2 = c(\varepsilon_{yT} - \varepsilon_{pT}) E_{sT} + c^2 \\[3mm] c = \dfrac{(f_{yT} - f_{pT})^2}{(\varepsilon_{yT} - \varepsilon_{pT}) E_{sT} - 2(f_{yT} - f_{pT})} \end{array} \right\} \tag{2-31}$$

式中　E_{sT}——温度为 T 时钢材的弹性模量(slope of the linear elastic range)，MPa；

　　　f_{pT}——温度为 T 时钢材的比例极限(proportional limit)，MPa；

　　　f_{yT}——温度为 T 时钢材的屈服极限(effective yield strength)，MPa；

　　　ε_{pT}——温度为 T 时钢材的比例应变(strain at the proportional limit)；

　　　ε_{yT}——温度为 T 时钢材的屈服应变(yield strain)；

　　　ε_{tT}——温度为 T 时钢材的极限应变(limiting strain for yield strength)；

　　　ε_{uT}——温度为 T 时钢材的最大应变(ultimate strain)。

为了确定每个温度对应的应力-应变曲线，需要输入高温下弹性模量 E_{sT}、高温下比例极限 f_{pT} 以及屈服极限 f_{yT} 3 个参数。3 个参数分别可以按照下列公式计算：

$$\left. \begin{array}{l} f_{yT} = k_{yT} f_y \\[1mm] f_{pT} = k_{pT} f_y \\[1mm] E_{sT} = k_{ET} E_s \end{array} \right\} \tag{2-32}$$

从式(2-32)中可以看出，高温下的弹性模量为常温下的弹性模量乘以温度折减系数 k_{ET}，比例极限和屈服极限则定义为常温下的屈服强度乘以相应的温度折减系数 k_{pT} 和 k_{yT}，相应的折减系数见表 2-23，式(2-32)中的 f_y、E_s 为低碳钢常温下的屈服强度和弹性模量。需要指出的是，欧洲规范给出的材料强度折减系数是对瞬态试验的，已经包括了高温徐变的影响，适应于加热速度在 2～50 K/min 的情形。对于表 2-23 中没有给出的数值，可以按照温度进行线性插值得到。

表 2-23　　　　　　　　　　低碳钢弹性模量、比例极限和屈服极限的温度折减系数

钢材温度/℃	k_{yT}	k_{pT}	k_{ET}	钢材温度/℃	k_{yT}	k_{pT}	k_{ET}
20	1.000	1.000	1.000	700	0.230	0.075	0.130
100	1.000	1.000	1.000	800	0.110	0.050	0.090
200	1.000	0.807	0.900	900	0.060	0.0375	0.0675
300	1.000	0.613	0.800	1000	0.040	0.0250	0.0450
400	1.000	0.420	0.700	1100	0.020	0.0125	0.0225
500	0.780	0.360	0.600	1200	0	0	0
600	0.470	0.180	0.310				

普通钢材的屈服强度随着温度的升高而降低,且其屈服台阶变得越来越小。在温度超过300 ℃以后,已经没有明显的屈服极限和屈服台阶。因此需要指定一个强度作为钢材的名义屈服强度。通常以一定量的塑性残余应变(名义应变)所对应的应力作为钢材的名义屈服强度。众所周知,在常温下一般取0.2%的应变作为名义应变。而在高温下,对于名义应变的取值没有统一标准。ECCS规定,当温度超过400 ℃时,以0.5%的应变作为名义应变,当温度低于400 ℃时,则在0.2%(20 ℃时)和0.5%的应变之间线性插值确定。英国BS5950:Part 8提供3个名义应变水平的强度,以适应各类构件的不同要求,即2%应变适用于有防火保护要求的受弯组合构件,1.5%应变适用于受弯钢构件,0.5%应变适用于除上述两类以外的构件。欧洲规范EC3、EC4则取2%应变作为名义应变来确定钢材的名义屈服强度。我国《建筑钢结构防火技术规范》(CECS 200:2006)则根据试验结果以及参照欧洲和英国规范,给出了普通钢材的高温屈服强度表达式为式(2-32)的第一式,相应的温度折减系数为:

$$k_{yT} = \left. \begin{array}{l} 1.0 \quad (300\ ℃ \leqslant T < 800\ ℃) \\ 1.24 \times 10^{-8} T^3 - 2.096 \times 10^{-5} T^2 + 9.228 \times 10^{-3} T - 0.2168 \quad (20\ ℃ \leqslant T < 300\ ℃) \\ 0.5 - \dfrac{T}{200} \quad (800\ ℃ \leqslant T < 1000\ ℃) \end{array} \right\} \quad (2\text{-}33)$$

$$f_y = \gamma_R f \quad (2\text{-}34)$$

式中　f——常温下钢材的强度设计值,MPa;

　　　γ_R——钢材的抗力分项系数。

其余参数含义同前。相应的温度折减系数也可以查表 2-24 得到。

表 2-24　　　　　　　　　　高温下钢材屈服强度折减系数 k_{yT}

$T/℃$	310	320	330	340	350	360	370	380	390	400
k_{yT}	0.999	0.996	0.992	0.985	0.977	0.967	0.956	0.944	0.930	0.914
$T/℃$	410	420	430	440	450	460	470	480	490	500
k_{yT}	0.898	0.880	0.862	0.842	0.821	0.800	0.778	0.755	0.731	0.707
$T/℃$	510	520	530	540	550	560	570	580	590	600
k_{yT}	0.683	0.658	0.632	0.607	0.581	0.555	0.530	0.504	0.478	0.453
$T/℃$	610	620	630	640	650	660	670	680	690	700
k_{yT}	0.428	0.403	0.378	0.354	0.331	0.308	0.286	0.265	0.245	0.226
$T/℃$	710	720	730	740	750	760	770	780	790	800
k_{yT}	0.207	0.190	0.174	0.159	0.145	0.133	0.123	0.113	0.106	0.100

同时,我国《建筑钢结构防火技术规范》(CECS 200:2006)给出了普通钢材的高温弹性模量表达式为式(2-32)的第三式,相应的温度折减系数为:

$$k_{ET} = \begin{cases} \dfrac{7T - 4780}{6T - 4760} & (20\ ℃ \leqslant T < 600\ ℃) \\[3mm] \dfrac{1000 - T}{6T - 2800} & (600\ ℃ \leqslant T < 1000\ ℃) \end{cases} \tag{2-35}$$

相应的弹性模量折减系数也可以查表 2-25 得到。

表 2-25　　　　　　　　　　　高温下钢材弹性模量折减系数 k_{ET}

$T/℃$	110	120	130	140	150	160	170	180	190	200
k_{ET}	0.978	0.975	0.972	0.969	0.966	0.963	0.959	0.956	0.953	0.949
$T/℃$	210	220	230	240	250	260	270	280	290	300
k_{ET}	0.945	0.941	0.937	0.933	0.929	0.924	0.920	0.915	0.910	0.905
$T/℃$	310	320	330	340	350	360	370	380	390	400
k_{ET}	0.899	0.894	0.888	0.882	0.875	0.869	0.861	0.854	0.846	0.838
$T/℃$	410	420	430	440	450	460	470	480	490	500
k_{ET}	0.830	0.821	0.811	0.801	0.790	0.779	0.767	0.754	0.741	0.726
$T/℃$	510	520	530	540	550	560	570	580	590	600
k_{ET}	0.711	0.694	0.676	0.657	0.636	0.613	0.588	0.561	0.531	0.498
$T/℃$	610	620	630	640	650	660	670	680	690	700
k_{ET}	0.453	0.413	0.378	0.346	0.318	0.293	0.270	0.250	0.231	0.214
$T/℃$	710	720	730	740	750	760	770	780	790	800
k_{ET}	0.199	0.184	0.171	0.159	0.147	0.136	0.126	0.117	0.108	0.100

我国学者过镇海给出的钢筋屈服强度计算式分别如下。

Ⅰ～Ⅳ级钢为：

$$\frac{f_{yT}}{f_y} = \left[1 + 24 \left(\frac{T}{1000} \right)^{4.5} \right]^{-1} \tag{2-36}$$

Ⅴ级钢为：

$$\frac{f_{yT}}{f_y} = \left[1 + 46 \left(\frac{T}{1000} \right)^{4} \right]^{-1} \tag{2-37}$$

给出的应力-应变曲线分为屈服前弹性段和屈服后强化段，计算公式为：

$$\sigma = \begin{cases} \dfrac{f_{yT}\varepsilon}{\varepsilon_{yT}} & (\varepsilon \leqslant \varepsilon_{yT}) \\[3mm] f_{yT} + (f_{uT} - f_{yT}) \left[1.5\dfrac{\varepsilon - \varepsilon_{yT}}{\varepsilon_{tT} - \varepsilon_{yT}} + 0.5\left(\dfrac{\varepsilon - \varepsilon_{yT}}{\varepsilon_{tT} - \varepsilon_{yT}}\right)^{3} \right]^{0.62} & (\varepsilon_{yT} < \varepsilon \leqslant \varepsilon_{tT}) \end{cases} \tag{2-38}$$

高温极限抗拉强度如下。

Ⅰ～Ⅳ级钢为：

$$\frac{f_{uT}}{f_u} = \left[1 + 36 \left(\frac{T}{1000} \right)^{6.2} \right]^{-1} \tag{2-39}$$

Ⅴ级钢为：

$$\frac{f_{uT}}{f_u} = \left[1 + 56 \left(\frac{T}{1000} \right)^{4.4} \right]^{-1} \tag{2-40}$$

过镇海等通过试验发现，在温度超过 200 ℃后，各种钢筋的屈服应变随温度变化不规则，但是变化不大，在结构构件分析时近似取常值。各强度等级的钢筋高温屈服强度按下式取值：

$$\varepsilon_{yT} = \alpha\, \varepsilon_y \tag{2-41}$$

式中　ε_y——常温下钢筋的屈服应变，$\varepsilon_y = \dfrac{f_y}{E_s}$，应变可采用表 2-26 中的建议值。

表 2-26   钢筋高温屈服应变及其建议值

钢筋等级	常温屈服应变/ ($\times 10^{-6}$)	ε_{yT}试验值/($\times 10^{-6}$)		α	
		范围	平均值	平均值	建议值
Ⅰ级	1370	1759~2003	1874	1.368	1.36
Ⅱ级	2029	2127~2295	2295	1.131	
Ⅲ级	2381	2796~2821	2810	1.180	1.20
Ⅳ级	2843	3295~3962	3632	1.278	
Ⅴ级	6067	5700~6407	5986	0.987	1.0

各强度等级高温极限应变随温度的升高而减小,过镇海建议按下式取值。

Ⅰ级钢为:

$$\varepsilon_{uT} = 0.18 - \frac{0.23T}{1000} \geqslant 0.04 \tag{2-42}$$

Ⅱ~Ⅴ级钢为:

$$\varepsilon_{uT} = 0.16 - \frac{0.23T}{1000} \geqslant 0.02 \tag{2-43}$$

Ⅴ级钢为:

$$\varepsilon_{uT} = 0.06 - \frac{0.1T}{1000} \geqslant 0.02 \tag{2-44}$$

高温弹性模量计算如下:

$$E_{sT} = \frac{f_{yT}}{\varepsilon_{yT}} \tag{2-45}$$

将不同温度下的高温屈服强度和高温屈服应变代入式(2-42)~式(2-45),就可以得到不同温度下钢筋的弹性模量。

2.7.2 钢材高温物理性能

钢材的高温物理性能包括高温热膨胀系数、导热系数、比热容、密度和泊松比等。由于其影响热传递过程、受热时的温度分布以及热变形,对结构构件的受力分析具有重要意义。

(1)热膨胀系数

钢材受热发生膨胀,欧洲规范 EC3:Part 1.2 给出普通低碳钢当温度升高到 T 时,钢材的总膨胀量为:

$$\frac{\Delta l}{l} = \left.\begin{array}{l} 1.2 \times 10^{-5}T + 0.4 \times 10^{-8}T^2 - 2.416 \times 10^{-4} \quad (20\ ℃ \leqslant T < 750\ ℃) \\ 1.1 \times 10^{-2} \quad (750\ ℃ \leqslant T < 860\ ℃) \\ 2 \times 10^{-5}T - 6.2 \times 10^{-3} \quad (860\ ℃ \leqslant T < 1200\ ℃) \end{array}\right\} \tag{2-46}$$

要注意的是,式(2-46)计算的是不同温度时,单位长度的绝对伸长量。热膨胀系数是指温度升高一个单位的热膨胀量,因此得到:

$$\alpha_{sT} = \frac{\partial}{\partial T}\frac{\Delta l}{l} = \left.\begin{array}{l} 1.2 \times 10^{-5} + 0.8 \times 10^{-8}T \quad (20\ ℃ \leqslant T < 750\ ℃) \\ 0 \quad (750\ ℃ \leqslant T < 860\ ℃) \\ 2 \times 10^{-5} \quad (860\ ℃ \leqslant T < 1200\ ℃) \end{array}\right\} \tag{2-47}$$

我国《建筑钢结构防火技术规范》(CECS 200:2006)给出的钢材热膨胀系数为高温下的平均值,取为恒定值 1.4×10^{-5}。

(2)比热容

比热容为单位质量的物质温度升高一个单位时需要吸收的热量。欧洲规范 EC3:Part 1.2 给出的低碳钢的比热容 c_{sT} 为:

$$c_{sT} = \begin{cases} 425+0.773T-1.69\times10^{-3}T^2+2.22\times10^{-6}T^3 & (20\ ℃\leqslant T<600\ ℃) \\ 666+\dfrac{13002}{738-T} & (600\ ℃\leqslant T<735\ ℃) \\ 545+\dfrac{17820}{T-731} & (735\ ℃\leqslant T<900\ ℃) \\ 650 & (900\ ℃\leqslant T\leqslant1200\ ℃) \end{cases} \tag{2-48}$$

c_{sT}的单位为 J/(kg·℃)。我国《建筑钢结构防火技术规范》(CECS 200:2006)给出钢材比热容为高温下的平均值,取为恒定值 600 J/(kg·℃)。钢材的比热容在 750 ℃附近发生突变,这是因为在 750 ℃时,钢材达到奥氏体化温度,材料发生相变,相变需要吸收大量的热能,体现比热容的陡升。同样由于相变的原因,钢材的体积减小,该效应与热力学的膨胀相抵消,因此可以大致认为体积无变化,在 750~860 ℃钢材的热膨胀系数为 0。

(3)导热系数

欧洲规范 EC3:Part 1.2 给出的低碳钢的导热系数 λ_{sT} 为:

$$\lambda_{sT} = \begin{cases} 54-3.33\times10^{-2}T & (20\ ℃\leqslant T<800\ ℃) \\ 27.3 & (800\ ℃\leqslant T\leqslant1200\ ℃) \end{cases} \tag{2-49}$$

我国《建筑钢结构防火技术规范》(CECS 200:2006)给出钢材比热容为高温下的平均值,取为恒定值 45 W/(m·℃)。

(4)密度

欧洲规范 EC3:Part 1.2 以及我国《建筑钢结构防火技术规范》(CECS 200:2006)均认为,钢材密度不随温度变化而变化,恒定取为 $\rho_s=7850$ kg/m³。

(5)泊松比

钢材的泊松比不随温度变化而变化,恒定取为 $\mu_s=0.3$。

2.8　混凝土的高温性能　>>>

混凝土是我国目前使用最为广泛的建筑结构材料,它是由胶凝材料(水泥或添加剂)、水、粗细骨料按照适当的比例配合,搅拌并通过一定的时间硬化而形成的一种人造石材。虽然混凝土是热惰性材料,其导热性能差,但是如果受到长时间高温作用,其力学性能也将劣化。

混凝土中包括水化水泥浆体以及粗细骨料,组分十分复杂。高温条件下混凝土的实际行为受许多因素同时交互作用,很难准确分析这些因素的影响,只能从定性的角度进行一定的探讨。

高温对水泥水化浆体的影响取决于水化程度和潮湿状态。水化良好的硅酸盐水泥浆体主要由水化硅酸钙(1.66CaO·SiO₂·2.1H₂O,C-S-H)、氢氧化钙[Ca(OH)₂]和水化硫铝酸钙[分高硫型,主要为钙矾石 3CaO·Al₂O₃·3CaSO₄·(30~32)H₂O 和低硫型 3CaO·Al₂O₃·CaSO₄·nH₂O]组成。在水泥水化浆体中,水化硅酸钙占浆体 50%~60%的体积,是决定浆体性能的主要相,氢氧化钙占 20%~25%,水化硫铝酸钙占 15%~20%。饱和浆体中含有大量的自由水和毛细孔水。混凝土在高温时容易失去各种水分。从火灾防护的角度来说,由于水变成蒸汽需要大量的蒸发热,混凝土在失去所有可能的蒸发水分之前,其温度不会上升,这就是为什么大量的混凝土构件试验的时间温度曲线在 100 ℃左右会出现一个台阶。大量的蒸发水可能引发一个问题,如果升温速率快而水泥浆体的渗透性低,则混凝土可能以表面剥落的形式发生损伤。由于高强混凝土的渗透性低,因此其容易发生高温爆裂现象。

有关研究表明,当温度达到 300 ℃时,水泥浆体会失去 C-S-H 层间水以及部分 C-S-H 和水化硫铝酸盐的化学结合水,这是混凝土强度在温度达到 300 ℃以上时才开始较快下降的原因。氢氧化钙和碳酸钙在 430~600 ℃范围内分解对混凝土强度下降有轻微影响,同时高温造成硬化水泥浆体的孔隙结构粗化对混凝土强度下降有一定影响。在 600 ℃ 以下,C-S-H 分解速度很慢;但在 600 ℃ 以上,C-S-H 分解速度随温度的升高而急剧增大,这是混凝土强度在温度达到 600 ℃ 以上时迅速下降的原因。在温度达到 900 ℃ 时,C-S-H 才会完全分解,这时混凝土强度基本丧失。

2.8.1　混凝土高温力学性能

高温造成混凝土性能恶化的主要原因是:第一,水分蒸发后形成的内部孔隙和裂缝;第二,粗骨料和其周围水泥浆体热工性能不协调,形成变形差和内应力;第三,骨料本身受热膨胀破裂等。根据已有的试验研究,各种因素对混凝土高温强度的影响有:轻骨料和钙质骨料混凝土高温强度高于硅质骨料混凝土;混凝土的强度越高,高温下的强度损失越大,但是绝大部分的强度损失在加热后的前两天出现;混凝土高温后的降温过程中会出现新的损失,因此,试件在高温后降至常温的强度略低于最高温下测得的强度。

混凝土试件在自由升温时,混凝土的长度膨胀变形为 ε_{th},降至常温后会有残余膨胀变形。如果试件在常温下被施加压应力 σ,在此恒定压应力的作用下升温,当达到同样的温度时,试件的热膨胀变形和自由膨胀变形相差悬殊。这种在相同温度下,混凝土的自由膨胀变形和在应力作用下的温度应变的差值称为瞬态热应变 ε_{tr}。因此,在高温下混凝土的总应变为:

$$\varepsilon_{total} = \varepsilon_{\sigma} + \varepsilon_{th} + \varepsilon_{tr} + \varepsilon_{cr} \tag{2-50}$$

式中　ε_{total}——高温下混凝土的总应变;

ε_{σ}——应力引起的混凝土应变;

ε_{th}——混凝土高温热膨胀应变;

ε_{tr}——混凝土高温瞬态热应变;

ε_{cr}——混凝土高温徐变。

瞬态热应变的数值很大,对混凝土结构的应力分布和变形均有较为明显的影响。高温徐变是指在恒定的应力和温度作用下,随时间增加的变形,混凝土的高温徐变比其他应变值小很多。虽然有一些学者提出了高温徐变和瞬态热应变的计算模型,但是这两者都是当前应力状态的函数,因此涉及的计算过程非常复杂,必须经过多次循环才能达到收敛,在一般的结构抗火分析中都不考虑,而只考虑应力-应变和热膨胀应变。下面介绍混凝土高温应力应变模型。

欧洲规范 EC2:Part 1.2 给出高温下混凝土的应力应变关系为两个阶段,第一阶段为上升段,表达式为:

$$\sigma = \left. \begin{array}{l} \dfrac{3\varepsilon f_{cT}}{\varepsilon_{c1T}\left[2 + \left(\dfrac{\varepsilon}{\varepsilon_{c1T}}\right)^{3}\right]} \quad (\varepsilon \leqslant \varepsilon_{c1T}) \\[4mm] \dfrac{(\varepsilon_{cu1T} - \varepsilon)f_{cT}}{\varepsilon_{cu1T} - \varepsilon_{c1T}} \quad (\varepsilon_{c1T} < \varepsilon \leqslant \varepsilon_{cu1T}) \end{array} \right\} \tag{2-51}$$

式中　ε_{c1T}——在温度为 T 时混凝土达到极限抗压强度对应的应变,可查表 2-27 得到;

ε_{cu1T}——在温度为 T 时混凝土达到极限抗压强度后下降为 0 时对应的应变,可查表 2-27 得到;

f_{cT}——在温度为 T 时混凝土的极限抗压强度,可按下式计算。

$$f_{cT} = k_{cT} f_{ck} \tag{2-52}$$

式中　k_{cT}——温度为 T 时混凝土抗压强度高温折减系数,可查表 2-27 得到。

第二阶段可以采用线性或非线性下降段,一般采用线性段,式(2-51)中的第二阶段就是采用线性下降段,表达式如图 2-6 所示。

表 2-27　　　　　　　　　　　　　　　**普通混凝土应力-应变关系主要参数**

温度/℃	硅质骨料			钙质骨料		
	k_{cT}	ε_{c1T}	ε_{cu1T}	k_{cT}	ε_{c1T}	ε_{cu1T}
20	1.00	0.0025	0.0200	1.00	0.0025	0.0200
100	1.00	0.0040	0.0225	1.00	0.0040	0.0225

续表

温度/℃	硅质骨料			钙质骨料		
	k_{cT}	ε_{c1T}	ε_{cuT}	k_{cT}	ε_{c1T}	ε_{cuT}
200	0.95	0.0055	0.0250	0.97	0.0055	0.0250
300	0.85	0.0070	0.0275	0.91	0.0070	0.0275
400	0.75	0.0100	0.0300	0.85	0.0100	0.0300
500	0.60	0.0150	0.0325	0.74	0.0150	0.0325
600	0.45	0.0250	0.0350	0.60	0.0250	0.0350
700	0.30	0.0250	0.0375	0.43	0.0250	0.0375
800	0.15	0.0250	0.0400	0.27	0.0250	0.0400
900	0.08	0.0250	0.0425	0.15	0.0250	0.0425
1000	0.04	0.0250	0.0450	0.06	0.0250	0.0450
1100	0.01	0.0250	0.0475	0.02	0.0250	0.0475
1200	0	0.0250	—	0	0.0250	—

从表 2-27 中数据可见,钙质骨料在高温下的强度下降比硅质骨料要小,两种骨料的混凝土显著下降均出现在 300~800 ℃,和前面的混凝土中硬化浆体高温下的微观结构分析一致。

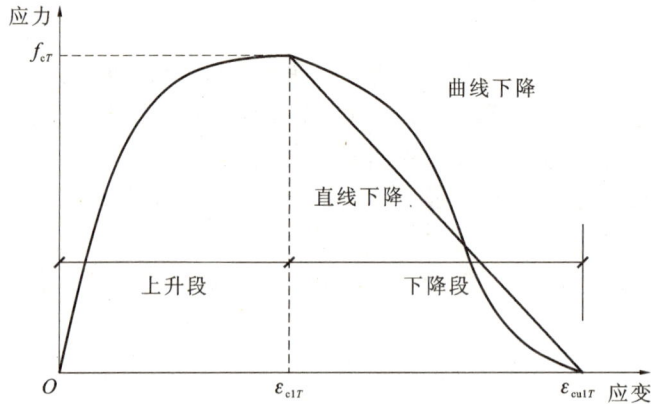

图 2-6 高温下混凝土应力-应变关系

我国学者过镇海给出的混凝土棱柱体高温抗压强度为(不区分钙质和硅质骨料):

$$\frac{f_{cT}}{f_c} = [1 + 2.4(T - 20)^6 \times 10^{-17}]^{-1} \tag{2-53}$$

峰值应变为:

$$\frac{\varepsilon_{c1T}}{\varepsilon_{cuT}} = 1 + (1500T + 5T^2) \times 10^{-6} \tag{2-54}$$

混凝土高温抗拉强度一般不予考虑。如果需要考虑时,欧洲规范 EC2:Part 1.2 给出的混凝土高温抗拉强度为:

$$f_{ctT} = k_{ctT} f_{ct} \tag{2-55}$$

$$k_{ctT} = \left. \begin{array}{l} 1.0 \quad (20\ ℃ \leqslant T < 100\ ℃) \\ 1.0 - \dfrac{T - 100}{500} \quad (100\ ℃ \leqslant T < 600\ ℃) \\ 0 \quad (T \geqslant 600\ ℃) \end{array} \right\} \tag{2-56}$$

式中 k_{ctT}——温度为 T 时混凝土抗拉强度高温折减系数;

f_{ctT}——温度为 T 时混凝土抗拉强度;

f_{ct}——常温下混凝土的抗拉强度。

我国学者过镇海给出的混凝土高温抗拉强度为：

$$f_{ctT} = \left[1 - \left(\frac{T}{1000} \right) \right] f_{ct} \tag{2-57}$$

过镇海等给出的混凝土高温应力应变曲线也分为两段，上升段采用三次多项式，下降段采用有理分式，表达式如下：

$$\sigma = \begin{cases} \left[2.2 \dfrac{\varepsilon}{\varepsilon_{c1T}} - 1.4 \left(\dfrac{\varepsilon}{\varepsilon_{c1T}} \right)^2 + 0.2 \left(\dfrac{\varepsilon}{\varepsilon_{c1T}} \right)^3 \right] f_{cT} & (\varepsilon \leqslant \varepsilon_{c1T}) \\[3mm] \dfrac{\varepsilon}{\varepsilon_{c1T}} \dfrac{f_{cT}}{0.8 \left(\dfrac{\varepsilon}{\varepsilon_{c1T}} - 1 \right)^2 + \dfrac{\varepsilon}{\varepsilon_{c1T}}} & (\varepsilon > \varepsilon_{c1T}) \end{cases} \tag{2-58}$$

此外，经常用到的混凝土结构高温计算和模拟的还有 Lie 提出的混凝土应力-应变模型，表达式如下：

$$\sigma = \begin{cases} \left[1 - \left(\dfrac{\varepsilon_{c1T} - \varepsilon}{\varepsilon_{c1T}} \right)^2 \right] f_{cT} & (\varepsilon \leqslant \varepsilon_{c1T}) \\[3mm] \left[1 - \left(\dfrac{\varepsilon_{c1T} - \varepsilon}{3\varepsilon_{c1T}} \right)^2 \right] f_{cT} & (\varepsilon > \varepsilon_{c1T}) \end{cases} \tag{2-59}$$

式中　ε_{c1T}——应力达到最大值时的应变，随温度的变化关系为：

$$\varepsilon_{c1T} = 0.0025 + (6T + 0.04T^2) \times 10^{-6} \tag{2-60}$$

$$f_{cT} = \begin{cases} f_c & (0\ ^\circ\!C \leqslant T \leqslant 450\ ^\circ\!C) \\ \left[2.011 - 2.353 \times 10^{-6} (T - 20)^2 \right] f_c & (450\ ^\circ\!C \leqslant T \leqslant 874\ ^\circ\!C) \\ 0 & (T > 874\ ^\circ\!C) \end{cases} \tag{2-61}$$

2.8.2　混凝土高温物理性能

(1)热膨胀系数

混凝土受热发生膨胀，不同的组分发生的膨胀不同。轻骨料混凝土骨料通常由黏土、板岩、煅烧过的工业副产品等组成，高温下体积变化不大，所以轻骨料混凝土热膨胀系数保持恒定。普通混凝土的骨料通常由破碎的岩石、卵石等组成，其热膨胀系数在 700 ℃ 大约为轻骨料混凝土的 4 倍。当温度升高到 T 时，欧洲规范 EC2:Part 1.2 给出硅质骨料混凝土的总膨胀量为：

$$\frac{\Delta l}{l} = \begin{cases} -1.8 \times 10^{-4} + 9 \times 10^{-6} T + 2.3 \times 10^{-11} T^3 & (20\ ^\circ\!C \leqslant T < 700\ ^\circ\!C) \\ 14 \times 10^{-3} & (700\ ^\circ\!C \leqslant T < 1200\ ^\circ\!C) \end{cases} \tag{2-62}$$

给出钙质骨料混凝土的总膨胀量为：

$$\frac{\Delta l}{l} = \begin{cases} -1.2 \times 10^{-4} + 6 \times 10^{-6} T + 1.4 \times 10^{-11} T^3 & (20\ ^\circ\!C \leqslant T < 805\ ^\circ\!C) \\ 12 \times 10^{-3} & (805\ ^\circ\!C \leqslant T < 1200\ ^\circ\!C) \end{cases} \tag{2-63}$$

要注意的是，式(2-62)和式(2-63)计算的是不同温度时，单位长度的绝对伸长量。热膨胀系数是指温度升高一个单位的热膨胀量，因此得到硅质骨料混凝土的热膨胀系数为：

$$\alpha_{cT} = \frac{\partial}{\partial T} \frac{\Delta l}{l} = \begin{cases} 9 \times 10^{-6} + 6.9 \times 10^{-11} T^2 & (20\ ^\circ\!C \leqslant T < 700\ ^\circ\!C) \\ 0 & (700\ ^\circ\!C \leqslant T < 1200\ ^\circ\!C) \end{cases} \tag{2-64}$$

钙质骨料混凝土的热膨胀系数为：

$$\alpha_{cT} = \frac{\partial}{\partial T} \frac{\Delta l}{l} = \begin{cases} 6 \times 10^{-6} + 4.2 \times 10^{-11} T^2 & (20\ ^\circ\!C \leqslant T < 805\ ^\circ\!C) \\ 0 & (805\ ^\circ\!C \leqslant T < 1200\ ^\circ\!C) \end{cases} \tag{2-65}$$

在简化计算中，普通混凝土的热膨胀系数取恒定值 1.8×10^{-5}。轻质骨料混凝土的热膨胀系数取 8×10^{-6}。

(2)比热容

欧洲规范 EC2:Part 1.2 给出硅质骨料混凝土和钙质骨料混凝土的比热容(含水率为 0 时)为：

$$c_{cT} = \begin{cases} 900 & (20\ ℃ \leqslant T < 100\ ℃) \\ 900 + (T-100) & (100\ ℃ \leqslant T < 200\ ℃) \\ 1000 + \dfrac{T-200}{2} & (200\ ℃ \leqslant T < 400\ ℃) \\ 1100 & (400\ ℃ \leqslant T \leqslant 1200\ ℃) \end{cases} \tag{2-66}$$

在简化计算中,硅质骨料混凝土和钙质骨料混凝土的比热容可以取为 1000 J/(kg·℃)。轻质混凝土的比热容可取恒定值 840 J/(kg·℃)。混凝土的含水量对比热容有较大的影响,主要是因为水分的蒸发需要吸收大量的热量。这一效应可以通过对混凝土的比热容进行修正来近似考虑。修正的办法就是在 $100\sim 200\ ℃$,如在 115 ℃,峰值的大小取决于混凝土的含水量:当含水率为 3% 时,取 $c_{cT,\text{peak}} = 2020$ J/(kg·℃);当含水率为 1.5% 时,取 $c_{cT,\text{peak}} = 1470$ J/(kg·℃)。对于其他含水率可以采用线性插值的办法得到,例如当混凝土含水率为 x% 时,取:

$$c_{cT,\text{peak}} = 920 + \frac{1100x}{3} \tag{2-67}$$

于是,当考虑混凝土含水率时,式(2-66)可写成:

$$c_{cT} = \begin{cases} 900 & (20\ ℃ \leqslant T < 100\ ℃) \\ \dfrac{(T-100)c_{cT,\text{peak}}}{15} - 60T + 6900 & (100\ ℃ \leqslant T < 115\ ℃) \\ \dfrac{(200-T)c_{cT,\text{peak}}}{85} + 1000T - \dfrac{115000}{85} & (115\ ℃ \leqslant T < 200\ ℃) \\ 1000 + \dfrac{T-200}{2} & (200\ ℃ \leqslant T < 400\ ℃) \\ 1100 & (400\ ℃ \leqslant T \leqslant 1200\ ℃) \end{cases} \tag{2-68}$$

(3)导热系数

欧洲规范 EC2:Part 1.2 给出了普通混凝土导热系数的上、下限分别为:

$$\lambda_{cT,\text{upper}} = 2 - 0.2451\left(\frac{T}{100}\right) + 0.0107\left(\frac{T}{100}\right)^2$$
$$\lambda_{cT,\text{lower}} = 1.36 - 0.136\left(\frac{T}{100}\right) + 0.0057\left(\frac{T}{100}\right)^2 \tag{2-69}$$

在简化计算中,可取常数值 $\lambda_{cT} = 1.60$ W/(m·K)。轻骨料混凝土的导热系数可取为:

$$\lambda_{cT} = \begin{cases} 1.0 - \dfrac{T}{1600} & (20\ ℃ \leqslant T < 800\ ℃) \\ 0.5 & (T > 800\ ℃) \end{cases} \tag{2-70}$$

比较混凝土和钢材的导热系数可以看出,混凝土的导热系数比钢材要小得多。

(4)密度

混凝土的密度随着温度的升高而下降,但是下降的幅度较小,主要是因为混凝土丧失水分引起的。混凝土的密度随温度的变化可采用下式表示:

$$\rho_{cT} = \begin{cases} \rho_c & (20\ ℃ \leqslant T \leqslant 115\ ℃) \\ \rho_c\left[1 - \dfrac{0.02(T-115)}{85}\right] & (115\ ℃ < T \leqslant 200\ ℃) \\ \rho_c\left[0.98 - \dfrac{0.03(T-200)}{200}\right] & (200\ ℃ < T \leqslant 400\ ℃) \\ \rho_c\left[0.95 - \dfrac{0.07(T-400)}{800}\right] & (400\ ℃ < T \leqslant 1200\ ℃) \end{cases} \tag{2-71}$$

式中　ρ_{cT}——温度为 T 时混凝土的密度;

　　　ρ_c——常温时(一般指 20 ℃)时混凝土的密度。

在计算静荷载时,普通混凝土的密度可认为不随温度而变化,推荐值可以取 2300 kg/m³。轻质混凝土的密度可依据实际情况取 1600～2000 kg/m³。在计算素混凝土温度反应时,普通素混凝土的密度可以按照下式取用:

$$\rho_{cT} = 2354 - 23.47T \times 10^{-2} \tag{2-72}$$

2.9 结构抗火设计方法简介 ▷▷▷

通过工程上适当的结构设计是控制火灾损失的重要内容。对结构构件进行抗火设计具有十分重要的意义:第一,减轻结构构件在火灾中的破坏,尽量避免造成灭火以及人员疏散困难;第二,避免结构整体或局部倒塌造成人员伤亡,同时避免火灾向毗邻建筑蔓延;第三,减少火灾后结构的修复和加固费用,缩短结构灾后功能的恢复,减少直接和间接经济损失。

结构抗火设计能力通常采用时间进行度量,也就是结构构件在标准火灾试验下满足一定的标准时所经历的时间。结构抗火能力也可以采用构件暴露在火灾下的温度或者承载能力来度量。也就是说,结构构件的抗火能力可以通过时间、温度或者是强度(承载力)三种方法进行表征,见表 2-28。

表 2-28 结构构件抗火能力的三种表征方法

表征参数	单位	表达式
时间	min 或 h	$t_f \geqslant t_c$
温度	℃	$T_f \geqslant T_c$
强度(承载力)	kN 或 kN·m	$R_f \geqslant S_m$

第一种表征方法要求在各种荷载组合下,结构构件的耐火时间 t_f 应不小于其规定的耐火时间 t_c。它是目前各国规范普遍采用的一种结构抗火设计方法,其中结构构件规定的耐火时间 t_c 是规范规定(一般通过试验确定)或者通过计算得到的,结构构件的耐火时间 t_f 一般是通过查找有关手册或通过计算得到的。

第二种表征方法要求结构构件的最高温度 T_c 不超过其失效时的最高温度 T_f。在火灾中结构构件的最高温度 T_c 可以通过结构构件的热力学分析得到,结构构件的失效温度 T_f 则可以通过结构构件上的荷载,正常温度下的承载能力以及高温对结构材料的影响综合分析得到。而对于分隔构件而言,失效温度 T_f 则是火灾从未受火面扩散到其他单元时的温度。因此将这种表征方法运用到具有绝热或分隔作用的构件是最合适的。但是,由于没有充分考虑温度梯度和结构性能的影响,将这种表征方法运用到结构构件是不合适的。例如,由于混凝土的热惰性,构件内部的温度梯度很大。

第三种表征方法是在规定的结构构件耐火极限时间内,结构高温承载力 R_f 应不小于各种作用所产生的组合效应 S_m。R_f 和 S_m 可能通过整个结构的抗力或荷载来表示,也可以通过结构内部构件的相互作用,例如轴力、弯矩等来表示。火灾下结构构件的承载能力极限 R_f 可以通过热分析和高温下的结构分析得到,而不能通过一般的结构试验得到。在火灾下结构构件的作用效应 S_m 可以用荷载规范规定的荷载组合方法得到。

图 2-7 对三种结构构件的高温承载力进行了比较,实际上上述三种表征方法是完全一致的,在进行结构抗火设计时三者之中满足其中任意一种即可。

到目前为止,结构抗火设计方法可分为四个阶段,分别是基于试验的构件抗火设计方法、基于计算的构件抗火设计方法、基于计算的结构抗火设计方法和基于火灾随机性的结构抗火设计方法。下面分别对上述方法的优缺点进行说明。

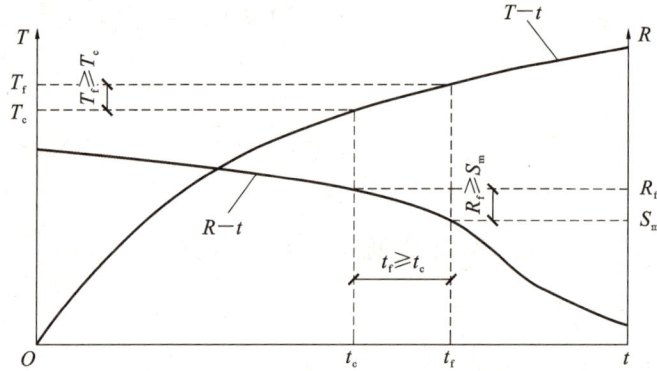

图 2-7　高温下结构构件失效的三种表征方法对比

2.9.1　基于试验的构件抗火设计方法

基于试验的构件抗火设计方法，是世界各国最早采用的一种抗火设计方法。这种方法通过不同的构件类型，例如梁、板、柱、墙等，采用不同的防火措施（如不同的防火涂料、不同的保护层厚度等）在规定的荷载和标准升温曲线下进行构件的抗火试验。通过一系列的试验来得到构件的结构抗火时间。在设计中，则根据构件的耐火时间来选取构件和相应的防火保护措施。

目前，我国的《建筑设计防火规范》（GB 50016—2006）和《高层民用建筑设计防火规范（2005 年版）》（GB 50045—1995）就是采用的这种方法。基于试验的构件抗火设计方法简单、直观、应用方便，但这种方法存在严重的缺陷，主要体现在以下几个方面。

① 基本无法考虑构件端部的实际约束状态的影响。实际构件的端部约束十分复杂，理想的约束状态就包括固定铰支座、固定支座、可动铰支座，而实际构件在结构中的约束状态则更是千变万化。已有试验研究已经表明，构件的端部约束状态将对构件高温极限承载能力产生较大的影响。例如，钢筋混凝土连续梁的承载能力就比简支梁的要高。要在火灾试验中完全模拟实际构件端部的约束状态本来就比较困难，同时，由于约束状态的千变万化，该方法也不现实。

② 无法考虑荷载大小及其分布的影响。已有试验研究表明，荷载大小和分布对构件的耐火时间具有十分重要的影响。构件的耐火极限中包括承载力或（和）变形极限状态、绝热极限状态、隔火极限状态等和初始的承载力大小将密切相关。同时，荷载的分布也将影响构件的耐火极限。例如，在荷载大小和构件截面完全相同的情况下，无偏心的轴心受压构件耐火极限就比偏心受压构件的耐火极限要高。由于实际构件的荷载分布和大小均千变万化，因此构件在实际结构中的受载状态与在火灾试验中的标准受载很难保持一致。

③ 构件的标准火灾试验采用的是标准升温曲线，例如 ISO 834 标准升温曲线、ASTM119 火灾曲线、碳氢火灾试验曲线等。这些火灾试验曲线只有升温段，没有下降段，且相应的测试方法也存在差别。实际火灾升温曲线将受到燃烧材料的类型，数量和分布，着火空间的尺寸、高度，空间的开口及其尺寸，分隔材料的热工性能等诸多因素的影响，千差万别。而火灾升温的快慢、持续时间的长短等对构件的耐火极限将具有重要影响。采用标准升温曲线进行火灾下构件的耐火极限的研究，也只能便于不同试验室之间试验数据的比较以及作为构件耐火极限的一种标志。实际构件在真实火灾下的承载能力与标准火灾试验将存在重大差别。

④ 由于试验炉的差别，标准火灾试验完全相同的构件其耐火极限也存在差别。标准试验炉中测定的温度是炉内气体的温度。但一般来说，炉内对试件的传热的控制形式是炉壁的热辐射，而实际产生的热辐射状况对炉壁的物理性质和发射率反应很敏感。如果炉壁材料的热惯性较低，则试验中其表面温度可以迅速升高，火辐射的严重性就被放大，实际上很难找到两个火辐射能力完全相同的试验炉，这也是不同试验室的试验结果具有很大离散性的原因。

⑤ 构件的标准火灾试验费用昂贵。由于火灾试验费用昂贵,不可能对所有的构件进行抗火试验。目前,一般仅仅对结构中十分重要的构件按设计结构的实际状态进行抗火试验研究。而且,火灾试验中由于存在高温,对测试仪器的要求很高。大多数情况下,对试验所需要的数据例如位移、变形、裂缝等只能采用间接测试的方法进行,且比较烦琐,同时,目前国内能够进行构件抗火试验的试验室十分有限。

因此,基于试验的构件抗火设计方法,确实存在重大缺陷。但是,这种方法在目前结构抗火研究还处于初级阶段的时候,对解决工程抗火的实际问题还是具有重要意义的。

2.9.2 基于计算的构件抗火设计方法

基于试验的构件抗火设计方法存在居多问题,因此结构抗火的研究引起了足够的重视,并开展了大量的理论研究。理论研究主要采用有限元和有限差分为主,虽然也有采用经典解析解答的方法,但是仅针对于边界条件和受火均比较简单的构件,例如板构件在标准火灾试验中的温度分布和高温承载力问题等。基于有限元和有限差分想结合的方法可以考虑任意形式、大小、分布的荷载、任意端部约束以及复杂的受火条件。目前,这种构件抗火设计方法被英国、澳大利亚、欧盟等国家或组织的钢结构设计规范所采纳。

我国以李国强为首的同济大学课题组对钢结构构件进行了系统的理论研究,编制了上海市的地方标准《建筑钢结构防火技术规程》(DG/T J08-008—2000)。该标准提出了基于高温承载力极限状态验算的钢结构抗火设计新思想;获得了应用简便的火灾下钢构件升温计算公式;通过大量试验研究,获得了钢结构用的主要钢材高温基本性能参数,建立了数学模型,奠定了钢结构抗火计算的基础;提出了各类钢结构构件抗火极限承载力计算公式;建立了火灾下钢结构整体非线性分析理论;通过试验对所提出的理论进行了验证。在此基础上,该课题组完成了《建筑钢结构防火技术规范》(CECS 200:2006)的编制工作。

基于计算的构件抗火设计方法相对基于试验的构件抗火设计方法而言,有了一定的进步。其主要体现在对构件的抗火极限承载能力不是建立在纯粹的试验的基础上,而是建立在理论分析的基础上,并通过部分试验进行了验证,可以节约大量的试验费用,同时可以使得构件抗火分析更加广泛和深入。但是这种分析方法由于仅仅针对结构中的单独构件进行分析,无法考虑整体结构的承载能力。

2.9.3 基于计算的结构抗火设计方法

结构的主要功能是作为整体承载,火灾下单个构件的破坏并不意味着整体结构的破坏。结构中少数构件的破坏将在结构中产生内力重分布,结构作为整体仍然具有一定的继续承载的能力。当结构抗火设计以防止整体结构倒塌为目标时,则基于整体结构的承载能力极限状态进行抗火设计更加合理。目前,对于钢结构而言,作为整体结构进行承载力研究刚刚起步,而对于混凝土结构而言则基本上是空白,是目前火灾下整体结构反映分析的研究热点。到目前为止,尚没有工程实用方法被相关规范采纳。

2.9.4 基于火灾随机性的结构抗火设计方法

火灾和地震一样,其发生具有很大的随机性。火灾发生的强度、地点、方式及当时的环境都具有随机性。现代的结构设计是以概率可靠度为目标,要实现结构抗火设计的概率极限状态设计,必须考虑火灾的随机性。目前,火灾随机性的问题开始受到人们的关注,例如在大量的火灾风险评估的文献中可以看出来。考虑火灾随机性的结构抗火设计方法是一个尚待研究的问题,但是这一定是结构抗火设计的一个发展趋势和方向。

2.10　处方式建筑构件的抗火设计　　>>>

2.10.1　建筑构件燃烧性能和耐火极限

处方式的防火设计规范中,对建筑构件的耐火极限和燃烧性能给出了规定。建筑构件按燃烧性能可以分为不燃烧体、难燃烧体和燃烧体。不燃烧体是指用不燃烧材料制成,构件在空气中受到火烧或高温作用不起火、不碳化、不燃烧,如砖柱、砖墙、钢筋混凝土梁板柱、钢梁等。难燃烧体是指用难燃烧材料做成的构件或用燃烧材料做成而用非燃烧材料做保护层的构件,如沥青混凝土、经过防火处理的木材、用有机物填充的混凝土、水泥刨花板、纤维石膏板等;燃烧体是指用燃烧材料做成的构件,如未经防火处理的木材等。

建筑构件的耐火极限是指对建筑构件按时间-温度标准升温曲线进行耐火试验(我国采用 ISO 834 标准升温曲线),从受到火作用时起到失去承载能力或完整性被破坏或失去隔火作用为止所经历的时间(以小时计)。隔热性是指在标准耐火试验条件下,建筑构件当一面受火时,在一定的时间内背火面温度不超过规定极限值的能力。完整性是指在标准耐火试验条件下,建筑构件当一面受火时,在一定的时间内阻止火焰和热气穿透或在背火面出现火焰的能力。承载能力是指承重构件承受规定的试验荷载,其变形的大小和速率均未超过标准规定极限值的能力。

(1)承载能力

试件在耐火试验期间能够持续保持其承载能力的时间。判断试件承载能力的参数是变形量和变形速率,当试件在标准耐火试验中,超过以下任意一判定准则时,均认为试件丧失承载能力。

对于抗弯构件,极限弯曲变形量:

$$D = \frac{L^2}{400d} \quad (\text{mm}) \tag{2-73}$$

极限变形速率为:

$$\frac{\mathrm{d}D}{\mathrm{d}t} = \frac{L^2}{9000d} \quad (\text{mm/min}) \tag{2-74}$$

式中　L——试件的净跨度,mm;

　　　d——试件截面上抗压点和抗拉点之间的距离,mm。

对于轴向承重构件,极限轴向压缩变形量:

$$C = \frac{h}{100} \quad (\text{mm}) \tag{2-75}$$

极限轴向压缩变形速率为:

$$\frac{\mathrm{d}C}{\mathrm{d}t} = \frac{3h}{1000} \quad (\text{mm/min}) \tag{2-76}$$

式中　h——试件的初始高度,mm。

(2)完整性

试件在耐火试验期间能够保持耐火隔火性能的时间。试件发生以下任意一限定情况均认为试件丧失完整性,按照《建筑构件耐火试验方法》(GB/T 9978.1—2008)第 1 部分通用要求的试验要求进行试验,棉垫被点燃或缝隙探棒可以穿过或背火面出现火焰并持续时间超过 10 s。

(3)隔热性

试件在耐火试验期间能够保持耐火隔热性能的时间。试件背火面温度温升发生超过以下任意一项限定的情况均认为试件丧失隔热性:平均温度温升超过初始平均温度 140 ℃,或任意一点位置的温度温升超过初始温度 180 ℃。

2.10.2 建筑构件抗火设计

目前,我国建筑设计防火规范采用的是处方式的建筑构件抗火设计方法。它是对建筑构件采用标准耐火试验得到其耐火极限。对于不同的结构构件进行大量的标准耐火试验得到其耐火极限,列成表格,供设计技术人员采用。要注意的是,用处方式进行建筑构件的抗火设计,所有的背景都是标准火灾模型,因此,计算结果与结构在真实火灾中的反应不具备必然性。处方式的设计方法简单并容易被设计人员接受。

我国建筑设计防火规范规定:厂房和仓库的耐火等级分为一至四级,相应建筑构件的燃烧性能和耐火极限见表 2-29。

表 2-29　　　　　　　　　　**不同耐火等级厂房和仓库建筑构件的燃烧性能和耐火极限**　　　　　　（单位:h）

构件名称		耐火等级			
		一级	二级	三级	四级
墙	防火墙	不燃性 3.00	不燃性 3.00	不燃性 3.00	不燃性 3.00
	承重墙	不燃性 3.00	不燃性 2.50	不燃性 2.00	难燃性 0.50
	电梯间和电梯井的墙	不燃性 2.00	不燃性 2.00	不燃性 1.50	难燃性 0.50
	疏散走道两侧的隔墙	不燃性 1.00	不燃性 1.00	不燃性 0.50	难燃性 0.25
	非承重外墙、房间隔墙	不燃性 0.75	不燃性 0.50	难燃性 0.50	难燃性 0.25
柱		不燃性 3.00	不燃性 2.50	不燃性 2.00	难燃性 0.50
梁		不燃性 2.00	不燃性 1.50	不燃性 1.00	难燃性 0.50
楼板		不燃性 1.50	不燃性 1.00	难燃性 0.75	难燃性 0.50
屋顶承重构件		不燃性 1.50	不燃性 1.00	难燃性 0.50	可燃性
疏散楼梯		不燃性 1.50	不燃性 1.00	不燃性 0.75	可燃性
吊顶(包括吊顶格栅)		不燃性 0.25	难燃性 0.25	难燃性 0.15	可燃性

我国建筑设计防火规范规定:民用建筑的耐火等级分为一至四级,相应建筑构件的燃烧性能和耐火极限见表 2-30。

表 2-30 不同耐火等级建筑相应构件的燃烧性能和耐火极限 （单位:h）

构件名称			耐火等级			
			一级	二级	三级	四级
墙		防火墙	不燃性 3.00	不燃性 3.00	不燃性 3.00	不燃性 3.00
		承重墙	不燃性 3.00	不燃性 2.50	不燃性 2.00	难燃性 0.50
		非承重墙	不燃性 1.00	不燃性 1.00	不燃性 0.50	可燃性
		电梯间、前室的墙,电梯井的墙,住宅建筑单元之间的墙和分户墙	不燃性 2.00	不燃性 2.00	不燃性 1.50	难燃性 0.50
		疏散走道两侧的隔墙	不燃性 1.00	不燃性 1.00	不燃性 0.50	难燃性 0.25
		房间隔墙	不燃性 0.75	不燃性 0.50	难燃性 0.50	难燃性 0.25
柱			不燃性 3.00	不燃性 2.50	不燃性 2.00	难燃性 0.50
梁			不燃性 2.00	不燃性 1.50	不燃性 1.00	难燃性 0.50
楼板			不燃性 1.50	不燃性 1.00	不燃性 0.75	可燃性
屋顶承重构件			不燃性 1.50	不燃性 1.00	难燃性 0.50	可燃性
疏散楼梯			不燃性 1.50	不燃性 1.00	不燃性 0.50	可燃性
吊顶(包括吊顶格栅)			不燃性 0.25	难燃性 0.25	难燃性 0.15	可燃性

我国建筑设计防火规范以附录的形式给出了各种构件的燃烧性能和耐火极限,可供设计使用和参考。

2.10.3 提高构件耐火性能的措施

实际上,目前民用建筑常用的梁、板、柱等主要承重构件的燃烧性能和耐火极限大部分达到了一、二级耐火等级的要求,有的大大超过了规范规定的要求,见表 2-31。

表 2-31 常用构件耐火极限 （单位:h）

构件名称		结构厚度或尺寸/mm	实际耐火极限
承重墙	普通黏土砖、混凝土、钢筋混凝土实体墙	120	2.50
		180	3.50
		240	5.50
	加气混凝土砌块墙	100	2.00
	轻质混凝土砌块墙	120	1.50
		240	3.50
		370	5.50

续表

构件名称		结构厚度或尺寸/mm	实际耐火极限
柱	钢筋混凝土柱	200×200	1.40
		200×300	2.50
		300×300	3.00
		300×500	3.50
	钢筋混凝土圆柱	直径300	3.00
		直径450	4.00
	无保护层钢柱	—	0.25
梁	非预应力简支梁	保护层厚度10	1.20
		保护层厚度20	1.75
		保护层厚度25	2.00
	预应力简支梁	保护层厚度25	1.00
		保护层厚度30	1.50
		保护层厚度40	2.00
板	预应力钢筋混凝土圆孔空心板	保护层厚度10	0.40
		保护层厚度20	0.70
		保护层厚度30	0.80
	四边简支钢筋混凝土楼板(厚80 mm)	保护层厚度15	1.45
		保护层厚度20	1.50
	现浇整体式楼板(厚80 mm)	保护层厚度10	1.40
		保护层厚度15	1.45
		保护层厚度20	1.50

通过试验和理论分析,提高结构构件耐火能力可以采取的措施包括:

① 适当增大混凝土结构的保护层厚度,这是提高混凝土构件耐火极限的最简单和最有效的方法。由于混凝土为热惰性材料,保护层厚度的增加可以大大减缓火灾高温向混凝土内部的传递。

② 适当加大构件的截面尺寸以改善构件的变形、刚度和开裂性能。

③ 增大框架结构剪力较大部位的配筋率以提高抗剪强度,节点区增加配筋率并加大钢筋锚固以提高抗拉能力。

④ 在钢构件表面做耐火保护层,例如,涂刷防火涂料,在钢梁和钢屋架下面做耐火吊顶。

⑤ 合理进行耐火构造设计。

⑥ 改变支承条件将铰支座改为固定支座,改变节点形式(将铰节点改成刚节点),增加约束杆件形成超静定结构,加强接缝处的构造处理等。

2.11 钢结构构件抗火设计 >>>

2.11.1 钢结构构件抗火设计步骤

钢结构在不采取防火措施的情况下,钢结构构件的耐火极限不超过 15 min。防火涂料是目前钢结构耐火设计中采取的主要防火措施。因此,在钢结构构件设计中防火涂料的设计是必不可少的。下面以我国《建筑钢结构防火技术规范》(CECS 200:2006)为基础,介绍钢结构抗火设计计算方法。图 2-8 是基于计算的构件抗火设计计算流程。

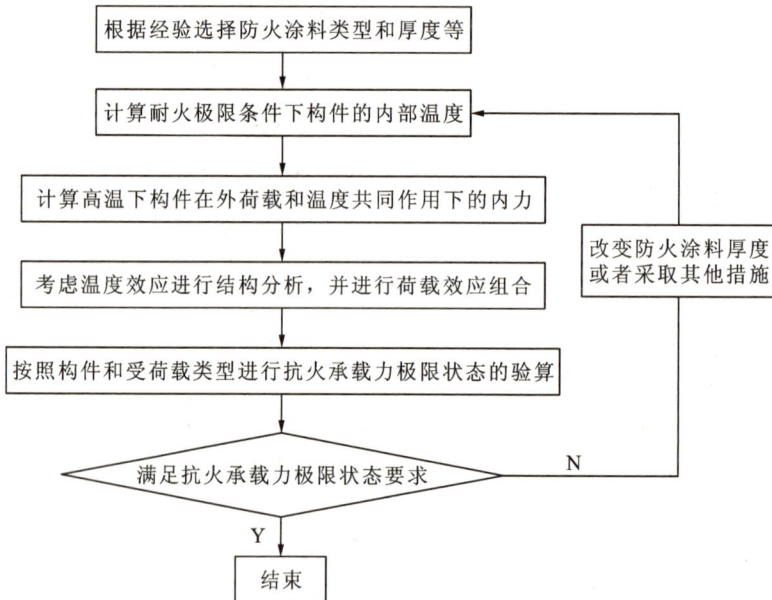

图 2-8 基于计算的钢结构构件抗火设计计算流程

2.11.2 钢构件升温计算

2.11.2.1 室内火灾空气温升计算

要计算钢构件内部温度,首先必须知道其边界条件,也就是室内火灾空气温升。对于一般工业和民用建筑室内温升可采用 ISO 834 国际标准升温曲线。

当能够准确确定建筑室内有关参数时,在 t 时刻建筑室内火灾的平均温度 T_g 可按下式计算:

$$T_g = \frac{985488D\eta - 0.2268 \times \left(\frac{T_g' + 273}{100}\right)^4 + 10427\eta + 0.95\alpha T_1}{0.521\eta c_g + 0.95\alpha} \tag{2-77}$$

式中 T_g'——本次迭代前室内平均温度,℃;

η——房间的通风系数,$m^{1/2}$;

D——热释放速率系数;

α——对流、辐射换热系数之和,$W/(m^2 \cdot ℃)$;

c_g——烟气比热容,按表 2-32 确定,$J/(kg \cdot ℃)$;

T_1——壁面内表面温度,℃。

表 2-32 　　　　　　　　　　烟气比热容 c_g

$T/℃$	0	100	200	300	400	500	600
$c_g/[J/(kg \cdot ℃)]$	1042	1068	1097	1122	1151	1185	1214
$T/℃$	700	800	900	1000	1100	1200	—
$c_g/[J/(kg \cdot ℃)]$	1239	1264	1290	1306	1323	1340	—

房间的通风系数 η 按下式计算：

$$\eta = \frac{0.53 \sum A_w \sqrt{h}}{A_T} \tag{2-78}$$

式中　A_w——按门窗开口尺寸计算的房间开口面积，m^2；

　　　h——房间门窗洞口高度，m；

　　　A_T——包括门窗在内的房间六壁面面积之和，m^2。

热释放速率系数 D 按下式计算：

$$D = 1 - \left(\frac{t - 0.8t_0}{0.4t_0}\right) \left. \begin{array}{l} 1 \quad (t \leqslant 0.8t_0) \\ (0.8t_0 < t \leqslant 1.2t_0) \\ 0 \quad (t > 1.2t_0) \end{array} \right\} \tag{2-79}$$

$$t_0 = \frac{q_T}{18.4 \times 5.27 \eta} \tag{2-80}$$

式中　q_T——设计火灾荷载密度，按式(2-8)计算，MJ/m^2；

　　　t——轰燃后火灾持续的时间，min；

　　　t_0——房间内所有可燃物烧尽时的火灾理论持续时间，min。

对流、辐射换热系数之和 α 按下式确定：

$$\alpha = \frac{3.175}{T_g - T_1}\left[\left(\frac{T_g + 273}{100}\right)^4 - \left(\frac{T_1 + 273}{100}\right)^4\right] + 25 \tag{2-81}$$

壁面内表面温度 T_1 可按下列步骤计算。

① 将壁面封墙、楼板(均取 150 mm)，按厚度为 10 mm 划分为 15 个薄层，交界处在时刻 t 的温度分别为 $T(1,t)$，$T(2,t)$，$\cdots$，$T(16,t)$，其中，$T(1,t)$ 为房间内表面的温度，$T(16,t)$ 为房间外表面的温度。

② 将轰燃后的火灾持续时间 t 离散为 Δt，取 $\Delta t = 60$ s。

③ 利用初始条件，令所有节点温度 $T(i,0) = 20$ ℃。

④ 在任意时刻 t 节点 i 的导温系数 a 可按下式计算：

$$\left. \begin{array}{l} a = \dfrac{a_1 + a_2}{2} \\[2mm] a_1 = \dfrac{1.16 \times (1.4 - 1.5 \times 10^{-3} T + 6 \times 10^{-7} T^2)}{920 \times (2400 - 0.56T)} \\[2mm] a_2 = \dfrac{8.3 - 2.53 \times 10^{-3} T + 1.45 \times 10^{-5} T^2}{3.6 \times 10^{-7}} \end{array} \right\} \tag{2-82}$$

式中　a_1——混凝土的导温系数，m^2/s；

　　　a_2——加气混凝土的导温系数，m^2/s；

　　　T——计算节点的温度，℃。

⑤ 按下式计算所有内节点($i = 2 \sim 15$)的温度 $T(i,t+\Delta t)$：

$$T(i,t+\Delta t) = \frac{a\Delta t}{0.01^2}[T(i+1,t) + T(i-1,t)] + \left(1 - 2\frac{a\Delta t}{0.01^2}\right)T(i,t) \tag{2-83}$$

⑥ 在任意时刻 t，外表面节点($i=16$)的导热系数按下式计算：

$$
\left.
\begin{aligned}
\lambda &= \frac{\lambda_1 + \lambda_2}{2} \\
\lambda_1 &= 1.16 \times (1.4 - 1.5 \times 10^{-3} T + 6 \times 10^{-7} T^2) \\
\lambda_2 &= 1.16 \times (0.13 - 1.9 \times 10^{-5} T + 1.99 \times 10^{-7} T^2)
\end{aligned}
\right\}
\tag{2-84}
$$

式中　λ_1——混凝土的导热系数，$W/(m \cdot K)$；

　　　λ_2——加气混凝土的导热系数，$W/(m \cdot K)$；

　　　T——计算节点 $T(16,t)$、$T(15,t)$ 即外表面和相邻节点的平均温度，℃。

⑦ 外表面的温度可按下式计算：

$$
T(16, t + \Delta t) = \frac{100\lambda T(15, t + \Delta t) + 180}{100\lambda + 9}
\tag{2-85}
$$

⑧ 在任意时刻 t，内表面节点($i=1$)的导热系数可按式(2-84)计算，但式中 T 为 $T(1,t)$ 和 $T(2,t)$，即内表面与相邻节点的平均温度(℃)。

⑨ 内表面的温度可按下式计算：

$$
T_1 = T(1, t + \Delta t) = \frac{100\lambda T(2, t + \Delta t) + T_g' \alpha}{100\lambda + \alpha}
\tag{2-86}
$$

联立式(2-86)、式(2-81)、式(2-77)，迭代求解 T_1、α、T_g。一般迭代 10 次即可满足精度要求。

上述计算室内火灾升温方法不适用于高大空间火灾空气升温计算。高大空间是指高度不小于 6 m，独立空间地(楼)板面积不小于 500 m^2 的建筑空间。关于高大空间火灾空气升温计算请参阅《建筑钢结构防火技术规范》(CECS 200:2006)进行。

2.11.2.2　钢构件温升计算

火灾下钢构件的温升可按下列增量法计算(其初始温度取 20 ℃)：

$$
T_s(t + \Delta t) = \frac{B[T_g(t) - T_s(t)]\Delta t}{c_s \rho_s} + T_s(t)
\tag{2-87}
$$

式中　Δt——时间增量，不宜超过 30 s，s；

　　　T_s——钢构件的温度，℃；

　　　T_g——火灾下钢构件周围空气温度，℃；

　　　B——钢构件单位长度综合传热系数，$W/(m^3 \cdot ℃)$；

　　　c_s——钢材比热容，$J/(kg \cdot ℃)$；

　　　ρ_s——钢材体积密度，kg/m^3。

钢构件单位长度综合传热系数 B 可按下列公式计算。

(1)构件无防火保护层时

$$
\left.
\begin{aligned}
B &= \frac{(\alpha_c + \alpha_r)F}{V} \\
\alpha_r &= \frac{2.041}{T_g - T_s}\left[\left(\frac{T_g + 273}{100}\right)^4 - \left(\frac{T_s + 273}{100}\right)^4\right]
\end{aligned}
\right\}
\tag{2-88}
$$

式中　F——构件单位长度的受火表面积，m^2/m；

　　　V——构件单位长度的体积，m^3/m；

　　　α_c——对流传热系数，取 $\alpha_c = 25\ W/(m^2 \cdot ℃)$；

　　　α_r——辐射传热系数，$W/(m^2 \cdot ℃)$。

(2)构件有非膨胀型保护层时

$$
B = \left(1 + \frac{c_i \rho_i d_i F_i}{2 c_s \rho_s}\right)^{-1} \frac{\lambda_i}{d_i} \frac{F_i}{V}
\tag{2-89}
$$

式中　c_i——保护材料的比热容，$J/(kg \cdot ℃)$；

　　　ρ_s——保护材料的体积密度，kg/m^3；

d_i——保护层厚度,m;

λ_i——保护材料温度为 500 ℃时的导热系数或等效导热系数,W/(m³·℃);

F_i——保护构件单位长度防火保护材料的内表面积,按《建筑钢结构防火技术规范》(CECS 200: 2006)附录 E 采用,m²/m。

有非膨胀型防火层保护的构件,当构件温度不超过 600 ℃时,在标准火灾升温条件下其内部温度也可按下式近似计算:

$$T_s(t) = (\sqrt{0.044+5.0\times10^{-5}B} - 0.2)t + T_s(0) \leqslant 600 ℃ \tag{2-90}$$

式中 $T_s(0)$——火灾前构件初始温度,取 20 ℃;

t——火灾升温时间,当为非标准火灾升温时,可以用等效曝火时间 t_e 来代替,s。

实际的室内火灾升温在任意时刻对结构的影响,可等效为标准火灾升温在等效曝火时刻对结构的影响。当采用 2.11.2.1 节的方法计算室内火灾的空气温度时,等效曝火时间 t_e 可按下式计算:

$$t_e = 9 + (16.434\eta^2 - 4.223\eta + 0.3794)q_T \tag{2-91}$$

式(2-91)中有关参数的含义和计算见 2.11.2.1 节。

防火材料往往含有一定的含水率,当受热时,水分会首先蒸发。通常给出的材料的比热容都没有考虑水分蒸发的影响,因此当构件内部水分蒸发对构件升温产生影响时,构件内部升温可按下式计算:

$$T_s'(t) = \left.\begin{array}{ll} T_s(t) & (t < t') \\ 100 & (t' \leqslant t \leqslant t'+t_v) \\ T_s(t+t_v) & (t > t'+t_v) \end{array}\right\} \tag{2-92}$$

$$t_v = \frac{12P\rho_i d_i^2}{\lambda_i} \tag{2-93}$$

式中 t_v——保护延迟时间,s;

t'——构件温度达到 100 ℃所需的时间,s;

P——保护层中所含水分的质量百分比,%;

$T_s'(t)$——考虑延迟现象影响时,构件在 t 时刻的内部温度,℃;

$T_s(t)$——不考虑延迟现象影响时,构件在 t 时刻的内部温度,℃;

2.11.3 钢结构抗火极限承载力与作用效应组合要求

当满足下列条件之一时,应视为钢结构构件达到抗火承载力极限状态:

① 轴心受力构件截面屈服;

② 受弯构件产生足够的塑性铰而形成可变机构;

③ 构件丧失整体稳定;

④ 构件达到不适于继续承载的变形。

当满足下列条件之一时,应视为钢结构整体达到抗火承载能力极限状态:

① 结构产生足够的塑性铰形成可变机构;

② 结构整体丧失稳定。

由于对结构整体进行抗火分析到目前为止还是十分困难的。因此在一般情况下,可仅对结构的各种构件进行抗火分析计算,使其满足构件抗火设计的要求。而且,当仅对结构中的某个构件进行抗火验算时,可仅考虑该构件的受火升温。大量的研究表明,这样得到的计算结果往往偏于保守和安全,并且计算工作量会大大减少。

考虑火灾发生是属于小概率事件,因此钢结构抗火验算时,可按偶然设计状况的作用效应组合,采用下列设计表达式:

$$\left.\begin{array}{l} S_m = \gamma_0(S_{Gk} + S_{Tk} + \psi_f S_{Qk}) \\ S_m = \gamma_0(S_{Gk} + S_{Tk} + \psi_q S_{Qk} + 0.4S_{Wk}) \end{array}\right\} \tag{2-94}$$

式中　S_m——作用效应组合的设计值；

　　　S_{Gk}——永久荷载标准值的效应；

　　　S_{Tk}——火灾作用下结构的标准温度作用效应；

　　　S_{Qk}——楼面或屋面活荷载标准值的效应；

　　　S_{Wk}——风荷载标准值的效应；

　　　ψ_f——楼面或屋面活荷载的频遇值系数，按现行国家标准《建筑结构荷载规范》(GB 50009—2012)的规定取值；

　　　ψ_q——楼面或屋面活荷载的准永久值系数，按现行国家标准《建筑结构荷载规范》(GB 50009—2012)的规定取值；

　　　γ_0——结构抗火重要性系数，对于耐火等级为一级的建筑取 1.15，对其他建筑取 1.05。

2.11.4　基于抗火极限承载力的验算方法

钢结构抗火极限承载力验算与常温下的极限承载力的验算基本类似，但是要考虑材料在高温下的特性变化，可以分为两类：一类是截面承载力的验算，由屈服强度控制；另一类是屈曲构件的验算，刚度与屈服强度都对构件的承载力产生影响。

2.11.4.1　轴心受力钢构件强度和稳定性验算

高温下，轴心受拉和轴心受压构件的强度应按下式验算：

$$\frac{N}{A_n} \leqslant \eta_T \gamma_R f \tag{2-95}$$

式中　N——火灾下构件的轴向拉力或轴向压力设计值；

　　　A_n——钢构件的净截面面积；

　　　η_T——高温下钢材的强度折减系数，按表 2-24 取值；

　　　γ_R——钢构件的抗力分项系数，近似取 1.1；

　　　f——常温下钢材的强度设计值。

高温下，轴心受压构件的稳定性应按下式验算：

$$\begin{cases} \dfrac{N}{\varphi_T A} \leqslant \eta_T \gamma_R f \\ \varphi_T = \alpha_c \varphi \end{cases} \tag{2-96}$$

式中　N——火灾下构件的压力设计值；

　　　A——钢构件的毛截面面积；

　　　φ_T——高温下轴心受压构件的稳定系数；

　　　α_c——高温下轴心受压构件的稳定验算系数，对于普通结构钢构件和耐火钢构件，根据构件长细比和构件温度按表 2-33 确定；

　　　φ——常温下轴心受压构件的稳定系数，按现行国家标准《钢结构设计规范》(GB 50017—2003)确定。

表 2-33　　　　　　　　　　　　　　　高温下轴心受压构件的稳定验算参数 α_c

温度/℃	$\lambda \sqrt{f_y/235}$											
	普通结构钢构件						耐火结构钢构件					
	≤10	50	100	150	200	≤250	≤10	50	100	150	200	≤250
100	1.000	0.999	0.992	0.986	0.984	0.983	1.000	0.999	0.995	0.992	0.990	0.990
150	1.000	0.998	0.985	0.976	0.972	0.971	1.000	0.999	0.993	0.988	0.986	0.985
200	1.000	0.997	0.978	0.964	0.958	0.956	1.000	0.999	0.991	0.985	0.982	0.982
250	0.999	0.996	0.968	0.949	0.942	0.938	1.000	0.999	0.990	0.983	0.981	0.980

续表

温度/℃	$\lambda\sqrt{f_y/235}$											
	普通结构钢构件						耐火结构钢构件					
	≤10	50	100	150	200	≤250	≤10	50	100	150	200	≤250
300	0.999	0.994	0.957	0.931	0.921	0.917	1.000	0.999	0.991	0.985	0.982	0.982
350	0.999	0.994	0.952	0.924	0.914	0.909	1.000	0.999	0.994	0.989	0.987	0.986
400	0.999	0.995	0.963	0.940	0.931	0.928	1.000	1.000	0.999	0.997	0.997	0.997
450	1.000	0.998	0.984	0.973	0.969	0.968	1.000	1.001	1.007	1.012	1.014	1.015
500	1.000	1.002	1.011	1.019	1.022	1.023	1.000	1.003	1.021	1.036	1.042	1.045
550	1.001	1.004	1.036	1.064	1.075	1.080	1.001	1.005	1.042	1.075	1.088	1.094
600	1.001	1.005	1.039	1.069	1.080	1.086	1.002	1.009	1.075	1.139	1.166	1.179
650	1.000	0.998	0.983	0.972	0.968	0.966	1.003	1.015	1.126	1.253	1.310	1.339
700	1.000	0.997	0.978	0.964	0.959	0.957	1.004	1.019	1.165	1.352	1.445	1.494
750	1.000	1.001	1.005	1.008	1.009	1.010	1.005	1.027	1.234	1.568	1.779	1.897
800	1.000	1.000	1.000	1.000	1.000	1.000	1.006	1.030	1.259	1.658	1.941	2.108

2.11.4.2 单轴受弯钢构件强度和稳定性验算

高温下，单轴受弯构件的强度按下式验算：

$$\frac{M}{\gamma W_n} \leqslant \eta_T \gamma_R f \tag{2-97}$$

式中 M——火灾下构件最不利截面处的弯矩设计值。

W_n——钢构件最不利截面的净截面模量。

γ——截面塑性发展系数，对于工字形截面，$\gamma_x=1.05$，$\gamma_y=1.2$；对于箱形截面，$\gamma_x=\gamma_y=1.05$；对于圆钢管截面，$\gamma_x=\gamma_y=1.15$。

高温下，单轴受弯构件的稳定性按下式验算：

$$\frac{M}{\gamma'_{bT}W} \leqslant \eta_T \gamma_R f \tag{2-98}$$

$$\gamma'_{bT} = \left.\begin{array}{ll} \alpha_b\varphi_b & (\alpha_b\varphi_b \leqslant 0.6) \\ 1.07 - \dfrac{0.282}{\alpha_b\varphi_b} & (\alpha_b\varphi_b > 0.6) \end{array}\right\} \tag{2-99}$$

式中 M——火灾下的最大弯矩设计值；

W——按受压纤维确定的构件毛截面面积；

γ'_{bT}——高温下受弯构件的稳定系数；

φ_b——常温下受弯钢构件的稳定系数（基于弹性阶段），按现行《钢结构设计规范》（GB 50017—2003）有关规定计算，但当所计算的 $\varphi_b > 0.6$ 时，φ_b 不作修正；

α_b——高温下受弯钢构件的稳定验算系数按表 2-34 采用。

表 2-34　　　　　　　　　　高温下受弯钢构件的稳定验算参数 α_b

温度/℃	20	100	150	200	250	300	350	400	450	500
普通结构钢	1.000	0.980	0.966	0.949	0.929	0.905	0.896	0.917	0.963	1.027
耐火结构钢	1.000	0.988	0.982	0.978	0.977	0.978	0.984	0.996	1.017	1.052
温度/℃	550	600	650	700	750	800	850	900	950	1000
普通结构钢	1.094	1.101	0.961	0.950	1.011	1.000	0.870	0.769	0.690	0.625
耐火结构钢	1.111	1.214	1.419	1.630	2.256	2.640	2.533	1.200	1.400	1.600

2.11.4.3 拉弯或压弯钢构件强度和稳定性验算

高温下,拉弯或压弯构件的强度按下式验算:

$$\frac{N}{A_n} \pm \frac{M_x}{\gamma_x W_{nx}} \pm \frac{M_y}{\gamma_y W_{ny}} \leqslant \eta_T \gamma_R f \tag{2-100}$$

式中　M——火灾下构件最不利截面处的弯矩设计值。

　　　M_x, M_y——分别为对应于强轴 x 轴和弱轴 y 轴的火灾下构件最不利截面处的弯矩设计值。

　　　A_n——钢构件最不利截面的净截面面积。

　　　W_{nx}, W_{ny}——分别为对应于强轴 x 轴和弱轴 y 轴的净截面模量。

　　　γ_x, γ_y——分别为对应于强轴 x 轴和弱轴 y 轴的截面塑性发展系数,对于工字形截面,$\gamma_x = 1.05$,$\gamma_y = 1.2$;对于箱形截面,$\gamma_x = \gamma_y = 1.05$;对于圆钢管截面,$\gamma_x = \gamma_y = 1.15$。

高温下,压弯构件的稳定性,绕强轴 x 轴和绕弱轴 y 轴分别按下式验算。

绕强轴 x 轴弯曲:

$$\left. \begin{array}{l} \dfrac{N}{\varphi_{xT} A} + \dfrac{\beta_{mx} M_x}{\gamma_x W_x \left(1 - \dfrac{0.8N}{N'_{ExT}}\right)} + \eta \dfrac{\beta_{ty} M_y}{\varphi'_{byT} W_y} \leqslant \eta_T \gamma_R f \\[4mm] N'_{ExT} = \dfrac{\pi^2 E_T A}{1.1 \lambda_x^2} \end{array} \right\} \tag{2-101}$$

绕弱轴 y 轴弯曲:

$$\left. \begin{array}{l} \dfrac{N}{\varphi_{yT} A} + \dfrac{\beta_{tx} M_x}{\varphi'_{bxT} W_x} + \dfrac{\beta_{my} M_y}{\gamma_y W_y \left(1 - \dfrac{0.8N}{N'_{EyT}}\right)} \leqslant \eta_T \gamma_R f \\[4mm] N'_{EyT} = \dfrac{\pi^2 E_T A}{1.1 \lambda_y^2} \end{array} \right\} \tag{2-102}$$

式中　N——火灾时构件的轴向压力设计值。

　　　M_x, M_y——分别为火灾时所计算构件段范围内对应于强轴 x 轴和弱轴 y 轴的最大弯矩设计值。

　　　A——钢构件毛截面面积。

　　　W_x, W_y——分别为强轴和弱轴毛截面模量。

　　　N'_{ExT}, N'_{EyT}——分别为高温下绕强轴弯曲和绕弱轴弯曲的参数。

　　　λ_x, λ_y——分别为对强轴和弱轴的长细比。

　　　$\varphi_{xT}, \varphi_{yT}$——高温下轴心受压钢构件的稳定系数,分别对应于强轴失稳和弱轴失稳,按式(2-96)计算。

　　　$\varphi'_{bxT}, \varphi'_{byT}$——高温下均匀弯曲受弯钢构件的稳定系数,分别对应于强轴失稳和弱轴失稳,按式(2-96)计算。

　　　γ_x, γ_y——分别为对应于强轴 x 轴和弱轴 y 轴的截面塑性发展系数,对于工字形截面,$\gamma_x = 1.05$,$\gamma_y = 1.2$;对于箱形截面,$\gamma_x = \gamma_y = 1.05$;对于圆钢管截面,$\gamma_x = \gamma_y = 1.15$。

　　　η——截面影响系数,对于闭口截面,$\eta = 0.7$;对于其他截面,$\eta = 1.0$。

　　　β_{mx}, β_{my}——弯曲作用平面内的等效弯矩系数,按现行国家标准《钢结构设计规范》(GB 50017—2003)确定。

　　　β_{tx}, β_{ty}——弯曲作用平面外的等效弯矩系数,按现行国家标准《钢结构设计规范》(GB 50017—2003)确定。

2.11.5　基于临界温度的验算方法

基于临界温度的抗火验算的计算过程实际上是承载力计算方法的逆运算。

2.11.5.1　轴心受力钢构件临界温度验算

定义荷载与在常温下的设计承载力比值为截面强度荷载比 R。对于轴心受力钢构件,截面强度荷载比为:

$$R = \frac{N}{A_n f} \tag{2-103}$$

与式(2-95)比较,得:

$$R = \eta_T \gamma_R \tag{2-104}$$

有关参数含义见式(2-95)。由此,可以直接建立截面强度荷载比与屈服强度系数 η_T 之间的关系,并进而得到临界温度 T_d,见表2-35。

表2-35 　　　　钢构件根据截面强度荷载比 **R** 确定的临界温度 **T**_d 　　　　　（单位:℃）

R	0.30	0.35	0.40	0.45	0.50	0.55	0.60	0.65	0.70	0.75	0.80	0.85	0.90
普通钢 T_d	676	656	636	617	599	582	564	546	528	510	492	472	452
耐火钢 T_d	726	713	702	690	677	661	643	622	599	571	537	497	447

根据构件稳定荷载比 R' 和构件长细比 λ,按表2-36确定临界温度 T_d'。其中,R' 按下式计算:

$$R' = \frac{N}{\varphi A f} \tag{2-105}$$

有关参数含义见式(2-96)。

表2-36 　　　　轴心受压构件根据构件稳定荷载比 **R'** 确定的临界温度 **T**_d**'** 　　　　（单位:℃）

R'	$\lambda\sqrt{f_y/235}$							
	普通结构钢构件				耐火结构钢构件			
	≤50	100	150	≥200	≤50	100	150	≥200
0.30	676	674	672	672	727	745	772	788
0.35	655	653	652	651	714	729	755	770
0.40	636	636	636	636	704	717	739	754
0.45	618	620	622	622	692	706	725	738
0.50	600	605	608	609	679	696	713	724
0.55	582	589	594	596	663	684	703	711
0.60	565	571	577	597	646	670	692	701
0.65	547	554	554	562	625	653	680	690
0.70	529	535	535	545	602	632	664	676
0.75	511	515	515	522	573	602	643	658
0.80	492	494	494	497	539	566	599	628
0.85	472	471	471	468	498	518	542	556
0.90	451	444	444	433	448	456	467	471

对于高温下轴心受拉钢构件,根据截面强度荷载比 R 按表2-35确定临界温度 T_d;对于高温下轴心受压钢构件,除根据截面强度荷载比 R 按表2-35确定临界温度 T_d,还要根据稳定荷载比 R' 和构件长细比 λ,按表2-36确定临界温度 T_d',取二者的较小值作为临界温度。

2.11.5.2 单轴受弯钢构件临界温度验算

首先,按照截面强度荷载比 R 按表2-35确定临界温度 T_d。其中 R 按下式计算:

$$R = \frac{M}{\gamma W_n f} \tag{2-106}$$

其次,按照构件稳定荷载以及常温下受弯构件的稳定系数,按表2-37确定临界温度 T_d'。其中 R' 按下式计算:

$$R' = \frac{M}{\varphi_b' W f} \tag{2-107}$$

$$\varphi_b' = \begin{cases} \varphi_b & (\varphi_b \leqslant 0.6) \\ 1.07 - \dfrac{0.282}{\varphi_b} \leqslant 1.0 & (\varphi_b > 0.6) \end{cases} \tag{2-108}$$

有关参数含义见式(2-99)。

最后,取 T_d 和 T_d' 的较小值作为单轴受弯钢构件的临界温度。

表 2-37 　　　　受弯构件根据构件稳定荷载比 R' 确定的临界温度 T_d' 　　　　(单位:℃)

R'	φ_b'											
	普通结构钢构件						耐火结构钢构件					
	≤0.5	0.6	0.7	0.8	0.9	1.0	≤0.5	0.6	0.7	0.8	0.9	1.0
0.30	699	669	672	674	675	676	774	760	749	740	734	729
0.35	650	650	652	653	654	655	758	744	733	726	720	715
0.40	634	634	635	635	636	636	743	730	720	713	708	704
0.45	621	620	620	619	618	618	731	718	709	703	698	693
0.50	610	608	606	604	602	600	719	707	699	692	685	680
0.55	600	596	591	588	585	583	709	697	687	678	671	665
0.60	586	580	575	571	568	565	699	684	673	663	655	647
0.65	569	563	557	553	550	548	687	670	657	645	635	627
0.70	550	543	548	534	532	530	674	655	637	622	611	603
0.75	528	522	517	515	513	511	660	631	608	593	582	575
0.80	500	497	495	494	493	492	639	595	571	557	547	541
0.85	466	466	470	471	472	472	593	541	522	511	504	499
0.90	423	423	441	446	449	450	478	466	457	453	450	448

2.11.5.3 拉弯或压弯钢构件临界温度验算

对于拉弯钢构件,按照截面强度荷载比 R 通过表 2-35 确定临界温度 T_d。其中 R 按下式计算:

$$R = \frac{1}{f}\left(\frac{N}{A_n} \pm \frac{M_x}{\gamma_x W_{nx}} \pm \frac{M_y}{\gamma_y W_{ny}}\right) \tag{2-109}$$

有关参数含义见式(2-100)。

对于压弯钢构件,首先,按照式(2-108)计算的截面强度荷载比 R 通过表 2-35 确定临界温度 T_d。其次,根据绕强轴 x 轴弯曲的构件稳定荷载比 R_x' 以及长细比 λ_x、参数 e_1、参数 e_2,按照表 2-38 或表 2-39 确定临界温度 T_{dx}'。其中,R_x'、参数 e_1、参数 e_2 分别按照下式计算:

$$\left.\begin{aligned}
R_x' &= \frac{1}{f}\left[\frac{N}{\varphi_x A} + \frac{\beta_{mx} M_x}{\gamma_x W_x\left(1 - \dfrac{0.8N}{N_{Ex}'}\right)} + \eta\frac{\beta_{ty} M_y}{\varphi_{by}' W_y}\right] \\
e_1 &= \frac{\beta_{mx} M_x}{\gamma_x W_x\left(1 - \dfrac{0.8N}{N_{Ex}'}\right)} \cdot \frac{\varphi_x A}{N} \\
e_2 &= \frac{\eta\beta_{ty} M_y}{\varphi_{by}' W_y} \cdot \frac{\varphi_x A}{N} \\
N_{Ex}' &= \frac{\pi^2 EA}{1.1\lambda_x^2}
\end{aligned}\right\} \tag{2-110}$$

式中 φ_x——常温下轴心受压钢构件对应于强轴失稳的稳定系数;

      φ_{by}'——常温下均匀受弯钢构件对应于弱轴失稳的稳定系数,按式(2-108)计算;

      E——常温下钢材的弹性模量。

再根据绕弱轴 y 轴弯曲的构件稳定荷载比 R_y' 以及长细比 λ_y、参数 e_1、参数 e_2,按照表 2-38 或表 2-39 确定临界温度 T_{dy}'。其中,R_y'、参数 e_1、参数 e_2 分别按照下式计算:

$$\left.\begin{array}{l} R_y' = \dfrac{1}{f}\left[\dfrac{N}{\varphi_y A} + \dfrac{\beta_{tx}M_x}{\varphi_{bx}'W_x} + \dfrac{\beta_{my}M_y}{\gamma_y W_y\left(1 - \dfrac{0.8N}{N_{Ey}'}\right)}\right] \\[4mm] e_1 = \dfrac{\beta_{my}M_y}{\gamma_y W_y\left(1 - \dfrac{0.8N}{N_{Ey}'}\right)} \cdot \dfrac{\varphi_y A}{N} \\[4mm] e_2 = \dfrac{\eta\beta_{tx}M_x}{\varphi_{bx}'W_x} \cdot \dfrac{\varphi_y A}{N} \\[4mm] N_{Ey}' = \dfrac{\pi^2 EA}{1.1\lambda_y^2} \end{array}\right\} \tag{2-111}$$

式中 φ_y——常温下轴心受压钢构件对应于弱轴失稳的稳定系数;

      φ_{bx}'——常温下均匀受弯钢构件对应于强轴失稳的稳定系数,按式(2-108)计算。

式(2-110)和式(2-111)中的其余参数含义和取值见式(2-101)和式(2-102)。

最终,拉弯钢构件的临界温度按 T_d、T_{dx}' 和 T_{dy}' 的最小值取用。

表 2-38   压弯普通钢构件根据构件稳定荷载比 $R_x'(R_y')$ 确定的临界温度 $T_{dx}'(T_{dy}')$ (单位:℃)

$\lambda_x\sqrt{\dfrac{f_y}{235}}$ $\lambda_y\sqrt{\dfrac{f_y}{235}}$	e_2	e_1	稳定荷载比 $R_x'(R_y')$												
			0.30	0.35	0.40	0.45	0.50	0.55	0.60	0.65	0.70	0.75	0.80	0.85	0.90
≤50	—	—	670	649	630	612	595	577	560	542	524	506	487	467	446
100	≤0.1	≤0.1	667	647	630	614	599	582	565	547	528	508	487	463	438
		0.3	662	642	625	609	594	577	559	541	522	502	481	458	433
		1.0	660	640	623	607	590	573	555	537	519	499	479	457	433
		3.0	665	644	626	609	592	575	557	539	521	502	483	462	440
		≥10	671	650	631	613	596	578	561	543	525	507	488	468	446
	0.3	≤0.1	669	649	631	615	600	583	566	549	530	510	489	466	441
		0.3	665	645	628	612	596	579	562	544	525	505	484	462	437
		1.0	663	643	625	608	592	575	557	539	521	501	481	459	435
		3.0	666	645	627	610	593	575	558	540	522	503	484	463	440
		≥10	671	650	631	613	596	578	561	543	525	507	488	468	446
	1.0	—	668	647	629	612	596	579	561	544	525	506	486	464	441
	≥3.0	—	671	651	632	615	598	581	563	545	527	508	489	468	446

$\lambda_x\sqrt{\frac{f_y}{235}}$ $\lambda_y\sqrt{\frac{f_y}{235}}$	e_2	e_1	稳定荷载比 $R_x'(R_y')$												
			0.30	0.35	0.40	0.45	0.50	0.55	0.60	0.65	0.70	0.75	0.80	0.85	0.90
150	≤0.1	≤0.1	663	643	628	613	600	584	567	550	529	508	484	457	426
		0.3	657	638	622	608	593	576	559	541	521	499	476	449	420
		1.0	656	637	620	605	589	572	554	536	516	496	474	450	423
		3.0	662	642	624	607	591	574	556	538	520	501	480	459	435
		≥10	670	649	630	612	595	578	560	543	524	506	487	467	445
	0.3	≤0.1	666	646	630	616	602	586	569	552	532	511	488	462	432
		0.3	661	642	626	611	597	580	563	545	525	504	481	455	427
		1.0	659	639	622	607	591	574	557	539	519	499	477	454	427
		3.0	663	643	625	608	592	575	557	539	521	502	481	460	436
		≥10	670	649	630	613	595	578	560	543	525	506	487	467	445
	1.0	≤0.1	670	650	633	618	604	588	571	554	535	514	492	467	439
		0.3	668	648	631	615	601	585	568	551	531	511	489	464	437
		1.0	665	645	628	612	597	580	563	545	526	506	484	461	435
		3.0	666	645	628	611	595	578	560	543	524	505	484	463	439
		≥10	670	650	631	613	596	579	561	544	525	507	488	467	445
	3.0	—	670	650	632	616	602	585	568	550	531	512	490	467	441
	≥10	—	672	652	634	618	602	586	569	551	532	513	492	469	445
≥200	≤0.1	≤0.1	661	642	627	613	600	584	567	550	530	507	482	452	418
		0.3	655	637	621	607	593	576	559	541	520	498	473	444	412
		1.0	654	635	619	604	588	571	554	535	515	495	472	446	419
		3.0	661	641	623	607	591	573	556	538	519	500	479	457	433
		≥10	669	649	630	612	595	578	560	542	524	506	486	466	444
	0.3	≤0.1	664	645	630	616	603	588	571	554	534	512	488	458	423
		0.3	659	640	625	611	597	581	564	546	526	504	480	451	418
		1.0	657	638	622	607	592	575	557	539	519	498	476	450	422
		3.0	662	642	624	608	592	575	558	540	521	501	481	458	434
		≥10	669	649	630	612	595	578	560	543	525	506	487	466	444
	1.0	≤0.1	668	648	633	619	606	592	576	559	540	518	493	464	427
		0.3	665	646	630	616	603	588	572	554	535	513	489	461	426
		1.0	663	643	627	612	599	582	565	547	528	507	484	458	427
		3.0	664	644	627	611	596	579	562	544	525	505	484	461	435
		≥10	670	649	631	613	597	579	562	544	526	507	487	467	444

续表

$\lambda_x\sqrt{\dfrac{f_y}{235}}$ $\lambda_y\sqrt{\dfrac{f_y}{235}}$	e_2	e_1	稳定荷载比 $R_x'(R_y')$												
			0.30	0.35	0.40	0.45	0.50	0.55	0.60	0.65	0.70	0.75	0.80	0.85	0.90
≥200	≥3.0	≤0.1	667	648	631	615	601	585	568	550	531	511	489	464	436
		0.3	668	649	633	619	606	593	577	559	540	519	494	466	428
		1.0	668	648	632	617	604	589	573	555	536	515	492	464	530
		3.0	669	650	634	620	607	594	578	561	542	520	496	467	428
		≥10	670	650	632	615	599	582	565	547	528	509	489	467	443

表 2-39　　　压弯耐火钢构件钢构件根据构件稳定荷载比 $R_x'(R_y')$ 确定的临界温度 $T_{dx}'(T_{dy}')$　　　（单位：℃）

$\lambda_x\sqrt{\dfrac{f_y}{235}}$ $\lambda_y\sqrt{\dfrac{f_y}{235}}$	e_2	e_1	稳定荷载比 $R_x'(R_y')$												
			0.30	0.35	0.40	0.45	0.50	0.55	0.60	0.65	0.70	0.75	0.80	0.85	0.90
≤50	—	—	725	712	702	690	676	660	642	621	596	567	532	490	439
100	≤0.1	≤0.1	740	725	712	702	691	678	663	645	621	590	550	501	439
		0.3	735	721	709	699	687	673	657	637	611	579	538	488	425
		1.0	730	716	705	694	681	666	649	627	600	568	528	479	418
		3.0	727	714	703	691	677	662	644	623	597	566	529	484	428
		≥10	726	713	702	690	676	661	643	622	597	568	533	491	439
	0.3	≤0.1	739	724	712	702	690	677	662	644	620	589	551	504	443
		0.3	735	721	709	699	687	673	657	638	612	581	542	493	432
		1.0	730	717	705	694	681	667	650	629	602	571	532	484	424
		3.0	727	714	703	691	678	663	645	624	598	568	531	485	430
		≥10	726	713	702	690	677	661	643	622	598	569	534	491	439
	1.0	—	726	713	702	691	677	661	644	623	598	569	535	490	435
	≥3.0	—	727	714	703	692	678	663	645	624	600	571	537	494	442
150	≤0.1	≤0.1	759	742	727	714	704	693	680	665	647	615	569	509	434
		0.3	749	732	718	707	696	684	670	654	629	592	544	486	413
		1.0	737	722	710	699	687	673	657	636	608	573	529	474	407
		3.0	730	716	705	694	680	666	649	627	600	568	529	481	422
		≥10	727	713	703	691	677	662	644	623	598	569	533	490	437
	0.3	≤0.1	757	740	725	713	703	692	679	664	645	615	572	515	443
		0.3	749	732	719	707	697	685	671	654	631	596	552	496	426
		1.0	738	723	710	700	688	674	658	639	612	577	534	482	416
		3.0	730	717	705	694	681	666	650	628	602	570	531	484	425
		≥10	727	714	703	691	678	662	645	624	599	569	534	491	437

续表

$\lambda_x\sqrt{\frac{f_y}{235}}$ $\lambda_y\sqrt{\frac{f_y}{235}}$	e_2	e_1	稳定荷载比 $R_x'(R_y')$												
			0.30	0.35	0.40	0.45	0.50	0.55	0.60	0.65	0.70	0.75	0.80	0.85	0.90
150	1.0	≤0.1	752	735	722	710	700	688	675	659	639	609	570	518	452
		0.3	748	732	718	707	697	685	670	654	632	600	561	509	444
		1.0	739	724	712	702	690	677	661	643	618	586	545	495	433
		3.0	732	718	707	696	683	669	652	632	606	575	537	490	432
		≥10	728	714	704	692	679	663	646	625	600	571	536	492	439
	3.0	—	730	716	705	694	681	666	649	628	604	575	539	496	442
	≥10	—	733	719	708	698	685	670	654	635	611	582	546	502	447
≥200	≤0.1	≤0.1	770	753	736	722	710	699	687	674	657	631	580	513	430
		0.3	756	739	724	711	701	689	675	660	638	598	547	484	406
		1.0	741	725	712	701	689	676	660	641	612	575	529	472	402
		3.0	731	717	706	695	682	667	650	629	601	569	529	480	420
		≥10	727	714	703	692	678	663	645	624	599	569	534	490	436
	0.3	≤0.1	769	752	736	722	710	700	688	675	659	635	588	525	443
		0.3	758	741	726	713	702	691	678	663	644	610	562	498	423
		1.0	743	727	714	703	691	678	663	645	618	583	537	481	412
		3.0	733	718	707	696	683	669	652	631	604	572	533	484	423
		≥10	728	714	703	692	678	663	646	625	600	570	534	491	437
	1.0	≤0.1	767	750	734	721	710	700	688	674	659	636	594	536	458
		0.3	760	743	728	716	705	694	682	667	651	623	580	522	446
		1.0	747	731	718	707	696	684	670	654	631	597	556	501	433
		3.0	736	721	709	699	687	673	657	638	612	581	541	492	431
		≥10	729	716	704	693	680	665	648	627	603	573	537	493	438
	≥3.0	≤0.1	736	746	732	719	708	698	686	672	657	634	595	540	463
		0.3	760	744	729	717	706	696	683	669	653	628	589	534	460
		1.0	753	737	723	711	701	690	676	661	643	614	575	522	451
		3.0	742	727	715	704	693	680	666	649	626	595	557	507	444
		≥10	732	719	707	697	684	670	654	634	609	580	544	499	442

2.12 混凝土结构构件抗火设计 >>>

2.12.1 混凝土结构构件抗火设计方法

从理论上而言,混凝土结构构件抗火设计方法与钢结构相同,也分为处方式的设计方法和基于计算的结构构件抗火设计计算方法。实际上,混凝土结构在火灾下的行为也要遵循火场分析、热传递分析和结构高温分析的基本思路。设计目标分为两个层次:在构件层次,要满足稳定性、完整性和隔热性要求;在整体层次,则要保持结构稳定性以及防火区间的隔火要求。但是由于混凝土和钢材两种材料的特性相差较大,导致结构构件抗火设计存在较大的差别。钢结构构件截面小,材料导热性能强,升温快,抗火能力差,一般需要进行防火保护;而混凝土结构构件截面大,材料导热性能差,吸热能力强,抗火能力强,一般不需要进行防火保护就能达到 2 h 左右的抗火极限。因此,传统上对混凝土的抗火性能的关注不如钢结构。目前,国内还没有颁布正式的混凝土抗火设计规范。目前的混凝土结构构件的高温计算基本依赖于经验和标准耐火试验。而欧洲规范对混凝土结构构件的高温下承载力计算有较为详细的规定。

2.12.2 混凝土构件截面温度场计算

由于混凝土的导热性能差,受到高温作用时升温缓慢,其截面一般不能达到均匀的温度分布,形成很大的温度梯度。混凝土截面温度场计算有图表法、经验法和有限元计算法。欧洲规范 EC2:Part 1.2 给出了硅质骨料混凝土楼板、梁和柱构件在 ISO 834 标准火灾作用下的截面温度分布图,其他骨料混凝土也可以采用该图表,但是结果趋于保守。我国有关书籍也有类似的图表可供查阅。经验公式法可以用来计算一维或二维热传递时混凝土构件的平面温度分布方法,称为 Wickstrom 方法。如图 2-9 所示,截面在一个方向受到火的作用时,普通混凝土的升温为:

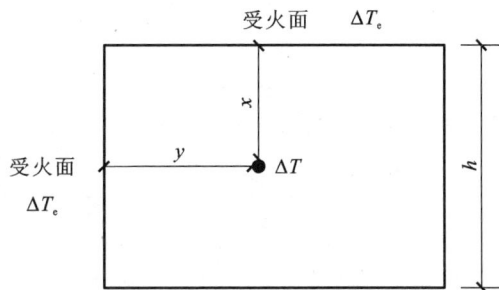

图 2-9 混凝土构件截面升温计算

$$\left.\begin{aligned}\Delta T &= n_x n_w \Delta T_e \\ n_w &= 1 - 0.0616 t^{-0.88} \\ n_x &= 0.18 \ln u_x - 0.81\end{aligned}\right\} \tag{2-112}$$

式中　ΔT_e——环境的升温,℃;

ΔT——混凝土构件内部的升温,℃;

t——构件受火时间,h;

n_x——考虑到 x 方向离受火面的距离以及受火时间影响的参数;

u_x——离受火面的距离与时间的函数,计算式为:

$$u_x = \frac{a}{a_c} \cdot \frac{t}{x^2} \tag{2-113}$$

式中 x——计算点离受火面的距离,m。

  a_c——混凝土热扩散率的参考值,取 $a_c=0.417\times10^{-6}$ m^2/s。

  a——混凝土的热扩散率,计算式为:

$$a = \frac{\lambda}{\rho c} \tag{2-114}$$

式中 λ,ρ,c——分别为混凝土的热导率、密度和比热容。

$x=0$ 时,混凝土受火面的表面温度上升为 $n_w\Delta T_e$。

在 x 和 y 两个方向都受到火的作用时,则式(2-112)变为:

$$\Delta T = [(n_x + n_y - 2n_xn_y)n_w + n_xn_y]\Delta T_e \tag{2-115}$$

式中 n_y——y 方向离受火面的距离的影响参数,计算方法同 n_x。

【例 2-3】 截面尺寸为 300 mm×300 mm 的方形柱,相邻两侧面受火,如图 2-10 所示。采用图表法和简化计算公式计算在标准火作用 1 h 截面沿 OA、OB 两条线的温度分布,取混凝土材料特性 $\lambda=$ 1.6 W/(m·K),$\rho=2400$ kg/m^3,$c_c=1000$ J/(kg·K)。

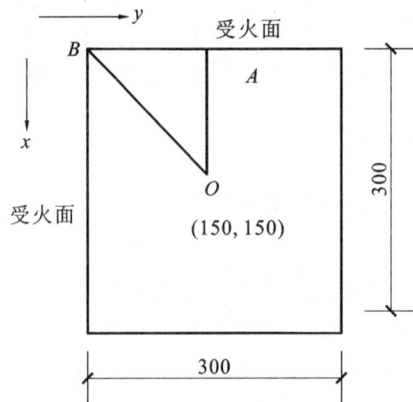

图 2-10 混凝土截面示意图

【解】 (1)图表法

欧洲规范 EC2:Part 1.2 中给出了尺寸为 300 mm×300 mm 的方形柱在标准火中 1 h 的温度分布,从温度分布图可以得到 OA 和 OB 线的温度分布,见表 2-32。

表 2-40　　　　　　　　　　　　　沿 OA 线与 OB 线的温度分布　　　　　　　　　　　　（单位:℃）

OA 线				OB 线			
x/mm	y/mm	图表法	Wickstrom 法	x/mm	y/mm	图表法	Wickstrom 法
0	150	900	888.3	0	0	>900	888.3
30	150	400	467.7	30	30	610	718.5
60	150	180	242.4	60	60	295	452.0
90	150	<100	110.6	90	90	125	249.2
120	150	<100	20	120	120	<100	84.4
150	150	<100	20	150	150	<100	20

(2)Wickstrom 法

以 OB 上一点(30,30)为例计算。在 1 h 时,标准升温曲线的升温为:

$$\Delta T_e = 345\lg(8t + 1) = 925.34 \text{（℃）}$$

$$a = \frac{\lambda}{\rho c} = \frac{1.6}{2400\times1000} = 6.67\times10^{-7} \text{（m}^2\text{/s）}$$

$$u_x = \frac{a}{a_c} \cdot \frac{t}{x^2} = \frac{6.67 \times 10^{-7}}{4.17 \times 10^{-7}} \times \frac{1}{0.03^2} = 1777.24$$

$$n_x = 0.18\ln u_x - 0.81 = 0.5369$$

同理取 $n_y = 0.5369$。

$$n_w = 1 - 0.0616t^{-0.88} = 1 - 0.0616 \times 1^{-0.88} = 0.9384$$

$$\Delta T = [(n_x + n_y - 2n_x n_y)n_w + n_x n_y]\Delta T_e = 698.54 \text{ (℃)}$$

$$T = 698.54 + 20 = 718.54 \text{ (℃)}$$

对以上各点重复计算,可以得到温度分布见表 2-40。比较两列数据可以看出,除了外表面外,对于结构承载力构成关键影响的部分为钢筋所在位置,一般距离表面 20~40 mm,在这个范围内,简化计算方法比欧洲规范 EC2:Part 1.2 的图表法给出的温度要高,因此更加保守。

2.12.3 钢筋混凝土构件抗火验算方法

钢筋混凝土构件抗火验算方法可以分为简化计算方法、设计图表法和高级计算方法。其中高级计算方法一般就是指有限元法。由于有限元法计算相对更加复杂,不易被工程技术人员掌握,因此下面仅仅介绍简化计算方法和设计图表法。由于目前国内还没有颁布正式的混凝土抗火设计规范,下面介绍的设计原则和验算方法基本依据欧洲规范 EC2:Part 1.2 给出。

2.12.3.1 500 ℃等温线法

500 ℃等温线法适用于承受弯矩和轴力作用的钢筋混凝土构件,对于承受轴力作用的情形,该方法仅考虑了轴力作用下的截面承载力。基本假定就是截面上温度超过 500 ℃的混凝土完全破坏,不参与承担荷载;对于温度不超过 500 ℃的混凝土则假定其强度和弹性模量等与常温相同。这样对于原构件可以减掉受损的混凝土部分成为剩余截面,对剩余截面可以按照常温下的正常截面进行抗火承载力验算。这个方法适用于标准火灾或任何能在构件截面产生类似温度分布的火场的钢筋混凝土构件剩余承载力验算,但对构件截面有最小尺寸限制,见表 2-41。

表 2-41　　　　适用 500 ℃等温线法的最小截面要求

标准火灾曲线	耐火性能	R60	R90	R120	R180	R240
	最小截面宽度/mm	90	120	160	200	280
参考火模型	火灾荷载密度/(MJ/m²)	200	300	400	600	800
	最小截面宽度/mm	100	140	160	200	240

当屈曲引起的轴力的二阶效应明显时,应采用弯矩曲率法计算。500 ℃等温线法计算过程如下:

① 计算截面的温度分布。

② 根据温度分布确定 500 ℃等温线,将截面分为 500 ℃以上和 500 ℃以下两个部分。假定 500 ℃以上部分不参与承载;对 500 ℃以下部分则假定温度没有影响,按常温计算。

③ 去掉 500 ℃以上部分得到有效截面。对等温线的圆角部分可以近似作直角处理,得到新的截面尺寸 b_e 和 h_e,如图 2-11 所示(b_e 为有效宽度,h_e 为有效高度)。

④ 计算钢筋的温度,并根据钢筋的高温强度递减系数计算相应的高温下的钢筋强度。

⑤ 根据有效的混凝土截面和考虑温度折减后的钢筋强度,即可依照常温下相应的方法计算构件截面的高温承载力。

2.12.3.2 分区法

分区法可用于求解受弯和受压构件在高温下的截面承载力,它比 500 ℃等温线更加复杂,结果更加精确,尤其对于柱。该方法仅仅适用于标准火灾曲线。其计算过程如下。

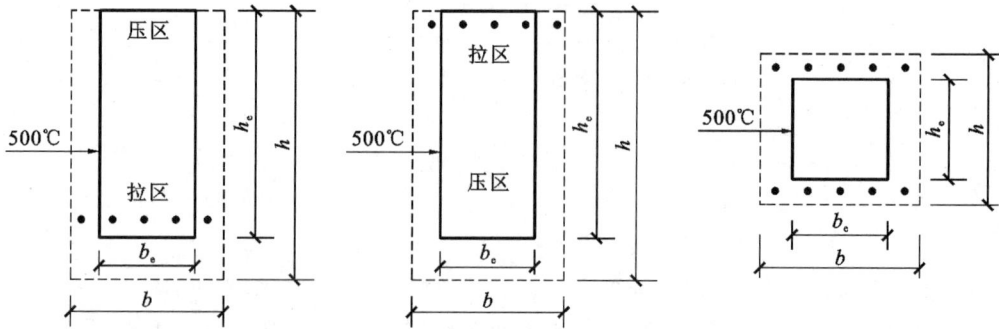

图 2-11 500 ℃等温线混凝土构件有效截面示意图
(a)三面受火-拉区受火 ;(b)三面受火-压区受火 ;(c)四面受火

① 假定火灾对结构造成的损害为受火面厚度 a_z 范围内的混凝土,该截面在高温下的有效截面为除掉 a_z 厚度后的部分,如图 2-12 所示。

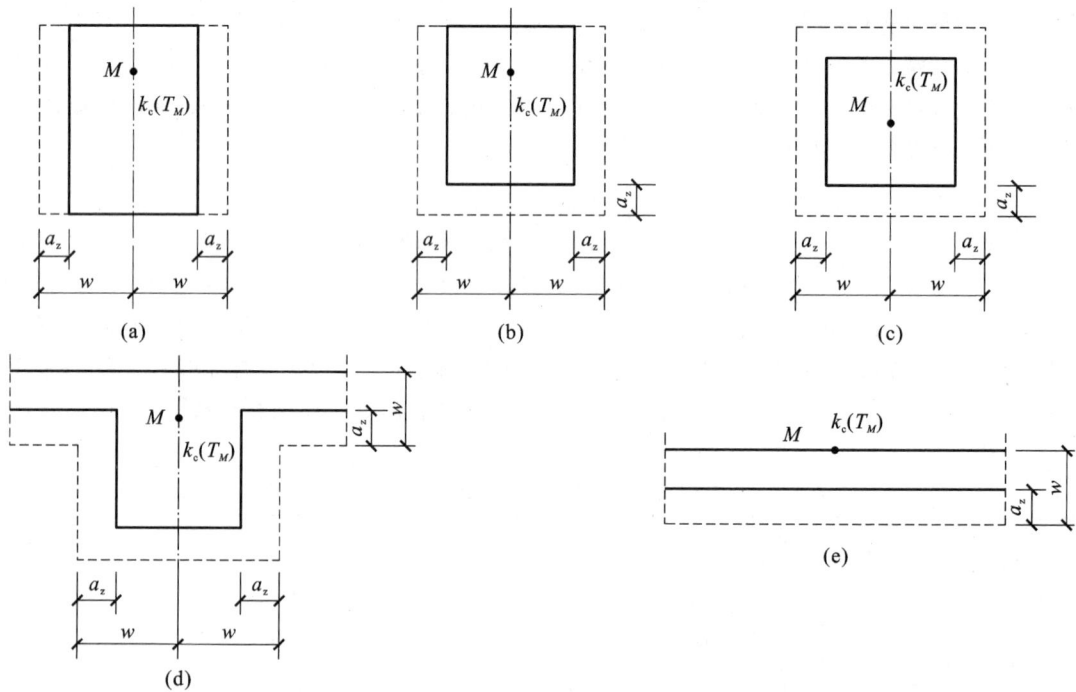

图 2-12 分区法火灾折减后的截面示意图
(a)墙两面受火;(b)梁三面受火;(c)柱四面受火;(d)梁及板下面受火;(e)墙板一面受火

② 以双面受火的墙为例,M 点是截面中轴线上任意一点,用来确定整个截面折减后的强度。w 定义为 M 点到受火边缘的距离,因此对于单面受火的截面,它等于截面厚度;对于双面受火的截面,它等于截面厚度的一半,具体如图 2-12 所示。

③ 以双面受火的墙为例,将有效截面分为 3 个以上厚度相等的平行区,如图 2-13 所示。对于每个区求解其平均温度以及相应混凝土平均抗压强度。

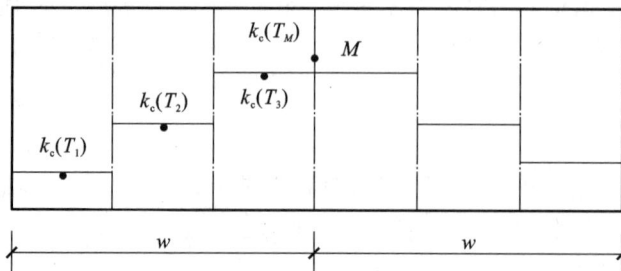

图 2-13 双面受火墙分区法截面示意图

④ 截面的平均强度折减系数为：

$$k_{cm} = \frac{1 - \frac{0.2}{n}}{n} \sum_{i=1}^{n} k_c(T_i) \tag{2-116}$$

式中 k_{cm}——截面平均强度折减系数；

n——在宽度 w 范围内截面的分区数；

$1 - \frac{0.2}{n}$——考虑不同区内温度非均匀分布的系数；

$k_c(T_i)$——第 i 个区的强度折减系数。

⑤ 对于去掉图 2-13 厚度为 a_z 的阴影部分后的有效截面，取温度为 T_M，强度降低系数为 k_{cm}后，按常温下的计算方法计算其截面承载力。

关于 a_z 的取值，对于梁、板以及其他受平面内剪力作用的构件，可以计算为：

$$a_z = w\left(1 - \frac{k_{cm}}{k_c T_M}\right) \tag{2-117}$$

对于墙、柱等可能需要考虑轴力二阶效应的构件，可计算为：

$$a_z = w\left[1 - \left(\frac{k_{cm}}{k_c T_M}\right)^{1.3}\right] \tag{2-118}$$

【例 2-4】 对图 2-10 所示的柱截面，四面受火，用分区法计算有效截面及强度折减系数。

【解】 柱为方形，两边尺寸相等，任取一个方向，从中轴线分开，每边各分 5 个区，每个区的宽度为 30 mm。计算简表见表 2-42，第 2 列为各区中心点离受火面的距离，第 3 列为 Wickstrom 计算得到的各区温度，第 4 列为每个区的中心温度对应的混凝土强度降低系数。

表 2-42 混凝土强度折减系数计算

区	中心位置/mm	温度/℃	强度降低系数
1	15	693	0.311
2	45	336	0.814
3	75	170	0.965
4	105	95	1.000
5	135	20	1.000

截面的平均强度折减系数按式(2-116)计算，为：

$$k_{cm} = \frac{1 - \frac{0.2}{5}}{5} \times (0.311 + 0.814 + 0.965 + 1 + 1) = 0.785$$

截面需要去掉的部分按式(2-118)计算，为：

$$a_z = 150(1 - 0.785^{1.3}) = 40.5 (\text{mm})$$

因此，该柱的有效截面为：

$$b_e = h_e = 300 - 2 \times 40.5 = 219 (\text{mm})$$

2.12.3.3 钢筋混凝土受弯构件

钢筋混凝土受弯构件的简化计算方法可以采用 500 ℃ 等温线法和分区法，这在上面两节中已经进行了介绍。

钢筋混凝土梁的耐火极限也可以通过查表法得到，在查表法中所有梁均假定为三面受火，梁上部受到楼板的保护。在图表法中，钢筋群的平均保护层厚度 a 按下式进行计算：

$$a = \frac{\sum A_{si} a_i}{\sum A_{si}} \tag{2-119}$$

式中 A_{si}——第 i 根钢筋的截面面积；

a_i——第 i 根钢筋截面形心到受火面距离，当有多个受火面时，为到最近受火面的距离。

(1)简支梁

简支梁达到要求的耐火极限时需要的钢筋保护层厚度以及梁的最小宽度见表 2-43。表中 a 为钢筋群的平均保护层厚度，b_{min} 为梁的宽度，对于工字形截面，b_w 为梁腹板的厚度，表中的 WA、WB 和 WC 对应不同的安全程度分级。

表 2-43   **简支梁的最小尺寸和钢筋保护层厚度**   (单位:mm)

标准耐火极限	最小截面尺寸/mm a 为平均保护层厚度；b_{min} 为梁宽度				腹板厚度 b_w		
					WA	WB	WC
R30	$b_{min}=80$	120	160	200	80	80	80
	$a=25$	20	15	15			
R60	$b_{min}=120$	160	200	300	100	80	100
	$a=40$	35	30	25			
R90	$b_{min}=150$	200	300	400	110	100	100
	$a=55$	45	40	35			
R120	$b_{min}=200$	240	300	500	130	120	120
	$a=65$	60	55	50			
R180	$b_{min}=240$	300	400	600	150	150	140
	$a=80$	70	65	60			
R240	$b_{min}=280$	350	500	700	170	170	160
	$a=90$	80	75	70			

注:对于角落处的钢筋，应有 $a_{sd}=a+10$(mm)，当 b_{min} 大于第 3 列的值时无须考虑。

(2)连续梁

连续梁达到要求的耐火极限时需要的钢筋保护层厚度以及梁的最小宽度见表 2-44，表中变量同表 2-43。对比表 2-44 和表 2-43 可知，达到同样的耐火极限，对连续梁的要求相对较低，这是因为连续梁支座处的负弯矩钢筋在梁的上方，受火灾的影响较小，在火灾发生时，部分跨中弯矩可以转移到支座处。但为了保证支座附近有足够的抗弯承载力，应用表 2-44 时，连续梁还必须满足如下要求：

① 常温设计时弯矩重分配比例不得超过 15%。

② 在离中间支座两端 $0.3l_{eff}$ 的范围内的负弯矩钢筋必须满足如下要求：

$$A_{s,req}(x) = A_{s,req}(0)\left(1 - \frac{2.5x}{l_{eff}}\right) \tag{2-120}$$

式中 $A_{s,req}(0)$——支座处负弯矩钢筋的截面面积；

$A_{s,req}(x)$——任意截面负弯矩钢筋的截面面积，x 为任意截面到支座的距离；

l_{eff}——连续梁的有效跨度。

表 2-44   **连续梁的最小尺寸和钢筋保护层厚度**   (单位:mm)

标准耐火极限	最小截面尺寸/mm a 为平均保护层厚度；b_{min} 为梁宽度				腹板厚度 b_w		
					WA	WB	WC
R30	$b_{min}=80$	160	—	—	80	80	80
	$a=15$	12	—	—			

续表

标准耐火极限	最小截面尺寸/mm a 为平均保护层厚度；b_{min} 为梁宽度				腹板厚度 b_w		
					WA	WB	WC
R60	$b_{min}=120$	200	—	—	100	80	100
	$a=25$	12	—	—			
R90	$b_{min}=150$	250	—	—	110	100	100
	$a=35$	25	—	—			
R120	$b_{min}=200$	300	450	500	130	120	120
	$a=45$	35	35	30			
R180	$b_{min}=240$	400	550	600	150	150	140
	$a=60$	50	50	40			
R240	$b_{min}=280$	500	650	700	170	170	160
	$a=75$	60	50	50			

注：对于角落处的钢筋，应有 $a_{sd}=a+10$（mm），当 b_{min} 大于第 3 列的值时无须考虑。

【例 2-5】 对图 2-14 所示的梁截面，校核其在受火 3 h 时的火灾安全性。

有关参数：钢筋强度 $f_{ys}=500$ MPa，混凝土强度等级 C30，梁跨度为 11 m，自重加静载为 25 kN/m³；静荷载，离支座两端支承 4 m 处各有一集中荷载 120 kN；可变荷载，离支座两端支承 100 kN。试通过计算确定梁在标准受火 3 h 时是否安全。

【解】 计算梁上荷载：

梁自重：

$$0.45 \times 0.85 \times 25 = 9.56(\text{kN/m})$$

梁自重产生的弯矩：

$$\frac{9.56 \times 11^2}{8} = 145(\text{kN} \cdot \text{m})$$

取可变荷载组合系数为 0.5，集中荷载组为：

$$120 + 0.5 \times 100 = 170(\text{kN})$$

集中荷载产生的弯矩为：

$$170 \times 4 = 680(\text{kN} \cdot \text{m})$$

总荷载为：

$$M = 145 + 680 = 825(\text{kN} \cdot \text{m})$$

（1）500 ℃等温线法

梁下部受拉，不需要考虑下部混凝土的承载力，因此在用 500 ℃ 等温线法计算有效截面时，应考虑梁截面两侧的强度削弱。对于梁两侧，采用 Wickstrom 法进行一维传热计算，可得到受火 3 h 时，500 ℃等温线所在的位置为距离受火边缘 88 mm，因此截面的有效宽度为 $b_e=450-2 \times 88=274$（kN・m），对钢筋进行编号如图 2-14 所示，考虑对称性，仅对左边的钢筋进行计算。用 Wickstrom 方法得到各钢筋在受热 3 h 时的温度以及相应的强度递减见表 2-45。

图 2-14 梁截面尺寸及配筋示意图

表 2-45　钢筋受热 3 h 时的温度及相应的强度降低系数

钢筋编号	X/mm	Y/mm	T_s/℃	k_{sT}
1	68	68	755	0.164
2	68	132	610	0.446

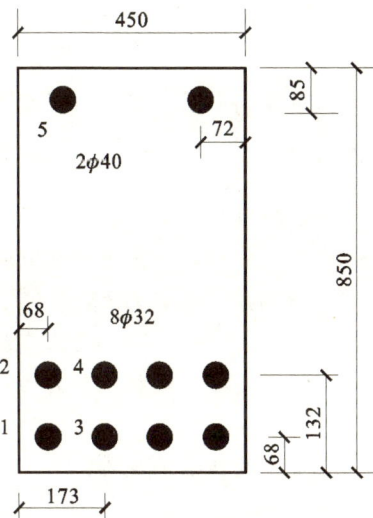

续表

钢筋编号	X/mm	Y/mm	$T_s/℃$	k_{sT}
3	173	68	551	0.622
4	173	132	323	1.000
5	72	—	466	0.855

计算受拉钢筋群的等效位置(图 2-15):

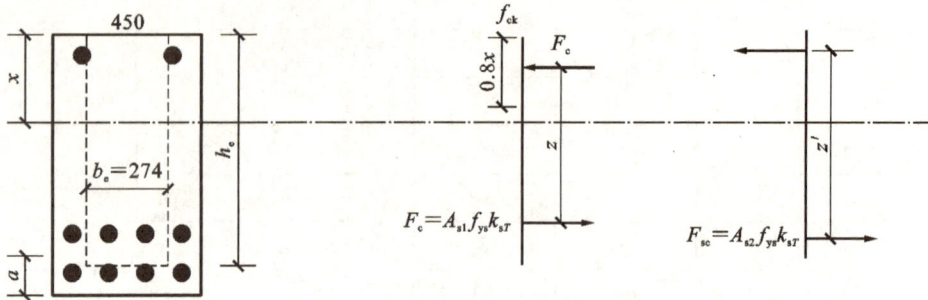

图 2-15   梁的有效截面及抗弯承载力计算示意图

$$a = \frac{\sum_{i=1}^{8} A_{si} a_i f_{ys} k_{sT}}{\sum_{i=1}^{8} A_{si} f_{ys} k_{sT}} = \frac{\sum_{i=1}^{4} a_i k_{sT}}{\sum_{i=1}^{4} k_{sT}}$$

$$= \frac{68 \times (0.164 + 0.622) + 132 \times (0.466 + 1)}{0.164 + 0.622 + 0.466 + 1}$$

$$= 109.5 (mm)$$

钢筋群的平均强度折减系数为:

$$k = \frac{0.164 + 0.622 + 0.466 + 1}{4} = 0.563$$

受拉钢筋的拉力为:

$$F_s = 8A f_{ys} k_{yT} = 8 \times 3.14 \times 16^2 \times 500 \times 0.588 = 1810.25 (kN)$$

受压钢筋的承载力为:

$$F_{sc} = 2A f_{ys} k_{yT} = 2 \times 3.14 \times 20^2 \times 500 \times 0.885 = 1111.56 (kN)$$

混凝土受压区承担的压力为:

$$F_c = F_s - F_{sc} = 698.69 (kN)$$

混凝土受压区高度为:

$$x = \frac{F_c}{0.8 f_{ck,20} b_e} = \frac{698.69 \times 1000}{0.8 \times 30 \times 274} = 106.2 (mm)$$

受压混凝土与受压钢筋的力矩分别为:

$$z = 850 - a - 0.4x = 850 - 109.5 - 0.4 \times 106.2 = 698.02 (mm)$$

$$z' = 850 - a - 85 = 850 - 109.5 - 85 = 655.5 (mm)$$

因此梁截面的弯矩承载力为:

$$M_u = F_c z + F_{sc} z' = 698.69 \times 698.02 + 1111.56 \times 655.5 = 1216.33 (kN \cdot m) > 825 kN \cdot m$$

因此,该梁在标准受火 3 h 时是安全的。

(2)分区法

沿梁宽去一半宽度并划分为 5 个取区,每个区的厚度为 45 mm。列表计算见表 2-46,第 2 列为各区的中心点离受火面的距离,第 3 列为采用简化方法计算得到的各区温度,第 4 列为每个区中心的温度对应的混凝土强度降低系数,取钙质骨料混凝土的强度降低系数值。

表 2-46 混凝土受热 3 h 时的温度及相应的强度降低系数

区号	中心位置/mm	温度/℃	强度降低系数
1	22.5	912	0.075
2	67.5	491	0.614
3	112.5	295	0.855
4	157.5	166	0.967
5	202.5	70	1.000

截面的平均强度折减系数为：

$$k_{cm} = \frac{1 - \frac{0.2}{5}}{5} \times (0.075 + 0.614 + 0.855 + 0.967 + 1.000) = 0.674$$

截面需要去掉的部分为：

$$a_z = w\left(1 - \frac{k_{cm}}{k_c T_M}\right) = 225 \times (1 - 0.674) = 73.35(\text{mm})$$

因此，该梁的有效截面为：

$$b_e = 450 - 2 \times 73.35 = 303.3(\text{mm})$$
$$h_e = 850 - 73.35 = 776.65(\text{mm})$$

钢筋的温度与强度的计算方法与 500 ℃等温线法相同，因此：

$$a = 109.5 \text{ mm}, \quad k_{yT} = 0.588$$
$$F_s = 1810.25 \text{ kN}, \quad F_{sc} = 1111.56$$
$$F_c = 698.69 \text{ kN}$$

混凝土此时强度应取为 $k_{cm}f_{ck}$，因此受压区高度为：

$$x = \frac{F_c}{0.8 f_{ck,20} b_e} = \frac{698.69 \times 1000}{0.8 \times 0.674 \times 303.3} = 147(\text{mm})$$

相应地有：

$$z = 850 - a - 0.4x = 850 - 109.5 - 0.4 \times 147 = 681.7(\text{mm})$$

因此梁截面的弯矩承载力为：

$$M_u = F_c z + F_{sc} z' = 720.64 \times 681.7 + 1111.56 \times 655.5 = 1195.6(\text{kN} \cdot \text{m}) > 825 \text{ kN} \cdot \text{m}$$

因此，该梁在标准受火 3 h 时是安全的。同时可以看到，由分区法和 500 ℃等温线法得到的结果非常接近。

(3)查表法

采用查表法，$b_{min} = 450$ mm，受拉钢筋的保护层厚度为：

$$a = \frac{4A_s(68 + 132)}{8A_s} = 100(\text{mm})$$

考虑 R180，由于 $b_{min} > 400$ mm，因此无须考虑角落钢筋的保护层厚度。综合 b_{min} 和 a，该梁的耐火极限达到 3 h。

2.12.3.4 钢筋混凝土受压构件

规范中仅仅提供了有侧向支撑结构柱的设计，根据是否考虑轴力的二阶效应，柱的设计分为两类。

(1)不考虑二阶效应的查表法

当不考虑轴力二阶效应时，可以采用简化方法中的 500 ℃等温线法以及分区法。柱的耐火极限也可以采用直接查表法，见表 2-47。

表 2-47　　　　　　　　　　　**矩形或圆形截面柱的最小边长及保护层厚度**

标准耐火极限	最小截面尺寸/mm(柱的最小边长 b_{min}/钢筋保护层厚度 a)			单面受火柱
	多面受火柱			$\mu_{fi}=0.7$
	$\mu_{fi}=0.2$	$\mu_{fi}=0.5$	$\mu_{fi}=0.7$	
R30	200/25	200/25	200/32	155/25
			300/27	
R60	200/25	200/36	250/46	155/25
		300/31	350/40	
R90	200/31	300/45	350/53	155/25
	300/25	400/38	450/40*	
R120	250/40	350/45*	350/57*	175/35
	350/35	450/40*	450/51*	
R180	350/45*	350/63*	450/70*	230/55
R240	350/61*	450/75*	—	295/70

注:带 * 者最少 8 根钢筋。

表 2-47 的适用条件如下。

① 柱在火灾下的有效长度 $l_{0,fi} \leqslant 3$ m。柱在火灾下的有效长度可取常温下的有效长度 l_0。对于有侧向支撑结构其耐火时间一般超过 30 min,对于中间层柱其有效长度 $l_{0,fi}$ 可取 $0.5l$,顶层可取 $0.5l \leqslant l_{0,fi} \leqslant 0.7l$,其中 l 为柱中到中的实际长度。

② 火灾状况下的偏心距 $e = \dfrac{M_{Ed,fi}}{N_{Ed,fi}} \leqslant e_{max}$,$0.15h(b) \leqslant e_{max} \leqslant 0.4h(b)$,推荐 $e_{max}=0.15h(b)$。火灾下的构件偏心距可以近似按照常温下构件的偏心距计算,即取 $e = \dfrac{M_{Ed}}{N_{Ed}}$。

③ 配筋要求 $A_s \leqslant 0.04A_c$。

表 2-47 中,μ_{fi} 称为柱的荷载率,按下式计算:

$$\mu_{fi} = \frac{N_{Ed,fi}}{N_{Rd}} \tag{2-121}$$

式中　$N_{Ed,fi}$——在火灾状况下的轴力设计值;

　　　N_{Rd}——常温下轴力设计抗力,有关计算参考欧洲规范 EN1992-1-1:2004 进行。

(2)考虑二阶效应的查表法

① 偏心距满足:

$$\left. \begin{array}{l} e = \dfrac{M_{Ed,fi}}{N_{Ed,fi}} \leqslant e_{max} \\[2mm] e_{max} = \min(0.25b, 0.25h, 100) \quad (mm) \end{array} \right\} \tag{2-122}$$

式中　$M_{Ed,fi}$——柱在火灾下的一阶弯矩;

　　　$N_{Ed,fi}$——柱在火灾下的轴力。

② 柱在火灾下的长细比:

$$\lambda_{fi} = \frac{l_{0,fi}}{i} \leqslant 30 \tag{2-123}$$

式中　$l_{0,fi}$——柱在火灾下的有效长度,对于有侧向支撑结构其耐火时间一般超过 30 min,对于中间层柱其有效长度 $l_{0,fi}$ 可取 $0.5l$,顶层可取 $0.5l \leqslant l_{0,fi} \leqslant 0.7l$,其中 l 为柱中到中的实际长度;

　　　i——柱的最小回转半径;

　　　λ_{fi}——柱在火灾下的长细比,可以假定等于常温下的长细比。

柱的耐火极限可以从表 2-48 中得到。在表 2-48 中：

$$n = \frac{N_{Ed,fi}}{0.7(A_c f_{cd} + A_s f_{yd})} \quad\quad (2\text{-}124)$$

$$\omega = \frac{A_s f_{yd}}{A_c f_{cd}} \quad\quad (2\text{-}125)$$

式中 A_c，f_{cd}——分别为柱的截面面积和混凝土强度设计值；

A_s，f_{yd}——分别为柱配置的钢筋截面面积与钢筋强度设计值；

ω——柱在常温下的配筋率。

表 2-48   矩形或圆形截面柱的最小边长及保护层厚度

标准耐火极限	配筋率 ω	最小截面尺寸/mm (柱的最小边长 b_{min}/钢筋保护层厚度 a)			
		$n=0.15$	$n=0.3$	$n=0.5$	$n=0.7$
R30	0.1	150/25*	150/25*	200/30;250/25*	300/30;350/25*
	0.5	150/25*	150/25*	150/25*	200/30;250/25*
	1.0	150/25*	150/25*	150/25*	200/30;300/25*
R60	0.1	150/30;200/25*	200/40;300/25*	300/40;500/25*	500/25*
	0.5	150/25*	150/35;200/25*	250/35;350/25*	350/40;550/25*
	1.0	150/25*	150/30;200/25*	200/40;400/25*	300/40;600/30
R90	0.1	200/40;250/25*	300/40;400/25*	500/50;550/25*	550/40;600/25*
	0.5	150/35;200/25*	200/35;300/25*	300/35;550/25*	500/50;600/40
	1.0	200/25*	200/40;300/25*	250/40;550/25*	500/50;600/45
R120	0.1	250/50;350/25*	400/50;550/25*	550/25*	550/60;600/45
	0.5	200/45;300/25*	300/45;550/25*	450/50;600/25*	500/60;600/50
	1.0	200/40;250/25*	250/50;400/25*	450/45;600/30	600/60
R180	0.1	400/50;500/25*	500/60;550/25*	550/60;600/30	(1)
	0.5	300/45;450/25*	450/50;600/25*	500/60;600/50	600/75
	1.0	300/35;400/25*	450/50;550/25*	500/60;600/45	(1)
R240	0.1	500/60;550/25*	550/40;600/25*	600/75	(1)
	0.5	450/45;500/25*	550/55;600/25*	600/75	(1)
	1.0	400/45;500/25*	500/40;600/30	600/60	(1)

注：带 * 者最小保护层厚度由常温下设计控制；(1) 最面尺寸大于 600mm，需要进行屈曲计算。

2.12.3.5 钢筋混凝土受拉构件

当对混凝土受拉构件的轴向变形没有要求时，如果该构件的截面尺寸满足表 2-43 的要求，混凝土受拉构件可以满足耐火要求；如果该构件的轴向拉伸变形可能影响结构的整体稳定性，则构件中钢筋的温度应该限定在 400 ℃以下，用本章 2.12.3.7 节所示的方法计算钢筋保护层的厚度。此外，受拉构件的截面尺寸不宜小于表 2-43 中的 $2b_{min}^2$。

2.12.3.6 钢筋混凝土墙

（1）隔墙

当墙体的最小厚度满足表 2-49 的要求时，可以认为满足隔热性和整体性的要求。当混凝土为钙质骨料时，表中的最小厚度可以减小 10％。隔墙的高度与厚度的比值不应超过 40。

表 2-49   **隔墙的最小墙体厚度要求**

标准耐火极限/min	最小墙体厚度/mm	标准耐火极限/min	最小墙体厚度/mm	标准耐火极限/min	最小墙体厚度/mm
30	60	90	100	180	150
60	80	120	120	240	175

（2）承重墙

承重墙的耐火极限计算可以采用 500 ℃等温线法和分区法。当应用图表法时，混凝土墙的厚度及钢筋的保护层需满足表 2-50 的要求。表中，μ_{fi} 为墙体的荷载率，计算与式（2-121）相同。

表 2-50   **承重墙的最小墙体厚度与保护层厚度**

标准耐火极限	最小尺寸/mm（墙体/保护层厚度）			
	$\mu_{fi}=0.35$		$\mu_{fi}=0.7$	
	单面受火	双面受火	单面受火	双面受火
R30	100/10*	120/10*	120/10*	120/10*
R60	110/10*	120/10*	130/10*	120/10*
R90	120/20*	140/10*	140/25*	140/10*
R120	150/25	160/25	160/35	160/25
R180	180/40	200/45	210/50	200/45
R240	230/55	250/55	270/60	250/55

注：带 * 者保护层厚度由常温下构造要求确定。

（3）防火墙

防火墙除需要满足个体性能外，还需要满足一定的抗冲击性能。对普通混凝土的要求为：素混凝土墙最小厚度 200 mm，钢筋混凝土承重墙的最小厚度为 140 mm，钢筋混凝土非承重墙最小厚度为 120 mm，承重墙的钢筋保护层厚度最小为 25 mm。

2.12.3.7 钢筋混凝土楼板

两边或四边简支的楼板满足耐火极限 30～240min 的要求时，最小板厚和保护层厚度见表 2-51。表 2-51 中所要求的厚度为满足楼板的隔热性和完整性说需要的板厚，楼板的承载力性能满足常温下的设计即可。因此，表中厚度也可包含楼面外贴保温层的厚度。如果连续板满足以下条件，也可以用于连续板：

① 常温下的弯矩重分配比例不超过 15%；

② 在离中间支座两端的 $0.3l_{eff}$ 范围内的负弯矩钢筋必须满足式（2-120）；

③ 在中间支座的负弯矩钢筋满足 $A_s \geqslant 0.005A_c$。

表 2-51   **简支楼板的最小厚度及保护层厚度**

标准耐火极限	最小尺寸			
	楼板厚度/mm	单向/mm	双向/mm	
			$L_x/L_y \leqslant 1.5$	$1.5 < L_x/L_y \leqslant 2.0$
REI30	60	10	10*	10*
REI60	80	20	10*	15*
REI90	100	30	15*	20
REI120	120	40	20	25
REI180	150	55	30	40
REI240	175	65	40	50

注：1. L_x、L_y 分别为双向板的长跨和短跨；

    2. 在双向板中，a 是最底层钢筋的保护层厚度；

    3. 带 * 者保护层厚度由常温下构造要求确定。

在上述有关表格中,钢筋保护层厚度都是基于钢筋的临界温度为 500 ℃。在有些情况下,由于对构件变形的限制,可能对钢筋的要求更严格。当对钢筋的温度要求不同于 500 ℃时,可以按下面的方法增加所需要的钢筋保护层厚度:

$$\Delta a = 0.1(500 - T_{cr}) \tag{2-126}$$

式中 Δa——钢筋保护层厚度增加值;

T_{cr}——钢筋所要求的临界温度。

例如,如果需要控制钢筋的临界温度为 400 ℃,则保护层厚度需要增加 10 mm。

2.12.4 混凝土的爆裂

爆裂是指混凝土结构表面受火或快速升温时,表层混凝土脱落的现象。一般的爆裂较为温和,混凝土构件表层脱落,厚度一般为 5~10mm。混凝土的爆裂一般发生在高强混凝土中。一般认为爆裂发生的机制有以下三种。

① 热胀冷缩不匹配导致的热应力。混凝土传热性能差,因此在火灾高温下混凝土表面不同深度存在较大的温度梯度,材料的热膨胀差异产生了热应力。温度较高的区域受压(热膨胀受限),温度较低内部区域受拉,当拉应力超过混凝土的抗拉强度,混凝土开始爆裂。这种爆裂往往由表及里、层层递进,成为渐进式爆裂。

② 孔隙水气化产生的孔隙压力。混凝土中含有少量自由水,同时在高温下骨料和水化水泥中的结晶水也可能发生脱水反应。一旦这些水分蒸发,尤其是在汽化临界温度时的快速汽化将导致空隙内的压强迅速增加从而使得表层混凝土剥落。这种爆裂由里及表,带有爆炸性质,可成为爆炸式爆裂。如果属于深度爆裂,后果会非常严重。

③ 应变能的累积引起的爆裂。混凝土遭受高温时,水泥胶体与骨料的热变形不协调。高温时,骨料受热体积膨胀;而水泥胶体在初始升温时体积膨胀,随着温度进一步升高,由于失水(自由水和化学结合水)而收缩。在高强混凝土中,在骨料与水泥胶体间的过渡区域比普通混凝土更为密实。在高温下更容易产生应力集中现象,过大的应变可能导致混凝土发生爆裂。

由于高强混凝土密实性较普通混凝土要高,水分汽化后不容易溢出,更容易发生爆裂。同时在高温下预应力将产生损失。因此对预应力混凝土构件而言爆裂将更加常见,而且也更加危险。影响混凝土的因素很多,如含水率、温度和加热速率、水灰比、钢筋布置、骨料、荷载、尺寸、边界约束、强度、密实性、龄期等。其实在众多实验数据中,即使是相同材料、相同制作方法、相同实验条件结果也存在较大差异。因此精确预测混凝土爆裂是不太可能的,有必要结合概率理论来考虑。爆裂不仅暴露了钢筋,使得钢筋直接受到高温作用,而且减小了截面面积,因此有必要采取一些措施来控制或预防。其方法主要有采用附加钢筋、添加 PP 纤维,改变截面形状,改变构件位置等,要根据结构实际情况合理确定。

参考文献

[1] 周云,李伍平,浣石,等.防灾减灾工程学.北京:中国建筑工业出版社,2007.

[2] 陈龙珠,梁发云,宋春雨,等.防灾减灾工程学导论.北京:中国建筑工业出版社,2005.

[3] 江见鲸,徐志胜.防灾减灾工程学.北京:机械工业出版社,2005.

[4] 李新乐.工程灾害与防灾减灾.北京:中国建筑工业出版社,2011.

[5] 余红霞,余新盟,于潮鸣.结构火灾安全设计.北京:科学出版社,2012.

[6] 中国工程建设标准化协会.CECS 200:2006 建筑钢结构防火技术规范.北京:中国计划出版社,2006.

[7] 过镇海,时旭东.钢筋混凝土的高温性能及其计算.北京:清华大学出版社,2003.

[8] 中华人民共和国建设部,国家质量监督检验检疫总局.GB 50016—2006 建筑设计防火规范.北京:中国计划出版社,2006.

［9］　李引擎.建筑防火性能化设计.北京:化学工业出版社,2005.

［10］　李国强,吴波,蒋首超.工程结构研究进展与建议.建筑钢结构进展.2010,12(5):13-18.

［11］　李耀庄,唐毓,曾志长.钢筋混凝土结构抗火研究进展与趋势.灾害学.2008,23(1):102-107.

［12］　CEN. BS EN 1991-1-2:2002，Eurocode 1：actions on structures-part 1-2：general actions on structures exposed to fires. British Standard Institution，2002.

［13］　CEN. BS EN 1992-1-2:2004，Eurocode 2：design of concrete structures-part 1-2：general rules-structural fire design. British Standard Institution，2004.

［14］　CEN. BS EN 1993-1-2:2005，Eurocode 3：design of steel structures-part 1-2：general rules － structural fire design. British Standard Institution，2005.

3 地震灾害

3.1 地震概述 >>>

地震(earthquake)又称地动、地震动,是地壳断裂快速释放能量过程中造成地表震动,产生地震波向四周扩散的一种自然现象。一次大规模的地震往往在几十秒时间内释放巨大能量,在瞬间造成大量建筑物和设施破坏,从而造成众多人员伤亡和巨额财产损失。

全世界每年大约发生 500 万次地震。其中人能够感觉到的地震只有 5 万次左右,而特大地震平均每年只有一次。进入 21 世纪以来,全球地震呈现密集高发态势。2008 年中国汶川特大地震、2010 年海地太子港地震、2011 年日本东部海域大地震等,都给人类和其他生物种群,以及我们的生存环境造成了巨大的灾难。通过研究和比较这些大地震及其造成的危害,我们不仅能够对人类不当行为进行深刻反思,还能从中获取许多宝贵的经验和教训。

3.2 地震的基本概念、类型与成因 >>>

3.2.1 地震的基本概念

地球表面的板块在不断地运动。由于板块的运动,会使板块与板块交接部位的岩层,以及板块内部的岩层受到拉压、错动、扭转等各种作用。地下岩层构造比较脆弱的位置,在无法承受这些力的作用时,就会突然发生断裂、错动,或者由于局部岩层崩塌、火山爆发等释放能量,并以波的形式传到地表,引起地面的颠簸和摇晃。

地球内部通过能量聚集和释放,从而引发地震的核心区域称为震源。震源在地表的垂直投影称为震中,震中也是地表接受震动最早的部位。在震中附近的区域,地震破坏往往最为强烈,称为震中区。从地表震中到地球内部震源的距离称为震源深度。从震中到任一地震台观测点的地面距离称为震中距,从震源到地面任一地震台观测点的距离称为震源距。随着观测点到震中的距离,即震中距的增大,地表震动的剧烈程度往往随之减小。把地面上地震造成破坏程度接近的地区用不同闭合曲线连接,这样的曲线称为等震线,如图 3-1 所示。

3.2.2 地震的类型

根据地震诱因不同,地震可以分为构造地震、火山地震、塌陷地震、诱发地震和人工地震五种。

① 构造地震。由地下深处岩石断裂、活动,释放长期累积的变形能量,以地震波的形式向四面八方传播引起的地面震动称为构造地震。构造地震发生的次数最多,破坏力也最大,占全世界地震的 90% 以上。

图 3-1 常用地震术语

② 火山地震。由火山作用,如岩浆活动、气体爆炸等引起的地震称为火山地震。只有在火山活动区才可能发生火山地震,这类地震只占全世界地震的 7% 左右。

③ 塌陷地震。由地下岩洞或矿井顶部塌陷而引起的地震称为塌陷地震。这类地震的规模比较小,次数也很少,即使有,也往往发生在溶洞密布的石灰岩地区或大规模地下开采的矿区。

④ 诱发地震。由水库蓄水、油田注水等活动而引发的地震称为诱发地震。这类地震仅仅在某些特定的水库库区或油田地区发生。

⑤ 人工地震。地下核爆炸、炸药爆破等人为引起的地面震动称为人工地震。人工地震是由人为活动引起的地震。如工业爆破、地下核爆炸造成的振动;在深井中进行高压注水以及大水库蓄水后增加了地壳的压力,有时也会诱发地震。

按震源深度,地震可分为浅源地震、中源地震和深源地震。浅源地震震源深度在 70 km 以内;中源地震震源深度在 70~300 km;深源地震震源深度大于 300 km。目前震源深度最大的地震为 720 km。绝大部分地震属于浅源地震,震源深度集中在 5~20 km。中、深源地震较少,约占地震总数的 5%。对于同样大小的地震,当震源较浅时,波及范围较小,其造成的破坏程度较大;当震源深度较大时,波及范围则较大,而破坏程度相对较小。多数破坏性地震都属于浅源地震,震源深度超过 100 km 的地震在地面上一般不会引起灾害。

根据震中距的大小,地震又可分为地方震、近震和远震。震中距在 100 km 以内的地震称为地方震;震中距在 100~1000 km 的地震称为近震;震中距大于 1000 km 的地震称为远震。随着震中距的增大,地面的破坏程度往往减小。

根据破坏能力大小,地震可划分为 5 个级别:超微震(震级小于 1 级),人们不易察觉,只有用仪器才能测出;微震(震级大于或等于 1 级且小于 3 级),人们也没有感觉,只能用仪器才能捕捉到;小震,又称弱震(震级大于或等于 3 级且小于 5 级),人们可以感知到,故又称有感地震,破坏很小,全世界每年大约发生几十万次;中震或强震(震级大于或等于 5 级且小于 7 级),可以造成不同程度破坏;大地震(震级大于或等于 7 级),可造成非常严重的破坏。

3.2.3 地震的成因

关于构造地震的成因,目前有许多种学说,尚无统一定论。关于地震成因研究已经有 100 多年历史。早期地震成因倾向于断层学说,近期观点倾向于板块构造学说。

板块构造学说是在大陆漂移学说和海底扩张学说的基础上提出的。根据这一学说,地球表面覆盖着不变形且坚硬的板块(地壳)。这些板块每年以 1~10cm 的速度在移动。由于地球表面积有限,地球板块交界处为三种状态:第一种为彼此接近的汇聚型板块边界;第二种为彼此远离的分离型板块边界;第三种为彼此交错的转换型板块边界。由于板块本身不会变形,地球表面活动便都在这三种状态下集中发生,如图 3-2 所示。

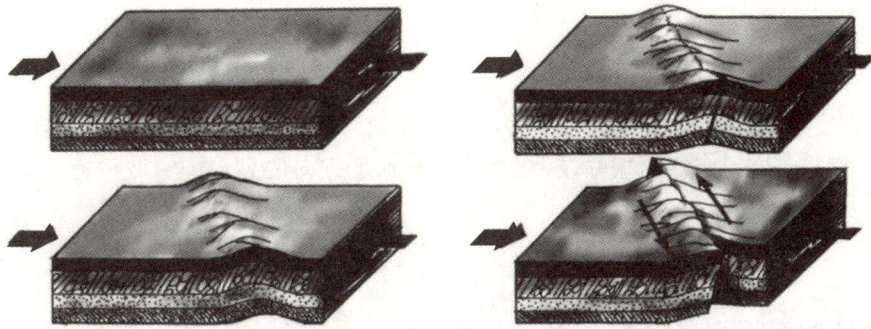

图 3-2　构造地震形成示意图

全球岩石圈被划分为亚欧板块、太平洋板块、美洲板块、非洲板块、印度洋板块和南极洲板块六大板块，如图 3-3 所示。除太平洋板块几乎完全是海洋外，其余板块既包括大陆，又包括海洋。此外，在板块中还可以分出若干次一级的小板块，如把美洲大板块分为南、北美洲两个板块，菲律宾、阿拉伯半岛、土耳其等也可作为独立的小板块。板块之间的边界是大洋中脊或海岭、深海沟、转换断层和地缝合线。这里提到的海岭，一般指大洋底的山岭。一般来说，在板块内部，地壳相对比较稳定，而板块与板块交界处，则是地壳运动比较活跃的地带，这里火山、地震活动以及断裂、挤压褶皱、岩浆上升、地壳俯冲等频繁发生。板块构造学说可以较为合理地解释世界地震分布现象。据历史资料统计，全世界 85% 左右的地震发生在板块边缘，其余地震发生在板块内部。

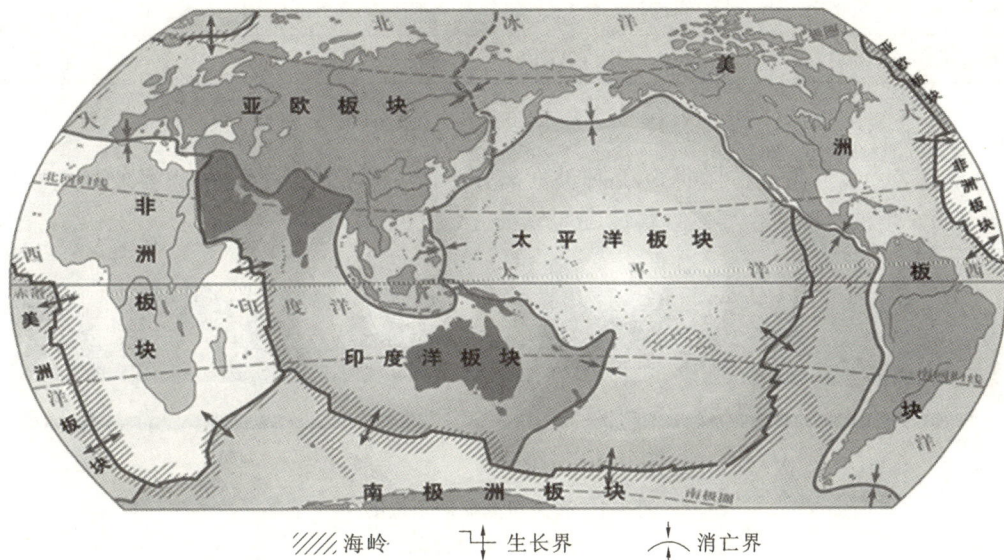

图 3-3　全球六大板块

3.2.4　地震波

当震源岩层发生断裂、错动，岩层所积累的能量突然释放，以波的形式从震源向四周传播，这种波称为地震波。地震波主要包含在地球内部传播的两种体波和在地表传播的两种面波。

3.2.4.1　体波

体波是在地球内部传播的波，根据介质质点振动方向和波传播方向的不同，又可分为纵波和横波。

纵波（初波、P 波、压缩波或拉压波）介质质点振动方向与波传播方向相同，是从震源向四周传播的压缩波。纵波一般周期较短，波速较快，振幅较小，在地面上引起上下颠簸运动。纵波波速一般用 v_P 表示，在地壳内波速一般为 200～1400 m/s。根据弹性波理论，v_P 按下述公式计算：

$$v_P = \sqrt{\frac{E(1-\mu)}{\rho(1+\mu)(1-2\mu)}}$$

（3-1）

式中 E——介质弹性模量；

μ——介质泊松比；

ρ——介质密度。

横波(次波、S 波、剪切波或等体积波)介质质点运动方向与波传播方向垂直,是从震源向四周传播的剪切波。横波一般周期较长,波速较慢,振幅较大,引起地面水平方向的晃动。横波波速一般用 v_S 表示,在地壳内速度一般为 100~800 m/s。v_S 计算公式为:

$$v_S = \sqrt{\frac{E}{2\rho(1+\mu)}} = \sqrt{\frac{G}{\rho}} \tag{3-2}$$

式中 G——介质弹性剪切模量,$G=0.5E/(1+\mu)$；

μ——介质泊松比；

ρ——介质密度。

令横波波速与纵波波速之比为 δ,则由式(3-1)和式(3-2)可以得到:

$$\delta = \frac{v_S}{v_P} = \sqrt{\frac{1-2\mu}{2-2\mu}} \tag{3-3}$$

由于介质泊松比 $\mu=0\sim0.5$,δ 总是小于 1,故横波波速总小于纵波波速。因此当地震发生时,地震中心区域人们感觉先上下颠簸,再左右摇晃,期间时差 10 s 左右。地基土中纵波和横波波速参考值见表 3-1。

表 3-1 　　　　　　　　　　　　地基土纵波、横波的波速 　　　　　　　　　　　(单位:m/s)

地基土类别	湿黏土	天然湿性黄土	密实砾石	细砂	中砂	粗砂
纵波波速 v_P	1500	800	480	300	550	750
横波波速 v_S	150	260	250	110	160	180

3.2.4.2 面波

面波是沿地球表面及其附近传播的波,是体波在离开震源一定距离后由自由边界或经地层界面多次反射、折射所形成的次生波。面波主要有瑞雷波(R 波)和乐夫波(L 波)(图 3-4)。

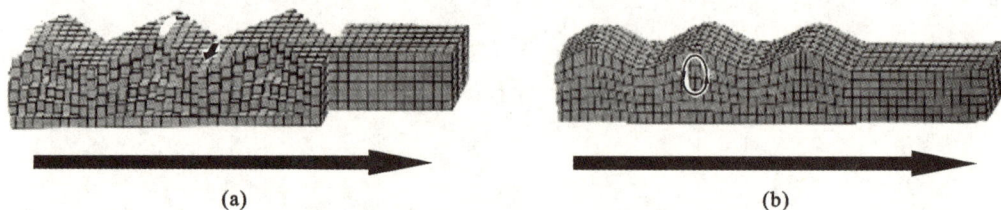

图 3-4 　面波质点振动示意图
(a)乐夫波;(b)瑞雷波

瑞雷波传播时,介质质点在波的传播方向与地表法向组成的平面内做椭圆运动。椭圆的长轴与地表面垂直,短轴则与地表面平行,长短轴之比就是竖向位移分量和水平位移分量的振动幅值之比。

乐夫波传播时,介质质点与波前进方向垂直的水平方向运动,在地面上表现为蛇形运动。

3.2.4.3 地震波特性

面波周期长,振幅大,衰减慢,故能传播到很远的地方。在地震发生时,纵波最先到达地面,横波次之,面波到达最晚。横波和面波到达地面时,地表震动最为剧烈。在地震中,纵波使建筑物上下颠簸,横波使建筑物左右摇晃,面波则使建筑物既上下颠簸又左右摇晃。由于面波能量大于体波,面波对建筑物和地面造成的破坏最大。

震中距可根据纵波、横波到达时差 T_{SP} 以及波速 v_P 和 v_S 估算,综合分析三个以上地震台结果便能推定震中位置。

值得注意的是,震中区由于地下震源释放巨大能量,加之上卧土层进入非线性反应,传至地面的地震波具有强烈的弹塑性。地震波传至地表时,遇到自由场面产生反射波。反射波在与上行地震波的叠加作用下,会显著放大震中区地表水平和上下运动的振幅。因此,在常见地震波记录中,难以区分纵波、横波和面波的到达波列。

3.2.4.4 地震加速度记录

观测记录地震的仪器称作地震仪。我国东汉时期科学家张衡发明了世界上第一台地震仪——候风地动仪,可辨别地震发生的大致方向。现代地震仪包括拾震器(传感器)、放大器和记录装置三大部分。

对于工程抗震来说,地震记录主要指地震时地面加速度与时间的关系,简称加速度时程曲线。一条完整的加速度时程包括东西、南北和上下三分量的地面加速度记录。在进行结构地震反应动力分析、结构抗震设计和结构抗震试验时,通常采用典型地震加速度时程曲线作为地面运动的输入。

对于工程结构抗震,地震加速度记录对结构地震反应的影响有地震波强度(峰值加速度)、频谱特性(波形)和持续时间三个参数,称为"强震三要素"。其中,频谱特性可通过对地震加速度进行傅里叶变换获得,表示地震能量在各个频带的分布情况;持续时间由地震加速度首次和末次出现规定加速度幅值(通常为$0.05g$,g为重力加速度)时差确定;地震波峰值加速度与结构受到的惯性力大小有关。通常地震波强度越大,主频带与结构自振频率越接近,持续时间越长,结构遭受地震破坏的程度也越高。

3.3 地震震级与烈度 　　>>>

地震运动将对地表上的建筑物和设施以及人们的社会活动产生重要影响,那么如何定量来描述一次地震的"强弱"或"大小"呢?地震的震级和烈度就是描述地震强烈程度的两种不同标尺。

3.3.1 地震震级

地震震级是指一次地震释放能量大小的尺度,它是地震基本参数之一。一次地震释放的能量越多,地震震级越大。由于在一次地震中,人们所能观测到的只是传播到地面的震动,也就是对我们有直接影响的那部分能量所引起的地面震动,因此采用地震时地面运动的幅值大小来度量地震震级。国际上一般采用美国地震学家查尔斯·弗朗西斯·里希特(C. F. Richter)和宾诺·古腾堡(Beno Gutenberg)于1935年共同提出的震级划分法,即通常所说的里氏地震等级。震级大小是采用标准地震仪(周期为0.8 s,阻尼系数为0.8,放大倍数为2800),在距离震中100 km处记录到的以微米(1 μm=10^{-6} m)为单位的最大水平位移A的常用对数值,即:

$$M = \lg A \tag{3-4}$$

式中　M——地震震级,通常称为里氏震级;

　　　　A——记录的地震曲线图上得到的最大振幅。

当实际采用非标准地震仪或测点震中距非100 km时,需对观测数据进行修正后才能用式(3-4)来确定地震震级。一次地震释放能量大小一定,所以只有一个震级。当发生地震时,震源释放的能量(E)与震级(M)之间的关系可用下式表达:

$$\lg E = 1.5M + 11.8 \tag{3-5}$$

震级相差一级,地面振幅相差约10倍,而地震能量相差约32倍。一次7级地震相当于近30颗2万吨级原子弹的能量。

人类有记录的震级最大的地震是1960年5月21日智利发生的9.5级地震,所释放的能量相当于一颗1800万吨炸药量的氢弹,或100万千瓦的发电厂40年的发电量。汶川地震所释放的能量大约相当于一颗90万吨炸药量的氢弹,或100万千瓦的发电厂2年的发电量。

3.3.2　地震烈度

3.3.2.1　地震烈度和烈度表

地震烈度是指一次地震在地面上造成的实际影响,即对地面和各类建筑物造成破坏的强弱程度。一次地震所释放能量一定,即地震震级只有一个;而在地面上造成的破坏程度各不相同,在各个地区有不同的地震烈度。地震烈度与地震震级、震中距、震源深度、地质构造、建筑物地基条件和施工质量有关。一般来说,地震震级越大,地震烈度越高;震中距越大,地震烈度越低;震源深度越浅,烈度越高,在地面影响的范围越小;震源深度越深,烈度越低,在地面影响的范围越大。

震中点的烈度称为震中烈度。对于一次地震,烈度最大的地方往往不在震中,而是与震中有一定的距离。因此地震烈度最大的地方称为宏观震中,而震源在地表的垂直投影称为微观震中。

对于浅源地震而言,地震震级与震中烈度有大致对应关系,如以下经验公式和表 3-2 所示:

$$M = 0.58I + 1.5 \tag{3-6}$$

式中　M——地震震级,通常称为里氏震级;

　　　I——地震烈度。

表 3-2　　　　　　　　　　　　　　　**震中烈度与震级的大致关系**

震级	2级	3级	4级	5级	6级	7级	8级	8级以上
烈度级	1～2度	3度	4～5度	6～7度	7～8度	9～10度	11度	12度

2008 年汶川地震里氏震级为 8.0 级,震中烈度为 11 度;2013 年四川雅安芦山地震震级为 7.0 级,震中烈度为 9 度。

为衡量地震烈度的大小,科学家建立了相应的标准,即地震烈度表。地震烈度表以描述震害宏观现象为主,主要根据地震时人的感觉、地表破坏特征、建筑物损坏程度、家具器物的反应等进行区分。按照破坏程度强弱分为若干等级,地震破坏程度越大,烈度越大。

由于对地震破坏程度影响轻重的分段不同,加之地表宏观现象、定量指标、建筑质量和地基情况的差异,各国所制定的烈度表也各不相同。日本采用 0～7 度分成 8 个等级的烈度表,欧洲少数国家用 10 度划分,而绝大多数国家(包括我国)采用 12 度的地震烈度表。

1999 年 4 月由国家质量技术监督局批准实施《中国地震烈度表》(GB/T 17742—1999),在 1980 年地震烈度表基础上修订(表 3-3)。在修订过程中,充分吸收了十多年来地震现场调查和历史资料的分析结果,运用了《中国地震烈度表》(1980 年)的经验,以及强震观测资料分析和模拟试验结果,并参考了《欧洲地震烈度表》(1982 年)。

表 3-3　　　　　　　　　　　　　　　**中国地震烈度表**

烈度	地面上人的感觉	房屋震害程度		其他现象	物理含量	
		震害现象	平均震害指数		峰值加速度/(m/s²)	峰值速度/(m/s)
1度	忽略	—	—	—	—	—
2度	室内个别静止中人有感觉	—	—	—	—	—
3度	室内少数静止中人有感觉	门、窗轻微作响	—	悬挂物微动	—	—
4度	室内多数人、室外少数人有感觉,少数人梦中惊醒	门、窗作响	—	悬挂物明显摆动,器皿作响	—	—

续表

烈度	地面上人的感觉	房屋震害程度		其他现象	物理含量	
		震害现象	平均震害指数		峰值加速度/(m/s²)	峰值速度/(m/s)
5度	室内普遍、室外多数人有感觉。多数人梦中惊醒	门窗、屋顶、屋架颤动作响,灰土掉落,抹灰出现微细裂缝。有檐瓦掉落,个别屋顶烟囱掉砖	—	不稳定器物摇动或翻倒	0.31 (0.22~0.44)	0.03 (0.02~0.04)
6度	站立不稳,少数人惊逃户外	损坏——墙体出现裂缝,檐瓦掉落,少数屋顶烟囱出现裂缝、掉落	0~0.1	河岸和松软土出现裂缝,饱和砂层出现喷砂冒水;有的独立砖烟囱轻度裂缝	0.63 (0.45~0.89)	0.06 (0.05~0.09)
7度	大多数人惊逃户外,骑自行车的人有感觉,行驶中的汽车驾乘人员有感觉	轻度破坏——局部破坏、开裂,小修或不需要修理可继续使用	0.11~0.30	河岸出现塌方;饱和砂层常见喷砂冒水,松软土地上地裂缝较多;大多数独立砖烟囱中等破坏	1.25 (0.90~1.77)	0.13 (0.10~0.18)
8度	多数人摇晃颠簸,行走困难	中等破坏——结构破坏,需要修复才能使用	0.31~0.50	干硬土上有裂缝;大多数独立砖烟囱严重破坏;树梢折断;房屋破坏导致人畜伤亡	2.50 (1.78~3.53)	0.25 (0.19~0.35)
9度	行动的人摔倒	严重破坏——结构严重破坏,局部倒塌,修复困难	0.51~0.70	干硬土上许多地方出现裂缝。基岩可能出现裂缝、错动;滑坡塌方常见;独立砖烟囱出现倒塌	5.00 (3.54~7.07)	0.50 (0.36~0.71)
10度	骑自行车的人会摔倒,处于不稳状态的人会摔出,有抛起感	大多数倒塌	0.71~0.90	山崩和地震断裂出现;基岩上拱桥破坏;大多数独立砖烟囱从根部破坏或倒毁	10.00 (7.08~14.14)	1.00 (0.72~1.41)
11度	—	普遍倒塌	0.71~0.90	地震断裂延续很长;大量山崩滑坡	—	—
12度	—		0.91~1.00	地面剧烈变化,山河改观	—	—

注:1.表中数量词:个别相当于10%以下;少数相当于10%~50%;多数相当于50%~70%;大多数相当于70%~90%;普遍相当于90%以上。

2.表中的震害指数是从各类房屋的震害调查和统计中得出的、反映破坏程度的数字指标;0表示无震害,1表示完全倒塌。

使用表3-3中国地震烈度表时,还应注意:

① 评定烈度时,Ⅰ~Ⅴ度以人感觉为主;Ⅵ~Ⅹ度以房屋震害为主,人感觉仅供参考;Ⅺ~Ⅻ度以地表现象为主。

② 在高楼上人感觉要比地面上人感觉明显,应适当降低评定值。

③ 表中房屋为单层或数层、未经抗震设计或未加固的砖混合砖木房屋。对质量特别差或特别好房屋,根据情况对表中各烈度相应的震害程度和震害指数予以提高或降低。

④ 平均震害指数可以在调查区域内用普查或随机抽查的方法确定。

⑤ 在农村以自然村为单位,在城镇作烈度评定,面积以1 km²为宜。

⑥ 凡有地面强震记录资料的地方,表列物理参量可作为综合评定烈度和制定建设工程抗震设防要求的依据。

3.3.2.2 平均震害指数

平均震害指数是中国地震烈度表规定用于评定震害的一个数值,它是由胡聿贤教授为首的研究人员在调查 1970 年云南通海地震震害时首先提出。震害指数以房屋的"完好"为 0,"毁灭"为 1,其余为 0~1,按震害程度分级。平均震害指数指所有房屋的震害指数的总平均值,多以普查或抽查的方式确定。建筑物破坏程度类别与破坏程度震害等级见表 3-4。

表 3-4 **建筑物破坏级别与震害等级**

破坏程度级别	破坏程度	震害等级 i	破坏程度级别	破坏程度	震害等级 i
Ⅰ 级	全部倒塌	1.0	Ⅳ 级	局部倒塌	0.4
Ⅱ 级	大部倒塌	0.8	Ⅴ 级	裂缝	0.2
Ⅲ 级	少部倒塌	0.6	Ⅵ 级	基本完好	0

某类(如第 j 类)房屋震害程度,用震害指数表示为:

$$\left. \begin{array}{l} I_j = \dfrac{\sum\limits_{k=1}^{m} (n_i i)_k}{N_j} \\ N_j = \sum\limits_{k=1}^{m} (n_i)_k \end{array} \right\} \tag{3-7}$$

式中 　n_i——地震震级,通常称为里氏震级;

　　　i——震害等级;

　　　N_j——被统计的第 j 类房屋的总栋数;

　　　k,m——分别为不同震害等级序号和数量。

震害指数的物理意义是表示同类房屋的平均震害程度。通过各类房屋不同震害指数计算,可以对比各类房屋之间抗震性能的优劣。为确定某地区房屋平均震害情况,可求出该地区各类房屋(有代表性结构)的平均震害指数,即:

$$I_m = \frac{\sum I_j}{N} \tag{3-8}$$

式中 　I_m——平均震害指数;

　　　$\sum I_j$——各类房屋震害指数之和;

　　　N——不同类别房屋的类别数。

获得某地区的平均震害指数,就可作为确定该地区某次地震烈度的基本依据。需要注意的是,只有当抗震能力相差不大的一般房屋才可用平均震害指数来确定地震烈度。对于抗震能力相差悬殊的房屋,应当采用综合震害指数确定地震烈度。所谓综合震害指数,就是将不同类型房屋的震害指数,换算到同一标准加以统计。

3.3.2.3 烈度衰减规律和等震线

地震烈度随着震中距的增加而减小。将烈度相同的区域点连成线,称为等震线,它和地理学中的等高线类似。理想的等震线是以震中为圆心的同心圆。通常采用的地震烈度衰减公式为:

$$I_0 = I_i + 2S \lg \frac{r}{h} \quad (r > h) \tag{3-9}$$

式中 　I_0——震中烈度;

　　　I_i——等震线烈度;

　　　h——震源深度;

　　　r——等震线半径;

　　　S——烈度衰减系数。

烈度衰减系数 S 的大小表征地震烈度衰减快慢,是研究烈度分布和衰减规律的重要参数。S 的大小与场地条件、地震震级等因素有关。实际上,由于建筑物的差异,地质条件、地形地貌的影响,等震线一般是一些不规则的封闭曲线。各条等震线之间的烈度一般按相差1度来描绘。一般而言,等震线的烈度随着震中距的增大而减小。但是由于局部地形的影响,也会出现一些烈度异常的情况。例如,在等震烈度区内出现明显高于或低于该地区烈度的区域,称为烈度异常区。我国通过大量的统计资料,得到烈度 I_i、震级 M 和震中距 r 之间的关系为:

$$I_i = 0.92 + 1.63M - 3.49\lg r \tag{3-10}$$

3.4 地震活动及其分布 >>>

3.4.1 世界地震活动

整个20世纪,因地震死亡人数约为150万人,年均1.5万人。21世纪头11年,地震死亡人数就达到了约80万人,年均死亡人数为20世纪的5倍。20世纪死亡人数最多的地震是中国唐山大地震。而2003年发生的印尼苏门答腊地震及其引发的大海啸,以及2010年海地地震死亡人数已经分别追上和超过了唐山地震的死亡人数。21世纪死亡人数超过1万的地震见表3-5。

表 3-5   **21世纪死亡人数超过1万的地震**

时间	地点	震级	死亡人数
2001年01月26日	Bhuj, Gujarat, W 印度	7.7级	19727
2003的12月26日	Bam, SE 伊朗	6.6级	26271
2004年12月26日	Sumatra 印度尼西亚	9.1级	230210
2005年10月9日	Kashmir 巴基斯坦	7.6级	79000
2008年05月12日	汶川 中国	8.0级	87587
2010年01月12日	Port-au-Prince 海地	7.0级	316000
2011年03月11日	Tohoku 日本	9.0级	19225

注:本表死亡人数包含了失踪人数,不同文献所列死亡人数有差异。

地震在地球表面并非均匀分布,而是有一定规律的。绝大部分地震分布在南纬45°和北纬45°之间,在地球南极和北极很少发生地震。根据地震历史资料,将地震发生地点和强度标在地图上,即绘制出震中分布图(图3-5)。

从图3-5中可以看到,大地震往往集中发生在某些特定的区域,总体呈带状分布。据此,将地震活动频繁而强烈的地区称为地震区,地震活动不活跃的地区称为少震弱震区,将大地震成群集中分布的狭长区域称为地震带。在地震带内,震中集中分布,地震活动呈相对平静和显著活动周期性交替;在地震带外,震中分布零散。

地震在世界范围内主要分布在两个地震带,即环太平洋地震带和地中海-喜马拉雅地震带。

3.4.1.1 环太平洋地震带

环太平洋地震带全长约35000 km,地震活动极为强烈,是地球上最大的一条地震带。该地震带释放的能量占世界总量的75%,80%的浅源地震、90%的中源地震和几乎全部深源地震都集中在这里。

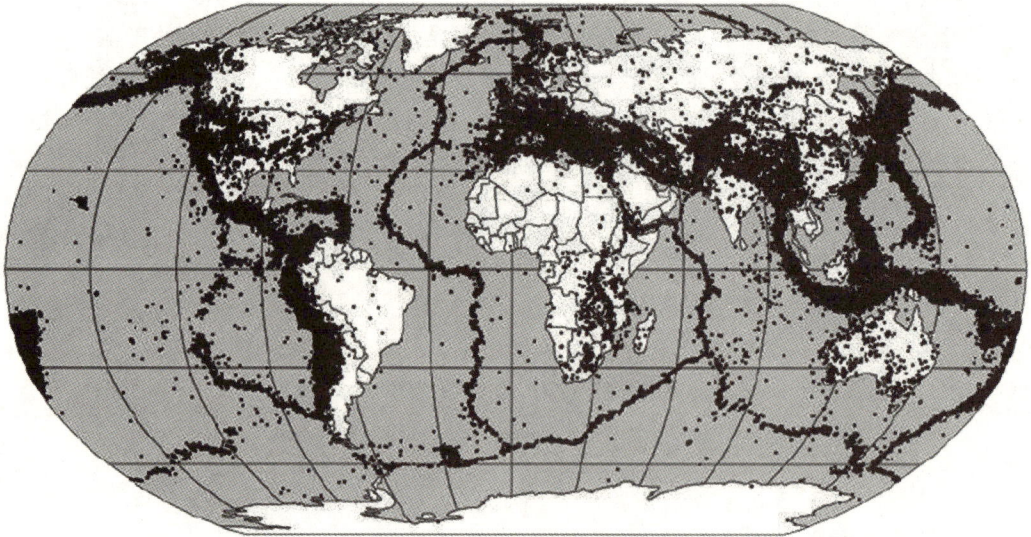

图 3-5 全球震中分布图

环太平洋地震带北起太平洋北部的阿留申群岛,分东西两支沿太平洋东西两岸向南延伸。东支经阿拉斯加、加拿大西海岸、美国西海岸、墨西哥、中美洲后延伸至南美洲西海岸。在这条地震带南段的智利,其狭长的国土几乎都位于地震带内,大地震反复发生。康赛普西翁城 3 个世纪 3 次被地震摧毁又三次重建,2010年 2 月 27 日又发生里氏 8.8 级特大地震,释放能量约为海地地震的 80 倍,造成巨大人员伤亡。

环太平洋地震带中段美国西海岸至墨西哥,近百年来发生 6 级以上地震 26 次,俗称"地震之乡"。1994年 1 月 17 日,洛杉矶北岭发生里氏 6.6 级大地震,持续时间为 30 s。地震造成约有 1.1 万间房屋倒塌,震中30 km 范围内的高速公路、高层建筑或毁坏或倒塌,煤气、自来水管爆裂,电信中断,火灾四起,直接和间接死亡 58 人,受伤 600 多人,财产损失 300 多亿美元。此次地震震级不高,却是美国历史上造成经济损失最严重的地震。

环太平洋地震带西支经俄罗斯千岛群岛、日本群岛、琉球群岛、中国台湾向南,绕过澳大利亚至新西兰与南太平洋相接。在这支地震带上,受地震灾害最为严重的地方是日本。日本历史上发生大地震 2000 多次,东京附近平均每三天就发生两次有感地震。2011 年 3 月 11 日,日本东北部海域发生里氏 9.0 级地震并引发海啸,造成重大人员伤亡和财产损失。地震震中位于宫城县以东太平洋海域,震源深度为海下 10 km,东京有强烈震感。地震引发的海啸影响到太平洋沿岸的大部分地区。地震造成日本福岛第一核电站 1~4号机组发生核泄漏事故,核泄漏对日本以及周边国家的影响尚不可预测(图 3-6)。

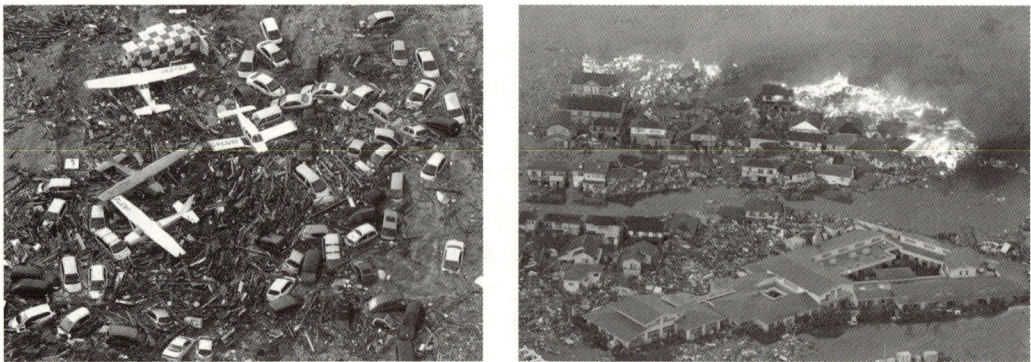

图 3-6 日本东部海域地震后情景

环太平洋地震带平均宽度 200 km 左右,震源深度最大达到 700 km。

3.4.1.2 地中海-喜马拉雅地震带

地中海-喜马拉雅地震带是另一条世界地震带。它西起大西洋中的亚速尔群岛,经地中海、意大利、土耳其、伊朗,抵达帕米尔,沿喜马拉雅山东行,穿过中南半岛西侧,直达印度尼西亚的班达海与太平洋地震带西支相连,总长约 20000 km。因其穿过欧亚两大洲,故也称为欧亚地震带。

20 世纪以来,非洲北侧的摩洛哥、阿尔及利亚,南欧意大利、希腊,西亚的土耳其、伊朗等国,都受到过地震的无情摧残。2003 年 12 月 26 日,伊朗东南部克尔曼省巴姆城及附近地区发生了里氏 6.3 级强烈地震,造成重大人员伤亡,死亡人数超过 2.6 万人,伤 1.5 万人,成千上万人无家可归。巴姆城 90% 的建筑物变成了废墟,许多历史古迹完全毁坏。

这条地震带释放能量占全球地震能量的 20% 左右,环太平洋地震带以外的中源地震基本分布在这里。

3.4.2 中国地震活动

3.4.2.1 中国大陆地震条带分布特点

根据板块构造学说,中国位于亚欧板块东南端,东邻太平洋板块,南邻印度洋板块。太平洋板块每年以 4~10 cm 的速度向西移动,在日本东岸深海沟一带俯冲到地面以下。在亚洲大陆西南侧,印度洋板块以每年 5~6 cm 的速度向北移动,在喜马拉雅山南侧俯冲至边界大断裂带以下。欧洲次板块向东挤压和运动。因此,中国所在区域受到太平洋板块向西、印度洋板块向北、欧洲次板块向东的挤压和推动。当各大板块对中国所在板块挤压应力在大陆岩石圈中持续积累到一定程度,超过岩石圈所能承受的限度时,地壳断裂产生地震。

我国是世界上发生地震最频繁的国家之一,境内地震分布具有条带分布特点,地震活动主要分布在 5 个地区的 23 条地震带上。这 5 个地区是:

① 台湾地区及其附近海域;

② 西南地区,主要是西藏、青海、四川西部和云南中西部;

③ 西北地区,主要在甘肃河西走廊、青海、宁夏、天山南北麓;

④ 华北地区,主要在太行山两侧、汾渭河谷、阴山-燕山一带、山东中部和渤海湾;

⑤ 东南沿海的广东、福建等地。

各地震带的大地震发生方式有单发式和连发式之分。前者以一次 8 级以上地震和若干中小地震来释放带内积累的能量;后者在一定时期内以多次 7~7.5 级地震释放其绝大部分积累的能量。我国台湾地区位于环太平洋地震带上,西藏、新疆、云南、青海、四川等部分地区位于地中海-喜马拉雅地震带上,这些地区地震活动最多,也最为强烈。另外,河北、山东、山西、陕西、甘肃、宁夏等省地震活动也较为活跃。地震发生地区地貌大多为盆地,如宁夏盆地(宁夏)、渭河盆地(陕西)、四川盆地等。而贵州、江苏、浙江、湖南、湖北等省地震活动较少,也不强烈。中国地震带的分布是制定中国地震重点监视防御区的主要依据(图 3-7)。

3.4.2.2 我国地震记录

我国历史文化悠久,地震历史资料丰富,最早有文字记载的地震灾害记录可追溯到 4500 年前。关于地震的直接记录,一般认为始于公元前 1831 年的泰山地震。1955 年,我国曾经对历史上发生的地震进行了大规模的搜集和整理工作。统计结果表明,截至 1955 年,我国有文字记载的地震有 8000 多次,造成灾害的地震记录有 1000 余次。

3.4.2.3 我国地震特点

我国的地震活动分布范围广、频度高、强度大、震源浅,几乎所有的省、自治区、直辖市都发生过 6 级以上强震。仅就中国大陆地区统计(1900—1996 年),5 级以上地震发生过 1992 次,平均每年 20.8 次;7 级以上地震 70 次,平均 1 年零 4 个月 1 次。20 世纪以来,全球 7 级以上强震之中,中国约占 35%;全球 3 次 8.5 级以上特大地震,有 2 次发生在中国大陆。有记载以来,发生过 8 级以上的地震就有 1411 年西藏当雄南 8 级大地震、1556 年陕西华县 8 级大地震、1668 年山东郯城县 8.5 级大地震、1679 年河北三河平谷 8 级大地震、1920 年宁夏海原 8.5 级大地震、1927 年甘肃古浪 8 级大地震、1950 年西藏察隅 8.5 级大地震、1951 年西藏当雄北 8 级大地震、2001 年青海昆仑山口西 8.1 级大地震、2008 年四川汶川 8 级大地震(表 3-6)。

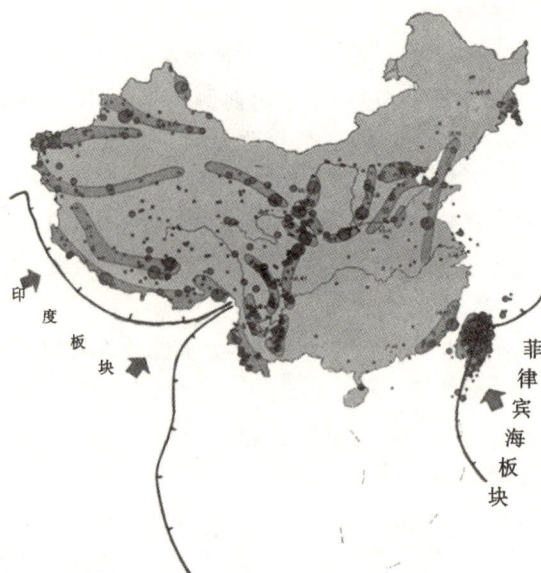

图 3-7　中国强震及地震带分布

表 3-6
21 世纪以来中国发生的破坏性地震

序号	发震时间	地震名称	震级
1	2001 年 11 月 14 日	青海昆仑山地震	8.1 级
2	2003 年 2 月 24 日	新疆巴楚地震	6.8 级
3	2008 年 5 月 12 日	四川汶川地震	8.0 级
4	2010 年 4 月 14 日	青海玉树地震	7.1 级
5	2013 年 4 月 20 日	四川雅安地震	7.0 级
6	2013 年 7 月 22 日	甘肃定西地震	6.6 级

　　我国境内发生的地震,大多属于浅源地震,震源深度在东部较浅,西部较深。这种地震震源分布与我国西高东低的地势有关。从我国地震历史资料可以看到:一定地区内的地震活动,在大的时间尺度上存在明显疏密交替现象。相对沉寂的平静期和相对频繁的活动期交替出现。地震活动的这种规律性与地震带内能量积累和释放过程密切相关。

　　在地震工程学中,从一个平静期开始到下一个活动期结束称为一个地震活动期。详细考察我国地震区的地震活动期可见,我国地震区地震活动有三个特点:

　　① 同一地震区内活动期历时大体相同,不同地震区地震活动期各不相同。在我国华北、华南、青藏高原北部,地震活动期长达 300～400 年,而在台湾地区东部和青藏高原南部,地震活动期仅几十年。

　　② 大量 6 级以上地震发生在活动期内,在平静期一般很少发生 7 级以上的地震。

　　③ 我国东部地震活动期较长的几个地震区,在活动时间上大体相当。

3.4.3　各类建筑的抗震设防标准

　　建筑抗震设防标准是衡量建筑抗震设防要求的尺度,它是由抗震设防烈度和建筑使用功能的重要性来确定的。抗震设防烈度是指按国家规定权限批准、作为一个地区抗震设防依据的地震烈度。一般情况下,抗震设防烈度可采用地震基本烈度,或采用《建筑抗震设计规范》(GB 50011—2010)中设计基本地震加速度对应的地震烈度。对已编制抗震设防区划的城市,可按批准的抗震设防烈度或设计地震动参数进行抗震设防。

地震基本烈度是指在 50 年期限内，一般建筑场地条件可能遭遇的超越概率为 10％的地震烈度值。我国《建筑抗震设计规范》(GB 50011—2010)给出了我国抗震设防区各县级及县级以上城镇中心地区建筑工程抗震设计时所采用的地震设防烈度。

据统计，全国 450 个城市中，位于地震区的占 74.5％。约有一半城市位于基本烈度 7 度和 7 度以上的地区。28 个百万以上人口的大城市中，有 85.7％位于地震区。

3.5 工程结构抗震设防 ⟫⟫⟫

3.5.1 抗震设防目的和要求

工程结构抗震设防基本目的，就是在一定经济条件下，在工程建设时对建筑物进行抗震设计并采取抗震措施，最大限度地限制和减轻工程结构的地震破坏，以避免人员伤亡和减少经济损失。

为实现工程结构抗震设防目的，近年来许多国家和地区的抗震规范都将"小震不坏、中震可修、大震不倒"作为工程结构抗震设计基本原则。为实现这一原则，我国《建筑抗震设计规范》(GB 50011—2010)明确提出"三水准"抗震设防要求。

第一水准：当遭受低于本地区设防烈度的多遇地震影响时，建筑物一般不受损害或不需修理仍可继续使用(小震不坏)。

第二水准：当遭受相当于本地区设防烈度的地震影响时，建筑物可能损坏，但经一般修理即可恢复正常使用(中震可修)。

第三水准：当遭受高于本地区设防烈度的罕遇地震影响时，建筑物不至倒塌或发生危及生命安全的严重破坏(大震不倒)。

使用功能或其他方面有专门要求的建筑，当采用抗震性能化设计时，具有更具体或更高的抗震设防目标。

在我国"三水准"抗震设防目标中，"小震"意味着发生频繁的地震(多遇地震)，在 50 年内超越概率为 63.2％。"中震"对应基本烈度的地震；"大震"指罕遇地震，在 50 年内超越概率为 2％～3％。我国多遇地震烈度比基本烈度平均约低 1.55 度，罕遇地震比基本烈度约高 1 度。

结构物在强烈地震中不损坏是不可能的，抗震设防的底线是建筑物不倒塌。一般来说，在设防烈度小于 6 度的地区，地震作用对建筑物损坏程度较小，可不予考虑抗震设防，在 9 度以上地区，即使采取很多措施，仍难以保证安全，故在抗震设防烈度大于 9 度地区的抗震设计应按有关专门规定执行。

3.5.2 建筑抗震设防分类和设防标准

对于重要性和功能不同的建筑物，地震所造成的破坏也不同。我国《建筑抗震规范》(GB 50011—2010)将建筑物按其用途重要性分为以下四类。

① 甲类建筑。它指重大建筑工程和地震时可能发生严重次生灾害的建筑。这类建筑若遇地震破坏会导致严重后果，必须经过国家规定的批准权限核定。

② 乙类建筑。它指地震时使用功能不能中断或需尽快恢复的建筑，例如抗震城市中生命线工程的核心建筑。城市生命线工程一般包括供水、供电、交通、消防、通信、救护、供气、供热等系统。

③ 丙类建筑。它指一般建筑，包括除甲、乙、丁类建筑以外的一般工业与民用建筑。

④ 丁类建筑。它指次要建筑，包括一般仓库、人员较少的辅助建筑物等。

　　抗震设防标准的依据是设防烈度,它根据建筑物重要性和所在地区基本烈度两方面确定,一般可采用基本烈度或与设计基本地震加速度值对应的烈度。各类抗震设防类别建筑设防标准,应符合下列要求。

　　① 甲类建筑。地震作用应高于本地区抗震设防烈度的要求。其值应按批准的地震安全性评价结果确定。抗震措施为:当抗震设防烈度为6～8度时,应符合本地区抗震设防烈度提高一度的要求;当为9度时,应符合比9度抗震设防更高的要求。

　　② 乙类建筑。地震作用应符合本地区抗震设防烈度的要求。抗震措施为:一般情况下,当抗震设防烈度为6～8度时,应符合本地区抗震设防烈度提高一度的要求;当为9度时,应符合比9度抗震设防更高的要求。对较小的乙类建筑,当其结构改用抗震性能较好的结构类型时,应允许仍按本地区抗震设防烈度的要求采取抗震措施。

　　③ 丙类建筑。地震作用仍应符合本地区抗震设防烈度的要求。

　　④ 丁类建筑。一般情况下,地震作用仍应符合本地区抗震设防烈度的要求。抗震措施应允许比本地区抗震设防烈度的要求适当降低,但抗震设防烈度为6度时不应降低。

　　抗震设防的所有建筑应按现行国家标准《建筑工程抗震设防分类标准》(GB 50223—2008)确定其抗震设防类别及其抗震设防标准。

　　抗震设防烈度为6度时,除《建筑抗震设计规范》(GB 50011—2010)有具体规定外,对乙、丙、丁类建筑可不进行地震作用计算。

3.5.3　建筑抗震设计方法

　　在进行建筑抗震设计时,要满足上述"三水准"的抗震设防要求,可通过简化两阶段设计方法来实现,具体如下。

　　第一阶段设计:(小震不坏)按小震作用效应和其他荷载效应的基本组合验算结构构件的承载能力,以及在小震作用下验算结构的弹性变形。具体而言,在方案布置符合抗震设计原则的前提下,以众值烈度(小震)下的地震作用值作为设防指标,假定结构和构件处于弹性工作状态,计算结构地震作用效应(内力和变形),验算结构构件抗震承载力,并采取必要抗震措施。这样既满足了在第一水准下具有必要的承载力(小震不坏),又满足了第二水准的设防要求(中震可修)。另外,对于框架结构和框架-剪力墙结构等较柔结构,还要验算众值烈度下的弹性间层位移,以控制其侧向变形在小震作用下不致过大。对大多数的结构,可只进行第一阶段设计,而通过概念设计和抗震构造措施来满足第三水准的设计要求。

　　第二阶段设计:(中震可修)弹塑性变形验算,对特殊要求的建筑和地震时易倒塌的结构,除进行第一阶段设计外,还要按大震作用时进行薄弱部位弹塑性层间变形验算和采取相应构造措施,实现第三水准(大震不倒)设防要求。首先,要根据实际设计截面寻找结构薄弱层或薄弱部位(层间位移较大楼层或首先屈服部位),然后,计算和控制其在大震作用下的弹塑性层间位移,并采取提高结构变形能力的构造措施,最后达到大震不倒的目的。

3.6　地震的破坏作用　　>>>

3.6.1　地震中地表的破坏

3.6.1.1　地裂缝

　　强烈地震发生时,地下断层面将到达地表,从而改变地形和和地貌。地下断层的垂直位移会造成悬崖峭壁,大的水平位移会使地形、地物产生错位;挤压、扭曲造成地面的扭转起伏和错动。地裂缝将造成地表工程结构的严重破坏,使得公路中断、铁轨扭曲、桥梁断裂、房屋破坏、河流改道、水坝受损等。

地裂缝是地震时常见的地表破坏,主要有两种类型:一种是强烈地震时由于地下断层错动延伸到地表面形成的裂缝,称为构造地裂缝。这类裂缝与地下断层带走向一致,其形成与断裂带受力性质有关,一般规模较大,形状较规则,通常呈带状,裂缝长度为几千米或几十千米,裂缝带宽度可以达几米甚至几十米。另一种地裂缝是在古河道、河湖岸边、陡坡等土质松软地方产生的地表交错裂缝,其形状和大小不同,规模也较小(图3-8、图3-9)。

图3-8 汶川地震中水泥路面裂缝

图3-9 唐山大地震中铁路扭曲

3.6.1.2 喷砂冒水

当地下水位较高、砂层埋深较浅的平原地区,特别是河流两岸最低平的地方,地震时地震波产生的强烈震动使地下水位急剧增加,地下水通过地裂缝或土质松软的地方冒出地面。当地表土层为砂土或者粉土时,则夹带着砂土或粉土一起冒出地面,形成喷砂冒水现象。喷砂冒水持续时间长,喷口有时会沿着一定的方向形成线状分布。喷出的砂土有时可以达到$1\sim2$ m的高度,形成一个个沙堆或长长的砂堤。喷砂实际是砂土液化的表现。

砂土液化与砂土层的空隙率有很大关系。对于空隙率较大的粗砂,液化的可能性较小;而对于空隙率较小的细砂则液化的可能性大。地震中出现喷砂冒水现象淹没农田、矿井,堵塞水道、道路,严重时可造成建筑结构的不均匀沉降,使上部结构开裂或倒塌(图3-10)。

图3-10 日本2011年东部海域大地震时,东京某公园内的喷砂冒水

3.6.1.3 地表下沉

在强烈地震作用下,地表往往发生陷落。在地下存在溶洞的地区,或者人们生产开挖的矿井或者地铁等地方,都有可能发生地表下沉。强烈地震发生时,地面土体将会产生下沉,形成洼地,造成大面积陷落。在土地陷落的地方当地下水注入时,就会形成大面积积水,形成灾害(图3-11)。

图3-11 地震造成农田地陷

3.6.1.4 河岸、陡坡滑坡

在河岸、陡坡等地方,强烈地震使得土体失稳,造成塌方和滑坡。塌方土体淹没农田、村庄、堵塞河流。如 2008 年汶川地震造成唐家山大量山体崩塌,两处相邻的巨大滑坡体夹杂巨石、泥土冲向湔江河道,形成巨大的堰塞湖,对下游居民安全造成严重威胁。

3.6.2 地震中工程结构的破坏

工程结构的破坏可能是由于地基失效引起,也可能是由上部结构承载力不足形成的破坏或结构丧失整体稳定性造成。前者称为结构的静力破坏,后者称为结构的动力破坏。

地震历史资料表明,由于地基失效引起的工程结构破坏仅仅占结构破坏的 10% 左右,其余 90% 都是由于结构承载力不足或丧失整体稳定造成的。因此,我国和世界各国的抗震设计规范都将主要精力集中在上部结构的破坏机理研究分析上。结构承载力不足,主要因为结构承重构件的抗弯、抗剪切、抗压、抗拉强度不足引起,如墙体裂缝、构件开裂及节点失效等。结构丧失整体稳定性由于工程结构构件连接不牢固,支撑长度不够或者支撑失效引起。

3.6.3 地震次生灾害

强烈地震除了引起结构破坏外,一般会引起其他一些次生灾害,如火灾、水灾、泥石流、海啸、山崩和滑坡等。一般来说,由于地震本身造成的直接损失往往小于次生灾害所造成的间接损失。以下就以地震引发海啸来说明地震次生灾害和预防。

地震引发的海啸是一种严重的地震次生灾害。海啸这一词语源于地震多发的日本,本意为"海港的波浪"。海啸波长可达到几十千米、上百千米,有的海啸波长比海洋最大深度还要大。地震海啸的产生一般受三个方面条件控制:

① 震源断层条件。当海底震源表现为平推错动时,海啸不能产生;如果震源发生上下错动时,就可能引发海啸。一般而言,垂直差异运动越大,相对错动速度越大,错动区面积越大,则海啸级别越大。

② 震源区水深条件。深水区发生地震比浅水区更易引起海啸。破坏性海啸的震源区水深在 200 m 左右,灾难性海啸震源区水深在 1000 m 以上。

③ 震级、震源深度。一般震级大于 6.5 级,震源深度在 25 km 以内,容易引发海啸。震级在 7.5 级以上,震源深度在 40 km 以内,则可形成灾难性海啸。

全球地震海啸发生区分布基本上与地震带一致,破坏性较大的地震海啸平均 6～7 年发生一次,其中约 80% 发生在环太平洋地震带上。

据中国地震局提供的资料统计,世界上已经发生近 5000 次程度不同的破坏性海啸。2004 年 12 月 26 日,印度洋发生巨大海啸。引发海啸的地震主要位于印度洋板块与亚洲板块的交界处,为消亡边界,地处安达曼海。这场突如其来的灾难给印尼、斯里兰卡、泰国、印度、马尔代夫等国造成了巨大的人员伤亡和财产损失。截至 2005 年 1 月 10 日,统计数据显示,印度洋大地震和海啸已经造成 20 万人死亡,这可能是世界近 200 多年来死伤最惨重的海啸灾难。

2011 年日本东部海域发生里氏 9.0 级特大地震,在日本东北太平洋沿岸引发巨大海啸。地震在海底造成一条长 300 km,宽 150 km 的裂缝。地震发生后,日本气象厅随即发布了海啸警报,称地震将引发约 6 m 高海啸,后修正为 10 m。根据后续调查表明海啸最高达到 24 m。海啸越过岩手县釜石港的世界第一防波堤,将整个市区淹没在海水中。因为海水倒灌,福岛第一核电站共有三座反应堆冷却系统停止工作,造成设备损毁、堆芯熔毁、辐射释放。这成为 1986 年切尔诺贝利核电站事故以来最为严重的核放射性污染事故。

地震海啸给人类带来的灾难是巨大的。目前人类还无法阻止海啸的发生,但可以通过一定措施预报海啸,达到抗险救灾的目的。预报海啸主要是根据地震波传播速度比海啸传播快的特性,利用这个时间差,做到监测预报。当地震发生时,海啸预警部门将地震位置、震级和地震类型输入电脑,就可分析出它是否会造成海啸、海水波动程度及其传播方向,随之可尽快向可能受影响地区发出预警,通知居民撤离。另外,在易

受海啸侵袭的沿海地区可提前构筑能阻挡海浪的防护措施,减小损失。

我国东部近海地区属于环太平洋板块边界,地震多发。从历史来看,我国曾有 26 次海啸记录,但大陆沿海尚无破坏性海啸,仅我国台湾地区沿海多次受到海啸袭击。这主要因为我国近海中渤海平均深度约为 20 m,黄海平均深度约为 40 m,东海平均深度约为 340 m,它们的深度都不大,只有南海平均深度为 1200 m。因此,中国大部分海域地震产生本地海啸的可能性比较小,只有在南海和东海的个别地方发生特大地震才有可能产生海啸。另外,中国大陆以东有许多离岸小岛、外围有琉球群岛-台湾岛链组成的天然地理屏障,可阻挡太平洋地区的海啸。

3.6.4 有关地震记载

世界上震级最大的地震:1960 年 5 月 22 日智利地震发生里氏 9.5 级特大地震,巨大地震能不但使 6 座火山再次喷发,而且又形成了 3 座活火山。主震结束后一个多月时间里,7 级以上地震共发生了十多次。这是世界观测史上震级最高的地震。

世界上震源最深的地震:1934 年 6 月 29 日,印度尼西亚苏拉威西岛东发生地震,震源深度 720 公里,震级为 6.9 级。

世界上死亡人数最多的地震:1201 年 7 月 5 日,上埃及和叙利亚发生 9 级地震,死亡约 110 万人。

世界上引发最大火灾的地震:1923 年 9 月 1 日,日本关东地区发生 8.3 级地震,东京有约 36 万间房屋被烧毁,死亡失踪 14 万人。

世界上引发最大水灾的地震:1786 年 6 月 1 日,中国四川康定发生 7.5 级地震,造成的山崩堵塞大渡河引发特大洪水,几十万人死亡。

世界上引发最大泥石流的地震:1970 年 5 月 31 日,秘鲁安卡修州近海发生 7.6 级地震,附近的法斯卡山发生岩崩,形成泥石流,体积约一亿立方米,造成约 2 万人死亡。

3.7 减轻地震灾害的对策和措施 ⟩⟩⟩

为减轻地震灾害造成的经济损失,保障人民生命财产安全,中华人民共和国第八届全国人民代表大会常务委员会第二十九次会议于 1997 年 12 月 29 日通过《中华人民共和国防震减灾法》,于 1998 年 3 月 1 日起实行。这部法律对地震监测预报、地震灾害预防、地震应急、震后救灾与重建四个环节的防震减灾活动作出了详细规定。

目前,减轻地震灾害的对策从宏观上可分为工程性措施和非工程性措施,二者相辅相成,缺一不可。工程性措施主要通过加强各类工程抗震能力减少地震损失;非工程性措施增强全社会防震减灾意识,提高公民在地震灾害中自救、互救能力,以减轻地震灾害。工程性防御措施和非工程性防御措施都必须予以规范化和制度化。

3.7.1 工程性措施

工程性措施主要包括地震预测预报和工程抗震两方面。

地震预测预报主要通过对场地条件、地震活动性、地震前兆和环境因素等多种情况,通过多种科学手段进行预测研究,分析潜在破坏性地震发生时间、地点、强度并进行发布。预测按可能发生地震的时间可以分为:

① 长期预报,预报几年内至几十年内将发生的地震;

② 中期预报,预报几个月至几年内将发生的地震;

③ 短期预报,预报几天至几个月内将发生的地震;

④ 临时预报,预报几天之内将发生的地震。

国家对地震预报实行统一的发布制度。其发布形式可以由政府文件或通过广播、电视、报刊等宣传媒介向社会公告。正确的地震预报可大大减少人员伤亡和财产损失,而错误的地震预报对社会造成的损失可能更甚于发生一场真实的地震。目前地震预报还存在着许多难以解决的问题,预报的水平仅是"偶有成功,错漏甚多"。国内外发生的大多数地震,或者是错报(报而未震),或是漏报(震而未报),致使人们生命财产受到严重损失,并使社会秩序和人们生活受到严重影响。

1965年,深受地震灾害的日本开始着手建设全国性的地震预测项目。1978年,日本地震学家预测,在日本南部的东海会有一场里氏8级左右的大地震发生。但时至今日,东海大地震仍未发生,却在1995年出人意料地发生了死伤惨重的阪神大地震。1984年,美国地质调查局启动"帕克菲尔德试验",并在1985年4月预测,未来五六年在帕克菲尔德有95%的几率发生一场6级地震,地震发生时间不会晚于1993年。但一直到2004年,帕克菲尔德地震才到来,比预测时间整整晚了11年。

1996年11月,地震预测框架评估国际会议在伦敦召开。与会者一致认为,地震从本质上是不可预测的。1999年,就地震能否预测这一问题,多位地震学家在英国著名杂志《自然》的网站上展开辩论,最后达成一致共识:现阶段就已有知识而言,要可靠且准确地预测地震是不可能的。21世纪以来,地震不可预测已是国际地震学界主流观点。中国目前是世界唯一还把地震预测作为研究重点,具有官方地震预报制度的国家。

既然人类目前还不能准确预测地震,人类为长期减轻地震灾害,就应该提高建筑结构安全性,进行合理建筑规划。为提高建筑结构安全性,即工程抗震,是通过技术把结构制造得更坚固、耐震。工程抗震的内容十分丰富,包括地震危险性分析和地震区划、工程结构抗震、工程结构隔震减震等,是目前减轻地震灾害的有效措施。

3.7.2　非工程性措施

非工程性措施主要指各级政府及有关社会组织采取的工程性防御措施之外的减灾活动。非工程性措施包括建立健全减灾工作体系,制定防震减灾规划,开展防震减灾宣传、教育、培训、演习、科研及推进地震灾害保险、救灾资金物资储备等工作。更根本的措施在于"解决人的问题",即在社会个人层面重塑公民防灾减灾意识,提高房屋建设者的道德水准,并启动相关灾害人为因素的问责制。

3.8　抗震概念设计的总体原则 ▶▶▶

建筑抗震设计应包括三个层次的内容:抗震概念设计、抗震计算和抗震构造措施。

在地震作用下,工程结构的破坏十分复杂,到目前为止对结构进行精确计算有一定困难。结构抗震概念设计就是据地震震害经验和教训得到的,关于结构抗震设计的基本原则和设计思想。结构抗震概念设计是把握设计总体布局,并在确定构件详细构造上采取一些经验措施。抗震计算就是运用已形成的计算理论对结构进行分析,从而得到构件地震作用,进行荷载组合后对其进行结构设计。抗震构造措施即在震害经验上总结行之有效的构造措施,保证结构整体性,加强结构局部薄弱环节等。抗震设计上述三个层次内容相互联系、缺一不可,忽略任何一部分都可能造成抗震设计的失败。

结构抗震设计总体原则一般包括:注意结构场地选择、把握建筑体型、选择有利的结构抗震体系、利用结构延性设置多道抗震防线、妥善处理非结构构件、注重建筑材料的选择和施工质量等。

3.8.1　建筑物场地选择

场地指建筑物所在地。大量地震震害表明,建筑物所在场地地质条件和地形地貌对建筑物震害有显著影响。一般认为,场地条件对建筑物震害影响的主要方面是:场地土刚度(及坚硬或密实程度)大小和场地覆盖层厚度。

建筑物的场地选择对于建筑物的抗震十分重要,场地和地基破坏作用一般通过场地选择和地基处理来减轻地震灾害对建筑物的破坏。概括而言,对于场地选择的基本原则可以概括为:选择有利地段,避开不利地段,不在危险地段建造甲、乙和丙类建筑。

一般认为,对于抗震有利的地段是指地震时地面没有残余变形的坚硬或开阔平坦密实均匀的中硬土范围或者地区;而对于抗震不利的地段是指可能产生明显的残余变形或者地基失效的某一范围或者地区;危险地段是指可能发生严重的地面残余变形的某一范围或地区。如果必须在不利地段和危险地段进行工程建设,应该采取必要的措施,例如,进行详细的场地勘查和场地评价,并采取必要的抗震设计措施加以保证。

《建筑抗震设计规范》(GB 50011—2010)对于建筑有利地段、不利地段和危险地段给出了明显的规定,对于建筑场地的选择具有重要的指导意义(表 3-7)。

表 3-7   有利、一般、不利和危险地段的划分

地段类别	地质、地形和地貌
有利地段	稳定基岩,坚硬土,开阔、平坦、密实、均匀的中硬土等
一般地段	不属于有利、不利和危险的地段
不利地段	软弱土,液化土,条件突出的山嘴,高耸孤立的山丘,陡坡,陡坎,河岸和边坡边缘,平面分布上成因、岩性、状态明显不均匀的土层(如古河道、疏松的断层破碎带、暗埋的塘浜沟谷及半填半挖地基),高含水量的可塑黄土,地表存在结构性裂缝等
危险地段	地震时可能发生滑坡、崩塌、地陷、地裂、泥石流等及发震断裂带上可能发生地表位错的部位

当震中距相同时,软弱地基与坚硬地基相比,其地面自振周期长、振幅大、振动持续时间长,因而震害往往也更重;在地基强度和稳定性影响上,软弱地基受震后更易出现不稳定状态和不均匀沉降,甚至发生液化或软化、滑动、开裂等严重现象,而坚硬地基这些危险性相对较低;在改变建筑物的动力特性上,因为地基和上部结构的相互作用,所以软弱地基将增大建筑物的自振周期和阻尼,并会改变振型。因土层对基岩地震波一般有放大效应,所以震害也随覆盖土层厚度增加而加重。

鉴于土的工程特性主要受土骨架控制,而土的横波波速与土骨架特性的关系比纵波的更为密切,场地土刚度一般用土的横波波速表示。工程抗震中,场地覆盖层厚度定义为地面至横波波速大于 500 m/s 的土层顶面的深度。但是,当地面 5 m 以下存在剪切波速大于相邻上层土层剪切波速 2.5 倍的土层,且其下卧岩土剪切波速均不小于 400 m/s 时,可取地面至该土层顶面的深度为场地覆盖层厚度。但对剪切波速大于 500 m/s 的孤石、透镜体,应视同周围土层。而对土层中的火山岩硬夹层,应视为刚体并将其厚度从覆盖土层中扣除。

土层剪切波速可通过场地地质勘查测量确定,也可根据经验按土的类型由表 3-8 确定。

表 3-8   土的类型划分和剪切波速范围

土的类型	岩土名称和性状	土层剪切波速范围/(m/s)
岩石	坚硬或较硬且完整的岩石	$v_s > 800$
坚硬土或软质岩石	破碎和较破碎的岩石或软和较软的岩石,密实的碎石土	$500 < v_s \leqslant 800$
中硬土	中密、稍密的碎石土,密实、中密的砾、粗、中砂,$f_{ak} > 150$ 的黏性土和粉土,坚硬黄土	$250 < v_s \leqslant 500$
中软土	稍密的砾、粗、中砂,除松散外的细、粉砂,$f_{ak} \leqslant 150$ 的黏性土和粉土,$f_{ak} > 130$ 的填土,可塑新黄土	$150 < v_s \leqslant 250$
软弱土	淤泥和淤泥质土,松散的砂,新近沉积的黏性土和粉土,$f_{ak} \leqslant 130$ 的填土,流塑黄土	$v_s \leqslant 150$

注:f_{ak} 为由荷载试验等方法得到的地基承载力特征值(kPa);v_s 为岩土剪切波速。

土层平均剪切波速 v_{se} 可根据地震波通过多层土层的时间等于该波通过折算土层所需时间相等的条件求得,即:

$$v_{se} = \frac{d_0}{\sum_{i=1}^{n} \frac{d_i}{v_{si}}}$$

(3-11)

式中　v_{se}——土层等效剪切波速,m/s;

　　　　d_0——计算深度,取覆盖层厚度和厚度 20 m 二者的较小值,m;

　　　　d_i——计算深度范围内第 i 土层的厚度,m;

　　　　v_{si}——计算深度范围内第 i 土层剪切波速,m/s;

　　　　n——计算深度范围内土层的分层数。

建筑物场地类别,应根据土层的等效剪切波速和场地覆盖层厚度划分为四类,见表 3-9。

表 3-9　各类建筑物场地的覆盖层厚度　（单位:m）

岩石的剪切波速或土的等效剪切波速/(m/s)	场地类别				
	I₀	I₁	II	III	IV
$v_s > 800$	0	—	—	—	—
$500 < v_s \leq 800$	—	0	—	—	—
$250 < v_s \leq 500$	—	<5	≥5	—	—
$150 < v_s \leq 250$	—	<3	3～50	>50	—
$v_s \leq 150$	—	<3	3～15	>15～80	>80

对于场地内存在发震断裂时,应对断裂的工程影响进行评价。经过近年来对地震区的考察,大量研究者认为需要考虑断裂影响,主要指地震时与地下断裂构造直接相关的地表地裂位错带。在这类错位带上的建筑不容易采用工程措施避免破坏,因此在规范中划分为危险地段予以避开。至于与发震断裂间接相关的,受应力场控制所产生的地裂,如分支或次生地裂,根据唐山地震时震中区地裂的实际调查,以及地面建筑物的破坏调查结果发现,这类地裂带对经过正规设计的工业与民用建筑影响很小,仅对埋藏很浅的排污管道和农村民居有一定影响,而且可以通过工程措施加以解决。

通过研究发现,对于下列三种情况:抗震烈度小于 8 度、非全新世活动断裂、抗震烈度为 8 度或 9 度时,前第四纪基岩隐伏断裂的土壤覆盖层厚度分别大于 60 m 和 90 m,可以忽略发展断裂错动对地面建筑物的影响。对于不符合上述三种情况的断裂带应该避开,其避让距离应符合表 3-10 的规定。在避让距离范围内确有需要建造分散的,低于 3 层的丙、丁类建筑时,应按提高一度采取抗震措施,并提高基础和上部结构的整体性,且不得跨越断层线（表 3-10）。

表 3-10　发震断裂的最小避让距离　（单位:m）

烈度	建筑抗震设防类别			
	甲	乙	丙	丁
8 度	专门研究	200	100	—
9 度	专门研究	400	200	—

关于局部地形条件的影响,从国内几次大地震的宏观调查资料来看,岩质地形与非岩质地形有所不同。在云南通海地震的大量宏观调查中表明,非岩质地形对烈度的影响比岩质地形的影响更为显著。例如,通海和东川的许多岩石地基上很陡的山坡,震害也未见有明显的加重。因此,对于岩石地基的陡坡、陡坎等,规范中未列为不利的地段。但对于岩石地基的高度达数十米的条状突出的山脊和高耸孤立的山丘,由于鞭鞘效应明显,震动有所加大,烈度仍有增高的趋势。

所谓局部突出地形,主要是指山包、山梁和悬崖、陡坎等,情况复杂,对各种可能出现情况的地震动参数的放大作用都作出具体的规定是很困难的。从宏观震害经验和地震反应分析结果所反映的总趋势,大致可以归纳为以下几点：

① 高突地形距离基准面的高度愈大,高处的反应愈强烈;

② 离陡坎和边坡顶部边缘的距离愈大,反应相对愈小;

③ 从岩土构成方面看,在同样地形条件下,土质结构的反应比岩质结构大;

④ 高突地形顶面愈开阔,远离边缘的中心部位的反应明显愈小;

⑤ 边坡愈陡,其顶部的放大效应相应愈大。

3.8.2 建筑物体型的确定

震害表明,简单、对称的建筑体型不易损坏,这是因为这类结构其地震反应与计算结果比较符合,容易采取构造措施和细部处理。建筑设计不应采用严重不规则的设计方案。

但是从建筑艺术的角度来看,如每幢建筑都采用规则对称的建筑体型,则未免太显单调,缺乏变化。近年来提出"规则"的概念,它包含了对平面立面外形尺寸、抗侧力构件、质量、刚度以及强度分布诸因素的综合要求,沿高度和沿水平方向均应予以考虑。

3.8.2.1 建筑物平面布局

建筑及其抗侧力结构的平面布置宜规则、对称,并应具有良好的整体性,这样有利于抵抗水平和竖向荷载,受力明确,传力直接,减少扭转的影响。建筑物的平面以方形、矩形、圆形、正六边形、正八边形、椭圆形、扇形为宜。

三角形平面也属于简单形状,但是由于其沿主轴方向不是都对称的,地震中容易产生较强的扭转震动,不是地震区的理想建筑平面形状。《建筑抗震设计规范》(GB 50011—2010)对于平面不规则类型给出了详细的规定,见表3-11。

表 3-11   平面不规则的主要类型

不规则类型	定义和参考指标
扭转不规则	在规定的水平力作用下,楼层的最大弹性水平位移(或层间位移),大于该楼层两端弹性水平位移(或层间位移)平均值的1.2倍
凹凸不规则	平面凹进的尺寸,大于相应投影方向总尺寸的30%
楼板局部不连续	楼板的尺寸和平面刚度急剧变化,例如,有效楼板宽度小于该楼层楼板典型宽度的50%,或开洞面积大于该层楼面面积的30%,或较大的楼层错层

我国《高层建筑混凝土结构技术规程》(JGJ 3—2010)对地震区高层建筑的平面形状也作出了明确的规定:在高层建筑的一个独立的结构单元内,宜使结构平面形状简单、规则,刚度和承载力分布均匀。不应采用严重不规则的平面布置,宜选用风作用较小的平面形状。

对于抗风有利的平面形状是简单规则的凸平面,例如圆形、正多边形、椭圆形、鼓形等平面,对于抗风不利的平面形状是具有较多凹凸的复杂平面形状,例如V形、Y形、H形、弧形等平面,如图3-12所示。

对于抗震的 A 级高度钢筋混凝土高层建筑,其平面布置宜符合下列要求:

① 平面宜简单、规则、对称,减小偏心。

② 平面长度不宜过长,突出部分长度 l 不宜过大。L/l 等值宜满足表3-12的要求。

③ 不宜采用角部重叠的平面图形或细腰形平面图形。

对于平面过于狭长的建筑物在地震中由于两端地震波输入有相位差而容易产生不规则的振动,从而产生较大的震害。在实际工程中,L/B 在6、7度抗震设计时,最好不要超过4;在8、9度抗震设计时,最好不要超过3。平面有较长的外伸时,外伸段容易产生局部震动而引发凹角处破坏,外伸部分 l/b 的限值在表3-12中已经作出规定,但是在实际工程设计中最好不超过1。角部重叠和细腰形的平面图形,在中央部位形成狭长部分,在地震中容易产生几种应力使得楼板开裂和破坏(表3-12)。

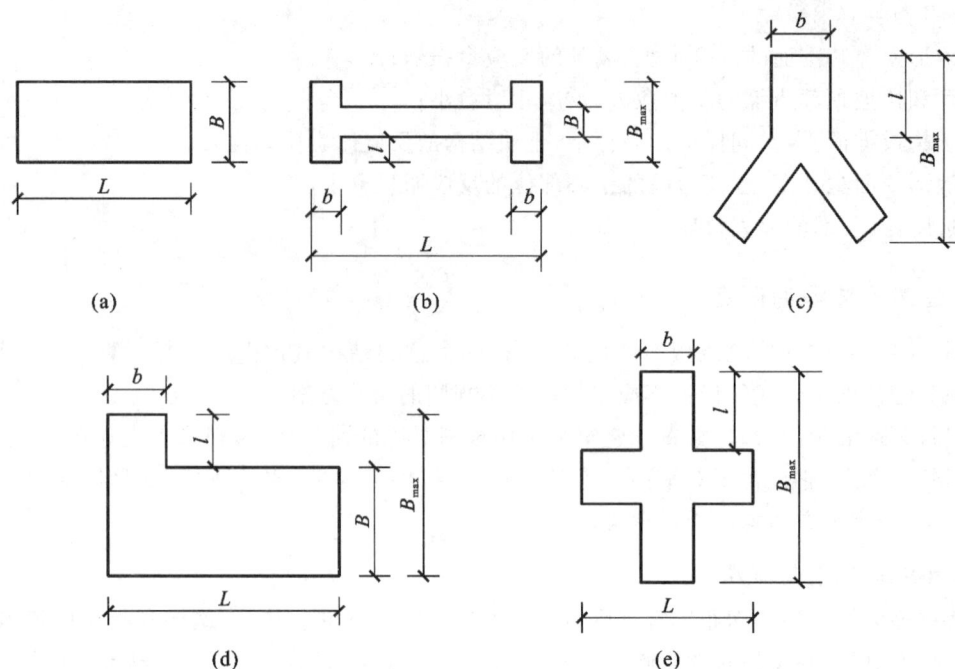

图 3-12 建筑平面

表 3-12 L、l 的限值

设防烈度	L/B	L/B_{max}	l/b
6、7 度	≤6.0	≤0.35	≤2.0
8、9 度	≤5.0	≤0.30	≤1.5

设置防震缝需要注意两点:一是改变了结构的自振周期,有可能会使结构自振周期与场地卓越周期接近而加重震害;二是要保证抗震缝上下都有一定的宽度,否则会在地震时因两抗震单元之间碰撞而加重震害。防震缝的加宽会给建筑、结构和设备设计带来一定的困难。近年来,在国内的建筑设计中,通过调整平面形状和尺寸,并在构造和施工上采取一些措施,尽量不设置防震缝。此时要考虑应力和变形的可能集中,结构地震扭转效应等因素的影响,并采用专门的分析计算方法。

防震缝应根据抗震设防烈度、结构材料种类、结构类型、结构单元的高度和高差等情况,留有足够的宽度,其两侧的上部结构应完全分开。防震缝两侧的结构体系不同时,防震缝宽度应按照不利的结构类型确定;防震缝两侧的房屋高度不同时,防震缝宽度应按较低的房屋高度确定;当相邻结构的基础存在较大的差异沉降差时,宜增大防震缝的宽度;防震缝宜沿房屋的全高设置,地下室和基础可以不必断开,但是在与上部防震缝对应处应加强构造和连接;结构单元之间或主楼与裙楼之间如果没有可靠连接,不应采用牛腿托梁的做法设置防震缝。

防震缝宽度应分别符合下列要求:

① 框架结构(包括设置少量抗震墙的框架结构)房屋的防震缝宽度,当高度不超过 15 m 时不应小于 100 mm;高度超过 15 m 时,6 度、7 度、8 度和 9 度分别增加高度 5 m、4 m、3 m 和 2 m,并宜加宽 20 mm。

② 框架-抗震墙结构房屋的防震缝宽度不应小于第一项规定数值的 70%,抗震墙结构房屋的防震缝宽度不应小于第一项规定数值的 50%,且不宜小于 100 mm。

需要说明的是,对于抗震设防烈度为 6 度以上的房屋,所有伸缩缝和沉降缝,其宽度应符合防震缝的要求。

3.8.2.2 建筑物的立面布局

地震区的建筑的立面要求采用矩形、梯形和三角形等变化均匀的几何形状,尽量不要采用带有突然变化的阶梯形立面、大地盘建筑甚至倒梯形立面。立面形状的突然变化将产生质量和刚度的剧烈变化,使得在地震中该部位产生严重的塑性变形和应力集中,从而加重结构的地震灾害。《建筑抗震设计规范》(GB 50011—2010)对于竖向不规则类型给出了详细的规定,见表3-13。

表 3-13
竖向不规则的主要类型

不规则类型	定义
侧向刚度不规则	该层的侧向刚度小于相邻上一层的70%,或小于其上相邻三个楼层侧向刚度平均值的80%;除顶层或出屋面小建筑外,局部收进的水平向尺寸大于相邻下一层的25%
竖向抗侧力构件不连续	竖向抗侧力构件(柱、抗震墙、抗震支撑)的内力由水平转换构件(梁、桁架等)向下传递
楼层承载力突变	抗侧力结构的层间受剪承载力小于相邻上一楼层的80%

我国《高层建筑混凝土结构技术规程》(JGJ 3—2010)对地震区高层建筑的立面布置也作出了明确的规定:高层建筑的竖向体型宜规则、均匀,避免有过大的外挑和内收。结构的侧向刚度宜下大上小,逐渐均匀变化,不应采用竖向布置严重不规则的结构。抗震设计的高层建筑结构,其楼层侧向刚度不宜小于相邻上部楼层侧向刚度的70%或其上相邻三层侧向刚度平均值的80%。A级高度高层建筑的楼层层间抗侧力结构的受剪承载力不宜小于其上一层受剪承载力的80%,不应小于其上一层受剪承载力的65%;B级高度高层建筑的楼层层间抗侧力结构的受剪承载力不应小于其上一层受剪承载力的75%。在抗震设计时,当结构上部楼层收进部位到室外地面的高度 H_1 与房屋高度 H 之比大于0.2时,上部楼层收进后的水平尺寸 B_1 不宜小于下部楼层水平尺寸 B 的0.75倍;当上部结构楼层相对于下部楼层外挑时,下部楼层的水平尺寸 B 不宜小于上部楼层水平尺寸 B_1 的0.9倍,且水平外挑尺寸 a 不宜大于4m。如图3-13所示。

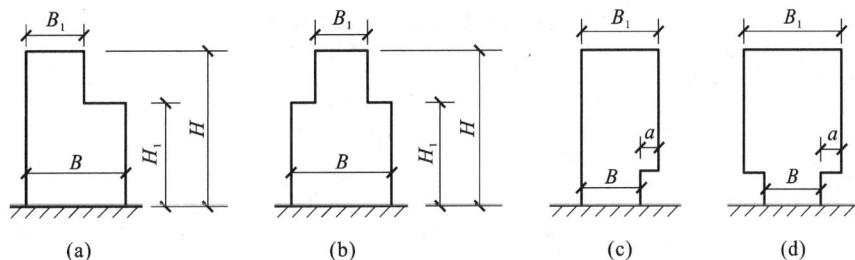

图 3-13 建筑物竖向外挑和内收示意图

在实际的工程设计中,往往沿竖向分段改变构件截面尺寸或者混凝土强度等级。这种改变使得竖向刚度发生变化。从施工的角度而言,构件截面尺寸改变或者混凝土强度等级的变化不宜过多,但是从抗震设计的角度而言,改变的次数太小,每次变化将较大,从而容易产生较大的刚度突变。在实际工程中,沿竖向的刚度变化不超过4次。每次改变,梁柱尺寸减小100～150 mm;剪力墙厚度减小50 mm,混凝土强度等级宜降低一个等级。构件尺寸的改变和混凝土强度的降低最好错层进行,尽量避免同层同时改变混凝土的强度和构件的截面尺寸。

3.8.2.3 建筑物的高度和高宽比

建筑物越高,所受到的地震作用也就越大,因而产生破坏的可能性也就越大。日本1963年以前规定房屋高度不得超过31 m,美国旧金山和洛杉矶1957年以前的房屋高度不能超过31 m 和46 m。但是随着地震工程和工程抗震技术的发展,这些限制已经得到突破,人们已经逐渐认识到“房屋越高越危险”的概念也不是绝对的,是有条件的。尽管如此,减小建筑物的高度仍然是控制地震灾害的有效手段之一。当然,对于不同的结构体系,将有不同的最佳适宜高度。我国《建筑抗震设计规范》(GB 50011—2010)对于现浇钢筋混凝土的结构类型和最大高度作出了明确的规定,见表3-14。对于砌体结构房屋的层数和总高度以及钢结构也作出了相应的规定,分别见表3-15和表3-16。对于平面和竖向均不规则的结构或者建造于Ⅳ类场地的结构,一般应在上述基础上降低20%左右。

表 3-14   **现浇钢筋混凝土房屋适用的最大高度**   （单位:m）

结构类型		烈度				
		6 度	7 度	8(0.2g)度	8(0.3g)度	9 度
框架		60	50	40	35	24
框架-抗震墙		130	120	100	80	50
抗震墙		140	120	100	80	60
部分框支抗震墙		120	100	80	50	不应采用
筒体	框架-核心筒	150	130	100	90	70
	筒中筒	180	150	120	100	80
板柱-抗震墙		80	70	55	40	不应采用

注:1. 房屋高度指室外地面到主要屋面板板顶的高度(不包括局部凸出屋顶部分);

    2. 框架-核心筒结构指周边稀柱框架与核心筒组成的结构;

    3. 部分框支抗震墙结构指首层或底部两层为框支层的结构,不包括仅个别框支墙的情况;

    4. 表中框架,不包括异形柱框架;

    5. 板柱-抗震墙结构指板柱、框架和抗震墙组成抗侧力体系的结构;

    6. 乙类建筑可按本地区抗震设防烈度确定适用的最大高度;

    7. 超过表内高度的房屋,应进行专门研究和论证,采取有效的加强措施。

表 3-15   **砌体结构房屋的层数和总高度限值**   （单位:m）

房屋类别		最小抗震墙厚度/mm	烈度和设计基本地震加速度										
			6 度		7 度				8 度				9 度	
			0.05g		0.10g		0.15g		0.20g		0.30g		0.40g	
			高度	层数	高度	层数	高度	层数	高度	层数	高度	层数	高度	层数
多层砌体房屋	普通砖	240	21	7	21	7	21	7	18	6	15	5	12	4
	多孔砖	240	21	7	21	7	18	6	18	6	15	5	9	3
	多孔砖	190	21	7	18	6	15	5	15	5	12	4	—	—
	小砌块	190	21	7	21	7	18	6	18	6	15	5	9	3
底部框架-抗震墙砌体房屋	普通砖多孔砖	240	22	7	22	7	19	6	16	5	—	—	—	—
	多孔砖	190	22	7	19	6	16	5	13	4	—	—	—	—
	小砌块	190	22	7	22	7	19	6	16	5	—	—	—	—

注:1. 房屋的总高度指室外地面到主要屋面板板顶或檐口的高度,半地下室从地下室室内地面算起,全地下室和嵌固条件好的半地下室应允
     许从室外地面算起,对带阁楼的坡屋面应算到山尖墙的1/2高度处;

    2. 室内外高差大于0.6 m时,房屋总高度应允许比表中数据适当增加,但增加量应少于1.0 m;

    3. 乙类的多层砌体房屋仍按本地区设防烈度查表,其层数应减少一层且总高度应降低3 m,不应采用底部框架-抗震墙砌体房屋;

    4. 本表小砌块砌体房屋不包括配筋混凝土小型空心砌块砌体房屋。

表 3-16	钢结构房屋适用的最大高度				（单位：m）
结构类型	6、7度 (0.10g)	7度 (0.15g)	8度		9度 (0.40g)
			(0.20g)	(0.30g)	
框架	110	90	90	70	50
框架-中心支撑	220	200	180	150	120
框架-偏心支撑（延性墙板）	240	220	200	180	160
筒体（框筒、筒中筒、桁架筒、束筒）和巨型框架	300	280	260	240	180

注：1. 房屋高度指室外地面到主要屋面板板顶的高度（不包括局部凸出屋顶部分）；

2. 超过表内高度的房屋，应进行专门研究和论证，采取有效的加强措施。

在建筑抗震设计中，限制房屋建筑的高宽比比限制其高度更为重要。建筑的高宽比越大，地震作用下的侧移越大，则由于地震引起的倾覆力矩也越大。因此，世界各国在抗震设计中对于建筑的高宽比都进行了相应的限制。新西兰建议，地震区高层建筑的高宽比不宜超过 4，日本也有基本类似的规定。由于高宽比过大造成倾覆力矩，从而产生震害的实例也不少。例如 1967 年的委内瑞拉的加拉加斯地震，一栋 11 层的旅馆，底部 3 层为框架结构，以上各层为剪力墙结构，框架柱由于地震倾覆力矩产生巨大的轴向力使得柱子轴压比增大，延性降低，柱头发生剪切破坏。1985 年的墨西哥地震，墨西哥城的一栋 9 层钢筋混凝土结构因为巨大的倾覆力矩使得整栋房屋倾斜，埋深 2.5 m 的箱形基础翻转 45°，并将摩擦桩拔出。

我国《建筑抗震设计规范》（GB 50011—2010）对于砌体结构和钢结构民用房屋的最大高宽比作出了规定，分别见表 3-17 和表 3-18。我国《高层建筑混凝土结构技术规程》（JGJ 3—2010）根据结构体系和抗震设防烈度，对建筑的高宽比作出了规定（表 3-19）。

表 3-17	砌体结构房屋的最大高宽比			
烈度	6度	7度	8度	9度
最大高宽比	2.5	2.5	2.0	1.5

注：1. 单面走廊房屋的总宽度不包括走廊宽度；

2. 建筑平面接近正方形时，其高宽比宜适当减小。

表 3-18	钢结构民用房屋适用的最大高宽比		
烈度	6、7度	8度	9度
最大高宽比	6.5	6.0	5.5

注：计算高宽比的高度从室外算起。

表 3-19	钢筋混凝土高层建筑结构适用的最大高宽比			
结构体系	非抗震设计	抗震设防烈度		
		6、7度	8度	9度
框架	5	4	3	—
板柱-剪力墙	6	5	4	—
框架-剪力墙、剪力墙	7	6	5	4
框架-核心筒	8	7	6	4
筒中筒	8	8	7	5

3.8.3 结构抗震体系的选取

抗震结构体系是抗震设计中应考虑的最关键问题，结构方案选取是否合理对安全和经济起主要作用。抗震结构体系的确定涉及经济和技术条件以及地震评价、场地情况等多方面因素。对于低层建筑而言，水平荷载相对于竖向荷载处于次要地位，一般不会成为结构内力和变形的控制因素，在结构类型的选择上比较灵活。对于高层建筑而言，水平力包括地震作用或风荷载将成为控制高层建筑结构内力和变形的主要因素。因此,结构的抗侧力体系成为结构体系选型的重要组成部分,结构的抗侧力能力的强弱是衡量结构体系是否经济合理的有效尺度。

结构体系的选取应根据建筑的抗震设防类别、抗震设防烈度、建筑物的高度、场地条件、地基、结构材料和施工等因素,经技术、经济和使用条件综合比较确定。选择结构体系应符合下列基本准则:

① 结构体系应该具有明确的计算简图和合理的地震作用传递路线;

② 应该具备多道抗震防线,应避免因为部分结构或构件破坏而导致整个结构丧失抗震能力或对重力荷载的承载能力;

③ 应该具备必要的抗震承载能力、良好的变形能力和消耗地震能量的能力,使得结构在遭遇罕遇地震时具有足够的防倒塌能力;

④ 对于可能出现的薄弱部位,例如结构的局部削弱、竖向刚度突变等,应采取必要的措施提高其抗震能力,从而防止地震中出现过大的应力集中和变形集中;

⑤ 结构在两个主轴方向的动力特性宜接近,例如结构在两个主轴方向的自振周期接近。

此外,选择结构体系的自振周期应尽可能与场地卓越周期错开,否则地震时,结构将发生类共振现象而加重震害。1985 年墨西哥城大地震,强震记录谱分析发现场地卓越周期约为 2 s,故自振周期接近 2 s 的建筑物大批倒塌或严重破坏。

对于钢筋混凝土结构而言,目前的结构体系主要有:框架体系、板柱体系、剪力墙体系、装配式墙板体系、框支剪力墙体系、框架-剪力墙体系、芯筒-框架体系、多筒-框架体系、筒中筒体系、多束筒体系以及巨型框架体系等。组成这些结构体系的基本构件不外乎以下三种基本形式:线形构件、平面构件和立体构件。

① 线形构件。其主要包括梁和柱,主要承担结构产生的弯矩、剪力和压力等内力,以及由线形构件组成的桁架和支撑体系,承担拉力和压力等。线形构件是组成框架体系、框架-剪力墙体系以及板柱体系的基本构件。

② 平面构件。其主要包括板和剪力墙,板承担垂直于板面的荷载,产生垂直于板面的挠度和变形。剪力墙承受平面内的水平荷载和面内弯矩,也可以承担部分竖向荷载,产生弯曲变形和剪切变形,平面构件是组成剪力墙体系、框架-剪力墙体系、装配式墙板体系、框支剪力墙体系等的基本构件。

③ 立体构件。由线形构件或者平面构件组成的具有较大横截面尺寸和较小壁厚的整体管状构件,称为立体构件。例如,由密排框架组成的筒体或者由剪力墙组成的筒体等,在高层建筑中立体构件主要承担倾覆力矩、水平荷载、扭转力矩以及承担部分竖向荷载。立体构件的特点就是其侧移刚度、扭转刚度很大,从而在水平荷载作用下产生的侧移较小,立体构件是组成框架-筒体体系、筒中筒体系、多束筒体系等的基本构件。

3.8.4 结构延性的实现

3.8.4.1 提高结构延性的总体原则

在进行结构抗震设计时,不仅要求结构具有足够的强度和刚度,还要求结构具有足够的延性。为了防止结构在遭受高于本地区的设防烈度的罕遇地震影响时发生倒塌,结构应该具有足够的变形能力。延性可以从材料延性、截面延性、杆件延性、构件延性、楼层延性和结构延性六个由低到高的层面上来理解。结构延性一般可以通过结构的顶点延性系数来表达。结构顶点延性系数等于结构顶点弹塑性位移限值和结构顶点屈服位移的比值,一般认为在抗震结构中结构的顶点延性系数应该等于 3～5 比较合适。要结构具有一定的延性,则要求组成结构的材料、截面、杆件、构件等具有一定的延性。一般而言,对结构中重要构件的延性要求高于对结构整体的延性要求,对构件中关键杆件的延性要求,又高于对整个构件的延性要求。

结构构件的延性可以通过以下措施来实现:

① 砌体结构应按规定设置钢筋混凝土圈梁和构造柱、芯柱,或采用约束砌体、配筋砌体等;

② 混凝土结构构件应控制截面尺寸和受力钢筋、箍筋的设置,防止剪切破坏先于弯曲破坏、混凝土的压溃先于钢筋的区服、钢筋的锚固黏结破坏先于钢筋破坏;

③ 预应力混凝土的构件,应配有足够的非预应力钢筋;

④ 钢结构构件尺寸应合理控制,避免局部失稳或整个构件失稳;

⑤ 多、高层的混凝土楼、屋盖宜优先采用现浇混凝土板,当采用预制装配式混凝土楼、屋盖时,应从楼盖体系和构造上采取措施确保各预制板之间连接的整体性。

为了保证结构的延性要求,各结构构件之间的连接不能过早破坏。因此,结构构件之间的连接应符合下列要求:

① 构件节点的破坏,不应先于其连接的构件;

② 预埋件的锚固破坏,不应先于其连接件;

③ 装配式结构构件的连接,应保证结构的整体稳定性;

④ 预应力混凝土构件的预应力钢筋,宜在节点核心区以外锚固。

3.8.4.2 提高延性的重点部位

要使结构在遇到罕遇地震时具有良好的抗倒塌能力,则要求组成结构的构件以及组成构件的材料都具有很高的延性。但是,事实上在设计中是无法做到的。比较经济可行的办法就是提高结构中的重要构件以及构件中的重点部位的延性。其原则如下。

① 在结构的竖向,应该重点提高楼房中可能出现塑性变形集中的相对柔弱楼层的构件延性。例如,对于刚度沿高度均匀分布的简单体型高层建筑,应着重提高底层构件的延性;对于带大底盘的高层建筑,应该着重提高主楼与裙房顶面相衔接的楼层中构件的延性。对于其他不规则立面高层建筑,应着重加强体型突变处楼层的构件延性。对框支墙体系,应着重提高底层或底部几层框架的延性。

② 在平面位置上,应该着重提高房屋周边转角处,平面突变处以及复杂平面各翼相接处的构件延性。对于偏心结构,应加大房屋周边特别是刚度较弱一端构件的延性。

③ 对于具有多道抗震防线的抗侧力体系,应着重提高第一道防线中构件的延性。例如,在框架-抗震墙体系中,重点提高抗震墙的延性;在筒中筒体系中,重点提高实墙内的延性。

④ 在同一构件中,应着重提高关键杆件的延性。例如,对于框架和框架筒体,应优先提高柱的延性;对于多肢墙,应特别注意加大各层窗裙梁的延性;对于剪力墙体系中满布窗洞的外墙,应着重提高窗间墙的延性。

⑤ 在同一构件中,重点提高延性的部位应该是预期该构件地震时首先屈服的部位。例如梁的两端、柱的上下端、剪力墙墙肢的根部。

3.8.4.3 改善构件延性的途径

① 控制构件的破坏形态。低周往复水平荷载下的构件破坏试验结果表明,结构延性和耗能的大小,取决于构件的破坏形态及其塑化过程。弯曲构件的延性远远大于剪切构件的延性;构件弯曲屈服直至破坏所消耗的地震输入能量,也远远高于构件剪切破坏所消耗的能量。因此,进行工程抗震设计时,应在计算和构造方面采取措施,尽量避免构件的剪切破坏,争取更多的构件发生弯曲破坏。

为实现所期望的构件破坏形态,可以采取对不同的构件的各种破坏形态,赋予不同安全系数的办法来达到;或者对作用于构件的设计内力采用不同的调整系数,来实现所期望的塑化过程。例如,对于剪力墙,可以对其墙肢和连梁某些控制截面的设计地震剪力,乘以一个大于 1 的增大系数,以及在构造上加密腹板网状钢筋或设置斜向钢筋等措施,提高剪力墙的抗剪"屈服强度系数",迫使剪力墙在发生剪切破坏之前出现弯曲破坏。

② 减小构件轴压比。就框架结构体系而论,柱的延性对于耗散输入的地震能量,防止框架的倒塌,起着十分重要的作用,而轴压比又是影响钢筋混凝土柱延性的一个关键因素。试验研究结果表明,柱的侧移延性比随着轴压比的增大而急剧下降;而且在高轴压比的情况下,增加箍筋用量对提高柱的延性比基本不起作用。因此在结构设计中,确定柱、墙肢等轴压和压弯构件的截面尺寸时,应该控制其轴压比。

③ 高强混凝土的应用。高层建筑超过 40 层,框架柱的轴向压力将显著增大,若仍采用普通混凝土,由于使用要求的制约,柱的截面尺寸又不能随意放大,因而柱的轴压比将显著增大。为了保证框架柱具有良

好的延性,降低轴压比,宜采用高强混凝土。不过设计中应该注意,采用高强混凝土时,还应该适当降低剪压比。试验数据表明,与强度等级为 C40 的混凝土相比较,对于强度等级为 C70 的混凝土,要获得同等的延性,其剪压比控制值应降低 20%。

④ 钢纤维混凝土的应用。钢纤维混凝土是 20 世纪 80 年代开发出来的一种新型建筑材料,它是在普通混凝土中掺入少量(体掺率为 1%～2%)乱向分布的短钢纤维形成的一种复合材料。钢纤维混凝土具有较高的抗拉、抗裂和抗剪强度,良好的抗冲击韧性和抗地震延性。所使用的钢纤维有圆直钢纤维、剪切钢纤维、熔抽钢纤维和末端带弯钩的钢纤维,横截面有圆形、矩形和月牙形,规格有 0.55 mm×41 mm 和 0.3 mm×0.6 mm×32 mm 等多种,当量长径比为 50～75。影响钢纤维增强混凝土性能的主要因素是钢纤维的直径、长径比和外形。

构件的对比试验表明,在框架梁端和节点内,采用不配箍筋的体掺率为 1.5% 的钢纤维混凝土,与体积配箍率为 1.5% 的普通钢筋混凝土构件相比较,具有如下的优点:

a. 梁的抗剪强度提高 30%～40%,同时梁的破坏形态转变为弯曲破坏,实现了"强剪弱弯",延性增加 20% 以上,耗能系数约增大 50%。

b. 节点的初裂受剪承载力,通裂受剪承载力和耗能指标提高 28% 左右,而且较好地解决了节点箍筋过密和绑扎困难等施工中的老大难问题。

c. 由于钢纤维的阻裂作用,钢纤维接点域的裂缝分布均匀、裂缝宽度较小,同时接点域剪切变形明显减小,从而保持节点域的较大刚度。

d. 钢筋与混凝土的黏结力提高 34%,梁筋在节点处的滑移量减小,大大增强了梁筋在节点内的锚固效果。

3.8.5 多道抗震防线的设置

地震灾害调查分析表明,采用纯框架的单一抗侧力体系,其破坏率远远高于框架-剪力墙等双重或多重结构体系。这是由于后者具有多道抗震防线的缘故。对于仅仅具有一道抗震防线的建筑结构,该防线在地震中一旦遭受破坏,则在后续的地震中建筑物就会倒塌。对于采用多道抗震防线的建筑结构,第一道抗震防线的抗侧力构件在强烈地震中遭受破坏后,第二道抗震防线的抗侧力构件将接替第一道抗震防线发挥作用,抵挡后续地震作用,从而防止结构倒塌。当建筑物基本自振周期与场地卓越周期相同或接近时,第一道抗震防线因共振而破坏后,结构的自振周期将会发生较大的变化,从而避开场地的卓越周期,使得结构在后续的地震动中,受到较小的地震作用,从而减轻结构破坏,防止结构倒塌。具有多道抗震防线的结构体系有框架填充墙体系、框架-剪力墙体系、框架-筒体体系、筒中筒体系等。

经过合理设计的框架填充墙体系的填充墙可以充当第一道抗震防线的作用。在地震的反复作用下填充墙将产生裂缝,一方面可以大量吸收和耗散地震能量,起到耗能元件作用;另一方面,填充墙产生裂缝后,其刚度下降,从而整个框架填充墙体系的基本自振周期将发生变化,相应地地震作用也随着减小。框架填充墙中的框架在后续的地震动过程中,将充当第二道防线的作用。对于框架-剪力墙结构体系,其中的框架主要承受重力荷载,而剪力墙主要承受水平地震作用,在地震作用下,剪力墙将作为第一道抗震防线抵御强大的水平地震作用,当其发生破坏后,整个结构的刚度将发生比较大的变化,从而整个框架-剪力墙结构体系的基本自振周期将发生变化,相应的地震作用也随着减小。在后续的地震动过程中,将主要由承受重力荷载的框架作为第二道抗震防线来承担水平地震作用。为了防止框架倒塌,规范规定了框架所承担的水平地震作用不能小于总水平地震作用的 20%。

需要说明的是,在选择第一道抗震防线时,应优先选择不负担或者少负担重力荷载的构件作为第一道抗震防线。例如,在框架填充墙体系中,选择填充墙作为第一道抗震防线,填充墙是没有承受重力荷载的。地震引起的建筑物的倒塌,重力荷载在其中起到了关键作用。建筑物最后的倒塌则是由于结构体系丧失承受重力荷载的能力而导致的。因此,在框架-剪力墙体系中,应该选用剪力墙作为第一道抗震防线,在框架筒体结构体系中,选用实壁筒体作为第一道抗震防线。

但是对于有些结构体系就只有一道抗震防线。例如框架结构体系,框架就成为体系中唯一的抗震防线,此时若进行结构设计,就应该采用"强柱弱梁"的延性框架。因为对于框架体系而言,其中的框架梁只承担其自身所在层的重力荷载,而框架柱则承担其自身以上各层的重力荷载。框架梁的破坏只影响到该层,而且地震震害经验表明,只要梁端部钢筋没有发生锚固失效,梁的悬索作用也能保持该楼层不至于立即坍塌。而一旦框架柱发生破坏情况将严重得多,框架柱的破坏将危及整个建筑的安全。对于强柱弱梁延性框架结构体系而言,框架梁先于框架柱屈服和破坏,用梁的屈服和破坏来吸收和消耗强烈地震输入的能量,使得框架柱退居到第二道防线的位置。

利用赘余杆件可以增加结构的抗震防线。如果结构体系没有适当的赘余度,在出现塑性铰时就会形成几何可变的"机构",失去承载能力而倒塌。一般来说,超静定次数越高,对抗震越有利,但这不是充分条件,它主要与形成屈服区塑性铰的部位直接相关。如在框架或框架—剪力墙体系中,当框架梁端或连梁端部出塑性铰时,均不至于导致整个结构体系的破坏。按以上设计思想,要求在结构遭遇罕遇地震时,仅在预计部位出现塑性铰而不致使得结构整体倒塌。例如,在框架-剪力墙结构体系中,框架和剪力墙之间用连梁连接,通过适当的设计计算和配筋,可以使得连梁具有较好的延性,并且在地震过程中,这些处于次要地位的连梁可以先于主体结构进入屈服和破坏阶段,利用连梁的屈服和破坏吸收和消耗地震输入的能量,以达到保护主体结构的目的。此外,连梁的设计相当于增加了一道抗震防线,从而使得主体结构构件退居第二道抗震防线。应该指出,在没有采用连梁之前,由于主体结构已经是静定或者超静定结构,连梁的屈服和破坏并不会影响整体结构的稳定性,只是增加了主体结构的赘余度。利用这种设计思想,可以在一定程度上达到减轻建筑物的破坏,达到防止建筑物倒塌的目的,也是对付罕遇地震的一种经济和有效的手段。这种抗震设计思想已经成功运用到实际工程的结构设计中,并取得了良好的经济效果。

3.8.6 非结构构件的处理

所谓非结构构件,一般是指在结构分析中不考虑重力荷载以及风、地震等水平荷载的部件,例如建筑幕墙、围护墙、内隔墙、楼梯踏板、框架中的填充墙、女儿墙、雨篷、商标、广告牌、顶棚支架、大型储物架等。在地震发生时,这些非结构构件或多或少地参与工作,从而在结构的某些局部部位产生震害。根据地震震害经验,妥善处理这些非结构构件,对减轻地震震害将产生良好的抗震效果。

对于有些非结构构件,必须考虑其对结构抗震性能的影响,这些影响既有有利的一面,也有不利的一面,在设计中必须予以充分考虑。例如,框架结构体系中的填充墙,将使得结构的抗侧移刚度增加,自振周期减小,水平地震作用增加,增加幅度可以达到30%～50%,这是填充墙在地震中发挥不利作用的方面。另外,填充墙在没有破坏之前也可以承担部分水平地震作用,从而减小框架所承担的地震作用。由于填充墙增加了结构体系抗侧移刚度,将减小整体结构的水平位移,这是填充墙在地震中发挥有利作用的方面。通过前面的分析可以看到,填充墙在框架填充墙体系中充当了第一道抗震防线的作用,并在地震中发生开裂和破坏,吸收了大量的地震能量,起到了保护了主体结构的作用。由于填充墙在没有发生开裂和破坏之前具有较大的抗侧移刚度,其布置将改变框架的剪力分布。因此,填充墙在结构的平面布置上应力求均匀对称,减小偏心,在结构的竖向布置上应力求连续贯通,避免发生刚度突变。填充墙的布置还要注意可能使得部分框架柱形成短柱。短柱在地震中将承担比较大的剪力,并且往往发生剪切破坏。因此,在框架填充墙结构体系中,应该采用有效措施防止框架柱发生短柱破坏,采用贴砌围护墙方案或者采用填充墙和框架柱柔性连接方案等。

建筑幕墙在设计中尽管考虑了风荷载的作用,但是往往没有考虑地震作用,在强烈地震中往往发生幕墙挤碎和掉落现象。因此在设计中应该尽量考虑结构在地震中的变形,并采取可靠的连接措施,防止幕墙在地震的破坏和跌落。

建筑非结构构件的预埋件、锚固件的部位,应采取加强措施,以承受建筑非结构构件传给主体结构的地震作用。非承重墙体的材料、选型和布置,应根据烈度、房屋高度、建筑体型、结构层间变形、墙体自身抗侧力性能的利用等因素,经综合分析、确定。

建筑墙体材料的选用应符合下列要求：

① 混凝土结构和钢结构的非承重墙体应优先采用轻质墙体材料，以减轻建筑结构的自重，从而降低水平地震作用。

② 单层钢筋混凝土柱厂房的围护墙宜采用轻质墙板或钢筋混凝土大型墙板，外侧柱距为 12 m 时应采用轻质墙板或钢筋混凝土大型墙板；不等高厂房的高跨封墙和纵横向厂房交接处的悬墙宜采用轻质墙板，8、9 度时应采用轻质墙板。

③ 钢结构厂房的围护墙，7、8 度时宜采用轻质墙板或与柱柔性连接的钢筋混凝土墙板，应采用嵌砌砌体墙；9 度时宜采用轻质墙板。

刚性非承重墙体的布置，应避免使结构形成刚度和强度分布上的突变。单层钢筋混凝土柱厂房的刚性围护墙沿纵向宜均匀对称布置。墙体与主体结构应有可靠的拉结，应能适应主体结构不同方向的层间位移；8、9 度时应具有满足层间变位的变形能力，与悬挑构件相连接时，还应具有满足节点转动引起的竖向变形的能力。外墙板的连接件应具有足够的延性和适当的转动能力，宜满足在设防烈度下主体结构层间变形的要求。砌体墙壁应采取措施减少对主体结构不利的影响，并应设置拉结筋、水平系梁、圈梁、构造柱等与主体结构可靠拉结。各类顶棚的构件与楼板的连接件，应能承受顶棚、悬挂重物和有关机电设施的自重和地震附加作用；其锚固的承载力应大于连接件的承载力。悬挑雨篷或一端由柱支承的雨篷，应与主体结构可靠连接。预制墙板、附属于楼屋面的悬臂构件和大型储物架的抗震构造，应符合相关专门标准的规定。

3.8.7 建筑材料的选择和施工质量

抗震结构在材料选用、施工质量，特别是材料的使用上有其特殊要求。仅仅从抗震的角度来考虑，作为一种良好的建筑材料，应该具备如下性能要求：

① 材料本身的延性好，延性系数高；

② 材料强度和重量的比值要大；

③ 材料质量均匀；

④ 材料性质为各向同性；

⑤ 构件的连接具有整体性和较好的延性，能够充分发挥材料的强度和变形。

按照上述标准要求来衡量目前常用的结构材料，依照其抗震性能的优劣，钢结构最好，现浇钢筋混凝土、装配式钢筋混凝土和预应力混凝土结构次之，配筋砌体结构和砌体结构较差。钢结构具有良好的延性，连接可靠，材料的匀质性好，为各向同性材料，在历次地震中的表现也较好。现浇钢筋混凝土结构整体性好，造价低廉，材料容易得到，具有较大的抗侧移刚度，产生较小的变形，如果设计得当，也能够形成较好的延性，因而在地震区得到了广泛的应用。但是，混凝土结构也具有其自身的缺点，如刚度随着结构构件的开裂和破坏将降低较多，自重较大，难以修复等。随着科学和技术的发展，钢筋混凝土材料的某些缺点在一定程度上得到了解决，例如，自重较大则采用轻骨料混凝土，延性较差则在混凝土搅拌时加入钢纤维改善其延性等。装配式混凝土结构的最大缺点就是其整体性能和连续性较差，节点的强度和变形能力低于构件本身的强度和变形能力，难以满足"强节点弱杆件"的抗震概念设计要求，在地震中往往成为薄弱环节而发生破坏。因此，在地震区采用装配式混凝土结构应该慎重。现在，一般通过采用现浇柱和预制梁的半装配式框架结构，其整体性和连续性都明显好于全装配式钢筋混凝土结构。预应力混凝土结构在没有开裂时能够承受较大的变形，能够存储较多的弹性能，但是其一旦破坏，多呈现明显的脆性。

抗震结构对材料、施工质量的要求应在设计文件上详细注明，并应保证切实执行。对钢筋接头及焊接质量应满足规范要求。对构造柱、芯柱及框架的施工、对砌体房屋纵墙及横墙的交接部位等应保证施工质量。结构材料性能指标应符合下列最低要求：

① 烧结普通黏土砖和烧结多孔黏土砖的强度等级不应低于 MU10，其砌筑砂浆强度等级不应低于 M5。

② 混凝土小型空心砌块的强度等级不应低于 MU7.5，其砌筑砂浆强度等级不应低于 M7.5。

③ 混凝土的强度等级，框支梁、框支柱及抗震等级为一级的框架梁、柱、节点核心区，不应低于 C30；构造柱、芯柱、圈梁及其他各类构件不应低于 C20。

④ 抗震等级为一至三级的框架和斜撑构件(含梯段),其纵向受力钢筋采用普通钢筋时,钢筋的抗拉强度实测值与屈服强度实测值的比值不应小于1.25;钢筋的屈服强度实测值与屈服强度标准值的比值不应大于1.3,且钢筋在最大拉力下的总伸长奉实测值不应小于9%。

⑤ 钢材的屈服强度实测值与抗拉强度实测值的比值不应大于0.85。

⑥ 钢材应有明显的屈服台阶,且伸长率不应小于20%。

⑦ 钢材应有良好的可焊性和合格的冲击韧性。

3.9 工程结构地震反应分析方法 >>>

地震释放的能量,以地震波的形式从震源向四周扩散,引起地面上原来静止的建筑结构发生振动。地震引起的建筑结构振动,称为地震反应,地震反应包括建筑结构在地震中所产生的位移、速度、加速度以及在结构构件中所产生的内力,包括弯矩、剪力、扭矩和拉力、压力等。由于地震所产生的地面位移、速度和加速度等随着时间的变化而变化,因此,结构的地震反应实际上是一种动力反应,与结构的静力反应相比要复杂得多。结构的动力反应和静力反应的根本区别在于,动力反应不仅与外载荷的大小以及结构本身的强度和刚度有关,而且和外荷载的频谱特性、持续时间以及结构本身的动力特性包括阻尼和自振频率等相关。地震作用的实质是地震在结构中产生加速度和结构质量的乘积所形成的惯性力。研究这种惯性力的大小,必须借助于结构体系的微分方程。

3.9.1 结构抗震设计理论的发展和回顾

结构抗震设计理论作为一门学科的研究,还不到百年的历史。随着数学、力学和计算机技术的发展,人们认识地震对于建筑物破坏作用的不断深化以及地震监测、人工模拟地震试验装置的广泛应用,结构抗震设计的理论也相应得到了迅速的发展,回顾并总结结构抗震理论的发展历史,有助于对地震工程学和工程抗震有一个全面的了解。近百年的结构抗震理论的发展,大体上可以划分为静力理论阶段、反应谱理论阶段和动力理论阶段。

3.9.1.1 静力理论阶段

水平静力理论开始于意大利,发展于日本。1900年,日本学者大森房吉提出了震度法的概念,并在此基础上于1920年提出结构抗震的静力理论。该理论认为:假设建筑物为绝对刚体,建筑物和地面一起运动而没有相对位移,建筑物每一个部分和地面具有相同的加速度,并取地面的最大加速度用于结构的抗震计算。因此,作用于建筑物每一个楼层的水平地震作用就等于结构该层的质量 m_i 和地面的最大加速度 $\ddot{x}_{g\max}$ 的乘积,即:

$$F_i = m_i \ddot{x}_{g\max} = \frac{\ddot{x}_{g\max}}{g} m_i g = k G_i \tag{3-12}$$

式中　k——地震系数,是地震地面最大加速度 $\ddot{x}_{g\max}$ 和重力加速度 g 的比值,通常取0.1~0.2;

G_i——第 i 个楼层的集中重量。

从今天的观点来看,该种地震作用的计算理论具有很大的局限性,它忽略了结构本身动力特性的影响,将建筑物当成完全刚性的,只对刚性建筑物地震作用的计算比较合理,对于柔性建筑物地震作用计算差距较大。地震系数 k 的取值没有科学依据。但是,在当时却具有划时代的意义,也对今后抗震理论的发展具有重要的影响,是反应谱理论的萌芽。它把地震作用当作一种静力荷载作用在建筑物上进行结构设计,并且地震作用系数在一定程度上反映了地震的强烈程度,得到地震作用与结构的质量成正比等,在今天广泛采用的反应谱理论中仍然是正确的。

3.9.1.2 反应谱理论阶段

20世纪30年代美国受到日本地震工程研究工作的启发,开展了强地震动加速度的观测和记录,1940年取得了 EI Certro 地震波记录和其他一些具有重要意义的地震记录,地震工程学取得了巨大的进展。1940 年,美国 M. Biot 教授提出了利用地震记录计算弹性反应谱的概念,使得结构抗震设计理论进入了反应谱理论阶段。20 世纪 50 年代,G. W. Housner 将这一设想变为现实。由于反应谱理论正确、简单地反映了地震动的特性,并根据地震观测资料提出了实用数据,从而在国际上得到了广泛的认可。20 世纪 50 年代中后期,这一理论取代震度法,被各国规范所广泛采用。到目前为止,反应谱理论仍然是我国和世界上许多国家结构抗震设计中地震作用计算的理论基础。反应谱理论考虑了结构的动力特性以及地震动的部分特性之间的动力关系,计算公式中仍然采用静力理论的形式。按照反应谱理论,作为一个单自由度弹性体系结构的地震作用为:

$$F = k\beta(T)G \tag{3-13}$$

式中　k——地震系数,意义和静力理论相同;

　　　$\beta(T)$——加速度反应谱 $S_a(T)$ 和地震动最大加速度 $\ddot{x}_{gmax}$ 的比值。

反应谱理论计算结构的地震作用,形式简单,计算方便,考虑了结构的动力特性和地震动的动力特性,但是这种方法仍然将地震作用当作静力荷载来对待,只能是一种准动力理论。地震动的动力特性应该包括振幅、频谱特性和持续时间。在反应谱理论中,仅仅考虑了振幅和频谱特性对于结构地震作用的影响,而没有考虑到地震动持续时间对结构破坏累积的重要影响。反应谱理论是根据弹性结构的地震反应得到的,因此一般也只能计算结构的弹性地震反应。反应谱理论只能得到结构在弹性状态下最大地震反应,不能给出结构反应的全过程,更不能给出地震过程中各构件进入弹塑性状态的内力、变形,无法找出结构的薄弱环节。利用反应谱理论以及振型分解的原理,可以将单自由度体系的反应谱理论推广用于多自由度体系地震作用的计算,这就是振型分解反应谱法。它能够比较详细地考虑结构的动力特性,并根据结构的振型曲线来确定地震作用的分布,成为当前地震作用计算应用最为广泛的方法。

3.9.1.3　动力理论阶段

20 世纪 60 年代中期以后,随着强烈地震的不断发生、地面和建筑物震动记录的不断积累,以及高层建筑、海洋石油平台、核电站等大量兴建,需要计算结构在弹塑性状态下的变形以防止其倒塌,特别是计算机技术的发展,为动力理论阶段的到来提供了强大的技术支撑。动力理论就是在结构中输入符合该结构所在场地条件的地震加速度记录,得到结构在各个时刻的地震反应。它克服了反应谱理论的不足,例如,它可以考虑地震动振幅、频谱特性和持续时间三要素,如果给出结构和构件的模型合理,动力理论可以较为准确地反应结构振动的全过程,包括变形和能量的积累和损耗;如果准确给出结构和构件的恢复力特性曲线,则可以比较准确、具体和细致地给出结构在地震动过程中的弹塑性地震反应,能够给出结构构件出现塑性铰的时间和顺序,从而可以判明结构的屈服机制,可以找出结构的薄弱环节,并能计算出柔弱楼层的塑性变形集中效应。动力分析方法也称为时程分析方法,尽管它具有比反应谱理论明显的优点,但是在分析中也需要注意:不同的地震波时程记录曲线输入到结构中,即使其最大振幅相同,也将得到不同的计算结果,这是自然的,因为不同的地震波时程曲线将具有不同频谱特性和持续时间。因此,选择符合建筑物所在场地条件的地震波并对时程分析计算结果进行分析和判断十分重要。此外,对于不同的结构和构件计算模型,将得到不同的计算结果,这就需要尽量做到结构和构件计算模型能够与实际吻合。另外,时程分析特别是弹塑性时程分析将耗费大量的机时,一般需要较大容量的计算机才能完成。这些缺点和局限在一定程度上制约了动力分析方法的应用。

3.9.2　结构地震作用计算的基本原则

《建筑抗震设计规范》(GB 50011—2010)对于结构地震作用计算和抗震计算作出了原则上的规定,也就是所谓的抗震设防三水准"小震不坏,中震可修,大震不倒"和实现三水准设防目标的"两阶段设计"。"两阶段设计"具体来说就是:采用小震的地震作用进行截面抗震承载力验算和弹性变形验算,地震作用的计算以弹性反应谱理论为基础,结构内力计算以线弹性理论为基础,结构构件的设计计算仍然采用各种静力设计规范的方法和指标;采用大震的地震作用进行结构变形验算以防止结构的倒塌,对于脆性结构采用构造措施,对于延性结构,主要进行弹塑性变形验算,使得结构的弹塑性变形不超过允许的限值。

各类建筑结构地震作用应符合下列规定:

① 一般情况下,应至少在建筑结构的两个主轴方向分别计算水平地震作用,各方向的水平地震作用应由该方向抗侧力构件承担。

② 有斜交抗侧力构件的结构,当相交角度大于15°时,应分别计算各抗侧力构件方向的水平地震作用。

③ 质量和刚度分布明显不对称的结构,应计入双向水平地震作用下的扭转影响;其他情况,应允许采用调整地震作用效应的方法计入扭转影响。

④ 8、9度时的大跨度和长悬臂结构及9度时的高层建筑,应计算竖向地震作用。其中8、9度时采用隔震设计的建筑结构,应按有关规定计算竖向地震作用。

各类建筑结构地震作用的计算,《建筑抗震设计规范》(GB 50011—2010)规定可以采用以下三种方法进行计算:

① 高度不超过40 m、以剪切变形为主且质量和刚度沿高度分布比较均匀的结构,以及近似于单质点体系的结构,可采用底部剪力法等简化方法。

② 除第①款外的建筑结构,宜采用振型分解反应谱法。

③ 特别不规则的建筑、甲类建筑和表3-20所列高度范围的高层建筑,应采用时程分析法进行多遇地震下的补充计算;当取三组加速度时程曲线输入时,计算结果宜取时程法的包络值和振型分解反应谱法的较大值;当取七组及七组以上的时程曲线时,计算结果可取时程法的平均值和振型分解反应谱法的较大值。

④ 计算罕遇地震下结构的变形,应按有关规定,采用简化的弹塑性分析方法或弹塑性时程分析法。

⑤ 平面投影尺度很大的空间结构,应根据结构形式和支承条件,分别按单点一致、多点、多向单点或多向多点输入进行抗震计算。按多点输入计算时,应考虑地震行波效应和局部场地效应。6、7度Ⅰ、Ⅱ类场地的支承结构、上部结构和基础的抗震验算可采用简化方法。根据结构跨度、长度不同,其短边构件可乘以附加地震作用效应系数1.15~1.30;7度Ⅲ、Ⅳ类场地和8、9度时,应采用时程分析方法进行抗震验算。

表3-20 采用时程分析法计算的房屋高度范围

烈度、场地类别	房屋高度范围/m
8度Ⅰ、Ⅱ类场地和7度	>100
8度Ⅲ、Ⅳ类场地	>80
9度	>60

采用时程分析法时,应按建筑场地类别和设计地震分组选用实际强震记录和人工模拟的加速度时程曲线,其中实际强震记录的数量不应少于总数的2/3,多组时程曲线的平均地震影响系数曲线应与振型分解反应谱法所采用的地震影响系数曲线在统计意义上相符,其加速度时程的最大值可按表3-21采用。弹性时程分析时,每条时程曲线计算所得结构底部剪力不应小于振型分解反应谱法计算结果的65%,多条时程曲线计算所得结构底部剪力的平均值不应小于振型分解反应谱法计算结果的80%。

表3-21 时程分析所用地震加速度时程曲线的最大值 （单位:m/s）

地震影响	6度	7度	8度	9度
多遇地震	18	35(55)	70(110)	140
罕遇地震	125	220(310)	400(510)	620

注:括号内数值分别用于设计基本地震加速度为0.15g和0.30g的地区。

3.9.3 单自由度体系的地震位移反应分析

某些简单的建筑结构,例如单层单跨或多跨等高厂房、水塔等,结构的质量绝大部分集中在屋盖或储水柜处。对于这种结构进行动力分析时,可以将其视为单质点体系,其主要的物理力学特性是体系的质量、刚度或柔度、阻尼以及外部动力荷载。单自由度线弹性体系是最简单的动力学模型。这一体系的动力荷载可能是外荷载,也可能是由于结构的基础运动所产生的等效荷载,如地震作用。地震作用下单自由度线弹性体系的振动问题可以取图 3-14 所示的简化模型。由于地震引起的地面运动相对于固定参考轴的基底位移用 $x_g(t)$ 表示。设横梁的刚度为无穷大,整个结构的质量 m 集中在横梁上,不考虑各杆件的轴向变形。结构上作用的力有:惯性力为 $m\ddot{y}(t)$,阻尼力与速度成正比为 $c\dot{x}(t)$,弹性恢复力为 $kx(t)$。在这些力作用下处于动平衡状态,于是得到:

$$m\ddot{y}(t) + c\dot{x}(t) + kx(t) = 0 \tag{3-14}$$

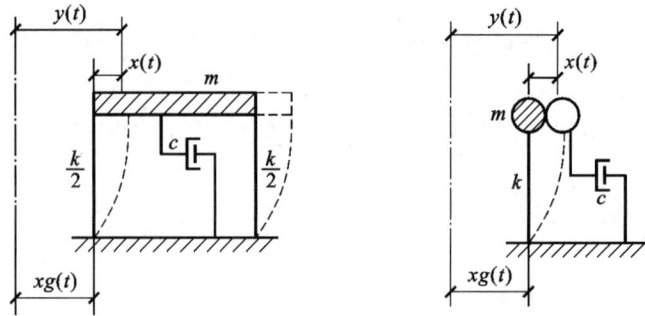

图 3-14 单自由度体系的地震分析模型

而结构的总位移为基础的位移和结构的变形之和,即:

$$y(t) = x(t) + x_g(t) \tag{3-15}$$

代入式(3-14)并整理得到:

$$m\ddot{x}(t) + c\dot{x}(t) + kx(t) = -m\ddot{x}_g(t) \tag{3-16}$$

式中 $-m\ddot{x}_g(t)$——由于基底的扰动产生的等效荷载。

结构的反应与在外荷载作用下产生的反应是一样的,不同之处在于此处的等效荷载等于质量和基础运动加速度的乘积。式(3-16)就是地震作用下单自由度线弹性体系的振动微分方程。该方程的解答为:

$$x(t) = e^{-\xi\omega t}(x_0\cos\omega't + \frac{v_0 + \xi\omega x_0}{\omega}\sin\omega't)$$
$$-\frac{1}{\omega}\int_0^t \ddot{x}_g(\tau)e^{-\xi\omega(t-\tau)}\sin\omega'(t-\tau)\mathrm{d}\tau \tag{3-17}$$

由于地震发生时体系一般处于静止状态,体系的初始位移和初始速度为零。因此式(3-17)可以写为:

$$x(t) = -\frac{1}{\omega}\int_0^t \ddot{x}_g(\tau)e^{-\xi\omega(t-\tau)}\sin\omega'(t-\tau)\mathrm{d}\tau \tag{3-18}$$

式(3-18)为单自由度体系的地震位移反应。

3.9.4 单自由度体系的水平地震作用和反应谱

3.9.4.1 单自由度弹性体系水平地震反应

式(3-18)为单自由度线弹性体系地震作用下的位移反应。将式(3-18)对时间求导数,可以得到单自由度弹性体系地震作用下的速度反应,为:

$$\dot{x}(t) = \frac{\mathrm{d}x(t)}{\mathrm{d}t} = -\int_0^t \ddot{x}_g(\tau)e^{-\xi\omega(t-\tau)}\cos\omega'(t-\tau)\mathrm{d}\tau +$$
$$\frac{\xi\omega}{\omega}\int_0^t \ddot{x}_g(\tau)e^{-\xi\omega(t-\tau)}\sin\omega'(t-\tau)\mathrm{d}\tau \tag{3-19}$$

可以得到单自由度弹性体系的绝对加速度反应,为:

$$\ddot{x}(t) + \ddot{x}_g(t) = -2\xi\omega\dot{x}(t) - \omega^2 x(t) = 2\xi\omega\int_0^t \ddot{x}_g(\tau)e^{-\xi\omega(t-\tau)}\cos\omega'(t-\tau)\mathrm{d}\tau -$$
$$2\frac{\xi^2\omega^2}{\omega}\int_0^t \ddot{x}_g(\tau)e^{-\xi\omega(t-\tau)}\sin\omega'(t-\tau)\mathrm{d}\tau + \frac{\omega^2}{\omega}\int_0^t \ddot{x}_g(\tau)e^{-\xi\omega(t-\tau)}\sin\omega'(t-\tau)\mathrm{d}\tau \tag{3-20}$$

由于地震加速度时程曲线是数值的(通过地震观测得到),其时间间隔一般为 0.02 s,必须采用数值积分才能得到。目前,一般是将加速度时程曲线 $\ddot{x}_g(t)$ 划分为 Δt 的时段而对微分方程直接积分得到地震反应。

为了简化计算,将式(3-19)和式(3-20)作如下简化处理:由于阻尼比 ξ 一般比较小,可以忽略上述两式中带有的 ξ 和 ξ^2 两项;由于 ω' 和 ω 十分接近,因此认为二者相等,用 $[\sin\omega'(t-\tau)]$ 代替 $[\cos\omega'(t-\tau)]$,这样做并不会影响积分的最大值。因为对于结构设计来说,工程技术人员最为关心的是结构在整个地震过程中的最大反应。单自由度弹性体系在地震作用下的最大位移反应 S_d、最大速度反应 S_V 和最大绝对加速度反应 S_a 为:

$$S_d = |x(t)| = \frac{1}{\omega} \left| \int_0^t \ddot{x}_g(\tau) e^{-\xi\omega(t-\tau)} \sin\omega(t-\tau) d\tau \right|_{max} \tag{3-21}$$

$$S_V = |\dot{x}(t)| = \left| \int_0^t \ddot{x}_g(\tau) e^{-\xi\omega(t-\tau)} \sin\omega(t-\tau) d\tau \right|_{max} \tag{3-22}$$

$$S_a = |\ddot{x}(t)| = \omega \left| \int_0^t \ddot{x}_g(\tau) e^{-\xi\omega(t-\tau)} \sin\omega(t-\tau) d\tau \right|_{max} \tag{3-23}$$

从上述三式可以得到:

$$S_a = \omega S_V = \omega^2 S_d \tag{3-24}$$

可以看出:当地面加速度时程曲线 $\ddot{x}_g(t)$ 已经选定,阻尼比 ξ 给定,例如 $\xi=0.05$ 时,则最大位移反应 S_d、最大速度反应 S_V 和最大绝对加速度反应 S_a 就仅仅是体系自振频率 ω 或自振周期 T 的函数。以最大绝对加速度反应 S_a 为例,对应每一个单自由度弹性体系的自振周期 T 都可以利用式(3-23)求得对应于某一地震加速度时程曲线的最大绝对加速度反应 $S_a(T)$。以体系的自振周期 T 为横坐标,最大绝对加速度反应 $S_a(T)$ 为纵坐标,可以绘制一条曲线,称为对应于某一地震加速度时程曲线的拟加速度反应谱。所谓反应谱,就是指单自由度弹性体系在给定的地震作用下某个最大反应量与体系自振周期的关系曲线。用同样的方法也可以得到位移反应谱和拟速度反应谱。在速度反应谱和加速度反应谱前加"拟"字,是表示这两种反应谱都是经过近似处理后得到的。习惯上,将地震加速度反应谱简称为地震反应谱。

将体系受到的最大惯性力定义为单自由度体系的地震作用,即:

$$F = |m(\ddot{x}_g + \ddot{x})|_{max} = m |(\ddot{x}_g + \ddot{x})|_{max} = mS_a(T) \tag{3-25}$$

将单自由度体系在地震作用下的运动方程式(3-16)改写为:

$$m(\ddot{x} + \ddot{x}_g) = -c\dot{x} - kx \tag{3-26}$$

注意到体系振动的一般规律为加速度最大时,其速度最小,于是上式又可以近似写成:

$$m |\ddot{x} + \ddot{x}_g|_{max} = k |x|_{max} \tag{3-27}$$

所以得到:

$$F = k |x|_{max} \tag{3-28}$$

式(3-28)说明,当得到结构的地震作用后,可以按静力的计算方法得到结构的最大位移反应。于是问题得到了解决,通过前述方法得到体系的加速度反应谱 $S_a(T)$,然后将其当作静力作用在体系上,按照常规的方法计算体系的位移和内力等。

地震反应谱可以理解为一个确定的地震动加速度记录 $\ddot{x}_g(t)$,通过一个阻尼比相同但自振周期 T 不同的各个单自由度体系所引起的最大加速度反应与相应体系自振周期之间的关系曲线。从式(3-23)可以看出,影响地震反应谱的因素包括两个方面,分别为体系的阻尼比 ξ 和地震动的加速度记录 $\ddot{x}_g(t)$。从单自由度体系振动分析可知,一般体系的阻尼比越小,体系的加速度反应越大,地震反应谱也越大。另外,地震动的加速度记录 $\ddot{x}_g(t)$ 不同,地震反应谱也不同,也就是说,地震反应谱总是与一定的地震动相联系。影响地震动的因素也将影响地震反应谱。影响地震动的因素主要有振幅、频谱特性和持续时间。

研究表明,地震动的振幅对地震反应谱的影响是线性的,也就是说,地震动振幅越大,地震反应谱也越大,它们之间为线性关系。地震动振幅仅仅对地震反应谱的大小有影响,而不影响它的形状。

地震动实际上是由许多频率不同的简谐振动合成的,通过频谱分析可以得到某一个地震动的频谱特性,即其主要的频率成分及其分布。由共振原理可以知道,地震反应谱的峰值将分布在地震动的主要频率成分段上。地震动不同,其主要的频率成分及其分布不同,从而地震反应谱的峰值的位置也不同。也就是说,地震动的频谱特性影响地震反应谱的形状。

地表土对于基岩入射的地震波具有放大和滤波的作用。由于表层土的滤波作用,使坚硬场地土地震动以短周期运动为主,而较弱场地土则以长周期为主。又由于表层土的放大作用,使坚硬场地土震动加速度幅值在短周期内局部增大,从而坚硬场地的地震反应谱曲线的特征是短周期范围呈锐峰型,长周期范围内幅值急剧降低。同理,由于较弱场地土地震动加速度幅值在长周期范围内局部增大,使软弱场地的加速度反应谱曲线特性是长周期范围内呈微凸的缓丘型。当地震波中占优势的波动分量与建筑物的自振周期相接近时,建筑物将由于共振效应而受到非常大的地震作用,导致建筑物出现震害。由此可以较好地说明,坚硬场地土自振周期短的刚性建筑物一般震害较重,而较弱场地土长周期的延性建筑物震害也较重。另外,在地震作用下建筑物开裂或损坏而使其刚度下降,自振周期增大。如果在地震过程中,建筑物自振周期由0.5 s增至1.0 s,由地震反应谱曲线可知,坚硬场地上的建筑物所受到的地震作用将大大减小,结构原有损伤不再加重,建筑物只受到一次性破坏。与此相反,在上述过程中,软弱场地上的建筑物所受到的地震作用有所增加,使建筑物损伤进一步加重。因此,一般而言,软土地基上的建筑物震害大于硬土地基上的建筑物震害。

地震动的持续时间影响单自由度体系地震反应的循环次数,一般对线弹性单自由度体系的最大反应影响不大,因而地震动的持续时间对地震反应谱的影响较小。

3.9.4.2　设计反应谱

从理论上来看,有了地震反应谱就可以计算单自由度体系的地震作用,即:

$$F = mS_a(T) \qquad (3-29)$$

但是,通过前面的分析可知,地震反应谱受体系的阻尼比、地震动的振幅、频谱特性等因素的影响。进一步研究表明,地震动的频谱特性又取决于震源机制、传播途径,以及地震波的反射、散射和局部地质条件等很多因素。不同的地震加速度记录,将得到不同的地震反应谱。在进行抗震分析和设计时,不可能知道将发生的地震加速度记录如何,因此无法确定采用相应的地震反应谱。直接利用地震反应谱来进行结构的抗震设计是不现实的,而需要研究专门的可供抗震设计采用的反应谱,称为设计反应谱。为此将式(3-29)改写为:

$$F = mS_a(T) = mg \cdot \frac{|\ddot{x}_g|_{\max}}{g} \cdot \frac{S_a(T)}{|\ddot{x}_g|_{\max}} = Gk\beta(T) \qquad (3-30)$$

式中　F——水平地震作用标准值,N;

　　　G——集中于质点处的重力荷载代表值,N;

　　　g——重力加速度,$g = 9.8$ m/s²;

　　　k——地震系数,为地震动加速度记录的最大值与重力加速度的比值,没有量纲,即:

$$k = \frac{|\ddot{x}_g|_{\max}}{g} \qquad (3-31)$$

　　　β——动力系数,为单自由度弹性体系的最大绝对加速度反应与地面运动最大加速度的比值,没有量纲,即:

$$\beta(T) = \frac{S_a(T)}{\ddot{x}_g|_{\max}} \qquad (3-32)$$

通过地震系数 k 可以将地震动振幅的影响从地震反应谱中剥离出来。一般而言,地震烈度越高,地震动振幅就越大。根据统计分析,烈度每增加一度,地震系数就大致增加一倍。我国《建筑抗震设计规范》(GB 50011—2010)采用表 3-22 中地震基本烈度和地震系数的对应关系。

表 3-22　　　　　　　　　　　　　　　　**基本烈度与地震系数的关系**

基本烈度	6 度	7 度	8 度	9 度
地震系数 k	0.05	0.10(0.15)	0.20(0.30)	0.40

动力系数 $\beta(T)$ 的实质就是加速度动力放大系数。动力系数 $\beta(T)$ 不包括地震动振幅的影响。为了使得动力系数能够用于结构的抗震设计,进行如下处理。

第一步:取同样场地条件下的许多加速度记录,并取结构的阻尼比为 0.05,得到该阻尼比的地震反应谱 $S_{ai}(T)\big|_{\xi=0.05}$。

第二步:将地震反应谱 $S_{ai}(T)\big|_{\xi=0.05}$ 除以相应加速度记录的最大加速度 $|\ddot{x}_{gi}|_{max}$,得到该条加速度记录的动力系数 $\beta_i(T)\big|_{\xi=0.05}$。

第三步:进行统计分析取综合平均得到 $\tilde{\beta}(T)$,为:

$$\tilde{\beta}(T) = \frac{\sum\limits_{i=1}^{n} \beta_i(T)\big|_{\xi=0.05}}{n} \tag{3-33}$$

第四步:结合经验判断给予"平滑化"得到"标准反应谱" $\bar{\beta}(T)$,就可以供抗震设计应用了。为了便于应用,引入地震影响系数,其为地震系数和动力系数的乘积,即:

$$\alpha(T) = k\bar{\beta}(T) \tag{3-34}$$

式(3-34)称为设计反应谱。通过上述过程就可以得到地震影响系数曲线(设计反应谱曲线)。《建筑抗震设计规范》(GB 50011—2010)采用的地震影响系数曲线如图 3-15 所示。地震影响系数应该根据烈度、场地类别、设计地震分组、结构自振周期和阻尼比确定。其水平地震影响系数最大值 α_{max} 按表 3-23 采用。我国建筑抗震采用的是两阶段设计,第一阶段进结构强度和弹性变形验算时采用多遇地震烈度,其 k 值相当于基本烈度对应 k 值的 1/3;第二阶段进行结构弹塑性变形验算时,采用罕遇地震烈度,其 k 值相当于基本烈度对应 k 值的 1.5～2 倍。表 3-23 中水平地震影响系数最大值就是通过动力系数的最大值和相应 k 值相乘得到。

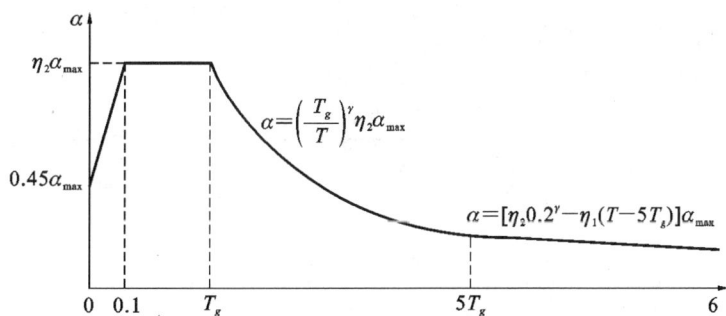

图 3-15 地震影响系数曲线

表 3-23 水平地震影响系数最大值 α_{max}

地震影响	6 度	7 度	8 度	9 度
多遇地震	0.04	0.08(0.12)	0.16(0.24)	0.32
罕遇地震	0.28	0.50(0.72)	0.90(1.20)	1.40

注:括号中的数值分别用于设计基本地震加速度为 $0.15g$ 和 $0.30g$ 的地区。

特征周期 T_g 应该根据场地类别和设计地震分组按表 3-24 确定,计算 8 度和 9 度罕遇地震作用时,特征周期应增加 0.05 s。特征周期不仅与场地类别有关,而且与设计地震分组有关,可以更好反映震级大小、震中距和场地条件的影响。

表 3-24 特征周期 (单位:s)

设计地震分组	场地类别				
	$\mathrm{I_0}$	$\mathrm{I_1}$	II	III	IV
第一组	0.20	0.25	0.35	0.45	0.65
第二组	0.25	0.30	0.40	0.55	0.75
第三组	0.30	0.35	0.45	0.65	0.90

前面已经提到,不同的阻尼比的地震反应谱是不同的,因此地震影响系数也是有差别的,随着阻尼比的减小,地震影响系数将增大,而其增大的幅度则随着周期的增大而减小。当建筑结构的阻尼比不是 0.05 时,对地震影响系数曲线的阻尼调整系数和形状参数进行如下调整。

① 曲线下降段的衰减指数取:

$$\gamma = 0.9 + \frac{0.05 - \xi}{0.3 + 6\xi} \tag{3-35}$$

② 直线下降段的下降斜率调整系数为:

$$\eta_1 = 0.02 + \frac{0.05 - \xi}{4 + 32\xi} \tag{3-36}$$

当 $\eta_1 \leqslant 0$ 时,取 0。

③ 阻尼调整系数为:

$$\eta_2 = 1 + \frac{0.05 - \xi}{0.08 + 1.6\xi} \tag{3-37}$$

当 $\eta_2 \leqslant 0.55$ 时,取 0.55。

此外对于周期大于 6.0 s 的建筑物所采用的地震影响系数应进行专门的研究。

3.9.4.3 重力荷载代表值的确定

无论是计算水平地震作用标准值还是竖向地震作用标准值,都要将质量集中到质点处,这就是重力荷载代表值。规范规定,结构的重力荷载代表值应取结构和构配件自重标准值和各可变荷载组合值之和,即:

$$G = G_k + \sum_{i=1}^{n} \Psi_{Qi} Q_{ik} \tag{3-38}$$

式中　G_k——结构和构配件自重标准值,N;

　　　　Ψ_{Qi}——第 i 个可变荷载 Q_{ik} 的组合值系数,见表 3-25。

表 3-25　　　　　　　　　　　　　　　**组合值系数**

可变荷载种类		组合值系数
雪荷载		0.5
屋面积灰荷载		0.5
屋面活荷载		不计入
按实际情况计算的楼面活荷载		1.0
按等效均布荷载计算的楼面活荷载	藏书库、档案库	0.8
	其他民用建筑	0.5
吊车悬吊物重力	硬钩吊车	0.3
	软钩吊车	不计入

注:硬钩吊车的吊重较大时,组合值系数应按实际情况采用。

3.9.5　多自由度体系运动方程的建立

图 3-16 为 3 层剪切型房屋的动力计算模型,将质量集中在楼盖处。楼板的刚度无穷大,可以保证柱和楼板的节点不能转动。不考虑柱子的轴向变形,这样可以保证楼板在运动时保持水平。通过上述简化,可以得到 3 层剪切型层模型的动力计算简图,如图 3-16(b)所示,俗称为"糖葫芦模型",其任意两个集中质量之间的刚度系数 k_i 为相邻楼层之间产生单位相对位移所需要施加的水平力。

对于一般的多自由度系统,如果要考虑阻尼,则运动微分方程可以写为:

$$[M]\{\ddot{y}(t)\} + [C]\{\dot{y}(t)\} + [K]\{y(t)\} = -[M][I]\ddot{x}_g(t) \tag{3-39}$$

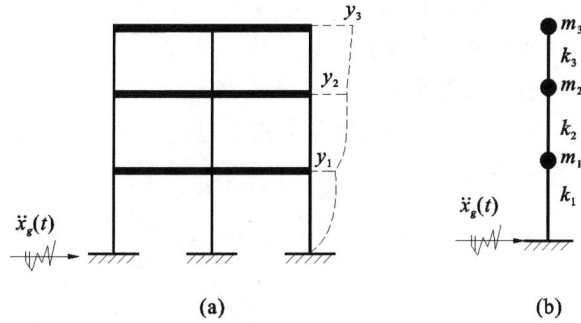

图 3-16 剪切型层模型

(a)实际结构;(b)动力计算简图

其中:

$$[\boldsymbol{M}] = \begin{pmatrix} m_1 & \cdots & 0 \\ \vdots & & \vdots \\ 0 & \cdots & m_n \end{pmatrix}, \quad [\boldsymbol{C}] = \begin{pmatrix} c_{11} & c_{12} & \cdots & c_{1n} \\ c_{21} & c_{22} & \cdots & c_{2n} \\ \vdots & \vdots & & \vdots \\ c_{n1} & c_{n2} & \cdots & c_{nn} \end{pmatrix}, \quad [\boldsymbol{K}] = \begin{pmatrix} k_{11} & k_{12} & \cdots & k_{1n} \\ k_{21} & k_{22} & \cdots & k_{2n} \\ \vdots & \vdots & & \vdots \\ k_{n1} & k_{n2} & \cdots & k_{nn} \end{pmatrix} \quad (3\text{-}40)$$

$$\{y(t)\} = \begin{pmatrix} y_1(t) \\ \vdots \\ y_n(t) \end{pmatrix}, \quad \{\dot{y}(t)\} = \begin{pmatrix} \dot{y}_1(t) \\ \vdots \\ \dot{y}_n(t) \end{pmatrix}, \quad \{\ddot{y}(t)\} = \begin{pmatrix} \ddot{y}_1(t) \\ \vdots \\ \ddot{y}_n(t) \end{pmatrix} \quad (3\text{-}41)$$

式中 $[\boldsymbol{C}]$——阻尼矩阵;

$\{\dot{y}(t)\}$——速度列向量。

显然,很容易将式(3-40)所示的刚度矩阵和质量矩阵推广到任意层数的剪切型层模型,为:

$$[\boldsymbol{M}] = \begin{pmatrix} m_1 & \cdots & 0 \\ \vdots & & \vdots \\ 0 & \cdots & m_3 \end{pmatrix} \quad [\boldsymbol{K}] = \begin{pmatrix} k_1 + k_2 & -k_2 & 0 & 0 & \cdots & 0 \\ -k_2 & k_2 + k_3 & -k_3 & 0 & \cdots & 0 \\ 0 & -k_3 & k_3 + k_4 & & & \vdots \\ 0 & 0 & & & -k_{n-1} & 0 \\ \vdots & \vdots & & -k_{n-1} & k_{n-1} + k_n & -k_n \\ 0 & 0 & \cdots & 0 & -k_n & k_n \end{pmatrix} \quad (3\text{-}42)$$

剪切型层模型的刚度矩阵比较特殊,为三对角矩阵。

3.9.6 多自由度无阻尼体系自由振动

上面我们推导了多自由度有阻尼体系的运动微分方程。对于多自由度无阻尼自由振动的方程,从微分方程(3-39)中,令阻尼矩阵和右端项为零,并写成矩阵的形式,就可以得到:

$$\boldsymbol{M}\ddot{y}(t) + \boldsymbol{K}y(t) = 0 \quad (3\text{-}43)$$

根据线性微分方程的理论可得到式(3-43)的通解为:

$$\boldsymbol{y}(t) = \sum_{i=1}^n \boldsymbol{y}_i(t) = \sum_{i=1}^n \boldsymbol{A}_i \sin(\omega_i t + \varphi_i) \quad (3\text{-}44)$$

对于多自由度体系的任意两个振型关于质量和刚度是正交的。

3.9.7 多自由度体系地震反应计算的振型分解反应谱法

多自由度体系的自由振动同单自由度体系自由振动一样将随着时间很快衰减,但我们更关心的是多自由度体系的强迫振动。多自由度体系地震作用下的运动微分方程为:

$$\boldsymbol{M}\ddot{y}(t) + \boldsymbol{C}\dot{y}(t) + \boldsymbol{K}y(t) = -\boldsymbol{M}\boldsymbol{I}\ddot{x}_g(t) \quad (3\text{-}45)$$

式中 $\boldsymbol{I} = (1 \quad 1 \quad \cdots \quad 1)^T$ 为每一个元素均为 1 的列向量。运动微分方程(3-45)是以质点的位移 $y_i(t)$

作为坐标的,因此每一个方程中包含了所有的质点位移并耦联在一起,必须联立求解,这给计算带来不便。利用振型的正交特性并采用广义坐标我们将可以将联立方程组解耦,从而使多自由度问题变为一系列单自由度体系来计算,使计算简化,这就是振型分解法的基本思路。

由线性代数的理论可知,一个多自由度系统的各个振型是线性无关的,因此各质点在任意时刻的位移 $y(t)$ 可以通过其振型的线性组合来表示,即:

$$y(t) = q_1(t)\,\boldsymbol{A}_1 + q_2(t)\,\boldsymbol{A}_2 + \cdots + q_n(t)\,\boldsymbol{A}_n = \sum_{i=1}^{n} q_i(t)\,\boldsymbol{A}_i = \boldsymbol{\Phi} \boldsymbol{q}(t) \tag{3-46}$$

其中:

$$\boldsymbol{\Phi} = (\boldsymbol{A}_1 \quad \boldsymbol{A}_2 \quad \cdots \quad \boldsymbol{A}_n) \tag{3-47}$$

$$\boldsymbol{q}(t) = [q_1(t) \quad q_2(t) \quad \cdots \quad q_n(t)]^{\mathrm{T}} \tag{3-48}$$

矩阵 $\boldsymbol{\Phi}$ 是以振型为列,按从左到右的顺序排列而成的,称为振型矩阵。由于振型的正交性,很容易证明,这样形成的振型矩阵可以将质量矩阵和刚度矩阵通过下述变换变为对角矩阵,令:

$$\left. \begin{aligned} \boldsymbol{A}_i^{\mathrm{T}} \boldsymbol{K} \boldsymbol{A}_i &= \hat{k}_i \\ \boldsymbol{A}_i^{\mathrm{T}} \boldsymbol{M} \boldsymbol{A}_i &= \hat{m}_i \end{aligned} \right\} \tag{3-49}$$

式中　$\hat{k}_i$——广义刚度;

　　　$\hat{m}_i$——广义质量。

可以证明 $\omega_i^2 = \hat{k}_i / \hat{m}_i$。将式(3-49)写成矩阵的形式,则为:

$$\boldsymbol{\Phi}^{\mathrm{T}} \boldsymbol{K} \boldsymbol{\Phi} = \widetilde{\boldsymbol{K}} = \mathrm{diag}(\hat{k}_1, \hat{k}_2, \cdots, \hat{k}_n) \tag{3-50}$$

$$\boldsymbol{\Phi}^{\mathrm{T}} \boldsymbol{M} \boldsymbol{\Phi} = \widetilde{\boldsymbol{M}} = \mathrm{diag}(\hat{m}_1, \hat{m}_2, \cdots, \hat{m}_n) \tag{3-51}$$

为了使运动微分方程(3-45)可以解耦,我们假定阻尼矩阵为质量矩阵和刚度矩阵的线性组合,这样的阻尼矩阵能满足正交条件,即:

$$\boldsymbol{C} = \alpha_1 \boldsymbol{M} + \alpha_2 \boldsymbol{K} \tag{3-52}$$

式中　α_1, α_2——比例常数。

上述确定阻尼的方法称为 Raileigh 阻尼。由于用试验的方法确定阻尼矩阵中的各个系数是很困难的。与质量和刚度相比,阻尼对于结构动力反应的影响相对较小,而上述确定阻尼的方法既能使运动方程解耦,同时其中的系数又容易确定,因此得到了广泛的应用。将式(3-46)代入微分方程式(3-45),得到:

$$\boldsymbol{M} \boldsymbol{\Phi} \ddot{\boldsymbol{q}}(t) + (\alpha_1 \boldsymbol{M} + \alpha_2 \boldsymbol{K}) \boldsymbol{\Phi} \dot{\boldsymbol{q}}(t) + \boldsymbol{K} \boldsymbol{\Phi} \boldsymbol{q}(t) = -\boldsymbol{M} \boldsymbol{I} \ddot{x}_g(t) \tag{3-53}$$

式(3-53)左右两端左乘 $\boldsymbol{\Phi}^{\mathrm{T}}$ 得到:

$$\boldsymbol{\Phi}^{\mathrm{T}} \boldsymbol{M} \boldsymbol{\Phi} \ddot{\boldsymbol{q}}(t) + \boldsymbol{\Phi}^{\mathrm{T}} (\alpha_1 \boldsymbol{M} + \alpha_2 \boldsymbol{K}) \boldsymbol{\Phi} \dot{\boldsymbol{q}}(t) + \boldsymbol{\Phi}^{\mathrm{T}} \boldsymbol{K} \boldsymbol{\Phi} \boldsymbol{q}(t) = -\boldsymbol{\Phi}^{\mathrm{T}} \boldsymbol{M} \boldsymbol{I} \ddot{x}_g(t) \tag{3-54}$$

注意到式(3-50)和式(3-51),得到:

$$\widetilde{\boldsymbol{M}} \ddot{\boldsymbol{q}}(t) + (\alpha_1 \widetilde{\boldsymbol{M}} + \alpha_2 \widetilde{\boldsymbol{K}}) \dot{\boldsymbol{q}}(t) + \widetilde{\boldsymbol{K}} \boldsymbol{q}(t) = -\boldsymbol{\Phi}^{\mathrm{T}} \boldsymbol{M} \boldsymbol{I} \ddot{x}_g(t) \tag{3-55}$$

由于 $\widetilde{\boldsymbol{M}}$ 和 $\widetilde{\boldsymbol{K}}$ 是对角矩阵,实际上式(3-55)已经解耦,得到:

$$\hat{m}_j \ddot{q}_j(t) + (\alpha_1 \hat{m}_j + \alpha_2 \hat{k}_j) \dot{q}_j(t) + \hat{k}_j q_j(t) = -\boldsymbol{A}_j^{\mathrm{T}} \boldsymbol{M} \boldsymbol{I} \ddot{x}_g(t) \quad (j = 1, 2, \cdots, n) \tag{3-56}$$

式(3-56)可以进一步写成:

$$\ddot{q}_j(t) + (\alpha_1 + \alpha_2 \omega_j^2) \dot{q}_j(t) + \omega_j^2 q_j(t) = -\frac{\boldsymbol{A}_j^{\mathrm{T}} \boldsymbol{M} \boldsymbol{I} \ddot{x}_g(t)}{\hat{m}_j} \quad (j = 1, 2, \cdots, n) \tag{3-57}$$

令:

$$(\alpha_1 + \alpha_2 \omega_j^2) = 2\xi_j \omega_j \tag{3-58}$$

$$\gamma_j = \frac{\boldsymbol{A}_j^{\mathrm{T}} \boldsymbol{M} \boldsymbol{I}}{\boldsymbol{A}_j^{\mathrm{T}} \boldsymbol{M} \boldsymbol{A}_j} \quad (j = 1, 2, \cdots, n) \tag{3-59}$$

式中　γ_j——第 j 振型的振型参与系数。

式(3-57)可进一步写成：

$$\ddot{q}_j(t) + 2\xi_j\omega_j\dot{q}_j(t) + \omega_j^2 q_j(t) = -\gamma_j\ddot{x}_g(t) \quad (j = 1,2,\cdots,n) \tag{3-60}$$

系数 α_1 和 α_2 通常由第一和第二振型频率和阻尼比确定，即：

$$\left.\begin{aligned} \alpha_1 + \alpha_2\omega_1^2 &= 2\xi_1\omega_1 \\ \alpha_1 + \alpha_2\omega_2^2 &= 2\xi_2\omega_2 \end{aligned}\right\} \tag{3-61}$$

由上述方程组可以解得：

$$\left.\begin{aligned} \alpha_1 &= \frac{2\omega_1\omega_2(\xi_1\omega_2 - \xi_2\omega_1)}{\omega_2^2 - \omega_1^2} \\ \alpha_2 &= \frac{2(\xi_2\omega_2 - \xi_1\omega_1)}{\omega_2^2 - \omega_1^2} \end{aligned}\right\} \tag{3-62}$$

由单自由度有阻尼体系的 Duhamel 积分得到式(3-60)的解答为：

$$q_j(t) = -\frac{\gamma_j}{\omega_j}\int_0^t \ddot{x}_g(\tau)e^{-\xi_j\omega_j(t-\tau)}\sin\omega_j(t-\tau)\mathrm{d}\tau = \gamma_j\Delta_j(t) \tag{3-63}$$

$$\Delta_j(t) = -\frac{1}{\omega_j}\int_0^t \ddot{x}_g(\tau)e^{-\xi_j\omega_j(t-\tau)}\sin\omega_j(t-\tau)\mathrm{d}\tau \tag{3-64}$$

式中　$\Delta_j(t)$——阻尼比为 ξ_j、自振频率为 ω_j 的单自由度体系的地震位移反应。

原多自由度体系的地震位移反应为：

$$\boldsymbol{y}(t) = \sum_{j=1}^n q_j(t)\boldsymbol{A}_j = \sum_{j=1}^n \gamma_j\Delta_j(t)\boldsymbol{A}_j = \sum_{j=1}^n \boldsymbol{s}_j(t) \tag{3-65}$$

其中：

$$\boldsymbol{s}_j(t) = \gamma_j\Delta_j(t)\boldsymbol{A}_j \tag{3-66}$$

仅仅与体系的第 j 阶自振频率有关，称为体系第 j 阶振型的地震反应。从式(3-65)可以看出，多自由度体系的地震反应可以通过分解为各个振型的地震反应求解。也就是说，多质点弹性体系质点 i 的地震反应等于各振型参与系数与该振型相应的振子的地震反应的乘积，再乘以该振型质点 i 的相对位移，然后相加。上述方法称为振型分解法。这种振型分解法不仅计算多质点体系的地震位移反应十分简便，而且为按反应谱理论计算多质点体系地震作用提供了便利条件。

由于各阶振型 $\boldsymbol{A}_j$ 是相互独立的列向量，则单位列向量 $\boldsymbol{I}$ 可以表示为各阶振型 $\boldsymbol{A}_j$ 的线性组合，即：

$$\boldsymbol{I} = \sum_{j=1}^n a_j\boldsymbol{A}_j \tag{3-67}$$

为了确定式中的待定常数 a_j，将上式左乘 $\boldsymbol{A}_j^{\mathrm{T}}\boldsymbol{M}$，得到：

$$\boldsymbol{A}_j^{\mathrm{T}}\boldsymbol{M}\boldsymbol{I} = \boldsymbol{A}_j^{\mathrm{T}}\boldsymbol{M}\sum_{j=1}^n a_j\boldsymbol{A}_j = a_j\boldsymbol{A}_j^{\mathrm{T}}\boldsymbol{M}\boldsymbol{A}_j \tag{3-68}$$

即得到：

$$a_j = \frac{\boldsymbol{A}_j^{\mathrm{T}}\boldsymbol{M}\boldsymbol{I}}{\boldsymbol{A}_j^{\mathrm{T}}\boldsymbol{M}\boldsymbol{A}_j} = \gamma_j \tag{3-69}$$

也就是说，式中的待定常数就是振型参与系数。将表达式(3-65)展开，得到质点 i 任意时刻的地震位移反应，为：

$$y_i(t) = \sum_{j=1}^n \gamma_j\Delta_j(t)X_{ji} \tag{3-70}$$

X_{ji} 为振型 j 质点 i 的振型位移。质点 i 任意时刻的相对加速度反应为：

$$\ddot{y}_i(t) = \sum_{j=1}^n \gamma_j\ddot{\Delta}_j(t)X_{ji} \tag{3-71}$$

由表达式(3-71)可以将地震地面加速度记录写成：

$$\ddot{x}_g(t) = \ddot{x}_g(t)\sum_{j=1}^n \gamma_j X_{ji} \tag{3-72}$$

质点 i 任意时刻的地震惯性力等于该质点的质量和相应的绝对最大加速度的乘积,所以:

$$f_i = -m_i[\ddot{x}_g(t) + \ddot{y}_i(t)] = -m_i\left[\ddot{x}_g(t)\sum_{j=1}^n \gamma_j X_{ji} + \sum_{j=1}^n \gamma_j \ddot{\Delta}_j(t) X_{ji}\right]$$

$$= -m_i\sum_{j=1}^n \gamma_j X_{ji}[\ddot{\Delta}_j(t) + \ddot{x}_g(t)] = \sum_{j=1}^n f_{ji} \tag{3-73}$$

式中 f_{ji}——第 j 振型质点 i 任意时刻的地震惯性力,为:

$$f_{ji} = -m_i\gamma_j X_{ji}[\ddot{\Delta}_j(t) + \ddot{x}_g(t)] \tag{3-74}$$

根据地震作用的定义,质点 i 第 j 振型的地震作用是该振型的最大地震惯性力。于是得到质点 i 第 j 振型的地震作用为:

$$F_{ji} = m_i\gamma_j X_{ji}|\ddot{\Delta}_j(t) + \ddot{x}_g(t)|_{\max} \tag{3-75}$$

注意到 $[\ddot{\Delta}_j(t) + \ddot{x}_g(t)]$ 为阻尼比 ξ_j、自振频率为 ω_j 的单自由度体系的地震反应最大绝对加速度。由地震反应谱的定义得到:

$$F_{ji} = m_i\gamma_j X_{ji}S_a(T_j) \tag{3-76}$$

又根据设计反应谱和地震反应谱的关系可以得到:

$$(j = 1,2,\cdots,m; i = 1,2,\cdots,n) \tag{3-77}$$

这就是《建筑抗震设计规范》(GB 50011—2010)中振型分解反应谱法计算多自由度体系第 j 振型质点 i 地震作用的计算公式。式中 G_i 为质点 i 的重力荷载代表值,α_j 为对应于第 j 振型自振周期的地震影响系数,可以根据单自由度体系的地震影响系数曲线确定,γ_j 为第 j 振型的地震参与系数,可以根据表达式(3-59)写出:

$$\gamma_j = \frac{\sum\limits_{i=1}^n X_{ji}G_i}{\sum\limits_{i=1}^n X_{ji}^2 G_i} \tag{3-78}$$

求出第 j 振型第 i 质点上的地震作用后,可以按照一般结构力学方法计算结构的地震作用效应 S_j。规范根据随机振动理论,得到估计多自由度体系最大地震作用效应的计算方法,即"平方和的平方根"(SRSS 法),计算公式为:

$$S_{Ek} = \sqrt{\sum_{j=1}^n S_j^2} \tag{3-79}$$

式中 S_{Ek}——水平地震作用标准值的效应;

S_j——j 振型水平地震作用标准值的效应。

要注意的是,在计算过程中,一定要先由各个振型的地震作用计算各个振型的地震反应,再由地震反应组合为总的地震反应。一般来说,结构的低阶地震反应大于高阶地震反应,振型阶数越高,振型地震反应越小。因此结构总地震反应以低阶振型地震反应为主,在计算中可以只取前面 2～3 个振型地震反应进行组合,但是当基本频率大于 1.5 s 或房屋高宽比大于 5 时,振型个数应该适当增加。

【例 3-1】   用振型分解反应谱法计算图 3-17 所示 3 层剪切型结构在多遇地震作用下的最大底部剪力。其中 $k_1 = 1800$ kN/m,$k_2 = 1200$ kN/m,$k_3 = 600$ kN/m,$m_1 = 2000$ kg,$m_2 = 1500$ kg,$m_3 = 1000$ kg,设防烈度为 8 度(地震加速度为 $0.2g$),Ⅰ类场地第一组,结构阻尼比为 0.05。

【解】   (1)写出体系的质量矩阵和刚度矩阵

$$\boldsymbol{M} = \begin{bmatrix} m_1 & 0 & 0 \\ 0 & m_2 & 0 \\ 0 & 0 & m_3 \end{bmatrix} = 10^3 \times \begin{bmatrix} 2 & 0 & 0 \\ 0 & 1.5 & 0 \\ 0 & 0 & 1 \end{bmatrix} \tag{3-80}$$

$$\boldsymbol{K} = \begin{bmatrix} k_1 + k_2 & -k_2 & 0 \\ -k_2 & k_2 + k_3 & -k_3 \\ 0 & -k_3 & k_3 \end{bmatrix} = 10^6 \times \begin{bmatrix} 3 & -1.2 & 0 \\ -1.2 & 1.8 & -0.6 \\ 0 & -0.6 & 0.6 \end{bmatrix} \tag{3-81}$$

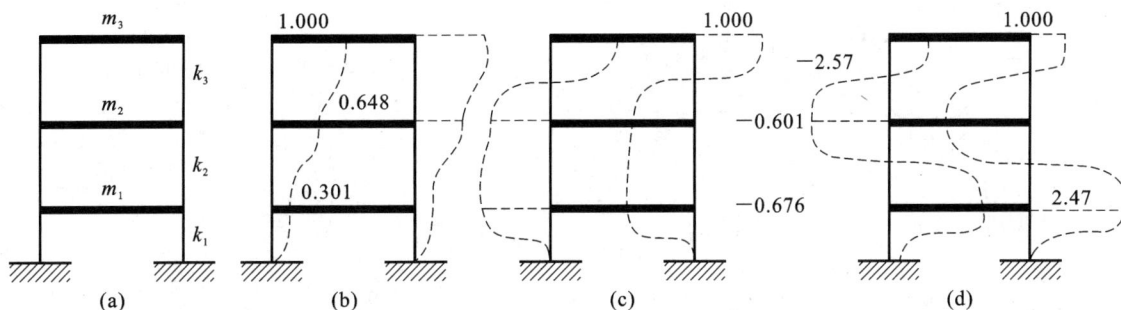

图 3-17　3 层剪切型结构

(a)计算简图;(b)第一振型;(c)第二振型;(d)第三振型

(2)计算体系的自振频率(自振周期)和相应的振型

由特征方程 $|\boldsymbol{K}-\omega^2\boldsymbol{M}|=0$,令 $\lambda=\omega^2/600$ 得到:

$$\begin{vmatrix} 5-2\lambda & -2 & 0 \\ -2 & 3-1.5\lambda & -1 \\ 0 & -1 & 1-\lambda \end{vmatrix}=0 \tag{3-82}$$

即:

$$\lambda^3-5.5\lambda^2+7.5\lambda-2=0 \tag{3-83}$$

得到:

$$\lambda_1=0.351, \quad \lambda_2=1.61, \quad \lambda_2=3.64 \tag{3-84}$$

由 $\omega=\sqrt{600\lambda}$ 得到:

$$\omega_1=14.5\ \text{rad/s}, \quad \omega_2=31.3\ \text{rad/s}, \quad \omega_3=46.1\ \text{rad/s} \tag{3-85}$$

相应的自振周期为:

$$T_1=0.433\ \text{s}, \quad T_2=0.202\ \text{s}, \quad T_3=0.136\ \text{s} \tag{3-86}$$

对应的振型分别为:

$$\boldsymbol{A}_1=\begin{bmatrix} 0.301 \\ 0.648 \\ 1.000 \end{bmatrix}, \quad \boldsymbol{A}_2=\begin{bmatrix} -0.676 \\ -0.601 \\ 1.000 \end{bmatrix}, \quad \boldsymbol{A}_3=\begin{bmatrix} 2.47 \\ -2.57 \\ 1.000 \end{bmatrix} \tag{3-87}$$

将各阶振型用图形表示,如图 3-17 所示。图 3-17 中反应振型具有如下特点:对于剪切型结构,其为第几阶振型,在振型图上就有几个节点(振型曲线与体系平衡位置的交点)。利用振型图的这一特点可以定性判断所得振型正确与否。

(3)验证振型关于质量矩阵和刚度矩阵的正交性

$$\boldsymbol{A}_1^{\text{T}}\boldsymbol{K}\boldsymbol{A}_2=10^6\times(0.301\ \ 0.648\ \ 1.000)\begin{bmatrix} 3 & -1.2 & 0 \\ -1.2 & 1.8 & -0.6 \\ 0 & -0.6 & 0.6 \end{bmatrix}\begin{bmatrix} -0.676 \\ -0.601 \\ 1.000 \end{bmatrix}=0 \tag{3-88}$$

$$\boldsymbol{A}_1^{\text{T}}\boldsymbol{M}\boldsymbol{A}_2=10^3\times(0.301\ \ 0.648\ \ 1.000)\begin{bmatrix} 2 & 0 & 0 \\ 0 & 1.5 & 0 \\ 0 & 0 & 1 \end{bmatrix}\begin{bmatrix} -0.676 \\ -0.601 \\ 1.000 \end{bmatrix}=0 \tag{3-89}$$

其余的振型正交性请读者自行验证。

(4)计算振型参与系数

由式(3-78)得到:

$$\gamma_1=\frac{\sum\limits_{i=1}^{n}X_{1i}G_i}{\sum\limits_{i=1}^{n}X_{1i}^2G_i}=\frac{1\times1+1.5\times0.648+2\times0.301}{1\times1^2+1.5\times0.648^2+2\times0.301^2}=1.421 \tag{3-90}$$

$$\gamma_2 = \frac{\sum\limits_{i=1}^{n} X_{2i}G_i}{\sum\limits_{i=1}^{n} X_{2i}^2 G_i} = \frac{1\times 1 + 1.5\times(-0.601) + 2\times(-0.676)}{1\times 1^2 + 1.5\times(-0.601)^2 + 2\times(-0.676)^2} = -0.510 \tag{3-91}$$

$$\gamma_3 = \frac{\sum\limits_{i=1}^{n} X_{3i}G_i}{\sum\limits_{i=1}^{n} X_{3i}^2 G_i} = \frac{1\times 1 + 1.5\times(-2.57) + 2\times 2.47}{1\times 1^2 + 1.5\times(-2.57)^2 + 2\times 2.47^2} = 0.090 \tag{3-92}$$

(5)计算各振型的地震作用

根据场地条件和地震分组，查得 $T_g = 0.25$ s，$\alpha_{\max} = 0.16$，则：

$$\left.\begin{aligned} \alpha_1 &= \left(\frac{T_g}{T_1}\right)^{0.9}\alpha_{\max} = \left(\frac{0.25}{0.433}\right)^{0.9}\times 0.16 = 0.0976 \\ \alpha_2 &= \alpha_3 = \alpha_{\max} = 0.16 \end{aligned}\right\} \tag{3-93}$$

得到第一振型各质点的水平地震作用为：

$$\left.\begin{aligned} F_{11} &= \alpha_1\gamma_1 X_{11}G_1 = 0.0976\times 1.421\times 0.301\times 2.0\times 9.8 = 0.818(\text{kN}) \\ F_{12} &= \alpha_1\gamma_1 X_{12}G_2 = 0.0976\times 1.421\times 0.648\times 1.5\times 9.8 = 1.321(\text{kN}) \\ F_{13} &= \alpha_1\gamma_1 X_{13}G_3 = 0.0976\times 1.421\times 1.000\times 1.0\times 9.8 = 1.359(\text{kN}) \end{aligned}\right\} \tag{3-94}$$

第二振型各质点的水平地震作用为：

$$\left.\begin{aligned} F_{21} &= \alpha_2\gamma_2 X_{21}G_1 = 0.16\times(-0.510)\times(-0.676)\times 2.0\times 9.8 = 1.081(\text{kN}) \\ F_{22} &= \alpha_2\gamma_2 X_{22}G_2 = 0.16\times(-0.510)\times(-0.601)\times 1.5\times 9.8 = 0.721(\text{kN}) \\ F_{23} &= \alpha_2\gamma_2 X_{23}G_3 = 0.16\times(-0.510)\times 1.000\times 1.0\times 9.8 = -0.800(\text{kN}) \end{aligned}\right\} \tag{3-95}$$

第三振型各质点的水平地震作用为：

$$\left.\begin{aligned} F_{31} &= \alpha_3\gamma_3 X_{31}G_1 = 0.16\times 0.09\times 2.470\times 2.0\times 9.8 = 0.697(\text{kN}) \\ F_{32} &= \alpha_3\gamma_3 X_{32}G_2 = 0.16\times 0.09\times(-2.57)\times 1.5\times 9.8 = -0.544(\text{kN}) \\ F_{33} &= \alpha_3\gamma_3 X_{33}G_3 = 0.16\times 0.09\times 1.000\times 1.0\times 9.8 = 0.141(\text{kN}) \end{aligned}\right\} \tag{3-96}$$

(6)计算底部剪力

各振型的底部剪力为：

$$\left.\begin{aligned} V_{11} &= F_{11} + F_{12} + F_{13} = 3.498(\text{kN}) \\ V_{21} &= F_{21} + F_{22} + F_{23} = 1.002(\text{kN}) \\ V_{31} &= F_{31} + F_{32} + F_{33} = 0.294(\text{kN}) \end{aligned}\right\} \tag{3-97}$$

底部总剪力为：

$$V_1 = \sqrt{\sum_{j=1}^{3} V_{j1}^2} = \sqrt{3.498^2 + 1.002^2 + 0.294^2} = 3.651(\text{kN}) \tag{3-98}$$

如果仅仅取前两阶振型考虑，则可以得到：

$$V_1 = \sqrt{\sum_{j=1}^{2} V_{j1}^2} = \sqrt{3.498^2 + 1.002^2} = 3.639(\text{kN}) \tag{3-99}$$

二者差距很小。注意不能采用各振型底部剪力直接相加得到总的底部剪力。

3.9.8 多自由度弹性体系地震作用计算的底部剪力法

按振型分解反应谱法计算水平地震作用，对于多层房屋将比较复杂，一般必须通过计算机才能完成。《建筑抗震设计规范》(GB 50011—2010)提供了一种近似计算方法，即底部剪力法。

理论分析表明，对于质量和刚度分布比较均匀，高度不超过 40 m，并以剪切变形为主的结构，其振型具有如下特征：

① 位移反应以基本振型为主,可以近似采用基本振型来表示;

② 基本振型接近于直线,因而基本振型为线性倒三角形。

这样基本振型质点的相对位移 x_{i1} 将与质点的计算高度 H_i 成正比,即 $x_{i1} = \eta H_i$,其中 H_i 为质点 i 离地面的高度(图 3-18)。根据振型分解反应谱法得到:

$$F_i = \alpha_1 \gamma_1 \eta H_i G_i \tag{3-100}$$

式中 F_i——质点 i 的水平地震作用。

结构总水平地震作用即底部总剪力为各层水平地震作用之和,也就是:

$$F_{Ek} = \sum_{i=1}^{n} F_i = \alpha_1 \gamma_1 \eta \sum_{i=1}^{n} H_i G_i \tag{3-101}$$

其中:

$$\gamma_1 = \frac{\sum_{i=1}^{n} \eta H_i G_i}{\sum_{i=1}^{n} (\eta H_i)^2 G_i} = \frac{\sum_{i=1}^{n} H_i G_i}{\eta \sum_{i=1}^{n} G_i H_i^2} \tag{3-102}$$

将其代入式(3-101)得到:

$$F_{EK} = \alpha_1 \frac{\left(\sum_{i=1}^{n} H_i G_i\right)^2}{\sum_{i=1}^{n} G_i H_i^2} = \alpha_1 \frac{\left(\sum_{i=1}^{n} H_i G_i\right)^2}{\left(\sum_{i=1}^{n} G_i H_i^2\right)\left(\sum_{i=1}^{n} G_i\right)} G = \alpha_1 \zeta G \tag{3-103}$$

其中,$G = \sum_{i=1}^{n} G_i$ 为结构总重力荷载代表值。令 $G_{eq} = \zeta G$,为结构等效总重力荷载,其中:

$$\zeta - \frac{\left(\sum_{i=1}^{n} H_i G_i\right)^2}{\left(\sum_{i=1}^{n} G_i H_i^2\right)\left(\sum_{i=1}^{n} G_i\right)} \tag{3-104}$$

称为结构总重力荷载等效系数,对于各层重量相同、层高相同的建筑物有:

$$\zeta = \frac{(1+2+\cdots+n)^2}{(1^2+2^2+\cdots+n^2)n} = \frac{3(n+1)}{2(2n+1)} \tag{3-105}$$

对于单自由度体系 $n=1$,则 $\zeta=1$;对于多自由度体系,$\zeta=0.75\sim0.9$,我国抗震规范统一取 $\zeta=0.85$。于是底部总剪力标准值为:

$$F_{Ek} = \alpha_1 G_{eq} \tag{3-106}$$

由表达式(3-101)得到:

$$\alpha_1 \gamma_1 \eta = \frac{F_{Ek}}{\sum_{i=1}^{n} H_i G_i} \tag{3-107}$$

代入式(3-100),得到各层的地震作用为:

$$F_i = \frac{H_i G_i}{\sum_{j=1}^{n} H_j G_j} F_{Ek} \quad (i = 1, 2, \cdots, n) \tag{3-108}$$

可以看出,底部总剪力按照各层 $H_i G_i$ 的大小比例分配给各个质点,所以上述方法称为底部剪力法。对于自振周期比较长的多层钢筋混凝土房屋等,计算表明,在房屋顶部的地震剪力按底部剪力法计算偏小。这说明高阶振型地震作用的影响较大,仅仅考虑基本振型的地震作用已经不能满足精度要求。为了减少误差,规范采取在结构顶部附加集中地震作用 ΔF_n,如下方法计算质点 i 的水平地震作用标准值。

$$\Delta F_n = \delta_n F_{Ek} \tag{3-109}$$

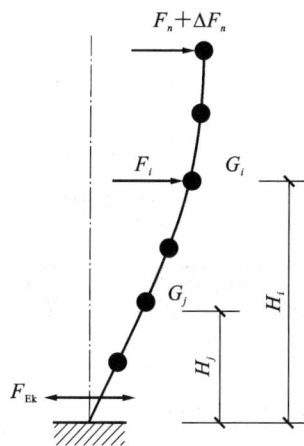

图 3-18 结构水平地震作用计算简图

然后从总底部总剪力中扣除 ΔF_n 后,再在各个质点上按照各层 H_iG_i 的大小比例分配,即:

$$F_i = \frac{H_iG_i}{\sum\limits_{i=1}^{n} H_iG_i} F_{Ek}(1-\delta_n) \quad (i=1,2,\cdots,n) \tag{3-110}$$

式中　δ_n——顶部附加水平地震作用系数,对于多层钢筋混凝土房屋和钢结构房屋按表 3-26 采用,多层内框架砖房采用 0.2,其他房屋不考虑,可采用 0.0。

表 3-26　　　　　　　　　　　　　顶部附加水平地震作用系数

T_g/s	$T_1 > 1.4T_g$	$T_1 \leqslant 1.4T_g$
$\leqslant 0.35$	$0.08T_1 + 0.07$	
$0.35 \sim 0.55$	$0.08T_1 + 0.01$	不考虑
$\geqslant 0.55$	$0.08T_1 - 0.02$	

震害表明,突出屋面的女儿墙、烟囱等受到的震害比下部结构严重,称为"鞭梢效应"。规范规定对于这些结构的地震作用,宜乘以放大系数 3。但是增大部分不往下传递。

【例 3-2】　用底部剪力法计算例 3-1 所示 3 层剪切型结构的底部总剪力。

【解】　由例 3-1 已经得到 $\alpha_1 = 0.0976$,结构的等效重力荷载为:

$$G_{eq} = \zeta \sum_{i=1}^{3} G_i = 0.85 \times (1.0 + 1.5 + 2.0) \times 9.8 = 0.85 \times 44.1 = 37.49 (\text{kN}) \tag{3-111}$$

已知 $T_g = 0.25$ s,$T_1 = 0.433$ s $> 1.4T_g = 0.35$ s。设该结构为钢筋混凝土结构,则需要考虑结构顶部附加地震作用,为:

$$\delta_n = 0.08T_1 + 0.07 = 0.08 \times 0.433 + 0.07 = 0.105 \tag{3-112}$$

$$F_{Ek} = \alpha_1 G_{eq} = 0.0976 \times 37.49 = 3.659 (\text{kN}) \tag{3-113}$$

$$\Delta F_n = \delta_n F_{Ek} = 0.105 \times 3.659 = 0.384 (\text{kN}) \tag{3-114}$$

已知 $H_1 = 5$ m,$H_2 = 9$ m,$H_3 = 13$ m,则:

$$F_1 = \frac{H_1G_1}{\sum\limits_{i=1}^{n} H_iG_i} F_{Ek}(1-\delta_n) = \frac{2 \times 5 \times 9.8}{357.7} \times 3.659 \times (1-0.105) = 0.897 (\text{kN}) \tag{3-115}$$

$$F_2 = \frac{H_2G_2}{\sum\limits_{i=1}^{n} H_iG_i} F_{Ek}(1-\delta_n) = \frac{1.5 \times 9 \times 9.8}{357.7} \times 3.659 \times (1-0.105) = 1.211 (\text{kN}) \tag{3-116}$$

$$F_3 = \frac{H_3G_3}{\sum\limits_{i=1}^{n} H_iG_i} F_{Ek}(1-\delta_n) = \frac{1.0 \times 13 \times 9.8}{357.7} \times 3.659 \times (1-0.105) = 1.166 (\text{kN}) \tag{3-117}$$

于是各楼层的剪力为:

$$\left.\begin{array}{l} V_3 = F_3 + \Delta F_n = 1.166 + 0.384 = 1.55 (\text{kN}) \\ V_2 = V_3 + F_2 = 1.55 + 1.211 = 2.761 (\text{kN}) \\ V_1 = V_2 + F_1 = 2.761 + 0.897 = 3.658 (\text{kN}) \end{array}\right\} \tag{3-118}$$

可见,底部剪力法和振型分解反应谱法的计算结果十分接近。

3.9.9　结构基本周期的近似计算

采用底部剪力法计算结构的地震作用,只需要知道结构的基本周期就可以了,甚至不需要写出结构的质量矩阵和刚度矩阵。下面介绍几种计算结构基本周期的方法,计算工作量小,精度能够满足工程要求,而且不需要计算机就可以完成。

3.9.9.1 Raileigh 法

Raileigh 法即能量法,如图 3-19 所示,假设结构各质点的重力荷载 G_i 水平作用于相应的质点 m_i 上的相对位移为 Δ_i,以此弹性曲线为基本振型,则体系的最大势能和最大动能分别为:

$$U_{\max} = \frac{1}{2}\sum_{i=1}^{n}G_i\Delta_i = \frac{1}{2}g\sum_{i=1}^{n}m_i\Delta_i \tag{3-119}$$

$$T_{\max} = \frac{1}{2}\sum_{i=1}^{n}m_i\,(\omega_1\Delta_i)^2 \tag{3-120}$$

由于 $U_{\max} = T_{\max}$ 得到:

$$\omega_1 = \sqrt{\frac{g\sum_{i=1}^{n}m_i\Delta_i}{\sum_{i=1}^{n}m_i\Delta_i^{\,2}}} = \sqrt{\frac{g\sum_{i=1}^{n}G_i\Delta_i}{\sum_{i=1}^{n}G_i\Delta_i^{\,2}}} \tag{3-121}$$

$$T_1 = 2\pi\sqrt{\frac{\sum_{i=1}^{n}m_i\Delta_i^{\,2}}{g\sum_{i=1}^{n}m_i\Delta_i}} \tag{3-122}$$

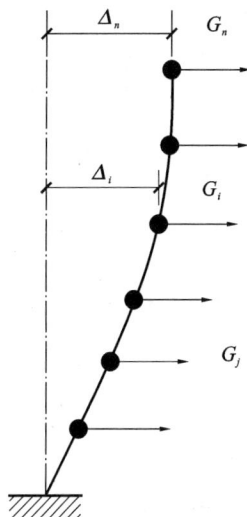

图 3-19 能量法计算结构基本周期

【例 3-3】 采用能量法计算例 3-1 所示 3 层剪切型结构的基本周期。

【解】 将各层重力荷载作为水平荷载,则各楼层的水平剪力分别为:

$$\begin{aligned}
V_3 &= G_3 = 1\times9.8 = 9.8(\text{kN}) \\
V_2 &= G_3 + G_2 = (1+1.5)\times9.8 = 24.5(\text{kN}) \\
V_1 &= G_3 + G_2 + G_1 = (1+1.5+2.0)\times9.8 = 44.1(\text{kN})
\end{aligned} \tag{3-123}$$

各层产生的水平位移分别为:

$$\begin{aligned}
\Delta_1 &= \frac{V_1}{k_1} = \frac{44.1}{1800} = 0.0245(\text{m}) \\
\Delta_2 &= \frac{V_2}{k_2} + \Delta_1 = \frac{24.5}{1200} + 0.0245 = 0.0449(\text{m}) \\
\Delta_3 &= \frac{V_3}{k_3} + \Delta_2 = \frac{9.8}{600} + 0.0449 = 0.0612(\text{m})
\end{aligned} \tag{3-124}$$

基本周期为:

$$\begin{aligned}
T_1 &= 2\times3.14\times\sqrt{\frac{19.6\times0.0245^2 + 14.7\times0.0449^2 + 9.8\times0.0613^2}{9.8\times(19.6\times0.0245 + 14.7\times0.0449 + 9.8\times0.0613)}} \\
&= 0.424(\text{s})
\end{aligned} \tag{3-125}$$

与精确解答相差 2%。

3.9.9.2 折算质量法

折算质量法(或等效质量法)的基本原理就是用一个单质点体系来代替多质点体系,使得其基本频率相等或接近,单质点体系的质量称为折算质量(等效质量)。折算质量的大小与它在体系中的位置有关,为了计算方便和简单,一般将折算质量放在最大位移处(图 3-20)。折算质量根据代替原体系的单质点体系的最大动能等于原体系的第一振型的最大动能的条件确定,即:

$$\frac{1}{2}m_{\text{eq}}\,(\omega_1 x_{\text{eq}})^2 = \frac{1}{2}\sum_{i=1}^{n}m_i\,(\omega_1 x_i)^2 \tag{3-126}$$

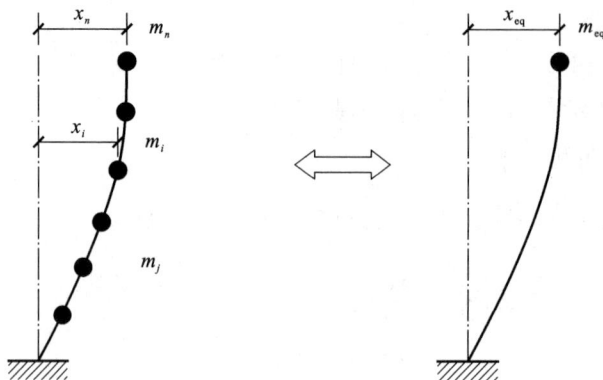

图 3-20   折算质量法计算结构基本周期

于是：

$$m_{eq} = \frac{\sum_{i=1}^{n} m_i x_i^2}{x_{eq}^2} \qquad (3-127)$$

式中 m_{eq}——折算质量；

　　　　x_i——体系按第一振型振动时，质点 m_i 处的最大位移；

　　　　x_{eq}——体系按第一振型振动时，相应于折算质量处的最大位移。

对于质量连续分布的体系，则有：

$$m_{eq} = \frac{\int_0^H m(y)x^2(y)\,\mathrm{d}y}{x_{eq}^2} \qquad (3-128)$$

式中 $m(y)$——单位长度质量沿结构高度的分布函数；

　　　　$x(y)$——结构的第一振型曲线。

于是计算原体系的基本频率为：

$$\omega_1 = \sqrt{\frac{1}{m_{eq}\delta}} \qquad (3-129)$$

或者

$$T_1 = 2\pi\sqrt{m_{eq}\delta} \qquad (3-130)$$

式中 δ——体系在等效质点处作用单位力所产生的位移。

按上述方法计算基本频率，需要假设第一振型曲线。可以按材料力学或结构力学的方法假设。例如，对于连续匀质的悬臂梁，将其等效为位于悬臂梁顶部的单质点体系时，可以近似采用水平均布荷载 $q = \bar{m}g$ 产生的水平侧移曲线作为第一振型曲线（图 3-21）。如果为弯曲型结构，则第一振型曲线为：

$$x(y) = \frac{\bar{m}g}{24EI}(y^4 - 4Hy^3 + 6H^2y^2) \qquad (3-131)$$

$$x_{eq} = x(l) = \frac{\bar{m}gH^4}{8EI} = u_T \qquad (3-132)$$

将式（3-131）和式（3-132）代入式（3-129）得到：

$$m_{eq} = 0.25\bar{m}H \qquad (3-133)$$

如果为剪切型结构，则第一振型曲线为：

$$x(y) = \frac{\bar{m}g}{GA}\left(Hy - \frac{y^2}{2}\right) \qquad (3-134)$$

$$x_{eq} = x(l) = \frac{\bar{m}gH^2}{2GA} = u_T \qquad (3-135)$$

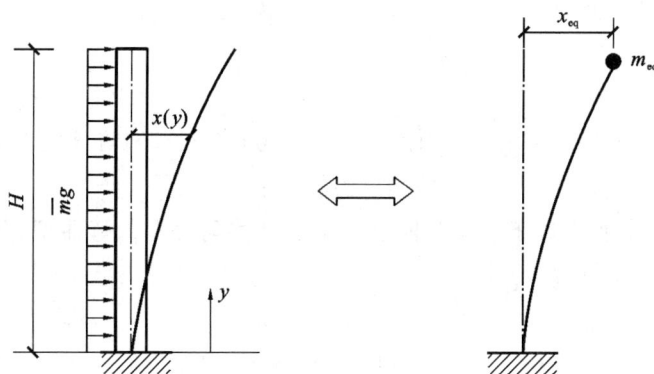

图 3-21 连续质量悬臂体系结构基本周期

将上述两式代入式(3-129)得到:

$$m_{eq} = 0.40\bar{m}H \tag{3-136}$$

而对于弯剪型悬臂结构,则单质点体系的等效质量 $m_{eq} = (0.25\sim0.40)\bar{m}H$。

3.9.9.3 顶点位移法

顶点位移法的基本原理就是将结构按其质量分布简化为有限多或无限多质点的悬臂杆,然后以结构顶点位移来表示的基本计算公式。将多层框架简化为均匀无限多质点的悬臂杆。

(1)体系按弯曲振动

$$\left.\begin{array}{l} U_{max} = \dfrac{1}{2}\displaystyle\int_0^H EI \left(\dfrac{\partial^2 x}{\partial y^2}\right)^2 \mathrm{d}y \\[3mm] T_{max} = \dfrac{1}{2}\displaystyle\int_0^H \bar{m}x^2\omega^2 \mathrm{d}y \end{array}\right\} \tag{3-137}$$

由 $U_{max} = T_{max}$ 得到:

$$\omega^2 = \frac{\displaystyle\int_0^H EI \left(\dfrac{\partial^2 x}{\partial y^2}\right)^2 \mathrm{d}y}{\displaystyle\int_0^H \bar{m}x^2 \mathrm{d}y} \tag{3-138}$$

假设一个振型曲线,就可以得到相应的频率。一般第一振型假设较简单,因此用上述方法一般能够得到结构的基频。如果假设均布荷载作用下的曲线式(3-131)为基本振型,将其代入式(3-138)得到:

$$T_1 = 1.78\sqrt{\frac{\bar{m}H^4}{EI}} \tag{3-139}$$

而弯曲型悬臂杆在水平荷载的作用下的顶点水平位移式(3-132),将其代入式(3-139)得到:

$$T_1 = 1.78\sqrt{\frac{8}{g}u_T} = 1.60\sqrt{u_T} \tag{3-140}$$

(2)体系按剪切振动

$$\left.\begin{array}{l} U_{max} = \dfrac{1}{2}\displaystyle\int_0^H \dfrac{GA}{\mu} \left(\dfrac{\partial x}{\partial y}\right)^2 \mathrm{d}y \\[3mm] T_{max} = \dfrac{1}{2}\displaystyle\int_0^H \bar{m}x^2\omega^2 \mathrm{d}y \end{array}\right\} \tag{3-141}$$

由 $U_{max} = T_{max}$ 得到:

$$\omega^2 = \frac{\displaystyle\int_0^H \dfrac{GA}{\mu} \left(\dfrac{\partial x}{\partial y}\right)^2 \mathrm{d}y}{\displaystyle\int_0^H \bar{m}x^2 \mathrm{d}y} \tag{3-142}$$

设均布荷载作用下的剪切曲线式(3-134)为基本振型,将其代入式(3-142)得到:

$$T_1 = 1.28 \sqrt{\frac{\overline{m}gH^2}{\mu GA}} \tag{3-143}$$

而剪切型悬臂杆在水平荷载的作用下的顶点水平位移为式(3-132),将其代入式(3-143)又可以得到:

$$T_1 = 1.28 \sqrt{2u_T} = 1.80 \sqrt{u_T} \tag{3-144}$$

将式(3-140)和式(3-143)推广用于质量和刚度沿高度非均匀分布的弯曲型、剪切型结构基本周期的近似计算。对于弯剪型结构,可以取:

$$T_1 = 1.70 \sqrt{u_T} \tag{3-145}$$

注意式(3-140)、式(3-143)和式(3-145)中的顶点位移 u_T 的单位为 m。

【例 3-4】 采用顶点位移法计算例 3-1 所示 3 层剪切型结构的基本周期。

【解】 在例 3-3 中,已经得到在把重力荷载作为水平荷载作用下的顶点位移为:

$$u_T = 0.0613 \text{ m} \tag{3-146}$$

结构为剪切型结构,由式(3-144)计算结构的基本周期为:

$$T_1 = 1.80 \sqrt{u_T} = 1.80 \times \sqrt{0.0613} = 0.446(\text{s}) \tag{3-147}$$

与精确解答相差 3%。

用计算机采用矩阵位移法计算结构自振周期的方法,以及上面介绍的简化计算方法,其计算结果与所取的结构计算简图有关,而且往往乘以周期的经验修正系数。此外,还有经验公式法。在实测基础上加以统计分析得到经验公式系在一般场地上进行,同样的房屋建在不同的地点,实测的周期可能有差异,而且地震时房屋的震动周期与脉动测量的周期也会有较大的差异。这样,经验公式往往有较大的局限性,与实测的对象有关,选用时要注意其适用条件和适用范围。经验公式又可以分为两类,一类是基于脉动实测的统计公式,在初步设计中,可以按下列公式估算。

高度低于 25 m 且有较多填充墙框架办公楼、旅馆的基本周期为:

$$T_1 = 0.22 + \frac{0.35H}{\sqrt[3]{B}} \tag{3-148}$$

高度低于 50 m 的钢筋混凝土框架-抗震墙结构的基本周期为:

$$T_1 = 0.33 + \frac{0.00069H^2}{\sqrt[3]{B}} \tag{3-149}$$

高度低于 50 m 的规则钢筋混凝土框架-抗震墙结构的基本周期为:

$$T_1 = 0.04 + \frac{0.038H}{\sqrt[3]{B}} \tag{3-150}$$

式中　H——房屋的总高度,当房屋不等高时取平均高度,m;

　　B——所考虑方向房屋的总宽度,m。

这些公式比脉动实测值增大 1.2~1.5 倍,以反映地震时与脉动测量的差异。另一类就是在脉动实测的基础上,再忽略房屋宽度和层高的影响,给出下列更粗略的估算公式。

钢筋混凝土框架结构为:

$$T_1 = (0.08 \sim 0.10)n$$

钢筋混凝土框架-抗震墙或钢筋混凝土框架-筒体结构为:

$$T_1 = (0.06 \sim 0.08)n$$

钢筋混凝土抗震墙或钢筋混凝土筒中筒结构为:

$$T_1 = (0.04 \sim 0.05)n$$

钢-钢筋混凝土混合结构为：

$$T_1 = (0.06 \sim 0.08)n$$

高层钢结构为：

$$T_1 = (0.08 \sim 0.12)n$$

式中　n——结构的总层数。

3.9.10　水平地震作用下地震内力的调整

3.9.10.1　长周期结构内力的调整

由于地震影响系数在长周期区段下降较快，对于基本周期大于 3.5 s 的结构按公式计算得到的水平地震作用可能太小。而对于长周期结构，地震地面运动速度和位移可能对结构的影响更大，但目前规范的振型分解反应谱法尚无法对此进行估计。为了保证长周期结构的安全性，增加了对各楼层水平地震力最小值的控制。规范规定，按振型分解反应谱法和底部剪力法所得到的结构的层间剪力应符合下式要求：

$$V_{Eki} = \lambda \sum_{j=i}^{n} G_j \tag{3-151}$$

式中　V_{Eki}——第 i 层对应于水平地震作用标准值的楼层剪力；
　　　　λ——剪力系数，不小于表 3-27 规定的楼层最小地震剪力系数值，对于竖向不规则结构的薄弱层，还应乘以 1.15 的增大系数；
　　　　G_j——第 j 层的重力荷载代表值。

表 3-27　　　　　　　　　　楼层最小地震剪力系数值

类别	6 度	7 度	8 度	9 度
扭转效应明显或基本周期小于 3.5 s 的结构	0.008	0.016(0.024)	0.032(0.048)	0.064
基本周期大于 5 s 的结构	0.006	0.012(0.018)	0.024(0.036)	0.048

注：1. 基本周期为 3.5～5 s 的结构，可以插入取值；
　　2. 表中括号内的数字分别用于设计地震加速度为 0.15g 和 0.30g 的地区。

对于结构扭转效应是否明显，可以从考虑耦联的振型分解反应谱法的结果分析判断，如果在结构分析的前三阶振型中，两个水平方向的振型参与系数为同一数量级，即存在明显的扭转效应。

3.9.10.2　考虑地基与结构相互作用影响的地震内力的调整

由于地基与结构相互作用的影响，按刚性地基分析得到的水平地震作用在一定范围明显减小，但是考虑到我国地震作用取值与国外相比较小，故只在必要时才考虑折减。规范规定，结构的抗震计算一般情况下不考虑地基与结构相互作用的影响；8 度和 9 度建造于 Ⅲ、Ⅳ 类场地土，采用箱基、刚性较好的筏基和桩箱联合基础的钢筋混凝土高层建筑，当结构的基本自振周期处于地震周期的 1.2～5 倍范围时，若考虑地基于结构相互作用的影响，对于刚性地基假定计算的水平地震剪力可以按下列规定折减，其层间变形可按折减后的楼层剪力计算。

① 高宽比小于 3 的结构。各楼层地震剪力折减系数按下式计算：

$$\varphi = \left(\frac{T_1}{T_1 + \Delta T}\right)^{0.9} \tag{3-152}$$

式中　T_1——按刚性地基计算的结构基本自振周期；
　　　　ΔT——考虑地基与结构相互作用的附加周期，可以参考表 3-28。

表 3-28	附加周期	（单位：s）
烈度	场地类别	
	Ⅲ类场地	Ⅳ类场地
8	0.08	0.20
9	0.10	0.25

② 高宽比不小于 3 的结构。对于高宽比较大的高层建筑，考虑相互作用后楼层的水平地震作用折减系数各楼层不同，由于高振型的影响，结构上部楼层不宜折减，底部楼层地震剪力按上述方法折减，中间各层按线性插值折减。

③ 折减后还应符合式（3-151）的规定。

3.9.11　考虑水平地震作用扭转影响的计算

规范规定，对于质量和刚度分布明显不均匀的结构，应考虑扭转的影响，有以下两种方法：

① 规则结构不进行扭转耦联计算时，平行于地震作用方向的两个边榀，其地震作用效应应乘以增大系数。一般情况下，短边按 1.15 采用，长边按 1.05 采用；当扭转刚度较小时，宜按不小于 1.3 采用。角部构件宜同时乘以两个方向各自的增大系数。

② 按扭转耦联振型分解法计算时，各楼层可取两个正交的水平位移和一个转角共 3 个自由度，并应按下列公式计算结构的地震作用和作用效应。确有依据时，还可采用简化计算方法确定地震作用效应。

a. j 振型第 i 层的水平地震作用标准值按下式计算：

$$F_{xji} = \alpha_j \gamma_{tj} X_{ji} G_i, \quad F_{yji} = \alpha_j \gamma_{tj} Y_{ji} G_i, \quad M_{tji} = \alpha_j \gamma_{tj} r_i^2 \varphi_{ji} G_i \quad (i = 1, 2, \cdots, n) \tag{3-153}$$

式中　r_i——第 i 层的转动半径，$r_i = \sqrt{I_{\rho i}/m_i}$，$I_{\rho i}$ 为第 i 层的转动惯量；

　　　γ_{tj}——计入扭转的第 j 振型的参与系数，按下式计算。

当仅考虑 x 方向的地震时：

$$\gamma_{tj} = \frac{\sum_{i=1}^{n} X_{ji} G_i}{\sum_{i=1}^{n} (X_{ji}^2 + Y_{ji}^2 + \varphi_{ji}^2 r_i^2) G_i} \tag{3-154}$$

当仅考虑 y 方向的地震时：

$$\gamma_{tj} = \frac{\sum_{i=1}^{n} Y_{ji} G_i}{\sum_{i=1}^{n} (Y_{ji}^2 + X_{ji}^2 + \phi_{ji}^2 r_i^2) G_i} \tag{3-155}$$

当取与 x 方向斜交的地震作用时：

$$\gamma_{tj} = \gamma_{xj} \cos\theta + \gamma_{yj} \sin\theta \tag{3-156}$$

式中　γ_{xj}, γ_{yj}——由式（3-154）和式（3-155）求得的振型参与系数；

　　　θ——地震作用方向与 x 方向的夹角。

b. 单向水平地震作用的扭转效应，按下式确定：

$$\left.\begin{array}{l} S_{Ek} = \sqrt{\sum_{j=1}^{m} \sum_{k=1}^{m} \rho_{jk} S_j S_k} \\[2mm] \rho_{jk} = \dfrac{8\xi_j \xi_k (1 + \lambda_T) \lambda_T^{1.5}}{(1 - \lambda_T^2)^2 + 4\xi_j \xi_k (1 + \lambda_T)^2 \lambda_T} \end{array}\right\} \tag{3-157}$$

式中　S_j, S_k——分别为第 j 和 k 振型地震作用标准值的效应，一般取 9～15 个振型计算；

　　　ξ_j, ξ_k——分别为第 j 和 k 振型的阻尼比；

　　　ρ_{jk}——第 j 和 k 振型耦联系数；

　　　λ_T——第 k 振型和 j 振型的自振周期比值。

c. 双向水平地震作用的扭转效应，按下式中的较大值确定：

$$S_{Ek} = \sqrt{S_x^2 + (0.85 S_y)^2} \Big\} $$
$$S_{Ek} = \sqrt{S_y^2 + (0.85 S_x)^2} \Big\} \tag{3-158}$$

式中　S_x，S_y——分别为 x、y 向单向水平地震作用按式(3-157)计算的扭转效应。

3.9.12　竖向地震作用的计算

3.9.12.1　需要进行竖向地震作用计算的结构

震害和理论分析表明，在高烈度区竖向地震作用对于高层建筑，特别是对高耸结构和大跨度结构的影响很大。竖向地震应力和重力荷载应力的比值随着建筑高度向上逐渐增大，有时在房屋顶部甚至超过1，从而产生拉应力。规范规定，8、9度的大跨度和长悬臂结构及9度时的高层建筑，应该计算竖向地震作用。

3.9.12.2　竖向反应谱法

(1)竖向反应谱

由大量的统计说明，各类场地的竖向反应谱与水平反应谱的动力放大系数基本相等，而竖向地震系数为水平地震系数的 $1/2 \sim 2/3$，因此竖向地震影响系数将为水平地震影响系数的 0.65 倍，即：

$$\alpha_v = k_v \beta_v = \frac{2}{3} k_h \beta_h = 0.65 \alpha_h \tag{3-159}$$

(2)竖向地震作用计算

烟囱和类似的高层建筑，其竖向地震作用标准值可以按反应谱法计算(图 3-22)。分析表明按第一振型计算竖向地震作用标准值误差不大，并且第一振型近似为直线，于是：

$$F_{Evi} = \alpha_{v1} \gamma_1 \eta H_i G_i \tag{3-160}$$

由于竖向振动第一周期较小，一般为 $0.1 \sim 0.2$ s，因此 $\alpha_{v1} = \alpha_{vmax}$，$\alpha_{vmax} = 0.65 \alpha_{max}$。同理有：

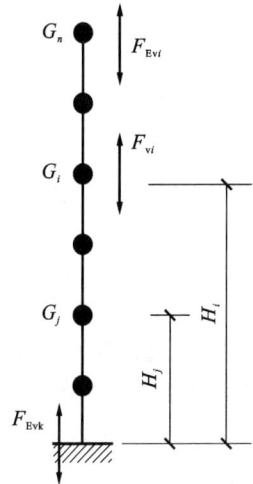

图 3-22　结构竖向地震作用计算简图

$$\gamma_1 = \frac{\sum\limits_{i=1}^n \eta H_i G_i}{\sum\limits_{i=1}^n (\eta H_i)^2 G_i} = \frac{\sum\limits_{i=1}^n H_i G_i}{\eta \sum\limits_{i=1}^n H_i^2 G_i} \tag{3-161}$$

故结构总竖向地震作用标准值为：

$$F_{Evk} = \sum_{i=1}^n F_{vi} = \alpha_{V1} \gamma_1 \eta \sum_{i=1}^n H_i G_i \tag{3-162}$$

于是：

$$F_{Evk} = \alpha_{vmax} \frac{\left(\sum\limits_{i=1}^n H_i G_i\right)^2}{\sum\limits_{i=1}^n H_i^2 G_i} = \alpha_{vmax} \xi' G = \alpha_{vmax} G_{eq} \tag{3-163}$$

式中　G_{eq}——等效重力荷载代表值，$G_{eq} = \xi' G$，规范取 $\xi' = 0.75$。

同理可以得到第 i 层的地震作用标准值为：

$$F_{vi} = \frac{H_i G_i}{\sum\limits_{i=1}^n H_i G_i} F_{Evk} \tag{3-164}$$

规范采用的 $\xi' = 0.75$，实际上相当于将高层建筑，高耸结构看作等截面质量分布均匀的直杆。设杆的重力荷载代表值为 q，则：

$$G_{eq} = \frac{\left(\int_0^H qz \, dz\right)^2}{\int_0^H qz^2 \, dz} = \frac{3}{4} Hq = 0.75 G \Big\}$$
$$\xi' = 0.75 \tag{3-165}$$

3.9.12.3 静力法

规范规定对于平板型网架屋盖、跨度大于 24 m 屋架、长悬臂结构和其他大跨度结构的竖向地震作用标准值,可以用静力法计算:

$$F_{vi} = \lambda G_i \tag{3-166}$$

式中 λ——竖向地震作用系数,对于平板型网架、钢屋架、钢筋混凝土屋架,按表 3-29 取值;对于长悬臂结构和其他大跨度结构,抗震烈度为 8 度和 9 度时,分别取 0.1 和 0.2;设计基本地震加速度为 0.30g 时,可取该结构构件重力荷载代表值的 15%。

表 3-29   竖向地震作用系数

结构类别	烈度	场地类别		
		I 类	II 类	III 类和IV 类
平板型网架、钢屋架	8 度	可不计算(0.10)	0.08(0.12)	0.10(0.15)
	9 度	0.15	0.15	0.20
钢筋混凝土屋架	8 度	0.10(0.15)	0.13(0.19)	0.13(0.19)
	9 度	0.20	0.25	0.25

3.9.13 多自由度体系弹塑性地震反应的时程分析法

底部剪力法和振型分解反应谱法只能适用于线弹性系统。对于多自由度非线性系统,由于体系的阻尼矩阵、刚度矩阵时刻在发生变化,底部剪力法和振型分解反应谱法将不再适用,必须寻找其他途径进行计算。时程分析方法是数值积分求解运动方程的一种方法,在数学上也称为逐步积分法。这种方法是由初始状态开始逐步积分直到地震终止,求出体系在地震作用下从静止到振动,直到振动结束的整个过程中的地震反应。下面将介绍几种常见的逐步积分方法。

3.9.13.1 Wilson-θ 法

研究表明,在单自由度体系中,线性加速度法计算结果保持稳定的条件是取的时间间隔 $\Delta t \leqslant \dfrac{T}{1.8}$,其中 T 为结构的周期;对于多自由度体系,由于结构的动力反应以长周期分量为主,短周期分量占的比重较小,这一点在振型分解反应谱法可以明显看到,因此从理论上讲,时间步长 Δt 可以取较大的值,但是从稳定性的角度来考虑,时间步长 Δt 则越小越好,当然同时计算工作量也大大增加。对于质量和刚度分布比较均匀采用集中质量的框架结构,采用线性加速度法是比较好的。但是对于形状比较复杂的结构,采用有限元法计算时,由于自由度数目特别大,结构的各个周期将相差几个数量级。此时,如果为满足稳定性的要求而将时间步长取得很小,这一方面将大大地增加计算的工作量,另外,由于模型的近似性,其高振型分量并不能反应结构的真实工作机理,因而也没有必要精确地考虑高振型的影响。因此,有必要对线性加速度法加以改进,使得其成为无条件稳定的计算方法。Wilson-θ 法就是这样一种方法,它能排除高振型的影响而又无条件稳定。

Wilson-θ 是对线性加速度法的推广。如图 3-23 所示,Wilson-θ 法假定加速度在一个扩大的时间区间 $[t, t+\theta\Delta t](\theta > 1)$ 的加速度线性变化。当 $\theta = 1$ 时,Wilson-θ 法就变成线性加速度法。当 $\theta > 1.37$ 时,Wilson-θ 法的积分格式是无条件稳定的。由于加速度线性变化,于是在上述区间的某一时刻 $(t+\tau)$ 有:

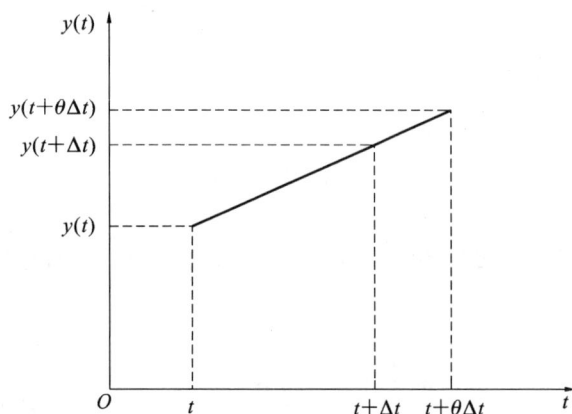

图 3-23 Wilson-θ 法假定

$$\ddot{y}(t+\tau) = \ddot{y}(t) + \frac{\dddot{y}(t+\theta\Delta t) - \dddot{y}(t)}{\theta\Delta t}\tau \tag{3-167}$$

对式(3-167)积分两次得到：

$$\dot{y}(t+\tau) = \dot{y}(t) + \ddot{y}(t)\tau + \frac{\dddot{y}(t+\theta\Delta t) - \dddot{y}(t)}{\theta\Delta t}\frac{\tau^2}{2} \tag{3-168}$$

$$y(t+\tau) = y(t) + \dot{y}(t)\tau + \ddot{y}(t)\frac{\tau^2}{2} + \frac{\dddot{y}(t+\theta\Delta t) - \dddot{y}(t)}{\theta\Delta t}\frac{\tau^3}{6} \tag{3-169}$$

在上述两式中，当 $\tau = \theta\Delta t$ 时可以得到：

$$\dot{y}(t+\theta\Delta t) = \dot{y}(t) + \frac{\theta\Delta t}{2}\left[\ddot{y}(t+\theta\Delta t) + \ddot{y}(t)\right] \tag{3-170}$$

$$y(t+\theta\Delta t) = y(t) + \dot{y}(t)\theta\Delta t + \frac{(\theta\Delta t)^2}{6}\left[\ddot{y}(t+\theta\Delta t) + 2\ddot{y}(t)\right] \tag{3-171}$$

从式(3-171)可以得到：

$$\ddot{y}(t+\theta\Delta t) = \frac{6}{(\theta\Delta t)^2}\left[y(t+\theta\Delta t) - y(t) - \dot{y}(t)\theta\Delta t\right] - 2\ddot{y}(t) \tag{3-172}$$

将上式代入式(3-170)得到：

$$\dot{y}(t+\theta\Delta t) = \frac{3}{\theta\Delta t}\left[y(t+\theta\Delta t) - y(t)\right] - 2\dot{y}(t) - \frac{\theta\Delta t}{2}\ddot{y}(t) \tag{3-173}$$

$(t+\theta\Delta t)$ 时刻运动方程的全量表达式为：

$$\boldsymbol{M}\ddot{y}(t+\theta\Delta t) + \boldsymbol{C}(t)\dot{y}(t+\theta\Delta t) + \boldsymbol{K}(t)y(t+\theta\Delta t) = \boldsymbol{P}(t+\theta\Delta t) \tag{3-174}$$

假设荷载向量也是线性变化，通过线性外插确定：

$$\boldsymbol{P}(t+\theta\Delta t) = \boldsymbol{P}(t) + \theta\left[\boldsymbol{P}(t+\Delta t) - \boldsymbol{P}(t)\right] \tag{3-175}$$

将式(3-172)和式(3-173)代入式(3-174)中，得到：

$$\widetilde{\boldsymbol{K}}(t)y(t+\theta\Delta t) = \widetilde{\boldsymbol{P}}(t) \tag{3-176}$$

其中：

$$\boldsymbol{K}(t) = \boldsymbol{K}(t) + \frac{6\boldsymbol{M}}{(\theta\Delta t)^2} + \frac{3\boldsymbol{C}(t)}{\theta\Delta t} \tag{3-177}$$

$$\ddot{y}(t+\theta\Delta t) = \boldsymbol{P}(t) + \theta\left[\boldsymbol{P}(t+\Delta t) - \boldsymbol{P}(t)\right] + \boldsymbol{M}\left[\frac{6}{(\theta\Delta t)^2}y(t) + \frac{6}{(\theta\Delta t)^2}\dot{y}(t) + 2\ddot{y}(t)\right] +$$
$$\boldsymbol{C}(t)\left[\frac{3}{\theta\Delta t}y(t) + 2\dot{y}(t) + \frac{\theta\Delta t}{2}\ddot{y}(t)\right] \tag{3-178}$$

通过求解方程组(3-176)可以得到 $(t+\theta\Delta t)$ 时刻的位移。实际上我们要计算的是 $(t+\Delta t)$ 时刻的位移、速度和加速度。在式(3-167)中令 $\tau = \Delta t$ 得到：

$$\ddot{y}(t+\Delta t) = \ddot{y}(t) + \frac{\dddot{y}(t+\theta\Delta t) - \dddot{y}(t)}{\theta} \tag{3-179}$$

将式(3-172)代入式(3-179)得到：

$$\ddot{y}(t+\Delta t) = \frac{6}{\theta^3(\Delta t)^2}\left[y(t+\theta\Delta t) - y(t) - \dot{y}(t)\theta\Delta t\right] - \frac{6\dot{y}(t)}{\theta^2\Delta t} + \left(1 - \frac{3}{\theta}\right)\ddot{y}(t) \tag{3-180}$$

在式(3-168)中令 $\tau = \Delta t$ 得到：

$$\dot{y}(t+\Delta t) = \dot{y}(t) + \ddot{y}(t)\Delta t + \frac{\dddot{y}(t+\theta\Delta t) - \dddot{y}(t)}{\theta}\frac{\Delta t}{2} \tag{3-181}$$

将式(3-179)代入式(3-181)得到 $(t+\Delta t)$ 时刻的速度，为：

$$\dot{y}(t+\Delta t) = \dot{y}(t) + \left[\ddot{y}(t+\theta\Delta t) + \ddot{y}(t)\right]\frac{\Delta t}{2} \tag{3-182}$$

在式(3-169)中令 $\tau = \Delta t$ 得到：

$$y(t+\Delta t) = y(t) + \dot{y}(t)\Delta t + \ddot{y}(t)\frac{(\Delta t)^2}{2} + \frac{\dddot{y}(t+\theta\Delta t) - \dddot{y}(t)}{\theta}\frac{(\Delta t)^2}{6} \tag{3-183}$$

将式(3-180)代入式(3-183)得到$(t+\Delta t)$时刻的位移,为:

$$\boldsymbol{y}(t+\Delta t) = \boldsymbol{y}(t) + \dot{\boldsymbol{y}}(t)\Delta t + \left[\ddot{\boldsymbol{y}}(t+\Delta t) + 2\ddot{\boldsymbol{y}}(t)\right]\frac{(\Delta t)^2}{6} \tag{3-184}$$

3.9.13.2 Newmark-β 法

Newmark-β法也可以认为是线性加速度法的推广。它利用两个参数 β 和 γ 分别对线性加速度法的位移增量和速度增量进行修正,以提高计算的精度。Newmark-β法假设$(t+\Delta t)$时刻的速度和位移分别为:

$$\dot{\boldsymbol{y}}(t+\Delta t) = \dot{\boldsymbol{y}}(t) + \ddot{\boldsymbol{y}}(t)(1-\gamma)\Delta t + \ddot{\boldsymbol{y}}(t+\Delta t)\gamma\Delta t \tag{3-185}$$

$$\boldsymbol{y}(t+\Delta t) = \boldsymbol{y}(t) + \dot{\boldsymbol{y}}(t)\Delta t + \ddot{\boldsymbol{y}}(t)\left(\frac{1}{2}-\beta\right)(\Delta t)^2 + \ddot{\boldsymbol{y}}(t+\Delta t)\beta(\Delta t)^2 \tag{3-186}$$

从上述假设可以看出,当 $\gamma=1/2, \beta=1/6$ 时,Newmark-β法变为线性加速度法,即相当于当 $\theta=1$ 时的 Wilson-θ法;当 $\gamma=1/2, \beta=1/4$ 时,Newmark-β法变为平均加速度法。因此可以说,线性加速度法和平均加速度法是 Newmark-β法的特例。通常要求:

$$\gamma > \frac{1}{2}, \quad \beta > \frac{1}{4} \times \left(\frac{1}{2}+\gamma\right)^2 \tag{3-187}$$

以保证积分格式无条件稳定。从式(3-185)可以得到$(t+\Delta t)$时刻的加速度为:

$$\ddot{\boldsymbol{y}}(t+\Delta t) = \frac{\boldsymbol{y}(t+\Delta t) - \boldsymbol{y}(t)}{\beta(\Delta t)^2} - \frac{\dot{\boldsymbol{y}}(t)}{\beta\Delta t} - \left(\frac{1}{2\beta}-1\right)\ddot{\boldsymbol{y}}(t) \tag{3-188}$$

代入速度表达式(3-185),得到:

$$\dot{\boldsymbol{y}}(t+\Delta t) = \frac{\gamma}{\beta\Delta t}\left[\boldsymbol{y}(t+\Delta t) - \boldsymbol{y}(t)\right] + \left(1-\frac{\gamma}{\beta}\right)\dot{\boldsymbol{y}}(t) + \left(1-\frac{\gamma}{2\beta}\right)\ddot{\boldsymbol{y}}(t)\Delta t \tag{3-189}$$

整理得到:

$$\tilde{\boldsymbol{K}}(t)\boldsymbol{y}(t+\Delta t) = \tilde{\boldsymbol{P}}(t) \tag{3-190}$$

其中:

$$\tilde{\boldsymbol{K}}(t) = \boldsymbol{K}(t) + \frac{6\boldsymbol{M}}{\beta(\Delta t)^2} + \frac{3\gamma\boldsymbol{C}(t)}{\beta\Delta t} \tag{3-191}$$

$$\tilde{\boldsymbol{P}}(t) = \boldsymbol{P}(t+\Delta t) + \boldsymbol{C}(t)\left[\frac{\gamma \cdot \boldsymbol{y}(t)}{\beta\Delta t} - \left(1-\frac{\gamma}{\beta}\right)\dot{\boldsymbol{y}}(t) - \left(1-\frac{\gamma}{2\beta}\right)\ddot{\boldsymbol{y}}(t)\Delta t\right] +$$

$$\boldsymbol{M}\left[\frac{\boldsymbol{y}(t)}{\beta(\Delta t)^2} + \frac{\dot{\boldsymbol{y}}(t)}{\beta\Delta t} + \left(\frac{1}{2\beta}-1\right)\ddot{\boldsymbol{y}}(t)\right] \tag{3-192}$$

求解方程式(3-190),得到 $y(t+\Delta t)$ 后,再代入式(3-188)和式(3-189)可以计算$(t+\Delta t)$时刻的加速度和速度。

从上述平均加速度法、线性加速度法、Wilson-θ法、Newmark-β法的有关计算过程可以看到,要使逐步积分法能够进行下去,就必须给出位移、速度和加速度的初始值,即:

$$\boldsymbol{y}(0) = \boldsymbol{y}_0, \; \dot{\boldsymbol{y}}(0) = \dot{\boldsymbol{y}}_0, \ddot{\boldsymbol{y}}(0) = \ddot{\boldsymbol{y}}_0 \tag{3-193}$$

初始时刻的加速度可以通过初始时刻的运动方程得到,即:

$$\ddot{\boldsymbol{y}}_0 = \boldsymbol{M}^{-1}\left[\boldsymbol{P}(0) - (\boldsymbol{C}\dot{\boldsymbol{y}}_0 + \boldsymbol{K}\boldsymbol{y}_0)\right] \tag{3-194}$$

上述平均加速度法、线性加速度法、Wilson-θ法、Newmark-β法都是自起步的,只需要初始条件就可以逐步积分得到各个时刻的动力响应。同时这些算法都是隐式的,也就是说,每一计算步长中都要求解一个线性方程组。

3.9.13.3 Houbolt 法

在 Houbolt 法中,位移函数利用相邻的四个时间步的位移的三次插值多项式来近似表示。这样得到的动力响应曲线光滑连续,精度较高。设:

$$y(t+k\Delta t)=-\frac{k^3-k}{6}y(t-2\Delta t)+\frac{k^3+k^2-2k}{2}y(t-\Delta t)-$$

$$\frac{k^3+2k^2-k-2}{2}y(t)+\frac{k^3+3k^2+2k}{6}y(t+\Delta t) \tag{3-195}$$

令 $\tau=k\Delta t$，则：

$$\dot{y}(t+\tau)=\frac{\mathrm{d}y(t+\tau)}{\mathrm{d}\tau}=\frac{\mathrm{d}y(t+\tau)}{\mathrm{d}k}\frac{\mathrm{d}k}{\mathrm{d}\tau}=\frac{\mathrm{d}y(t+\tau)}{\mathrm{d}k}\frac{1}{\Delta t} \tag{3-196}$$

$$\ddot{y}(t+\tau)=\frac{\mathrm{d}^2 y(t+\tau)}{\mathrm{d}\tau^2}=\frac{\mathrm{d}^2 y(t+\tau)}{\mathrm{d}k^2}\frac{1}{(\Delta t)^2} \tag{3-197}$$

于是：

$$\dot{y}(t+\tau)=-\frac{3k^2-1}{6\Delta t}y(t-2\Delta t)+\frac{3k^2+2k-2}{2\Delta t}y(t-\Delta t)-$$

$$\frac{3k^2+4k-1}{2\Delta t}y(t)+\frac{3k^2+6k+2}{6\Delta t}y(t+\Delta t) \tag{3-198}$$

$$\ddot{y}(t+\tau)=\frac{-ky(t-2\Delta t)+(3k+1)y(t-\Delta t)-(3k+2)y(t)+(k+1)y(t+\Delta t)}{(\Delta t)^2} \tag{3-199}$$

在上两式中令 $k=1$，也就是 $\tau=\Delta t$，可以得到：

$$\dot{y}(t+\Delta t)=\left[-\frac{1}{3}y(t-2\Delta t)+\frac{3}{2}y(t-\Delta t)-3y(t)+\frac{11}{6}y(t+\Delta t)\right]\frac{1}{\Delta t} \tag{3-200}$$

$$\ddot{y}(t+\Delta t)=\frac{-y(t-2\Delta t)+4y(t-\Delta t)-5y(t)+2y(t+\Delta t)}{(\Delta t)^2} \tag{3-201}$$

整理得到：

$$\tilde{K}(t)y(t+\Delta t)=\tilde{P}(t) \tag{3-202}$$

其中：

$$\tilde{K}(t)=\frac{2M}{(\Delta t)^2}+\frac{11C(t)}{6\Delta t}+K(t) \tag{3-203}$$

$$\tilde{P}(t)=P(t+\Delta t)+\frac{C(t)\Delta t+3M}{3(\Delta t)^2}y(t-2\Delta t)-$$

$$\frac{3C(t)\Delta t+8M}{2(\Delta t)^2}y(t-2\Delta t)+\frac{3C(t)\Delta t+5M}{(\Delta t)^2}y(t) \tag{3-204}$$

求解方程式(3-202)，得到 $y(t+\Delta t)$ 后，再代入式(3-200)和式(3-201)可以计算 $(t+\Delta t)$ 时刻的速度和加速度。需要说明的是，这种积分方法不是自起步的，除了利用初始条件 y_0 和 $\dot{y}_0$ 以及初始时刻运动方程得到的 $\ddot{y}_0$ 外，还需要利用前述任意一种自起步方法计算得到 $y_{\Delta t}$、$\dot{y}_{\Delta t}$ 和 $\ddot{y}_{\Delta t}$。于是从式(3-200)和式(3-201)可以得到：

$$\dot{y}(\Delta t)=\left[-\frac{1}{3}y(-2\Delta t)+\frac{3}{2}y(-\Delta t)-3y_0+\frac{11}{6}y(\Delta t)\right]\frac{1}{\Delta t}$$

$$\ddot{y}(\Delta t)=\frac{-y(-2\Delta t)+4y(-\Delta t)-5y_0+2y(\Delta t)}{(\Delta t)^2} \tag{3-205}$$

通过求解方程式(3-205)可以得到 $y(-2\Delta t)$ 和 $y(-\Delta t)$。这样利用 $y(-\Delta t)$、y_0 和 $y(\Delta t)$，从 Δt 时刻开始计算，代入式(3-202)求得 $y(2\Delta t)$，再代入式(3-200)和式(2-201)得到 $\dot{y}(2\Delta t)$ 和 $\ddot{y}(2\Delta t)$。这样就可以逐步计算下去了。Houbolt 法是一种隐式积分法，它是无条件稳定的。因此在选择时间不长时，可以仅考虑精度要求，而不考虑稳定性要求。

3.9.13.4 二级近似加速度法

二级近似加速度法的实质是将加速度向量在时刻 t 附近展开为二阶泰勒展开式，即：

$$\ddot{y}(t+\tau)=\ddot{y}(t)+\tau A+\frac{\tau^2}{2}B \tag{3-206}$$

对式(3-206)积分两次得到:

$$\dot{y}(t+\tau) = \dot{y}(t) + \tau\ddot{y}(t) + \frac{\tau^2}{2}A + \frac{\tau^3}{6}B \tag{3-207}$$

$$y(t+\tau) = y(t) + \tau\dot{y}(t) + \frac{\tau^2}{2}\ddot{y}(t) + \frac{\tau^3}{6}A + \frac{\tau^4}{24}B \tag{3-208}$$

为了确定式(3-206)中的待定未知列向量 A 和 B,在上述三式中令 $\tau=\Delta t$,即:

$$\dddot{y}(t+\Delta t) = \ddot{y}(t) + \Delta t A + \frac{(\Delta t)^2}{2}B \tag{3-209}$$

$$\dot{y}(t+\Delta t) = \dot{y}(t) + \Delta t\ddot{y}(t) + \frac{(\Delta t)^2}{2}A + \frac{(\Delta t)^3}{6}B \tag{3-210}$$

$$y(t+\Delta t) = y(t) + \Delta t\dot{y}(t) + \frac{(\Delta t)^2}{2}\ddot{y}(t) + \frac{(\Delta t)^3}{6}A + \frac{(\Delta t)^4}{24}B \tag{3-211}$$

它们应该满足 $(t+\Delta t)$ 时刻的运动方程,即满足:

$$\ddot{y}(t+\Delta t) + M^{-1}C(t)\dot{y}(t+\Delta t) + M^{-1}K(t)y(t+\Delta t) = M^{-1}P(t+\Delta t) \tag{3-212}$$

将式(3-209)~式(3-211)代入上式并整理得到:

$$\chi_{11}A + \chi_{12}B = F_1 \tag{3-213}$$

$$\chi_{11} = \Delta t I + \frac{(\Delta t)^2}{2}M^{-1}C(t) + \frac{(\Delta t)^3}{6}M^{-1}K(t)$$

$$\chi_{12} = \frac{(\Delta t)^2}{2}I + \frac{(\Delta t)^3}{6}M^{-1}C(t) + \frac{(\Delta t)^4}{24}M^{-1}K(t) \tag{3-214}$$

$$F_1 = M^{-1}[P(t+\Delta t) - P(t)] - \Delta t M^{-1}C(t)\ddot{y}(t) - M^{-1}K(t)\left[\Delta t\dot{y}(t) + \frac{(\Delta t)^2}{2}\ddot{y}(t)\right] \tag{3-215}$$

式中 I——单位矩阵。

同理,令 $\tau=\theta\Delta t$ 可得到:

$$\chi_{21}A + \chi_{22}B = F_2 \tag{3-216}$$

$$\chi_{21} = \theta\Delta t I + \frac{(\theta\Delta t)^2}{2}M^{-1}C(t) + \frac{(\theta\Delta t)^3}{6}M^{-1}K(t)$$

$$\chi_{22} = \frac{(\theta\Delta t)^2}{2}I + \frac{(\theta\Delta t)^3}{6}M^{-1}C(t) + \frac{(\theta\Delta t)^4}{24}M^{-1}K(t) \tag{3-217}$$

$$F_2 = M^{-1}[P(t+\theta\Delta t) - P(t)] - \Delta t M^{-1}C(t)\ddot{y}(t) - M^{-1}K(t)\left[\theta\Delta t\dot{y}(t) + \frac{(\theta\Delta t)^2}{2}\ddot{y}(t)\right] \tag{3-218}$$

联立式(3-213)和式(3-216)可以得到求解未知列向量 A 和 B 的方程组,即:

$$\begin{bmatrix} \chi_{11} & \chi_{12} \\ \chi_{21} & \chi_{22} \end{bmatrix}\begin{pmatrix} A \\ B \end{pmatrix} = \begin{bmatrix} F_1 \\ F_2 \end{bmatrix} \tag{3-219}$$

其中 θ 为大于 1 的参数,一般取 $\theta=1.1\sim1.3$。而:

$$P(t+\theta\Delta t) = (2-\theta)P(t+\Delta t) + (\theta-1)P(t+2\Delta t) \tag{3-220}$$

是由 $(t+\Delta t)$ 和 $(t+2\Delta t)$ 时刻的荷载线性插值得到。得到未知列向量 A 和 B 后,将其代入式(3-209)、式(3-210)和式(3-211)就可以得到 $(t+\Delta t)$ 时刻的加速度、速度和位移。如此递推,可以得到任意时刻的动力反应。

需要说明的是,上述所有积分格式都是隐式的。它们都是针对多自由度体系推导的,但是对于单自由度体系也适用,仅需要将其中的有关矩阵或向量看作一维的就可以了。此外,对于线弹性体系,仅需要将阻尼矩阵和刚度矩阵看作常量就可以了。详情请参阅结构动力学有关文献。

3.9.14 结构静力弹塑性地震反应分析法

采用弹塑性时程分析法分析结构的弹塑性地震反应,计算工作量大,需要设计专门的程序,且对设计人员的水平要求较高。我国《建筑抗震设计规范》(GB 50011—2010)对于不规则且具有明显薄弱部位可能导致地震时严重破坏的建筑结构,除了规定可以采用弹塑性时程分析法外,还可以根据结构特点采用静力弹塑性分析方法。但是目前规范尚没有对该方法作出具体的规定。

3.9.14.1 基本原理

结构静力弹塑性分析方法,也称为非线性静力分析方法或者推覆分析法等。它是将沿结构高度为某种规定分布形式的侧向力,静态、单调作用在结构的计算模型上,逐步增加这个侧向力,直到结构产生的位移超过容许值(目标位移)或者认为结构破坏接近倒塌为止。在结构产生侧向位移的过程中,结构构件的内力和变形可以计算出来,观察全过程的变化,判别结构和构件的破坏状态。静力弹塑性分析与弹塑性时程分析比较,可以获得比较稳定的计算结果,减少分析结构的偶然性,花费较少的时间和精力。静力弹塑性分析法的优点还在于:侧向力的大小可以根据结构在不同工作阶段的周期由设计反应谱得到,侧向力的分布则可以根据结构振型的变化求得。

3.9.14.2 实施的步骤

① 准备工作。如同一般的有限元分析,建立结构的模型,包括几何尺寸、物理参数以及节点和构件的编号。另外,结构上的荷载也要求出,包括竖向荷载、水平荷载等。为了进行弹塑性分析,还应求出各个构件的塑性承载力,对于梁,应求出其两端上下两个方向的塑性弯矩和两端的极限抗剪承载力;对于柱,应求出其弯矩-轴力曲线的三个控制点(轴压、平衡和纯弯)。

② 求出结构在竖向荷载作用下的内力。因为这个内力将来要和在水平力作用下的内力叠加,相当于荷载作用效应组合,所以竖向荷载标准值的组合系数要按照规范的规定取用。另外,还要求出结构的基本自振周期。

③ 施加一定量的水平荷载。水平力施加于各层的质量中心处,对于规则框架,各层水平力之间的比例关系,或沿结构高度的分布规律,可以按照底部剪力法确定。在这一步中,水平力大小的确定原则是:水平力产生的内力与第②步的竖向荷载产生的内力叠加后恰好能使一个或一批构件进入屈服。

④ 对在上一步进入屈服的构件,改变其状态。最简单的办法,是用塑性铰来考虑构件进入塑性,将屈服的构件的一端甚至两端设成铰接点。这样,相当于形成了一个新结构。求出这个新结构的自振周期,在其上再施加一定量的水平荷载,又使一个或一批构件恰好进入屈服。

⑤ 不断地重复第④步,直到结构的侧向位移达到预定的破坏极限,或由于塑性铰过多而成为机构(这种情况一般很难出现)。记录每一次有新的塑性铰出现后结构的周期,累计每一次施加的荷载。

⑥ 成果整理。将每一个不同的结构自振周期及其对应的水平力总量与结构重力荷载代表值的比值(地震影响系数)绘成曲线,也把相应场地的各条反应谱曲线绘在一起。这样,如果结构反应曲线能够穿过某条反应谱曲线,就说明结构能够抵抗该条反应谱曲线所对应的地震烈度。还可以在图中绘出相应的变形,以便于评价结构的抗震能力。我国抗震设计规范中的设计反应谱虽然是弹性反应谱,但它的形式(横轴为周期,纵轴为地震影响系数)非常便于静力弹塑性分析的结果表达。

大量的分析比较表明,静力弹塑性分析方法与弹塑性时程分析方法得到的结果接近。而且从上述实施步骤可以看出,静力弹塑性分析方法比弹塑性时程分析方法要简单,因此该方法值得大力推广。静力弹塑性分析方法成功与否的关键在于:确定结构各单元的恢复力模型,确定结构的目标位移,选取合理的水平荷载模式。

3.10 工程结构抗震验算 >>>

作为抗震设防两阶段设计中的第一阶段,要做到"小震不坏",就是采用多遇地震的水平地震作用标准值,用线弹性理论计算出结构构件的地震作用效应,与其他荷载效应组合,计算出结构内力组合的设计值进行构件设计和配筋计算。前面采用底部剪力法、振型分解反应谱法和时程分析法等方法得到的结构楼层水平地震剪力,应按不同的原则分配到各个抗侧力构件上,才能计算各个构件的地震作用效应。分配的原则为:

① 现浇和装配整体式混凝土楼盖、屋盖等刚性楼盖建筑,宜按抗侧力构件等效刚度的比例分配;

② 木楼盖、木屋盖等柔性楼盖建筑,宜按抗侧力构件从属面积上重力荷载代表值的比例分配;

③ 普通预制装配式混凝土楼盖、屋盖等半刚性楼盖、屋盖的建筑,可取上述两种分配结果的平均值;

④ 计入空间作用、楼盖变形、墙体弹塑性变形和扭转影响时,可按《建筑抗震设计规范》(GB 50011—2010)的有关规定对上述分配结果进行调整。

3.10.1 地震作用效应和其他荷载作用效应的基本组合及截面抗震验算

3.10.1.1 地震作用效应和其他荷载作用效应的基本组合

结构构件的地震作用效应和其他荷载效应的基本组合,应按下式计算:

$$S = \gamma_G S_{GE} + \gamma_{Eh} S_{Ehk} + \gamma_{Ev} S_{Evk} + \Psi_w \gamma_w S_{wk} \tag{3-221}$$

式中 S——结构构件内力组合的设计值,包括组合的弯矩、轴向力和剪力设计值;

γ_G——重力荷载分项系数,一般情况应采用 1.2,当重力荷载效应对构件承载能力有利时,不应大于 1.0;

γ_{Eh},γ_{Ev}——分别为水平、竖向地震作用分项系数,应按表 3-30 采用;

γ_w——风荷载分项系数,应采用 1.4;

S_{GE}——重力荷载代表值的效应,有吊车时,还应包括悬吊物重力标准值的效应;

S_{Ehk}——水平地震作用标准值的效应,还应乘以相应的增大系数或调整系数;

S_{Evk}——竖向地震作用标准值的效应,还应乘以相应的增大系数或调整系数;

S_{wk}——风荷载标准值的效应;

Ψ_w——风荷载组合值系数,一般结构取 0.0,风荷载起控制作用的高层建筑应采用 0.2。

表 3-30   **地震作用分项系数**

地震作用	γ_{Eh}	γ_{Ev}
仅计算水平地震作用	1.3	0
仅计算竖向地震作用	0	1.3
同时计算水平和竖向地震作用(水平地震为主)	1.3	0.5
同时计算水平和竖向地震作用(竖向地震为主)	0.5	1.3

在大震烈度下的地震作用,应视为可变作用而不是偶然作用。这样,根据《建筑结构可靠度设计统一标准》(GB 50068—2001)中确定直接作用分项系数的方法,通过综合比较,规范对水平地震作用,确定 $\gamma_{Eh}=1.3$,竖向地震作用参照水平地震作用,也取 $\gamma_{Ev}=1.3$。当竖向地震作用和水平地震作用同时考虑,由加速度峰值记录和反应谱分析,两者组合比为 1:0.4,故 $\gamma_{Eh}=1.3$,$\gamma_{Ev}\approx0.5$。规范在计算地震作用时,已经考虑了地震作用与各种重力荷载的组合问题,其中 S_{GE} 中就包括了恒荷载、活荷载和雪荷载等的组合问题,并规定了各种荷载的组合值系数,形成了抗震设计的重力荷载代表值。抗震设计规范规定在验算和计算地震作用时对重力荷载均采用相同的组合值系数,可以简化计算,并避免有两种不同的组合值系数。因此,式(3-221)中仅出现风荷载的组合值系数,并按《建筑结构可靠度设计统一标准》(GB 50068—2001)的方法,对于一般结构取零,风荷载起控制作用的高层建筑取 0.2。风荷载起控制作用是指风荷载和地震作用产生的总剪力和倾覆力矩相当的情况。

3.10.1.2 截面抗震验算

经过分析,下列情况可以不进行结构构件承载力的抗震验算,但是仍然应该符合有关的构造要求:

① 6 度时的建筑(建造于 Ⅳ 类场地上较高的高层建筑与高耸结构除外);

② 7 度时 Ⅰ、Ⅱ 类场地,柱高不超过 10 m 且两端有山墙的单跨及多跨等高的钢筋混凝土厂房(锯齿形厂房除外),或柱顶标高不超过 4.5 m,两端均有山墙的单跨及多跨等高的砖柱厂房。

除上述情况外在地震区的所有结构,都要进行结构构件承载力的抗震验算。结构构件的截面抗震验算,应采用下列设计表达式:

$$S \leqslant \frac{R}{\gamma_{RE}} \tag{3-222}$$

式中　γ_{RE}——承载力抗震调整系数,除另有规定外,应按表 3-31 采用;

　　　R——结构构件承载力设计值。

表 3-31　　　　　　　　　　　　　　承载力调整系数

材料	结构构件	受力状态	承载力调整系数
钢	柱、梁、支撑 节点板件、螺栓、 焊缝柱、支撑	强度 稳定	0.75 0.80
砌体	两端均有构造柱、芯柱的抗震墙	受剪	0.90
	其他抗震墙	受剪	1.00
混凝土	梁	受弯	0.75
	轴压比小于 0.15 的柱	偏压	0.75
	轴压比不小于 0.15 的柱	偏压	0.80
	抗震墙	偏压	0.85
	各类构件	受剪、偏拉	0.85

在截面抗震验算表达式(3-222)中,没有出现结构重要性系数 γ_0,这是因为根据地震作用的特点、抗震设计的现状,以及抗震重要性分类与《建筑结构可靠度设计统一标准》(GB 50068—2001)中安全等级的差异,重要性系数对抗震设计的实际意义不大,《建筑抗震设计规范》(GB 50011—2010)对于建筑重要性的处理仍采用抗震措施的改变来实现。因此,截面抗震验算中不考虑此项系数。

现阶段大部分结构构件进行截面抗震验算时,采用了各有关规范的承载力设计值 R,因此抗震设计的抗力分项系数就相应地变为承载力设计值的抗震调整系数 γ_{RE},即 $\gamma_{RE} = R/R_E$。《建筑抗震设计规范》(GB 50011—2010)经计算分析得到有关结构构件承载力调整系数。抗震承载力调整系数 γ_{RE} 的取值范围为 0.75~1.0,一般小于 1.0,其实质含义就是提高构件的承载力设计值 R,以使得现行与过去的抗震规范在截面验算的结果大体上保持一致。当仅计算竖向地震作用时,各类结构构件承载力抗震调整系数均宜采用 1.0(表 3-31)。

需要说明的是,由于各类结构所受的地震作用和其他荷载作用的反应不同,并不是各类结构构件的荷载效应组合都要取式(3-222)的所有项,基本上可以分为如下几种。

① 高层建筑的各类构件,除考虑水平地震内力和重力荷载内力的组合外,要考虑风荷载的内力的组合;在 9 度区还要考虑竖向地震内力的组合。

在 7、8 度区和 6 度 IV 场地土的高层建筑截面抗震验算公式为:

$$\gamma_G S_{GE} + 1.3 S_{Ehk} + 0.28 S_{wk} \leqslant \frac{R}{\gamma_{RE}} \tag{3-223}$$

在 9 度区为:

$$\gamma_G S_{GE} + 1.3 S_{Ehk} + 0.5 S_{Evk} + 0.28 S_{wk} \leqslant \frac{R}{\gamma_{RE}} \tag{3-224}$$

② 单层、多层钢筋混凝土结构和单层、多层钢结构的各类构件,只考虑水平地震内力和重力荷载内力的组合,即:

$$\gamma_G S_{GE} + 1.3 S_{Ehk} \leqslant \frac{R}{\gamma_{RE}} \tag{3-225}$$

③ 大跨度屋盖系统和长悬臂结构,如网架屋盖、跨度大于 24 m 的屋架及大的挑台雨篷等,只考虑竖向地震内力和重力荷载内力的组合,即:

$$\gamma_G S_{GE} + 1.3 S_{Evk} \leqslant \frac{R}{\gamma_{RE}} \qquad (3\text{-}226)$$

④ 砌体结构的墙段,受剪承载力验算时,只考虑水平地震剪力,不考虑水平地震剪力与重力荷载内力的组合,即:

$$1.3 S_{Ehk} \leqslant \frac{R}{\gamma_{RE}} \qquad (3\text{-}227)$$

3.10.2 结构抗震变形验算

结构抗震变形验算包括两方面的内容:

① 多遇地震作用下结构允许的弹性变形验算,以防止非结构构件,包括隔墙、幕墙、建筑装饰等的破坏导致人员伤亡。它仍然是抗震设防两阶段设计中的第一阶段的设计,目的和结构构件的截面抗震验算一样,也是为了实现"小震不坏",保证建筑物的正常使用功能,减少震后的修复费用。它是采用多遇地震的水平地震作用标准值,用线弹性理论计算出结构构件的弹性层间位移,使其不超过规定的允许值;

② 罕遇地震作用下结构的弹塑性变形验算,是为了防止结构在罕遇地震作用下弹塑性变形过大而导致结构倒塌。它是抗震设防两阶段设计中的第二阶段的设计,目的是为了实现"大震不倒"。

3.10.2.1 多遇地震作用下结构的弹性变形验算

进行多遇地震作用下结构抗震变形验算时,其楼层内最大的弹性层间位移应符合下式要求:

$$\Delta u_e \leqslant [\theta_e] h \qquad (3\text{-}228)$$

式中 Δu_e ——多遇地震作用标准值产生的楼层内最大的弹性层间位移;计算时除以弯曲变形为主的高层建筑外,可不扣除结构整体弯曲变形;应计入扭转变形,各作用分项系数均应采用 1.0;钢筋混凝土结构构件的截面刚度可采用弹性刚度。

$[\theta_e]$ ——弹性层间位移角限值宜按表 3-32 采用。

h ——计算楼层层高。

表 3-32   弹性层间位移角限值

结构类型	$[\theta_e]$
钢筋混凝土框架	1/550
钢筋混凝土框架-抗震墙、板柱-抗震墙、框架-核心筒	1/800
钢筋混凝土抗震墙,筒中筒	1/1000
钢筋混凝土框支层	1/1000
多、高层钢结构	1/250

钢筋混凝土结构房屋中采用的非结构构件种类繁多,材料的性质和结构的连接性能都会在一定程度上影响其容许变形能力,经济、合理地确定层间位移角限值是一个十分复杂的问题。对于框架填充墙结构,根据试验资料分析,填充墙与框架间出现周边裂缝到墙面初裂时,变形值很小,层间位移角约为 1/500。当墙面开裂较普遍,沿对角线裂缝基本贯通时,变形值为 1/650~1/350,但此时裂缝不宽且较易修复正常使用。当变形达到 1/120~1/80 时,砌体破裂而严重破坏。因此,工程上以砌体填充墙墙面裂缝不超过对角线贯通作为"不坏"的标志。其他材料的非结构墙体,如外挂墙板以及各种轻质隔墙,一般来说,其"不坏"的容许变形能力要比砌体填充墙大,但是目前尚缺乏试验资料。试验表明,钢筋混凝土抗震墙初裂时变形值为 1/5000~1/3000。墙板出现对角线裂缝的变形值为 1/1000~1/800。表 3-32 给出了不同结构类型弹性层间位移角限值的范围,主要是依据国内外大量的试验资料研究和有限元分析的结果得出的。

Δu_e 为多遇地震作用标准值产生的楼层内最大的弹性层间位移,其计算可以根据地震作用的不同分析方法而采用相应的方法。

3.10.2.2 罕遇地震作用下结构的弹塑性变形验算

(1)结构弹塑性变形验算的范围

在罕遇地震作用下,结构一般进入弹塑性状态,并通过发展塑性变形和耗能来消耗地震输入的能量。大量的分析研究和震害表明,具有薄弱楼层的结构,其弹塑性变形集中的现象十分明显。因此,要进行罕遇地震作用下结构的弹塑性变形验算,对于做到"大震不倒"具有重要的意义。为了减少计算工作量,《建筑抗震设计规范》(GB 50011—2010)规定对于砌体结构一般不需要进行弹塑性变形验算,仅仅对于特别重要的结构和过去在地震中倒塌较多的部分延性结构进行罕遇地震作用下的弹塑性变形验算。

规范规定对下列结构应进行薄弱层弹塑性变形验算:

① 8度Ⅲ、Ⅳ类场地和9度时,高大的单层钢筋混凝土柱厂房的横向排架;

② 7~9度时楼层屈服强度系数小于0.5的钢筋混凝土框架结构;

③ 高度大于150 m 的钢结构;

④ 甲类建筑和9度时乙类建筑中的钢筋混凝土结构和钢结构;

⑤ 采用隔震和消能减震设计的结构。

此外,规范还规定对下列结构宜进行薄弱层弹塑性变形验算:

①《建筑抗震设计规范》(GB 50011—2010)所列竖向不规则类型的高层建筑结构;

② 7度Ⅲ、Ⅳ类场地和8度时乙类建筑中的钢筋混凝土结构和钢结构;

③ 板柱-抗震墙结构和底部框架砖房;

④ 高度不大于150 m 的高层钢结构。

(2)结构弹塑性变形简化计算方法

① 楼层屈服强度系数 ξ_y 的定义。为了简化计算和方便工程应用,《建筑抗震设计规范》(GB 50011—2010)通过大量的算例和统计分析,提出了结构弹塑性变形的简化计算方法,适用于不超过12层且层刚度无突变的钢筋混凝土框架结构、单层钢筋混凝土柱厂房。按简化方法计算时,需要确定结构薄弱层部位位置。所谓薄弱层,是指在强烈地震作用下,结构首先发生屈服并产生较大弹塑性位移的部位。对于多层和高层房屋,规范是用楼层屈服强度系数大小及其沿房屋高度分布的情况来判断结构薄弱层位置的。楼层屈服强度系数为按构件实际配筋和材料强度标准值计算的楼层受剪承载力和按罕遇地震作用标准值计算的楼层弹性地震剪力的比值;对排架柱,指按实际配筋面积、材料强度标准值和轴向力计算的正截面受弯承载力与按罕遇地震作用标准值计算的弹性地震弯矩的比值。楼层屈服强度系数按下式计算:

$$\xi_y(i) = \frac{V_y(i)}{V_e(i)} \tag{3-229}$$

式中 $V_y(i)$——按框架或排架的梁柱实际截面、实际配筋和材料强度标准值计算的 i 楼层受剪承载力;

$V_e(i)$——罕遇地震作用下第 i 楼层弹性地震剪力。

② 楼层受剪承载力 V_y 的计算方法。由于地震作用的随机性带来结构破坏形式的不确定性,精确计算楼层受剪承载力是很困难的。对于框架结构而言,较为简单实用的计算方法有三种:拟弱柱化法、节点失效法和接节点平衡法。详情请参阅结构动力学有关文献。

③ 结构薄弱层位置的判别。规范规定,当薄弱层的屈服强度系数不小于相邻层该系数平均值的0.8时,可以认为该楼层屈服强度系数沿高度分布均匀,即:

$$\xi_y(i) > \frac{0.8}{2}[\xi_y(i-1) + \xi_y(i+1)] \quad (\text{标准层}) \tag{3-230}$$

$$\xi_y(i) > 0.8\xi_y(n-1) \tag{3-231}$$

$$\xi_y(1) > 0.8\xi_y(2) \tag{3-232}$$

楼层屈服强度系数沿高度分布均匀的结构,可以取首层;楼层屈服强度系数沿高度分布不均匀的结构可以取该系数最小的楼层和相对较小的楼层,一般不超过2~3处;单层厂房可以取上柱。

④ 弹塑性层间位移的计算。大量的分析和研究表明,地震作用下结构薄弱层的层间弹塑性位移和相应弹性位移之间具有相对稳定的关系,因此薄弱层层间弹塑性位移可以由相应层间弹性位移乘以修正系数得

到,按下式计算:

$$\Delta u_{\mathrm{p}} = \eta_{\mathrm{p}} \Delta u_{\mathrm{e}} \tag{3-233}$$

或

$$\Delta u_{\mathrm{p}} = \mu \Delta u_{\mathrm{y}} = \frac{\eta_{\mathrm{p}}}{\xi_{\mathrm{y}}} \Delta u_{\mathrm{y}} \tag{3-234}$$

其中:

$$\Delta u_{\mathrm{e}}(i) = \frac{V_{\mathrm{e}}(i)}{k(i)} \tag{3-235}$$

式中 Δu_{p}——层间弹塑性位移。

Δu_{e}——罕遇地震作用下按弹性分析的层间位移。

Δu_{y}——层间屈服位移。

μ——楼层延性系数。

$k(i)$——第 i 层的弹性层间刚度。

η_{p}——弹塑性层间位移增大系数,当薄弱层(部位)的屈服强度系数不小于相邻层(部位)该系数平均值的 0.8 时,可按表 3-33 采用,当不大于该平均值的 0.5 时,可按表内相应数值的 1.5 倍采用;其他情况可采用内插法取值。

ξ_{y}——楼层屈服强度系数。

⑤ 结构薄弱层层间弹塑性位移的验算。结构薄弱层层间弹塑性位移应符合下式要求:

$$\Delta u_{\mathrm{p}} \leqslant [\theta_{\mathrm{p}}] h \tag{3-236}$$

式中 $[\theta_{\mathrm{p}}]$——弹塑性层间位移角限值,可按表 3-34 采用;对钢筋混凝土框架结构,当轴压比小于 0.40 时,可提高 10%;当柱子全高的箍筋构造比规范规定的最小配箍特征值大 30% 时,可提高 20%,但累计不超过 25%。

h——薄弱层楼层高度或单层厂房上柱高度。

表 3-33   弹塑性层间位移增大系数

结构类型	总层数 n 或部位	ζ_y		
		0.5	0.4	0.3
多层均匀框架结构	2～4 层	1.30	1.40	1.60
	5～7 层	1.50	1.65	1.80
	8～12 层	1.80	2.00	2.20
单层厂房	上柱	1.30	1.60	2.00

表 3-34   弹塑性层间位移角限值

结构类型	$[\theta_{\mathrm{p}}]$
单层钢筋混凝土排架	1/30
钢筋混凝土框架	1/50
底部框架砌体房屋中的框架-抗震墙	1/100
钢筋混凝土框架-抗震墙、板柱-抗震墙、框架-核心筒	1/100
钢筋混凝土抗震墙、筒中筒	1/120
多、高层钢结构	1/50

（3）结构弹塑性变形计算的其他方法

除了可以采用简化方法计算的建筑结构外,可以采用静力弹塑性分析方法和弹塑性时程分析法等。规则结构采用弯剪层模型或平面杆系模型,不规则结构应采用空间结构模型。

3.11　工程结构减震与隔震　》》》

　　传统结构抗震通过增强结构本身的坚固度(强度、刚度、延性)来抵御地震所造成的破坏,由结构通过弹塑性变形和延性状态消耗地震能量,这是被动消极的抗震对策,通常称为"硬抗"。

　　传统的工程结构抗震有其局限性:一方面,若要更好地抵御地震作用,结构就需要制作得更加坚固;另一方面,对坚固度的更高要求势必增加结构自重和建筑材料用量,不仅提高工程造价,反过来又增大了结构的地震作用,需要结构更高的强度,进入一个非良性循环。再者,由于人们尚不能准确预测未来地震的强度和特性,对某一建筑抵御地震的能力并不能估计得十分恰当。

　　传统抗震方法设计的结构抗震能力一定,不具备在未知级别地震下有自我调节的能力。因此,结构很可能不满足安全性的要求,而产生严重破坏或倒塌,造成巨大经济损失和人员伤亡。如2008年汶川地震,震中的汶川和北川根据未修订前的《抗震设计规范》(GB 50011—2010),抗震设防烈度为7度,而实际发生的地震烈度为11度,造成房屋结构严重损坏。

　　为应对传统工程结构抗震的不足,研究学者和工程师们提出了新的合理有效的减震途径:对结构施加地震控制装置,使大部分地震能量由这些装置所隔离或者消散,以减轻结构的地震反应。这样对抵御地震作用来说,从传统的"硬抗"转化为"软抗",是对抗震对策的重大突破和发展。

　　地震控制装置主要包括基础隔震和消能减震两大类。近40年科学研究和实际工程检验表明,隔震和消能减震技术具有很好的技术、经济和社会效益。下面就隔震和消能减震技术分别进行介绍。

3.11.1　结构隔震技术

　　结构隔震技术被美国地震专家称之为"40年来世界地震工程最重要的成果之一"。隔震即隔离地震,在建筑物和构筑物的基底或某个位置设置隔震装置隔离或耗散地震能量,以避免或减少地震能量向上部结构的传输,减轻结构振动反应,建筑物只发生较轻微运动和变形,从而保障地震时建筑物安全。图3-24为其模型图。隔震系统一般由隔震器、阻尼器等组成,具有竖向刚度大、水平刚度小的特点,能有效减小结构地震反应。

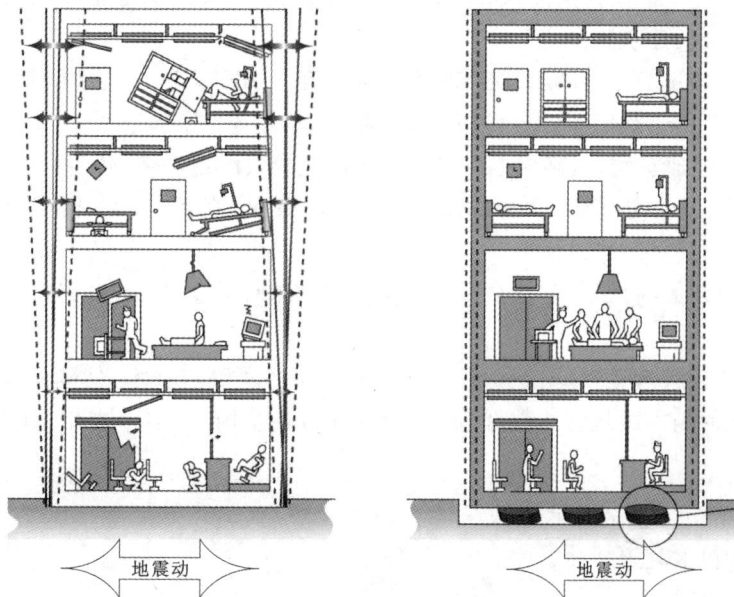

图 3-24　未设置和设置隔震设施的结构
(a)未设置隔震设施;(b)设置隔震设施

隔震通过隔震器的较大变形来改变体系的动力特性。上部结构在地震中的水平变形,从传统结构的"放大晃动型"变为隔震结构的"整体平动型"。此时结构反应以第一振型为主,而该振型不与其他振型耦合。整个上部结构基本作刚体平动,结构位移集中于隔震层,各层相对位移很小。这样使得地震中结构反应保持在弹性范围内,使建筑物在地震中不致破坏和倒塌。隔震技术有效地提高了结构对地震作用的适应能力,使建筑结构平立面设计更加灵活多样,并可降低对结构构件尺寸和材料强度的要求。

传统抗震设计原则是"小震不坏,中震可修,大震不倒"。在多遇地震作用下,建筑物基本不产生破坏;在基本烈度地震作用下,建筑物需要修理才可继续使用;在罕遇地震作用下,结构严重破坏,但不会发生危及人们生命的倒塌。

按传统抗震设计的建筑物在遇到超过本地区设防烈度的地震时,往往会发生剧烈破坏,不可修复;即使建筑物质量较好,满足"大震不倒"并可保证人身安全,但建筑物内部设备和设施安全却得不到保证。如果采用隔震结构即可避免此类情况。

隔震结构通过隔震层大变形和所提供的阻尼隔离消散地震能量。由于柔性隔震层的过滤作用,大部分地震能量不能向上部结构传输。这样上部结构地震反应大大减小,结构不产生破坏,有效保护人民生命财产安全。

隔震结构与传统抗震结构比,有如下优点:

① 显著减轻结构地震反应,提高地震时结构安全性。国内外大量试验数据和工程经验表明,隔震设施一般可使结构水平地震加速度反应降低 60% 左右,上部结构地震反应仅相当于不隔震情况下的 $1/12 \sim 1/8$。

② 上部结构设计更加灵活,抗震措施简单明了。隔震设计把非线性、大变形集中到了隔震设施上,从考虑整个结构复杂的、模糊的抗震概念转变为只考虑隔震装置。这样就可以把施工和设计的注意力集中到隔震装置上。由于采取隔震措施的上部结构反应保持在弹性状态,结构分析方法也可简化;而且在地震后,只需对隔震装置进行更换,无须过多考虑建筑结构本身的修复。

③ 具有巨大经济与社会效益。采用隔震技术,为适应地震时基础的大变形,对建筑、设备和电气方面特殊的设计和处理会增加基建投资(约 5%),但上部结构抗震措施得以降低,会节省建筑总造价。从汕头、广州、西昌等地建设的隔震房屋来看,比传统建筑节省土建造价:7 度节省 $1\% \sim 3\%$,8 度节省 $5\% \sim 15\%$,9 度节省 $10\% \sim 20\%$。如果将已避免的地震灾害潜在损失也计算进去,所取得的社会经济效益是十分显著的。

隔震结构体系可适用于:

① 地震区住宅、办公楼、学校教学楼、学校宿舍楼、剧院、旅馆、大商场等常年住人或有密集人群而要求确保地震时人们生命安全的建筑物。

② 地震区重要的生命线工程,需确保地震时不损坏以免导致严重次生灾害的建筑物。如医院、急救中心、指挥中心、水厂、电厂、粮食加工厂、通信中心、交通枢纽、机场等。

③ 地震区较为重要的建筑物,需确保地震时不损坏以免导致严重经济、政治、社会影响的建筑物。如历史性建筑、博物馆、重要纪念性建筑物、文物或档案馆、重要图书资料馆、法院、监狱、危险品仓库、有核辐射装置的建筑物等。

④ 内部有重要仪器设备,确保地震时不损坏的建筑物。如计算机中心、精密仪器中心、试验中心、检测中心等。

我国现行《建筑抗震设计规范》(GB 50011—2010)正式纳入了隔震技术,使隔震技术由工程试点发展为广泛应用。我国已建造的隔震建筑已达数百万平方米,分布在全国 20 多个省市,涉及生命线工程、民用建筑、古建筑加固等。

3.11.1.1 隔震结构体系的基本要求

结构隔震体系具有以下基本特征:

① 必须具有足够的竖向承载力。

② 具有可变的水平刚度。在强风或微小地震时,隔震器应具有一定水平刚度,限制上部结构的水平位移。在较大地震作用下,水平刚度逐渐减小。

③ 具有水平弹性恢复力,使上部结构在震后有自复位功能。

④ 具有一定阻尼和消能能力。

3.11.1.2 隔震系统分类

根据我国及世界各国对多种隔震技术的研究和应用情况,常用的隔震系统主要有:叠层橡胶支座隔震系统、摩擦滑移摆隔震系统、摩擦滑移摆加阻尼器隔震系统等。

目前,隔震系统形式多样,各有优缺点,且都在不断发展。其中叠层橡胶支座隔震系统技术相对成熟,应用最为广泛。尤其是铅芯橡胶支座和高阻尼橡胶支座系统,由于不用另附阻尼器,施工简便、易行,在国际上十分流行。

(1)普通叠层橡胶支座

叠层橡胶支座由薄橡胶板和薄钢板分层交替叠合,经高温高压硫化黏结而成,其中钢板水平内嵌于橡胶内以防生锈。当橡胶支座承受竖向荷载时,橡胶层横向变形受到上下钢板约束,使橡胶支座能提供很大的竖向承载力和刚度。当橡胶支座承受水平荷载时,橡胶层相对位移大大减小,使橡胶支座可达到很大整体侧移而不失稳,水平刚度很小,为竖向的 $1/1000 \sim 1/500$。因此,这种支座只能隔离水平地震作用,而对竖向地震作用的隔震效果较差。另外,该支座荷载-位移滞回曲线狭窄,阻尼较小,常需配合阻尼器一起使用。

(2)铅芯叠层橡胶支座

铅芯叠层橡胶支座是在叠层橡胶支座中部圆孔中压入铅而成,其构造如图 3-25 所示。铅芯有两个作用:一是增加支座的早期刚度,减小支座系统变性,有利于结构在风荷载和小震下保持稳定;二是耗散地震能量。铅芯橡胶支座既有隔震作用,又有阻尼作用,不需另设阻尼器单独使用。这样可节省空间,有利于施工。

(3)摩擦滑移摆隔震系统

摩擦滑移摆隔震技术(图 3-26),主要通过在建筑与基础之间滑动摩擦来隔离地震对结构的作用。它通过在建筑与基础之间设置一层滑动材料,在地震时隔离基础与上部结构的相互作用。风荷载或者小震作用时,静摩擦力使结构固定于基础之上;当大震来临时,静摩擦力转变为活动摩擦力(摩擦力减小),结构相对于基础产生水平滑动。这种滑动一方面隔离了基础向上部结构传输的运动,另一方面通过摩擦阻尼耗散了部分地震能量。

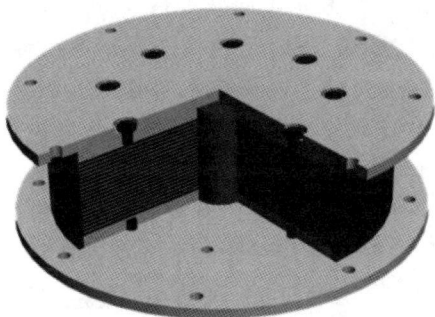

图 3-25 铅芯叠层橡胶支座   图 3-26 摩擦滑移摆隔震系统

摩擦滑移材料种类主要有:聚四氟乙烯、不锈钢板、砂粒、滑石粉、水泥砂浆、油毡、聚合混凝土、环氧砂浆、石墨或有机物涂层等。

(4)由橡胶支座和摩擦摆组成的组合隔震系统

吕西林等根据叠层橡胶支座和滑移摆摩擦隔震支座的特点,提出了组合基础隔震系统,并以中国和日本的在建隔震房屋为工程背景,进行了组合基础隔震房屋模型和基础固定房屋模型振动台试验研究。分析结果表明,由橡胶支座和摩擦摆并联组成的隔震系统中,叠层橡胶支座能提供系统向心复位能力,滑板摩擦支座通过滑移隔离地震。这种隔震系统在地震时可自动调节摩擦板的摩擦力,使橡胶支座不致遭受破坏。

3.11.1.3　隔震结构的设计要求

隔震结构主要用于高烈度地区或使用功能有特别要求的建筑,符合以下各项要求的建筑可采用隔震方案:

① 不隔震时,结构基本周期小于 1.0 s 的多层砌体房屋、钢筋混凝土框架房屋等;

② 体型基本规则,且抗震计算可采用底部剪力法的房屋;

③ 建筑场地宜为Ⅰ、Ⅱ、Ⅲ类,并应选用稳定性较好的基础类型;

④ 风荷载和其他非地震作用的水平荷载不宜超过结构总重力的 10%。

隔震建筑方案的采用,应根据建筑抗震设防类别、设防烈度、场地条件、建筑结构方案和建筑使用要求,进行技术、经济可行性综合比较分析后确定。不满足以上要求时,应进行详细结构分析并采取可靠措施。体型复杂或有特殊要求的结构采用隔震方案时,宜通过模型试验后确定。

隔震层宜设置在结构第一层以下部位。隔震层布置和设计应符合以下要求:

① 隔震层可由隔震支座、阻尼装置和抗风装置组成。阻尼装置和抗风装置可与隔震支座合为一体,也可单独设置。必要时可设置限位装置。

② 隔震层刚度中心宜与上部结构质量中心重合。

③ 隔震支座平面布置宜与上部结构和下部结构竖向受力构件平面位置相对应。

④ 同一房屋选用多个隔震支座时,应注意充分发挥每个隔震支座的承载力和水平变形能力。

⑤ 同一支撑处选用多个隔震支座时,隔震支座之间的净距离应大于安装操作所需要的空间要求。

⑥ 设置在隔震层的抗风装置宜对称、分散地布置在建筑物的周边或周边附近。

⑦ 隔震层在罕遇地震下保持稳定且不出现不可恢复的变形,所用橡胶支座不宜出现拉应力。穿过隔震层的设备配管、配线,宜采用柔性连接等适应隔震层大水平位移的措施,预埋件的锚固钢筋应与钢板牢固连接。

3.11.1.4　房屋隔震设计和规范

《建筑抗震设计规范》(GB 50011—2010)中有关章节,从隔震适用范围、设防目标、隔震元件的选型和布置、建筑结构布置、隔震减震程度确定,到隔震减震后结构地震作用计算和抗震构造措施均作了原则性的规定,尤其是对目前应用较为成熟的橡胶支座隔震技术提出了明确要求。

《建筑抗震设计规范》(GB 50011—2010)对隔震设计提出了分部设计法和水平向减震系数,力图使人们在隔震设计中能运用已熟悉的抗震设计知识和抗震技术。所谓水平向减震系数,是预期隔震指标,指隔震结构与同一非隔震结构各层层间剪力比值的设计取值。在隔震设计中,将整个隔震体系划分为上部结构、隔震层、下部结构(地下室等)和基础四部分。进行设计计算时,首先确定水平向减震系数,随之依次进行上部结构、隔震层、下部结构和基础的设计。

隔震结构的抗震分析方法主要采用底部剪力法和时程分析法。一般来说,宜采用时程分析法计算隔震和非隔震结构。上部结构通常可采用线弹性模型,隔震层根据不同的情况可采用线弹性或双线性模型。输入地震波的反应谱特性和数量,应符合《建筑抗震设计规范》(GB 50011—2010)5.1.2 条的有关规定,且计算结果宜取其包络值。

当场地处于发震断层 10 km 以内时,若输入地震波未考虑近场影响,对甲、乙类建筑计算结果应乘以近场影响系数,5 km 以内取 1.5,5 km 以外取 1.25。

当结构隔震后各层最大层间剪力与非隔震结构对应层最大层间剪力比值最大值不大于表 3-35 中数值时,可按表 3-35 确定相应水平向减震系数。水平向减震系数的取值不应低于 0.25。

表 3-35　　　　　　　　　　　　层间剪力最大值比值与水平向减震系数的对应关系

层间剪力最大比值	0.53	0.35	0.26	0.18
水平向减震系数	0.75	0.50	0.38	0.25

隔震上部结构设计包括水平和竖向地震作用计算、隔震后相应的抗震构造措施。

对于多层结构,水平地震作用沿高度可按重力荷载代表值分布。

隔震后水平地震作用计算的水平地震影响系数可按《建筑抗震设计规范》(GB 50011—2010)第5.1.4、5.1.5条确定。其中,水平地震影响系数最大值可按下式计算:

$$\alpha_{max1} = \frac{\beta \alpha_{max}}{\psi}$$ (3-237)

式中 α_{max1}——隔震后水平地震影响系数最大值。

α_{max}——非隔震水平地震影响系数最大值,按规范5.1.4条采用。

β——水平向减震系数,对于多层建筑,为按弹性计算所得的隔震与非隔震各层层间剪力的最大比值;对于高层建筑结构,尚应计算隔震与非隔震各层倾覆力矩的最大比值,并与层间剪力最大比值相比较,取二者较大值。

ψ——调整系数;一般橡胶支座,取0.80;支座剪切性能偏差为S-A类,取0.85;隔震装置带有阻尼器时,相应减少0.05。

注:1. 弹性计算时,简化计算和反应谱分析时宜按隔震支座水平剪切应变为100%时性能参数进行计算;当采用时程分析法时按设计基本地震加速度输入进行计算。

2. 支座剪切性能偏差按现行国家产品标准《橡胶支座第3部分:建筑隔震橡胶支座》(GB 20688.3—2006)确定。

隔震层以上结构总水平地震作用不得低于非隔震结构在6度设防时的总水平地震作用,并应进行抗震验算;各楼层的水平地震剪力还应符合《建筑抗震设计规范》(GB 50011—2011)第5.2.5条对本地区设防烈度的最小地震剪力系数的规定。

9度时和8度且水平向减震系数不大于0.3时,隔震层以上的结构应进行竖向地震作用的计算。隔震层以上结构竖向地震作用标准值计算时,各楼层可视为质点,并按下式计算竖向地震作用标准值沿高度的分布:

$$F_{vi} = \frac{G_i H_i}{\sum G_j H_j} F_{Evk}$$ (3-238)

式中 F_{Evk}——结构总竖向地震作用标准值;

F_{vi}——质点i的竖向地震作用标准值;

α_{vmax}——竖向地震影响系数最大值,可取水平地震影响系数最大值的65%;

G_{eq}——结构等效总重力荷载,可取其重力荷载代表值的75%。

隔震层以下的结构和基础应符合以下要求:

① 隔震层支墩、支柱及相连构件,应采用隔震结构罕遇地震下隔震支座底部的竖向力、水平力和力矩进行承载力验算。

② 隔震层以下的结构(包括地下室和隔震塔楼下的底盘)中直接支承隔震层以上结构的相关构件,应满足嵌固刚度比和隔震后设防地震的抗震承载力要求,并按罕遇地震进行抗剪承载力验算。隔震层以下地面以上的结构在罕遇地震下层间位移角限值应满足表3-36要求。

表3-36 隔震层以下地面以上结构罕遇地震作用下层间弹塑性位移角限值

下部结构类型	位移角限值
钢筋混凝土框架结构和钢结构	1/100
钢筋混凝土框架-抗震墙	1/200
钢筋混凝土抗震墙	1/250

③ 隔震建筑地基基础的抗震验算和地基处理仍应按本地区抗震设防烈度进行,甲、乙类建筑的抗液化措施应按提高一个液化等级确定,直至全部消除液化沉陷。

3.11.1.5　隔震技术的工程实例

目前隔震技术已经在国内外逐渐普及,经过多次强烈地震考验,隔震效果良好。

实例一:1994 年洛杉矶 6.7 级地震,31 座医院遭到严重破坏,9 座医院局部破坏而疏散。而南加州大学医院为地下 1 层、地上 7 层的隔震结构,在地震中丝毫未损,没有一个花瓶摔下,室内非结构构件和装饰物完好。医院周围建筑物普遍严重破坏,医院屋内人员竟然未意识到发生了强烈地震。医院内各种设备未损坏,医院功能得到维持,成为救灾中心,对震后紧急救援起到了十分重要的作用。而距离 1 公里外的洛杉矶中心医院受到严重损害,经济损失达 3.89 亿美元。

实例二:1995 年日本阪神 7.2 级地震中,有两幢隔震结构建筑取得了地震观测记录。其中一栋建筑为西部邮政大楼,建筑面积 46000 平方米,6 层,是日本最大的隔震建筑。地震时,记录观测地面 1 层水平方向最大加速度只有基础的 1/4～1/3。该建筑震后完好,设备无损,在救灾中发挥了较大作用,隔震效果得到了充分发挥。第二栋为 Matsumura-Gumi 研究所大楼,为 3 层隔震楼。而与其毗邻的管理大楼为 3 层非隔震楼,两栋都得到了地震观测记录。隔震楼 1 层最大加速度值比基础减小,而非隔震楼屋面最大加速度比隔震楼大 2～5 倍。

实例三:1999 年中国台湾集集 7.6 级地震,汕头市烈度为 6 度。其他房屋摇晃厉害,居民惊慌失措,水桶里的水溅出了 1/3 左右。而陵海路隔震楼上的人无震感,不知道地震发生。

实例四:1995 年云南武定 6.5 级地震,地震发生时,大理震感强烈。而橡胶垫隔震建筑——大理白族自治州交通指挥中心大楼中的大多数人没有感觉,不知道地震发生。

实例五:1996 年,云南丽江发生 7 级强烈地震。西昌市国税局宿舍为 6 层宿舍楼,在楼上居住的职工只是感到轻微的晃动。而相邻的一幢常规抗震楼只有 4 层高,楼上居住的人感觉摇晃十分厉害,惊慌失措往外逃跑。

实例六:2013 年 4 月 20 日四川雅安发生 7.0 级地震以后,采用隔震技术修建的芦山县人民医院外观完整且受损较小引起人们关注,已然成为"楼坚强"的代言人,它的秘密在于地基部分的"弹簧缓冲"。

通过这些成功的工程实例,基础隔震以其在地震中减轻结构地震反应、减小地震损害的杰出表现,在世界各个国家受到越来越多的重视。总之,基础隔震技术在保证结构具有更高安全可靠度的同时,其直接和间接的社会效益、经济效益十分巨大,应用前景非常广阔。

3.11.2　消能减震技术

消能减震技术是在结构物某些部位(如支撑、剪力墙、节点、连接缝或连接件、楼层空间、相邻建筑间、主附结构间等)设置耗能(阻尼)装置,通过消能装置产生摩擦、弯曲(或剪切、扭转)弹塑(或黏弹)性滞回变形等来耗散或吸收地震输入结构中的能量,以减小主体结构地震反应。

根据地震振动台试验结果,消能减震结构能减少房屋 40%～60%的地震反应。在经济上,采用消能减震结构,比采用传统抗震结构节约 5%～10%的造价;若用于既有建筑物的地震防御性能改造,则可节省造价 10%～60%。

消能减震结构具有减震机理明确、减震效果显著、安全可靠、经济合理、技术先进、适用范围广等特点。目前,已被成功用于建筑结构的减震控制中。我国《建筑抗震设计规范》(GB 50011—2010)中包括了消能减震方面设计的内容,下面结合抗震规范,简要介绍消能减震技术。

消能减震装置的种类有很多,根据耗能机制的不同可分为摩擦阻尼器、钢弹塑性阻尼器、铅挤压阻尼器、黏弹性阻尼器和黏滞阻尼器等。根据阻尼器耗能的依赖性分为速度相关型(黏弹性阻尼器和黏滞阻尼器)和位移相关型(如摩擦阻尼器、钢弹塑性阻尼器和铅挤压阻尼器等)。

按消能构件或装置的构造形式分类,可以分为:

① 消能支撑。它可以代替一般的结构支撑,在抗震(抗风)中发挥支撑水平刚度和消能减震作用。

② 消能剪力墙。可以代替一般结构剪力墙,在抗震(抗风)中发挥剪力墙水平刚度和消能减震作用。消能剪力墙是由弹塑性材料浇筑的整体剪力墙。

③ 消能节点。在结构梁柱节点或梁节点设置消能装置。当结构产生侧向位移导致在节点处产生位移时，它们即发挥消能减震作用。

④ 消能连接。当结构缝隙或构件之间连接处产生变形时，设置消能连接可发挥减震作用。

按消能形式分类可以分为：

① 摩擦消能。它利用两固体接触面摩擦力做功耗能，具有较强消能能力，装置加工工艺简单，便于应用。

② 钢件非弹性变形消能。这属于金属阻尼器，种类较多，包括基底隔震使用的花瓣弹簧阻尼器和钢棒、钢板阻尼器。

③ 材料塑性变形消能。如铅挤压阻尼器，由于铅有很好的塑性性质，铅挤压阻尼器力-位移滞回曲线接近于矩形，消能作用显著。

④ 材料黏弹性消能。这经常选用聚丙烯类黏弹性高分子材料制成，其主要优点是具有较大的阻尼耗能能力和较好的耐久性，价格较低，但在材料和制造工艺上均有一些特殊要求。

⑤ 流体阻尼消能。利用黏滞流体的阻力随运动按一次方或多次方增加的特性研制。目前常用的黏性介质为硅油。阻尼器利用活塞往复运动耗散能量。

⑥ 磁流变阻尼器、电流变阻尼器。通过控制磁场和电场在很短时间内使阻尼器中流变体实现自由流动、黏滞流动和半固态的交替变化。相对而言，磁流变液体中的磁性微粒能使简化和加强对阻尼的控制，所以有更好的应用前景。

3.12　防震减灾规划　>>>

3.12.1　防震减灾概述

防震减灾是国家公共安全的重要组成部分，是重要的基础性、公益性事业，事关人民生命财产安全和经济社会可持续发展。加快防震减灾事业发展，对于全面建设小康社会、构建社会主义和谐社会具有十分重要的意义。

目前，我国防震减灾能力与经济社会发展不相适应。主要表现在：全国地震监测预报基础依然薄弱，科技实力有待提升，地震观测所获得的信息量远未满足需求，绝大多数破坏性地震尚不能作出准确的预报；全社会防御地震灾害能力明显不足，农村基本不设防，多数城市和重大工程地震灾害潜在风险很高，防震减灾教育滞后，公众防震减灾素质不高，6.0级及以上级地震往往造成较大人员伤亡和财产损失；各级政府应对突发地震事件的灾害预警、指挥部署、社会动员和信息收集发布等工作机制需进一步完善；防震减灾投入总体不足，缺乏对企业及个人等社会资金的引导，尚未从根本上解决投入渠道单一问题。

我国城市的地震减灾事业要以预防为主，走综合防御的道路。合理规划城市布局，改善城市防灾环境，增强城市抗震能力，把城市建设成为具有较强防震减灾能力的"安全城市"。这就要做到以下几点：

① 充分发挥政府在城市抗震防灾中的主导作用；

② 大力推进城市防灾科技研究；

③ 发动群众广泛参与城市防灾事业。

将这三者有机结合是取得城市防震减灾实效的关键。

3.12.2　城市抗震防灾规划目标

城市抗震防灾规划基本目标：逐步提高城市综合防震能力，最大限度减轻地震灾害，保障地震时人民生命财产安全和社会活动的顺利进行，使城市在遭遇相当于当地基本烈度地震影响时，城市要害系统不遭受严重破坏,重要工矿企业能正常或很快恢复生产,人民生活基本正常。

根据《国家防震减灾规划(2006—2020 年)》,确定到 2020 年,我国基本要具备综合抗御 6 级左右、相当于各地区地震基本烈度地震的能力。大中城市和经济发达地区的防震减灾能力要实现和达到中等发达国家水平的目标。

3.12.3　城市抗震防灾规划的主要内容

城市抗震防灾规划按其内容和深度等不同要求,分为甲、乙、丙三类形式。国家和省重点抗震城市、百万人口以上的城市和省(自治区、直辖市)会所在城市抗震防灾规划按甲类模式编制;位于地震基本烈度 6 度的大城市和 7 度以上(含 7 度)的大中城市抗震防灾规划按乙类模式编制;其他小城市和县、镇的抗震防灾规划按丙类模式编制。

抗震防灾规划应以贯彻国务院提出的“预防为主、平震结合、常备不懈”的防灾救灾工作方针为指导思想。

城市抗震防灾规划的主要内容包括:

① 地震监测预报规划。依据城市及其附近的地震地质和地震活动性情况,建立流动与固定、点线面三结合、多学科多方法手段的地震监测网络,强化地震短临跟踪措施,完善地震预报体制,力争在破坏性地震到来之前作出较为准确的预报。

② 土地利用规划。根据地震危险性分析、地震影响小区划和震害预测,划分出对抗震有利或不利的小区,为城市建设中的土地利用提供基础资料。

③ 避难疏散规划。规划出市、区、街道级的应急避难通道、防灾避难场地。

④ 城市生命线工程防灾规划。它包括提高城市交通、给水排水、通信、能源供应、医疗、消防等系统抗震能力和防御措施。

⑤ 防止次生灾害规划。它包括减小水灾、火灾、爆炸、溢毒、放射性污染及地震诱发的滑坡、塌陷、泥石流等地质灾害的危害程度及防治措施。

⑥ 建筑抗震加固规划。对城市现有的工程措施、建筑物等抗震能力进行鉴定和加固。

⑦ 灾前应急准备及震后抢险救灾规划。在政府统一领导下,各有关部门按职责分工,制定地震应急和抢险救灾预案。一旦破坏性地震发生时,便可按预案规定程序和步骤,有条不紊地进行抗震救灾。

⑧ 人才培训、宣传和防灾训练规划。通过对社会公众进行地震知识宣传,进行防灾模拟训练及演习,增加人们对地震知识的了解,提高防灾自救能力。

乙类和丙类模式的抗震防灾规划主要内容要相应删减一些部分。我国城市抗震防灾规划将抗震防灾工作清晰地分为震前、震中和震后三个层次,着重于震前的抗震防灾和震中抢险救灾两个环节,体现了“预防为主”的指导思想。规划从提高城市综合抗震防灾能力着眼,以建筑工程及城市设施为主要对象,从组织机构、指挥系统、人才培训、宣传、抗震救灾的措施等得到经费计划安排,形成一个具有层次性、时段性和网络性的规划。

具体各个分项规划归纳起来包括以下几个方面:

① 提高城市综合抗震防灾能力的远期规划,减轻地震造成的损失。其包括对新设计工程,根据地震危险性分析,严格执行抗震设计规范和有关标准;对已有房屋进行地震预测和加固,确保地震安全性;还包括土地利用规划,即根据地震影响小区划提供的加速度分布、各种地质效应分布图等资料,规定土地使用等级和限制,控制发展规模,减小人口密度,合理布局和功能分区,结合旧城改造和绿化规划等。

② 震前应急准备规划,提高人群对灾害的承受能力和消除震时恐慌和混乱。其包括剪力抗震防灾指挥中心,剪力地震警报系统和地震情报系统,制定应急疏散和撤离计划,储备抗震救灾急需物资(抢修工具和救灾生活资料),抗震防灾宣传教育等。

③ 震中短期应急规划,一般在震后 1～3 天。其包括搜索和救援被埋在倒塌房屋中的人员,组织医疗急救,供应食物和水,建立临时性避难场所,限制次生灾害规模,恢复供水、供电、交通、通信等生命线工程,组织震害调查和强化社会治安、打击犯罪行为等。

④ 震后恢复重建规划,加快恢复重建过程,及早安置灾民。其包括建筑恢复与重建、生产设施和公用设施恢复与重建、震后吸引投资和恢复经济等。

3.12.4 抗震防灾规划参考指标

从国情和城市实际情况出发,实施城市抗震防灾规划,减轻地震灾害。以下参考指标可用于抗震防灾规划编制:人口密度、建筑密度、疏散通道、疏散距离、避难场地人均面积、城市主干道出口及干道间距、应急食品供应、最低供水标准、急救床位数、应急发电机数量等。

3.12.5 城市规划中的地震应急避难场所

随着城市现代化建设的加快,地震应急避难场所的建设已经成为城市公共安全的一项重要内容。美国作为发达国家,其避难场所的设置也较为完善,很早就建立了各类避难所,包括飓风避难所、生物和化学灾难避难所、核辐射避难所、地震避难所、爆炸避难所,火灾避难所、暴风雨避难所等。每一种避难场所都是根据避难需求进行设置的,不同的突发事件发生时,相关部门会启动不同类型的避难场所。日本应对地震灾害的能力尤为突出,是最早提出规划建设地震应急避难场所的国家之一。日本不仅有地震应急避难场所的规划,而且各城市每年还定期组织本国居民进行地震应急避难演习,加强国民应急避险意识。同时,日本还统一了全国的地震应急避难场所标志,每个居民无论在哪里都能根据标志很快地找到最近的应急避难场所。

3.12.5.1 应急避难场所的定义

应急避难场所是为了人们能在灾害发生后一段时期内,躲避由灾害带来的直接或间接伤害,并能保障基本生活而事先划分的带有一定功能设施的场地。应急避难场所具有应急避难指挥中心、独立供电系统、应急直升机停机坪、应急消防措施、应急避难疏散区、应急供水等11种应急避险功能,形成集通信、电力、物流、人流、信息流等于一体的完整网络。

城市应急避难场所规划主要包括三部分内容:一是建立城市应急避难场所体系;二是确定场地型和场所型应急避难场所;三是确定城市应急通道和完善应急避难场所设施配备。

3.12.5.2 应急避难场所的划分

① 城市应急避难场所。它是指城市内配套建设了应急救援设施(设备)的具有一定规模的场地和按防灾要求设计或加固的场所,是为了应对上述自然灾难为周边居民提供的疏散和安置的场所。

② 场地型应急避难场所。它主要是指利用公园、绿地、学校操场、广场等开敞空间建设的具有灾时紧急避难和临时生活功能的场地。

③ 场所型应急避难场所。它主要是指利用地下空间(含人民防空工程)、体育场馆、学校教室等公共建筑具有灾时紧急避难和临时生活功能的场所。

城市应急避难场所规划还需综合考虑配套应急通道及应急生命线系统的规划要求。应急通道是指在城市发生灾难时,用于城市抢险救灾、人员疏散和物资运输的交通通道。应急生命线是指城市发生灾难时,用于保障受灾人员避难救援所需的包括供水、供电、医疗救护、物资供应、通信在内的基础设施。通过完善各类基础保障设施,建立适应城市发展要求的应急生命线系统。

3.12.5.3 应急避难场所规划原则

城市应急避难场所建设规划原则有以下几点:

① 应急避难场所应分为近期规划和长远规划。近期应考虑安全安置市民为主,结合当地实际情况,主要考虑已存在的建筑物情况、空地情况、人口密度和安全性等设计;远期要将城市总体规划中加入"安全城市"的理念,预先考虑提供给市民安全的避难避险空间。

② 防御为主,防救结合。未雨绸缪,常备不懈,力求在震前做好所有防灾工作,减少对外部救援的依赖,缩短依赖外部救援的时间。

③ 平灾结合。将有一定规模、已定为应急避难场所的公园、绿地、体育场所等建成为具备平时和灾时应用的综合体;平时具备休闲、娱乐功能;灾害来临时,所配备的救灾设施能够发挥避难场所的特殊作用。

④ 均衡布局。使市民在发生地震时能迅速疏散到避难场所。将避难场所安排在居住区内及其周围,以步行 5～15 min 为宜。

⑤ 强调安全。应急避难场所应远离高大建筑物、易燃易爆化学物品、核放射物,易发生洪水、塌方的地方。地势要求较为平坦,能够放置应急装置、易搭帐篷。

⑥ 快速畅通。根据当地连接应急避难场地的道路现状,划定应急避难场所用地和与之配套的应急避难通道。

3.12.5.4 应急避难场所的用地面积

一般情况下,紧急避难场所用地面积以不低于 2000 m² 为宜,长期避难场所用地面积以不低于 4000 m² 为宜。各地区也可以根据当地城市建设情况和公园绿地情况,确定避难场所的用地面积标准。

3.12.5.5 实际有效避难用地的计算

对于公园、绿地等,除去水域、建筑用地、陡坡等不适宜建帐篷等的用地后,就是实际可使用面积。计算公园绿地有效避难用地面积时,一般乘以 60%～70% 的系数,再根据人均用地面积标准,算出可接纳人数。

3.12.5.6 人均综合用地指标

综合用地主要包括应急指挥中心用地、棚宿区用地、应急物资储备(供应)区用地、应急卫生救护(防疫)区用地等。紧急避难场所的人均用地标准为 1～1.5 m²,长期避难场所的人均综合用地标准为 2 m²,最少不得低于 1 m²。

3.12.5.7 服务半径

服务半径特指避难场所主要接纳的周围市民的范围。若避难场所为公园绿地等时,其服务半径与公园所指的服务半径不同。依据就近布局原则,紧急避难场所的服务半径为 500 m,以步行 5～15 min 到达为宜。长期避难场所为 500～4000 m,以步行 0.5～1 h 到达为宜。

3.12.5.8 配套建设

避难场所内应预先划定各类应急功能区,以方便编制场所疏散应急预案。

灾害发生后,受灾市民可以根据预案有组织、有秩序地进预案安排的区域(棚宿区)。另外,有关部门也可以在划定的功能区内搭建相关救灾设施。紧急避难场所一般应划定棚宿区,以安排应急厕所等,满足受灾市民临时生活需要。

长期避难场所除此之外,应划定其他类功能区,如应急指挥区、应急卫生救护(防疫)区、应急厕所区、紧急救援队伍(人员)驻扎区、应急物资储备(供应)区等,建设应急供水设施或系统、应急供电设施、应急广播系统、配建封闭式垃圾集中收集用房,规划和建立雨、污水排放系统,储存消防器材和设备等。考虑到长时间市民避难生活需要,有条件的场所还可配建洗浴设施、划定应急停机坪区等。

参考文献

[1] 江见鲸,徐志胜.防灾减灾工程学.北京:机械工业出版社,2005.

[2] 叶耀先,冈田宪夫.地震灾害比较学.北京:中国建筑工业出版社,2008.

[3] 周长兴.城市综合防灾减灾规划.北京:机械工业出版社,2011.

[4] 周云,李伍平,浣石,等.防灾减灾工程学.北京:中国建筑工业出版社,2007.

[5] 李耀庄,管品武.结构动力学及应用.合肥:安徽科学技术出版社,2005.

4 地质灾害及其防治对策

我国山地丘陵的面积约占国土总面积的 2/3,地质灾害频发。随着我国经济社会的发展,越来越多的经济活动在山区展开,比如筑路、开矿、修建水坝等,这样就涉及大量的地质灾害问题。据统计,我国长江上游地区共有滑坡 15 万处,中等强度的泥石流分布面积 10 万平方千米,有 200 多个城镇受到威胁,其中仅金沙江下游地区及毕节地区、嘉陵江上游地区、三峡库区等地就有危害较大的滑坡 16000 余处。《中国统计年鉴—2012》披露的资料显示,我国地质灾害的发生十分频繁,造成的直接经济损失巨大,每年投入地质灾害防治的资金呈逐年增加的趋势,见表 4-1。

表 4-1　　　　　　　　　　　　2000—2011 年全国地质灾害情况统计资料

年份	地质灾害总数/次	滑坡/次	崩塌/次	泥石流/次	地面塌陷	人员伤亡/人	死亡人数/人	直接经济损失/万元	防治项目数/个	地质灾害防治投资/万元
2000 年	19653	13431	2945	1958	347	27697	1179	494201	429	33197
2001 年	5793	3034	583	1539	554	1675	788	348699	999	44639
2002 年	40246	31247	3097	4976	521	2759	853	509740	1595	110022
2003 年	15489	10240	2604	1549	574	1333	767	504325	1815	166514
2004 年	13555	9130	2593	1157	445	1407	734	408828	2247	175231
2005 年	17751	9367	7654	566	137	1223	578	357678.1	3179	166860.2
2006 年	102804	88523	13160	417	398	1227	663	431590.1	2914	193569.9
2007 年	25364	15478	7722	1215	578	1123	598	247528.4	3492	244884.7
2008 年	26580	13450	8080	843	454	1598	656	326936.4	5325	529938.9
2009 年	10580	6310	2378	1442	326	845	331	190109.4	28061	542367.6
2010 年	30670	22250	5688	1981	478	3445	2244	638508.5	28106	1159813
2011 年	15804	11504	2445	1356	386	413	244	413151	20871	928085.5

地质灾害常常给工农业生产和国家的经济建设造成影响,甚至给人们的生命财产造成严重损失。1963 年意大利 Vaiont 水库近坝地段滑坡致使溃坝,造成的涌浪夺走了 2600 多人的生命;1982 年 7 月,重庆市云阳县鸡扒子滑坡的整治费用高达 1 亿元;1985 年 6 月,湖北省秭归县新滩滑坡总方量达 3000 万立方米,使新滩镇房屋全毁,激起的涌浪使 64 只木船和 13 艘小型机动船毁坏,并造成 10 名船员死亡;2008 年 5 月 12 日的汶川大地震导致大量滑坡、崩塌和泥石流,掩埋了很多地震中受损的房屋,造成重大人员伤亡;2010 年 8 月 8 日,甘南藏族自治州舟曲县发生特大泥石流地质灾害,截至 2010 年 8 月 28 日,已造成 1463 人遇难,302 人失踪。世界上滑坡灾害严重的国家,如美国、日本、意大利、印度、中国等,每年因滑坡造成的损失均在 10 亿美元以上。

4.1 地质灾害及其分类 >>>

4.1.1 地质灾害的定义

地质灾害是指在自然或者人为因素的作用下形成的,对人类生命财产、环境造成破坏和损失的地质作用(现象),如崩塌、滑坡、泥石流、地面沉降、地面塌陷、地裂缝、岩爆、坑道突水、突泥、突瓦斯、煤层自燃、黄土湿陷、砂土液化、岩土膨胀、土地冻融、水土流失、土地沙漠化及沼泽化、土壤盐碱化,以及地震、火山、地热灾害等。

2004年开始实施的《地质灾害防治条例》中定义的地质灾害为:包括自然因素或者人为活动引发的危害人民生命和财产安全的山体崩塌、滑坡、泥石流、地面塌陷、地裂缝、地面沉降等与地质作用有关的灾害。

地质灾害在成因上具备自然演化和人为诱发的双重性。它既是自然灾害的组成部分,同时又属于人为灾害的范畴。在某种意义上,地质灾害已经是一个具有社会属性的问题,已经成为制约社会经济发展和人民安居的重要因素。因此,地质灾害防治就不仅是指预防、躲避和工程治理,在高层次的社会意识上更表现为努力提高人类自身的素质,通过制定公共政策或政府立法约束公众的行为,自觉地保护地质环境,从而达到避免或减少地质灾害的目的。

不能简单地把洪水归类于地质灾害。但长时期、大范围且爆发频繁的洪灾是与地质环境密切相关的,是人类社会工程经济活动或防洪治水方略与地质环境演变方向长期不相适应的结果。

从地球表层环境变化而言,地震灾害属于地质灾害范畴。由于其发生的特殊性和危害巨大,地震灾害研究已经自成体系,其他章节有详细论述。

4.1.2 地质灾害的分类

地质灾害有多种分类方法,主要按照成因、地质环境或地质体变化速度、地理或地貌特征以及人员伤亡或经济损失来进行划分。

① 按照成因划分,地质灾害可分为自然地质灾害、人为地质灾害以及自然因素和人为因素协同作用而发生的地质灾害。

② 按照地质环境或地质体变化速度划分,地质灾害可分为突发性地质灾害和缓慢性地质灾害。崩塌、滑坡、泥石流、地面塌陷和地裂缝等,它们是公认的因地壳表层地质结构剧烈变化而产生的,通常被认为是突发性的。区域性地质生态环境变异引起的危害,如区域性地面沉降、海水入侵、干旱和半干旱地区的荒漠化、石山地区的水土流失、石漠化和区域性地质构造沉降背景下平原或盆地地区的频繁洪灾等,这些问题通常都是由多种因素引起且缓慢发生的,地质界常称其为缓变性地质灾害。

③ 按照地理或地貌特征,地质灾害可分为山地地质灾害和平原地质灾害。前者如滑坡、崩塌和泥石流等,后者如地面沉降、地裂缝等。

④ 按照人员伤亡和经济损失,地质灾害可分为以下四个等级。

a.特大型:因灾死亡30人以上或者直接经济损失1000万元以上的。

b.大型:因灾死亡10人以上30人以下或直接经济损失500万元以上1000万元以下的。

c.中型:因灾死亡3人以上10人以下或直接经济损失100万元以上500万元以下的。

d.小型:因灾死亡3人以下或者直接经济损失100万元以下的。

本章重点介绍滑坡、崩塌、泥石流和地面沉降等地质灾害及其防治对策。

4.2 滑坡灾害及其防治 >>>

根据 2010 年中国环境状况公报披露的资料显示,2010 年中国共发生各类地质灾害 30670 起,造成人员伤亡 3449 人,造成直接经济损失约 63.9 亿元。实际发生地质灾害中,滑坡 22329 起、崩塌 5575 起、泥石流 1988 起、地面塌陷 499 起、地裂缝 238 起、地面沉降 41 起,其中造成人员伤亡的地质灾害 382 起。地质灾害主要集中在华东、中南、西南以及西北的部分地区。地质灾害发生数量居前三位的省份依次是江西、湖南和福建;因灾死亡失踪人数居前三位的省份依次是甘肃、陕西和云南;因灾直接经济损失居前三位的省份依次是陕西、四川和吉林。

另外,2011 年中国国土资源公报的数据显示,全国共发生各类地质灾害 15664 起。其中,滑坡 11490 起、崩塌 2319 起、泥石流 1380 起、地面塌陷 360 起、地裂缝 86 起、地面沉降 29 起。造成人员伤亡的地质灾害 119 起,造成 245 人死亡、32 人失踪、138 人受伤,直接经济损失 40.1 亿元。

由以上数据可知,滑坡是最常见、危害最严重的地质灾害之一。

4.2.1 滑坡的定义和形态要素

边坡岩土体在自然或人为因素作用下沿着贯通的剪切破坏面所发生的滑移现象称为滑坡。滑坡的滑动速度有快有慢,快的以每秒几米甚至几十米的速度滑动,慢的则可能是难以觉察的蠕滑。

滑坡的一个重要特征就是在其运动过程中保持相对的完整性,往往表现出其特定的形态外貌。因此,在滑坡工程地质研究中,可以通过形态要素来认识滑坡。一个发育完全的滑坡所具有的基本形态要素如图 4-1 所示,其说明如下。

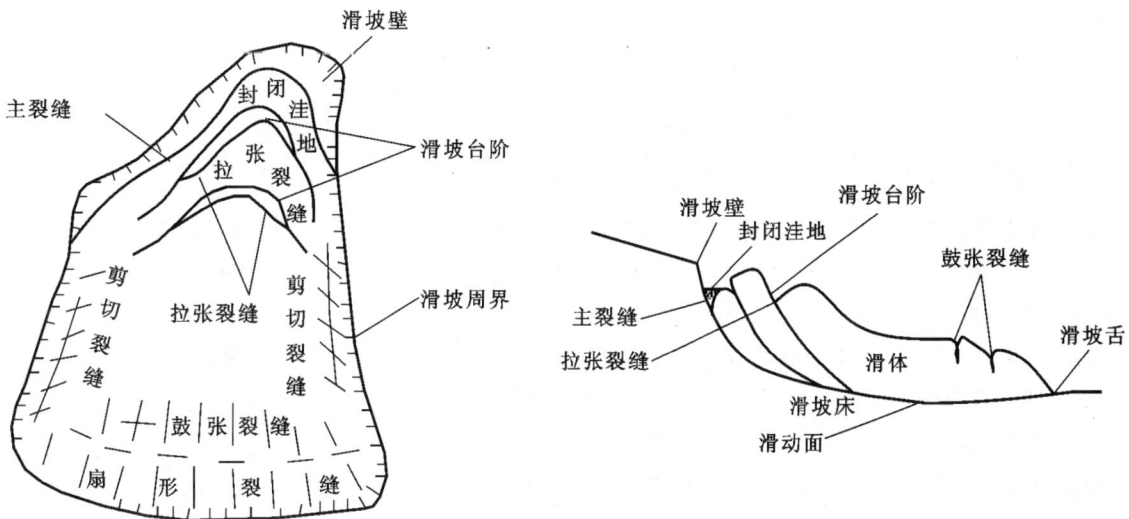

图 4-1 滑坡形态要素示意图

① 滑坡体:经过滑动与母体脱离的那部分岩土体。岩土体内部相对位置基本不变,但有时会出现褶皱和断裂现象,岩土体结构也会松动。

② 滑坡床:滑坡体以下未经滑动的岩土体。它保持原有的结构未变形,只是在靠近滑面附近有些破碎。

③ 滑动面(带):滑坡体与滑坡床之间的分界面。由于滑动过程中滑坡体与滑坡床之间相对摩擦,滑动面附近的土石受到揉皱、碾磨作用,可形成数厘米至数米厚的滑动带。根据岩土体性质和结构的不同,滑动面的形态是多种多样的,大致可分为圆弧状、平面状和阶梯状等(图 4-2)。一个大的滑坡体,往往会出现多个滑动面,在滑坡研究中要查清主滑面与次滑面、老滑面和新滑面,尤其要查清高程最低的滑动面。

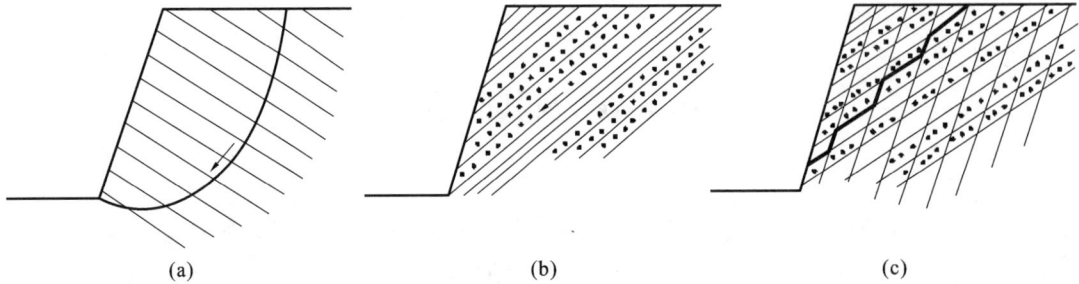

图 4-2　滑动面形状示意图

(a)圆弧状滑动面；(b)平面状滑动面；(c)阶梯状滑动面

④ 滑坡周界：滑坡体与周围未变位岩土体在平面上的分界线。它圈定了滑坡的范围。

⑤ 滑坡壁：滑坡体后缘由于滑动作用所形成的母岩陡壁，其坡角多为 $35°\sim80°$，平面上往往呈圈椅状。滑坡壁上经常可以看见沿铅直方向的擦痕。

⑥ 滑坡台阶：滑坡下滑时各部分运动速度不同而形成的一些错台。大滑坡体上可见到数个不同高程的台面和陡坎。

⑦ 滑坡舌（滑坡前缘）：滑坡体前部伸出如舌状的部位。它往往伸入沟谷、河流，甚至对岸。最前端滑坡面出露地表的部位，称为滑坡剪出口。研究滑坡剪出口高程对研究滑坡的形成年代以及滑坡与该地区近期地壳抬升运动的关系有重要意义。

⑧ 滑坡裂缝：由于滑坡体在滑动过程中各个部位受力性质和大小不同，滑速也不同，因而不同部位产生不同力学性质的裂隙，有拉张裂隙、剪切裂隙、鼓张裂隙和扇形裂隙等。拉张裂隙位于滑体后部，有时滑床后壁附近也有，呈弧形分布，与滑动方向垂直。剪切裂隙呈羽状分布于滑坡体中前部的两侧，它是因滑坡体与滑坡床之间相对位移的力偶作用而形成的，与滑动方向斜交。鼓张裂隙一般位于滑体前缘，由于滑体后部的推挤鼓起而成，与滑动方向垂直。扇形裂隙位于滑体舌部，是因前部岩土体向两侧扩散而产生的，作放射状分布，呈扇形。

除上述要素外，还有一些滑坡标志，如封闭洼地、滑坡鼓丘、滑坡泉、马刀树、醉汉林等，可以帮助人们认识滑坡。

4.2.2　滑坡的识别

滑坡识别是研究滑坡的最基础工作。对于正在活动的滑坡来说，因形态清晰而容易识别。但处于"休眠期"的老滑坡则因后期改造作用而难以识别，甚至误将重要建筑物置于其上而造成重大的生命财产损失。因此，准确地识别滑坡具有重要意义。

在实际滑坡调查工作中，主要通过遥感信息、地面地质测绘和勘探试验方法来进行滑坡识别。

① 应用遥感信息识别滑坡，主要采用航空遥感所提供的大比例尺的黑白和彩色红外摄像片来进行。在航片上识别滑坡，实质上就是识别滑坡的形态要素，然后结合搜集研究地区的地质资料进行综合分析，从而确认滑坡的存在。典型滑坡在航摄像片上所显示的地形地貌特征尤为明显。在较顺直的山坡上突然出现圈椅状的陡坎或陡壁，其下为封闭洼地，再向下则表现为上凹下凸地形，有时可见台阶状平地，更低一些的部位则为垅洼起伏的舌形坡地，突出于沟谷或河边，甚至将河道向对岸推移，阶地变位，其两侧有沟谷发育，并表现为双沟同源的景观。整个滑坡体平面形状如长舌形、梨形或三角形等。利用遥感图像进行滑坡判读，在区域性滑坡群的识别方面优点是很多的。它突出表现为效率高、视野广和准确度高，是一种有效的手段。但需要提出的是，滑坡是一种复杂的工程动力地质现象，通过航空遥感手段识别的滑坡，必须要通过地面地质测绘及勘探试验手段来验证。

② 地面地质测绘是识别滑坡的最主要手段。因为通过地面调查，可直接观测到滑坡各形态要素，并可搜集到滑动的证据。斜坡经过滑动破坏之后地形特征比较明显，特别是站在滑坡对岸高处瞭望时，滑坡区的地形地貌特征尤为明显。一般情况下，滑坡体上的岩石较周围岩石破碎，结构较松散；岩层产状与周围岩

层产状也不一致,尤其是滑坡剪出口处的岩层较破碎,可见反翘现象。在滑体上还会产生小褶皱或断裂。滑坡侧沟调查在识别滑坡中往往起着重要作用,当侧沟深切至滑坡床时,在侧沟壁上常可见到滑动面(带)物质,也可观察到岩层层序的扰动。滑坡作用可以改变地下水的径流状况,由于滑坡面(带)往往是一些不透水泥质物质,滑坡体本身渗透性又相对较强,因而滑坡体前缘或两侧多见泉水出露,有时在表面局部形成积水洼地。此外新生滑坡体上的植被覆盖较周围要好,树木歪斜凌乱,可见到醉汉林和马刀树。建筑物及地面破坏变形现象也可作为滑坡存在的佐证之一。

③ 勘探手段包括钻探、坑探和物探。通过这些手段来了解滑坡的结构、岩石破碎程度、地下水位,并确定滑动面(带)的位置、形状和滑带岩土体的物理力学性质。勘探工作的布置,应根据航片和地面测绘所了解的滑坡体的大小、形状和地质条件来进行,一般起码应该布置纵横两条勘探线(图 4-3)。在同一条勘探线上联合应用不同类型的勘探手段和方法,以便于比较分析。对滑带物质进行物理力学性质试验,可在平硐中作原位剪切试验,以求取滑带的抗剪强度参数(c、ϕ 值),也可在钻孔或者平硐中取样做室内试验。

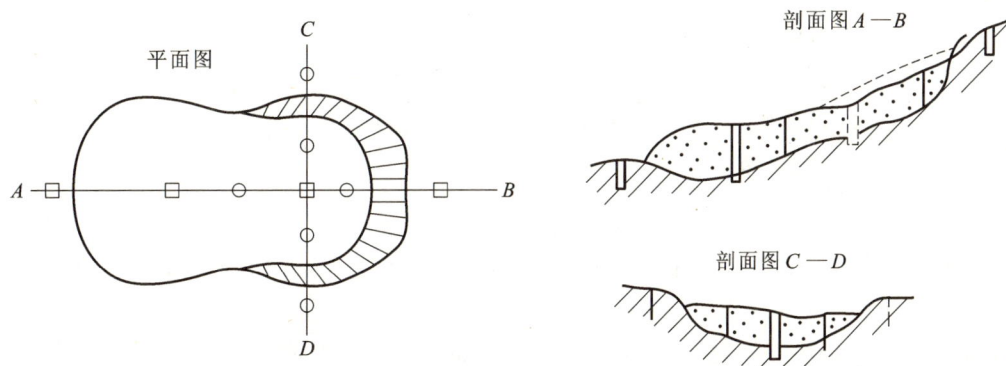

图 4-3 滑坡勘探线布置

4.2.3 滑坡活动的阶段性

滑坡的发生、演化过程是一个累进性变形破坏过程,而且往往具有多次周期性活动的特点。根据每一次滑坡活动的运动学特征,它可划分为以下四个阶段。

① 蠕滑阶段:即为变形阶段。此阶段表现为斜坡的坡肩附近及坡体某些部位出现拉张裂缝;坡体内局部剪切破坏面也出现,并向贯通性的滑面方向发展。蠕滑阶段的持续时间和斜坡中应力集中和分异的速度以及外力作用的强度有关,一般持续时间较长。

② 滑动阶段:滑动面已贯通,前缘出现剪出口;滑体前后及两侧出现不同力学机制的裂隙,并有局部坍塌。这些都标志着滑坡处于滑动阶段。此时滑坡的位移速率不断加大。

③ 剧滑阶段:滑移速率急剧加大,后缘拉裂缝急剧张开和下错,后壁不断坍塌;两侧及前缘表部坍塌。滑动面(带)上岩土体结构进一步破坏,含水量增大,有时随滑舌伸出而流出大量泥水。滑坡体以较大速率向前滑移,滑速可达每秒数十米,滑距较大,在滑速很大时甚至产生气浪。此阶段持续时间很短。

④ 稳定阶段:经过大量滑移后,滑体重心降低,滑动时产生的动能逐渐消耗于克服滑移阻力和滑体变形中。滑体中部地下水排出,使滑面强度有所提高。滑移速率逐渐减小直至停止,此时滑坡处于稳定阶段。

需要指出的是,并非所有滑坡都会出现这四个阶段,主要取决于滑坡的特征以及外力作用的方式和强度。如有的滑坡滑动阶段较长,而不出现剧滑阶段;有的滑坡则是蠕滑和滑动阶段不明显,主要表现为剧滑阶段。此外,滑坡处于稳定阶段期间,若外部条件发生变化,又会重新滑动,故一个滑坡往往有多期滑动性。

4.2.4 滑坡分类

滑坡分类的目的是对滑坡作用的各种环境和现象特征以及产生滑坡的各种因素进行概括,以反映各类滑坡的特征和发生、发展演化的规律,并进行有效的防治。

迄今为止,国内外滑坡分类的方法很多,其原因和分类依据各异。以下介绍几种常用的分类。

（1）按滑面和岩层层面的关系分类

这种分类应用很广,可分之为无层(均质)滑坡、顺层滑坡和切层滑坡三类。

① 无层滑坡。这是发生在在均质、无明显层理的岩土体中的滑坡。滑动面不受层面控制,一般呈圆弧状。在黏土岩、黏性土和黄土中较常见。如陕西省阳(平关)安(康)铁路中段的西乡路堑滑坡(图 4-4)。

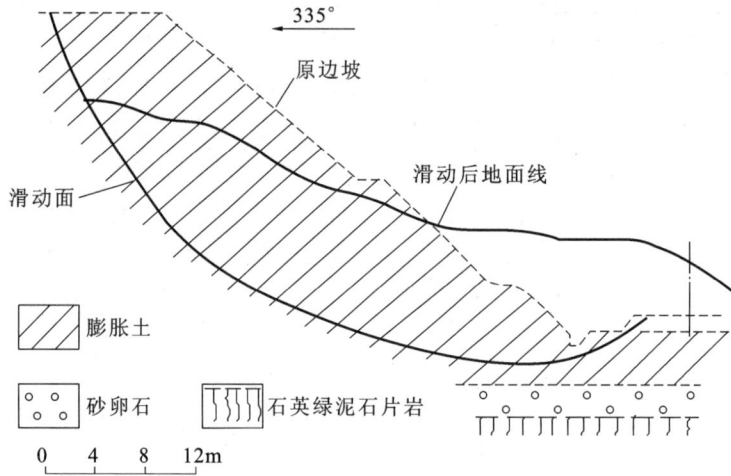

图 4-4　西乡滑坡纵剖面图

② 顺层滑坡。沿层面发生滑动的滑坡。这类滑坡多发生在岩层倾向与斜坡倾向一致、但倾角小于坡角的条件下;特别是在有原生或次生软弱夹层存在时,该夹层易成为滑动面(带)。顺着残坡积物与其下部基岩面下滑的滑坡,也属于顺层滑坡。顺层滑坡的滑动面形态视岩层面的情况而定,可以是平直的,也可以是圆弧状或折线状的。顺层滑坡在自然界分布较广,而且规模也较大。意大利瓦伊昂水库左岸的巨型滑坡即属此类滑坡,滑坡发生在向斜谷中,滑面呈圆弧状(图 4-5)。我国三峡工程库区云阳-奉节段也有多处这种类型的大型滑坡。

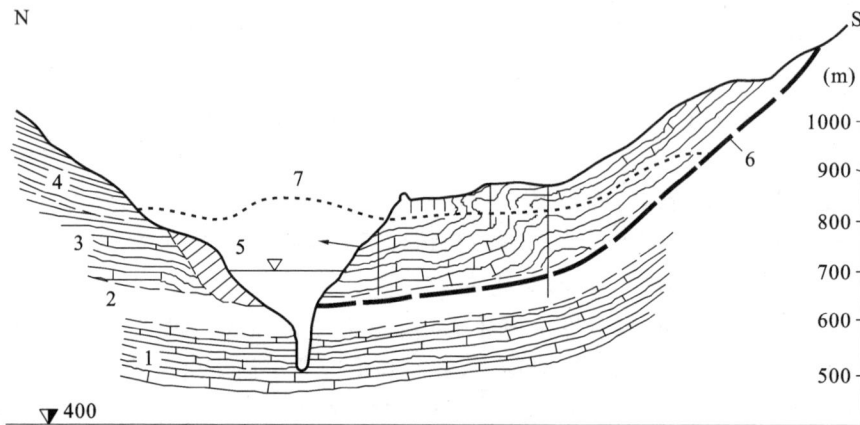

图 4-5　意大利瓦伊昂水库滑坡剖面图

1—灰岩;2—含黏土岩夹层的薄层灰岩(侏罗系);3—含燧石的厚层灰岩(白垩系);4—灰岩质灰岩;
5—老滑坡;6—滑动面;7—滑动后地面线

③ 切层滑坡。滑坡面切过岩层面的滑坡。多发生在岩层面近乎水平的平迭坡条件下。滑动面一般呈圆弧状或对数螺旋曲线(图 4-6)。

（2）按滑坡始滑部位分类

这种分类对防治滑坡有很大的实际意义。一般可分为推动式滑坡、牵引式滑坡、混合式滑坡和平移式滑坡。

① 推动式滑坡。始滑部位位于滑坡后缘[图 4-7(a)]。这类滑坡的发生,主要是由坡顶堆载重物或进行建筑等引起坡顶部不稳所致。

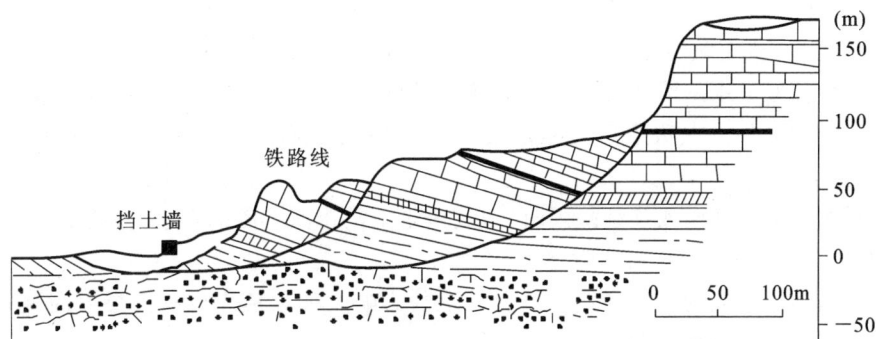

图 4-6 切层滑坡(据 Ward,1945)

② 牵引式滑坡。始滑部位位于滑坡前缘[图 4-7(b)]。这类滑坡的发生,主要是由坡脚受河流冲刷或人工开挖,以致坡角部位应力集中所致。

③ 混合式滑坡。始滑部位前、后缘均有[图 4-7(c)]。

④ 平移式滑坡。始滑部位分布于滑动面的许多部位,同时局部滑移,然后贯通为整体滑移[图 4-7(d)]。

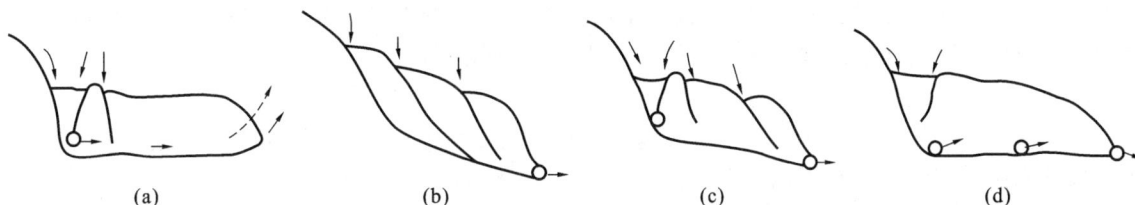

图 4-7 按滑坡始滑部位分类
(a)推动式滑坡;(b)牵引式滑坡;(c)混合式滑坡;(d)平移式滑坡

(3)按岩土类型分类

按岩土类型来划分滑坡,能够综合反映滑坡的特点。因为斜坡的物质成分不同,其滑坡的形态和滑动力学特征均不相同,滑坡体结构和滑动面形状各异。按岩土类型可将滑坡首先分为岩质滑坡和土体滑坡两大类,随后再将这两大类滑坡细分。但目前尚无确切的细分方案。我国铁路部门分为堆积层滑坡、黄土滑坡、黏土滑坡和基岩滑坡四类。

4.2.5 滑坡的形成条件

滑坡的发生、发展是各种内部因素和外部因素、自然因素和人为因素的综合作用的结果。内部因素主要包括边坡岩土体性质、结构、构造和产状等,外部因素包括降雨、地震、冻融、海啸和人类工程活动等,其中人类工程活动和水的作用是主要的外部因素。

(1)滑坡发生的内部因素

① 土体的性质。不同的岩土体具有不同的抗剪强度、抗风化和抗水的能力。坚硬致密的岩石抗剪强度与抗风化能力都比较强,在水的作用下岩性基本没有什么变化,由这类岩土体所组成的边坡往往不易发生滑坡。而页岩、片麻岩和易亲水软化的岩土体遇水岩性变化比较大,所组成的边坡就比较容易发生滑坡。

② 岩土体的结构构造和产状。边坡内岩土层的层面、断层面、节理面和片理等产状影响滑坡的发育,且这些部位本身易于风化,抗剪强度也比较低。当它们的倾向与边坡面的倾向一致时,易发生顺层滑坡,或在堆积层内沿着基岩面滑动。

③ 边坡的外形。边坡前缘存在临空面是滑坡产生的先决条件。边坡越陡、高度越大以及当斜坡中上部凸起而下部凹进,且坡脚无抗滑地形时,其稳定性就越差,越容易发生滑坡。山区河流的冲刷、沟谷的深切及不合理切坡都能形成高陡的临空面,为滑坡的发育提供了良好条件。

(2)滑坡发生的外部因素

滑坡发生的外部因素主要有以下四类。

① 人类工程活动的影响。由于人类在工程活动中对斜坡的改造,使边坡的抗滑力减小或者下滑力增大,降低了边坡的稳定性,从而触发滑坡。如坡脚开挖、坡面任意堆填岩土等。

② 水的作用。各种地表水从滑体表面渗入滑坡体,使边坡稳定性降低,产生不可逆效应,日益恶化。降雨对滑坡所起的主要作用是:一是吸水后滑体重量增大,加大了滑体下滑力;二是使滑带含水量明显增大,滑带饱水后抗剪强度降低。

③ 强降雨的影响。出现暴雨或连续降雨时,滑坡体来不及排泄下渗的雨水,会使地下水位急剧上升,增大下滑力,同时也降低了滑坡体的抗滑力学参数。

④ 外部扰动。震动对滑坡的发生和发展也有一定的影响。如大地震或火山爆发时往往伴有大量滑坡发生,采矿、大爆破等有时也会触发滑坡。

总之,滑坡的发生主要是由岩土体的性质等内部因素决定的,而人类工程活动、降雨和地震等作用是滑坡发生主要的触发因素。

4.2.6 滑坡的治理

(1)滑坡勘察

滑坡勘察就是通过调查、勘探、观测、试验等手段以查明滑坡的类型及要素,分析滑动的原因和稳定程度,并预测其发展趋势,为防治滑坡提供所需的工程地质资料和建议。

滑坡勘察的内容包括以下几点:

① 查明滑坡成因、分布范围、类型和形态要素,以及对区域稳定性的影响程度及其发展趋势,并提供防治工程的设计和施工所需的计算指标及资料;

② 查明建筑区内的地层结构和岩土的物理力学性质,提出合理的地基承载力,并对地基的均匀性和稳定性作出评价;

③ 查明地下水的埋藏条件、水位变化幅度与规律及其侵蚀性地基土的渗透变形,测定地层的渗透性,并评价有关工程的主要工程地质问题;

④ 斜坡地区应评价边坡的稳定性。

(2)滑坡的应急处理

① 排除地表水。排除地表水是整治滑坡的必要辅助措施,也是应该首先采取并长期运用的措施。目的在于拦截、旁引滑坡外的地表水,避免地表水流入滑坡区,或将滑坡范围内的雨水及泉水尽快排除,阻止雨水、泉水进入滑坡体内。常采用的工程措施有:在滑坡体外修建截水沟,在滑坡体上修建排水沟和引泉工程,做好滑坡区的绿化工作,在滑坡上游严重冲刷地段修筑丁坝,改变水流流向和在滑坡前缘抛石、铺石笼等以防地表水对滑坡坡面的冲刷或河水对滑坡坡脚的冲刷。另外,用黏土填密压实滑坡体上的裂缝,或者在裂缝上铺上防水布,以免地表水沿裂缝渗入滑坡体内。

② 排除地下水。对于地下水,采取可疏不可堵的措施。主要工程措施有:布置截水盲沟、支撑盲沟、垂直或水平排水孔、排水隧洞等。

③ 削坡压脚。主要是挖掉一部分下滑段的岩土体,或者在抗滑段堆载岩土体,起到增大安全系数的目的。常用的做法是将较陡的边坡减缓,将滑坡体后缘的岩土体削掉一部分或者拆除坡顶处的房屋和搬走重物等。同时,将削掉的岩土体堆填到坡脚以便起到更好的阻滑作用。

(3)主要抗滑工程措施

① 抗滑挡土墙。在滑坡坡脚修建一道挡土墙,利用挡土墙的重力来增大抗滑力,一般用于治理滑面埋深较浅、滑坡推力较小的小型滑坡。

② 抗滑桩。这是目前最为常用和有效的一种抗滑工程措施之一,可用来治理大中型滑坡。抗滑桩具有设置灵活、省时省料、不破坏滑坡体和便于施工等优点。抗滑桩按制作材料可分为混凝土桩、钢筋混凝土桩及钢桩。在处理大型、超大型滑坡时,有时会采用多排抗滑桩,或在桩顶布置预应力锚索。

③ 预应力锚索。通过预应力锚索将滑坡体固定在稳定的基岩上,锚头一般采用钢筋混凝土框格梁相连接。预应力锚索一般应用于较陡的岩质边坡。在人工开挖的路堑或半路堑边坡中常常采用预应力锚索来加固。

（4）滑坡监测

① 监测内容。其主要包括地表位移和滑坡体深部位移，降雨量、边坡地下水位、排水隧洞排水效果，抗滑桩受力、锚索预应力变化，地表裂缝变化，挡墙、抗滑桩位移，地表地质巡视。监测工作贯穿于整个工程活动和使用过程。

② 监测方法。地表位移的监测可以采用高精度全站仪、GPS 和引张线等；滑坡体深部位移监测主要采用测斜仪；地下水位的监测可采用手摇式水位计和遥测水位计；地表裂缝的监测主要是在裂缝两侧设置观测桩，观测两侧桩的相对位置的变化；抗滑桩受力状态监测，在抗滑桩受力主钢筋上不同深度埋设钢筋应力计，测试桩身应力；锚索预应力的监测主要采用锚索应力计；排水隧道的流量可采用遥测流量计进行监测。

4.2.7 抗滑桩的设计计算

（1）设计要求与步骤

抗滑桩的设计必须满足以下几点要求：当设置抗滑桩以后，滑坡体的安全系数提高到规定的要求，同时要保证滑坡体既不从桩顶越过也不从桩间挤出；桩身要满足强度和稳定性要求；在保证经济性的同时，桩的内力和变形满足规范要求，锚固段的侧壁应力在允许范围内。

抗滑桩的设计一般包括抗滑桩的桩型、桩位、桩间距、截面尺寸以及桩的锚固深度等。根据选定的参数进行承载力和稳定性验算。另外，还要对锚固段的侧壁应力进行验算。

抗滑桩的设计步骤主要有：根据勘察资料分析滑坡的原因、性质、厚度以及滑坡的稳定状态和发展趋势；根据地形、地质及施工条件等确定抗滑桩的位置及范围；确定桩后滑坡推力的分布形式，计算滑坡推力；根据以上情况拟定桩型、桩长、锚固深度、截面尺寸及桩间距等设计参数；确定桩的计算宽度；选定地基系数；判断是刚性桩还是弹性桩；计算桩身变位、内力及侧壁应力等，并计算最大内力；校核地基强度，若不满足条件则需调整桩的各项参数，重新计算直到满足要求；绘制桩身弯矩图和剪力图，进行配筋设计。

（2）抗滑桩的受力

对于单根抗滑桩来说，抗滑桩的受力主要包括桩上部的滑坡推力和桩周岩土体的地基反力。桩周的地基反力包括滑动段岩土体的抗力、锚固段岩土体的抗力、桩侧摩阻力和桩底应力等。根据工程经验，抗滑桩的设计中可以忽略桩侧摩阻力，还有桩底应力通常也忽略不计。而忽略这些力，计算结果往往较偏安全，对设计的影响不大。

① 滑坡推力的计算。

滑坡推力的分布一般跟滑坡的类型、部位、地层性质、变形情况及地基系数等因素有关。根据工程经验和实测数据，滑坡沿断面高度均匀往下变形，地基系数为常数，滑坡体的液性指数小，刚度较大且较密实，滑坡推力一般呈均匀分布；如滑坡体为堆积层或破碎岩层，液性指数大，刚度较小和密实不均匀，地基系数沿断面高度呈线性变化，则滑坡推力呈三角形分布；如地基系数在顶部呈线性变化，在底部为常数，则滑坡推力呈梯形分布。一般根据具体情况，滑坡推力采用三角形、矩形或梯形。

滑坡推力的大小一般跟滑坡的性质、厚度、滑面形状及桩位和桩间距等条件有关。一般先对滑坡的稳定性进行定性分析，然后进行计算。滑坡推力作用于滑动面以上部分的桩背上，其方向假定与桩穿过滑面点处的切线方向一致，计算方法一般为不平衡推力传递系数法。计算时，将滑坡范围内滑动速度大体一致的一部分滑体，视为一个计算单元，并在其中选择一个或几个顺着滑坡主轴方向的地质纵断面为代表，再按滑动面坡度和地层性质的不同，把整个断面上的滑体适当划分成若干竖直条块，由后向前，依次计算各块界面上的剩余下滑力。目前，由于还没有完全弄清桩间土拱对滑坡推力的影响，通常是假定每根桩所承受的滑坡推力为桩距范围内的滑坡推力，即每根桩承担的滑坡推力等于前述计算所得的滑坡推力乘以桩间距。该方法在许多文献中均有论述，这里只作简单介绍。

如图 4-8 所示，$abcd$ 为滑体的第 i 块，在它的上断面 ad 上，作用着上一块传下来的不平衡下滑力 T_{i-1}，其方向平行于上一块的滑动面（倾角为 α_{i-1}）。本块自重 W_i 分解为 N_i、F_i 两个力，并分别垂直、平行于本块的滑动面 cd（倾角为 α），则在断面 bc 上将有一个不平衡的下滑力 T_i，T_i 平行于 cd，其值为：

$$T_i = T_{i-1} \cdot \psi_i + N_i \cdot \tan\varphi_i - C_i \cdot l_i$$

(4-1)

式中　ψ_i——传递系数，其值为 $\psi_i=\cos(\alpha_{i-1}-\alpha_i)-\sin(\alpha_{i-1}-\alpha_i)\cdot\tan\varphi_i$；

　　　　φ_i——cd 面上的内摩擦角，(°)；

　　　　C_i——cd 面上的单位黏聚力，kN/m^2。

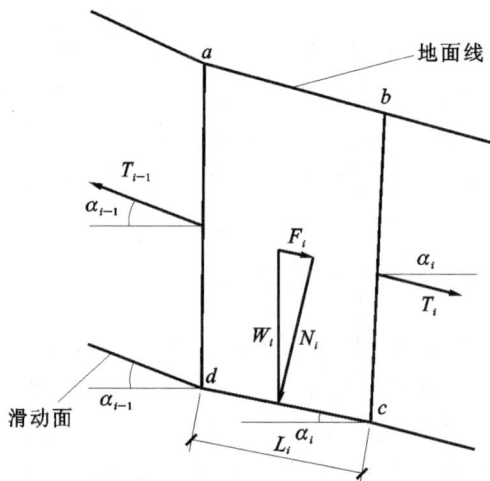

图 4-8　滑体第 i 块上的受力图

　　滑坡推力的计算步骤，首先根据试验、调查资料，拟订各条块滑动面的 C、φ 值，或整个滑动面的综合 C、φ 值，重复计算，直至等于或趋于零时为止，如图 4-9 中的曲线 a，其次根据要求，选定安全系数 K，再按式(4-1)重新计算各条块的剩余下滑力，即为所求之设计下滑力，如图 4-9 中的曲线 b，滑坡前缘出口处的最终不平衡下滑力 T_6 是抗滑桩设计的主要依据之一。最后，根据选定的桩位、桩间距，计算作用在每根桩上的滑坡推力。

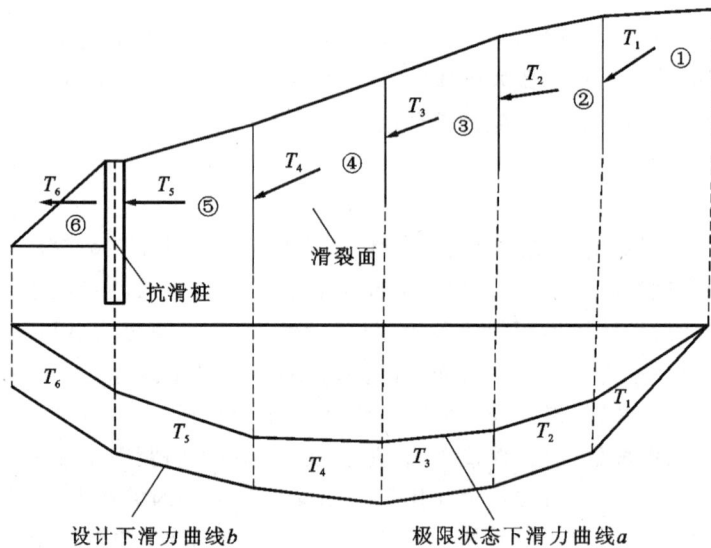

图 4-9　滑坡推力曲线图

　　关于安全系数的选用，主要从工程的重要性、外界的影响、对滑坡的了解程度、资料的可靠程度和滑动后果等因素综合考虑。一般 $K=1.20\sim1.35$。

　　② 地基反力的计算。

　　地基反力是在弹性地基梁分析方法的基础上通过计算分析确定的。弹性地基梁分析方法很多，但其变化主要在于地基模型的变化而派生的各种计算模型。目前，弹性地基梁的计算主要有两种地基模型——文克尔地基模型和半空间地基模型。对于水平受力的抗滑桩，国内外较为通用的是文克尔地基模型。

　　文克尔地基模型是 1876 年由捷克工程师 E·文克尔(E. Winkler)提出的，假设地基上任一点所受的压力(地基反力)σ 仅与该点的地面沉降 s 成正比，即：

$$\sigma = Ks \tag{4-2}$$

式中　K——地基反力系数,表示产生单位沉降所需的反力,在缺失试验条件的前提下可按表4-2选用。

表4-2

地基反力系数 K 值

	土的名称	$K/(kN/m^3)$
天然地基	淤泥质土、有机质土或新填土	$0.1×10^4～0.5×10^4$
	软弱黏性土	$0.5×10^4～1.0×10^4$
	软塑黏土、粉质黏土	$1.0×10^4～2.0×10^4$
	可塑黏土、粉质黏土	$2.0×10^4～4.0×10^4$
	硬塑黏土、粉质黏土	$4.0×10^4～10.0×10^4$
	松散砂土	$1.0×10^4～1.5×10^4$
	中密砂土	$1.5×10^4～2.5×10^4$
	密实砂土	$2.5×10^4～4.0×10^4$
	中密砾石	$2.5×10^4～4.0×10^4$
	黄土及黄土类粉质黏土	$4.0×10^4～5.0×10^4$
桩基	软弱土层内摩擦桩	$1.0×10^4～5.0×10^4$
	穿过软弱土层达到密实砂层或黏性土层的桩	$5.0×10^4～15.0×10^4$
	打到岩层的支承桩	$800×10^4$

应用文克勒地基模型分析水平受力桩,在应用上的区别在于采用不同的地基反力系数,因此而产生了不同的计算分析方法。

以弹性地基上的梁挠曲微分方程 $EI\dfrac{d^4y}{dx^4}+B_p\sigma(x)=0$ 为依据来求解水平受力桩的计算分析方法称为地基反力系数法。根据地基反力系数法所用的地基反力系数同桩位移的乘积来确定地基反力。在这类方法中常限定桩位移值并假定地基反力系数不随位移而变化。按地基反力系数沿深度的分布图式不同从而形成几种不同的方法,都可应用于抗滑桩的计算。

如图4-10(a)所示为地基反力系数的四种分布图式,均可用下面的通式表达:

$$K = mz^n \tag{4-3}$$

式中　z——深度;

　　　m——比例系数;

　　　n——指数,反映地基反力系数随桩周土类别变化而变化的情况。

图4-10(b)中假定地基反力系数沿深度为常数,即不随深度变化而变化,即:

$$K = mz^0 = m \tag{4-4}$$

按此图推演得出的计算方法通称为 K 法,所获得的土抗力从地面一开始就是最大值且此值沿桩全长不变。这在一般的桩土体系中是不易出现的。

我国公路部门用试桩的实测资料,反算求得的 n 值为0.5～0.6,并建议采用 $n=0.5$。此时,地基反力系数分布图式如图4-10(c)所示。通常按这种规律变化的计算方法,称为 c 法。将比例系数表示为 c,即:

$$K = cz^{\frac{1}{2}} \tag{4-5}$$

在图4-10(d)中,取 $n=1$,得:

$$K = cz \tag{4-6}$$

此式表明地基反力系数沿深度按线性规律增大。m 为地基反力比例系数,这一方法通常称为 m 法。

在图4-10(e)中取 $n>1$,得:

$$K = cz^n \tag{4-7}$$

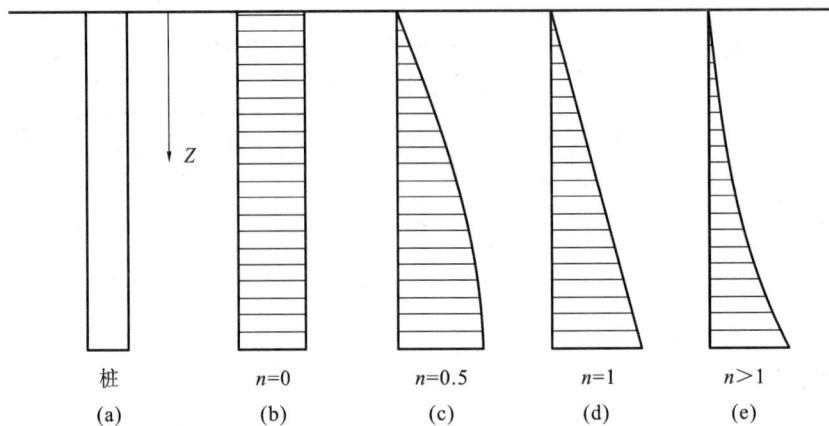

图 4-10 地基反力系数沿深度的分布图式

此式表明地基反力系数沿深度按凹抛物线变化。这一方法经我国的多数试桩验证得知其计算桩弯矩比实测结果偏大较多,故目前此法较少应用。

就上述的四种地基反力系数分布图式而言,其图形丰满程度由左向右依次降低,也即在相同的桩、土条件下,土反力按上述图式次序依次降低,以 K 法获得的地基反力为最大,m 法和 c 法两图式因其地基反力较为适中,故能适应较多数的桩、土条件而获得和实测较为接近的结果。实际应用时,可根据土类和桩变位等情况,考虑以何种图式为适宜。一般来说,K 法适用于较完整的硬质岩层、未扰动的硬黏土或性质相近的半岩质地层。m 法适用于一般硬塑至半坚硬的砂黏土、碎石土或风化破碎成土状的软质岩层,以及密度随深度增加而增加的地层。地基反力系数随深度成正比例增加(m 法),并且表层地基反力系数不为零的假定,适用于一切超固结、密实度随深度增加的地层,如超压密实黏土层,地面有附加荷载的地层或某些半岩质地层。

在抗滑桩计算中,通常是以滑动面为界,将桩分成两段来选取合适的地基反力分布图式及其计算方法。

不论采用哪一种图式,实际应用时一般是根据桩的作用力(水平推力、弯矩、轴向力)和桩土的物理几何力学特性,计算出桩头水平位移、转角,桩中弯矩、剪力和土压力,以便确定桩的性状是否符合实际,桩的设计是否符合功能要求。

理论上说,分布于抗滑桩全桩长的地基反力系数都对抗滑桩的计算分析有影响,但实际上对水平受力桩最具影响的是地面以下 3~4 倍桩直径的深度范围内的土,在进行桩的设计计算之前,应重点勘察这一有较大影响的范围内的土类、土性状及其分层情况,以便确切地定出地基反力系数值。当然,设桩方式(打入、钻入或其他方式)和水平荷载施加条件(静力、动力或循环反复荷载等)以及土的季节性干湿变化等因素对地基反力系数都会有影响。特别值得注意的是,这些因素对桩的水平位移的影响远大于它们对桩中弯矩或桩土体系极限承载力的影响,故应全面的考虑各项因素的影响,以便制定出较为符合实际的地基反力系数值。

对于能进行水平荷载试验的抗滑桩,可按相应于各图式的位移计算方法,由实测的地面水平位移值反算求得地基反力系数。然后据此地基反力系数分别求得桩的内力和变位。以求得的最大弯矩值和实测得到的弯矩值最为接近的该分布图作为进一步计算分析的依据。由钢筋混凝土桩水平荷载试验资料的分析研究得知,大直径钢筋混凝土桩在发生较大的水平位移时往往桩已开裂。因此不是取任意的一个实测位移来反算地基反力系数,而应采用桩在临界开裂时的那一级水平荷载和相应的水平位移限值。根据大量的钢筋混凝土桩的水平静荷载试验资料,当桩的配筋率较低时,这个限值可定为 6 mm,当配筋率较高时(或对于钢桩),可取略大于 6 mm 的限值,例如 10 mm。

除用水平荷载试验的方法外,还有用标准贯入试验、旁压仪试验、土样室内试验和荷载板试验等来确定抗滑桩周土体的地基反力系数。

一般情况下,试验资料不易获得。表 4-3 列出了较完整岩层的地基系数 K 值,表 4-4 列出了 c 法的比例系数 c 值,可供设计时参考。应用 m 法时,比例系数 m 的取值可参考表 4-5~表 4-7。

表4-3 较完整岩层的地基系数 K_v 值

序号	饱和极限抗压强度 R/kPa	K_v/(kN/m³)	序号	饱和极限抗压强度 R/kPa	K_v/(kN/m³)
1	10000	$(1.0\sim2.0)\times10^5$	6	50000	8.0×10^5
2	15000	2.5×10^5	7	60000	12.0×10^5
3	20000	3.0×10^5	8	80000	$(15.0\sim25.0)\times10^5$
4	30000	4.0×10^5	9	>80000	$(25.0\sim28.0)\times10^5$
5	40000	6.0×10^5			

注：一般情况，$K_H=(0.6\sim0.8)K_v$；岩层为厚层或块状整体时，$K_H=K_v$。

表4-4 c 法的比例系数 c 值

序号	土类	c/(MN/m³·⁵)	$[y_0]$/mm
1	流塑性土（$I_L\geqslant1$）、淤泥	$3.9\sim7.9$	$\leqslant6$
2	软塑性土（$0.5\leqslant I_L\leqslant1.0$）、粉砂	$7.9\sim14.7$	$\leqslant5\sim6$
3	硬塑性黏土（$0<I_L<0.5$）、细砂、中砂	$14.7\sim29.4$	$\leqslant4\sim5$
4	半干硬性黏土、粗砂	$29.4\sim49.0$	$\leqslant4\sim5$
5	砾砂、角砾砂、砾石土、碎石土、卵石土	$49.0\sim78.5$	$\leqslant3$
6	块石、漂石夹砂土	$78.5\sim117.7$	$\leqslant3$

注：$[y_0]$ 为桩在地面处的水平位移允许值。

表4-5 非岩石类土的比例系数 m 值

序号	土的名称	m 值/(kN/m⁴)
1	流塑黏性土（$I_L\geqslant1$）、淤泥	$3000\sim5000$
2	软塑黏性土（$0.5\leqslant I_L<1$）、粉砂	$5000\sim10000$
3	硬塑黏性土（$0\leqslant I_L<0.5$）、细砂、中砂	$10000\sim20000$
4	坚硬、半坚硬黏性土（$I_L<0$）、粗砂	$20000\sim30000$
5	砾砂、角砾、圆砾、碎石、卵石	$30000\sim80000$
6	密实卵石粗砂、密实漂卵石	$80000\sim120000$

注：1. 本表用于结构在地表处位移最大值不超过6 mm；位移较大时，适当降低。

2. 当基础侧面设计有斜坡或者台阶，且其坡度或台阶总宽与深度之比超过1：20时，表中 m 值应减少50%。

表4-6 土的比例系数 m 值

序号	地基土类别	混凝土桩、钢桩	
		m/(MN/m⁴)	相应单桩地面处水平位移/mm
1	淤泥、淤泥质土	$2\sim4.5$	10
2	流塑（$I_L>1$）、软塑（$0.75<I_L\leqslant1$）状黏性土，粉土（$e>0.9$），松散粉细砂，松散填土	$4.5\sim6.0$	10
3	可塑状黏性土（$0.25<I_L\leqslant0.75$）、湿陷性黄土、粉土（$e=0.75\sim0.9$）、中密填土、稍密细砂	$6.0\sim10$	10
4	硬塑（$0.25\leqslant I_L<0.5$）、坚硬（$I_L\leqslant0$）状黏性土，湿陷性黄土，粉土（$e<0.75$），中密的中粗砂，密实的老填土	$10\sim22$	10

注：当水平位移大于列表数值时，m 值适当降低。

表 4-7　　　　　　　　　　地基土的比例系数 m 值

序号	地基土类别	预制桩、钢桩		灌注桩	
		$m/$ (MN/m^4)	相应单桩在地面处水平位移/mm	$m/$ (MN/m^4)	相应单桩在地面处水平位移/mm
1	淤泥、淤泥质土、饱和湿陷性黄土	2～4.5	10	2.5～6	6～12
2	流塑($I_L>1$)、软塑($0.75<I_L\leqslant1$)状黏性土,粉土($e>0.9$),松散粉细砂,松散、稍密填土	4.5～6.0	10	6～14	4～8
3	可塑($0.25<I_L\leqslant0.75$)状黏性土、湿陷性黄土、粉土($e=0.75～0.9$)、中密填土、稍密细砂	6.0～10	10	14～35	3～6
4	硬塑($0.25\leqslant I_L<0.5$)、坚硬($I_L\geqslant0$)状黏性土,湿陷性黄土,粉土($e<0.75$),中密的中粗砂,密实的老填土	10～22	10	35～100	2～5
5	中密、密实的砾砂、碎石类土	—	—	100～300	1.5～3

注:1.当桩顶水平位移大于表列值或当灌注桩配筋率较高($\geqslant0.65\%$)时,m 值应适当降低;当预制桩的水平位移小于 10 mm。m 值要适当提高。

2.当水平荷载为长期成经常出现的荷载时,应将列表 m 值乘以 0.4 降低采用。

3.当地基为可液化土时,应将列表 m 值乘以土层液化折减系数。

与地基反力系数类似,m 值也是一种计算参数,它随着土类及其性质、桩的材料(钢筋混凝土或钢)和刚度,桩的水平位移值和荷载作用方式(静力、动力或循环反复)及荷载水平等因素而变化。一般来说,很难规定一个包罗所有这些因素影响的 m 值,只能考虑某些主要因素来规定它。以上各表中均按土类及性质来规定 m 值,同时限制其适用的水平位移值范围。表 4-7 的 m 值除考虑了土类及其性质和水平位移限制外,还考虑了荷载的循环反复作用所产生的影响,因此可直接用于有循环反复荷载作用的桩的计算,对于确实只受到静力作用的水平荷载的桩,计算时可将表 4-7 中 m 值酌予提高(最大可提高为 2 倍)。

较为恰当的途径是通过桩的现场水平荷载试验来测定 m 值。图 4-11(a)是两根钢筋混凝土桩的荷载试验结果。由图 4-11(a)可看到,m 值随着桩在地面处的水平位移 y_0 增大而变化的情况,其曲线类似于双曲线。图 4-11(b)为代表性的曲线,它可分为 Ⅰ(弹性)、Ⅱ(弹塑性)和 Ⅲ(塑性)等三个区段。由图 4-11 可推论在 $y_0=6$ mm 左右时,桩前土体已进入塑性区段,大直径钢筋混凝土试桩一般均表现出这一限值范围。

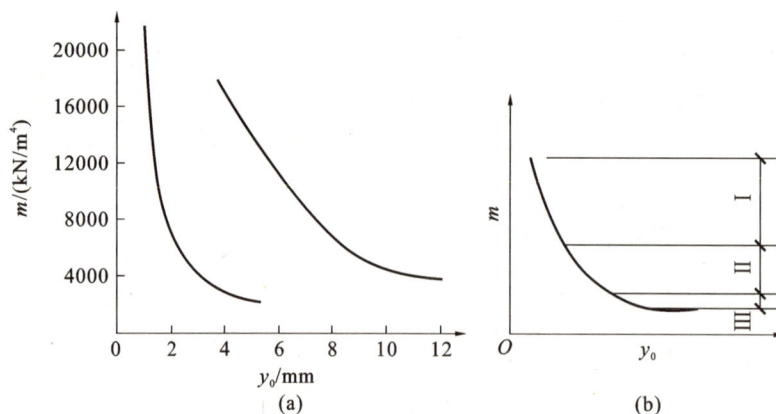

图 4-11　m - y_0 关系图

当地基土为多层土时,采用按层厚加权平均的方法求算地基反力系数,设地面或局部 $h_m=2(d+1)$(m)深度范围内有 2 层土(图 4-12),则有:

$$m = \frac{m_1 l_1^2 + m_2(2l_1 + l_2)l_2}{(l_1 + l_2)^2}$$ (4-8)

当地基土为 3 层时,类似地有:

$$m = \frac{m_1 l_1^2 + m_1(2l_1 + l_2)l_2 + m_3(2l_1 + 2l_2 + l_3)l_3}{(l_1 + l_2 + l_3)^2}$$ (4-9)

式中 m_1, m_2, m_3——分别为第 1 层、第 2 层、第 3 层地基土的 m 值;

   l_1, l_2, l_3——分别为第 1 层、第 2 层、第 3 层地基土的厚度。

锚固段桩周岩、土抗力分两种情况:一是抗滑桩锚固在完整岩层中时,把滑动面以下的地层,当作半无限的空间弹性体,抗滑桩作为插入其中的一根材料来处理,但应用弹性力学连杆法计算时,滑动面处的抗力图形,有尖锐的应力集中现象;二是抗滑桩锚固在破碎岩层中或堆积层中,这时,把地层视作弹性介质,滑动面处的抗力比较小。

在一般情况下,锚固段桩前、桩后同一标高岩、土地地基系数 K 值,可认为相同;当桩前、桩后的地面有高差时,或桩前滑体薄,桩后滑体厚,以及严重土化、破碎的岩层,第四系松散的堆积层,则 K 值可以不同。

对于同类地层,当是断层破碎带、风化残积层及密实的地层时,受过历史荷载有压密作用的区域,桩前、桩后的 K 值,可以认为相同;松弛的区域,如上部堆积层厚度不同,则桩前、桩后 K 值可以不同。

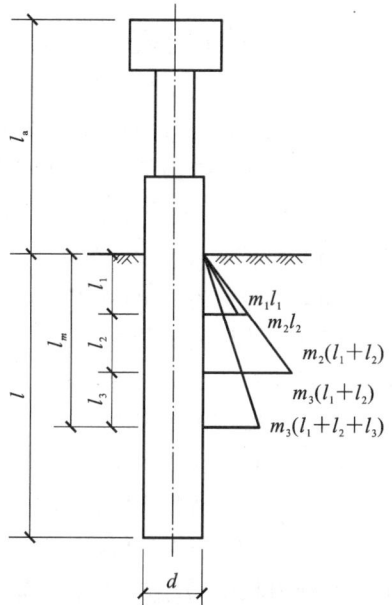

图 4-12 比例系数平均值的计算方法

(3)抗滑桩的设计

抗滑桩的设计包括抗滑桩的布置、桩的截面尺寸的确定、桩的锚固深度及桩底支承条件的确定以及桩的结构设计等。其中桩的结构设计又包括桩型的选择、桩的内力和变形计算以及桩的配筋计算和构造设计。

① 抗滑桩的布置。

抗滑桩的布置包括桩的平面位置和桩间距。一般根据边坡的地层性质、推力大小、滑动面坡度、滑动面以上的坡体的厚度、施工条件、桩型和桩截面大小以及可能的锚固深度以及锚固段的地质条件等因素综合考虑决定。

对一般的边坡工程,根据主体工程的布置和使用要求而确定抗滑桩的布置位置。对滑坡治理工程,在滑坡的上部,滑动面陡,滑体张拉裂缝多,不宜设桩;中部滑动面深,下滑力大,也不宜设桩;下部滑动面较缓,下滑力较小或为抗滑地段,能提供一定的桩前抗力,为设桩的较好位置。因此,抗滑桩原则上布置在滑体的下部,即在滑动面平缓、滑体厚度较小,锚固段地质条件较好的地方,同时也要考虑到施工的方便。对地质条件简单的中小型滑坡,一般在滑体前缘布设一排抗滑桩,排桩的延伸方向应与滑体垂直或接近垂直。对于轴向很长的多级滑动或推力很大的滑坡,可考虑将抗滑桩布置成两排或多排,进行分级处治,分级承担滑坡推力;也可考虑在抗滑地带集中布置 2~3 排、平面上呈"品"字形或梅花形的抗滑桩或抗滑排架。对滑坡推力特别大的滑坡,可考虑采用抗滑排架或群桩承台。对于轴向很长的具有复合滑动面的滑体,应根据滑面情况和坡面情况分段设立抗滑桩,或采用抗滑桩和其他抗滑结构组合布置方案。

抗滑桩的间距受滑坡推力大小、桩型及断面尺寸、桩的长度和锚固深度、锚固段地层强度、滑坡体的密实度和强度、施工条件等诸多因素的影响,目前尚无较成熟的计算方法。合适的桩间距应该使桩间滑体具有足够的稳定性,在下滑力作用下不致从桩间挤出。桩间距可按在形成土拱效应的条件下,两桩间土体与两侧被桩所阻止滑动的土体的摩阻力不少于桩所承受的滑坡推力来估计。有条件时可通过模拟试验,考虑土拱效应,并结合实践经验来考虑桩的间距。当滑体完整、密实或滑坡下滑力较小,桩距可取大些;反之,应取小些。通常滑坡主轴附近桩距小,两侧边部桩距大。抗滑桩合理间距的问题,目前还没有得到比较满意的解决。具体设计时,仍需根据桩的截面、锚固深度及锚固段的侧壁压应力等情况综合考虑。一般采用的间距为 6~10 m。当桩间采用了结构连接来阻止桩间楔形土体的挤出,则桩间距完全取决于抗滑桩的抗滑力和桩间滑体的下滑力。当抗滑桩集中布置成 2~3 排排桩或排架时,桩间距可采用桩截面宽度 2~3 倍。

② 桩的截面尺寸及计算宽度。

抗滑桩的截面形状对桩的抗滑作用有较大影响。目前采用矩形(包括方形)和圆形两种。圆形截面可机械钻孔成桩,也可人工挖孔成桩。桩径根据滑坡推力和桩间距而定,一般可为 $\phi600 \sim \phi2000$,最大可达 $\phi4500$。考虑到抗滑桩的受力条件和施工方便,抗滑桩以采用正面一边较短、侧面一边较长的矩形截面为好。尺寸大小根据下滑力大小、桩距以及锚固段的侧壁容许压应力等因素综合考虑。当采用人工挖孔施工时,桩的最小宽度一般不宜小于 1 m。多年来我国抗滑桩工程常用的截面尺寸为 1000 mm×1500 mm、1200 mm×1800 mm、1500 mm×2000 mm、2000 mm×3000 mm、2500 mm×3500 mm、3000 mm×4000 mm,尤以 2000 mm×3000 mm 最为多见。

在利用钻机施工的条件下,桩的截面是圆形,设计时要把圆形截面换算成相当的矩形截面。试验表明,对不同尺寸的圆形桩和矩形桩,施加水平荷载时,直径为 d 的圆形桩与正面边长为 $0.9d$ 的矩形桩,在其两侧土体开始被挤出的极限状态下,其临界水平荷载值相等。所以,矩形桩的形状系数为 1,而圆形桩的形状换算系数为 0.9。

抗滑桩受滑坡推力的作用产生位移,桩侧土体的受力状态是复杂的空间问题,试验研究表明,桩在水平荷载作用下,不仅桩身宽度内的桩侧岩土体受挤压,而且桩身宽度以外一定范围内的土体也受到影响,呈现出空间受力状态;岩土体的影响范围随不同截面形状的桩而变化。为了简化计算,将空间受力状态简化为平面问题,考虑到桩截面形式的影响,将桩宽(或桩径)换算成相当于实际工作条件下的矩形桩宽度 B_p,B_p 称为桩的计算宽度。

根据试验资料,对于正面边长 $b \geqslant 1$ m 的矩形桩和桩径 $d \geqslant 1$ m 的圆形桩,其计算宽度如下。

矩形桩:

$$B_p = b + 1 \quad \text{(m)} \tag{4-10}$$

圆形桩:

$$B_p = 0.9(d + 1) \quad \text{(m)} \tag{4-11}$$

应该注意的是,只有在计算桩侧弹性抗力时,才用桩的正面计算宽度。计算桩底反力时,仍用桩的实际宽度。其次,由于上述公式没有充分考虑桩两侧土体实际受力状态的空间问题,故计算值 B_p 偏小。

③ 桩的锚固深度及桩底支承条件。

桩埋入滑面以下稳定地层内的适宜锚固深度,与该地层的强度、桩所承受的滑坡推力、桩的相对刚度以及桩前滑面以上滑体对桩的反力等因素有关。桩的锚固深度是抗滑桩发挥抵抗滑体推力的前提和条件,锚固深度不足,抗滑桩不足以抵抗滑体推力,容易引起桩的失效。但锚固过深则又造成工程浪费,并增加施工难度。可采取缩小桩的间距,减少每根桩所承受的滑坡推力,或增加桩的相对刚度等措施来适当减少锚固深度。

目前,工程上多从控制锚固段桩周地层的强度来考虑桩的锚固深度,即要求抗滑桩传递到滑动面以下地层的侧壁应力不大于地层的侧向容许抗压强度。其计算方法如下。

对于一般土层或严重风化破碎岩层,抗滑桩在滑体推力作用下,桩发生转动变位,当桩周岩、土达到极限状态时,桩前岩、土产生被动抗力,桩后岩、土产生主动压力。显然,桩身某点对地层的侧壁压应力不应大于该点被动抗力与主动压应力之差。

当锚固段地层为土层及严重风化破碎岩层时,桩身对地层的侧压力应符合下列条件:

$$\sigma_{max} \leqslant \frac{4}{\cos\varphi}(\gamma l \tan\varphi + C) \tag{4-12}$$

式中　σ_{max} ——桩身对地层的侧压应力;

　　　γ ——地层岩土的重度;

　　　φ ——地层岩土内摩擦角;

　　　C ——地层岩土黏聚力;

　　　l ——地面至计算点的深度。

一般验算桩身侧壁压应力最大处,若不符合式(4-12)的要求,则调整桩的锚固深度或桩的截面尺寸、间距,直至满足为止。

当锚固段地层为比较完整的岩质、半岩质地层时,桩身作用于桩周岩土体的侧向压应力,其容许值 σ_{max} 为:

$$\sigma_{max} \leqslant K_1' K_2' R_0 \tag{4-13}$$

式中 σ_{max} ——桩身对围岩的测压应力;

  K_1' ——折减系数,根据岩层产状的倾角大小,取 $0.5 \sim 1.0$;

  K_2' ——折减系数,根据岩层的破碎和软化程度,取 $0.3 \sim 0.5$;

  R_0 ——围岩岩层单轴抗压极限强度。

对圆形截面桩,因桩周最大压应力为平均应力的 1.27 倍,则式(4-13)可写为:

$$\sigma_{max} \leqslant \frac{1}{1.27} K_1' K_2' R_0 \tag{4-14}$$

通过计算,若不符合式(4-14),则调整桩的锚固深度或截面尺寸、间距,直至满足为止。上述公式,只能作为决定桩的锚固深度及校核地基强度时的参考。从多年的工程实践看,常用的锚固深度,对于土层或软质岩层约为 $1/3 \sim 1/2$ 桩长,比较适宜,但对于完整、较硬的岩层可以采用 $1/4$ 桩长。

抗滑桩的顶端一般为自由支承。而底端,由于锚固程度不同,可以分为自由支承、铰支承、固定支承三种,通常采用前两种。当在滑动面以下桩段,地层为土体、松软破碎岩时,现场试验表明,在滑坡推力作用下,桩底有明显的位移和转动。这时的桩底按自由支承处理。当桩底岩层完整,并较为坚硬,但桩嵌入此层不深时,桩底按铰支承处理。当桩底岩层完整、极坚硬,桩嵌入此层较深时,桩底按固定支承处理,但抗滑桩出现此种支承情况是不经济的,故应少采用。

④ 桩型的选择。

适用于抗滑桩的桩型有钢筋混凝土桩和钢管桩、H 型钢桩等,最常用的是钢筋混凝土桩。抗滑桩桩型的选择应根据滑坡性质、滑坡的地质条件、滑坡推力大小、工程造价、施工条件和工期要求等因素综合考虑,按安全、可靠、经济、方便的原则并结合设计人员的工程经验来选择。钢筋混凝土桩是抗滑桩用得最多的桩型,其断面形式主要有圆形、矩形。滑坡推力大、桩间距人,选择桩径较大或桩断面尺寸较大的桩,反之则选桩径小的桩。钢管桩一般为打入式桩,其特点是强度高、抗弯能力大、施工快。钢管桩桩径一般为 $D400 \sim D900$,常用的是 $D600$。钢管桩适合于有沉桩施工条件和有材料可利用的地方,或工期短、需要快速处治的滑坡工程。H 型钢桩与钢管桩的特点和适用条件基本相同。其型号有 HP200、HP250、HP310、HP360 等。

⑤ 桩的内力及变形计算。

首先是确定地基反力系数,拟定抗滑桩的各个参数,然后选择相应的计算方法并判断桩的性质,最后计算桩的内力和变形。抗滑桩的计算方法可分为刚性桩的计算和弹性桩的计算,弹性桩的计算方法很多,常用的有 K 法、m 法和 $p\text{-}y$ 曲线反力法,还有数值分析方法和双参数方法,目前用得最多的是 m 法。

根据桩的变形系数(α 或 β)和拟采用的计算方法的临界值来判定桩的性质。试验表明,当埋入滑动面以下的计算深度(桩的锚固深度 l_2 与桩的变形系数 α 或 β 的乘积)大于某一临界值时,可视桩的刚度为无限大。通常将这个临界值作为判断桩为刚性桩或弹性桩的标准,临界值规定如下。

当采用 K 法时:$\beta l_2 \leqslant 1.0$ 时,抗滑桩为刚性桩;$\beta l_2 > 1.0$ 时,抗滑桩为弹性桩。

当采用 m 法时:$\alpha l_2 \leqslant 2.5$ 时,抗滑桩为刚性桩;$\alpha l_2 > 2.5$ 时,抗滑桩为弹性桩。

其中,l_2 为锚固深度,α、β 为桩的变形系数,单位为 m^{-1},分别按下式计算:

$$\alpha = \left(\frac{m\beta_p}{EI}\right)^{\frac{1}{5}} \tag{4-15}$$

$$\beta = \left(\frac{K\beta_p}{4EI}\right)^{\frac{1}{4}} \tag{4-16}$$

式中 m——m 法的侧向地基反力系数的比例系数,kN/m^4;

  K——K 法的侧向地基系数,kN/m^4;

β_p——桩的正面计算宽度,m;

E,I——分别为桩的弹性模量,kPa,以及桩的截面惯性矩,m^4。

根据所确定的计算图式和计算参数,选择的计算方法、桩的性质,便可按后面介绍的各种方法计算出桩沿轴线的弯矩分布图 $M(x)$、剪力分布图 $Q(x)$、桩的水平变形 $y(x)$ 和转角 $\varphi(x)$ 分布图,同时计算出桩身对地层岩土体的侧向应力分布图 $\sigma(x)$。

计算时,先计算出桩在滑面处的位移 y_0 和侧向压应力,判断 y_0 值是否在桩的水平位移限值内。若不在,应适当增加桩的刚度或锚固深度,重新计算,使其满足要求。判断侧向压应力是否满足桩侧地层的岩土稳定性时,一般可在锚固深度中选取几个代表断面,如 $l_2/3$ 处、$l_2/2$ 处和 l_2 处等,判断这些代表断面的侧向压应力是否小于所确定的稳定极限应力值。若不能满足断面稳定要求,则应调整桩的刚度、锚固深度和桩的间距。再次进行计算,直到满足稳定要求时为止。最后根据调整确定计算参数,得出桩的 $M(x)$、$Q(x)$、$y(x)$、$\varphi(x)$ 等计算结果。

⑥ 桩的配筋计算和构造设计。

钢筋混凝土桩的配筋计算一般根据所算得的桩身最大弯矩值 M_{max},进行配筋计算,再验算最大弯矩值断面的抗裂要求、剪力最大截面处的抗剪强度。配筋计算方法与一般钢筋混凝土结构相同。

钢筋混凝土桩的构造要求包括对混凝土强度、保护层厚度和配筋率等参数的要求。混凝土强度要求:一般采用 C20 混凝土,混凝土标号不应低于 C15,水下灌注时混凝土标号不应低于 C20。钢筋保护层厚度要求:一般要求不小于 35 mm,水下灌注混凝土时不应小于 50 mm。主筋不宜小于 8 ϕ 10(小桩径),常用 12 ϕ 16 以上(桩径 ϕ 600 以上),纵向主筋沿桩身周边均匀布置(圆桩),钢筋净距不应小于 60 mm;配筋长度(滑面以下)宜采用 $4/\alpha$(α 为 m 法计算时桩的变形系数),通长配筋;配筋率一般不低于 $0.65\% \sim 0.20\%$(小桩径取高值,大桩径取低值);箍筋一般不低于 ϕ 6@200,宜采用螺旋箍筋或焊接环式箍筋;钢筋骨架中,应每隔 2 m 左右设一道焊接加强箍筋。钢筋的焊接长度等符合钢筋混凝土构件的构造要求。

⑦ 抗滑桩的计算方法。

抗滑桩的计算方法包括刚性桩的计算方法、弹性桩的计算方法和 p-y 曲线法。这里只介绍刚性桩计算方法,其他方法可以参考文献。把抗滑桩当作刚体,在滑坡推力作用下,只产生刚体转动,不产生桩身的变形。当桩埋入土层或软质岩层中时,将绕桩身某点转动;当桩埋入完整、坚硬岩石的表面时,将绕桩底转动。分析时,把滑面以上抗滑桩受荷段上所有的力均当成外力,桩前滑体的剩余抗滑力按其大小从外荷载中减去,对滑面以下的桩段取脱离体进行受力分析,滑面以上的外荷载对滑面处桩截面产生弯矩和剪力。滑面下桩周土的侧向应力和土的抗力可由脱离体的平衡条件和边界条件求得,进而计算桩的内力。

对于密实土层和岩层这类地基系数不随深度变化的弹性介质,由于其地基系数较滑体大得多,上部滑体的存在不会影响滑床的弹性性质,滑动面处地基系数仍为常数。

对于地基系数 $K = K_0 + mz$ 的地层,K_0 值的大小,与地应力的释放、地层性质和附加荷载等因素有关。一般情况下,桩前滑动面处的 K_1 及桩后滑动面处的 K_2 可用换算法求得:

$$K_1 = d_1 m = \frac{\gamma_1}{\gamma_2} a_1 m \tag{4-17}$$

$$K_2 = d_2 m = \frac{\gamma_1}{\gamma_2} a_2 m \tag{4-18}$$

式中 a_1, a_2——分别为桩前、后滑体的厚度,m;

d_1, d_2——分别为桩前、后滑体的换算高度,m;

K_1, K_2——分别为桩前、后滑动面处的地基系数,kN/m^3;

γ_1, γ_2——分别为滑动面上、下岩土体的容重,kN/m^3;

其余符号含义同前。

桩身内力的计算,如图 4-13 所示,首先假设滑面以下为同一 m 值,桩底自由,滑面处的弹性抗力系数分别为 K_1、K_2,T 为桩后滑坡推力与剩余抗滑力之差,z_0 为下部桩段转动中心距滑面的距离,φ 为旋转角,l_0 为滑坡推力至滑面的距离。

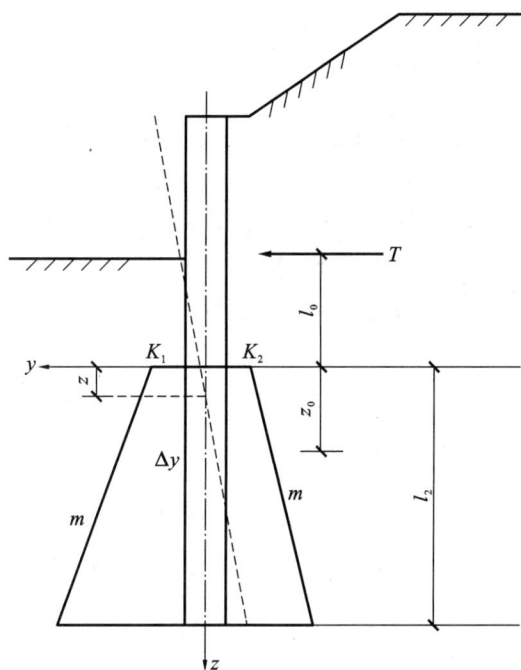

图 4-13 刚性桩的计算分析图

当 $0 \leqslant z \leqslant z_0$ 时：

桩身变位

$$y = (z - z_0)\varphi$$

桩侧应力

$$\sigma(z) = (K_1 + mz)(z_0 - z)\varphi$$

桩身剪力

$$Q(z) = T - \int_0^z \sigma(t)B_p \mathrm{d}t = T - \int_0^z (K_1 + mt)(x_0 - t)\varphi B_p \mathrm{d}t$$

$$= T - \frac{1}{2}B_p K_1 \varphi z(2z_0 - z) - \frac{1}{6}B_p m\varphi z^2(3z_0 - 2z)$$

桩身弯矩

$$M(z) = T(l_0 + z) - \int_0^z \sigma(t)B_p(z - t)\mathrm{d}t$$

$$= T(l_0 + z) - \int_0^z (K_1 + mt)(z_0 - t)\varphi B_p(z - t)\mathrm{d}t$$

$$= T(l_0 + z) - \frac{1}{6}B_p K_1 \varphi Z^2(3z_0 - z) - \frac{1}{12}B_p m\varphi Z^3(2z_0 - z)$$

当 $z_0 \leqslant z \leqslant l_0$ 时：

桩身变位

$$y = (z_0 - z)\varphi$$

桩侧应力

$$\sigma(z) = (K_1 + mz)(z_0 - z)\varphi$$

桩身剪力

$$Q(z) = T - \int_0^z \sigma(t)B_p \mathrm{d}t = T - \int_0^{z_0}(K_1 + mt)(z_0 - t)\varphi B_p \mathrm{d}t - \int_{z_0}^z (K_2 + mt)(x_0 - t)\varphi B_p \mathrm{d}t$$

$$= T - \frac{1}{6}B_p m\varphi z^2(3z_0 - 2z) - \frac{1}{2}B_p K_1 \varphi z_0^2 + \frac{1}{2}B_p K_2 \varphi (z - z_0)^2$$

桩身弯矩

$$M(z) = T(l_0 + z) - \int_0^x \sigma(t) B_p(z - t)\,dt$$

$$= T(l_0 + z) - \int_0^{z_0}(K_1 + mt)(z_0 - t)\varphi B_p(z - t)\,dt - \int_{z_0}^{z}(K_2 + mt)(z_0 - t)\varphi B_p(z - t)\,dt$$

$$= T(l_0 + z) - \frac{1}{6}B_p K_1 \varphi Z^2(3z_0 - z) + \frac{1}{6}B_p K_2 \varphi(z - z_0)^3 + \frac{1}{12}B_p m\varphi Z^3(z - 2z_0)$$

由边界条件，$Q(z)\big|_{z=l_2} = 0$，$M(z)\big|_{z=l_2} = 0$，可得：

$$(K_1 - K_2)z_0^3 + 3l_0(K_1 - K_2)z_0^2 + [l_2^2 m(3l_0 + 2l_2) + 3l_2 K_2(2l_0 + l_2)]z_0 -$$
$$\frac{1}{2}l_2^3 m(4l_0 + 3l_2) - l_2^2 K_2(3l_0 + 2l_2) = 0$$

令：

$$A = K_1 - K_2$$
$$B = 3l_0(K_1 - K_2)$$
$$C = l_2^2 m(3l_0 + 2l_2) + 3l_2 K_2(2l_0 + l_2)$$
$$D = l_2^3 m(2l_0 + 1.5l_2) + l_2^2 K_2(3l_0 + 2l_2)$$

则有：

$$Az_0^3 + Bz_0^2 + Cz_0 - D = 0 \tag{4-19}$$

$$\varphi = \frac{6T}{B_p[3z_0^2(K_1 - K_2) + 3l_2 z_0(ml_2 + 2K_2) - l_2^2(2ml_2 + 3K_2)]} \tag{4-20}$$

可求出转动中心的位置 z_0，将其代入式（4-20），则可算出 φ。然后求出抗滑桩各个位置的弯矩、剪力和变位。

上述公式适用于滑动面处的地基系数为：$K_1 = 0$，K_2 为一常数；$K_1 = K_2$ 或 $K_1 \ne K_2$ 时，也适用于 $m = 0$ 的情况，即 K 法。

4.2.8　滑坡实例

（1）工程概况

杭金衢高速公路于 2002 年 12 月 28 日开通，全长 237 km。K103 滑坡位于义乌市后宅街道三里店村，向南距义乌出口约 2 km。滑坡所在区域的原始地形自然坡率为 20°～35°。高速公路路堑边坡最大开挖高度 45m，开挖边坡坡度小于 45°。

2004 年年底至 2005 年年初阴雨连绵，杭金衢高速公路沿线降雨量大大超出一般年份的同期降雨量。2005 年 2 月中旬以后，路堑边坡和坡脚挡墙出现加速变形，边坡有整体变形滑动迹象。在坡体后缘及两侧出现大量的裂缝，最大裂缝宽度近 1m，上下错动高差达 0.5～0.8 m。同时，公路挡墙出现裂缝和错位，路边排水边沟向坡内倾斜，路面出现裂缝和隆起。而且有进一步加剧的趋势。边坡和路基变形破坏现象已非常明显，存在着整体稳定性问题，并已经对高速公路的安全运营构成威胁。滑坡的范围及地形地貌如图 4-14 所示，滑坡典型剖面图如图 4-15 所示。

整个滑坡体位于公路右侧，前缘位于公路左侧边沟附近，后缘向后延伸至 200 m 高程附近，与公路路面高差 130 m，水平距离约 400 m。滑坡体前缘沿公路延伸方向宽度约为 360 m。滑坡体的厚度一般为 15～40 m，局部大于 40 m。潜在滑体总方量约为 160 万立方米，出现明显滑动变形的滑体约 125 万立方米。根据地形特征，以 ZK45 钻孔为界，滑坡体可以分为上段（48 万立方米）和下段（112 万立方米）两部分。滑坡方向大致为正东向，与公路延伸方向近于正交。

滑坡区所在场地地层岩性主要为灰色、紫红色凝灰岩，灰绿色沉凝灰岩，紫红色砾岩。滑坡岩体破碎，风化强烈，呈碎块石状，节理面风化强烈。从地质钻探资料分析，滑面主要沿破碎带发展，滑面分布次生夹泥，强度低。滑床主要岩性为砾岩，完整性较好，灰紫色、砾状结构、钙泥质胶结。

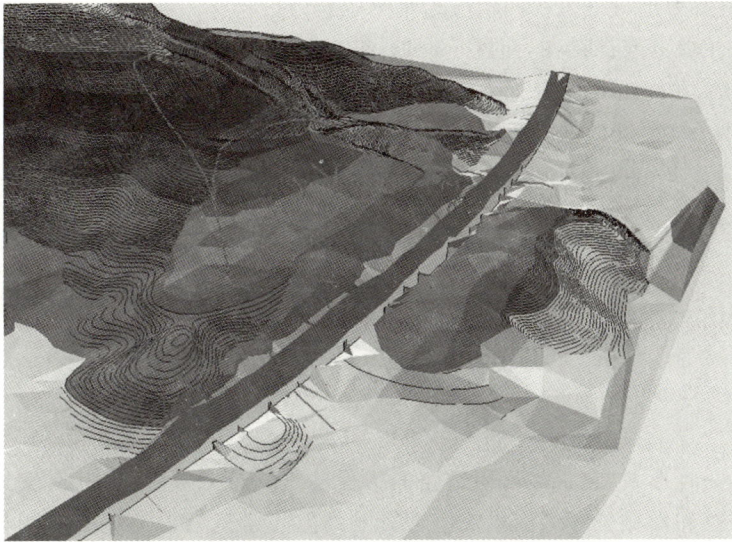

图 4-14 杭金衢高速公路 K103 滑坡地貌环境

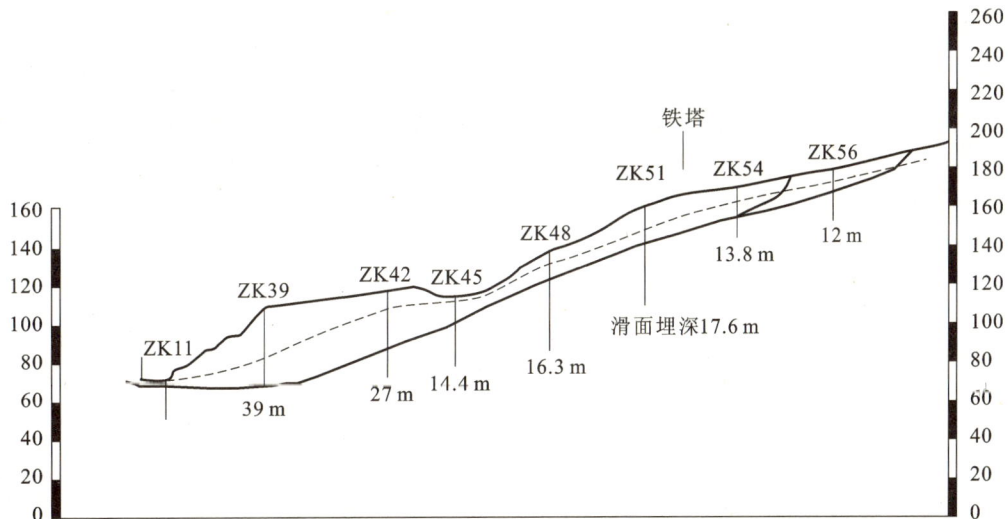

图 4-15 杭金衢高速公路 K103 滑坡的典型剖面图

（2）滑坡成因

滑坡的发生发展是各种内部因素和外部因素、自然因素和人为因素的综合结果，除特殊原因外，人为工程活动和水是主要的外部因素。滑坡区内形成滑坡的原因主要有以下几个方面：

① 滑坡的临空面大。边坡的坡度一般为 $20°\sim35°$，为滑坡提供了较大的临空面。

② 存在易滑面。从勘察资料可知，滑坡体中存在构造破碎带，且其倾向与边坡倾向一致。构造破碎带上裂隙发育，有泥质充填，岩质松软，易碎，遇水易软化。

③ 人类工程活动的影响。由于在建高速公路施工时对斜坡的开挖，滑坡体形成了高达 45 m 的临空面，大大破坏了斜坡整体的平衡稳定，降低了滑坡抗滑力。

④ 水的作用。降雨对滑坡所起的主要作用如下：一是吸水后滑体重量增大，加大了滑体下滑力；二是使滑带含水量明显增大，滑带饱水后抗剪强度降低，由于在滑体与滑床之间还存在软弱破碎带，而软弱破碎带材料组成和滑坡体差异较大，因此在地下水渗流和滑坡体长期蠕变的作用下，破碎带内将形成一条上下贯穿的渗水通道，在每年的雨季到来后，破碎带的强度会有较大程度降低，从而降低滑坡稳定性。

（3）滑坡治理措施

杭金衢高速公路 K103 滑坡的处治包括应急处治措施和永久处治措施。

① 应急处治措施包括挡墙加固、坡面卸载及采取排水措施等。

② 永久处治措施主要为抗滑桩工程和预应力锚索工程。

抗滑桩作为该滑坡主要的支挡结构,布置于滑坡体中部,距路基中心线 160 m。共设置 48 根抗滑桩,其中有 40 根采用 2.5 m×4.0 m 的钢筋混凝土柱,单桩提供的抗滑力为 15 MN;8 根靠近滑体边缘的抗滑桩采用 2.0 m×3.0 m 的断面,单桩提供的抗滑力为 2 MN。同时在每根桩顶部及横梁中部均设置一根预应力锚索,倾角为 30°,锚固长度 9 m,总长 30 m,单根锚索的设计锚固力为 1000 kN。另外,在滑坡的中下部还设置了 3 排预应力锚索。

4.3　崩塌灾害及其防治　>>>

崩塌是斜坡破坏的一种形式,它常对房屋道路等工程建筑物带来威胁,尤其对交通线路的危害最严重。我国宝成、成昆、湘渝铁路和川藏公路等崩塌灾害常影响线路正常运营。崩塌具有明显的地域性,我国的西南地区是崩塌分布的主要地区。

4.3.1　崩塌的定义与分类

(1)崩塌的定义

边坡岩土体被陡倾的拉裂面破坏分割后在重力作用下突然脱离母体,而快速移动,翻滚、跳跃和坠落,堆积在坡脚(或沟谷)的地质现象,称为崩塌。其破坏活动是剧烈而短促的,规模巨大时,常称为山崩。

(2)崩塌的分类

按崩塌体的物质组成,崩塌可分为土崩和岩崩。按照崩塌体的规模可分为坠石和山崩。按照一次崩落岩土体体积大小来划分,崩塌可分为四级:

① 小型崩塌:岩土体的崩落体积小于 1 万立方米。

② 中型崩塌:岩土体的崩落体积在(1~10)万立方米。

③ 大型崩塌:岩土体的崩落体积在(10~100)万立方米。

④ 特大型崩塌:岩土体的崩落体积大于 100 万立方米。

4.3.2　崩塌的形成条件

崩塌一般发生在厚层坚硬脆性岩体中。这类岩体能形成高陡的斜坡,斜坡前缘由于应力重分布和卸荷等原因,产生长而深的拉张裂缝,并与其他结构面组合,逐渐形成连续贯通的分离面,在触发因素作用下产生崩塌(图 4-16)。组成这类岩体的岩石有砂岩、灰岩、石英岩、花岗岩等。此外,近于水平状产出的软硬相间岩层组成的陡坡,由于软弱岩层风化剥蚀形成凹龛或蠕变,也会形成局部崩塌(图 4-17)。

构造节理和成岩节理对崩塌的形成影响很大。硬脆性岩体中往往发育有两组或两组以上的陡倾节理,其中与坡面平行的一组节理常演化为拉张裂缝。当节理密度较小,延展性、穿切性较好时,常能形成较大体积的崩塌体。此外大规模的崩塌(山崩)经常发生在新构造运动强烈、地震频发的高山区。

崩塌的形成又与地形直接相关,崩塌一般发生在高陡斜坡的前缘。发生崩塌的地面坡度往往大于 45°,尤其是大于 60°的陡坡。地形切割愈强烈、高差愈大,形成崩塌的可能性愈大,并且破坏也愈严重。

风化作用也对崩塌的形成有一定影响。因为风化作用能够使斜坡前缘各种成因的裂隙加深加宽,对崩塌的发生起催化作用。此外,在干旱、半干旱地区,由于物理风化强烈,导致岩石机械破碎而发生崩塌。高寒山区的冰劈作用也有利于崩塌的形成。

在上述诸多条件制约下,崩塌的发生还与短时的裂隙水压力以及地震或者爆破震动等触发因素有密切关系,尤其是强烈的地震,常可引起大规模崩塌。

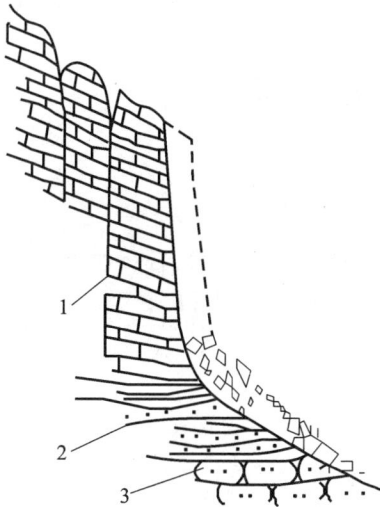

图 4-16　坚硬岩石组成的斜坡前缘
卸荷裂隙导致崩塌示意图
1—灰岩;2—砂页岩互层;3—石英岩

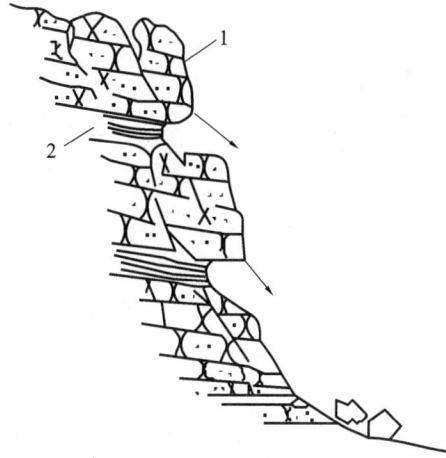

图 4-17　软硬岩性互层的陡坡局部崩塌示意图
1—砂岩;2—页岩

　　以湖北省远安县境内的盐池河磷矿灾难性山崩为例。该磷矿位于一峡谷中,岩层中发育有两组垂直节理,使山顶部的上震旦统灯影组厚层白云岩三面临空,地下采矿平巷使地表沿两组垂直节理追踪发展裂缝。1990 年 6 月 8—10 日连续两天大雨的触发,使山体顶部前缘厚层白云岩沿层面滑出形成崩塌,体积约为 100 万立方米,造成重大的生命财产损失(图 4-18)。

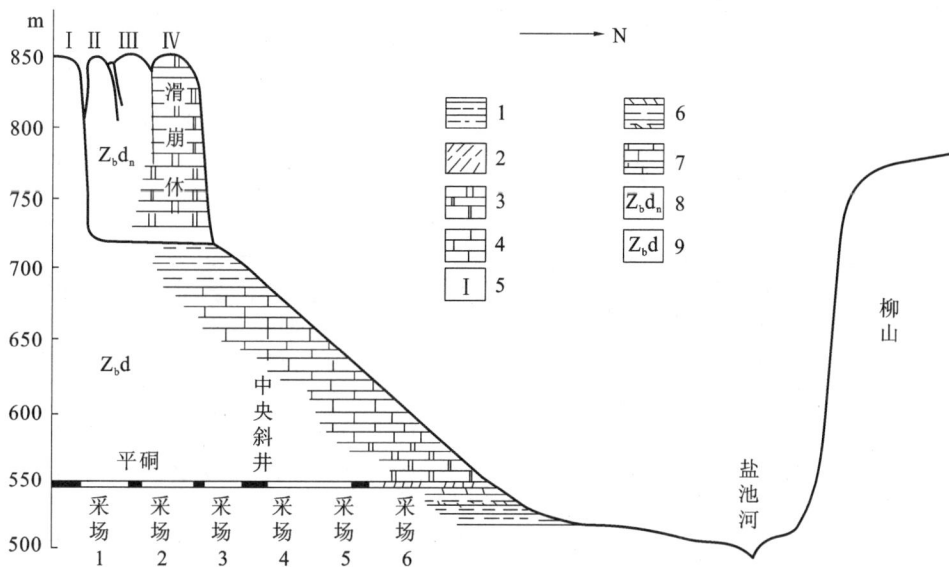

图 4-18　盐池河崩塌山体地质剖面图
1—灰黑色粉砂质页岩;2—磷矿层;3—厚层块状白云岩;4—薄至中厚层白云岩;5—裂缝编号;
6—白云质泥岩及砂质页岩;7—薄至中厚层板状白云岩;8—震旦系上统灯影组;9—震旦系上统陡山沱组

4.3.3　崩塌的运动学特征

　　崩塌运动学特征的研究,对进一步研究它的破坏力和防治对策有一定意义。崩塌的运动学参数是必不可少的数据。这里主要讨论两个问题:崩塌块体的破坏力(能量)有多大? 崩塌有多远?

　　前已述及,崩塌运动的特点是质点位移矢量中垂直分量大大超过其水平分量,而且崩塌体完全与母体脱离。在悬岩峭壁的情况下,块体位移服从自由落体的运动规律,即:

$$v = \sqrt{2gH}$$

(4-21)

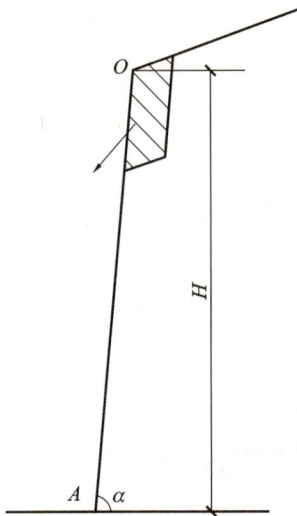

图 4-19 单一斜坡崩塌示意图

O—崩落点；A—崩落脚

但事实上，经常的情况是坡角小于 90°，若是单一斜坡（图 4-19），则运动速度为：

$$v = \sqrt{2gH(1 - K\cot\alpha)} \qquad (4-22)$$

式中　g——重力加速度；

　　　H——坡高；

　　　α——坡角；

　　　K——综合影响系数，决定于石块大小、形状、岩石性质、石块运动状况等，一般采取现场实验统计的方法取得。

如果 $\mu = \sqrt{1 - K\cot\alpha}$，$\varepsilon = \mu\sqrt{2g}$，则式（4-22）为 $v = \varepsilon\sqrt{H}$。若设斜坡角为 40°~90°，则 $\mu = 1.83 \sim 4.30$。

需要指出的是，大型山崩在崩塌过程中位移体附近空气承受临时性压缩而产生"气垫效应"，实际运动速度将会大于理论计算值。

运动速度获得后，即可求得其动能大小（破坏力大小）。崩塌块体沿斜坡运动的主要形式是跳跃和滚动。如果崩塌体为跳跃形式，则其动能为：

$$E = \frac{1}{2}mv^2 \qquad (4-23)$$

如果崩塌体为滚动形式，则其动能为：

$$E = \frac{1}{2}mv^2 + \frac{1}{2}I\omega^2 \qquad (4-24)$$

式中　m——崩塌块体的质量；

　　　v——块体具有的线速度；

　　　I——块体具有的转动惯量；

　　　ω——块体具有的角速度。

崩塌块体沿斜坡运动的轨迹呈抛物线形。当质点运动呈跳跃时，其轨迹方程可按向下抛射物体的运动规律进行推导（图 4-20）。

设崩塌块体在斜坡某处跳跃初速度为 v_0，与水平面夹角（抛射角）为 γ，则水平分速和铅直分速分别为：

$$v_{0x} = v_0 \cdot \cos\gamma = v_0 \cdot \cos(90° - \delta)$$
$$v_{0y} = v_0 \cdot \sin\gamma = v_0 \cdot \sin(90° - \delta)$$

经过 t 时间后，在 x、y 方向上的位移距离为：

$$x = v_0 \cdot \sin\delta \cdot t$$
$$y = v_0 \cdot \cos\delta \cdot t + \frac{gt^2}{2}$$

解此联立方程，得崩塌块体跳跃的轨迹方程为：

$$y = \cot\delta \cdot x + \frac{g}{2v_0^2 \cdot \sin^2\delta} \cdot x^2 \qquad (4-25)$$

按此轨迹方程，即可求得崩塌块体的落点，为设防范围提供依据。但是由于各种因素的制约，实际上的崩塌过程是相当复杂的。因此其运动学特征最好通过实验观测来确定。

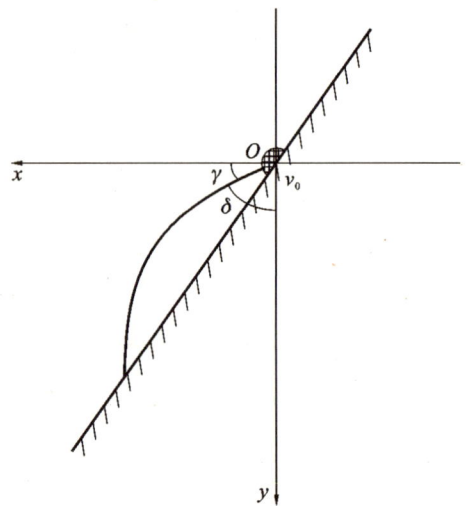

图 4-20 崩塌块体的跳跃坠落

4.3.4　崩塌的防治措施

崩塌治理的常规措施有清除危岩体、放坡、胶结岩石裂隙和引导排走地表水。常见的加固治理措施有遮挡、支撑、嵌补勾缝、护面、拦截、锚固等。

　　① 清除危岩体。一般作为崩塌治理的辅助措施,为后续治理做好准备。当边坡不便于放坡时,一般先清除危岩体,然后采取护面、锚固或设置主动防护网等措施。

　　② 放坡。在危石、孤石突出的山嘴以及坡体分化破碎的地段,可采用削坡放缓边坡,并采用相应护坡措施,如锚固、护面等,可达到根除崩塌的效果。

　　③ 胶结岩石裂隙。采用注浆的方法填充岩石裂隙,使裂隙不再发展,并可以防止雨水入渗。

　　④ 排水。在坡体外设置排水沟,将降雨或泉水等地表径流排到边坡体外。

　　⑤ 遮挡。当崩塌体主要是一些孤立的滚石,又不便于采取其他措施时,可通过修建明洞、棚洞等措施来遮挡边坡上的滚石(图 4-21)。在公路、铁路工程中较为常用。

图 4-21　明洞与棚洞

(a)明洞;(b)棚洞

　　⑥ 支撑。在岩石突出或不稳定的大孤石下面,可修建支柱、支挡墙或用废钢轨进行支撑[图 4-22(a)]。

　　⑦ 嵌补勾缝。对坡体中的裂缝、裂隙和空洞,可用片石、钢筋混凝土填补空洞,水泥砂浆勾缝,防止裂隙、裂缝和空洞的进一步发展[图 4-22(b)]。

　　⑧ 护面。在易分化剥落的边坡地段,可在坡脚修建护墙,在边坡上进行水泥护面等。

　　⑨ 拦截。当崩塌为多发的坠石时,可在缓坡或坡脚修建被动防护网、拦石墙,同时可设置落石平台、落石槽等。

　　⑩ 锚固。当潜在崩塌体体积较大,或者放坡会影响后面坡体的稳定性,这时常常采用锚杆或预应力锚索加固[图 4-22(c)]。如长江三峡链子崖危岩体的主要加固措施就是预应力锚索,共设置了 193 根预应力锚索,单根锚索的锚固力为 2000~3000 kN。

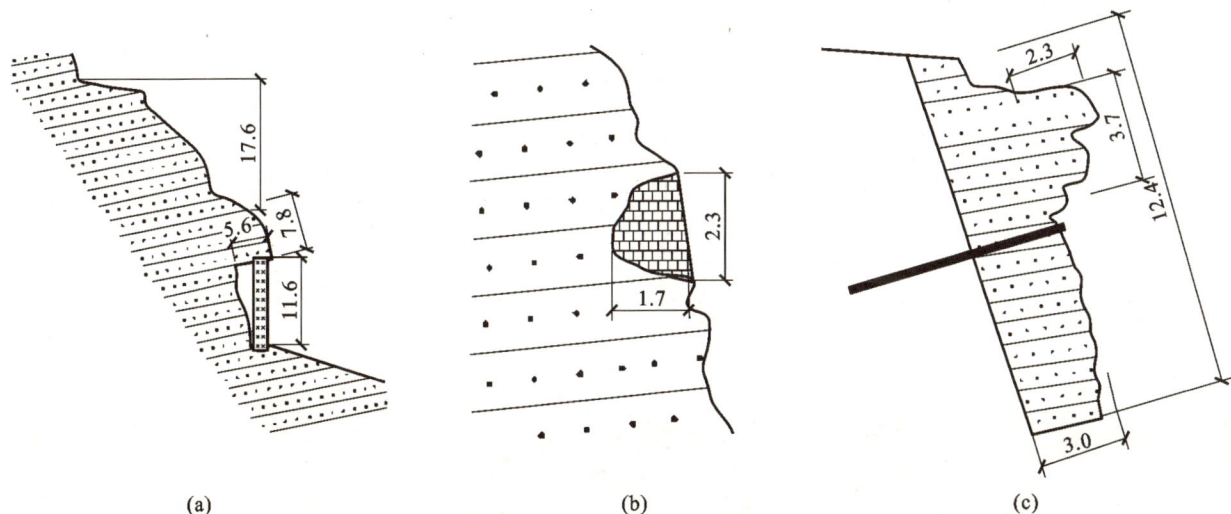

图 4-22　支撑、嵌补和锚固示意图

(a)支撑;(b)嵌补;(c)锚固

4.4　泥石流灾害及其防治对策　>>>

泥石流是发生在山区的一种含有大量泥沙和石块的暂时性急水流。由于它具有强大的破坏力,往往在很短暂的时间内对工程设施、农田和生命财产造成严重损失。

泥石流活动和一般山洪活动的根本区别是这种流体中固体物质含量很大,有时可超过水体量。它的活动特点是:在一个地段上往往突然爆发,能量巨大,来势凶猛,历时短暂,复发频繁。

泥石流的地理分布广泛。据不完全统计,全世界约有近 70 个国家不同程度地遭受过泥石流袭击,主要分布在亚洲、欧洲和南、北美洲。我国山地面积广阔,自然地理和地质条件复杂,加之几千年人文活动的影响,是世界上泥石流灾害最严重的国家之一。

我国许多山区都不同程度地暴发过泥石流,其中尤以西藏东南部、川滇、甘南山区最为严重。位于四川境内的成昆铁路北段运营 15 年中,有 78 条泥石流沟先后暴发了 149 次泥石流,7 次掩埋车站,2 次冲毁桥梁,3 次颠覆列车。其中 1981 年 7 月 9 日利子依达沟的一次泥石流,将一辆正在隧道中驶出的客车的两辆机车和前两节车厢,连同桥梁被冲入大渡河,另两节车厢颠覆于桥下,死亡 275 人,直接经济损失 2000 万元,是我国铁路史上最惨重的泥石流灾难。2010 年 8 月 7 日甘肃舟曲发生特大山洪泥石流,造成 2698 人遇难,270 人失踪,几千人受伤。县城被淹没,村庄被掩埋,道路被冲断。

鉴于泥石流的严重危害性,对其形成条件、时空分布规律、特征和防治措施等加以研究具有重要意义。目前,我国已设立了专门的研究机构,开展了对泥石流的科学考察、定位观测和试验研究等工作,初步查明了我国泥石流分布、形成和发展的基本特征,并提出了一些行之有效的防治对策和措施。

4.4.1　泥石流的形成条件

泥石流的形成,必须同时具备三个基本条件:陡峻的便于集水集物的地形地貌条件、地质条件和气象水文条件。

(1)地形地貌条件

泥石流总是发生在山势陡峻、沟床纵坡降大、流域形状便于雨水汇集的地区,一般是顺着纵坡降较大的狭窄沟谷活动,可以是干涸的嶂谷、冲沟,也可以是有水流的河谷。典型的泥石流流域可划分为形成区、流通区和堆积区三个区段(图 4-23)。

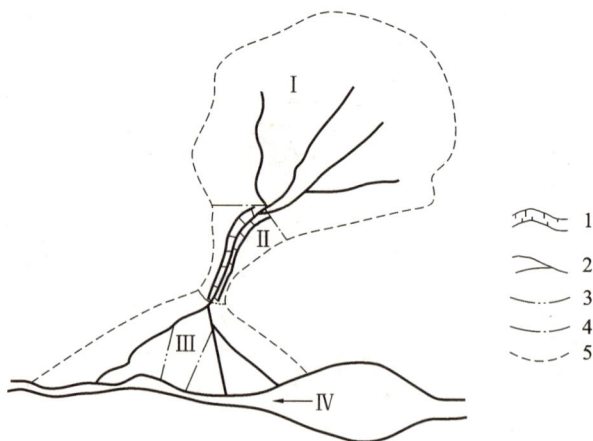

图 4-23　典型泥石流流域示意图

Ⅰ—泥石流形成区;Ⅱ—泥石流流通区;Ⅲ—泥石流堆积区;Ⅳ—泥石流阻塞河流形成的湖泊

1—峡谷;2—有水沟床;3—无水沟床;4—分区界线;5—通域界线

① 泥石流形成区(上游)。多为三面环山、一面出口的半圆形宽阔地段,周围山坡陡峻,多为 30°～60° 的陡坡,其面积大者可达数平方公里至数十平方公里。坡体往往光秃破碎,无植被覆盖。斜坡常被冲沟切割,且有崩塌、滑坡发育。这样的地形条件,有利于汇集周围山坡上的水流和固体物质。

② 泥石流流通区(中游)。泥石流流通区是泥石流搬运通过的地段,多为狭窄而深切的峡谷或冲沟,谷壁陡峻而纵坡降较大,且多陡坎和跌水。因此泥石流物质进入本区后具有极强的冲刷能力,将沟床和沟壁上的土石冲刷下来携走。流通区纵坡的陡缓、曲直和长短,对泥石流的破坏强度有很大影响。当纵坡陡长而顺直时,泥石流流通顺畅,可直泄下游,造成很大危害。反之,则由于易堵塞停积或改道,因而削弱了能量。

③ 泥石流堆积区(下游)。泥石流堆积区是泥石流物质的停积场所,一般位于山口外或山间盆地边缘,地形较平缓。由于地形豁然开阔平坦,泥石流的动能急剧变小,最终停积下来,形成扇形、锥形或带形的堆积体,典型的地貌形态为洪积扇,其地面往往垄岗起伏、坎坷不平、大小石块混杂。由于泥石流复发频繁,因此堆积扇会不断淤高扩展,到一定程度逐渐减弱泥石流对下游地段的破坏作用。

以上所述的是典型泥石流流域的情况。由于泥石流流域的地形地貌条件不同,有些泥石流流域上述三个区段不易明显分开,甚至流通区或堆积区有可能缺失。

(2)地质条件

地质条件决定了松散固体物质的来源,也为泥石流活动提供了动能优势。

泥石流强烈活动的山区,都是地质构造复杂、岩石风化破碎、新构造运动活跃、地震频发、崩塌灾害丛生的地段。这样的地段为泥石流活动准备了丰富的固体物质来源,又因地形高耸陡峻,高差大,具有强大的动能优势。例如,南北向地震带是我国最强烈的地震带,也是我国泥石流最活跃的地带,其中的东川小江泥石流、西昌安宁河泥石流、武都白龙江泥石流和天水渭河泥石流,都是我国最著名的泥石流带。

在泥石流形成区内有大量易于被水流侵蚀冲刷的疏松土石堆积物,是泥石流形成的最重要条件。堆积物的成因多种多样,有重力堆积的、风化残积的、坡积的、冰渍的或冰水沉积的等。它们的粒度成分相差悬殊,巨大的漂砾和细小的粉、黏粒互相混杂。一旦湿化泡水后,易于坍塌而被冲刷。此外,泥石流源地常见的基岩,往往是片岩、千枚岩、泥页岩和泥灰岩等软弱岩体。另外,一些人类的工程活动,如滥砍滥伐、开山采矿等,造成山体裸露、水土流失,采石弃渣堆积于沟谷,也提供了大量的物质来源。

(3)气象水义条件

泥石流形成必须有强烈的地表径流,它为暴发泥石流提供动力条件。泥石流的地表径流来源于暴雨、冰雪融化和水体溃决等。由此可将泥石流划分为暴雨型、冰雪融化型和水体溃决型等类型。

我国除西北、内蒙古地区外,大部分地区受热带、亚热带湿热气团的影响,由季风气候控制,降水季节集中。在云南、四川的山区,受孟加拉湿热气团影响较为强烈,在西南季风控制下,夏秋多暴雨,降水历时短、强度大。如云南东川地区一次暴雨 6 h 降水量 180 mm,最大降雨强度达到 55 mm/h,形成了历史上罕见的暴雨型泥石流。在东部地区受太平洋软湿气流影响,夏秋多台风和热带风暴。如 2009 年 8 月 9 日凌晨莫拉克台风袭击台湾南部,形成了特大暴雨,3 天之内降水量达 2319 mm,其中最大降雨强度为 80.5 mm/h,爆发了特大泥石流,将高雄县甲仙乡小林村掩埋,导致 470 多人死亡或失踪。

有冰川分布和大量积雪的高山区,当夏季冰雪强烈消融时,可为泥石流提供丰富的地表径流。西藏东部的波密地区、新疆的天山山区即属这种情况。

由上述可知,泥石流发生有一定的时空分布规律。在时间上多发生在降雨集中的雨汛期和高山冰雪强烈消融的季节,主要是在每年夏季。在空间上多分布在新构造运动强烈的陡峻山区。

在自然条件作用下,由于人为活动往往导致地质和生态环境恶化,促使泥石流活动加剧。山区滥伐森林,不合理开垦土地,破坏植被和生态平衡,造成水土流失,并可产生大面积山体崩塌和滑坡,为泥石流爆发提供了固体物质来源。川西和滇东北地区成为我国泥石流活动最严重地区的另一重要原因就是近一个多世纪来滥伐森林资源而导致植被退化。此外,采矿堆渣、水库溃决等也可能导致泥石流发生。

4.4.2　泥石流特征

泥石流特征取决于它的形成条件。对其特征的研究,有利于搞清泥石流的活动规律,进行预测、预报,并采取有效的防治措施。

（1）泥石流的密度

泥石流中含有大量的固体物质，因此它的密度较大，达 $1.2\sim2.4$ t/m³，泥石流密度的大小取决于水体和固体物质含量的相对比例以及固体物质中细颗粒成分的多少。固体物质百分含量愈高和细颗粒成分愈多，则泥石流的密度愈大。此外，沟谷纵坡降的大小也与泥石流密度有一定关系。沟谷纵坡降愈大，冲刷力愈强，可促使更多的固体物质加入。

泥石流有较大的密度，所以它的托浮力大，搬运能力很强，大石块可像航船一样在泥浆上漂浮而下，甚至上千吨的巨石也能被搬出山口。它常以惊人的破坏力摧毁前进道路上的障碍物，使各种工程措施和生命财产毁于一旦。

（2）泥石流的结构

泥石流体最主要的结构是由石块、砂粒和泥浆体所共同组成的格架结构。石块在泥浆中可有悬浮、支承和沉底三种状态。根据石块含量的增加和粒径的变化，还可分为星悬型、支承型、叠置型和镶嵌型四种类型（图 4-24）。它们的冲击强度依次增加，尤其是镶嵌型格架结构，运动时整体性强，石块间不会发生猛烈的撞击，普遍发生力的传递，所以它的冲击力最大，危害最为严重。

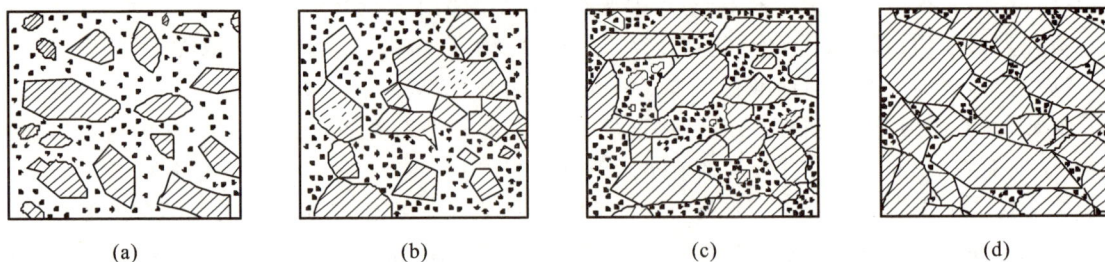

图 4-24　格架结构的四种类型
(a)星悬型；(b)支承型；(c)重叠型；(d)镶嵌型

（3）泥石流的流态

泥石流的流态主要受水体量和固体物质的比值以及固体物质的粒径级配所制约。泥石流体大多属于宾汉体（泥浆体为宾汉体），因此流动理论多以宾汉体流变方程为基础。但是，当泥浆流体中固体物质较少，且以粗大的砂砾为主时，则与牛顿体紊流流变方程类同。

据研究，泥石流主要的流态有紊动流、扰动流和蠕动流三种。

① 紊动流。紊动流是稀性泥石流所具有的流态，与挟砂水流的紊流类同，它的流变方程为：

$$\tau = \rho_d \cdot l^2 \left(\frac{dV_d}{dy}\right)^2 \tag{4-26}$$

式中　τ——切应力；

　　　ρ_d——泥石流密度；

　　　l——混合长度（紊流体单位体积横向平均移动距离）；

　　　$\dfrac{dV_d}{dy}$——流速梯度，V_d 为泥石流中距床底 y 处的流速。

② 扰动流。扰动流是黏性泥石流最常见的一种流态，它的流变方程式以宾汉方程为基础，即：

$$\tau = K_0\tau_\beta + K_\omega\eta_d\frac{dV_d}{dy} + \rho_d(K_cl)^m\left(\frac{dV_d}{dy}\right)^2 \tag{4-27}$$

式中　K_0, K_ω, K_c——分别为泥石流运动时与结构变化和扰动强度有关的修正系数；

　　　m——指数，一般取 2；

　　　τ_β——宾汉极限切力；

　　　η_d——流体的黏度（似刚性系数）；

　　　其他符号意义同式(4-26)。

③ 蠕动流。当黏性泥石流流速较小、流速梯度也较小、流体中的石块移动和转动缓慢时,其流态为蠕动流。蠕动流是一种似层流,流线大致平行,它的流变方程为:

$$\tau = K_0\tau_\beta + \eta_d \frac{dV_d}{dy} \approx \tau_\beta + \eta_d \frac{dV_d}{dy} \tag{4-28}$$

$\tau = \tau_\beta + \eta_d \dfrac{dV_d}{dy}$ 即为宾汉体流变方程。

总之,稀性泥石流多呈紊动流,黏性泥石流多为扰动流,但在沟床顺直、纵坡平缓而石块又较小时,可为蠕动流。而且,随着泥石流沟床条件的变化,这三种流态是可以相互转化的。

对泥石流流速的确定,稀性泥石流和黏性泥石流多采用半理论半经验计算公式,但都有一定的地区性和局限性。下面介绍我国所采用的计算公式。

原铁道部第一勘察设计院推荐的稀性泥石流流速计算公式为:

$$V_d = \frac{1.53}{\alpha} \cdot R_d^{2/3} \cdot I^{3/8} \tag{4-29}$$

式中　V_d——泥石流断面平均流速,m/s;

　　　R_d——泥石流体的水力半径,m;

　　　I——泥位纵坡降,%;

　　　α——阻力系数,$\alpha = (\varphi \cdot \rho_s + 1)^{1/2}$,其中 φ 为泥石流修正系数,$\varphi = \dfrac{\rho_d - 1}{\rho_s - \rho_d}$,$\rho_d$ 为泥石流密度,ρ_s 为泥石流固体物质的密度,t/m³。

陈光曦等根据在东川几条典型黏性泥石流沟的观测资料等,推荐泥石流流速计算公式为:

$$V_d = K \cdot H^{2/3} \cdot I^{1/5} \tag{4-30}$$

式中　H——泥石流泥深,m;

　　　I——泥位纵坡降,%;

　　　K——流速系数,可查表 4-8 获得。

表 4-8　　　　　　　　　　　　　　黏性泥石流流速系数

流速系数	泥深 H/m			
	<2.5	3	4	5
K	10	9	7	5

(4)泥石流的直进性

由于泥石流体携带了大量的固体物质,在流途上遇沟谷转弯处或障碍物时,受阻而将部分物质堆积下来,使沟床迅速抬高,产生弯道超高或冲起爬高,猛烈冲击而越过沟岸或摧毁障碍物,甚至截弯取直,冲出新道而向下游奔泻。这就是泥石流的直进性。一般情况是,流体愈黏稠,直进性愈强,冲击力也愈大。

(5)泥石流的脉动性

由于泥石流具有宾汉体的性质和运动的阻塞特性,故流动不均匀,往往形成阵流,这就是泥石流的脉动性。脉动性是泥石流运动区别于洪水流过程的又一特征。一般的洪流过程线是单峰型涨落曲线,而泥石流过程线则是如图 4-25 所示的似正弦曲线,几乎以相等的时间间隔一阵一阵地流动。有时一场泥石流出现几十阵至上百阵,阵的前锋表现为高大的泥石流龙头,高达几米至几十米,冲击力极大。

4.4.3　泥石流的分类

泥石流分类是对泥石流本质的概括。国内外研究者提出了多种泥石流分类方案,下面介绍三种常用的分类。

(1)按泥石流流域形态分类

① 标准型泥石流。其为典型的泥石流,流域呈扇形,流域面积较大,能明显地划分出形成区、流通区和堆积区(图 4-23)。

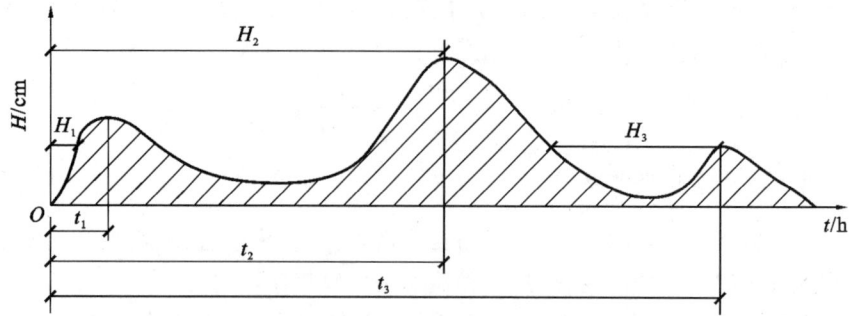

图 4-25 泥石流过程线

② 河谷型泥石流。其流域呈狭长条形,其形成区多为河流上游的沟谷,固体物质来源较松散,河谷中有时常年有水,故水源较丰富,流通区与堆积区往往不能明显分出(图 4-26)。

③ 山坡型泥石流。其流域呈斗状,面积一般小于 1 km²,无明显流通区,形成区与堆积区直接相连(图 4-27)。

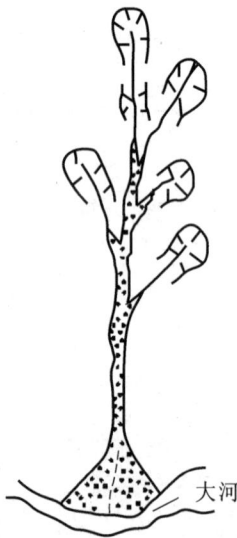

图 4-26 河谷型泥石流流域示意图

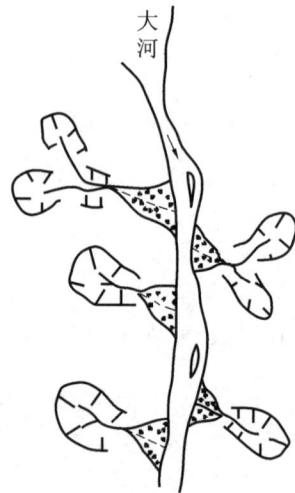

图 4-27 山坡型泥石流流域示意图

(2)按泥石流物质组成分类

① 水石流型泥石流。其一般含有非常不均匀的粗颗粒成分,黏土质细粒物质含量少,且它们在泥石流运动过程中极易被冲洗掉。因此,水石流型泥石流的堆积物常常是粗大的碎屑物质。

② 泥石流型泥石流。它既含有很不均匀的粗碎屑物质,又含有相当多的黏土质细粒物质。因具有一定的黏结性,所以堆积物常形成黏结较牢固的土石混合物。

③ 泥水流型泥石流。固体物质基本上由细碎屑和黏土物质组成。此类泥石流主要分布在我国黄土高原地区。

(3)按泥石流流体性质分类

① 黏性泥石流。这类泥石流含有大量细粒黏土物质,固体物质含量占 40%～60%,最高可达 80%。水和泥沙、石块凝聚成一个黏稠的整体,具有很大的黏性。它的密度达到 1.6～2.4 t/m³,浮托力强,在流途上经过弯道时,有明显的爬高或者截弯取直作用,并不一定循沟床运动。黏性泥石流在堆积区不发生散流现象,而是以狭窄条带状如长舌一样向下奔泻和堆积,堆积物的地面坎坷不平。停止时堆积物无分选性,且结构往往与运动时相同,很密实。

② 稀性泥石流。这类泥石流水是主要成分,固体物质占 10%～40%,且细粒物质少。因此在运动过程中,水泥浆速度远远大于石块的运动速度,石块以滚动或跃移方式下泻。它具有极强的冲刷力,常在短时间内将原先填满堆积物的沟床下切成几米至几十米的深槽。稀性泥石流在堆积区呈扇状散流,将原先的堆积

扇切成条条深沟,沉积后水泥浆慢慢流失,堆积扇表面较平坦。堆积物结构较松散,层次不明显,沿流途的停积物有一定的分选性。

4.4.4 泥石流的预防与治理

为了有效地防治泥石流灾害,应从山地环境的特点和泥石流演化发展规律出发,贯彻综合治理的原则,整个泥石流沟流域全面规划,并突出重点;工程措施与生物措施相结合,要因地制宜,因害设防。下面分区段讨论其防治对策和措施。

泥石流形成区是全流域防治的重点地段。一般采用植树造林和护坡草被,来加强水土保持,并修建坡面排水系统调节地表径流,以防治沟源侵蚀。采取上述措施,是为了减少或消除泥石流固体物质的补给来源,以控制泥石流的暴发。

泥石流流通区一般修筑拦挡工程。最常用的措施是沿沟修筑一系列不高的堤坝或石墙(图 4-28),以拦截泥石流。坝高一般 5 m 左右,坝身上一般应留有水孔以排泄水流。为了使较多的泥石流停积下来,必须选择合适的坝距,可按下式计算:

$$L = \frac{H}{I - I_0} \tag{4-31}$$

式中 H——坝高。

I——沟谷纵坡降。

I_0——坝前堆积物表面的坡度,$I_0 = 0.093 \dfrac{d_{er}}{R}$,其中 d_{er} 为堆积物颗粒的平均粒径,m;R 为水力半径,m。

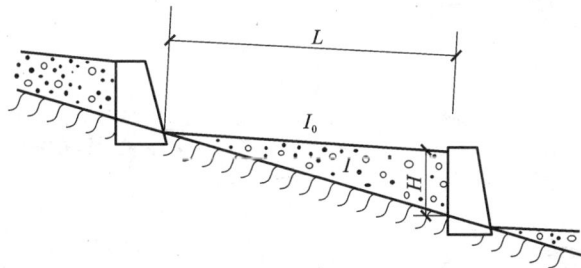

图 4-28 拦挡坝布置示意图

为了防止规模巨大的泥石流破坏重要城镇或重大工程,还需要修建高大的泥石流拦挡坝。例如,为了防止阿拉木图市遭受泥石流袭击,于 1971 年在阿拉木图河上用定向爆破方法建造了一座高 112 m 的堆石坝(后又增高至 145 m),是当今世界上最高的泥石流拦挡坝。美国洛杉矶市也修建了 4 座拦挡泥石流的高坝。

泥石流堆积区一般采用排导措施,以保护附近的居民点、工矿企业、农田及交通线路。主要的排导工程是泄洪道和导流堤。

泄洪道能起到顺畅排泄泥石流的作用,使之远离保护区停积下来。泄洪道应尽可能布置成直线形,其纵坡、横断面、深度等要根据当地情况具体考虑。导流堤能起到引导泥石流转向的作用,必须修筑于出山口处,以确保被保护对象的安全(图 4-29)。这种措施还要有合适的停积场地与之配套。

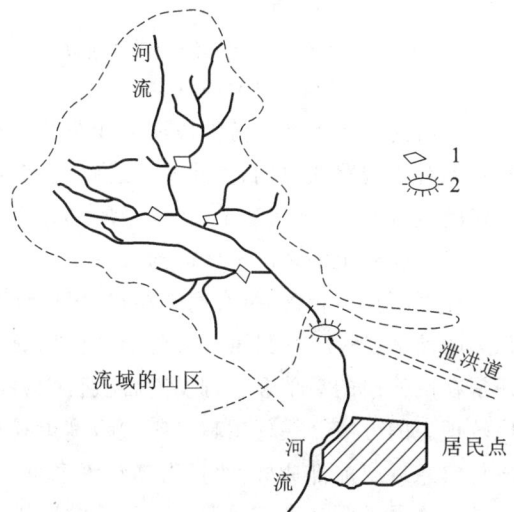

图 4-29 泥石流排导措施
1—坝和堤防;2—导流堤

　　此外,为了确保交通线路的安全,还需要采取一些专门防治措施。如跨越泥石流的桥梁、涵洞,穿越泥石流的护路明洞、护路廊道、隧道、渡槽等防护工程(图 4-30～图 4-33)。

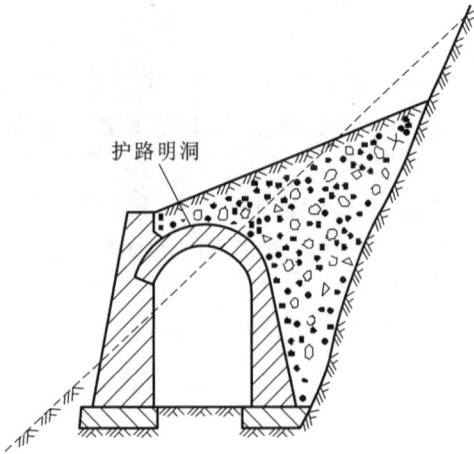

图 4-30　防止泥石流用的护路明洞

图 4-31　用于路堤上方排放泥石流的钢筋混凝土护路廊道

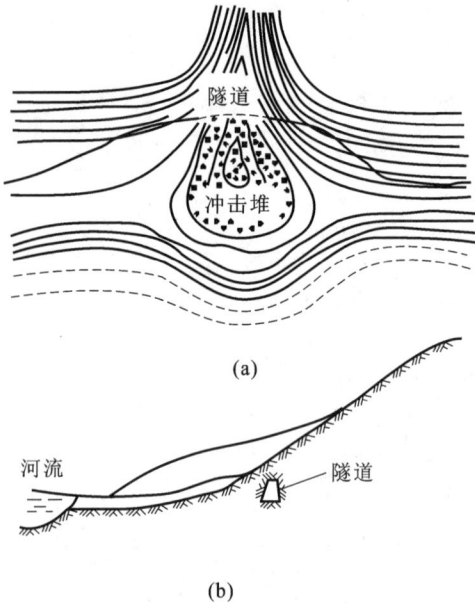

(a)

(b)

图 4-32　用隧道从泥石流沟床下通过
(a)平面图;(b)剖面图

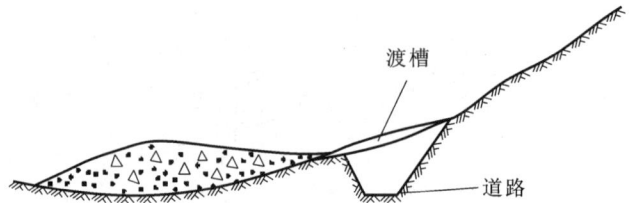

图 4-33　用渡槽引导泥石流越过道路上空

　　最后讨论一下泥石流地段交通线路的选择问题。在泥石流形成区,由于地形开阔,且坡体极不稳定,一般是不容许线路通过的,因此交通线路应该选择在流通区和停积区通过。在泥石流流通区通过的线路,要修建跨越桥,此处地形狭窄,工程量较小。但因冲刷强烈,桥梁易受毁坏。因此,只有当线路有足够的高程、沟壁又比较稳定的情况下才能通过。

　　在泥石流停积区,可有扇前绕避、扇后绕避及扇身通过等几种方案加以比较。扇前绕避方案,即是在洪积扇的前部绕过。如果洪积扇的前部已紧靠河岸,则不得不修筑跨河桥在河的对岸绕过。扇后绕避方案,即是在洪积扇的后部通过,此处为流通区与停积区的过渡地带,冲刷也不严重,大量堆积又未开始,因此是比较理想的方案。最好用高净空大跨度单孔桥或明洞、隧道的工程形式通过。扇身通过的方案,原则上应该是愈靠近扇前部愈好,而且需修建跨扇桥。由于洪积扇的不断发展,将会迫使线路不断改变。图 4-34 为成昆铁路通过西昌安宁河泥石流地段的选线方案。

　　总之,在泥石流地段选择交通线路时,应尽量绕避泥石流分布集中,且危害严重的地段。当受其他条件限制而必须通过时,应根据泥石流的特点,从受影响小的部位,采取最安全、经济的工程形式通过。

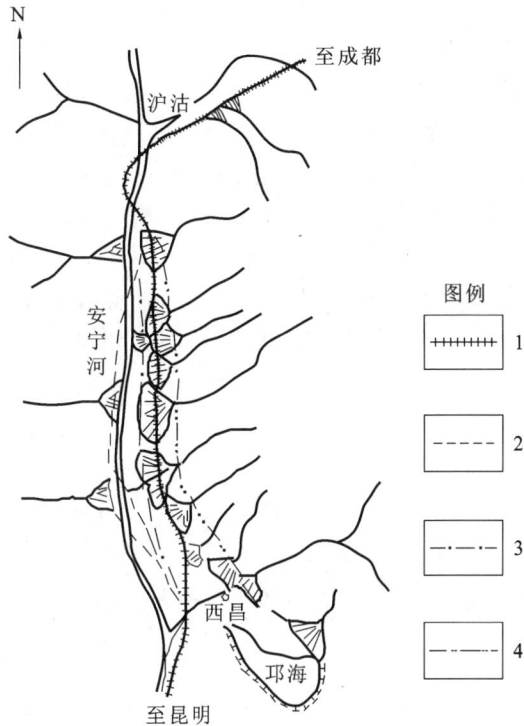

图 4-34　成昆铁路安宁河泥石流地段选线方案

1—选定的扇身通过方案;2—扇前绕避方案;3—扇前绕避二方案;4—扇后绕避方案

4.5　地面沉降及其防治　》》》

4.5.1　地面沉降概述

地面沉降是指地面高程的降低,特指地壳表面某一局部范围内的总体下降运动。地面沉降以缓慢的、难以察觉的向下垂直运动为主,只有少量的水平方向的位移,可能影响的平面范围达数千平方千米。在某些实例中地面沉降是一种自然动力地质现象,而多数则是人类活动所引起的,常以地壳表层一定深度内岩土体的压密固结或下沉为主要形式。

地面沉降主要是由于人类过量抽取地下液体引起的。自 19 世纪末以来,随着世界范围内人类工程活动强度和规模的不断增大,许多地区陆续出现了地面下沉现象,其中由人类抽取地下液体的工程活动而引起的地面沉降最为普遍。美国、日本、中国和西欧的一些国家中的许多沿海或平原地区,由于抽取地下水出现了较为严重的地面沉降。墨西哥城由于人口急剧膨胀而大量开采冲积层中的地下水,致使地下水位持续下降,大面积地面沉降,最大处沉降达 10 m。

我国从 20 世纪 20 年代起,上海、北京、天津、西安等城市先后出现了地面沉降现象。上海市是我国最早发现地面沉降的城市,1921—2011 年市区地面平均下沉 1.98 m,过量抽取地下水是上海地面沉降的主要原因。另外,高层超高层建筑的建设所产生的大规模深基坑施工排水活动也是地面沉降的主要因素之一。

由于地面沉降,沿海地区出现了严重的海水侵蚀、洪水等灾害。有些地区还出现桥墩下沉、桥梁净空减小,影响了水上交通;有的城市伴随着地面的垂直沉降,还发生了较大的水平位移,对地面和地下建筑物造成巨大危害。

4.5.2　地面沉降的地质环境

地面沉降一般发生在未完全固结的近代沉积地层中,其密实度较低,孔隙度较大,孔隙中常被液体充满。如果这些孔隙中的液体被排出,孔隙就会被压实,岩土体出现固结沉降,造成地面开裂和沉降。因此,地面沉降过程在实质上是未固结地层的渗透固结过程的继续。基于这一认识,按不同的地质环境,地面沉降可分为以下几种模式。

(1)现代冲积平原模式

其主要发育在河流中下游地区现代地壳沉降带中。因河床迁移频率高,故沉积物多为河床沉积物。这些沉积物多为多层交错的叠置结构,平面分布呈条带状或树枝状,侧向连续性较差,不同层序的细粒土层相互衔接包围在砂体的上下及两侧。我国东部许多河流冲积平原,如黄河与长江中下游、淮河平原等地的地面沉降属于此类。

(2)三角洲平原模式

其分布在河流冲积平原与滨海大陆架的过渡带,即现代冲积三角洲平原地区。河口地带接受陆相和海相两种沉积物沉积,其沉积结构具有陆源碎屑物(以含有有机黏土的中细砂为主)和海相黏土交错叠置的特征。我国长江三角洲地区就属于这种类型。上海、常州、无锡、苏州、嘉兴等地区的地面沉降均发生在这种地质环境中。

(3)断陷盆地模式

其又可分为近海式和内陆式两种类型。近海式断陷盆地位于滨海地区,常受近期海浸的影响,其沉积结构具有海陆交互相地层特征,如我国宁波地区。内陆式断陷盆地位于内陆近代断陷盆地中,其沉积物源于盆地周围陆相沉积物,如西安、大同地区的地面沉降就发生在这种盆地中。

4.5.3　地面沉降的成因

地面沉降的因素有多种,有些是由多种因素综合诱发的结果。地面沉降的主要因素包括自然动力因素和人类活动因素。

(1)自然动力地质因素

① 地壳运动。在漫长的地质历史时期,地壳运动引起的地面沉降非常缓慢,沉降速率很低,一般不会造成灾害性后果。

② 地震、火山作用。地震或火山作用常会引起地面陷落和快速开裂。一些已经发生地面沉降的地区在震后可能会出现沉降加速现象,但震后趋于稳定后一般不会造成长期后果。

③ 溶解、氧化、冻融等作用。地下水对土中易溶解盐类的溶解,土壤中有机成分的氧化,地表松散沉积物中水分的蒸发等,都有可能造成土体孔隙率或密度的变化,促进土体固结而引起地面沉降。

(2)人类活动因素

① 地下水、石油、天然气和卤水等的开采。大量开采地下水、地下水溶性气体或石油等活动,是人类活动中造成大面积、大幅度地急剧地面沉降的最主要因素。我国华北地区的大中型城市的地面沉降和南方岩溶地区的地面塌陷等主要是过量开采地下水造成的。如上海1921年发现地面沉降以后,1921—1965年的45年间,上海市累计沉降量约1.69 m。有些地方地下水中含有盐分,过量抽取含盐地下水也会引发地面沉降。

② 地下固体矿产资源的开采。开采地下固体矿产资源如煤炭、铁矿等形成大面积的采空区,导致地面变形,发生地面沉降或塌陷。我国北方地区在煤矿富产区的开采活动导致了大面积的地面沉降,并造成了地面建筑物、农田、道路和水利设施等的破坏,产生巨大的财产损失。如果出现暴雨,常常还会发生洪涝灾害。

③ 高层建筑群的集中建设。在高层建筑群的重力作用下,岩土体会发生蠕变,导致地基的缓慢变形,进而出现地面的不均匀沉降。另外,高层建筑深基坑的施工排水活动也会引起地面沉降。如上海市2005—2011年年均地面沉降约为6.0 mm,主要是由高层建筑群的建设引起的。

④ 动荷载诱发土体变形。地面施工,在一定条件下因动荷载引起土体压密、变形,或者地下空间开发过程中顶板岩土变形,如地铁的施工等,造成地面的不均匀沉降和地裂缝。

⑤ 特殊土的压缩变形。大面积的农田灌溉引起敏感性土的水浸压缩引起的地面沉降。

⑥ 软土地基变形。在软土地基上建造建筑物,在重力作用下,软土会发生蠕变,引起地基缓慢变形,造成地面的不均匀沉降和建筑物的倾斜或开裂。

4.5.4 地面沉降的控制与治理

地面沉降的控制与治理首先应对地面沉降进行全面的调查和勘察,弄清场地的工程地质条件、地下水状况等,然后对地面沉降进行监控量测和预测,最后提出科学、有效的治理措施。

(1)地面沉降的监测

监测内容包括:对场地的水准测量点定期进行测量,对地下水的开采量和地下水位进行长期监测,设立沉降标、孔隙水压力标和基岩标以深入分析各层土体的变形规律,对地面裂缝进行长期观测。

(2)地面沉降的控制及治理

① 在沿海地区修筑或加高挡潮堤、防洪堤,防止海水倒灌,淹没低洼地区;改造低洼地形,人工填土加高地面;改造城市给排水系统和输油气管线,整修道路等以适应地面沉降;调整城市功能分区及总体布局,规划中的重要建筑物避开沉降地区。

② 人工回灌地下水。向过量开采地下水的地区或采空区回灌地下水,使含水(或油、气)层中孔隙压力保持在初始平衡状态,可有效控制地面沉降。

③ 减少地下水的开采量,调整开采层次,以地面水源代替地下水源。节约用水,加强水资源的循环利用。

④ 做好城市规划,对高层或超高层建筑物所带来的地质灾害问题进行评估。

⑤ 避开软弱地基或对软弱地基进行工程处理。沿海地区第四纪松散冲积层中夹有海相、河湖相、海陆交互相的淤泥,或者在土层中夹有软土层,遇水后其性质和结构会发生很大变化。在这些软弱地基上进行工程建设时应该进行必要的处理。

4.6 土木工程领域其他常见的地质灾害及其防治 ≫≫≫

4.6.1 隧道工程中常见的地质灾害及其防治

(1)突水、突泥事故及其防治对策

突水是在硐室、巷道施工过程中,穿过岩溶发育的地段(尤其是遇到地下暗河系统)、厚层含水沙砾石层或与地表水连通的较大断裂破碎带等所发生的突然大量涌水现象。如 2006 年 1 月 21 日,在建中的宜(昌)万(州)铁路利川市团堡镇马鹿菁隧道工地发生突水事故。共冲毁房屋 6 栋、耕地 40 余亩,并造成 11 人死亡。

突泥是伴随突水活动,大量泥沙涌入井巷所造成的灾害。泥沙主要来源于岩溶陷落柱、断裂破碎带、松散含水层。突泥除造成人员伤亡外,有时还堵塞排水系统,淤埋设备,并常伴生地面塌陷,增加了突水灾害的破坏程度和治理难度。宜万铁路经过路段山岭纵横、岩溶发育,就发生过多次隧道溶洞突泥事故,如图 4-35 所示。

突水、突泥的防治对策是:超前地质预报、超前探孔;注浆封堵;采用掌子面超前钻孔、辅助导坑排水钻孔、排水洞等排水措施;溶洞揭露后对相应地段加强支护及衬砌;人员及设备在突水、突泥之前撤离到安全地带。

图 4-35　宜万铁路圆梁山隧道溶洞突泥

（2）瓦斯爆炸事故及防治对策

当隧道施工经过含有可燃气体（如甲烷）路段时，可燃气体的浓度达到一定限度并有明火出现时就会发生瓦斯爆炸事故。如 2005 年 12 月 22 日 14 时 40 分，四川省都江堰至汶川董家山隧道工程发生特别重大瓦斯爆炸事故，造成 44 人死亡，11 人受伤，直接经济损失 2035 万元。

瓦斯爆炸事故的防治对策主要从防止瓦斯积聚和消除火源两方面着手：防聚措施有加强通风、加强瓦斯浓度的监测、对瓦斯含量大的煤层进行瓦斯抽放；防燃措施有禁止使用明火、严格掘进工作面的局部通风机管理工作、防止机械摩擦火花引燃瓦斯等。

（3）岩爆及其防治

岩爆是在高地应力地区隧道施工中围岩发生脆性破坏而突然释放弹性应变能所造成的一种失稳现象，是一种由人类的工程活动诱发的地质灾害。岩爆发生时能够抛出大小不等的岩块，大型者常伴有强烈的振动、气浪和巨响，对隧道施工的危害很大。岩爆的产生需具备以下几个条件：一是要有能有效集聚应变能的岩石；二是要有较高的初始应力；三是要有引起应变能释放的外部条件，即隧道工程施工。

岩爆对工程施工进度及人员安全带来很大的影响，对岩爆的防治具有重要的意义。岩爆的预测、预报方法有原岩应力与岩石强度对比法、能量分析法和岩芯饼化程度分析法。在工程选线时，应尽量避开岩爆易发区，如高地应力地区及地质构造复杂地带，避免让隧道经过向斜、背斜和向斜与背斜过渡地带、断层交会地带。如果一些重大工程无法避开岩爆易发区，就要根据相应的力学计算和岩爆烈度等级采取适当的支护措施。在施工中应合理设计作业方法和工序，以尽量减少开挖作业引起的应力集中，预防岩爆的发生。根据岩体地应力和相关岩石力学参数，并通过模拟计算来判断岩爆可能发生的部位、烈度和破坏范围等，为工程设计与施工提供可靠的依据。岩爆的防治措施还有加强安全监测，合理地运用爆破、注水和钻孔等卸荷措施使地应力得到合理释放。另外，还要加强宣传教育，增强施工人员的安全防范意识。

4.6.2　路基工程中常见的地质灾害及其防治

路基工程中最常见的地质灾害为滑坡、崩塌、滚石、坍塌等，其他常见的还有水毁和路基的不均匀沉降等。

（1）水毁及其防治对策

水毁是山区沟谷中的填方路基在强降雨引发的洪水的冲刷之下发生路基坍塌等灾害的地质现象。如 2012 年 8 月 21 日下午，甘肃省天定高速公路由于渭河采砂导致河床降低以及突发暴雨引起渭河水位急速暴涨出现水毁。

水毁的防治对策是：修建护坡、浆砌片石或钢筋混凝土挡土墙、护坦等，或者在路基边坡的坡脚抛石、投石笼等，在路基填方时铺设土工织物，并做好排水设施。

(2)路基的不均匀沉降及其防治对策

在软土路基及半填半挖路基地段常常发生路基的不均匀沉降,从而导致路面开裂,甚至路基的坍塌。

路基的不均匀沉降的防治对策是:改善路堤填料的质量,加强填料的压实,减小填土路基的压缩系数,增大地基承载力;对于软土路基应做好路基的处理,如强夯法、预压法,减小软土路基的工后固结沉降;对于半填半挖路基可对填方路堤进行特殊处理,修筑挡土墙,并对填料进行压密,尽量减小其固结沉降;加宽路基可采用开挖换填的方法,换填高质量的填料。

4.6.3 基坑工程中管涌及其防治

在基坑工程中最常见的地质灾害为地面沉降和基坑边坡滑塌等,另外还有管涌灾害。

(1)管涌

基坑降水加大了坑外和坑内的水头差,在渗透水流的作用下,土中的细颗粒、粗颗粒先后被渗流带走,最后土体内形成贯通的渗流通道,产生管涌。在沿海地区或冲积平原上明挖深基坑施工易出现管涌现象,管涌发生后可引发基坑坍塌和地面沉降等。管涌初始阶段一般征兆不明显,不易预防,而一旦发作,发展又非常迅急,在慌乱情况下作出的仓促决策不仅有可能徒劳无功,还有可能随着时间的流逝,局面更加难以控制,进而造成更大的危害。要正确分析管涌产生的原因,及时对症下药制订应对处理方案,并坚决、果断地实施,将管涌危害降到最低,保护周边建筑物以及基坑自身的安全,保证基坑工程的顺利进行。2011 年 11 月 28 日,浙江省绍兴市全天候码头施工过程中,基坑底部多处出现流沙和管涌现象,如图 4-36 所示。

图 4-36　绍兴市全天候码头基坑管涌

(2)管涌的险情判断

管涌的严重程度主要根据涌水浑浊度及带砂情况、管涌口直径、涌水量、洞口扩展情况、涌水水头,以及基坑周边环境进行判断。

① 轻微管涌:基坑底面隆起、有水渗出或细流流出。

② 较轻管涌:管涌口涌出的水量小,水流流速小,携泥携砂量少,管涌口堆积少,此时可不作处理。

③ 较重管涌:管涌口径不断扩大,管涌流量不断增大,带出的泥沙越来越多。

④ 严重管涌:管涌开口大,涌水量大且急,管涌短时间内携带出大量泥沙,数十方的泥沙在几十分钟或数小时时间内急剧涌出。

(3)管涌的防治对策

① 降水减压:在管涌发生部位对应基坑外侧设置井点降水,经抽排该段地下水位降低,切断管涌水力供应。

② 滤水围井:在管涌口处用编织袋或麻袋装土抢筑围井,井内同步铺填反滤料,从而制止涌水带砂,以防险情进一步扩大,当管涌口很小时,也可用无底水桶或汽油桶做围井。

③ 注浆法:如压密注浆法、高压喷射注浆法和双液注浆法等。

④ 滤水压重:当管涌严重,涌水涌砂量大,来不及采取其他措施时,可采用滤水性材料直接分层压在管涌口范围,一般由下到上压重颗粒由小到大,厚度根据管涌程度确定,分层厚度不宜小于 30 cm。

⑤ 止水帷幕法:采用旋喷桩或搅拌桩对管涌对应围护结构范围进行止水。

4.6.4 房屋地基不均匀沉降及其防治对策

房屋的不均匀沉降会引起的房屋开裂,甚至倾斜或坍塌。如山东禹城市开元商厦建设过程中由于地基的不均匀沉降出现了大面积的开裂,吉林长春高科技大厦由于地基的不均匀沉降出现了整体倾斜。

(1)房屋地基的不均匀沉降对房屋结构的危害

在建筑物的重力荷载、地下水、地震和地下开采活动等作用的影响下,地基岩土体会发生变形,当变形不均匀时就会发生不均匀沉降。地基的不均匀沉降常常会引起地表建筑物的损害。常见的损害有以下几种:

① 建筑物倾斜:如意大利的比萨斜塔,就是由于建造在高压缩性土体上,地基出现了不均匀沉降。

② 建筑物开裂:如清华大学供应科库房楼竣工后一年,墙体就出现裂缝,使用 3 年后就出现了 33 处大裂缝,成为一座危房。

③ 建筑物基础断裂:如东南大学教工住宅在筏板基础浇筑完毕后,还没有砌筑墙体就出现了裂缝,裂缝的长度超过 6 m,宽度为 1~5 mm。

(2)产生不均匀沉降的原因

产生地基不均匀沉降的原因主要有以下几个:

① 压缩性地基土的不均匀分布,当压缩性地基土呈透镜体分布或局部的不规则状况出现,浅基础下的地基就会发生不均匀沉降。

② 桩基施工等对压缩性地基的影响引起地基的不均匀沉降。

③ 水对地基土的影响引起地基的不均匀沉降。

④ 上部结构的平面不规则和体积变化复杂引起地基的不均匀沉降。

⑤ 地基相对刚度的影响引起地基的不均匀沉降。

⑥ 偏心荷载影响。在偏心荷载作用下,基底将产生不均匀的附加应力,使基础发生倾斜。

⑦ 相邻建筑物基础的影响。地基中附加应力向外扩散,使得相邻建筑物的沉降相互影响,造成不均匀沉降。

(3)防治对策

① 保证勘察报告的真实性与可靠性。

② 采取多种措施,增加建筑结构的基础刚度和整体刚度。如建筑平面布置规整,避免出现较大的高差,并考虑相邻建筑物的影响;控制建筑物的长高比,合理布置纵横墙,设置圈梁,建筑物的楼盖与屋盖采用现浇整体钢筋混凝土结构;控制地基基础的变形,当天然地基不能满足要求时应采取必要的地基处理措施,同一建筑应采用相同的基础形式并埋置于同一土层中。

③ 提高施工质量。保证建筑材料的质量,正确设置拉结筋,并加强房屋的沉降监测。

④ 合理设置沉降缝,加强上部结构的刚度和整体性,提高墙体的抗剪强度,对不良地基进行及时、妥善的处理。

⑤ 当不均匀沉降引起房屋开裂时,应对地基进行处理,可采用钢筋混凝土桩架梁法、钢管桩架梁法、三重管旋喷桩定向旋喷法、桩底架梁托底法和地基基础的扩宽加固处理等,并对结构进行修复加固处理,如对裂缝的处理和墙体的加固等。

⑥ 当不均匀沉降引起房屋倾斜时,应对房屋进行纠偏,可采取掏土法、注浆法、树根桩法等。

4.7 地质灾害防治规划 >>>

4.7.1 地质灾害防治规划的目标

地质灾害防治规划的目标是建立与我国国情相适应的地质灾害防治体系,最大限度地提高地质灾害防治能力,最大限度地避免和减轻地质灾害造成的人员伤亡和财产损失,为促进社会经济和环境协调发展提供安全保障。

《全国地质灾害防治"十二五"规划》中提出,到 2015 年,完成地质灾害重点防治区调查任务,全面查清地质灾害隐患的基本情况,初步建立与全面建设小康社会相适应的地质灾害防治体系,在地质灾害防治区基本建成调查评价体系、监测预警体系、防治体系和应急体系,基本解决防灾减灾体系薄弱环节的突出问题,实现同等致灾强度下因灾伤亡人数明显减少,年均因灾直接经济损失占国内生产总值的比例逐步降低,地质灾害对经济社会和生态环境的影响显著减轻。

4.7.2 地质灾害防治规划的内容

地质灾害防治规划包括以下内容。

(1)地质灾害现状和发展趋势预测

其包括对地质环境条件的调查,地质灾害的现状及其发展趋势的统计分析。地质环境条件的调查,包括地形地貌及气象水文和地质条件的调查。地质灾害的现状及其发展趋势的分析主要是对目前地质灾害的统计数据进行汇总,分析其发展趋势。

(2)地质灾害的防治原则和目标

① 地质灾害防治原则。以预防为主,避让与治理相结合;以常规治理为主,常规治理与应急治理相结合;按规划对地质灾害隐患点实施常规治理,对突发性的情况紧急的地质灾害可不按规划要求实施应急治理;统筹规划、讲求实效,重点突出,分步实施;坚持监测预警为主,监测预警与工程治理相结合;坚持各级政府对辖区内地质灾害防治负责;坚持谁诱发、谁负责原则,自然原因形成的地质灾害隐患由政府出资治理。

② 防治目标。总体目标是建立并完善地质灾害防治法律法规体系和与全面建设小康社会相适应的地质灾害防治、监督行政管理体系,严格控制人为活动引发地质灾害的发生;完成县(市)地质灾害调查与区划工作,基本掌握全省地质灾害分布状况与危害程度;初步建立群专结合的地质灾害监测网络和信息系统,进一步完善地质灾害监测预警体系,提高预报成功率;发挥并调动各方面的作用,提高地质灾害治理能力与水平,努力使危害严重的地质灾害隐患点得到整治,使突发性地质灾害的发生率和损失量明显降低,避免经济损失,减少人员伤亡。构建处置快捷的抢险救灾应急指挥系统和信息平台。阶段性目标为建立完善的以群测群防为基础,群测群防与专业监测相结合的覆盖全国的地质灾害监测预报网络;在防治技术方法和地质灾害体综合开发(包括矿山地质灾害)等方面取得重要突破,使危害较严重并需要治理的致灾危险点得到有效治理;完成重大突发性地质灾害隐患点防治工程治理项目。

(3)地质灾害易发区、重点防治区

① 地质灾害易发区分区原则及方法。以地质环境条件(主要包括地形地貌,地层岩性、地质构造)为基础,根据已完成的县(市)地质灾害调查与区划及各地州市向上级主管部门提供的地质灾害隐患类型、分布规律进行综合分析。单元的划分主要以地质灾害形成发育的地质环境条件差异、地质灾害的发育特征、分布及其影响范围综合确定,定性与定量相结合,现状与发展趋势预测相结合。易发区的划分是一个相对的概念,以定性分析为主,突出主要灾种,综合命名。

② 地质灾害重点防治区。其是指易引发或较易引发地质灾害、危害程度大,已建或规划的重要基础设施、城镇、人口集中居住区、风景名胜区、大中型工矿企业所在地和铁路、国家级和省级公路交通干线、重点水利电力工程等基础设施、通航的主干河流等需重点防护的区域。

(4)地质灾害防治项目

① 重点防治区。本防治区目前除局部地带发育岩溶塌陷外,均属于滑坡、崩塌、泥石流地质灾害高易发区。地质灾害造成重大损失及重大级以上的隐患点绝大部分发育在该类型防治区内。防治地质灾害的重心在矿区、交通动脉地带及城市区的滑坡、崩塌、泥石流类地质灾害的预防和治理;开展矿区、主干河流、城市区的地质灾害综合防治,开展建设工程地质灾害危险性评估工作,保护人民生命和财产的安全。

② 地质灾害次重点防治区。本防治区目前有少量的重大级地质灾害隐患点,属于地质灾害高易发区,滑坡、崩塌、泥石流发生频繁,局部地区地下蕴藏着较丰富的煤炭资源。随着社会经济的迅猛发展,仍应密切关注地质灾害的发生、发展和防治,开展建设工程地质灾害危险性评估工作,确保人民生命财产的安全。

③ 地质灾害一般防治区。本区地质灾害防治工作重点是对危及人民生命财产安全的重大灾害隐患点进行搬迁避让或勘察治理;对建设工程进行地质灾害危险性评估,以确保人民生命财产的安全。

(5)地质灾害防治措施

① 地质灾害监测预警体系建设。通过对群测群防网络、地质灾害信息系统和应急反应系统等的建设,加强与其他防灾减灾预警体系(如气象、水利、环保等)的协调与联动,对地质灾害危险区(点)进行全面的监测,将地质灾害预警与防灾减灾有机地结合在一起,使我省地质灾害的防治管理由过去分散的、独立的、被动状态向全面的、系统的、主动控制状态转变,使地质灾害防治水平有较大的提高。

② 地质灾害信息系统建设。建立地质灾害信息系统。建成地质灾害的空间数据库,完成信息网络骨架建设,实现突发性地质灾害分布和灾情信息的图、数一体化管理与灾害速报,及时查询包括地质环境状况、地质灾害历史和地质灾害隐患点的分布、危险性和可能的危害对象等主要地质灾害信息。

③ 应急反应系统建设。其主要任务是编制年度地质灾害防灾预案,组织部署、检查监督各地地质灾害防灾减灾工作以及汛期对地质灾害点的险情进行巡查,发现险情或接到险情报告要快速赶赴现场,进行险情鉴定,以及应急救援和处置工作,并协调各地、各有关部门开展地质灾害救援工作。

④ 地质灾害搬迁避让与工程治理。其包括搬迁工程和治理工程。各地质灾害隐患点在治理工程或搬迁未实施之前,必须开展监测工作。编制和实施土地利用总体规划,矿产资源规划及水利,铁路、交通、能源等重大建设工程项目规划,应当充分考虑地质灾害防治要求,避免和减轻地质灾害造成的损失。编制城市总体规划、村庄和集镇规划,应当将地质灾害防治规划作为其组成部分。

4.7.3 地质灾害的预报制度和防治方案的内容

在地质灾害高发地区,应建立地质灾害监测网络和预警信息系统,并加强地质灾害的群测群防工作,实行地质灾害预报制度。预报内容主要包括地质灾害可能发生的时间、地点、成灾范围和影响程度等。

对出现地质灾害前兆、可能造成人员伤亡或者重大财产损失的区域和地段,应当及时划定为地质灾害危险区,予以公告,并在地质灾害危险区的边界设置明显警示标志。在地质灾害危险区内,禁止爆破、削坡、进行工程建设以及从事其他可能引发地质灾害的活动。及时采取工程治理或者搬迁避让措施,保证地质灾害危险区内居民的生命和财产安全。

地质灾害防治方案包括下列内容:

① 主要灾害点的分布;
② 地质灾害的威胁对象、范围;
③ 重点防范期;
④ 地质灾害防治措施;
⑤ 地质灾害的监测、预防责任人。

4.7.4 地质灾害的防治体系建设

地质灾害防治体系建设是规划建设的核心内容,主要包括地质灾害调查评价工程、监测预警工程、避让搬迁与治理工程、应急体系建设和科学技术研究支撑等体系的建设。结合区域经济社会发展水平,在地质灾害重点防治区和一般防治区合理配置非工程措施与工程措施,突出群测群防监测预警和临灾避险。

(1)调查评价体系的建设

调查评价体系建设的基本目的是在现有调查工作的基础上,进一步查清地质灾害发生的地质环境条件评价其危险性,进行地质灾害风险区划,确定重大地质灾害隐患点,为合理开发利用地质环境,实施地质灾害监测预警和防治工程提供依据。其内容包括突发性地质灾害调查评价和缓变性地质灾害调查评价。

(2)监测预警体系建设

监测预警工程是防灾减灾的重要手段,运行良好的监测预警体系能够及时发现地质环境变化信息,为避险决策和应急处置提供关键性依据。其包括突发性地质灾害专业监测预警系统建设、突发性地质灾害群测群防体系建设和缓变性地质灾害监测预警系统建设。

(3)搬迁避让与治理工程

根据地质灾害调查监测结果,对确认危险性大、危害严重的地质灾害隐患点采取搬迁避让或工程治理措施,彻底消除地质灾害隐患突发性地质灾害搬迁避让与治理工程。其主要包括突发性地质灾害搬迁避让与治理工程、缓变性地质灾害搬迁避让与治理工程和重大工程区域地质灾害防治工程。

(4)应急体系建设

应急体系建设的目标是以重大突发地质灾害应急管理需求为导向,以重大地质灾害应急处置为核心,坚持自主创新和引进消化吸收相结合,集成整合现有科学技术资源,建立适应公共管理需求的重大地质灾害应急响应技术、支撑机构信息网络系统平台技术装备体系和应用技术系统。

应急体系的任务是建立地质灾害应急指导中心,并建立信息网络系统平台,配置应急装备,研发集成应用技术系统,以及建立地质灾害应急响应与管理培训演练基地。

(5)科学技术研究支撑体系建设

研究目标为通过对地质灾害的成因机理、风险区划和防控技术方法研究,全面提升我国地质灾害调查评价、监测预警、防控工程技术与应急处置水平。其研究内容包括重大突发性地质灾害成因机理与防控对策研究、突发性地质灾害调查评价与监测预警关键技术研发与示范研究、地质灾害综合防治信息集成平台研发以及重大突发地质灾害险情与灾情应急响应的理论方法、技术体系和实施要求以及远程会商决策支持研究。另外,还包括地质灾害防治技术标准体系编制研究、重大地质灾害隐患防范措施研究和减轻地质灾害的公共管理研究。

参考文献

[1]　熊铁.长江上游滑坡泥石流监测预警系统技术手册.武汉:长江出版社,2007.

[2]　中华人民共和国国家统计局.中国统计年鉴2012.北京:中国统计出版社,2012.

[3]　贺可强,阳吉宝,王思敬.堆积层滑坡唯一动力学理论及其应用——三峡库区典型堆积层滑坡例析.北京:科学出版社,2007.

[4]　牟会宠.滑坡.北京:地震出版社,1987.

[5]　殷坤龙.滑坡灾害预测预报.北京:中国地质大学出版社,2004.

[6]　申永江,吕庆,尚岳全.桩排距对双排抗滑桩内力的影响.岩土工程学报,2008,30(7):1033-1038.

[7]　尚岳全,王清,蒋军,等.地质工程学.北京:清华大学出版社,2006.

[8]　周云,李伍平.土木工程防灾减灾概论.北京:高等教育出版社,2005.

[9]　马宏建.深基坑工程管涌灾害的治理.都市快轨交通,2008,21(1):72-75.

[10]　李隽蓬,谢强.土木工程地质.成都:西南交通大学出版社,2008.

［11］ 李智毅,杨裕云.工程地质学概论.武汉:中国地质大学出版社,1994.

［12］ 中华人民共和国国土资源部.地质灾害防治条例,2003.

［13］ 陈龙珠,梁发云,宋春雨,等.防灾工程学导论.北京:中国建筑工业出版社,2006.

［14］ 江见鲸,徐志胜.防灾减灾工程学.北京:机械工业出版社,2005.

［15］ 铁道部第二勘测设计院.抗滑桩设计与计算.北京:中国铁道出版社,1983.

5 风灾灾害及其防治

风灾是一种发生最频繁的自然灾害,所造成的损失也为各种灾害之首。20世纪80年代,德国慕尼黑保险公司对欧洲在1961—1980年20年间损失1亿美元以上的自然灾害统计结果表明,由于风发生的频率高,次生灾害大,风灾的次数占自然灾害总次数的51.4%,经济损失占自然灾害总损失的40.5%。据估计,全球每年由于风灾造成的损失达100亿美元,年平均死亡人数达2万人以上。因此,风灾是给人类生命财产带来巨大危害的自然灾害。事实上,我国是世界上遭受风灾最严重的三个国家之一。

5.1 大气边界层的风特性 ▶▶▶

5.1.1 自然风

风是空气相对地球的流动,其产生的根本原因是由于太阳对大气加热不均匀,使得相同高度的两点之间产生压差,空气从高气压位置向低气压位置流动便形成了"风"。

5.1.1.1 主要影响因素

(1)大气的吸热性能

尽管太阳是大气温度的直接来源,但由于太阳光波长较短,大气并不能直接从来自外层空间的阳光吸收热量,太阳热辐射可直接穿过大气,基本可以全部投射到地球,大气从地表波长(10 μm左右)较长的辐射吸收热量。夏天靠近路面的空气层温度最高,就是一个实例证明。

(2)大气的压强与温度分布

大气压强是由空气的重量产生的,因此压强在地表处最大,并随高度的增加而递减。由热力学第一定律可知,压强(P)和体积(V)的乘积与绝对温度(T)的比值是一个常量,因此随着高空压力的降低,大气温度也会降低。地表附近一个热空气团在快速上升时,其压强与温度变化过程可视为绝热变化过程,干绝热递减率为 $\dfrac{1\ ℃}{100\ m}$,即每上升100 m,大气温度降低1 ℃。如果热空气团上升过程气温总是高于同高度大气气温,则会一直上升,称为不稳定层结;反之,则称为稳定层结,这时气团将不再上升。如果气团上升的绝热递减率正好等于大气气温沿高度分布的递减率,即气团温度总是等于周围大气温度,则称为中性层结。总之,大气压强与温度沿高度递减的规律是造成气流的垂直运动的重要原因。

(3)气压的水平梯度力

地球表面各处的气压不相同,从而在同一水平面上产生水平气压梯度,这是空气水平运动的驱动力。例如,亚洲大陆最为辽阔,与海洋上空气压相比,冬天为高气压,夏天为低气压,于是形成了亚洲最为明显的季风。

(4)地球表面对大气的摩擦力,边界层效应

空气属于流体,也具有流体的共性——黏性。地球表面对空气运动的水平阻力使气流速度减慢,当高度超过大气边界层高度后,这种摩擦力效应可以忽略,因此大气在地球表面上方一定高度内将形成边界层,

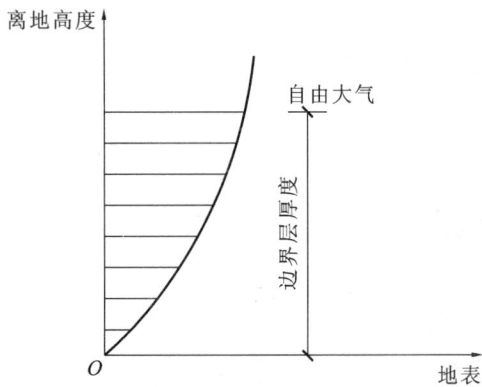

图 5-1 大气边界层内风速廓线

风速沿高度分布特征如图 5-1 所示,大气边界层以上的大气称为自由大气。由于我们关心的结构物高度通常小于大气边界层高度,因此应对边界层效应加以仔细研究。此外,自然风还受地球自转产生的科里奥利力影响,在北半球,北风总是偏西,南风总是偏东,很少有正北风或正南风;大气中水汽也会影响气流运动,饱和暖湿气流含有水汽凝结的能量,其运动比干气流剧烈一些,台风就是一种暖湿气流。

5.1.1.2 自然风的分类

自然界常见的几种风包括热带气旋、季风和地方性风等,下面分别进行简单介绍。

(1)热带气旋

热带气旋是指发生在低纬度(5°~20°)热带海洋面上的低气压或空气涡旋,故称为热带气旋。在北半球,它的风向是逆时针方向旋转;在南半球,则为顺时针方向旋转。世界气象组织按强度将它分为以下四类:热带低压(气旋中心附近最大平均风力达 6~7 级)、热带风暴(气旋中心附近最大平均风力达 8~9 级)、强热带风暴(气旋中心附近最大平均风力达 10~11 级)、台风(气旋中心附近最大平均风力达 12 级或以上)。

(2)季风

季节性的风称为季风,由于周围热力原因,大陆冬季比海洋寒冷,形成大陆高压,夏季则相反,形成大陆低压,这样海洋与大陆之间有水平气压梯度存在,形成了季风。由于亚洲大陆陆地辽阔,因而亚洲受季风影响最为明显。

(3)地方性风

局部地形与气候特点也可能产生十分强烈的风暴,例如,美国经常发生龙卷风,我国新疆等地的山口峡谷风以及雷阵雨等都是地方性风。

5.1.1.3 自然风的分级

气象预报中将风力分成 0~12 级,通常采用的是英国人伯福特(Beaufort)拟定的划分标准,它是按照陆地上地物征象、海面和渔船征象以及 10 m 高处的风速、海面波高等划分的,详细划分及相应的陆地上地物征象见表 5-1。1946 年,人们对风力等级进行了扩充,增加到 18 个等级(0~17 级)。

表 5-1　　　　　　　　　　　风力等级表

风级	名称	离地 10 m 高处风速/(m/s) 范围	中数	陆上地物征象
0	静风	0~0.2	0	静,烟直上
1	软风	0.3~1.5	1	烟能表示风向,树叶略有摇动但风向标不能转动
2	轻风	1.6~3.3	2	人面感觉有风,树叶微响,风向标能转动,旗子开始飘动
3	微风	3.4~5.4	4	树叶及小枝摇动不息,旗子展开
4	和风	5.5~7.9	7	能吹起地面灰尘和纸片,树枝摇动
5	劲风	8.0~10.7	9	有叶的小树摇摆,内陆的水面有水波
6	强风	10.8~13.8	12	大树枝摇动,电线呼呼有声,撑伞困难
7	疾风	13.9~17.1	16	全树摇动,迎风步行感觉不便
8	大风	17.2~20.7	19	小枝折断,人迎风前行感觉阻力甚大
9	烈风	20.8~24.4	23	建筑物有小毁(烟囱顶部),屋瓦被掀起,大树枝折断
10	狂风	24.5~28.4	26	树木吹倒,一般建筑物遭破坏
11	暴风	28.5~32.6	31	大树吹倒,一般建筑物遭严重破坏

续表

风级	名称	离地 10 m 高处风速/(m/s)		陆上地物征象
		范围	中数	
12	飓风	32.7～36.9	33	陆上少见,摧毁力极大
13	—	37.0～41.4	—	—
14	—	41.5～46.1	—	—
15	—	46.2～50.9	—	—
16	—	51.0～56.0	—	—
17	—	56.1～61.2	—	—

5.1.2　平均风特性

地球表面的摩擦会使近地面气流速度减慢,该阻力对气流的影响随高度的增加而减弱,故平均风速随着高度的增加而增大,平均风速在竖平面沿高度变化的曲线便称为风速廓线(风速剖面)。目前,主要有两种方法描述平均风速剖面:对数率和指数率。

5.1.2.1　对数率

气象学家认为用对数律表示近地面强风风速廓线比较理想,其表达式可由理论推导得到:

$$U(Z') = \frac{1}{k} u^* \ln \frac{Z'}{Z_0} \tag{5-1}$$

式中　$U(Z')$——有效高度 Z' 处的风速,m/s。

k——冯卡门系数,$k \approx 0.4$。

u^*——流动剪切速度,m/s。$u^* = \sqrt{\tau_0 / \rho}$,$\tau_0$ 是空气在地表附近的剪切力;ρ 是空气密度。

Z_0——地面粗糙度长度,m。

Z'——有效高度,m。$Z' = Z - Z_d$,Z 是离地高度;Z_d 是零平均位移。

地面粗糙长度 Z_0 是地表面湍流旋涡尺寸的量度,由于局部气流的不均一性,它的实测值离散性很大,一般由经验确定取值范围,表 5-2 列出了常见粗糙度地面的粗糙长度 Z_0。

表 5-2　　　　　　　　　　不同粗糙度地面的粗糙长度 Z_0

地面类型	粗糙长度 Z_0/m
砂地	0.0001～0.001
雪地	0.001～0.005
草地,干旷草原	0.01～0.04
高草地	0.04～0.10
松树林(平均树高 15 m,每 10 m² 一棵树,$Z_d = 12$)	0.9～1.0
稀疏建设的市郊	0.20～0.40
密集建设的市郊、市区	0.80～1.20
大城市中心	2.00～3.00

由地面粗糙长度 Z_0 可以定义地面阻力系数 k_d:

$$k_d = \left[\frac{k}{\ln\left(\frac{10}{Z_0}\right)} \right]^2 \tag{5-2}$$

已知 k_d 后,便可以确定零平面高度 Z_d:

$$Z_d = \overline{H} - \frac{Z_0}{k_d} \tag{5-3}$$

式中　$\overline{H}$——城市中建筑物的平均高度,m。

由于 Z_d 是应用对数律风速廓线的起点高度,故称为零平面高度。

综上所述,对数率可以用地面粗糙度长度 Z_0 来定量说明地面粗糙度的影响,有效高度的概念进一步体现了建筑物对风速剖面的影响,且有理论依据,故在微气象学中常采用对数率描述大气底层的强风速度廓线,但在零平面高度以下区间,建筑物的干扰使得风速分布不一定符合对数率,在土木工程的实际应用中,一般假定这一高度内的风速为常数。

5.1.2.2 指数率

加拿大 A.G.Davenport 根据多次实测资料整理出不同粗糙度场地下的风剖面,并提出平均风速廓线可用指数函数描述。由于指数律计算简单方便,与对数律差别不大,在工程实际中应用广泛。离地高度 z 处的平均风速 $U(z)$ 可表述为:

$$U(z) = U_{10} \left(\frac{z}{10} \right)^{\alpha} \tag{5-4}$$

式中 U_{10}——离地 10 m 高度处的平均风速;

z——离地高度;

α——地面粗糙度指数。

我国《建筑结构荷载规范》(GB 50009—2012)将所有地貌划分为 A、B、C、D 四种类型。其中,A 类指近海海面、海岸、湖岸及沙漠地区,$\alpha=0.12$;B 类指田野、乡村、丛林、丘陵以及房屋比较稀疏的乡镇,$\alpha=0.15$;C 类指有密集建筑群的城市市区,$\alpha=0.22$;D 类指有密集建筑群且房屋较高的城市市区,$\alpha=0.30$。

5.1.3 脉动风特性

风速大小和方向具有随时间和空间随机变化的特征,实际上,这种脉动效应使结构承受随时间变化的荷载,影响疲劳寿命和使用舒适度;在某些情况下会引起共振,导致灾难性后果;它还会改变结构在平稳流中表现的气动力特性。因此,风速的脉动效应不容忽略。描述脉动风特性的参数有湍流强度、湍流积分尺度、脉动风速功率谱等,这些参数随地貌、地理位置等的不同有所变化。

5.1.3.1 湍流强度

湍流强度(turbulence intensity,也称紊流强度),是描述脉动风特性最简单的参数,它的定义为脉动风速均方差与平均风速的比值。考虑到风速是一个空间矢量,记为 $\vec{V}$,可将它分解为三个正交方向的分量(图 5-2),其中 x 轴为平均风速 U 的方向(顺风向),各分量可表示为:

$$\left. \begin{array}{l} V_x = U + u(t) \\ V_y = v(t) \\ V_z = w(t) \end{array} \right\} \tag{5-5}$$

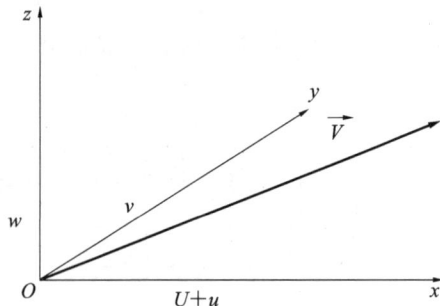

图 5-2 风速矢量示意图

设脉动风速 $u(t)$、$v(t)$、$w(t)$ 的均方差分别为 σ_u、σ_v、σ_w,则三个方向的湍流强度分别为:

$$\left. \begin{array}{l} I_u = \dfrac{\sigma_u}{U} \\[2mm] I_v = \dfrac{\sigma_v}{U} \\[2mm] I_w = \dfrac{\sigma_w}{U} \end{array} \right\} \tag{5-6}$$

湍流强度大小与地面粗糙度和测点高度密切相关,地面越粗糙,气流紊乱程度越强,但随着高度的增加,这种紊乱程度将减弱,而平均风速则随着高度的增加而增加,故湍流强度随高度的增加而减小。一般地,顺风向的湍流强度 I_u 大于水平横风向的湍流强度 I_v 和竖平面方向的湍流强度 I_w,桥梁抗风指南认为 $I_v = 0.88 I_u$,$I_w = 0.50 I_u$。

可采用负指数率形式表达顺风向湍流强度剖面:

$$I_u(z) = I_{10}\left(\frac{z}{10}\right)^{-\alpha} \tag{5-7}$$

式中 z——离地高度;

I_{10}——10 m 高处的名义湍流度,我国《建筑结构荷载规范》(GB 50009—2012)规定 A、B、C、D 四类地貌的 I_{10} 分别为 0.12、0.14、0.23、0.39;

α——地面粗糙度指数。

实际上,顺风向湍流度还可以依据顺风向脉动风速谱(见本节脉动风速功率谱的介绍)得到。根据平稳随机过程理论,脉动风速的方差为风速功率谱在整个频谱上的积分,即:

$$\sigma_u^2 = \int_0^\infty S_u(n)\mathrm{d}n \tag{5-8}$$

因此,只要知道顺风向功率谱 $S_u(n)$,便可求得顺风向脉动风速均方差 σ_u,进而可求得湍流度。

本章参考文献[8]对比了由 Davenport 谱和 Kaimal 谱得到湍流强度的差异,由 Davenport 谱得到的顺风向脉动风速的方差和紊流度剖面分别为:

$$\left.\begin{aligned} \sigma_u^2 &= \int_0^\infty 4u_*^2 \frac{x^2}{n(1+x^2)^{4/3}}\mathrm{d}n = 6u_*^2 \\ I_u(z) &= \frac{\sigma_u}{U(z)} = \frac{0.98}{\ln\left(\frac{z}{z_0}\right)} \end{aligned}\right\} \tag{5-9}$$

式中 u_*——流动摩擦速度,m/s;

x——取 $1200n/U_{10}$;

z_0——各类地貌下粗糙高度,m。

式(5-9)中,平均风速剖面采用的是对数率,若采用指数率,紊流度剖面为:

$$\left.\begin{aligned} I_u(z) &= \frac{\sigma_u}{U(z)} = \sqrt{6\kappa}\left(\frac{z}{10}\right)^{-\alpha} \\ \kappa &= \left[\frac{k}{\ln\left(\frac{10}{z_0}\right)}\right]^2 \end{aligned}\right\} \tag{5-10}$$

式中 κ——地表阻力系数;

k——Von Karman 常数,$k \approx 0.4$。

当风速谱采用 Kaimal 谱时,脉动风速的方差为:

$$\sigma_u^2 = \int_0^\infty 200u_*^2 \frac{f}{n(1+50f)^{5/3}}\mathrm{d}n = 6u_*^2 \tag{5-11}$$

其中:

$$f = \frac{nz}{U(z)}$$

从式(5-9)与式(5-11)可看出,采用 Davenport 及 Kaimal 两种不同表达形式的风谱得到的脉动风速方差是相同的,因而对应的紊流度剖面也相同,其值完全取决于地面粗糙度。

表 5-3 给出了我国《建筑结构荷载规范》(GB 50009—2012)、《公路桥梁抗风设计规范》(JTG 060-01—2004)以及基于风谱积分得到的参考高度处的顺风向紊流度值比较,对于 A 和 B 两类地貌参考高度为10 m,对于 C 类和 D 类地貌分别为 15 m 和 20 m。从表 5-3 中可看出,由风谱积分得到的紊流度在 A、B 两类地貌下比我国建筑结构规范取值要大,而在 D 类地貌下则比我国建筑结构规范取值要小。

表 5-3   **10 m 高度紊流度名义值比较**

方法	A 类地貌	B 类地貌	C 类地貌	D 类地貌
建筑结构荷载规范	0.12	0.14	0.23	0.39
桥梁抗风设计规范	0.14	0.17	0.25	0.29
风速谱积分	0.142	0.185	0.251	0.327

5.1.3.2 湍流积分尺度

空间某点速度脉动的原因,可以认为是平均风输送一些理想的涡旋叠加而引起的,每一个涡旋都在那一点引起了周期脉动,脉动频率为 n。我们可以定义涡旋的波长为 $\lambda = U/n$,这个波长就是涡旋大小的量度,旋涡波数 $K = 2\pi/\lambda$。湍流积分尺度便是气流中湍流涡旋平均尺寸的量度,对应于纵向(顺风向)、横向和垂直方向脉动速度分量 u、v、w 的涡旋,每个涡旋又有三个方向的尺度,因此一共有 9 个湍流积分尺度,例如 L_u^x、L_u^y、L_u^z 分别表示与纵向脉动速度 u 有关的涡旋在 x、y、z 三个方向上的平均尺寸。应用平稳随机过程理论,湍流积分尺度可由两个随机变量 y 和 z 的互相关系数定义:

$$L = \int_0^\infty \rho(r)\,\mathrm{d}r = \int_0^\infty \frac{E[y(r_1,t)z(r_1+r,t+\tau)]}{\sigma_y(r_1)\sigma_z(r_1+r)}\,\mathrm{d}r \tag{5-12}$$

式中　r——两点连线距离;

　　　$\rho(x)$——互相关系数;

　　　$E[y(r_1,t)z(r_1+r,t+\tau)]$——互协方差函数;

　　　σ——均方差。

三个风向的湍流积分尺度定义如下:

$$\left.\begin{aligned}
L_u &= \int_0^\infty \frac{E[u(r_1)u(r_1+r)]}{\sigma_u(r_1)\sigma_u(r_1+r)}\,\mathrm{d}r \quad \text{(水平纵向)}\\[6pt]
L_v &= \int_0^\infty \frac{E[v(r_1)v(r_1+r)]}{\sigma_v(r_1)\sigma_v(r_1+r)}\,\mathrm{d}r \quad \text{(水平横向)}\\[6pt]
L_w &= \int_0^\infty \frac{E[w(r_1)w(r_1+r)]}{\sigma_w(r_1)\sigma_w(r_1+r)}\,\mathrm{d}r \quad \text{(竖向方向)}
\end{aligned}\right\} \tag{5-13}$$

当空间两点相隔距离远远超过湍流平均尺度时,两点间的脉动速度是不相关的,因此它们在结构上的作用一般将互相抵消,但是如果间距小于湍流平均尺度,意味着这两点处于同一个涡旋内,两点的脉动速度相关,涡旋作用将增强。

湍流积分尺度可通过实测得到,但不同研究者实测的结果差异较大。需要指出的是,湍流积分尺度也同样存在剖面,通常随着高度的增加而增大,Walshe 给出了与湍流度剖面类似的经验公式:

$$L_u^x = 101\left(\frac{z}{10}\right)^\alpha \tag{5-14}$$

Walshe 模型计算结果与我国《公路桥梁抗风设计指南》给出的积分尺度比较见表 5-4。可见,Walshe 模型计算结果与指南规定数值相比偏高,但指南没有区分地貌类型对湍流积分尺度剖面的影响,这显然与实际情形有出入。

表 5-4　　　　　　　　　　　　　　　**指南规定积分尺度与 Walshe 模型计算结果比较**

高度/m	指南		Walshe 模型计算结果 L_u/m			
	L_u/m	L_v/m	$\alpha=0.12$	$\alpha=0.16$	$\alpha=0.22$	$\alpha=0.3$
$z\leqslant 10$	50	20	92.9	90.4	86.7	82.0
$10<z\leqslant 20$	70	30	106.0	107.8	110.4	114.1
$20<z\leqslant 30$	90	40	112.7	116.9	123.6	133.0
$30<z\leqslant 40$	100	50	117.4	123.4	133.1	147.1
$40<z\leqslant 50$	110	50	121.0	128.5	140.6	158.6
$50<z\leqslant 70$	120	60	125.2	134.5	149.8	172.9

高度/m	指南		Walshe 模型计算结果 L_u/m			
	L_u/m	L_v/m	$\alpha=0.12$	$\alpha=0.16$	$\alpha=0.22$	$\alpha=0.3$
$70<z\leqslant100$	140	70	130.6	142.2	161.7	191.9
$100<z\leqslant150$	160	80	136.8	151.3	176.1	215.5
$150<z\leqslant200$	180	90	142.4	159.7	189.6	238.4

5.1.3.3 脉动风速功率谱

功率谱是描述随机变量的能量在频域内的分布特征。脉动风速功率谱按照方向可分为顺风向谱、横风向谱和竖向谱,功率谱可在一定假设的基础上由理论推导得到,也可通过大量的实测风速记录经统计分析得到,在这样的基础上再拟合出适宜于结构动力计算的近似功率谱。在此仅介绍顺风向脉动风速功率谱,很多学者提出了不同的脉动风功率谱,以下简单介绍常用的几种。

(1)Davenport 谱

Davenport 谱是加拿大 A. G. Davenport 由气象资料拟合得到的风速功率谱,并经人多次改进,应用较为广泛,其表达式如下:

$$\frac{nS_u(n)}{\sigma_u^2} = \frac{4x^2}{6(1+x^2)^{4/3}} \tag{5-15}$$

$$x = \frac{nl}{U_{10}} \tag{5-16}$$

式中　n——频率;

$S_u(n)$——风谱;

l——湍流的特征长度,Davenport 假定湍流特征长度 l 沿高度不变,并近似取为 1200 m,因此 Davenport 谱不随高度变化。

(2)Kaimal 谱

$$\frac{nS_u(n)}{\sigma_u^2} = \frac{200x}{6(1+50x)^{5/3}} \tag{5-17}$$

$$x = \frac{nz}{U(z)} \tag{5-18}$$

(3)修正 Karman 谱

$$\frac{nS_u(n)}{\sigma_u^2} = \frac{4x}{(1+70.8x^2)^{5/6}} \tag{5-19}$$

$$x = \frac{nL_u(z)}{U(z)} \tag{5-20}$$

$$L_u(z) = 100\left(\frac{z}{30}\right)^{0.5} \tag{5-21}$$

需要注意的是,Davenport 谱不随高度变化,而 Kaimal 谱和修正 Karman 谱随高度变化。图 5-3 所示为风洞模拟风场得到的风速谱与经验谱的比较情况。

5.1.4 基本风速和风压

在风荷载规范中,一般采用"基本风速"来定义各地区的风速大小。基本风速是指在标准条件下通过统计分析得到的最大平均风速,标准条件包括标准高度、地貌类型、平均风速时距、最大风速样本、最大风速重现期、最大风速概率分布函数等。不同国家规范的规定标准条件不同,下面以我国《建筑结构荷载规范》(GB 50009—2012)为例进行介绍。

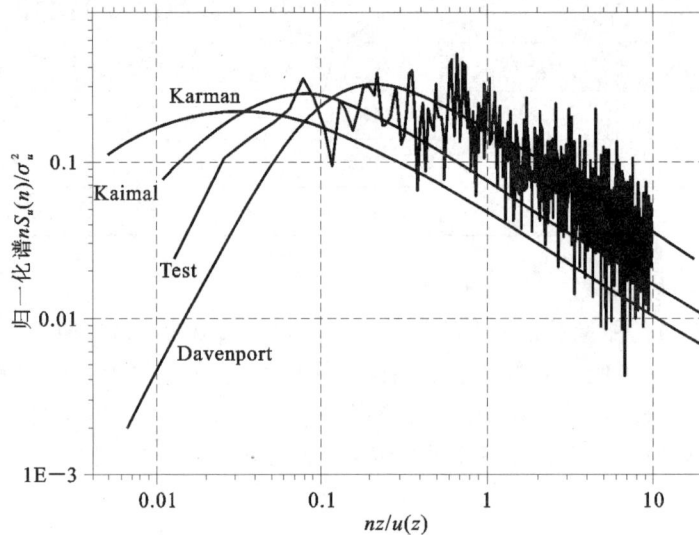

图 5-3 风速谱比较

5.1.4.1 标准高度

由于平均风速剖面的介绍可知,风速随高度而变化,离地面越近,平均风速越小;反之则越大。我国气象站风速仪安装高度一般为 8～12 m,为便于计算,我国规范以 10 m 高度为标准高度。若不满足标准高度要求,则应将非标准记录数据予以换算。

5.1.4.2 标准地貌

地表越粗糙,风能消耗越大,平均风速越小。目前,气象站风速仪一般安装在城市郊区,周围地形较为空旷平坦,与我国规范中的 B 类地貌相近,故以 B 类地貌为标准地貌。

5.1.4.3 平均风速时距

平均风速与时距大小有很大的关系。一般来说,时距越短,平均风速越大;时距越长,平均风速越小。我国规范的平均风速时距为 10 min。

5.1.4.4 最大风速样本

最大风速样本可以采用日、月或年最大风速样本。如果以日或月最大风速样本,则每年分别有 365 或 12 个样本,平时小风速值也占有很大的权值,年最大风速所占的权值仅有 1/365 或 1/12,这样统计出的平均风速必将大大偏低。而最大风速有其自然周期,每年季节性地重复一次,因而采用年最大风速为样本更为合适。与各国规范一致,我国规范也采用年最大平均风速为统计样本。

5.1.4.5 最大风速重现期

由于以年最大风速为样本,因而重现期通常以年为单位。若重现期为 T_0 年,则每年超过设计最大风速的概率为 $1/T_0$,而不超过该设计最大风速的概率(保证率)P_0 为:

$$P_0 = 1 - \frac{1}{T_0} \tag{5-22}$$

各个国家根据自身的经济发展水平,选取的重现期不同;同时,一个国家随着经济的不断发展,也会适时调整重现期水平,以期达到经济性与安全性的平衡。例如,我国《建筑结构荷载规范》在 2001 年以前的重现期标准为 30 年,2001 年修订将重现期提高为 50 年。

5.1.4.6 最大风速概率分布函数

在具有足够的年最大风速样本的基础上,确定一定重现期下的设计最大风速时,还需确定年最大风速样本的概率分布函数。与世界大多数国家一样,我国规范采用极值 I 型分布来描述。极值 I 型分布函数 $F(x)$ 为:

$$F(x) = \exp\{-\exp[-\alpha(x-\mu)]\} \tag{5-23}$$

其中,参数 α 和 μ 通过参数估计方法得到。极值 I 型分布的数学期望 $E(x)$ 和根方差 σ_x 分别为:

$$E(x) = \frac{0.57722}{\alpha} + \mu \tag{5-24}$$

$$\sigma_x = \frac{\pi}{\sqrt{6}\alpha} \tag{5-25}$$

由式(5-24)和式(5-25),可得 α 和 μ 为:

$$\alpha = \frac{\pi}{\sqrt{6}\sigma_x} \tag{5-26}$$

$$\mu = E(x) - 0.45005\sigma_x \tag{5-27}$$

将式(5-26)和式(5-27)代入式(5-23),并取保证率为 P_0,得到:

$$x = E(x) - \psi\sigma_x \tag{5-28}$$

式中 ψ——保证系数,其计算表达式如下:

$$\psi = -\frac{\sqrt{6}}{\pi}[0.57722 + \ln(-\ln P_0)] \tag{5-29}$$

在足够风速样本的情况下(一般需超过 25 年资料),可得到样本的平均值 $E(x)$ 和根方差 σ_x;然后,通过式(5-29)即可得到一定重现期下的保证系数 ψ;最后,由式(5-28)得到最大风速标准值。

一般地,实测记录的是风速,但工程设计中通常采用风压(或风力)进行计算,这就要求将风速转换成风压。基本风速 v_0 和基本风压 w_0 存在以下换算关系:

$$w_0 = \frac{1}{1600}v_0^2 \tag{5-30}$$

式(5-30)可由伯努利方程推导得到,详见本章参考文献[11]。

5.2 桥梁抗风设计及风振控制 >>>

5.2.1 桥梁风灾灾害

1940 年 11 月 7 日,美国华盛顿州建成才 4 个月的塔科马(Tacoma)悬索桥在 8 级大风(17~20 m/s)作用下发生强烈的风致振动,在桥面经历 70min 振幅不断增大的反对称扭转振动后,桥面 1/4 点振幅达到 35°时,吊索被逐根拉断,最终导致桥面折断坠落(图 5-4)。这一事故震撼了桥梁界,并开启了一门新的学科——结构风工程,自此,桥梁学者开始用空气动力学的方法研究风对桥梁的作用。

(a)　　　　　　　　　　　　　　(b)

图 5-4 塔科马(Tacoma)桥的风毁

(a)风致扭转振动;(b)桥面折断坠落

实际上,该桥自1940年7月1日通车后就曾多次发生竖向的风致弯曲振动,这一异常现象引起了当地华盛顿大学法库哈森(Farquharson)教授的注意,并派人进行了监视,拍下了旧塔科马桥风毁的全过程,给桥梁抗风研究留下了宝贵的资料。

事实上,在塔科马桥风毁前便有多座桥梁毁于强风(表5-5)。尽管自桥梁风工程兴起后(塔科马桥风毁事故后),全球便没有再出现大跨度桥梁在风荷载作用下的完全垮塌事件,但桥梁整体或局部构件的风致振动病害仍时有发生,例如,日本东京湾通道桥(图5-5)、丹麦大海带东桥均发生涡激共振,我国佛山东平大桥发生的吊杆风致振动(图5-6),岳阳洞庭湖大桥发生的拉索风雨激振等,这些风致振动可能会影响行车安全或会引起构件的疲劳断裂。

表5-5 桥梁风毁事故

风毁年份	桥名	桥址	主跨/ft	设计者
1818 年	Dryburgh Abbey	苏格兰	260	John & William Smith
1821 年	Union	英格兰	449	Sir Samuel Brown
1834 年	Nassau	德国	245	Lossen & Wolf
1836 年	Brighton Chair Pier	英格兰	225	Sir Samuel Brown
1838 年	Montrose	苏格兰	432	Sir Samuel Brown
1839 年	Menai Strait	威尔士	580	Thomas Telford
1852 年	Roche-Beruard	法国	641	Le Blanc
1854 年	Wheeling	美国	1010	Charles Ellet
1864 年	Lewiston-Queenston	美国	1041	Edward Serrell
1889 年	Nigara-Clifton	美国	1260	Samuel Keefer
1940 年	Tacoma Narrows	美国	2800	Leon Moisseiff

图5-5 以一阶振型振动时的日本东京湾通道桥

(a)   (b)

图5-6 东平大桥吊杆风振事件

(a)佛山东平大桥;(b)风振后翼板开裂

5.2.2 桥梁风荷载

桥梁风荷载通常可以根据其是否具有时变特性而分成定常(steady)与非定常(unsteady)两类。定常风荷载具有时不变特性,非定常风荷载具有时变特性。定常风荷载只在均匀来流、结构静止、无分离流(理想流线型断面)等严格的条件下才能形成。然而,自然风总是具有紊流特性,大气紊流以及结构自身产生的特征紊流都会使得作用在结构上的气动力不具备定常特性。在航空学领域中,将不具备定常特性的气动力又分成两个亚类,即准定常(quasi-steady)与非定常风荷载。

处于低速气流中的桥梁所受的气动力本质上来源于构件周围不均匀的气压分布,但在宏观上可表现为平均风荷载、抖振力荷载等形式。桥梁抗风设计中所涉及的主要风荷载见表 5-6。

表 5-6 <center>桥梁风荷载分类</center>

气动力	性质及描述形式	说明
平均静风荷载	采用静力三分力系数、平均风速与参考宽度描述	—
抖振力荷载	采用静力三分力系数、平均风速、参考宽度、脉动风速和气动导纳描述	气动导纳描述难,通常简化处理
自激气动力	钝体断面通常采用试验(或 CFD)识别的颤振导数来表示	—
驰振力	实质上为准定常气动阻尼,用静力三分力系数特性描述	主梁宽高比较大时不考虑
涡激力	有若干理论模型,但均依赖风洞试验或 CFD 进行参数识别	—
气动干扰力	气动干扰效应目前依赖风洞试验或 CFD 分析	双幅桥面或上下游两桥在干扰距离内考虑

5.2.3 风致静力失稳

桥梁的静风失稳模式主要表现为结构屈曲失稳或扭转发散失稳两种,具体的失稳模式与桥型有关。大跨度斜拉桥(包括单索面斜拉桥)与悬索桥都是缆索承重桥梁。这类桥梁的加劲梁跨度大、整体刚度小、自振频率低,在沿桥跨分布的风阻荷载以及气动扭矩作用下有可能出现加劲梁的侧向压弯屈曲或扭转发散。尽管从理论上讲,自身承受巨大压力的斜拉桥或者自锚式悬索桥的加劲梁在风阻作用下有可能出现侧向屈曲,但在实际工程以及风洞试验中都没有出现过这类现象。因此,通常情况下的桥梁静风失稳均指加劲梁的扭转发散现象。事实上,风洞试验研究表明,扭转发散更危险,且可能在颤振发生前出现。因此本小节对静风扭转发散失稳进行介绍,这类失稳的力学计算特点是要充分考虑结构的几何非线性与外荷载非线性,材料非线性通常可忽略。

5.2.3.1 均匀流场中的静风扭转发散

均匀流场中桥梁静风扭转发散的机理可采用结构动力学的方法来说明。以二维计算模型为例,图 5-7 所示为一在扭转自由度上弹性支承的刚性节段,在来流作用下,模型上所受风荷载可用三分力系数表示为阻力、升力、升力矩,由于仅考虑扭转发散失稳,故只考虑扭矩的作用,结构动力方程如下:

$$I_a \ddot{\alpha} + C_a \dot{\alpha} + K_a \alpha = \frac{1}{2} \rho U^2 B^2 C_M(\alpha) \tag{5-31}$$

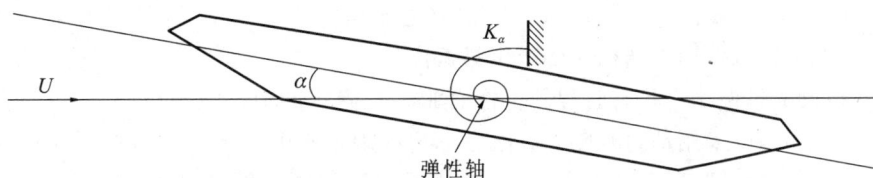

图 5-7 在扭转自由度上弹性支承的刚性节段示意图

将式(5-31)右边项的升力矩系数对攻角按泰勒级数展开并只保留一阶项可得：

$$I_a\ddot{\alpha} + C_a\dot{\alpha} + K_a\alpha = \frac{1}{2}\rho U^2 B^2 (C_{M0} + C'_{M0}\alpha) \qquad (5\text{-}32)$$

式中　I_a——扭转质量；

$\quad\quad K_a$——扭转刚度；

$\quad\quad C_a$——阻尼系数；

$\quad\quad U$——来流速度；

$\quad\quad \rho$——空气密度；

$\quad\quad \alpha$——模型绕弹性中心的扭转角；

$\quad\quad C_{M0}$——初始状态(变形前)的气动升力矩系数；

$\quad\quad B$——参考宽度；

$\quad\quad C'_{M0}$——升力矩系数对初始风攻角的导数。

注意到式(5-32)右边括号中的第二项与扭转位移相关(气动刚度项)，因此可把该项移到方程的左边与结构扭转刚度合并后形成有效刚度，如下式所示：

$$I_a\ddot{\alpha} + C_a\dot{\alpha} + \left(K_a - \frac{1}{2}\rho U^2 B^2 C'_{M0}\right)\alpha = \frac{1}{2}\rho U^2 B^2 C_{M0} \qquad (5\text{-}33)$$

当式(5-33)中的有效刚度降为零时，结构有效扭转刚度完全丧失，此时即为扭转发散，与此相应的扭转发散临界风速为：

$$U_{cr} = \sqrt{\frac{2K_a}{\rho B^2 C'_{M0}}} \qquad (5\text{-}34)$$

需要指出的是，当风速超过临界风速后，尽管按式(5-33)计算会得出负的有效刚度，然而这已经失去任何物理意义。因此，式(5-33)的用途仅仅是求解图 5-7 所示的二维模型的扭转发散临界风速。

二维模型可能很方便地解释扭转发散的机理，然而该模型所得的扭转发散临界风速是在忽略结构材料非线性、几何非线性、扭转角及气动力沿展开非均匀分布、气动力随攻角的非线性变化等因素下得到的结果。通常情况下，式(5-34)所得的临界风速会远高于实际桥梁的扭转发散临界风速，因此该式得到的结果并无多大的工程实际意义。有鉴于此，实际应用中常采用内外增量迭代的非线性有限元方法进行大跨度桥梁静风扭转发散风速的求解：

$$K\Delta\delta = \Delta P \qquad (5\text{-}35)$$

式中　K——结构的切线刚度矩阵；

$\quad\quad \Delta\delta$——结点位移增量向量；

$\quad\quad \Delta P$——结点荷载增量向量。

这种方法通过方程左右两边(外荷载与结构抗力)双重迭代来求解结构在某一风速下的变形平衡点。设置一定的风速增量，将各级风速下的结构关键部位(如加劲梁跨中或四分点)的变形-风速关系曲线绘出，再根据扭转发散的定义，找出发生扭转位移迅速增长的风速点，即得扭转发散临界风速。

5.2.3.2　紊流场中的静风扭转发散

前面已经对均匀流场中的静风扭转发散进行了介绍，采用内外增量双重迭代方法求得的临界风速结果已具有足够的精度。但在自然风场中，实际桥址处的风总是含有紊流成分的，即使是在均匀流场的风洞实验室中，钝体桥梁断面也会引起特征紊流从而引起结构的随机振动。因此，研究紊流场中的大跨度桥梁静风扭转发散更有实际意义，但紊流场中的静风扭转发散远比均匀流场复杂，这是因为除了由平均风作用引起结构静位移之外，在脉动风作用下结构还将产生抖振位移。

由于紊流以及桥梁的抖振响应具有时程的特性而非某一确定的值，式(5-35)不适用于研究紊流场中的静风扭转发散。有鉴于此，可采用动力有限元方法考虑这些因素影响。采用动力有限元法分析桥梁的扭转发散问题首先要克服的问题是阶跃激励的影响，在按时间步逐步加载中，平均风效应形成典型的阶跃激励，显然，自然界中风场的形成有一个过程，并非突然性的阶跃激励。实际结构的阻尼比通常很小，要克服结构对阶跃激励的动力响应需要很长的数值积分时间。为此,可结合所研究桥梁的自振特性在动力有限元分析过程中的前若干秒内设置临界阻尼比(或足够高的阻尼比)的方法来消除阶跃激励响应。

忽略自激力、涡脱力以及风偏角等因素的影响,紊流场中桥梁断面的风荷载可表示如下:

$$D^*(x,t) = \frac{1}{2}\rho U^2(x,t) \cdot C_D[\alpha_0 + \Delta\alpha(x,t) + \alpha(x,t)] \cdot B \tag{5-36}$$

$$L^*(x,t) = \frac{1}{2}\rho U^2(x,t) \cdot C_L[\alpha_0 + \Delta\alpha(x,t) + \alpha(x,t)] \cdot B \tag{5-37}$$

$$M^*(x,t) = \frac{1}{2}\rho U^2(x,t) \cdot C_M[\alpha_0 + \Delta\alpha(x,t) + \alpha(x,t)] \cdot B^2 \tag{5-38}$$

式中　$D^*(x,t)$——瞬时风轴坐标下的单位长度主梁断面的阻力;

$\quad\quad L^*(x,t)$——瞬时风轴坐标下的单位长度主梁断面的升力;

$\quad\quad M^*(x,t)$——瞬时风轴坐标下的单位长度主梁断面的升力矩;

$\quad\quad x$——桥轴向;

$\quad\quad \rho$——空气密度;

$\quad\quad U(x,t)$——t 时刻的风速;

$\quad\quad C_L$——升力系数;

$\quad\quad C_D$——阻力系数;

$\quad\quad C_M$——升力矩系数;

$\quad\quad \alpha_0(x)$——平均风攻角;

$\quad\quad \Delta\alpha(x,t)$——$t$ 时刻脉动风引起的附加攻角;

$\quad\quad \alpha(x,t)$——t 时刻桥梁断面扭转响应;

$\quad\quad B$——桥面参考宽度。

式(5-36)~式(5-38)中,ρ 和 B 是常数,α_0 是 x 的函数,U、$\Delta\alpha$、α、D^*、L^*、M^* 是 x 和 t 的函数,$U(x,t)$ 为 t 时刻沿桥法向的瞬时风速:

$$U(x,t) = \sqrt{[U_0 + u(x,t)]^2 + w^2(x,t)} \tag{5-39}$$

式中　U_0——桥面处的平均风速,当忽略桥梁纵坡变化时为常数;

$\quad\quad u(x,t)$——水平脉动风;

$\quad\quad w(x,t)$——竖向脉动风。

式(5-36)~式(5-38)所表示的风荷载包含定常的平均风荷载与准定常的抖振力荷载。由于隐含了桥梁断面扭转响应引起的附加风攻角,因此也包含了气动刚度的影响。实际桥梁在随机风振时,还有振动本身产生的非定常自激气动力,这一项在式中并没有体现。对于钝体断面,自激气动力通常采用试验识别的颤振导数与折算频率的混合表达式,在时域分析中,可采用有理函数或阶跃函数的方法形成自激力时域表达式。需要指出的是,如果在式(5-36)~式(5-38)的基础上直接考虑气动自激力的话,则会造成部分气动荷载的重合(主要是气动刚度项的重复)。此外,有理函数自激力的时域表达方法与平均风荷载响应是不相容的。因此,如何采用合理的形式综合考虑平均风效应、准定常气动刚度效应以及自激力效应仍然是一个没有完全解决的问题。

以上介绍的扭转发散模型是基于二维模型得到的,利用三维有限元模型进行静风稳定分析的介绍可参见本章参考文献[1]。

5.2.4　涡激振动与控制

涡激振动是大跨度桥梁最为常见的一种风致振动现象,当旋涡脱落频率与结构自振频率接近时会发生,且通常发生风速较低。尽管涡激振动是一种带有自激性质的风致限幅振动,不像颤振、驰振是毁灭性的发散振动,但由于它在低风速下常容易发生,且振幅之大足以影响行车安全,或会引起构件的疲劳断裂,因此避免涡振或限制其振幅在可接受的范围内具有十分重要的意义。

5.2.4.1 涡激力模型

由于涡振同时具有自激、限幅等非线性振动的特点,目前尚未建立相应的数学模型来准确分析结构涡振响应,难以准确估算涡振振幅。估算涡振振幅的关键在于确定涡激力的解析表达式,已有涡激力模型都是一种半经验数学模型,一些气动参数需要通过风洞试验等方法来获得。本章仅对一些模型进行简单介绍,相应的气动参数识别方法可参见本章参考文献[8]。

(1)尾流振子模型

① Hartlen 和 Currie 尾流振子模型。Hartlen 和 Currie 采用范·德波尔振子方程(Van der Pol)来描述作用于弹性支承刚性柱体上的升力,该模型具有线性阻尼,其表达式如下:

$$x_r'' + 2\xi x_r' + x_r = a\omega_0^2 C_L \tag{5-40}$$

$$C_L'' - \alpha\omega_0 C_L' + \frac{\gamma}{\omega_0}(C_L')^3 + \omega_0^2 C_L = bC_L' \tag{5-41}$$

式中　x_r''——对无量纲时间 $\tau = \omega_n t$ 的导数;

x_r——柱体的无量纲振动位移;

C_L——柱体的升力系数;

ω_0——结构旋涡脱落频率与结构自振频率比;

ξ——材料阻尼系数;

a——已知的无量纲常数,未知参数 α、γ、b 可以通过试验数据拟合得到,且满足如下关系:$C_{L0} = \left(\frac{4\alpha}{3\gamma}\right)^{1/2}$,其中 C_{L0} 为柱体固定时升力系数 C_L 的脉动幅值。

该模型真正反映涡激共振自激特性的部分是关于升力系数的振动方程,这对描述涡激共振时特别是振幅较大的涡激共振十分重要,因为大幅涡激共振时,其显著的变化就是升力系数的变化。但该模型所采用的参数缺乏具体的物理意义。由于该模型假定涡激力完全相关,因此该模型适用于大振幅涡激共振的情况。

② Skop 和 Griffin 尾流振子模型。Skop 和 Griffin 认为 Hartlen 和 Currie 模型中的参数与系统的物理参数缺乏明确的联系,于是他们提出了修正的范·德波尔振子模型:

$$\frac{\ddot{X}}{D} + 2\xi\omega_n\frac{\dot{X}}{D} + \omega_n^2\frac{X}{D} = \frac{\rho V^2 L}{2M}C_L - \mu\omega_s^2 C_L \tag{5-42}$$

$$\ddot{C}_L - \omega_s G\left[C_{L0}^2 - \frac{4}{3}\left(\frac{\dot{C}_L}{\omega_s}\right)^2\right]\dot{C}_L + \omega_s^2\left(1 - \frac{4}{3}H\dot{C}_L^2\right) = \omega_s F\left(\frac{\dot{X}}{D}\right) \tag{5-43}$$

式中　ω_s——旋涡脱落频率;

$\dot{C}_L$——振动柱体的升力系数;

C_{L_0}——静止柱体的升力系数幅值;

ω_n——弹性支撑系统无阻尼自振频率;

ξ——系统总的阻尼(包括结构阻尼、流体阻尼及附加阻尼);

M——结构质量;

μ——随柱体振动部分的流体质量与柱体质量之比,即 $\mu = \rho LD^2/8\pi^2 St^2 M$,其中,$St$ 为斯托罗哈数 $\left(St = \frac{\omega_s D}{2\pi V}\right)$,参数 G、H、F 可通过试验来确定。

③ Iwan 和 Belivins 尾流振子模型。Iwan 和 Belivins 考虑了钝体尾流区的涡街流体与结构振动的耦合效应,建立了尾流振子方程。该模型引入了一个隐含流体变量 z 来描述流体的动力振动效应,模型方程如下:

$$\ddot{y} + 2\zeta_T\omega_y\dot{y} + \omega^2 y = a_3''\ddot{z} + a_4''\dot{z}\frac{U}{Z} \tag{5-44}$$

$$\ddot{z} + K' \frac{u_t}{D}\omega_s z = (a_1 - a_4)\frac{U}{D} - a_2'\frac{\dot{z}^3}{UD} + a_3''\ddot{y} + a_4\frac{U}{D}\dot{y} \tag{5-45}$$

式中 ζ——结构总阻尼比，即 $\zeta_T = \dfrac{\left(\dfrac{\zeta\sqrt{\dfrac{k}{m}}}{\omega_y} + \zeta_f\right)}{1 + \dfrac{a_3\rho D^2}{m}}$，$\zeta_f = \dfrac{a_4\rho VD}{2m\omega_y}$ 为流体黏性阻尼比；

u_t——旋涡从柱体脱落后的平移速度；

K'——与柱体 St 数和 u_t/U 相关的参数。

其中，$a_i(i=1,2,3,4)$，$a_i'' = \dfrac{\rho D^2 a_i}{m + a_3\rho D^2}(i=3,4)$ 为经验参数，可通过试验来确定。

(2)Scanlan 经验线性涡激力模型

Simiu 和 Scanlan 于 1986 年提出了一种经验线性模型，该模型假定一个线性机械振子来描述气动激励力、气动阻尼及气动刚度：

$$m(\ddot{y} + 2\zeta\omega_n\dot{y} + \omega_n^2 y) = \frac{1}{2}\rho U^2 D\left[Y_1(K)\frac{\dot{y}}{U} + Y_2(K)\frac{y}{D} + C_L(K_s)\sin(\omega_s t + \varphi)\right] \tag{5-46}$$

式中 m——结构单位长度质量；

ω_n——结构固有圆频率；

ρ——空气密度；

U——来流风速；

D——结构迎风特征尺寸；

K——旋涡脱落折算频率，$K = \omega_s D/U$；

ω_s——结构旋涡脱落圆频率；

$Y_1(K),Y_2(K),C_L(K)$——待拟合的气动参数。

设 $\eta = \dfrac{y}{D}$，$s = \dfrac{Ut}{D}$，$\eta' = \dfrac{d\eta}{ds}$，以将式(5-46)无量纲化：

$$\dot{y} = U\eta', \quad \ddot{y} = \frac{U^2}{D}\eta'' \tag{5-47}$$

将式(5-47)代入式(5-46)，可得：

$$m\left(\frac{U^2}{D}\eta'' + 2\zeta\omega_n U\eta' + \omega_n^2 D\eta\right) = \frac{\rho U^2 D}{2}\left[Y_1(K)\eta' + Y_2(K)\eta + C_L(K_s)\sin(K_s s + \varphi)\right] \tag{5-48}$$

注意到当结构处于锁定区时，结构的旋涡脱落频率 ω_s 与结构自振频率 ω_n 近似相等，即 $\omega_s \cong \omega_n$，则上式可化简为：

$$\eta'' + \left(2\zeta K - \frac{\rho D^2}{2m}Y_1\right)\eta' + \left(K^2 - \frac{\rho D^2}{2m}Y_2\right)\eta = \frac{\rho D^2}{2m}C_L(K_s)\sin(K_s s + \varphi) \tag{5-49}$$

令：

$$K_0^2 = K^2 - \frac{\rho D^2}{2m}Y_2(K) \tag{5-50}$$

$$2K_0\gamma = 2\zeta K - \frac{\rho D^2}{2m}Y_1(K) \tag{5-51}$$

则式(5-49)可进一步简化为：

$$\eta'' + 2K_0\gamma\eta' + K_0^2\eta = \frac{\rho D^2}{2m}C_L(K_s)\sin(K_s s + \varphi) \tag{5-52}$$

式(5-52)描述了一个振子，其无量纲固有振动频率为 K_0，阻尼比为 γ，其定常解为：

$$\eta = \frac{\rho D^2 C_L(K)}{2m\sqrt{(K_0^2 - K^2)^2 + (2\gamma K_0 K)^2}}\sin(K_s s - \theta) \tag{5-53}$$

其中：

$$\theta = \arctan \frac{2\gamma K_0 K}{K_0^2 - K^2} \tag{5-54}$$

(3)Scanlan 经验非线性涡激力模型

Scanlan 经验非线性模型是在经验线性模型的基础上增加了一个非线性的气动力,表达式如下:

$$m(\ddot{y} + 2\zeta\omega_n\dot{y} + \omega_n^2 y) = \frac{1}{2}\rho U^2 D\left[Y_1(K)\left(1 - \varepsilon\frac{y^2}{D^2}\right)\frac{\dot{y}}{U} + Y_2(K)\frac{y}{D} + C_L(K)\sin(\omega_s t + \phi)\right] \tag{5-55}$$

式中 m——结构单位长度质量;

ρ——空气密度;

U——来流风速;

D——结构迎风特征尺寸;

K——旋涡脱落折算频率($K = \omega_s D/U$);

ω_s——结构旋涡脱落圆频率;

$Y_1(K), Y_2(K), C_L(K), \varepsilon$——待拟合的气动参数。

将式(5-47)代入上式进行无量纲化,可得:

$$m\left(\frac{U^2}{D}\eta'' + 2\zeta\omega_n U\eta' + \omega_n^2 D\eta\right) = \frac{\rho U^2 D}{2}[Y_1(K)(1 - \varepsilon\eta^2)\eta' + Y_2(K)\eta + C_L(K)\sin(Ks + \phi)] \tag{5-56}$$

式(5-56)经化简,可得:

$$\eta'' + 2\zeta\omega_n\frac{D}{U}\eta' + \omega_n^2\frac{D^2}{U^2}\eta = \frac{\rho D^2}{2m}[Y_1(K)(1 - \varepsilon\eta^2)\eta' + Y_2(K)\eta + C_L(K)\sin(Ks + \phi)] \tag{5-57}$$

同样注意到当结构处于锁定区时 $\omega_s \approx \omega_n$,则式(5-57)可进一步化简为:

$$\eta'' + 2\zeta\omega_n\frac{D}{U}\eta' + \omega_n^2\frac{D^2}{U^2}\eta = \frac{\rho D^2}{2m}[Y_1(K)(1 - \varepsilon\eta^2)\eta' + Y_2(K)\eta + C_L(K)\sin(Ks + \phi)] \tag{5-58}$$

令:

$$M = \frac{\rho D^2}{2m}$$

又有:

$$K = \frac{\omega_s D}{U} \approx \frac{\omega_n D}{U}$$

则由上式可得:

$$\eta'' + 2\zeta K\eta' + K^2\eta = M[Y_1(1 - \varepsilon\eta^2)\eta' + Y_2\eta + C_L(K)\sin(Ks + \phi)] \tag{5-59}$$

$$\eta'' + K^2\eta = (MY_1 - 2\zeta K)\eta' - MY_1\varepsilon\eta^2\eta' + MY_2\eta + MC_L(K)\sin(Ks + \phi) \tag{5-60}$$

令:

$$MY_1 - 2\zeta K = \gamma X_1, \quad MY_1\varepsilon = \gamma X_2, \quad MY_2 = \gamma X_3, \quad MC_L = \gamma X_4 \tag{5-61}$$

将式(5-61)代入式(5-60),可得:

$$\eta'' + K^2\eta = \gamma X_1\eta' - \gamma X_2\eta^2\eta' + \gamma X_3\eta + \gamma X_4\sin(Ks + \phi) \tag{5-62}$$

将式(5-62)转化为 $\eta'' + K^2\eta = \gamma f(\eta, \eta')$ 形式,其中:

$$f(\eta, \eta') = X_1\eta' - X_2\eta^2\eta' + X_3\eta + X_4\sin(Ks + \phi) \tag{5-63}$$

引入 $\hat{K} = K^2 - \gamma\sigma$,则式(5-63)可化简为:

$$\eta'' + \hat{K}^2\eta = \gamma[f(\eta, \eta') - \sigma\eta] \tag{5-64}$$

式(5-59)为弱非线性二阶微分方程,可以采用 KBM 法进行求解。当 γ 很小的时候,系统的解除包含频率 $\hat{K}$ 的主谐波外,还含有微小的高次谐波,且振幅与频率均与小参数 γ 有关而缓慢变化,因此可令其解为以下形式:

$$\eta = A\cos(\hat{K}s - \phi) + \gamma\eta_1(\hat{K}s, \eta, \eta') + \gamma^2\eta_2(\hat{K}s, \eta, \eta') + \cdots \tag{5-65}$$

式中　$\eta_1(\hat{K}s, \eta, \eta'), \eta_2(\hat{K}s, \eta, \eta')$——周期函数。

对于涡激振动这里只考虑一次近似解,设解为:

$$\eta = A\cos(\hat{K}s - \phi) \tag{5-66}$$

对于弱非线性问题,即当 γ 充分小时,非线性系统的运动非常接近周期运动,此时根据非线性理论认为非线性系统的运动速度具有与线性系统相同的解析解形式,即:

$$\eta' = -A\hat{K}\sin(\hat{K}s - \phi) \tag{5-67}$$

把 A 和 ϕ 看作是时间的函数,对式(5-66)关于 s 求一次导,并代入式(5-67)化简,得:

$$A'\cos(\hat{K}s - \phi) + A\sin(\hat{K}s - \phi)\phi' = 0 \tag{5-68}$$

对式(5-67)关于 s 求一次导,并联合式(5-66)代入式(5-64),得:

$$-A'\hat{K}\sin(\hat{K}s - \phi) + A\hat{K}\phi'\cos(\hat{K}s - \phi) - f(\eta, \eta', \hat{K}s) = 0 \tag{5-69}$$

其中:

$$f(\eta, \eta', \hat{K}s) = \gamma[X_1\eta' - X_2\eta^2\eta' + X_3\eta + X_4\sin(\hat{K}s + \phi) - \sigma\eta] \tag{5-70}$$

根据 Scanlan 在本章参考文献[2]中的讨论,在涡激振动的锁定区间,若大振幅振动时周期激励项与自激力项相比很小,在进行涡激力参数识别时可以近似忽略周期激励项,而对结果影响不大。由式(5-61)可知,当 $C_L = 0$,$X_4 = 0$,则式(5-70)可化简为:

$$f(\eta, \eta', \hat{K}s) = \gamma(X_1\eta' - X_2\eta^2\eta' + X_3\eta - \sigma\eta) \tag{5-71}$$

联立式(5-68)和式(5-69)可得:

$$A' = \frac{-f(\eta, \eta', \hat{K}s)\sin(\hat{K}s - \phi)}{\hat{K}}$$

$$\phi' = \frac{f(\eta, \eta', \hat{K}s)\cos(\hat{K}s - \phi)}{A\hat{K}} \tag{5-72}$$

引入缓变函数的概念,即在相位从 $0 \sim 2\pi$ 的一个周期内,A,ϕ 的变化甚微,故在周期 2π 内用平均值来表示 A' 和 ϕ' 的变化是可行的(平均法)。令 $\theta = \hat{K}s - \phi$,对式(5-72)右端函数值取平均值,则有:

$$A' = \frac{-1}{2\pi\hat{K}} \int_0^{2\pi} f(\eta, \eta', \hat{K}s)\sin\theta d\theta$$

$$\phi' = \frac{1}{2\pi\hat{K}A} \int_0^{2\pi} f(\eta, \eta', \hat{K}s)\cos\theta d\theta \tag{5-73}$$

将式(5-66)、式(5-67)代入到式(5-71),得:

$$f(\eta, \eta', \hat{K}s) = \gamma(X_1\eta' - X_2\eta^2\eta' + X_3\eta - \sigma\eta)$$

$$= \gamma X_1(-A\hat{K}\sin\theta) - \gamma X_2(A\cos\theta)^2(-A\hat{K}\sin\theta) + \gamma X_3 A\cos\theta - \gamma\sigma A\cos\theta \tag{5-74}$$

将式(5-74)代入式(5-73),得:

$$A' = \frac{\gamma}{2}\left(AX_1 - \frac{1}{4}X_2 A^3\right)$$

$$\phi' = \frac{\gamma}{2\hat{K}}(X_3 - \sigma) \tag{5-75}$$

对式(5-75)两个一阶常微分方程分别积分可得：

$$A = \cfrac{2\sqrt{\cfrac{X_1}{X_2}}}{\sqrt{1-\left[\cfrac{A_0^2-\cfrac{4X_1}{X_2}}{A_0^2}\right]\exp(-\gamma X_1 s)}}$$

$$\phi = \frac{\gamma}{2\hat{K}}(X_3-\sigma)s+\phi_0 \tag{5-76}$$

式中　A_0——结构振动的初始位移；

　　　ϕ_0——结构振动的初始相位。

则锁定状态下一次近似解可写成如下形式：

$$\eta = \cfrac{2\sqrt{\cfrac{X_1}{X_2}}}{\sqrt{1-\left[\cfrac{A_0^2-\cfrac{4X_1}{X_2}}{A_0^2}\right]\exp(-\gamma X_1 s)}}\cos\left[\hat{K}s+\frac{\gamma}{2\hat{K}}(X_3-\sigma)s+\varphi_0\right] \tag{5-77}$$

(4)广义范·德波振子涡激力模型

Allan Larsen 提出了广义范·德波振子经验模型(General Van der Pol Oscillator,GVPO)：

$$\eta''+\mu f Sc\eta'+(2\pi f)^2\eta = \mu f C_a(1-\varepsilon|\eta|^{2\upsilon})\eta' \tag{5-78}$$

式中　Sc——Scruton 数，$Sc=\dfrac{4\pi M\zeta_s}{\rho D^2}$；

　　　M——结构单位长度质量；

　　　η——结构无量纲位移；

　　　η'——结构速度；

　　　μ——结构质量比，$\mu=\dfrac{\rho D^2}{M}$；

　　　f——结构振动频率；

　　　C_a,ε,υ——无量纲气动参数，需要通过风洞试验来确定。

① 稳态响应。令其稳态响应解的形式为：

$$\eta = \eta_0\cos(2\pi ft) \tag{5-79}$$

将其代入式(5-78)，可得：

$$\mu f Sc\eta' = \mu f C_a(1-\varepsilon|\eta|^{2\upsilon})\eta' \tag{5-80}$$

假设 $|\eta|^{2\upsilon}$ 近似为 $I_m\eta_0^{2\upsilon}$，即加权因子与稳态振幅的 2υ 次方的乘积，将其代入式(5-80)可得：

$$\eta_0 = \left[\frac{1}{I_m\varepsilon}\left(1-\frac{Sc}{C_a}\right)\right]^{1/2\upsilon} \tag{5-81}$$

在一个周期内非线性项 $|\eta|^{2\upsilon}\eta'$ 的能量与 $I_m\eta_0^{2\upsilon}\eta'$ 的能量相等，据此可求得加权因子 I_m：

$$I_m\eta_0^{2\upsilon}\eta_0^2\int_0^{2\pi}\sin^2(t)\mathrm{d}t = \eta_0^{2\upsilon}\eta_0^2\int_0^{2\pi}|\cos(t)|^{2\upsilon}\sin^2(t)\mathrm{d}t \tag{5-82}$$

$$I_m = \frac{\displaystyle\int_0^{2\pi}|\cos(t)|^{2\upsilon}\sin^2(t)\mathrm{d}t}{\displaystyle\int_0^{2\pi}\sin^2(t)\mathrm{d}t} = \frac{I_c(\nu)}{\pi} \tag{5-83}$$

将式(5-83)代入式(5-82)可得：

$$\eta_0 = \left[\frac{\pi}{I_c(\upsilon)\varepsilon}\left(1-\frac{Sc}{C_a}\right)\right]^{1/2\upsilon} \tag{5-84}$$

由式(5-84)可得,当 $\upsilon=1$ 时,$\eta_0=\left[\dfrac{4}{\varepsilon}\left(1-\dfrac{Sc}{C_{\mathrm a}}\right)\right]^{1/2}$,与 Scanlan 非线性模型一致;当 $\dfrac{Sc}{C_{\mathrm a}}=1$ 时,涡激共振消失;当 $Sc=1$ 时,为结构阻尼或结构质量消失的理想情况。

实际中,一般 $0<\upsilon<1$,可令 $I_{\mathrm c}=3\upsilon+1$,其误差精度在 8% 之内。则式(5-84)可表示为:

$$\eta_0=\left[\frac{3\upsilon+1}{\varepsilon}\left(1-\frac{Sc}{C_{\mathrm a}}\right)\right]^{1/2\upsilon} \tag{5-85}$$

广义范·德波振子涡激力模型中有三个待识别的气动参数 $C_{\mathrm a}$、ε、υ。由式(5-85)可知,由三组 (Sc_i,η_i) 的值联立 3 个方程可求的 3 个未知量,Larsen 建议参数识别建立在 3 组振动响应 η_i 和因阻尼改变而得到的 Sc 之上。当试验数据不理想时,这会导致 υ 的求解出现困难,因此更多的 (Sc_i,η_i) 被要求以提高参数识别的精度,然后运用最小二乘法识别出 3 个未知的气动参数。

② 瞬态响应。将式(5-78)左边的阻尼项移至右边,得:

$$\eta''+(2\pi f)^2\eta=\mu f C_{\mathrm a}\left[\left(1-\frac{Sc}{C_{\mathrm a}}\right)-\varepsilon\mid\eta\mid^{2\nu}\right]\eta' \tag{5-86}$$

令:

$$\left.\begin{aligned}\mu f&=\gamma\\ f(\eta,\eta')&=C_{\mathrm a}\left[\left(1-\frac{Sc}{C_{\mathrm a}}\right)-\varepsilon\mid\eta\mid^{2\nu}\right]\eta'\end{aligned}\right\} \tag{5-87}$$

则式(5-86)可改为:

$$\eta''+\omega^2\eta=\gamma f(\eta,\eta') \tag{5-88}$$

式(5-88)为弱非线性二阶微分方程,可以采用 KBM 法进行求解。令 $\eta=A\cos(\omega t-\phi)$,其中振幅 A、相位 ϕ 是时间的慢变函数,即 $\psi=\omega t-\phi$,则可得到:

$$\left.\begin{aligned}A'&=-\frac{\gamma}{\omega}f(A\cos\psi,-A\omega\sin\psi)\sin\psi\\ \phi'&=-\frac{\gamma}{\omega}f(A\cos\psi,-A\omega\sin\psi)\cos\psi\end{aligned}\right\} \tag{5-89}$$

当参数 γ 充分小时,A 和 ϕ 是在常数附近缓慢变化的函数。将方程组(5-89)的右项以 ψ 的一个周期中的平均值近似地代替,并认为 A 和 ϕ 在 ψ 的一个周期内保持不变,可得:

$$\left.\begin{aligned}A'&=-\frac{\gamma}{2\omega}Q(A,\psi)\\ \psi'&=-\frac{\gamma}{2\omega}P(A,\psi)\end{aligned}\right\} \tag{5-90}$$

式中 $Q(A,\psi)$,$P(A,\psi)$——$f(\eta,\eta')$ 进行傅里叶级数展开的系数,计算表达式如下:

$$\left.\begin{aligned}Q(A,\psi)&=\frac{1}{\pi}\int_0^{2\pi}f(A\cos\psi,-A\omega\sin\psi)\sin\psi\mathrm d\psi\\ P(A,\psi)&=\frac{1}{\pi}\int_0^{2\pi}f(A\cos\psi,-A\omega\sin\psi)\cos\psi\mathrm d\psi\end{aligned}\right\} \tag{5-91}$$

将式(5-86)代入式(5-91)可得:

$$Q(A,\psi)=A\omega\left[-(C_{\mathrm a}-Sc)+\frac{I_{\mathrm c}(\nu)\varepsilon C_{\mathrm a}}{\pi}A^{2\nu}\right]$$
$$P(A,\psi)=0 \tag{5-92}$$

将式(5-92)代入式(5-90)得:

$$A'=\frac{\gamma A}{2}\left[(C_{\mathrm a}-Sc)-\frac{I_{\mathrm c}(\nu)\varepsilon C_{\mathrm a}}{\pi}A^{2\nu}\right] \tag{5-93}$$

联立式(5-84)和式(5-93),可得:

$$A'=\frac{\gamma(C_{\mathrm a}-Sc)}{2\beta^{2\nu}}A(A^{2\nu}-\beta^{2\nu}) \tag{5-94}$$

式中 β——$t\to\infty$ 时的瞬态振幅。

对式(5-94)进行分离变量并积分,则:

$$\int \frac{\mathrm{d}A}{A(A^{2\nu}-\beta^{2\nu})} = \int \frac{\gamma(C_a-Sc)\mathrm{d}t}{2\beta^{2\nu}} \tag{5-95}$$

对式(5-95)两边进行积分运算,得:

$$\ln\left[1-\left(\frac{\beta}{A}\right)^{2\nu}\right] = -\gamma(C_a-Sc)t+\mathrm{const} \tag{5-96}$$

初始时刻 $t=0$ 时结构的瞬态振幅为 $A=A_0$,则瞬态响应振幅为:

$$A = \frac{\beta}{\left\{1-\left[1-\left(\frac{\beta}{A_0}\right)^{2\nu}\right]\exp\left[-\nu f\mu(C_a-Sc)t\right]\right\}^{1/2\nu}} \tag{5-97}$$

5.2.4.2 涡振控制措施

涡激振动的控制措施主要有结构措施、气动措施以及机械措施等。抑制涡振的气动措施是专门针对引起结构涡振的空气动力学原因而设计的,它的优点是仅需对结构外形作细小改变,很受结构建设单位欢迎;但它有可能对其他类型的风致振动有不利影响,采用前需全面考虑和研究。结构措施和机械措施都是结构减震的通用措施,它与引起振动的原因无关,因此对同一结构其他类型振动也有好的效果。

(1)气动措施

气动措施通过选择气动外形良好的断面形式或采用附加气动装置以改善结构的气流特性,从而减小激振外力的输入,达到消除或抑制结构涡激共振的效果。目前,桥梁主梁结构涡激共振气动控制措施主要有导流板、抑流板、风嘴等,相应的气动控制措施名称及作用见表5-7,具体气动措施安装位置示意图如图5-8所示。英国第二塞文桥(在主梁下安装扰流板)、丹麦大贝尔特东桥主桥(在加劲梁底板两侧安装了导流板)等均采取气动措施来控制涡振。

表 5-7 涡振气动控制措施名称及作用

序号	抑制装置		作用
	英文名称	译名	
1	flap	导流板	引导气流、收束(上风侧)扩张(下风侧)气流
2	deflector	抑流板	呈折线、圆弧状,引导抑制气流
3	fairing	风嘴	防止旋涡产生
4	skirt	整流板	改变气流流向
5	spoiler	扰流板	减少升力增加阻力
6	splitter plate	分流板	分离气流
7	stabilizer	稳定板	增加桁架梁扭转稳定
8	center barrier	中央挡板	位于桥梁中央的空气阻力板
9	grating	格子	通风导流

(2)结构措施

结构措施有增加结构的刚度(包括附加约束)和增加结构质量或阻尼两大类,两者都可以减小结构涡振振幅。增加结构的总体刚度可提高结构的自振频率,从而提高结构涡振起振风速,避免结构在常风速下的涡振现象的发生;工程实践中如在拱桥的吊杆、斜拉桥的拉索采用钢丝绳相连,增加刚性的同时也增加了阻尼。Zdakov 拱桥和瑞典的一座主跨为 278 m 的拱桥通过在立柱中填砂,增加质量的同时,也由于砂粒间的摩擦而增加了阻尼,立柱的涡振现象得到了有效的抑制。

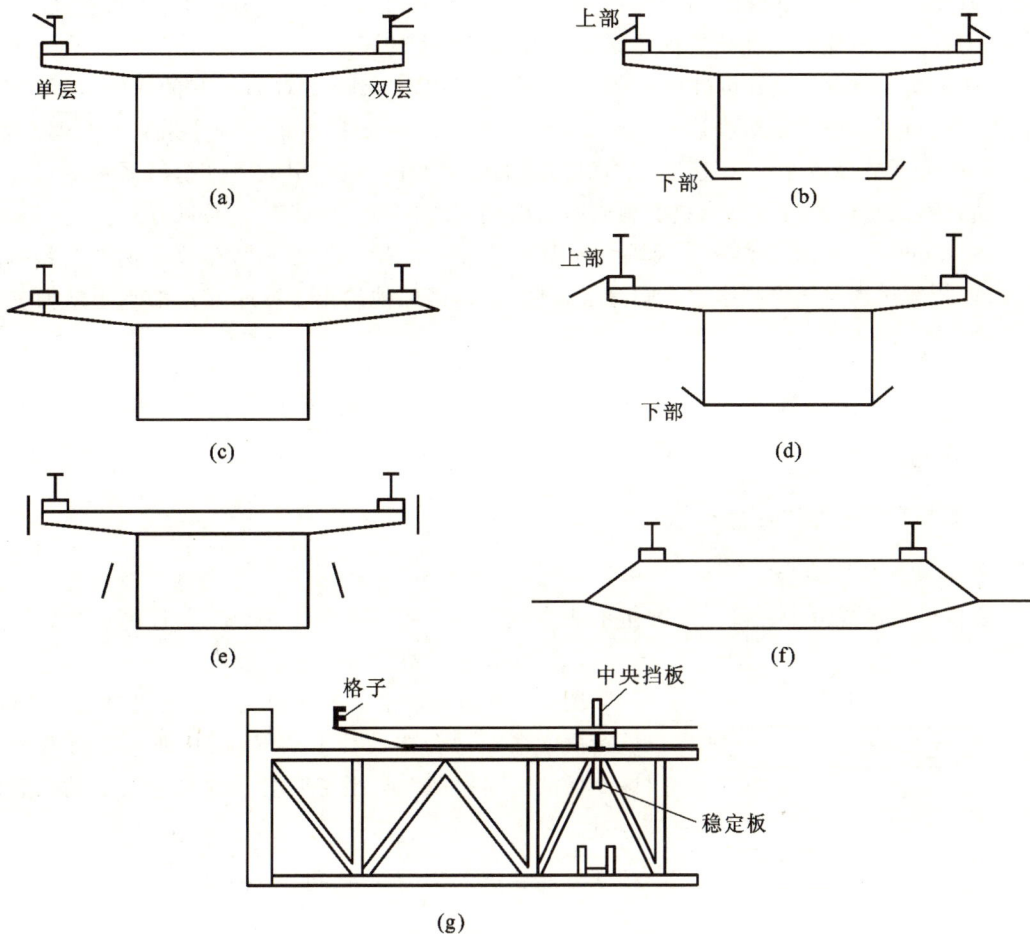

图 5-8 涡振气动控制措施示意图
(a)导流板；(b)抑流板；(c)风嘴；(d)整流板；(e)扰流板；(f)分流板；(g)稳定装置

（3）机械措施

机械措施是通过在结构中安装阻尼器或 TMD（调谐质量阻尼器）等器件来降低结构涡振响应的措施。阻尼器一端与振动的结构或构件相连，另一端必须置于有足够刚性且本身振动可以忽略的地方，这限制了它的应用范围。目前最常见的是应用于斜拉索的振动控制。TMD 包含振动质量块、弹簧和阻尼器三大工作部件，它基于惯性原理工作，直接放置在振动物体上而不需要外部支撑，因此在凌空架设的桥梁、高耸入云的建筑上都得到广泛的应用，例如，英国 Kessock 桥在主跨梁的下面，以悬挂方式内安装了 8 个 TMD 来控制该桥的涡激共振；日本东京湾大桥、巴西 Rio-Niteroi 桥、大海带东桥引桥都采用 TMD 控制系统来抑制主梁涡振；我国九江桥也使用 TMD 抑制吊杆涡振等。

5.2.5　颤振振动与控制

颤振(flutter)是一种扭转或弯扭耦合的自激发散型振动，这种振动一旦发生，将导致结构彻底破坏。如著名的旧塔科马桥事故，就是一种典型的由颤振不稳定引发的灾害。

5.2.5.1　颤振理论

（1）古典耦合颤振理论

Tacoma 老桥风毁事故后不久，华盛顿州公共桥梁管理处分别委派了华盛顿州立大学的 Farquharson 教授及加州理工大学的 Von Karman 与 Dunn 两位学者对悬索桥颤振问题进行大量的风洞试验研究。与此同时，Bleich 则完成了悬索桥颤振分析的理论研究，他认为悬索桥的板梁接近于一块平板，因此他首次提出采用理想平板的 Theodorsen 势流函数分析板梁式加劲梁悬索桥的颤振问题，从而建立了悬索桥的古典二维耦合颤振理论。但通过 Tacoma 老桥的算例发现，以此得到的颤振临界风速(约 55 m/s)远高于风毁当天的实际风速(不到 20 m/s),不过,他分析时采用了大桥的对称模态而不是当天风毁时的反对称模态。显然,采用理想平板气动力模型去描述流态复杂的钝体断面会引起相当大的误差。

Bleich 的古典耦合颤振理论分析过程复杂,不便直接应用。Selberg 对 Bleich 的求解过程进行了简化,得到了平板颤振的近似求解的解析表达式。而 Kloppel 与 Thiele 则提出了一种变系数的图解法,该方法同样采用 Theodorsen 函数描述非定常气动力,但对实际的桥梁断面,他们引入一个折减系数 η 对计算结果进行修正,并将由各种试验得出的修正系数绘制成图表以供查阅。

1976 年,Van der Por 注意到影响平板耦合颤振临界风速的诸参数中,可以偏安全的忽略结构阻尼的影响,同时他发现,折减风速与扭弯频率比之间接近线性关系,据此他给出了一个实用的平板颤振临界风速的估算公式:

$$U_{cr} = \eta\left[1 + (\varepsilon - 0.5)\sqrt{\left(\frac{r}{b}\right)0.72\mu}\right]\omega_h b \tag{5-98}$$

式中 ε ——扭弯频率比;

μ ——桥梁与空气密度比,$\mu = \dfrac{m}{\pi\rho b^2}$;

r ——桥梁断面的惯性半径。

目前,主要桥梁抗风规范中在设计阶段初步估算桥梁颤振临界风速就主要是基于上述公式。

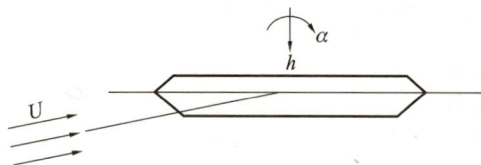

(2)Scanlan 的桥梁颤振导数理论

图 5-9 所示为处于二维均匀流中的常见桥梁主梁断面,由于该断面的微振动会扰动周围的气流,从而产生自激力。只考虑该断面的竖向振动 h 与扭转振动 α,这样它的运动状态由其状态向量 $(\dot{h},\dot{\alpha},\alpha,h)$ 唯一确定,因此气动自激力是来流速度 U、振动频率 ω 与状态向量的函数,可以表示为:

图 5-9 均匀流作用下的桥梁断面

$$L = L(U, \omega, \dot{h}, \dot{\alpha}, \alpha, h)$$
$$M = M(U, \omega, \dot{h}, \dot{\alpha}, \alpha, h) \tag{5-99}$$

式中 L ——单位长度的升力;

M ——单位长度的扭矩;

h ——截面竖向位移;

α ——截面扭转角。

假定振动是微幅振动,可将式(5-99)展开成相对于静平衡状态 $(0,0,0,0)$ 的泰勒级数,以升力 L 为例:

$$L = L(U, \omega, \dot{h}, \dot{\alpha}, \alpha, h)$$
$$= L(U, \omega, 0, 0, 0, 0) + \left[\frac{\partial L}{\partial \dot{h}}\dot{h} + \frac{\partial L}{\partial \dot{\alpha}}\dot{\alpha} + \frac{\partial L}{\partial h}h + \frac{\partial L}{\partial \alpha}\alpha\right] + \Delta(L) \tag{5-100}$$

由自激力的定义可知,自激力不包含物体静平衡状态时所受的静力风荷载,即 $L(U,\omega,0,0,0,0) = 0$,式(5-100)可简化为:

$$L = \left[\frac{\partial L}{\partial \dot{h}}\dot{h} + \frac{\partial L}{\partial \dot{\alpha}}\dot{\alpha} + \frac{\partial L}{\partial h}h + \frac{\partial L}{\partial \alpha}\alpha\right] + \Delta(L) \tag{5-101}$$

同理可得扭矩自激力:

$$M = \left[\frac{\partial M}{\partial \dot{h}}\dot{h} + \frac{\partial M}{\partial \dot{\alpha}}\dot{\alpha} + \frac{\partial M}{\partial \alpha}\alpha + \frac{\partial M}{\partial h}h\right] + \Delta(M) \tag{5-102}$$

其中,式(5-101)和式(5-102)前四项之和为气动自激力的线性主部,Δ 项表示余项。

Scanlan 于 1971 年在本章参考文献[18]中认为对于实际的桥梁断面,余项 Δ 都小到可以略去,并引入 8 个无量纲的颤振导数 H_i^*、A_i^*($i = 1,2,3,4$),近似的将自激力表达为状态向量的线性函数,即:

$$L = \frac{1}{2}\rho U^2 (2B) \left(KH_1^* \frac{\dot{h}}{U} + KH_2^* \frac{\dot{\alpha}B}{U} + K^2 H_3^* \alpha + K^2 H_4^* \frac{h}{B} \right)$$
$$M = \frac{1}{2}\rho U^2 (2B^2) \left(KA_1^* \frac{\dot{h}}{U} + KA_2^* \frac{\dot{\alpha}B}{U} + K^2 A_3^* \alpha + K^2 A_4^* \frac{h}{B} \right) \tag{5-103}$$

对比式(5-101)、式(5-102)和式(5-103),可见颤振导数其实就是气动自激力对状态向量的一阶偏导数,颤振导数与状态向量的线性组合表示了气动自激力的线性主部,余项 Δ 式是其理论误差。式(5-103)是取全桥宽 B 为特征长度,这 $K = \omega B/U = 2k$,大括号之内的各个因子都是无量纲量,其中 U、B、ω、K、$\dot{h}$、$\dot{\alpha}$、α、h 表征风场与断面运动状态,而颤振导数则是表征断面气动自激力特征的一组函数。只要测定了颤振导数,就可依据它计算同一形状断面在任意运动状态(微振动)中的气动自激力。由图 5-9 可知, h、α 是以桥梁断面的体轴定义的, U 为来流风速,风攻角的影响由颤振导数体现,即同一断面不同攻角的颤振导数是不同的。

桥梁风工程关注的重点是气动自激力随风速提高的变化情况,但在这一过程中,频率 f 的变化是很小的,因此用无量纲风速 V_* 显得更为方便。另外,Scanlan 的式(5-103)中,无量纲的颤振导数前面分别乘上了一个也是无量纲的因子 K 或 K^2,这使得当 K 很大(U 很小)时,颤振导数的值很小,降低了低风速段颤振导数测量的精度,而在 U 很大时,颤振导数的值又与 V_* 或 V_*^2 成正比。因此,他的定义方式在风速区的低端与高端精度都会降低。有鉴于此,可对式(5-103)作如下两点改进:

① 将因子 $2B$、$2B^2$ 改为 B、B^2;

② 将无量纲因子 K 与 H_i^*、A_i^*($i=1,2,3,4$)合并。

由此,新的颤振导数定义如下:

$$H_1^\# (V_*) = 2KH_1^* (K) = \frac{4\pi H_1^* (V_*)}{V_*}$$
$$H_2^\# (V_*) = 2KH_2^* (K) = \frac{4\pi H_2^* (V_*)}{V_*}$$
$$H_3^\# (V_*) = 2K^2 H_3^* (K) = \frac{8\pi^2 H_3^* (V_*)}{V_*^2}$$
$$H_4^\# (V_*) = 2K^2 H_4^* (K) = \frac{8\pi^2 H_4^* (V_*)}{V_*^2}$$
$$A_1^\# (V_*) = 2KA_1^* (K) = \frac{4\pi A_1^* (V_*)}{V_*} \tag{5-104}$$
$$A_2^\# (V_*) = 2KA_2^* (K) = \frac{4\pi A_2^* (V_*)}{V_*}$$
$$A_3^\# (V_*) = 2K^2 A_3^* (K) = \frac{8\pi^2 A_3^* (V_*)}{V_*^2}$$
$$A_4^\# (V_*) = 2K^2 A_4^* (K) = \frac{8\pi^2 A_4^* (V_*)}{V_*^2}$$

于是,气动自激力公式(5-103)可写为:

$$L = \frac{1}{2}\rho U^2 B \left(H_1^\# (V_*) \frac{\dot{h}}{U} + H_2^\# (V_*) \frac{\dot{\alpha}B}{U} + H_3^\# (V_*)\alpha + H_4^\# (V_*) \frac{h}{B} \right)$$
$$M = \frac{1}{2}\rho U^2 B^2 \left(A_1^\# (V_*) \frac{\dot{h}}{U} + A_2^\# (V_*) \frac{\dot{\alpha}B}{U} + A_3^\# (V_*)\alpha + A_4^\# (V_*) \frac{h}{B} \right) \tag{5-105}$$

迄今为止,只有零攻角下的理想平板得到了颤振导数的理论解(两种颤振导数的对比如图 5-10 所示)。对于一般的断面,目前只有通过风洞试验或计算流体力学模拟来得到。事实上,Scanlan 将颤振导数概念推广到一般桥梁断面,其目的就是为实验方法识别桥梁气动参数提供理论依据。目前,颤振导数大多通过节段模型风洞试验来识别,该方法包括两个阶段:

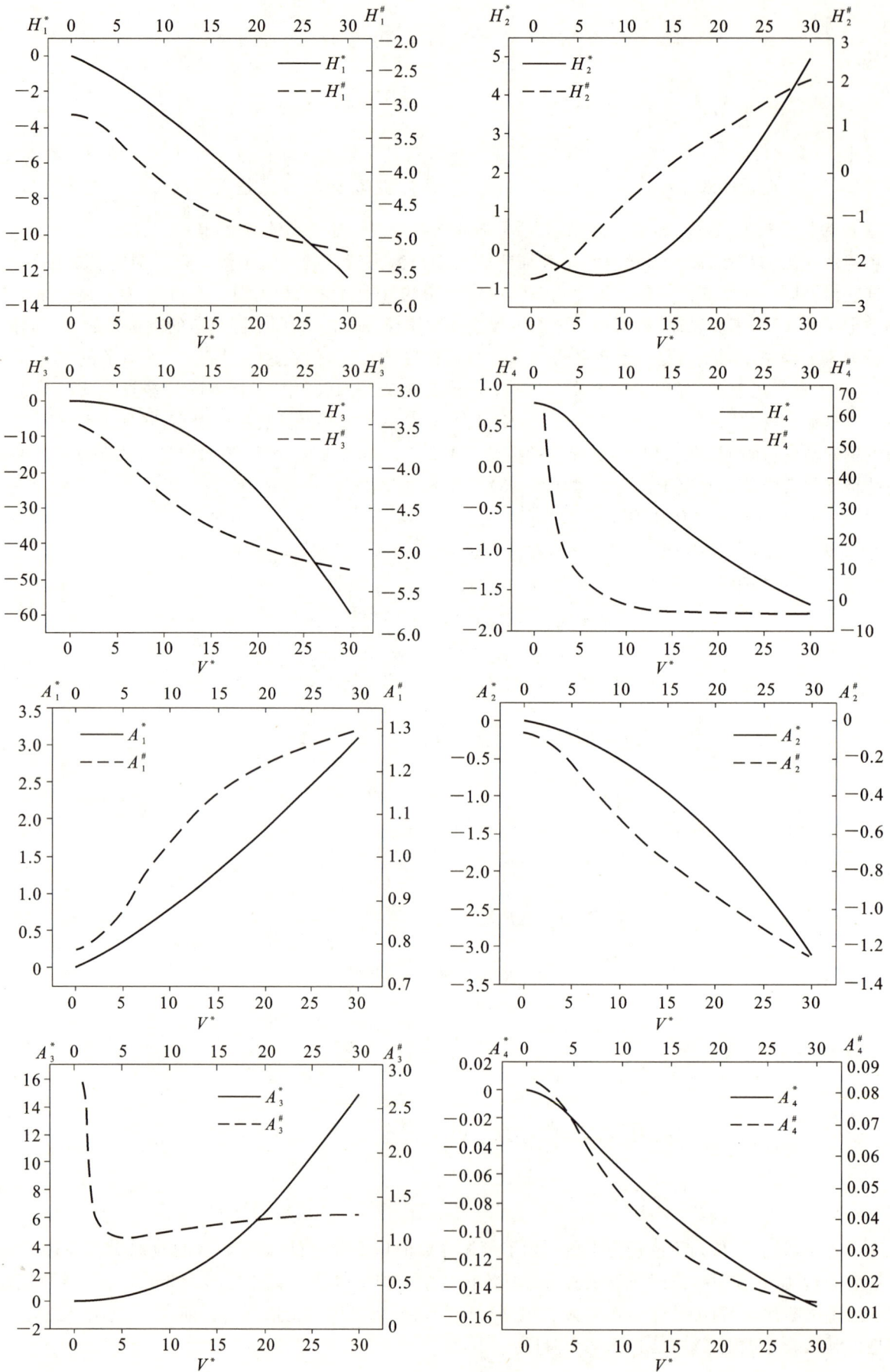

图 5-10 理想平板两种颤振导数曲线比较

① 获取信号阶段。通过风洞试验获取包含有气动自激力信息的振动时程信号,获取方法可分为自由振动法与强迫振动法。

② 数据处理阶段。从振动信号中提取气动自激力信息,将它们与按式(5-103)定义的气动自激力对比,从而识别出颤振导数。

其具体方法又可分为两类,即频域法与时域法。这样一来,两个阶段的不同方法组合起来,有如下四大类方法:自由振动信号时域识别法、强迫振动信号时域识别法、强迫振动信号频域识别法、自由振动信号频域识别法。

对颤振导数的识别方法有兴趣的读者可翻阅本章参考文献[1],陈政清对各种方法进行了详细介绍,本章限于篇幅,不再一一介绍。

5.2.5.2　颤振控制措施

在某些情况下,当桥梁的颤振临界风速不能满足要求时,例如,桥址处的风速高于设计桥梁的颤振临界风速时,需要采取颤振控制措施提高颤振临界风速或抑制颤振的发生。颤振控制措施包括机械控制措施和气动控制措施两大类:机械控制措施是通过改变结构的刚度、阻尼、质量及提供主动或被动的控制力来控制或抑制结构振动;气动控制措施则是通过改变断面外形,避免或者推迟旋涡脱落的发生,增大主梁竖向振动的空气阻尼,从而提高桥梁的抗风能力。其中,机械控制措施又可分为主动控制措施和被动控制措施两种:主动控制措施需要主动地为控制系统输入能量,实际应用起来难度和费用都较高;被动控制措施则完全依赖于核心机构的正常运行,一旦出现机械故障,后果将极为严重。相比较而言,被动的气动控制措施具有经济实用、效果明显、工程适用性强的特点,是最可靠、最具有现实意义的颤振控制措施,也在世界范围的大跨度桥梁抗风设计中广泛应用。目前,常用的气动控制措施有安装风嘴、稳定板、导流板、中央开槽、风障等,这些气动措施的示意可参见图5-8,本节对常见的气动控制措施及其影响机理进行简单介绍。

(1)边缘风嘴措施

在主梁断面两侧设置外形合理的风嘴,可以改善气流的绕流流态,使断面更趋向流线型,能有效提高断面的颤振稳定性能,相对而言,风嘴的尖端角度越小,颤振稳定的改善越大。边缘风嘴措施的控制机理是扭转运动自身所形成的气动阻尼对系统的稳定作用得到增强,而自由度耦合效应形成的气动负阻尼的发展速度得到延迟,从而提高了颤振临界风速。

(2)中央开槽措施

研究表明,中央开槽气动措施对颤振稳定性能的影响取决于开槽前初始断面的气动外形及其颤振驱动机理和自由度耦合程度,并非对所有断面都能提高其颤振稳定性能。对于气动外形好、扭转和竖向自由度的耦合程度比较高的断面,中央开槽措施能提高断面的颤振临界风速,对于气动外形差、扭转和竖向自由度的耦合程度比较低的断面,中央开槽措施则会进一步降低颤振稳定性,对于气动外形一般(介于上述两类典型断面之间)的断面来说,中央开槽宽度大小对颤振稳定性能影响非常敏感,需要通过试验和分析确定其最优开槽宽度。我国目前最大跨度的悬索桥——西堠门大桥便是采取在中央开槽(开槽宽度6 cm)的方式将颤振临界风速提高到了88.4 m/s以上。

(3)中央稳定板措施

对中央稳定板的气动影响机理研究表明,在断面设置中央稳定板后,断面的颤振形态从扭转形态颤振转变为竖弯形态的颤振,当设置的中央稳定板高度适当时,系统竖弯牵连运动的稳定性相对较高,此时这种颤振形态发生转变的效果将提高系统的颤振稳定性能。例如,我国润扬悬索桥在箱梁上表面设置中央稳定板后,颤振临界风速从62 m/s提高到了79 m/s;湖南湘西矮寨大桥在设置中央稳定板后,颤振临界风速较初始断面提高了近一倍。

需要说明的是,单一的气动控制措施可能不能使各个攻角下的颤振稳定性能都能有所提高,工程应用和研究表明采用多种气动组合控制措施对提高颤振临界风速更加显著。位于黔西地区的坝陵河大桥(主跨1088 m)便是采用气动翼板和中央开槽组合的方式使得颤振临界风速超过了桥址位的颤振检验风速。

5.2.6 抖振分析与抑制

抖振是一种由紊流引起的强迫振动。尽管抖振是一种限幅振动,但由于其发生频率高,可能会引起结构的疲劳,过大的振幅会引起人感觉不舒适,甚至会危及桥上的行车安全。引起结构抖振的紊流风来源主要有三种,即结构物自身尾流、其他结构物特征紊流和自然风中的脉动成分。在这三者之中,大气中脉动风引起的紊流占主要地位,因此通常所说的桥梁抖振分析理论主要是针对大气紊流引起的抖振。抖振响应计算可分为频域法和时域法两大类,由于时域法可以考虑气动力、几何等非线性因素的影响,被越来越多的学者采用。

5.2.6.1 经典抖振理论

以图 5-11 所示的垂直结构为例说明结构在分布随机激励下的响应求解,结构的运动微分方程为:

$$m\ddot{x} + (EI_z x'')'' = p(y,t) \tag{5-106}$$

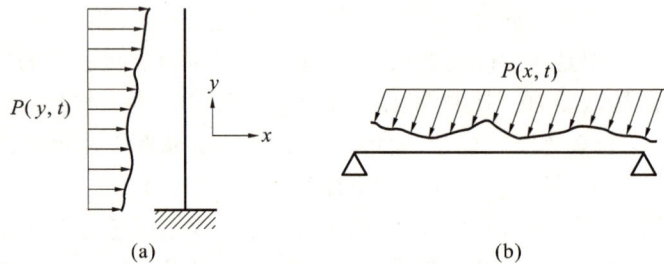

图 5-11 分布随机荷载作用下的结构

(a)垂直结构;(b)水平结构

根据结构动力学,结构的响应可按振型展开为:

$$x(y,t) = \sum_r \varphi_r(y) \cdot q_r(t) \tag{5-107}$$

式中　$x(y,t)$——结构的响应;

　　　$\varphi_r(y)$——第 r 阶振型;

　　　$q_r(t)$——时变的模态坐标。

引入模态质量 M_r、模态刚度 K_r、模态阻尼 C_r 以及模态广义力 $Q_r(t)$:

$$M_r = \int_0^l m(y)\varphi_r^2(y)\mathrm{d}y$$

$$K_r = \omega_r^2 M_r$$

$$C_r = 2\zeta_r \sqrt{\frac{M_r}{K_r}}$$

$$Q_r(t) = \int_0^l p(y,t)\varphi_r(y)\mathrm{d}y$$

式中　$m(y)$——结构质量分布密度;

　　　ω_r——第 r 阶模态的自振频率;

　　　ζ_r——第 r 阶模态的阻尼比;

　　　$p(y,t)$——随机荷载。

于是可得每阶模态的运动方程如下:

$$\ddot{q}_r + 2\zeta_r\omega_r\dot{q}_r + \omega_r^2 q_r = \frac{Q_r(t)}{M_r} \quad (r = 1,2,3,\cdots) \tag{5-108}$$

在结构的平稳随机振动中,均方差是随机振动的主要度量方式。根据随机振动理论,式(5-108)的抖振方差可按下式求得:

$$\sigma_{q_r}^2 = \int_0^{+\infty} |H_r(\omega)|^2 \cdot S_{Q_r}(\omega)\mathrm{d}\omega \tag{5-109}$$

式中 $H_r(\omega)$——第 r 阶模态的频响函数,计算表达式如下:

$$H_r(\omega) = \frac{1}{\sqrt{(1-\Omega_r^2)^2 + (2\zeta_r\Omega_r)^2}} \tag{5-110}$$

其中:

$$\Omega_r = \frac{\omega}{\omega_r}$$

式中 $S_{Q_r}(\omega)$——广义荷载的功率谱密度函数,根据功率谱密度函数与自相关函数的关系,它的计算式
如下:

$$S_{Q_r}(\omega) = \frac{1}{2\pi}\int_{-\infty}^{+\infty} R_{Q_r}(\tau) \cdot e^{-i\omega\tau} \,\mathrm{d}\tau \tag{5-111}$$

将自相关函数 $R_{Q_r}(\tau)$ 的定义式代入式(5-111)可得:

$$S_{Q_r}(\omega) = \frac{1}{2\pi}\int_{-\infty}^{+\infty} E[Q_r(t)Q_r(t+\tau)] \cdot e^{-i\omega\tau} \,\mathrm{d}\tau \tag{5-112}$$

$$S_{Q_r}(\omega) = \frac{1}{2\pi}\int_{-\infty}^{+\infty} E\left[\int_0^l p(y_1,t)\phi_r(y_1)\mathrm{d}y_1 \int_0^l p(y_2,t+\tau)\phi_r(y_2)\mathrm{d}y_2\right] \cdot e^{-i\omega\tau} \,\mathrm{d}\tau \tag{5-113}$$

改变积分顺序得:

$$S_{Q_r}(\omega) = \int_0^l \int_0^l \left\{\frac{1}{2\pi}\iint_{-\infty}^{+\infty} E[p(y_1,t)p(y_2,t+\tau)] \cdot e^{-i\omega\tau}\,\mathrm{d}\tau\right\}\phi_r(y_1)\phi_r(y_2)\mathrm{d}y_1\mathrm{d}y_2 \tag{5-114}$$

再利用互谱密度与互相关函数的关系:

$$\frac{1}{2\pi}\int_{-\infty}^{+\infty} E[p(y_1,t)p(y_2,t+\tau)] \cdot e^{-i\omega\tau}\,\mathrm{d}\tau = \frac{1}{2\pi}\int_{-\infty}^{+\infty} R_p(y_1,y_2,\tau) \cdot e^{-i\omega\tau}\,\mathrm{d}\tau = S_p(y_1,y_2,\omega) \tag{5-115}$$

可得:

$$S_{Q_r}(\omega) = \int_0^l \int_0^l S_p(y_1,y_2,\omega)\varphi_r(y_1)\varphi_r(y_2)\mathrm{d}y_1\mathrm{d}y_2 \tag{5-116}$$

至此,我们已将广义荷载的功率谱密度函数 $S_{Q_r}(\omega)$ 的计算转变为风荷载互谱 $S_p(y_1,y_2,\omega)$ 与振型函数
$\varphi(y)$ 的二重积分问题。

参照本章参考文献[2],风荷载互谱 $S_p(y_1,y_2,\omega)$ 可表示为:

$$S_p(y_1,y_2,\omega) = \sqrt{S_p(y_1,\omega)S_p(y_2,\omega)} \cdot \widetilde{R}_p(y_1,y_2,\omega) \tag{5-117}$$

式中 $\widetilde{R}_p(y_1,y_2,\omega)$——风荷载的相关函数,风荷载的相关性通常难以直接确定,在传统的抖振分析中假定

它的相关性与脉动风本身的相关性相同,即 $\widetilde{R}_p(y_1,y_2,\omega) = \widetilde{R}_u(y_1,y_2,\omega)$。

对于水平结构,结构上各点功率谱与平均风速一致,这时式(5-117)可进一步简化为:

$$S_p(y_1,y_2,\omega) = S_p(\omega) \cdot e^{-\hat{f}} \tag{5-118}$$

其中:

$$\hat{f} = \frac{8\omega|\Delta y|}{\pi U} \tag{5-119}$$

式中 Δy——两点之间的水平距离。

对于垂直结构,结构上各点的功率谱及平均风速不一致,此时有:

$$S_p(y_1,y_2,\omega) = \sqrt{S_p(y_1,\omega)S_p(y_2,\omega)} \cdot e^{-\hat{f}} \tag{5-120}$$

其中:

$$\hat{f} = \frac{10\omega|\Delta z|}{\pi[U(y_1) + U(y_2)]} \tag{5-121}$$

式中 Δz——两点之间的垂直距离。

因此,无论是水平或垂直结构,广义力功率谱均可统一写为:

$$S_{Q_r}(\omega) = \int_0^l \int_0^l \sqrt{S_p(y_1,\omega)S_p(y_2,\omega)} \cdot \widetilde{R}_p(y_1,y_2,\omega) \cdot \phi_r(y_1)\phi_r(y_2)\mathrm{d}y_1\mathrm{d}y_2 \tag{5-122}$$

将式(5-122)代入式(5-109)可得:

$$\sigma_{q_r}^2 = \int_0^\infty \int_0^l \int_0^l H_r^2(\omega) \cdot \sqrt{S_p(y_1,\omega)S_p(y_2,\omega)} \cdot \widetilde{R}_p(y_1,y_2,\omega) \cdot \phi_r(y_1)\phi_r(y_2)\mathrm{d}y_1\mathrm{d}y_2\mathrm{d}\omega \tag{5-123}$$

这就是水平或垂直结构在任意分布随机荷载作用下第 r 阶振型的响应均方差计算式。如果我们知道了抖振力的功率谱,就可以利用式(5-123)计算任意阶振型的抖振响应。

对于类似于桥塔的垂直结构,通常其模态间距比较大,模态之间的耦合效应可以忽略不计,此时可采用 SRSS(Square Root of the Sum of Squares)法求解结构任一点的响应均方差:

$$\sigma^2(y) \approx \sum_r \sigma_{q_r}^2 \phi_r^2(y) \tag{5-124}$$

关于抖振力的研究,Davenport 基于准定常假定给出了抖振力的解析表达式,但它假定结构本身的振动不会影响风荷载,事实上,结构的振动与风场会形成一种耦合关系,即振动的结构会改变风场,风场的改变又反馈影响到结构本身所受的风荷载。Scanlan 将结构与风场的耦合考虑为结构的阻尼特性与刚度特性,对 Davenport 抖振力进行修正。相关扩展阅读可参见本章参考文献[1]。

5.2.6.2 抖振时域分析方法

结构在自激力与抖振力作用下运动方程为:

$$\boldsymbol{M\ddot{Z}} + \boldsymbol{C\dot{Z}} + \boldsymbol{KZ} = \boldsymbol{F}_{\mathrm{se}} + \boldsymbol{F}_{\mathrm{b}} \tag{5-125}$$

式中　$\boldsymbol{M}$——结构的质量矩阵;

　　　$\boldsymbol{C}$——结构的阻尼矩阵;

　　　$\boldsymbol{K}$——结构的刚度矩阵;

　　　$\boldsymbol{Z}$——结构结点位移向量;

　　　$\boldsymbol{F}_{\mathrm{se}},\boldsymbol{F}_{\mathrm{b}}$——结点力向量,下标 se、b 分别代表自激力与紊流产生的抖振力。

对于纯粹的简谐运动,单位长度结构所受的气动阻力、升力与升力矩可按 Scanlan 的提议用气动导数表示为:

$$\left.\begin{aligned}
D_{\mathrm{ae}} &= \frac{1}{2}\rho U^2(2b)\left(kP_1^* \frac{\dot{p}}{U} + kP_2^* \frac{b\dot{\alpha}}{U} + k^2 P_3^* \alpha + k^2 P_4^* \frac{p}{b} + kP_5^* \frac{\dot{h}}{U} + k^2 P_6^* \frac{h}{b}\right) \\
L_{\mathrm{ae}} &= \frac{1}{2}\rho U^2(2b)\left(kH_1^* \frac{\dot{h}}{U} + kH_2^* \frac{b\dot{\alpha}}{U} + k^2 H_3^* \alpha + k^2 H_4^* \frac{h}{b} + kH_5^* \frac{\dot{p}}{U} + k^2 H_6^* \frac{p}{b}\right) \\
M_{\mathrm{ae}} &= \frac{1}{2}\rho U^2(2b^2)\left(kA_1^* \frac{\dot{h}}{U} + kA_2^* \frac{b\dot{\alpha}}{U} + k^2 A_3^* \alpha + k^2 A_4^* \frac{h}{b} + kA_5^* \frac{\dot{p}}{U} + k^2 A_6^* \frac{p}{b}\right)
\end{aligned}\right\} \tag{5-126}$$

式中　ρ——空气密度;

　　　U——平均风速;

　　　k——折算频率,$k = \omega b/U$;

　　　H_i^*,P_i^*,A_i^*——加劲梁断面颤振气动导数,$i = 1\sim6$。

结构任意运动引起的单位长度自激力也可以用卷积积分表达如下:

$$\left.\begin{aligned}
L_{\mathrm{ae}}(t) &= \frac{1}{2}\rho U^2 \int_{-\infty}^{+\infty} \left[I_{L_{\mathrm{seh}}}(t-\tau)h(\tau) + I_{L_{\mathrm{sep}}}(t-\tau)p(\tau) + I_{L_{\mathrm{se}\alpha}}(t-\tau)\alpha(\tau)\right]\mathrm{d}\tau \\
D_{\mathrm{ae}}(t) &= \frac{1}{2}\rho U^2 \int_{-\infty}^{+\infty} \left[I_{D_{\mathrm{seh}}}(t-\tau)h(\tau) + I_{D_{\mathrm{sep}}}(t-\tau)p(\tau) + I_{D_{\mathrm{se}\alpha}}(t-\tau)\alpha(\tau)\right]\mathrm{d}\tau \\
M_{\mathrm{ae}}(t) &= \frac{1}{2}\rho U^2 \int_{-\infty}^{+\infty} \left[I_{M_{\mathrm{seh}}}(t-\tau)h(\tau) + I_{M_{\mathrm{sep}}}(t-\tau)p(\tau) + I_{M_{\mathrm{se}\alpha}}(t-\tau)\alpha(\tau)\right]\mathrm{d}\tau
\end{aligned}\right\} \tag{5-127}$$

式中　I——位移引起的自激力单位脉冲响应函数。

对式(5-126)与式(5-127)分别进行傅里叶变换后比较相应部分,可得脉冲响应函数与气动导数的关系如下:

$$
\left.
\begin{aligned}
\overline{I}_{L_{seh}} &= 2k^2(H_4^* + iH_1^*), \quad \overline{I}_{L_{sep}} = 2k^2(H_6^* + iH_5^*), \quad \overline{I}_{L_{sea}} = 2k^2b(H_3^* + iH_2^*) \\
\overline{I}_{D_{seh}} &= 2k^2(P_6^* + iP_5^*), \quad \overline{I}_{D_{sep}} = 2k^2(P_4^* + iP_1^*), \quad \overline{I}_{D_{sea}} = 2k^2b(P_3^* + iP_2^*) \\
\overline{I}_{M_{seh}} &= 2k^2b(A_4^* + iA_1^*), \quad \overline{I}_{M_{sep}} = 2k^2(A_6^* + iA_5^*), \quad \overline{I}_{M_{sea}} = 2k^2b^2(A_3^* + iA_2^*)
\end{aligned}
\right\}
\tag{5-128}
$$

其中,上横线表示傅里叶变换,含有 i 的项表示虚部。

式(5-127)所示的自激力用结构位移与其相应的转换函数的乘积来表示,由于试验只获得有限离散点上的颤振导数,因此,必须引入一个近似的连续函数来对式(5-128)进行描述,通常选用 Roger 的有理函数表达式,于是式(5-128)可以写成(以竖向位移引起的升力脉冲为例):

$$
\overline{I}_{L_{seh}}(i\omega) = A_1 + A_2\left(\frac{i\omega b}{U}\right) + A_3\left(\frac{i\omega b}{U}\right)^2 + \sum_{i=1}^{m}\frac{A_{l+3}\, i\omega}{i\omega + \dfrac{d_l U}{b}}
\tag{5-129}
$$

其中,A_1、A_2、A_3、A_{l+3}、$d_l(d_l \geqslant 0; l=1,\cdots,m)$ 都是与频率无关的系数;第一项与第二项分别表示非周期性的静力作用与气动阻尼项;第三项表示气动质量项,该项通常可以忽略;有理项表示滞后于速度的非定常气动力成分,其时间滞后可近似通过正的 d_l 参数来实现。m 的大小决定了这种近似的精度与附加方程的数量。以上所有这些参数可通过实测颤振导数的非线性最小二乘法来拟合得到。

对式(5-129)作傅里叶变换,并忽略与气动质量有关的第三项可得:

$$
I_{L_{seh}}(t) = A_1\delta(t) + A_2\frac{b}{U}\dot{\delta}(t) + \delta(t)\sum_{l=3}^{m}A_l - \sum_{l=3}^{m}A_l d_l\frac{U}{b}\exp\left(-\frac{d_l U}{b}t\right)
\tag{5-130}
$$

将式(5-130)代入式(5-127)可得:

$$
L_{seh}(t) = \frac{1}{2}\rho U^2\left[\left(A_1 + \sum_{l=3}^{m}A_l\right)h(t) + A_2\frac{b}{U}\dot{h}(t) - \sum_{l=3}^{m}A_l d_l\frac{U}{b}\int_{-\infty}^{t}e^{-\frac{d_l U}{b}(t-\tau)}h(\tau)\mathrm{d}\tau\right]
\tag{5-131}
$$

对式(5-131)右边括号内最后一项做分部积分可得:

$$
L_{seh}(t) = \frac{1}{2}\rho U^2\left[A_1 h(t) + A_2\frac{b}{U}\dot{h}(t) + \sum_{l=3}^{m}A_l\int_{-\infty}^{t}e^{-\frac{d_l U}{b}(t-\tau)}\dot{h}(\tau)\mathrm{d}\tau\right]
\tag{5-132a}
$$

同样,可得到其他分力表达式如下:

$$
L_{sep}(t) = \frac{1}{2}\rho U^2\left[A_1 p(t) + A_2\frac{b}{U}\dot{p}(t) + \sum_{l=3}^{m}A_l\int_{-\infty}^{t}e^{-\frac{d_l U}{b}(t-\tau)}\dot{p}(\tau)\mathrm{d}\tau\right]
\tag{5-132b}
$$

$$
L_{sea}(t) = \frac{1}{2}\rho U^2\left[A_1 \alpha(t) + A_2\frac{b}{U}\dot{\alpha}(t) + \sum_{l=3}^{m}A_l\int_{-\infty}^{t}e^{-\frac{d_l U}{b}(t-\tau)}\dot{\alpha}(\tau)\mathrm{d}\tau\right]
\tag{5-132c}
$$

$$
D_{seh}(t) = \frac{1}{2}\rho U^2\left[A_1 h(t) + A_2\frac{b}{U}\dot{h}(t) + \sum_{l=3}^{m}A_l\int_{-\infty}^{t}e^{-\frac{d_l U}{b}(t-\tau)}\dot{h}(\tau)\mathrm{d}\tau\right]
\tag{5-132d}
$$

$$
D_{sep}(t) = \frac{1}{2}\rho U^2\left[A_1 p(t) + A_2\frac{b}{U}\dot{p}(t) + \sum_{l=3}^{m}A_l\int_{-\infty}^{t}e^{-\frac{d_l U}{b}(t-\tau)}\dot{p}(\tau)\mathrm{d}\tau\right]
\tag{5-132e}
$$

$$
D_{sea}(t) = \frac{1}{2}\rho U^2\left[A_1 \alpha(t) + A_2\frac{b}{U}\dot{\alpha}(t) + \sum_{l=3}^{m}A_l\int_{-\infty}^{t}e^{-\frac{d_l U}{b}(t-\tau)}\dot{\alpha}(\tau)\mathrm{d}\tau\right]
\tag{5-132f}
$$

$$
M_{seh}(t) = \frac{1}{2}\rho U^2\left[A_1 h(t) + A_2\frac{b}{U}\dot{h}(t) + \sum_{l=3}^{m}A_l\int_{-\infty}^{t}e^{-\frac{d_l U}{b}(t-\tau)}\dot{h}(\tau)\mathrm{d}\tau\right]
\tag{5-132g}
$$

$$
M_{sep}(t) = \frac{1}{2}\rho U^2\left[A_1 p(t) + A_2\frac{b}{U}\dot{p}(t) + \sum_{l=3}^{m}A_l\int_{-\infty}^{t}e^{-\frac{d_l U}{b}(t-\tau)}\dot{p}(\tau)\mathrm{d}\tau\right]
\tag{5-132h}
$$

$$
M_{sea}(t) = \frac{1}{2}\rho U^2\left[A_1 \alpha(t) + A_2\frac{b}{U}\dot{\alpha}(t) + \sum_{l=3}^{m}A_l\int_{-\infty}^{t}e^{-\frac{d_l U}{b}(t-\tau)}\dot{\alpha}(\tau)\mathrm{d}\tau\right]
\tag{5-132i}
$$

需要指出的是,以上各式中,参数 A_l、d_l 相对不同的分量来说是不同的,各分量的参数须要独立地使用最小二乘法来拟合,这里为了表达方便而没有区分开来。

对式(5-129)的拟合是一个非线性最小二乘法问题,拟合结果通常是所选初始迭代值邻近范围内的局部最优解,因而拟合结果对初始猜想值非常敏感,采用非线性最小二乘法对式(5-129)进行拟合时,要变换多次初始值,不停地试算才能得到较为理想的结果。

结合式(5-129)与式(5-128),将方程两边实部与虚部分离并忽略气动质量项可得:

$$\left. \begin{array}{l} \dfrac{A_1{}'}{2k^2} + \sum_l \dfrac{A_{l+2}}{2d_l^2 + 2k^2} = H_4^*(k) \\[3mm] \dfrac{A_2}{2k} + \sum_l \dfrac{A_{l+2}d_l}{2d_l^2 k + 2k^3} = H_1^*(k) \end{array} \right\} \tag{5-133}$$

实部与虚部须结合起来考虑,以上两式可转化为以下最优化问题:

$$F(A_1, A_2, \cdots, d_1, d_2, \cdots) = \sum_n \left\{ \left[H_4^*(k_n) - \frac{A_1}{2k_n^2} - \sum_l \frac{A_{l+2}}{2d_l^2 + 2k_n^2} \right]^2 + \right.$$
$$\left. \left[H_1^*(k_n) - \frac{A_2}{2k_n} - \sum_l \frac{A_{l+2}d_l}{2d_l^2 k_n + 2k_n^3} \right]^2 \right\} \tag{5-134}$$

式中　n——试验点数;

　　　k——折算频率;

　　　A_l——待求的拟合系数,上式的最小化问题也就是试验曲线与拟合曲线之间的最小方差问题,由于有位于分母的待拟合系数 d_i,因而是一个非线性最优化问题。

需要指出的是,在求解结构动力响应时,对需要考虑几何非线性的结构(如大跨度桥梁),由于几何非线性的影响,其整体刚度在动力有限元求解过程中矩阵具有时变的特性,因而线性时不变系统的 NewMark-β 法显式积分方案不能直接使用,否则会得出不稳定的求解结果。解决的方法是结合 NewMark-β 与 Newton-Raphson 迭代方法进行求解。详细的动力有限元求解方法可参见本章参考文献[1]。

5.2.6.3　抖振抑制方法

与颤振控制措施一样,抖振控制同样有空气动力学措施与机械阻尼措施。在大跨桥梁的初步设计阶段,通过"气动选型"可以选择一个具有较好气动性能的主梁断面,"气动选型"通常依据桥梁的颤振性能进行主梁的断面选择,但实际情况往往是提供选择的几种断面都能满足颤振设计要求,因此在此基础上可进一步进行抖振性能断面选择,在初步设计阶段尚无结构动力特性的条件下建立"抖振选型"的方法。用于抖振控制的机械阻尼措施主要有调谐质量阻尼器(Tuneed Mass Damper,TMD),其力学原理是在主梁结构上安装附加的具有一定质量的振动系统,当桥梁振动时,附加振动系统起吸振耗能的作用从而抑制桥梁的抖振振幅。对于大跨度桥梁结构,抖振时通常以低阶振动为主,TMD 本身的振动频率与阻尼是可调节的,其控制效率是其本身振动频率、阻尼比及广义质量比的函数,由于阻尼比与广义质量比均是风速 U 的函数,TMD 的控制效率也是风速 U 的函数。因此对于单个调谐质量阻尼器(STMD),必须在"TMD 设计风速"下,以某一特定的振型为目标,按最优化理论寻求使得控制效率最好的 TMD 设计方案。由于 STMD 对阻尼器本身与受控制系统之间的频率比非常敏感,只有在最优频率比附近,控制效率才能达到最优,一旦偏离,其控制效率将大大下降。在桥梁结构中,无论是在风作用下还是在车辆荷载作用下,由于结构、材料等因素的变异,其振动频率均会在某一频率范围内发生变化,为一改善调质阻尼器的控制有效性与可靠性,多重调质阻尼器(MTMD)的概念应运而生,其基本原理是采用多个分别具有不同频率分布的 TMD 来组合实现对结构在一定频率范围内的振动起稳定的制振效果。

在桥梁施工阶段,有时也要采取适当的措施进行抖振响应控制。施工阶段采用的措施主要有加大结构刚度的临时设施如设置临时支撑、抗风索或设置调质阻尼器,如图 5-12 所示。

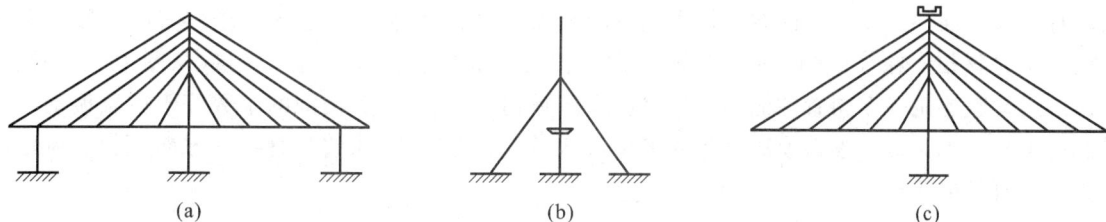

图 5-12　施工期间抗抖振措施

(a)临时支撑；(b)抗风索；(c) TMD

5.2.7　斜拉索风雨振及控制

随着桥梁跨径的不断增大,斜拉桥的拉索长度也不断增长,斜拉索的振动问题,特别是风雨激振问题变得越来越突出。拉索的振动会影响到桥梁的运营安全,例如,美国 Fred Hartman 桥由于拉索风雨激振造成了 100 多块桥面板焊缝开裂,用于维护和维修的费用高达数百万美元,并且这一数字还有可能不断增加。此外,拉索振动还会引起舒适度方面的问题。拉索振动已成为大跨径斜拉桥亟待解决的关键问题之一。

5.2.7.1　斜拉索风雨激振特点

20 世纪 80 年代,日本在建造名港西大桥(图 5-13)的过程中,发生了比较严重的风雨激振现象,Hikami 等对该桥进行了为期 5 个月的现场实测,并将拉索风雨激振的特征总结如下。

图 5-13　日本的名港西桥

拉索仅在下雨情况下才出现大的振幅;只有倾斜方向与风向同向的拉索才会发生大幅振动;拉索风雨激振发生在一定风速范围内,具有"限速"的特点;拉索风雨激振的振动频率远小于涡激振动频率,而振幅则远大于拉索涡振的振幅;随着拉索长度的增加,发生风雨激振的拉索振型从低阶向高阶变化,风雨激振发生时拉索振型一般为 1～4 阶,频率集中在 1～3 Hz;拉索表面会形成水线,水线会随着拉索的振动而振荡。

在我国,陈政清对岳阳洞庭湖大桥进行了连续 4 年的风雨激振观测研究,得到的主要成果如下。

(1)拉索振动形态

实测结果表明,拉索进入稳定的大幅振动后,其波形犹如甩鞭状,相邻截面到达波峰、波谷的时间有一相位差,看起来就是波峰、波谷依次沿拉索传递,因此可以认为至少在拉索中部一个相当大的范围内,每个拉索截面都有几乎相等的振幅,拉索的这种振动形态很接近驰振的特征。拉索面内、面外加速度时程记录表明,拉索稳定的大幅振动总是由某一阶模态控制,通常是二阶或三阶,控制模态的频率都在 3 Hz 以下。对大量时程记录的小波分析还表明,在拉索的起振阶段和振动停息阶段,常伴有主模态转移现象。

从某拉索 $L/6$ 处振动的加速度响应时程(图 5-14)可以看出,拉索振动时,面内、面外振动同时发生,但面内振动总是大于面外振动。因此在与拉索垂直的平面上,拉索的振动轨迹像一个斜置的椭圆。图 5-15～图 5-17 给出的是该拉索在 3 s 内的参振模态及面内、面外加速度和位移的运动轨迹,从图中可以看出,拉索某一截面的运动轨迹是一个斜置的椭圆或多个斜置椭圆相互交织,斜置椭圆的个数等于拉索振动时的主要参振模态的个数。无论拉索参振模态个数的多少,拉索振动轨迹总是大致顺着某一方向倾斜。拉索的最大振幅可大于其直径的 3 倍。

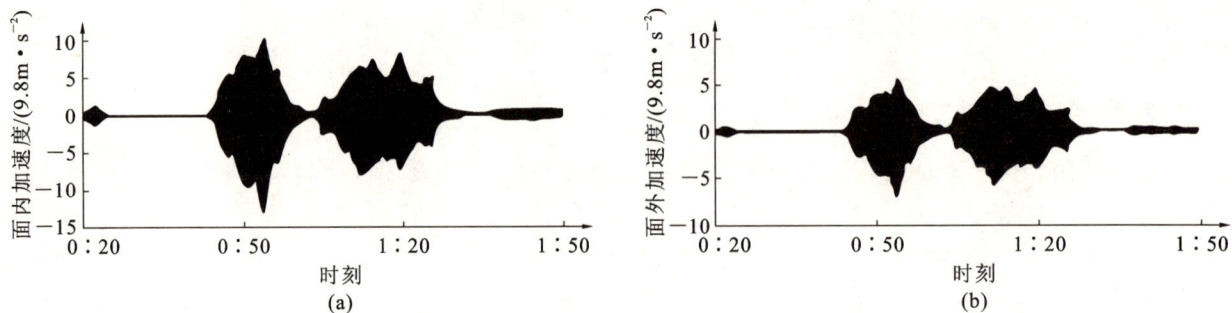

图 5-14 拉索 $L/6$ 处面内、面外加速度时程
(a) 面内加速度;(b) 面外加速度

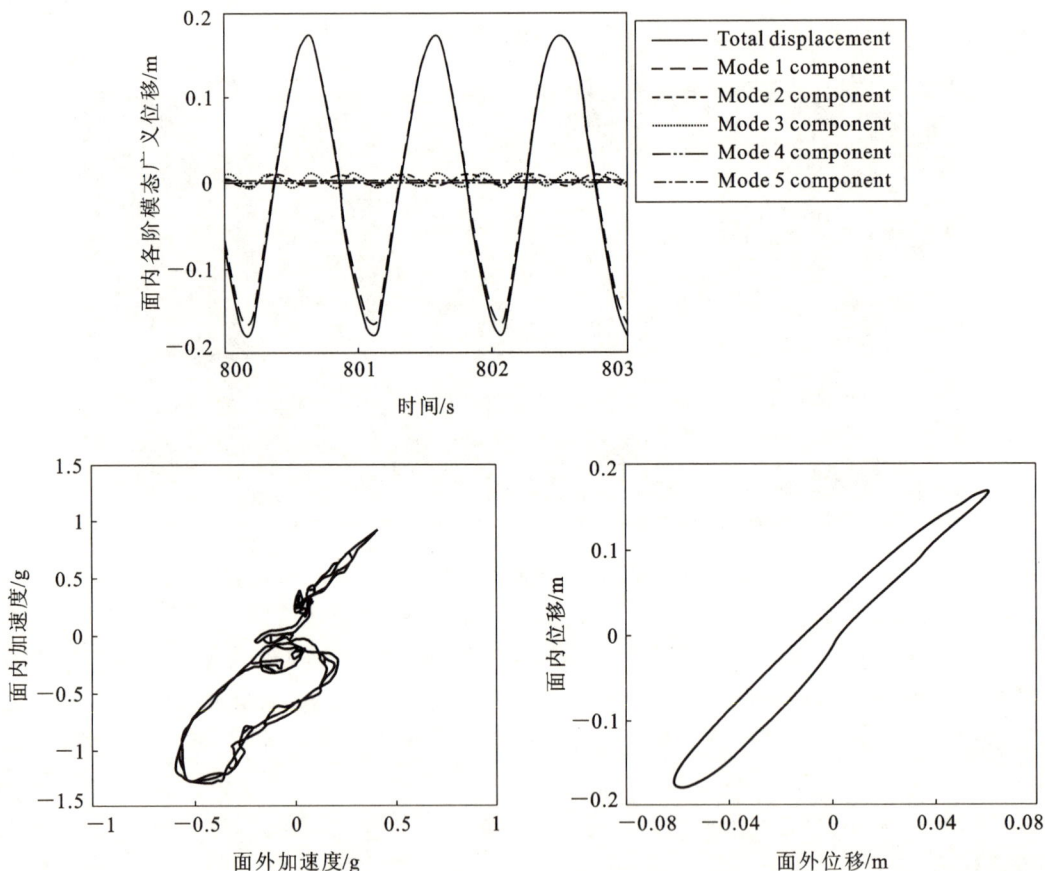

图 5-15 只有 1 个模态参与振动时 $L/6$ 处面内各阶模态广义位移及面内、面外加速度和位移轨迹

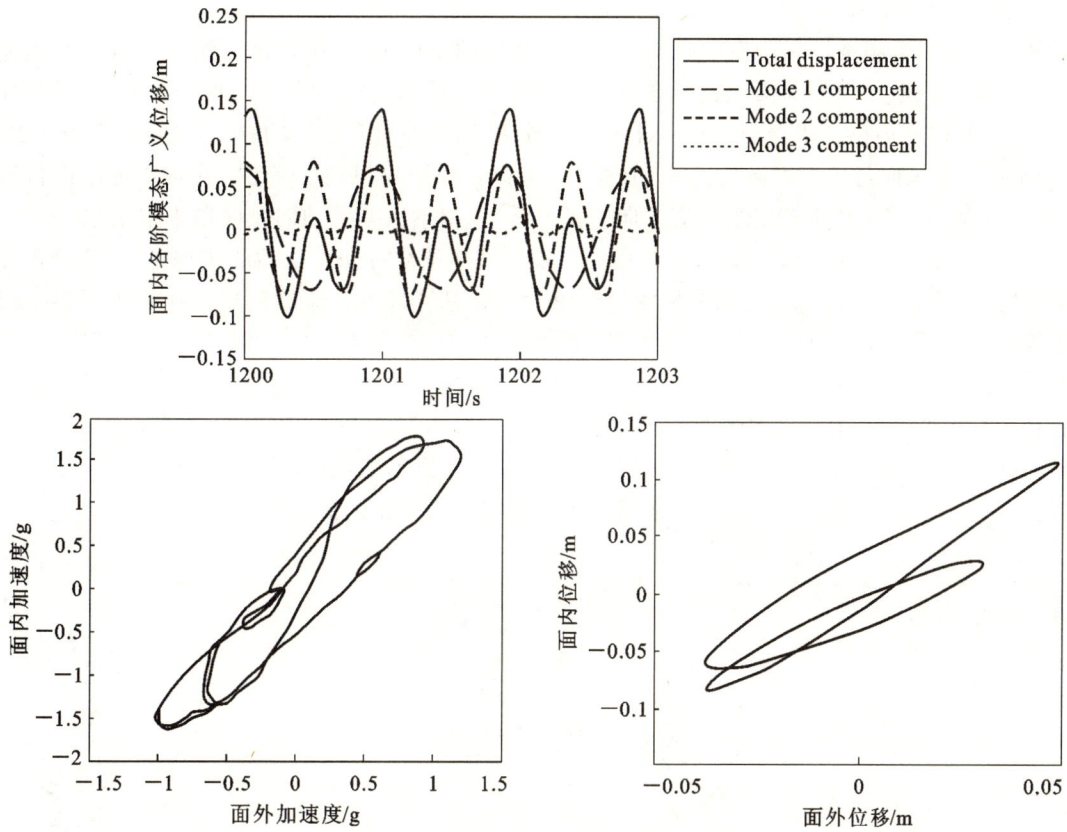

图 5-16　有 2 个模态参与振动时 $L/4$ 处面内各阶模态广义位移及面内、面外加速度和位移轨迹

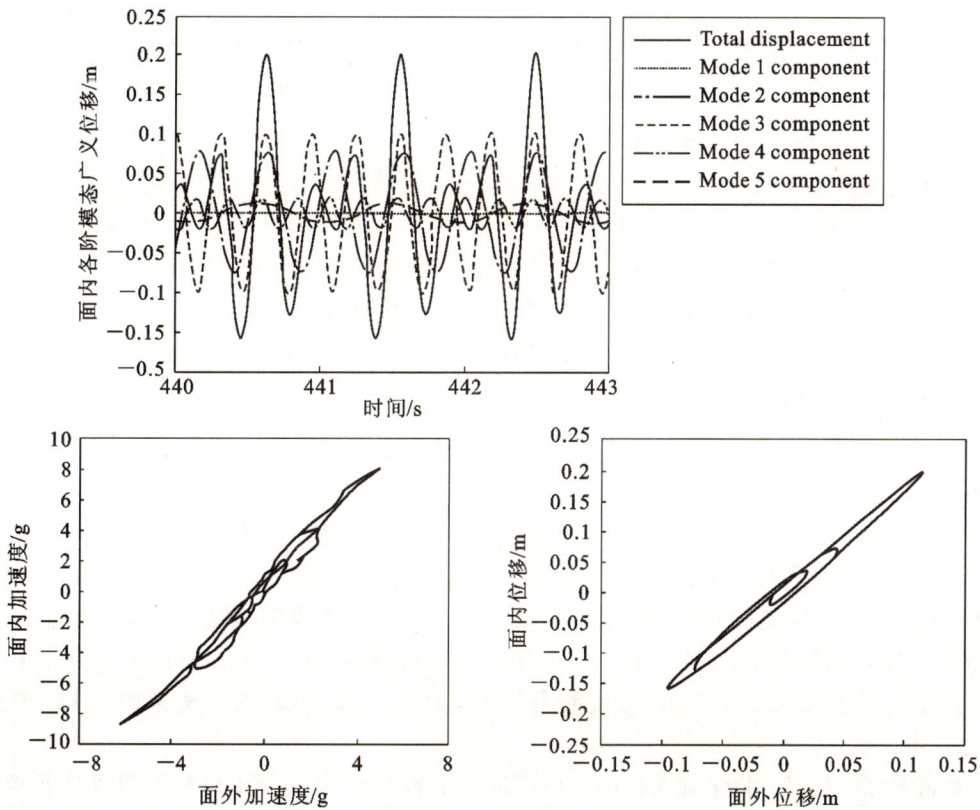

图 5-17　有 3 个模态参与振动时 $L/6$ 处面内各阶模态广义位移及面内、面外加速度和位移轨迹

（2）与环境参数的关系

降雨是拉索发生大幅度风雨激振的必要条件。在无雨的条件下，即使风速达到 20 m/s。洞庭湖大桥的拉索也几乎不发生振动。但是风雨激振与降雨强度却无明显的相关性。当雨几乎停止时，由于拉索上源源不断有雨水流下，拉索仍在大幅振动。这验证了一种看法，即只要有上水线的存在，风雨激振就不会停止。

图 5-18 所示为风向与拉索振幅的关系，其中，以 1 min 的平均风向为单位，风向角是以由桥轴线方向（北偏西 20°）为基准，顺时针旋转度量来流方向。可以看出，拉索大幅振动的风向角集中在 60°～80°，相当于北偏东 40°～60°。图 5-18 换算成风洞试验常用的以拉索平面法线方向为基准的风偏角，每个塔的东南侧索是背风索，风偏角为在 10°～+30°的范围易发生风雨激振。尽管远方来流的风攻角比较小，约在 4°以下，但是大桥迎风侧桥面处的风攻角却很大，最大可达 20°，平均值为 10°左右，这是由高达 2.5 m 的主梁竖直侧面的障碍作用而形成的局部风场效应。图 5-19 是拉索的振幅与风攻角关系图。攻角的局部效应是否对拉索风雨激振有不利影响，尚有待进一步研究。在有雨条件下，起振风速为 6～8 m/s。当风速超过 14 m/s 时，就有较强烈的风雨激振现象，在 14～20 m/s 的范围内，振幅随风速增加而增加。在持续 4 年的观察中，风速范围一般在 20 m/s 以下，因此没有观察到强风下风雨激振反而停止的抑振风速。

A12

A12

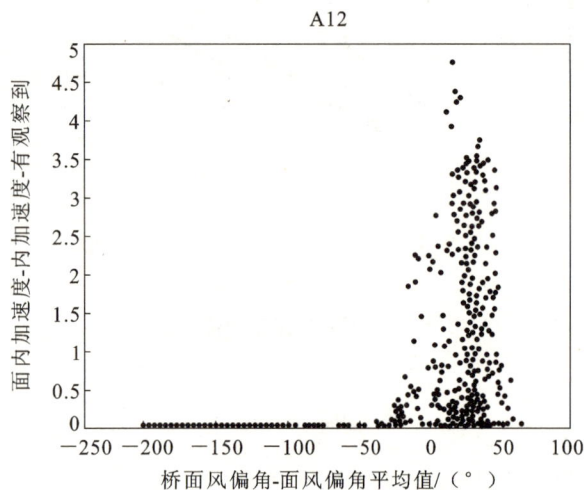

图 5-18　A12 振幅与风向角关系图

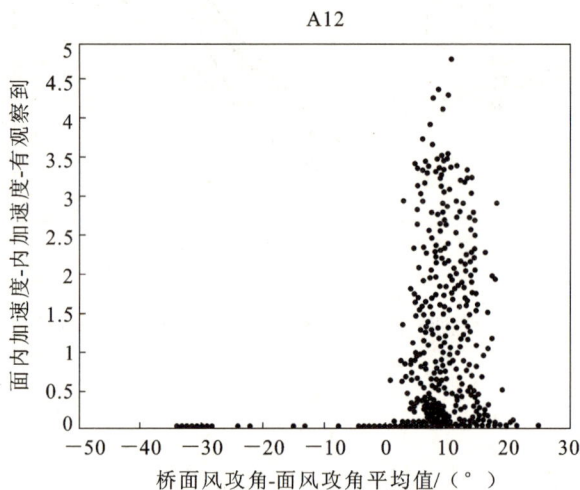

图 5-19　A12 振幅与攻角关系图

（3）与拉索本身参数的关系

以前有文献报道认为，拉索与水平面的倾角大于 60°以后，拉索不易发生风雨激振，但洞庭湖大桥的观测表明，即使是非常靠近桥塔拉索，其倾角已达 70°，也会发生明显的风雨激振。洞庭湖大桥因跨度不大，拉索基频在 1 Hz 左右变化，风雨激振的主模态多是二阶或三阶，因此风雨激振的频率一般在 3 Hz 以下。但是随着跨度的加大，这一规律是否保持，还有待今后能在更大跨度的斜拉桥上进行观测加以证实。

5.2.7.2　斜拉索风雨振控制

拉索风雨振的主要控制措施包括空气动力学措施、结构措施和阻尼器措施。

（1）空气动力学措施

鉴于拉索风雨激振的产生与上水线的形成有关，人们通过采取空气动力学措施阻止上水线的形成以抑制风雨激振，主要包括以下几种方法：

① 在拉索表面轴向开槽或制成纵向肋条。在拉索表面轴向开槽或制成纵向肋条能控制雨水在凹槽中沿拉索轴向流动，因而在拉索表面不会因雨水聚集而改变拉索表面外形。但这种措施需要注意凹槽拐角处的应力集中、防止出现其他形式的气动不稳定性等。日本 Higushi Kobe 斜拉桥采用了 PE 护套带纵肋的拉索。

② 在拉索表面打凹孔。在拉索表面打凹孔可破坏水线的形成，在各种雨量及无雨情况下都有很好的稳定性，能有效地抑制拉索的风雨激振。日本的多多罗大桥就采用了这种措施。

③ 在拉索表面缠绕螺旋线。在拉索风雨激振的控制中,螺旋线可破坏水线的形成。法国诺曼底大桥的拉索表面采用了双螺旋线;南京长江二桥上也采用了这种控制措施。通过人工降雨试验也发现螺旋线控制风雨激振的有效性,但需要慎重选取合适的螺旋线参数。各种空气动力学措施如图 5-20 所示。

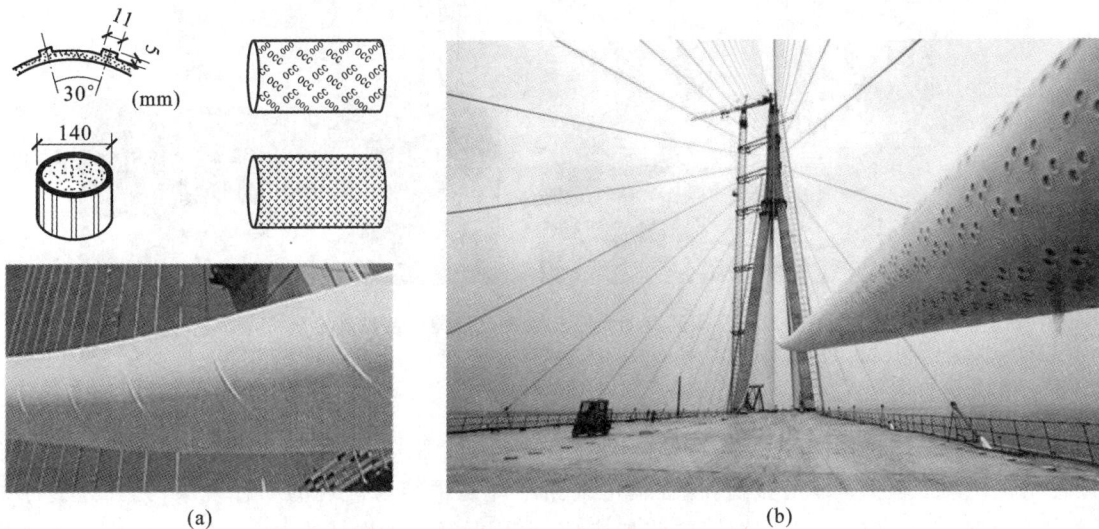

图 5-20 空气动力学措施
(a)拉索上的肋条、压坑和螺旋线;(b)苏通大桥拉索上的压坑

(2)结构措施

目前已证明有效的结构措施主要是辅助索方法,即将各拉索之间用一根或多根辅助索连接起来,形成一个索网。辅助索方法减少了拉索自由长度,提高了整个索面的刚度,因而非常有效。辅助索最早应用于丹麦的 Faroe 桥,日本的 Meikoh West 桥、Yobuko 桥及法国的 Normandy 桥(图 5-21)等也采用了辅助索,我国辽宁的长兴岛大桥也采用了这种减振方式。不过这种方法的缺点也是显而易见的:破坏了原有索面的美观,辅助索设计复杂,安装困难等。因此,目前设计师都倾向于尽量不采用这种方法。

图 5-21 诺曼底大桥辅助索构造

(3)机械减振措施

拉索容易发生风雨激振的主要原因是其固有结构阻尼非常低,因此增加拉索阻尼是控制风雨激振最直接、有效的方法。通常可以在索锚处安装高阻尼橡胶阻尼器、油阻尼器、黏滞阻尼器和磁流变阻尼器(MR 阻尼器)等来提高拉索阻尼。其中,MR 阻尼器是近年推出的一种高科技产品,也是一种智能型的半主动阻尼器,并被认为是最有前途的新型阻尼器。它利用一种将亚纳米细度的铁粉与硅油混合制成的磁流变液,这种材料在外加磁场作用下可在几毫秒的短时间内变为半流体,从而使阻尼变大,在阻尼器内引入电磁线圈,通过改变电流强度来调节阻尼力的大小。

经过系列现场实验和研究,验证了 MR 阻尼器抑制斜拉索风雨振的可行性;同时,为了克服桥梁结构现场不方便或不能可靠保证 MR 阻尼器的供电的问题,研制了一种无须供电且具有可装配结构的永磁调节式

MR 阻尼器。实现了 MR 阻尼器在湖南岳阳洞庭湖大桥全桥安装(图5-22),经过近 10 年的使用证明它能可靠并有效地抑制强烈的拉索风雨激振和其他形式的拉索振动。

图 5-22　岳阳洞庭湖大桥及 MR 阻尼器安装抑制措施

5.2.8　驰振分析

驰振(galloping)是细长物体因气流自激作用产生的一种纯弯曲大幅振动,理论上是发散的,即不稳定的。驰振现象在桥梁工程中很少有报道,但在输电线路中却是很容易出现的一种现象,尤其是裹冰输电线路,振动激发的波在两根电杆之间快速传递,犹如快马奔腾,振幅可达电线直径的 10 倍,因此称为驰振。本节主要介绍 Den Hartog 的单自由度驰振理论,他的研究表明,这一类振动的机理与涡脱无关,完全受断面准定常气动力特性控制。

根据准定常定理,均匀流作用下的桥梁竖向振动方程可以写为:

$$m(\ddot{y} + 2\zeta\omega\dot{y} + \omega^2 y) = -\frac{1}{2}\rho U^2 B\left(\frac{dC_L}{d\alpha} + C_D\right)\frac{\dot{y}}{U} \tag{5-135}$$

上式右端即为准定常气动自激力,将右端项移至左边,速度 $\dot{y}$ 前的系数表示系统的净阻尼,用 d 表示有:

$$d = 2m\zeta\omega + \frac{1}{2}\rho UB\left(\frac{dC_L}{d\alpha} + C_D\right)\Big|_{\alpha=0} \tag{5-136}$$

当上述运动方程呈负阻尼状态($d<0$)时,任何微小的扰动都将导致运动发散。由于结构阻尼总是大于零,因而 $d<0$ 的必要条件为:

$$\left(\frac{dC_L}{d\alpha} + C_D\right)\Big|_{\alpha=0} < 0 \tag{5-137}$$

式(5-137)左端又称为驰振力系数,因为一般情况下阻力系数 C_D 总是正的,因此只有当下式满足才可能出现不稳定的驰振现象:

$$C_L' = \frac{dC_L}{d\alpha} < 0 \tag{5-138}$$

令式(5-136)等于零,可得到驰振临界风速 U_g:

$$U_g = \frac{-4m\zeta\omega}{\rho B(C_L' + C_D)} \tag{5-139}$$

式(5-139)适用于水平放置的等截面细长杆件(如桥梁主梁),并且注意系数 C_L'、C_D 都是以梁宽 B 为特征长度测量的。

式(5-137)的物理意义是升力系数关于攻角 α 的斜率 C_L' 为负。例如,圆形截面和八角形截面的升力系数的斜率是正的,但六角形或矩形截面的斜率为负值,因此它们是不稳定的截面。缆索支承桥的桥塔的塔柱如果高而细长,应作倒角处理,以提高驰振稳定性。本章参考文献[5]列出了一些常见截面的驰振力系数,可为选取结构气动外形提供参考,避免驰振现象的发生。

需要指出的是,实际中的驰振现象常常不像以上所述的为单纯的竖向振动,侧向以及扭转振动的影响也能起着重要的影响。有兴趣的读者可阅读本章参考文献[24]、[25]。

5.3 建筑结构抗风设计及风振控制 >>>

5.3.1 建筑结构风灾灾害

在实际的风灾损失中,低矮房屋(民居、工业厂房等)和大跨空间结构(体育场)的破坏造成的损失超过总损失的半数,风灾中量大面广的低矮房屋和大跨空间结构的毁坏或倒塌及其带来的人员伤亡是造成风灾损失巨大的主要原因[图 5-23(a)、图 5-23(b)]。例如,2004 年台风"云娜"造成浙江房屋倒塌 6.43 万间,其中便以低矮房屋和大跨空间结构为主。而高层建筑的风致破坏主要是围护结构(玻璃幕墙)的局部破坏[图 5-23(c)],相对而言,高层建筑在风荷载作用下引起人体不舒适更为常见。

图 5-23 建筑结构风灾
(a)低矮房屋;(b)体育场;(c)高层建筑

5.3.2 极值风压

对于围护结构及风振响应不明显的主体结构而言,它们的抗风设计由其表面的极值风荷载决定(即不考虑共振放大效应),获得极值风压的方法主要有两类。第一类为通过多次独立采样,将每次采样的极值进行分布拟合,从而确定出具有一定保证率的极值风压,但该方法较为费时费力。第二类为基于单次采样的零值穿越理论的方法,对于服从 Gaussian 分布的随机信号,Davenport 在零值穿越理论的基础上,获得了服从窄带 Gaussian 分布随机信号的峰值因子;对于非 Gaussian 过程的极值风压,Sadek 和 Simiu 以 Gamma 分布和 Gaussian 分布作为母体分布,提出了一种非 Gaussian 转换过程的极值风压计算方法。第二类方法在工程设计中被广泛采用,因此对这类方法中常见算法进行介绍。

随机过程 $x(t)$ 的期望极大值用下式表示:

$$x_{\max} = m_x + g\sigma_x \tag{5-140}$$

式中 m_x——随机过程 $x(t)$ 的平均值;

σ_x——随机过程 $x(t)$ 的根方差;

g——峰值因子。

因此,要得到随机过程的极大值,可转化为峰值因子 g 的计算。

5.3.2.1　Davenport 峰值因子法

Davenport 假设建筑物表面风压服从 Gaussian 分布,其概率密度函数可由变量的前二阶矩描述。假设风压时程 $x(t)$ 的平均值为 m_x,根方差为 σ_x,可定义标准正态分布变量 $x_0 = (x - m_x)/\sigma_x$,其概率密度函数可以表示为:

$$f_x(x_0) = \frac{1}{\sqrt{2\pi}} \exp\left(-\frac{1}{2}x_0^2\right) \tag{5-141}$$

对于服从 Gaussian 分布的随机过程而言,其极大值的概率分布函数可用概率密度函数 $f(x_0)$ 表示为:

$$
\begin{aligned}
F(x_0) &= \int_{x_0}^{\infty} f(x_0)\mathrm{d}x_0 \\
&= \frac{1}{\sqrt{2\pi}}\left[\int_{\frac{x_0}{\varepsilon}}^{\infty} \exp\left(-\frac{1}{2}x^2\right)\mathrm{d}x + \left(\sqrt{1-\varepsilon^2}\right)\exp\left(-\frac{1}{2}x_0^2\right)\int_{-\infty}^{x_0\frac{\sqrt{1-\varepsilon^2}}{\varepsilon}} \exp\left(-\frac{1}{2}x^2\right)\mathrm{d}x\right]
\end{aligned} \tag{5-142}
$$

式中　ε——随机过程 $x(t)$ 的带宽参数,$\varepsilon = \sqrt{1 - \dfrac{m_2^2}{m_0 m_4}}$,其取值范围为 $0 < \varepsilon < 1$。当 $\varepsilon = 1$ 时为极宽带随机过程;当 $\varepsilon = 0$ 时为极窄带随机过程。

m_i——功率谱谱密度的谱矩,$m_i = \displaystyle\int_0^{\infty} n^i S(n)\mathrm{d}n$,$S(n)$ 为随机信号的功率谱密度,n 为频率,单位为赫兹。

选取具有式(5-142)的概率分布函数的 N 个极大值,则 N 个极大值均小于 x_0 的概率为:

$$Pr(\text{所有 } N \text{ 个极大值} < x_0) = [1 - F(x_0)]^N \tag{5-143}$$

假设 N 个极大值中的最大值为 x_0,则最大的极大值 x_0 的概率密度函数可以表示为:

$$f_{\max}(x_0) = N[1 - F(x_0)]^{N-1} f(x_0)$$

$$F(x_0) = \frac{\xi}{N} \tag{5-144}$$

其中,$0 \leqslant \xi \leqslant N$。

假设 N 为一大值,则 $f_{\max}(x_0)\mathrm{d}x_0$ 可以近似表示为:

$$f_{\max}(x_0)\mathrm{d}x_0 = \mathrm{d}\left(1 - \frac{\xi}{N}\right)^{N-1} = \mathrm{d}\exp(-\xi) \tag{5-145}$$

式中　d——微分。

忽略随机过程带宽参数的影响,即 $\varepsilon = 0$,则式(5-142)可表示为:

$$F(x_0) \approx \left(\sqrt{1-\varepsilon^2}\right)\exp\left(-\frac{1}{2}x_0^2\right) + o\left[\frac{1}{x_0^3}\exp\left(-\frac{x_0^2}{2\varepsilon^2}\right)\right] \tag{5-146}$$

其中:

$$N = vT = \left(\frac{m_2}{m_0}\right)^{1/2} T \tag{5-147}$$

式中　v——穿越率;

T——采样周期。

假定随机过程为窄带过程,由式(5-145)、式(5-146)、式(5-147)可得:

$$\xi = NF(x_0) = vT\sqrt{1-\varepsilon^2}\exp\left(-\frac{1}{2}x_0^2\right) \approx vT\exp\left(-\frac{1}{2}x_0^2\right) \tag{5-148}$$

最大值的概率密度可以表示为:

$$f_{\max}(x_0)\mathrm{d}x_0 = \mathrm{d}\exp\left[-vT\exp\left(-\frac{1}{2}x_0^2\right)\right] = \exp(-\xi)\mathrm{d}\xi \tag{5-149}$$

则最大值的平均值可以表示为:

$$\overline{x}_{0\max} = \int_{-\infty}^{\infty} x_0 f_{\max}(x_0)\mathrm{d}x_0 = \int_{-\infty}^{\infty} x_0 \exp(-\xi)\mathrm{d}\xi \tag{5-150}$$

由式(5-148)可以得到：

$$x_0 = \sqrt{2\ln N - 2\ln\xi}$$

$$= \sqrt{2\ln vT} - \left(\frac{\ln\xi}{\sqrt{2\ln vT}}\right) - \frac{1}{2}\left(\frac{\ln^2\xi}{\sqrt{(2\ln vT)^3}}\right) + \cdots \tag{5-151}$$

采用标准的极值极限积分可得：

$$\int_0^\infty \ln\xi \exp(-\xi)\mathrm{d}\xi = -\gamma \tag{5-152}$$

式中 γ ——欧拉常数,取 0.5772。

由式(5-152)积分可得极大值的平均值为：

$$\overline{x}_{0\max} \approx (2\ln N)^{1/2} + \gamma(2\ln N)^{-1/2} \tag{5-153}$$

式(5-153)即为 Davenport 推导的窄带随机过程的 Gaussian 峰值因子。

5.3.2.2 单次采样任意带宽 Gaussian 过程的峰值因子

上一小节介绍了获得 Gaussian 窄带过程峰值因子的方法,假定极值分布服从泊松分布,在推导时不考虑带宽大小,即假设 ε 可忽略,若 ε 不可忽略,则有：

$$\xi = NF(x_0) = vT\sqrt{1-\varepsilon^2}\exp\left(-\frac{1}{2}x_0^2\right) \tag{5-154}$$

x_0 可表示为：

$$x_0 = \sqrt{2\ln(1-\varepsilon^2)^{1/2}N - 2\ln\xi}$$

$$= \sqrt{2\ln(1-\varepsilon^2)^{1/2}vT} - \left(\frac{\ln\xi}{\sqrt{2\ln(1-\varepsilon^2)^{1/2}vT}}\right) - \frac{1}{2}\left(\frac{\ln\xi}{\sqrt{[2\ln(1-\varepsilon^2)^{1/2}vT]^3}}\right) + \cdots \tag{5-155}$$

标准变量的极大值的平均值为：

$$\overline{x}_{0\max} \approx [2\ln(1-\varepsilon^2)^{1/2}N]^{1/2} + \gamma[2\ln(1-\varepsilon^2)^{1/2}N]^{-1/2} \tag{5-156}$$

式(5-156)即为任意带宽的 Gaussian 峰值因子表达式。

5.3.2.3 单次采样非 Gaussian 过程的峰值因子

(1)基于经典分布转换的非 Gaussian 峰值因子方法(Sadek-Simiu)

Sadek-Simiu 法首先选定一个经典的概率分布函数拟合随机过程的概率分布,然后将非 Gaussian 分布的概率分布函数映射到 Gaussian 分布进行转换,进而基于 Gaussian 分布的零值穿越理论求得峰值因子。转换过程法估计风压系数极值的大小,其重要的一个步骤就是选择恰当的概率分布来描述风压系数母体时程的概率分布。概率曲线相关系数(Probability Plot Correlation Coefficient，PPCC)法可以对风压系数的概率分布选择作出恰当的判断。概率曲线相关系数 r_F 定义为：

$$r_F = \frac{\sum_{i=1}^n (X_i - \overline{X})(M_i - \overline{M})}{\left[\sum_{i=1}^n (X_i - \overline{X})^2 \sum_{i=1}^n (M_i - \overline{M})^2\right]^{1/2}} \tag{5-157}$$

式中 F ——被检验候选概率分布的概率累积分布函数；

n ——被检验样本大小；

X_i ——将测点风压系数从小到大依次重新排列后的数据；

$\overline{X}$ ——测点风压系数时程平均值；

$\overline{M}$ —— n 个分布中值 M_i 的平均值；

M_i ——被检验候选概率分布 F 通过概率考虑从数学上导出 n 个随机变量样本的最小值、第二个最小值,以致一般的第 i 个最小的数据,每一个分布中值就是 M_i ,即 $M_i = F^{-1}(m_i)$ 。

从式(5-157)可以看出,被检验样本(测点风压系数)数据越拟合分布 F ,其 r_F 值越接近 1。根据 Sadek-Simiu 法的研究结果,确定长尾部的拟合分布为 Gamma 分布,短尾部的拟合为正态分布。概率密度函数确定之后,转换过程法是一种较好的极值风压估计方法。考虑一个时距为 T 的平稳非 Gaussian 时程 $x(t)$,其

概率密度函数为 $f_x(x)$，概率分布函数为 $F_x(x)$。首先将时程 $x(t)$ 映射成标准 Gaussian 过程 $y(t)$，其概率密度函数为 $f_y(y)$，概率分布函数为 $F_y(y)$。根据 Rice 经典结论(1945)，时距 T 内，时程 $y(t)$ 的极值 $y_{pk,T}$ 的概率分布函数为：

$$F_{y_{pk,T}}(y_{pk,T}) = \exp\left[-v_{0,y}T\exp\left(\frac{-y_{pk,T}^2}{2}\right)\right] \tag{5-158}$$

根据式(5-158)可以得到指定概率 $F_{y_{pk,T}}^i$ 下的极大值和极小值：

$$y_{pk,T}^{max,i} = \sqrt{2\ln\frac{-v_{0,y}T}{\ln F_{y_{pk,T}}^i}}$$

$$y_{pk,T}^{min,i} = -\sqrt{2\ln\frac{-v_{0,y}T}{\ln F_{y_{pk,T}}^i}} \tag{5-159}$$

式中　$v_{0,y}$——Gaussian 过程 $y(t)$ 的零值穿越率，可由下式计算：

$$v_{0,y} = \frac{1}{2\pi}\sqrt{\frac{\int_0^\infty n^2 S_y(n)\mathrm{d}n}{\int_0^\infty S_y(n)\mathrm{d}n}} \tag{5-160}$$

映射过程中不能得到实际的 Gaussian 时程 $y(t)$，因此在计算 $S_y(n)$ 时由非 Gaussian 过程 $x(t)$ 的谱 $S_x(n)$ 代入计算。

当确定了随机过程极值 $y_{pk,T}$ 的概率分布后，将 Gaussian 分布的极值映射到非 Gaussian 空间可得到非 Gaussian 时程 $x(t)$ 的极值，概括具体步骤如下：

① 在 $0\sim1$ 的范围内选定累积概率值 $F'_{ypk}(y_{pk})$（对应图 5-24 中步骤 a）；

② 找到 $F'_{ypk}(y_{pk})$ 的相应值 y_{pk} 以及相应的概率值 $F'_y(y)$（对应图 5-24 中步骤 b、c、d）；

③ 由 $F'_y(y)=F'_x(x)$ 确定 $x(t)$ 中的相应值 x_{pk}（对应图 5-24 中步骤 e、f）；

④ 由 $x=x_{pk}$ 和 $F'_{ypk}(y_{pk})=F'_{xpk}(x_{pk})$ 两线相交确定 $x(t)$ 极值概率分布的一个点（对应图 5-24 中步骤 g）；

⑤ 在 $0\sim1$ 的范围内按一定的选定概率值 $F'_{ypk}(y_{pk})$，重复上述步骤①～④就能确定一定概率下的极值 x_{pk}，再求导即可得到极值的概率密度函数，通过积分得到极值的均值；

⑥ 利用步骤⑤所得到的极值减去原始时程的平均值且除以根方差即可得到峰值因子。

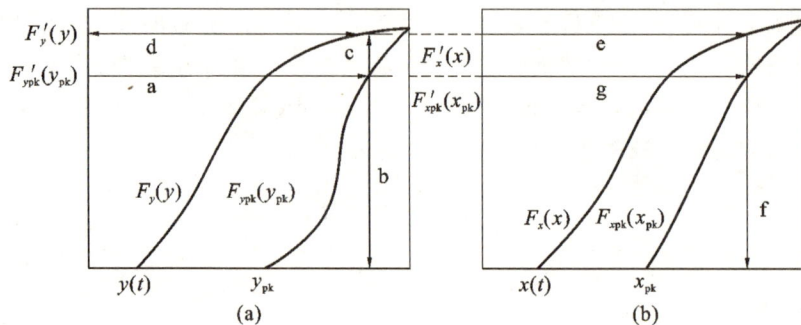

图 5-24　风压系数极值估计的 Sadek-Simiu 法

(a)标准 Gaussian 过程；(b) 非 Gaussian 过程(Gamma)

(2)改进 Hermite 峰值因子方法

假设非 Gaussian 随机过程其平均值为 m_x，根方差为 σ_x，定义峰值因子标准变量为：$x_0(t)=\frac{(x-m_x)}{\sigma_x}$，Winterstein 基于转换过程将非 Gaussian 过程用标准的 Gaussian 过程进行 Hermite 级数 4 级展开：

$$\frac{x-m_x}{\sigma_x} = \alpha[u+h_3(u^2-1)+h_4(u^3-2u)] \tag{5-161}$$

其中，为了保证式(5-161)左右两边变量的根方差相等，$\alpha=(1+2h_3^2+6h_4^2)^{-1/2}$，$u$ 为标准 Gaussian 变量。

由公式(5-154)可知,标准 Gaussian 过程的极大值可表示为:

$$x_0 = \sqrt{2\ln(1-\varepsilon^2)^{1/2}N - 2\ln\xi} \tag{5-162}$$

而极大值平均值公式为:

$$\overline{x}_{0\max} = \int_{-\infty}^{\infty} x_0 f_{\max}(x_0)\,\mathrm{d}x_0 = \int_{-\infty}^{\infty} x_0 \exp(-\xi)\,\mathrm{d}\xi \tag{5-163}$$

代入非 Gaussian 表达式可得非 Gaussian 任意带宽随机过程峰值因子为:

$$\left.\begin{aligned}
g_{\mathrm{ngb}} &= \alpha\left\{\left(\phi_\mathrm{b}+\frac{\gamma}{\phi_\mathrm{b}}\right)+h_3(\phi_\mathrm{b}^2+2\gamma-1)+h_4\left[\phi_\mathrm{b}^3+3\phi_\mathrm{b}(\gamma-1)+\frac{3}{\phi_\mathrm{b}}\left(\frac{\pi^2}{12}-\gamma+\frac{\gamma^2}{2}\right)\right]\right\} \\
\phi_\mathrm{b} &= \sqrt{2\ln\left(\sqrt{1-\varepsilon^2}\right)N} \\
\alpha &= (1+2h_3^2+6h_4^2)^{-1/2}
\end{aligned}\right\} \tag{5-164}$$

其中,形状参数 h_3 和位置参数 h_4 在 3 种 Hermite 级数方法[原始的 Hermite 级数(HM)、修正的 Hermite级数(RHM)、改进的 Hermite 级数(MHM)]中选取最小拟合误差值,得到的峰值因子在后文中称为改进 Hermite 峰值因子。

当 $\varepsilon=0$ 时,随机过程为极窄带过程,即可得到与 Kareem 和 Zhao 一致的非 Gaussian 窄带过程峰值因子。值得注意的是,式(5-164)获得的峰值因子为正峰值因子,如需要获得负峰值因子,只需将变量的偏度值取反号再次计算即可得到。需要指出的是,对于锥形涡中心测点,由于任何一种级数分布均不能较好的拟合其概率密度函数,其极值计算方法选用 Sadek-Simu 方法。

5.3.2.4　不同峰值因子方法比较

本章参考文献[26]以近地空间建筑为例,对各种方法得到的峰值因子进行了比较。图 5-25 所示为屋盖中心开孔 15% 的近地空间建筑在 0°风向角下各种方法得到的峰值因子比较,横向中轴线测点净风压在基于多变量相关过程非 Gaussian 仿真峰值因子法、Sadek-Simiu 的经典极值分布转换过程法、改进 Hermite 矩转换的任意带宽峰值因子法和观察极值法下的正负峰值因子分布规律,各种方法对应的结果为非 Gaussian 仿真峰值因子、Sadek-Simiu 峰值因子、改进 Hermite 峰值因子和观察峰值因子(统计方法得到),其中非 Gaussian 仿真峰值因子为通过多变量相关过程非 Gaussian 仿真方法进行非 Gaussian 仿真 16 次取极值的平均值获得。从图中可以看出,Davenport 的 Gaussian 峰值因子法(我国规范取 $g=2.2$)明显低估了开孔屋盖表面风压的峰值因子;估计正峰值因子时,改进 Hermite 峰值因子和非 Gaussian 仿真峰值因子两者结果较为接近,稍大于观察峰值因子,而 Sadek-Simu 峰值因子则与观察峰值因子较为接近,可以较好的估计正峰值因子,当估计负峰值因子时,改进 Hermite 峰值因子和非 Gaussian 仿真峰值因子两者结果与观察峰值因子较为接近,而 Sadek-Simu 峰值因子小于观察峰值因子。

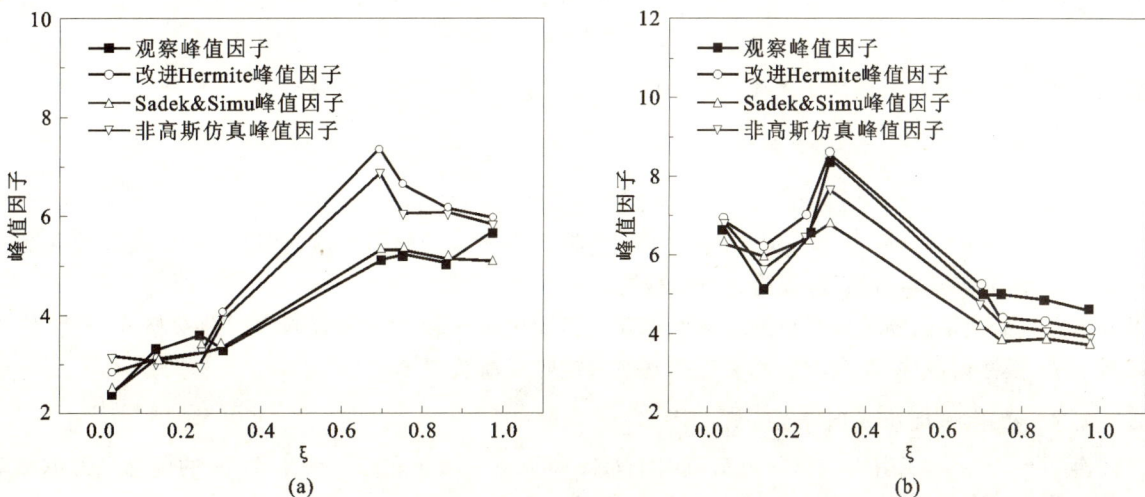

图 5-25　不同计算方法的峰值因子比较

(a)正峰值因子;(b)负峰值因子

5.3.3 等效静力风荷载

风振响应可通过随机振动理论精确求解,但即使对于简单结构,这一方法也过于复杂,因此人们探寻了一种便于工程设计人员接受的方法:利用等效静力风荷载来计算结构在风荷载作用下结构的响应。所谓等效静力风荷载,就是当这个等效静力风荷载作为静力荷载作用于结构上时,它引起的结构某一响应与实际风荷载作用时该响应的最大值一致。下面以风荷载(假设为简谐荷载)作用下的单自由度体系来说明等效静力风荷载的物理意义。

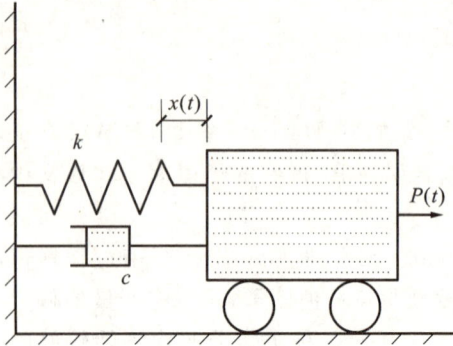

图 5-26 风荷载作用下的单自由度体系

图 5-26 所示为风荷载作用下的单自由度系统,由结构动力学可知,其振动方程为:

$$m\ddot{x} + c\dot{x} + kx = P(t) \tag{5-165}$$

对于黏滞阻尼系统,式(5-165)可简化为:

$$\ddot{x} + 2\xi(2\pi f_0)\dot{x} + (2\pi f_0)^2 x = \frac{P(t)}{m} \tag{5-166}$$

式中 f_0——系统的自振频率,$f_0 = \dfrac{\left(\dfrac{k}{m}\right)^{0.5}}{2\pi}$;

ξ——系统的临界阻尼比,$\xi = \dfrac{c}{2(km)^{0.5}}$。

假设气动力为简谐荷载(频率为 f),即 $P(t) = F_0 e^{i2\pi ft}$,则该系统的稳态响应为:

$$x(t) = \frac{\dfrac{F_0}{k}}{1 - \left(\dfrac{f}{f_0}\right)^2 + i\left(\dfrac{2\xi f}{f_0}\right)} e^{i2\pi ft} \tag{5-167}$$

令:

$$A = \frac{\dfrac{F_0}{k}}{\sqrt{\left[1 - \left(\dfrac{f}{f_0}\right)^2\right]^2 + \left(\dfrac{2\xi f}{f_0}\right)^2}}$$

$$\psi = \frac{\dfrac{2\xi f}{f_0}}{1 - \left(\dfrac{f}{f_0}\right)^2}$$

则上式可写为:

$$x(t) = Ae^{i(2\pi ft - \psi)} \tag{5-168}$$

假设该系统在某静力 F 作用下产生的静力响应幅值为 A,则该静力大小为:

$$F = kA = \frac{F_0}{\sqrt{\left[1 - \left(\dfrac{f}{f_0}\right)^2\right]^2 + \left(\dfrac{2\xi f}{f_0}\right)^2}} \tag{5-169}$$

如果不考虑相位关系,静力 F 与简谐气动力 $P(t)$ 将产生一致的幅值响应,即这两种荷载之间存在一种"等效"关系,F 即为该气动力的"等效静力风荷载"。

等效静力风荷载格式随等效目标的不同而不同。目前应用比较多的等效静力风荷载格式包括:位移阵风荷载因子法、惯性荷载法、荷载响应相关法和基底弯矩阵风荷载因子法。

5.3.3.1 位移阵风荷载因子法

1967 年,Davenport 于引入位移阵风荷载因子 $G(z)$(Gust Loading Factors,GLF)的概念来考虑脉动风对结构响应的放大作用,其定义为结构的峰值位移与平均位移之比:

$$G(z) = \frac{y(z)_{\text{max/min}}}{\overline{y}(z)} = 1 \pm \frac{g\sigma_{y(z)}}{\overline{y}(z)} \tag{5-170}$$

式中 $y(z)_{max/min}$——位移的极大值或极小值；

$\sigma_{y(z)}$——位移的根方差；

$\overline{y}(z)$——位移的平均值；

g——峰值因子。

当峰值响应 $y(z)_{max/min}$ 为极大值响应 $y(z)_{max}$ 时取正号，反之取负号，可分别获得极大峰值因子和极小峰值因子。

假定风荷载与结构响应成线性比例关系，从而简便的将结构的等效静力风荷载表示为阵风荷载因子与平均风荷载 $\overline{F}(z)$ 的乘积：

$$F_e(z) = G(z) \cdot \overline{F}(z) \tag{5-171}$$

与极大和极小峰值因子对应，分别有极大和极小等效静力风荷载。位移阵风荷载因子法具有以下特点：

① 由阵风荷载因子表示的等效静力风荷载简单方便，其分布与平均风荷载分布相同，但并未充分体现建筑物表面的脉动风压分布和结构惯性力分布情况。

② 由式(5-170)可以看出，当平均响应为零时，阵风荷载因子可能趋于无穷大，这使得阵风荷载因子法失效。因此，阵风荷载因子法常在确定高层建筑顺风向等效静力风荷载时采用，而在高层建筑横风向和扭转方向，阵风荷载因子法不适用。

5.3.3.2 惯性荷载法

我国建筑荷载规范《建筑结构荷载规范》(GB 50009—2012)采用的等效法则是惯性力法(Inertial Wind Loading，IWL)等效，以此获得规范中广泛采用的风振系数及等效静力风荷载。基于惯性荷载法的等效静力风荷载表示为：

$$\hat{P}(z) = G_P \times \overline{P}(z)$$
$$G_P(z) = 1 + g \frac{m(z)\sigma_{\ddot{x}}}{\overline{P}} \tag{5-172}$$

式中 G_P——荷载阵风系数或者风振系数；

$m(z)$——线质量密度；

$\sigma_{\ddot{x}}$——一阶模态的抖振加速度根方差。

由式(5-172)可以看出，惯性荷载法给出的阵风荷载因子与结构的质量分布和动力特性有关，且沿高度变化。因风振系数按照结构各位置处的等效惯性力荷载与静力风荷载的比值确定，其静力等效风荷载与平均风荷载的分布是不同的。

为更好地了解惯性荷载法，对其原理作简要介绍。根据结构动力学，结构振动方程为：

$$[M]\{\ddot{y}(t)\} + [C]\{\dot{y}(t)\} + [K]\{y(t)\} = \{F_d(t)\} \tag{5-173}$$

由式(5-173)可得结构特征方程：

$$[K][\Phi] = [M][\Phi][\Omega] \tag{5-174}$$

结构位移响应可由模态叠加法求解：

$$\{y(t)\} = \sum_{j=1}^{n} \{\phi_j\} q_j(t) = [\Phi]\{q(t)\} \tag{5-175}$$

而结构的恢复力可表示为：

$$[K]\{y(t)\} = [K]\sum_{j=1}^{n} \{\phi_j\} q_j(t) = [K][\Phi]\{q(t)\} = [M][\Phi][\Omega]\{q(t)\} \tag{5-176}$$

结构等效静力风荷载的定义为将该等效静力风荷载加载到结构上时，结构在目标点获得的响应与实际风荷载加载在结构上时目标点获得的响应的最大值一致。从式(5-176)中可以看出，对于某一目标点为峰值响应时，此时的结构恢复力即为等效静力风荷载，与式右边相同时刻的惯性力相等。

由式(5-176)也可以看出，结构的动力响应等于结构在(5-176)式右边项惯性力下的准静态响应。此时系统的任一响应可由影响线方法求得：

$$\{y(t)\} = [\boldsymbol{A}][\boldsymbol{M}]\sum_j \boldsymbol{\phi}_j \omega_j^2 q_j(t)$$

$$= [\boldsymbol{A}][\boldsymbol{M}][\boldsymbol{\Phi}][\boldsymbol{\Omega}]\{q(t)\} \tag{5-177}$$

式中 $[\boldsymbol{A}]$——结构响应的影响线矩阵。

结构在目标点 x_0 处的最大脉动响应可由 CQC 法表示：

$$y(x_0)_{\max} = g \cdot \sigma_y = g\left(\sum_j \sum_k \sigma_{yj}\sigma_{yk}\rho_{jk}\right)^{1/2}$$

$$= g \cdot \frac{\sum_j \sigma_{yj}\left(\sum_k \sigma_{yk}\rho_{jk}\right)}{\sigma_y}$$

$$= g \cdot A\sum_j M\phi_j \omega_j^2 \sigma_{qj} W_j \tag{5-178}$$

其中：

$$\sigma_{yj} = AF_{Ij} = AM\phi_j \omega_j^2 \sigma_{qj} \tag{5-179}$$

由式(5-179)可以看出，$M\phi_j \omega_j^2 \sigma_{qj}$ 实际为结构的第 j 模态惯性力，故可进一步记惯性力表达式为：

$$F_{Ij} = M\phi_j \omega_j^2 \sigma_{qj} = F_{I0j}\sigma_{qj} \tag{5-180}$$

其中，W_j 为加权因子：

$$W_j = \frac{\sum_k \sigma_{yk}\rho_{jk}}{\sigma_y} \tag{5-181}$$

脉动风的等效静力风荷载可表示为：

$$F_e = g\sum_j M\phi_j \omega_j^2 \sigma_{qj} W_j = g\sum_j F_{Ij} W_j \tag{5-182}$$

当式(5-182)仅取一阶模态时，有 $j=k=1$，$\sigma_y = \sigma_{y1}$，$\rho_{jk}=1$，故 $W_j=1$，此时脉动风的等效静力风荷载可表示为：

$$F_e = gM\phi_1 \omega_1^2 \sigma_{q1} \tag{5-183}$$

加上平均风荷载，可进一步得到风振系数表示为：

$$G(z) = 1 \pm g\frac{M\phi_1(z)\omega_1^2 \sigma_{q1}}{\overline{F}(z)} \tag{5-184}$$

式(5-184)即为中国规范中采用的风振系数表达式。由此可见，我国规范给出的等效静力风荷载只考虑了一阶模态的贡献，而忽略了多阶模态的影响。

5.3.3.3 荷载响应相关法

1992 年，Kasperski 和 Niemann 利用结构影响函数的原理建立了背景等效风荷载的精确计算的荷载-响应相关法(Load-Response Correlation，LRC)，据此计算所求结构响应对应的最不利背景等效风荷载。LRC 法则充分考虑了外加荷载对所求响应的贡献大小及荷载本身的相关性，能给出真实的准静态等效风荷载分布模式，体现了明确物理意义，而且可以很好地近似求解非线性效应。共振响应等效风荷载则可以采用结构一阶振动产生的惯性力来描述，且与所关心的响应类型无关。根据这两个等效荷载分量求出相应的等效风荷载并与静力风荷载组合并得到总的等效静力风荷载。

$$f_c(z) = \overline{f}(z) + W_B f_B(z) + W_R f_R(z) \tag{5-185}$$

$$\left.\begin{aligned} W_B &= \frac{g_B \sigma_{r,B}}{\sqrt{g_B^2 \sigma_{r,B}^2 + g_R^2 \sigma_{r,R}^2}} \\ W_R &= \frac{g_R \sigma_{r,R}}{\sqrt{g_B^2 \sigma_{r,B}^2 + g_R^2 \sigma_{r,R}^2}} \end{aligned}\right\} \tag{5-186}$$

式中 f_B——背景响应等效静力风荷载，按照 LRC 方法计算；

f_R——共振响应等效静力风荷载，按照 IWL 方法计算；

$\sigma_{r,B}$——荷载效应 r 的背景响应根方差；

$\sigma_{r,R}$——荷载效应 r 的共振响应根方差，r 可以为基底剪力、弯矩或者结构其他位置处的响应量。

可以看出,不同的结构响应具有不同的等效风荷载形式。

LRC 法给出的等效静力风荷载分布,是概率意义上最有可能出现的最不利等效风荷载分布形式。虽然 LRC 方法提供的背景荷载分布更具有物理意义,但由于每个响应分量都依赖于所求响应的特定空间分布,计算过程烦琐,难于被规范和设计人员所接受采用。

5.3.3.4 基底弯矩阵风荷载因子法

Zhou、Kareem、顾明等给出了一种基于基底弯矩的阵风荷载因子(Must Load Factor Based on Base Moment)模型,这一模型的主要思路是按照传统的方法求出平均风荷载;背景等效风荷载表示为背景基底弯矩和平均基底弯矩的比值与平均风荷载的乘积;为便于直接利用高频基底天平测得的数据,共振等效风荷载采用类似于地震工程中分配基底剪力的方法将共振基底弯矩按振型分配到各层上得到共振风荷载。其表达式如下:

$$\hat{M}(z) = G_M \overline{M}(z)$$

$$G_M(z) = 1 + \frac{g\sigma_M}{\overline{M}} \tag{5-187}$$

式中　G_M——基底弯矩阵风荷载因子;

　　　$\overline{M}$——平均风作用下的最大静位移;

　　　σ_M——基于一阶模态的抖振基底弯矩均方根。

5.3.4 低矮房屋的风致内压

低矮房屋由于功能需要或风致破坏,通常在其轮廓上存在不同程度的开孔。建筑屋盖表面开孔后,其风荷载不再完全由外表面风荷载决定,建筑结构内部的风荷载对结构的风荷载贡献将明显增大。国内外出现了较多由于较大的内压而造成结构破坏的报道。

5.3.4.1 开孔风致内压理论

(1)内压损失理论

当流体流经开孔时,其压力损失可采用一个非稳态损失方程表示:

$$\Delta p = \frac{1}{2} C_L \rho U_0^2 + C_I \rho \frac{\partial U_0}{\partial t} \sqrt{A} \tag{5-188}$$

式中　Δp——气流流经开孔后的压力损失;

　　　A——开孔的面积;

　　　U_0——气流通过开孔的面平均速度,$U_0 = Q/A$,其中 Q 为气流的体积流量;

　　　ρ——空气密度;

　　　C_L——损失系数,$C_L = 1/k^2$,k 为耗散系数;

　　　C_I——惯性系数。

式(5-188)右边的第一部分为气流流动的压力损失项,第二部分为气流流经开孔所形成的惯性项。定义 L_e 为气柱有效长度:

$$L_e = \frac{C_I}{\sqrt{A}} \tag{5-189}$$

对于内压损失的理论描述,关键在于准确的获得损失系数 C_L 和惯性系数 C_I,不同的研究者对于损失系数和惯性系数的取值不同,当稳态气流流经圆形开孔时,$C_L = 2.68$,$C_I = 0.89$。当气流流经开孔通常不符合稳态假定,通常情况下需通过试验数据来获得损失系数 C_L 和惯性系数 C_I。

(2)内压传递方程

Holmes 采用 Helmholtz 方程对立墙开孔的近地空间建筑的风致内压进行了描述:

$$\frac{\rho L_e V}{n P_0 A} \ddot{C} p_i + \left(\frac{\rho V \overline{U}_h}{2 n k A P_0}\right)^2 \dot{C} p_i \mid \dot{C} p_i \mid + C p_i = C p_e \tag{5-190}$$

式中　ρ——空气密度；

L_e——开孔有效长度；

n——空气绝热系数；

V——建筑内部气体体积；

A——开孔面积；

k——耗散系数；

P_0——大气压力；

Cp_i——建筑内部风压系数；

Cp_e——建筑开孔处外风压系数。

式(5-190)中，第一部分为惯性效应，第二部分为阻尼效应。求解式(5-190)的无阻尼方程，即可得到开孔建筑的无阻尼 Helmholtz 频率：

$$f_H = \frac{1}{2\pi} \sqrt{\frac{nAp_0}{\rho L_e V}} \qquad (5-191)$$

Holmes 在式(5-190)的基础上引入了一系列的无量纲参数，以把该式表述成无量纲形式：

$$C_I \frac{1}{\Phi_1 \Phi_2^2 \Phi_5^2} \frac{d^2 Cp_i}{dt^{*2}} + \frac{1}{4k^2}\left(\frac{1}{\Phi_1 \Phi_2^2 \Phi_5}\right)^2 \frac{dCp_i}{dt^*}\left|\frac{dCp_i}{dt^*}\right| + Cp_i = Cp_e \qquad (5-192)$$

式中　t^*——无量纲时间，$t^* = \dfrac{t\,\overline{U}_h}{\lambda_U}$，其中 λ_U 为湍流积分尺度；

$\Phi_1,\Phi_2,\Phi_3,\Phi_4,\Phi_5$——$\Phi_1 = A^{3/2}/V$，$\Phi_2 = a_s/\overline{U}_h$，$\Phi_3 = \rho\,\overline{U}_h\,\sqrt{A}/\mu$，$\Phi_4 = \sigma_U/\overline{U}$，$\Phi_5 = \lambda_U/\sqrt{A}$，其中 a_s 为声速。

将 $\Phi_1\Phi_2^2$ 记为无量纲开孔参数 S，$S = \dfrac{A^{3/2}}{V\left(\dfrac{a_s}{\overline{U}_h}\right)^2}$。

由式(5-192)可以看出，当外压时程一定时，仿真的内压时程依赖于参数 S、Φ_5 和 k；当 Φ_5 和 k 为定值时，对应着每一开孔参数 S 有唯一的内压时程解。

5.3.4.2　风致内压的理论估计

(1)平均内压的估计

对于存在背景泄漏且多开孔建筑通常采用稳态方法来估计建筑内部的平均风压，假设建筑开孔处为理想不可压缩流体，为定常流动，由理想流体伯努利理论可得开孔处流体流量 Q_j 为：

$$Q_j = A_j \sqrt{\frac{2\,|\,\overline{P}_{ej} - \overline{P}_i\,|}{\rho}} \qquad (5-193)$$

式中　A_j——第 j 个开孔的面积；

P_{ej}——第 j 个开孔处的外压；

P_i——建筑内压；

ρ——流体密度。

由连续方程，建筑内部流体质量守恒，流入与流出的流体质量相等，得：

$$\sum_{j=1}^{N} \rho Q_j = 0 \qquad (5-194)$$

将式(5-193)代入式(5-194)可得：

$$\sum_{j=1}^{N} A_j \sqrt{|\,\overline{P}_{ej} - \overline{P}_i\,|} = 0 \qquad (5-195)$$

多个开孔时，可假设 A_W 为建筑迎风面开孔总面积，A_L 为背景泄漏总面积，以参考动压转换为风压系数可得建筑内部平均风压系数为：

$$\overline{C}_{Pi} = \frac{\overline{C}_{Pw}}{1 + \left(\dfrac{A_L}{A_W}\right)^2} + \frac{\overline{C}_{PL}}{1 + \left(\dfrac{A_W}{A_L}\right)^2} \qquad (5-196)$$

当建筑只有一个开孔时可得：

$$\overline{C}_{Pi} = \overline{C}_{Pe} \tag{5-197}$$

（2）脉动内压的估计

单开孔建筑脉动内压估计通常是通过求解单开孔内压传递方程(5-190)获得,该方程为非线性二阶微分方程,求解的方法通常有频域法和时域法两种。对方程(5-190)进行变换,得：

$$\frac{1}{\omega_0^2}\ddot{C}p_i + \frac{\beta^2}{\omega_0^2}\dot{C}p_i|\dot{C}p_i| + Cp_i = Cp_e \tag{5-198}$$

其中：

$$\omega_0 = \sqrt{\frac{nP_0A}{\rho L_e V}}$$

$$\beta = \frac{1}{2}\frac{\overline{U}_h}{a_s}\frac{1}{k\sqrt{L_e}}\sqrt{\frac{V}{A}}$$

声速：

$$a_s = 340 \text{ m/s}$$

Holmes 研究表明开孔有效长度取为 $L_e = 0.20 + 0.98\sqrt{A/\pi}$ 时,理论 Helmholtz 频率和试验 Helmholtz 频率比较接近。不同研究者对耗散系数 k 有不同取值,k 值通常由 Helmholtz 频率处的共振峰值决定,由试验 Helmholtz 共振峰值和理论 Helmholtz 共振峰值匹配,Holmes 认为耗散系数应取 0.15。

方程(5-198)为二阶非线性微分方程,为了求解方便,许多学者提出了阻尼项线性化方法,其中最常用的为能量平均和概率平均线性化方法,线性化阻尼后便可采用频域法进行求解。然而,对于非线性方程,时域求解通常被广泛采用。

5.3.5　高层建筑抗风设计的特点与风振控制

5.3.5.1　国内外对舒适度的评价方法和标准

对于高层建筑,由于高度迅速增加,使得结构的阻尼比变小,风荷载对高层建筑的影响变得更加显著,高层建筑结构特别是超高层钢结构在风荷载作用下,人体舒适度已上升为控制和首要的因素。在水平侧向力的作用下,高层建筑结构发生振动,如果振动达到某一限值时,人体开始出现某种不舒适的感觉,我们称这种针对居住者的舒适感而言的振动效应分析为舒适度分析。衡量人体舒适度的标准有多种,目前较为公认的方法为采用最大加速度响应进行判断。在风荷载的作用下,高层建筑结构的加速度响应在不同楼层处不同,一般在顶层的加速度响应最大,所以我们衡量人体舒适度的最大加速度指的是结构顶层的加速度。

（1）我国规范的评价标准

我国《高层民用建筑钢结构技术规程》(JGJ 99—1998)规定:高层建筑钢结构在风荷载的作用下顺风向和横风向的顶点最大加速度值,应该满足下列要求。

公寓建筑：

$$a_\omega(a_{tr}) \leqslant 0.20 \text{ m/s}^2$$

公共建筑：

$$a_\omega(a_{tr}) \leqslant 0.28 \text{ m/s}^2 \tag{5-199}$$

其中,顺风向顶点的加速度最大值按下式计算：

$$a_\omega = \xi \upsilon \frac{\mu_s \mu_r w_0 A}{m_{tot}} \tag{5-200}$$

式中　ξ——脉动增大系数；

υ——脉动影响系数；

μ_s——风荷载的体型系数；

μ_r——重现期的调整系数；

w_0——基本风压；

m_{tot}——建筑物的总质量；

A——建筑物的迎风总面积。

横风向顶点加速度最大值的表达式为：

$$a_{tr} = \frac{b_r \sqrt{BL}}{T_t^2 r_B \sqrt{\zeta_{t,cr}}}$$

$$b_r = 2.05 \times 10^{-4} \left(\frac{v_{n,m} T_t}{\sqrt{BL}}\right)^{3.3} \tag{5-201}$$

式中　$v_{n,m}$——建筑物顶点处的平均风速，$v_{n,m} = 40 \sqrt{\mu_s \mu_z w_0}$；

μ_z——风压高度变化系数；

r_B——建筑物承受的平均重力；

T_t——建筑物横风向的第一阶自振周期；

B、L——建筑物平面上的宽度和长度；

$\zeta_{t,cr}$——建筑物横风向的临界阻尼比。

我国《高层建筑混凝土结构技术规程》(JGJ 3—2010)规定房屋高度大于 150 m 的高层混凝土建筑，在现行《建筑结构荷载规范》(GB 50009—2012)所规定的十年一遇的风荷载标准值的作用下，建筑结构顶点的顺风向、横风向振动的最大加速度计算值不能超过表 5-8 规定的限值，结构顶点处顺风向和横风向振动的最大加速度计算参照《高层民用建筑钢结构技术规程》(JGJ 99—1998)中有关规定，或进行风洞试验来进行判断，且计算时结构的阻尼比宜取 0.01～0.02。

表 5-8　　　　　　　　　　　　　　　　结构顶点处的风振加速度限值

使用功能	$a_{lim}/(m/s^2)$
住宅、公寓	0.15
办公、旅馆	0.25

(2)国外规范的评价标准

美国规范(ASCE 7—2010)规定：由阵风影响系数的定义，可以计算得到结构顺风向响应，如根方峰值加速度、最大位移。阵风影响系数考虑在顺风向由风的紊流和结构的相互作用引起的荷载效应，不包括横风向的荷载效应、涡流脱落和由颤振或驰振所引起的失稳或动力的扭转效应。最大顺风向的加速度是在地面以上高度的函数，表达式为：

$$\ddot{X}_{max}(z) = g_{\ddot{x}} \sigma_{\ddot{x}}(z) \tag{5-202}$$

其中：

$$\sigma_{\ddot{x}}(z) = \frac{0.85\phi(z)\rho Bh C_{fx} \overline{V}_{\bar{z}}^2}{m_1} I_{\bar{z}} KR \tag{5-203}$$

式中　$\phi(z)$——基本振型，$\phi(z) = (z/h)^{\xi}$，ξ 为振型指数；

C_{fx}——平均顺风向的系数；

ρ——空气密度；

m_1——广义质量；

K——$K = \dfrac{(1.65)^{\hat{a}}}{\hat{a} + \xi + 1}$；

$\overline{V}_{\bar{z}}$——高度 $\bar{z}$ 处的 3 s 阵风风速；

T——计算最小加速度的时间的长度，通常用 3600 s 来表示 1 h。

加拿大规范(NBC 2005)指出一般最大水平位移和风荷载出现在顺风方向,但引起人体舒适度变化的结构物的最大加速度,可能出现在横风方向,同时给出了顺风向的峰值加速度:

$$a_d = g_p \sqrt{\frac{ksF}{C_e \beta_D}} \cdot \left(\frac{3.9}{2+\alpha}\right) \cdot \left(\frac{C_e q}{D \rho_B}\right) \tag{5-204}$$

式中　β_D——顺风向的临界阻尼比;

　　　s——尺度折减系数;

　　　F——阵风能量比。

当 $\sqrt{WD}/H < 1/3$,即结构物的双轴都是线长型,横风向的峰值加速度可能会超过顺风向,横风向峰值加速度可表示为:

$$a_w = n_w^2 g_p \sqrt{WD} \left(\frac{a_r}{\rho_B g \sqrt{\beta_w}}\right) \tag{5-205}$$

式中　W——横风向的结构尺寸;

　　　D——顺风向的结构尺寸;

　　　β_w——横风向的临界阻尼比;

　　　ρ_B——结构物的平均密度;

　　　n_w——横风向的基本自振频率;

　　　a_r——$a_r = 78.5 \times 10^{-3} \left(\frac{v_H}{n_w} \sqrt{WD}\right)^{3.3}$。

加拿大规范(NBC 2005)建议将重现期为 10 年的加速度限值定为 $(1\% \sim 3\%)g$,其中高限适用在办公建筑物,低限适用于公寓建筑物。

日本规范(AIJ 2004)中建筑物顶部横风向加速度计算公式为:

$$\sigma_{\ddot{y}} = 3q_H C' \frac{B}{m} \cdot \frac{z}{H} \sqrt{R_L} \tag{5-206}$$

式中　q_H——设计速度压力;

　　　m——单位高度的质量;

　　　B——迎风面宽度;

　　　R_L——$R_L = \frac{\pi F_L}{4 \eta_f}$,$F_L$ 为风力谱系数;

　　　C'——横风向的根方倾覆力矩系数。

C'、F_L 的表达式分别为:

$$C' = 0.0082 \left(\frac{D}{B}\right)^3 - 0.071 \left(\frac{D}{B}\right)^2 + 0.22 \left(\frac{D}{B}\right)$$

$$F_L = \sum_{j=1}^{N} \frac{4\chi_j (1 + 0.6\beta_j) \beta_j}{\pi} \cdot \frac{\left(\frac{n_0}{n_{sj}}\right)^2}{\left[1 - \left(\frac{n_0}{n_{sj}}\right)^2\right]^2 + 4\beta_j^2 \left(\frac{n_0}{n_{sj}}\right)^2}$$

其中,$N=1$,当 $D/B < 3$ 时,$\chi_1 = 0.85$;$N=2$,当 $D/B \geq 3$ 时,$\chi_2 = 0.02$;峰值频率 n_{sj} 由边比 D/B 决定;常数 β_j 和带宽有关。

$$n_{s1} = \frac{0.12}{\left[1 + 0.38 \left(\frac{D}{B}\right)^2\right]^{0.89}} \cdot \frac{U_H}{B}, \quad n_{s2} = \frac{0.56}{\left(\frac{D}{B}\right)^{0.85}} \cdot \frac{U_H}{B}$$

$$\beta_1 = \frac{\left(\frac{D}{B}\right)^4}{1.2 \left(\frac{D}{B}\right)^4 - 1.7 \left(\frac{D}{B}\right)^2 + 21} + \frac{0.12}{\frac{D}{B}}, \quad \beta_2 = 0.28 \left(\frac{D}{B}\right)^{-0.34}$$

日本规范(AIJ 2004)规定对可忽略偏心距影响的结构建筑物,建筑物顶部扭转加速度计算公式为:

$$\sigma_{\ddot{\theta}}^* = \sigma_{\ddot{\theta}H} \frac{L}{2} \cdot \frac{1}{n_\theta^2} \cdot \frac{\sqrt{\eta_f}}{\sqrt{BD}} \cdot \frac{\rho_b}{\rho} \cdot \frac{1}{C_T'}$$

$$\sigma_{\ddot{\theta}H} = K_T U^{*(\beta_T+2)}$$

$$\rho_b = \frac{M}{BDH} \tag{5-207}$$

式中 M——建筑物质量;

K_T, β_T——扭转响应角加速度的折减系数;

C_T'——根方扭转力矩系数。

C_T'可近似表达如下:

$$C_T' = \left[0.0066 + 0.015 \left(\frac{D}{B} \right)^2 \right]^{0.76}$$

日本规范舒适度准则采用在一年一遇的风荷载作用下,以 10 min 内结构物反应的加速度最大值为指标,按照不同要求设了 5 条曲线,根据业主的要求而选择不同的曲线,其舒适度的加速度的限值和频率有关,在图 5-27 中,H-90 表示为 90%的人有感觉但不致感到不适的振动程度。

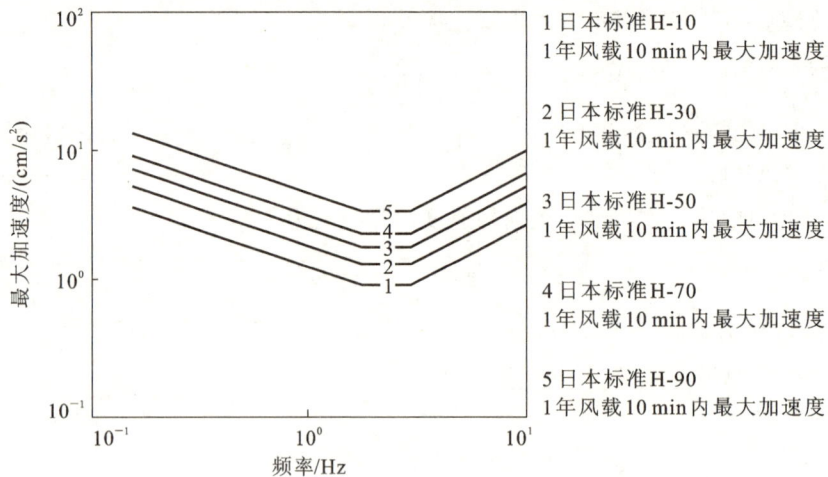

图 5-27   日本规范的舒适度评价标准

5.3.5.2   高层建筑的风振控制

当加速度响应超过规范限值时,需要采取措施对结构的风振进行控制。高层建筑的风振控制方法有调频质量阻尼器(TMD)、调频液柱阻尼器(Tunned Liquid Column Damper,TLCD)、调频液体阻尼器(Tunned Liquid Damper,TLD)等。本节对调频质量阻尼器的应用作简单介绍。

为减少风致振动,2004 年建成的台北 101 大楼(高 508 m)在其 88~92 楼层安装了一个直径 5.5 m、重 800 t 的巨大钢球(图 5-28),本质上是一个 TMD,属于单摆式系统,通过调整摆的长度来调整振动周期。由于超高层建筑的水平振动自振周期较长,TMD 摆的长度也需要较大,才能保证其自振周期与结构一致。

2008 年建成的上海环球金融中心(高 492m)在 395m 高处(90 层)安装 2 台重达 150t 的 TMD 阻尼器(图 5-29),与台北 101 大楼不同的是,上海环球金融中心可监测结构的振动,根据振动特性可调整 TMD 的配重,从而保证 TMD 处于最优状态。

5.3.6   大跨结构抗风设计的特点

5.3.6.1   大跨屋盖表面空气绕流特性

由于受到分离涡流的作用,大跨屋盖受到的水平风荷载与高层建筑等竖向悬臂结构不同,主要体现在以下两点:

图 5-28　台北 101 大楼的阻尼器钢球　　　　　图 5-29　上海环球金融中心的阻尼器

①准定常理论不再适用。准定常理论主要适用于无明显分离的自由剪切湍流,而屋盖表面受分离的旋涡作用,其脉动风荷载不能由准定常理论计算,需要通过风洞试验或数值模拟方法得到。

②共振作用复杂。大跨屋盖结构自振频率较密集,振型形状复杂,第一阶模态不再起主要作用,在进行此类结构的风致振动分析时需要考虑多模态作用,甚至还需要考虑模态耦合的影响,我国规范给出的等效静力风荷载方法不再适用(大跨屋盖的等效静力风荷载介绍见下小节)。

大跨屋盖结构表面空气绕流特性与其他类型结构的不同之处在于,屋盖表面主要受分离和再附流作用,在屋面的迎风前缘形成小范围的分离泡区域(图 5-30),分离泡中的湍流运动剧烈,局部吸力很大,这就容易对屋盖边缘区域的覆面结构和墙体与屋面的连接结构造成破坏。当风向正吹钝体角部时,会产生强烈的锥涡,锥涡的运动形式非常复杂,能够产生比柱涡更大的吸力。在风灾中大量破坏的屋面结构说明旋涡在屋盖的迎风边缘具有强大的能量。

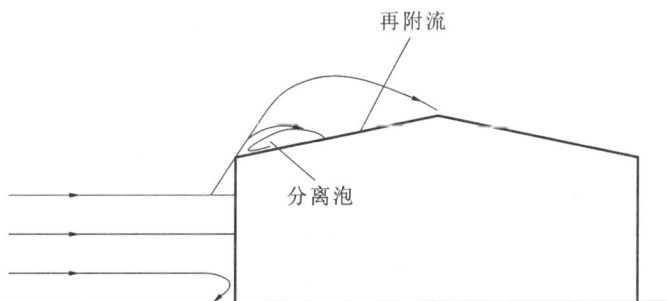

图 5-30　屋盖在强风作用下的绕流场

与封闭屋盖结构相比,体育场悬挑屋盖所受的风荷载可能更为不利,因为屋盖的上、下表面都受到风荷载的作用,因为屋盖底部看台作用,屋盖下表面受正压力作用,而上表面受分离泡升力作用,产生很大的净升力(图 5-31),所以体育场悬挑屋盖是比普通低矮建筑屋面对风荷载更加敏感的结构。当屋盖受到斜风向作用时,在悬挑屋盖的上表面也会受到锥涡的作用,产生极大的负压。

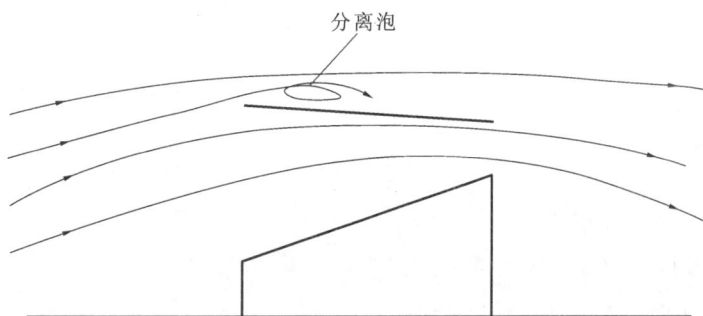

图 5-31　悬挑屋盖在强风作用下的绕流场

虽然体育场悬挑屋盖对风荷载异常敏感,但由于资料和试验手段的限制,我国规范尚没有规定对这类结构在设计中风荷载的取值。

5.3.6.2 大跨屋盖等效静力风荷载

由 5.3.3.2 小节可知,我国规范给出的等效静力风荷载(由惯性风荷载法得到)实际只考虑了一阶模态,对于高阶模态响应占较大比重且模态之间耦合严重的大跨屋盖结构来说,该等效方法可能造成较大的误差。相对而言,三分量等效静力风荷载方法较适合此类结构,该方法将等效静力风荷载划分为具有明显物理意义的背景分量和共振分量,并可以同时考虑背景分量和共振分量之间的相关性。

将脉动风致响应区分为背景响应、共振响应以及背景共振耦合响应三部分,则可将脉动响应极值部分表示为:

$$
\begin{aligned}
y_{max} = g\sigma_y &= g\sqrt{\sigma_{yb}^2 + \sigma_{yr}^2 + 2\rho_{rb}\sigma_{yb}\sigma_{yr}} \\
&= g \cdot \frac{\sigma_{yb}^2 + \sigma_{yr}^2 + 2\rho_{rb}\sigma_{yb}\sigma_{yr}}{\sigma_y} \\
&= g \cdot A\Big(F_{eb}W_b + \sum_j F_{ejr}W_{jr} + \sum_j F_{ejrb}W_{jrb}\Big) \\
&= A(F_b + F_r + F_{br})
\end{aligned}
\tag{5-208}
$$

式中　F_b——背景分量等效静力风荷载;

$\quad\quad F_r$——共振分量等效静力风荷载;

$\quad\quad F_{br}$——背景共振耦合分量等效静力风荷载。

总脉动等效静力风荷载 F_e 可以表示为:

$$
\begin{aligned}
F_e &= F_b + F_r + F_{br} \\
&= \Big(gF_{eb}W_b + g\sum_j F_{ejr}W_{jr} + g\sum_j F_{ejrb}W_{jrb}\Big)
\end{aligned}
\tag{5-209}
$$

式中　W_b——背景加权因子;

$\quad\quad W_{jr}$——共振加权因子;

$\quad\quad W_{jrb}$——背景和共振耦合项加权因子。

各加权因子计算表达式分别如下所示:

$$
W_b = \frac{\sigma_{y_b}}{\sigma_y}
$$

$$
W_{jr} = \sum_k \frac{\sigma_{y_{k_r}}\rho_{jk}}{\sigma_y}
$$

$$
W_{jrb} = \sum_k \frac{\sigma_{y_{krb}}\rho_{jk}}{\sigma_y}
\tag{5-210}
$$

据背景响应 $y_b(x_0,t)$ 的定义,可得:

$$
y_b(x_0,t) = \boldsymbol{A}F_d
\tag{5-211}
$$

由此可得背景响应最大值:

$$
y_{b\,max} = g\sigma_{y_b} = \frac{g\boldsymbol{A}C_{FF}\boldsymbol{A}^{\mathrm{T}}}{\sigma_{y_b}}
\tag{5-212}
$$

可将背景等效静力风荷载表示为:

$$
F_b = \frac{g}{\sigma_y}(C_{FF}\boldsymbol{A}^{\mathrm{T}})
\tag{5-213}
$$

式中　C_{FF}——脉动风荷载协方差矩阵。

参照式(5-182)可得共振等效静力风荷载表达式为:

$$
F_r = \frac{g}{\sigma_y} \cdot \boldsymbol{A}[\boldsymbol{M}] \cdot [\boldsymbol{\Phi}] \cdot [\boldsymbol{\Omega}] \cdot [\boldsymbol{C}_{q_r q_r}] \cdot [[\boldsymbol{M}][\boldsymbol{\Phi}][\boldsymbol{\Omega}]]^{\mathrm{T}}
\tag{5-214}
$$

式中　$[\boldsymbol{C}_{q_r q_r}]$——模态共振响应协方差矩阵,即为模态共振响应功率谱密度在频率上的积分,可表示为:

$$[C_{q_r q_r}] = \int [H_r]^* [S_{ff}(\omega)][H_r] d\omega$$

当等效目标响应为位移时，共振等效静力风荷载可表式为：

$$F_r = \frac{g}{\sigma_y} \cdot [\boldsymbol{\Phi}] \cdot [C_{q_r q_r}] \cdot [[M] \cdot [\boldsymbol{\Phi}] \cdot [\boldsymbol{\Omega}]]^T \tag{5-215}$$

同理可得背景共振耦合项等效静力风荷载表达式：

$$F_{br} = \frac{g}{\sigma_y} \cdot A[M] \cdot [\boldsymbol{\Phi}] \cdot [\boldsymbol{\Omega}] \cdot [C_{q_b q_r}] \cdot [[M][\boldsymbol{\Phi}][\boldsymbol{\Omega}]]^T \tag{5-216}$$

式中　$[C_{q_b q_r}]$——模态背景共振耦合响应协方差矩阵，可表示为：

$$[C_{q_b q_r}] = \int \{[\boldsymbol{\Omega}]^{-1}[S_{ff}(\omega)][H_r] + [H_r]^*[S_{ff}(\omega)][\boldsymbol{\Omega}]^{-1}\} d\omega$$

当等效目标响应为位移时，背景共振耦合项等效静力风荷载可表式为：

$$F_{br} = \frac{g}{\sigma_y} \cdot [\boldsymbol{\Phi}] \cdot [C_{q_b q_r}] \cdot [[M] \cdot [\boldsymbol{\Phi}] \cdot [\boldsymbol{\Omega}]]^T \tag{5-217}$$

将脉动风等效静力风荷载 F_e 与平均风荷载 $\overline{F}$ 进行组合即可得到总等效静力风荷载 F_{eswl}，对应着峰值因子取正值或者负值，分别得到极大或极小等效静力风荷载。

至此，由式(5-213)、式(5-215)、式(5-217)可完全求得背景、共振及两者耦合项的等效静力风荷载，加上平均风荷载后可求得全部等效静力风荷载：

$$F_{eswl} = \overline{F} + F_e = \overline{F} + F_b + F_r + F_{br} \tag{5-218}$$

可以看出，式(5-218)包含了平均风荷载 $\overline{F}$、背景等效静力风荷载 F_b、共振等效静力风荷载 F_r、背景共振耦合分量等效静力风荷载 F_{br}，即为完全三分量等效静力风荷载，相对传统三分量叠加法而言，考虑了背景共振耦合分量等效静力风荷载 F_{br}。

表 5-9 所示为某屋盖基于最大位移等效，分别采用惯性风荷载法、完全三分量叠加法、传统三分量叠加法和阵风荷载因子法计算的开孔屋盖等效风压系数在中线节点处的等效风压系数值。从表 5-9 中可以看出，完全三分量叠加法和惯性风荷载法计算结果完全一致，为精确的结果；当采用阵风荷载因子法时，其误差最大，在节点 1、2 处的总等效风压系数的最大计算误差达到 300％以上；当采用传统的二分量叠加法时，背景共振耦合分量被忽略，其计算结果小于完全三分量叠加法的计算结果，误差为 6％左右，可以看出，传统的背景共振分量叠加法会低估结构的等效静力风荷载。

表 5-9   **不同计算方法下的屋盖中线节点总等效风压系数(基于最大位移等效)**

节点	惯性风荷载法	完全三分量叠加法	传统三分量叠加法	阵风荷载因子法
1	−0.67	−0.67	−0.67	−2.37
2	−0.76	−0.76	−0.75	−2.23
3	−0.53	−0.53	−0.50	−0.83
4	0.03	0.03	0.04	0.41
5	0.12	0.12	0.12	0.66
6	0.17	0.17	0.16	0.73
7	0.05	0.05	0.05	0.41
9	−0.08	−0.08	−0.08	0.01
10	−0.26	−0.26	−0.26	−0.24
11	−0.28	−0.28	−0.28	−0.41
12	−0.08	−0.08	−0.08	0.07

表 5-10 所示为基于最小位移等效，分别采用惯性风荷载法、完全三分量叠加法、传统三分量叠加法和阵风荷载因子法计算的开孔屋盖等效风压系数在中线节点处的等效风压系数值。从表 5-9 中可以看出，完全

三分量叠加法和惯性风荷载法计算结果完全一致,两者为精确的结果;当采用阵风荷载因子法时,计算误差比基于最大位移等效时大,在非等效节点 1 处,由于平均响应较小,此处等效风压系数高达 -10.66,明显偏离合理的结果;当采用传统三分量叠加法时,背景共振耦合分量被忽略,其计算结果小于完全三分量叠加法的计算结果,计算误差为 7% 左右,可以看出,传统的背景共振分量叠加法会低估结构的等效静力风荷载。

表 5-10　　　　　　　　　不同计算方法下的屋盖中线节点总等效风压系数(基于最小位移等效)

节点	惯性风荷载法	完全三分量叠加法	传统三分量叠加法	阵风荷载因子法
1	-0.57	-0.57	-0.57	-10.66
2	-0.50	-0.50	-0.50	-10.04
3	-0.14	-0.14	-0.16	-3.76
4	0.42	0.42	0.39	1.87
5	0.35	0.35	0.34	2.97
6	0.26	0.26	0.25	3.30
7	0.17	0.17	0.16	1.85
9	0.09	0.09	0.08	0.04
10	0.14	0.14	0.12	-1.09
11	0.05	0.05	0.03	-1.85
12	0.11	0.11	0.11	0.32

　　图 5-32 所示为由各种方法得到的等效静力风荷载作用下的屋盖中线节点处的等效位移和实际位移的比较。基于最大位移等效时,在等效节点 3 处,各种方法的等效位移与实际位移一致,而对于非等效节点,惯性风荷载法和完全三分量叠加法则更接近实际位移,而传统的三分量叠加法与实际位移的差别大于惯性风荷载法和完全三分量叠加法,阵风荷载因子法与实际位移的差别最大;基于最小位移等效时,在等效节点 4 处,各种方法的等效位移与实际位移一致,对于非等效节点,惯性风荷载法和完全三分量叠加法的等效误差小于最大位移等效时的结果,当使用阵风荷载因子法进行最小位移等效时误差较大。

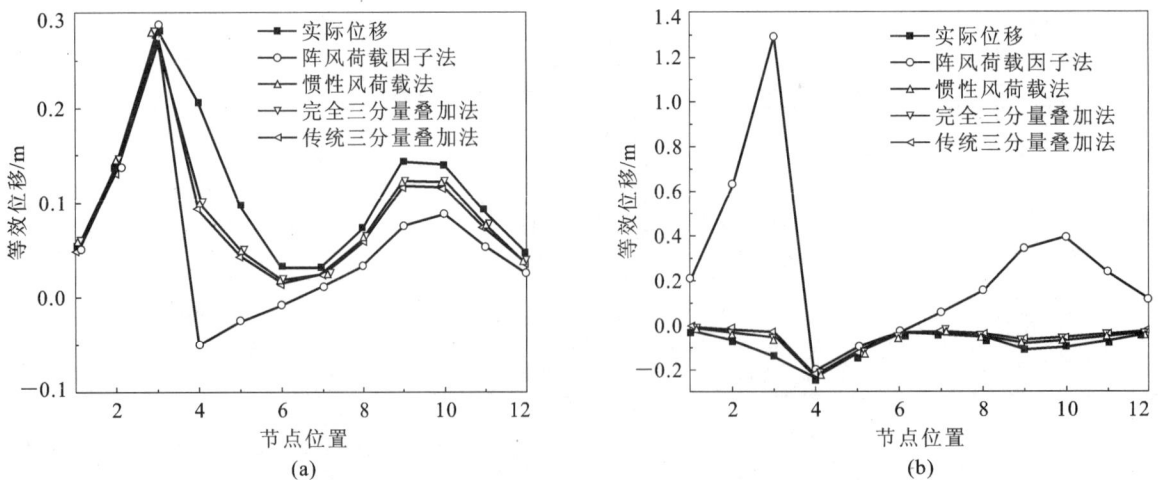

图 5-32　不同计算方法下的屋盖中线节点总等效风压产生的等效位移分布曲线
(a)基于最大位移等效;(b)基于最小位移等效

5.4　电力设施抗风设计及风振控制　>>>

5.4.1　电力设施风灾灾害

电力设施中,输电塔和热电厂中的冷却塔属于常见的风敏感结构,常在风荷载作用下发生较大的响应,甚至破坏,因此本章仅讨论这两类电力设施的抗风设计。以我国为例,仅 2005 年就发生 500 kV 线路输电塔倒塌 18 基、220 kV 线路输电塔倒塌 3 基、110 kV 线路输电塔倒塌 16 基等事故(图 5-33)。由于高压输电线路是重要的生命线电力工程设施,输电线路瘫痪不仅给电力企业造成重大经济损失,还会带来巨大的政治、经济影响,甚至会引起社会的混乱,因此输电塔的抗风设计极其重要。

图 5-33　输电塔的倒塌

英国渡桥电厂的冷却塔倒塌事故是风工程史上影响深远的一次风毁事故。1965 年 11 月 1 日,英国 Yorkshire 郡 Ferrybridge(渡桥)电厂 8 座高 115 m 的冷却塔群中下游的 3 座在一次五年一遇的风速(33.99～37.57 m/s)作用下发生倒塌,图 5-34 和图 5-35 所示分别为电厂平面布置图和倒塌现场情况,三塔倒塌顺序如下:塔 1B 在上午十点半左右首先倒塌,约 10 min 后塔 1A 发生倒塌,塔 2A 在 11:20 左右最后倒塌。事后,英国中央电力产业董事会(Central Electricity Generating Board)成立了专门的事故调查委员会,对风毁事故和事故原因调查过程作了翔实的文献记载。

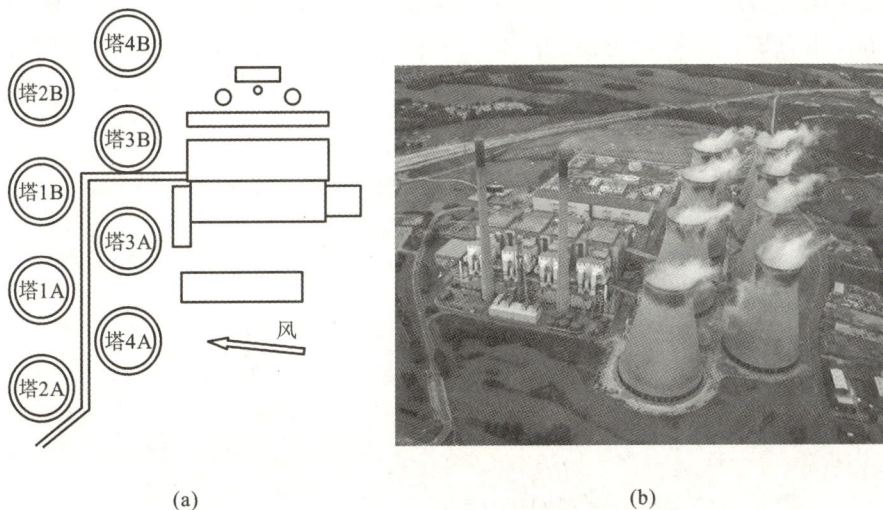

(a)　　　　　　　　　　　　　　(b)

图 5-34　渡桥电厂构筑物平面布置图

(a)渡桥电厂平面布置图;(b)渡桥电厂实际布局

图 5-35 渡桥电厂风毁事故现场图片
(a)一个冷却塔突然倒向地面;(b)风毁事故后的渡桥电厂

需要指出的是,历史上因长期受风荷载作用破坏而倒塌或无法继续运行最终被拆毁的冷却塔数不胜数,即使是现在,全世界每年约有一百座大型双曲冷却塔面临倒塌或拆毁的命运,直接经济损失高达数百亿美元。

5.4.2 输电塔的抗风设计及风振控制

我国输电塔结构的抗风设计主要依据《架空送电线路杆塔结构设计技术规定》(DL/T 5154—2002),该规定对输电塔的风荷载标准值取值如下:

$$W_s = W_0 \mu_s \mu_z \beta_z A_f \tag{5-219}$$

式中　W_0——基本风压;

　　　μ_z——风压高度变化系数;

　　　μ_s——体型系数;

　　　β_z——高度 z 处的风振系数;

　　　A_f——构件承受风压投影面积。

目前,输电塔的抗风研究主要集中在体型系数 μ_s 与风振系数 β_z 两方面。需要指出的是,在实际应用中,输电塔和导线耦合在一起,这种耦合效应可能对高柔大跨越输电塔的风致响应影响明显,且相当复杂,但本章参考文献[28]将输电塔结构和导线的风振响应分开考虑,这也是工程设计的一般方法,因此本节仅对输电塔的体型系数和风振系数取值研究进行介绍,未涉及输电塔-导线的耦合效应,即考虑的是单塔。

5.4.2.1 输电塔的体型系数

(1)输电塔体型系数风洞试验测试方法

输电塔风荷载中,以水平方向分量最为主要,体轴下 C_x 和 C_y 的力系数定义如下:

$$C_i = \frac{F_i}{0.5\rho U^2 S} \quad (i = x \text{ 或 } y) \tag{5-220}$$

式中　i——体轴坐标系的两个主方向(x 或 y);

　　　F_i——i 向气动力;

　　　C_i——i 向气动力系数;

　　　U——参考的来流风速;

　　　ρ——空气密度;

　　　S——参考面积,取 0°风向角时的模型迎风面积。

按照三角投影方法,可很容易将体轴下的力系数转换至风轴,风轴下的阻力系数为:

$$C_D = C_x \cos\beta - C_y \sin\beta \tag{5-221}$$

式中　β——风向角,定义 0°风向角时 x 轴负向指向来流,体轴系及风向角的规定如图 5-36 所示。

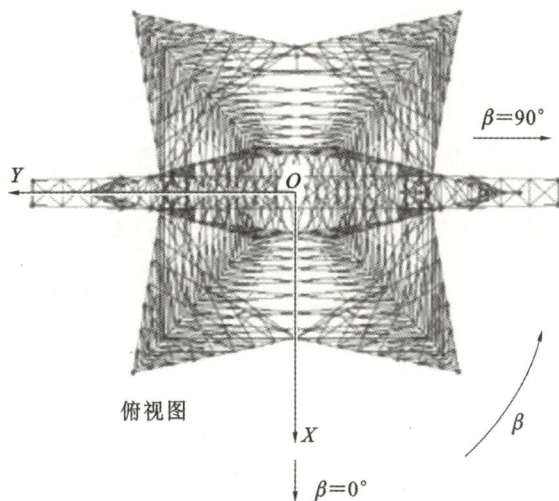

图 5-36　体轴坐标系及风向角示意

根据阻力系数与体型系数之间的关系,由风轴下的阻力系数 C_D 及输电塔的几何参数(顺风向投影面积)可很容易确定体型系数 μ_s。

输电塔属于变截面结构,塔身与横担的几何外形差异巨大,透空率也不相同,且输电塔塔身不同部位的截面形式也存在差异,因此需要分别测试横担及塔身各段的体型系数,以便为工程设计提供准确的设计输入。风洞试验中,一般采用分段测试体型系数的测试方法,每个塔段的气动力根据有、无目标塔段时两次测量的气动力差值得到。例如,为获得塔顶部分横担的气动力,则测试带横担模型以及无该横担的模型上的气动力,横担部分的气动力即为两者的差值,这一方法可以计入附近塔段对测试塔段或横担气动力的干扰效应(图 5-37)。

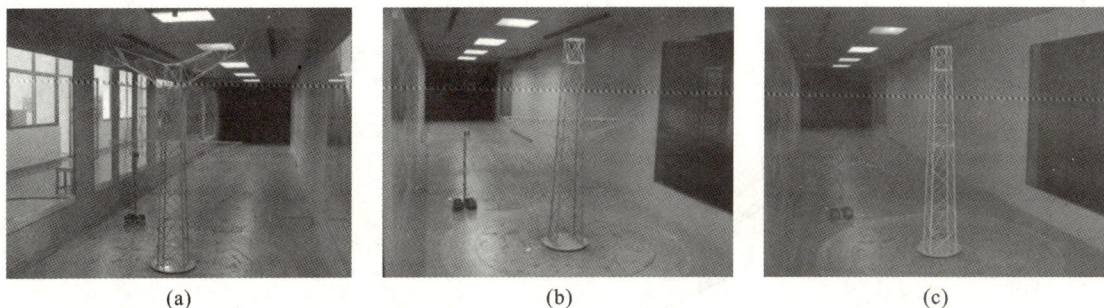

图 5-37　分段测试输电塔气动力
(a)顶部横担＋上部横担＋塔身;(b)上部横担＋塔身;(c)塔身

(2)典型输电塔气动力测试结果

图 5-38 所示为 1000kV 特高压线路中的干字形钢管塔,高度为 96.3 m,塔身水平截面为正方形。风洞试验模型选用的几何缩尺比为 1/25,考虑 0°、15°、30°、45°、60°、75°、90°七个风向角。图 5-39 所示为在均匀流场中测得体轴下水平向力系数(C_x 和 C_y)随风向角的变化曲线。

由图 5-39 得到的体型系数及与规范值的比较分别见表 5-11、表 5-12。由表 5-12 可知,干字形钢管塔的塔身部分 S1～S4 段的体型系数在 0°～45°与 90°～45°偏角下的值基本关于 45°风向角呈对称分布,这与正方形截面的对称性相符;塔头三个横担部分的体型系数从 0°～90°风向角基本是递减的,90°风向角的体型系数约为 0°风向角体型系数的 0.26～0.35 倍。由表 5-12 可知,与建筑结构荷载规范的体型系数取值相比,杆塔技术规定中塔身 S1～S4 段的取值较小,而塔头部分 S5～S7 段的取值更大;塔身部分 S1～S4 段的测试结果大于杆塔技术规定的取值,而横担部分测试结果与技术规定值基本一致,只有 S6 段的测试值略小于技术规定的取值;与建筑结构荷载规范的体型系数取值相比,体型系数测试结果略大于荷载规范值。

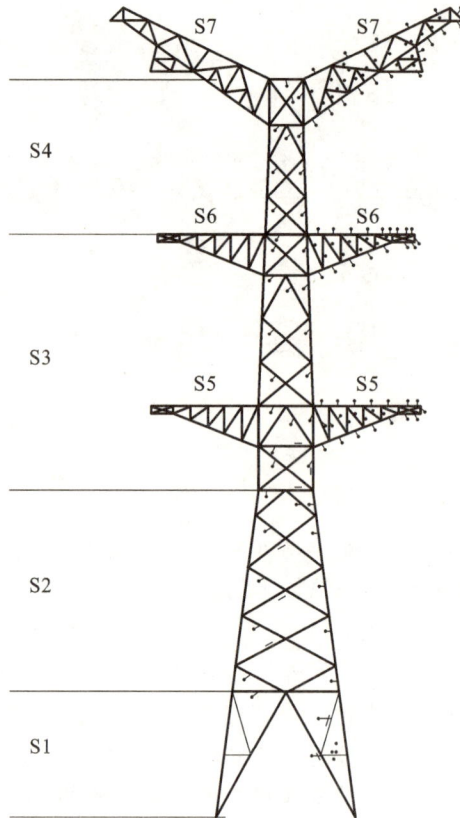

图 5-38　干字形钢管塔外形及测力分段

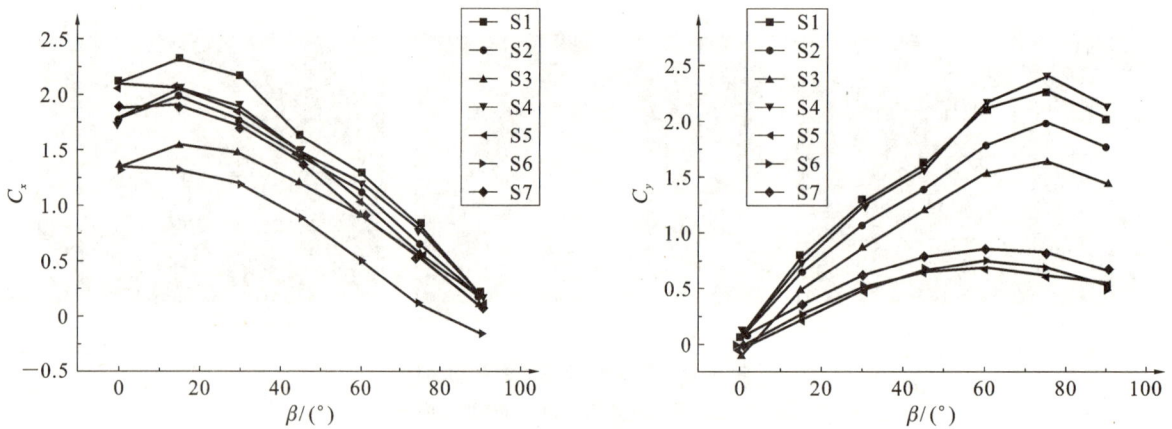

图 5-39　各塔段体轴三分力系数

表 5-11　　　　　　　　　　　干字形钢管塔试验测试的体型系数

$\beta/(°)$	0	15	30	45	60	75	90
S1	2.100	2.425	2.501	2.284	2.471	2.406	2.019
S2	1.763	2.074	2.067	1.989	2.100	2.090	1.757
S3	1.343	1.614	1.708	1.702	1.784	1.743	1.454
S4	1.770	2.170	2.257	2.147	2.483	2.532	2.139
S5	2.084	2.043	1.832	1.502	1.117	0.740	0.549
S6	1.322	1.343	1.289	1.093	0.903	0.700	0.528
S7	1.876	1.939	1.804	1.556	1.208	0.941	0.654

表 5-12　干字形钢管塔体型系数规范值比较

段号	透风率 $\frac{A_f}{A}$	杆塔技术规定	建筑结构荷载规范	
			0°	45°
S1	0.11	1.391	1.548	1.728
S2	0.13	1.370	1.524	1.704
S3	0.22	1.265	1.416	1.536
S4	0.17	1.329	1.476	1.656
S5	0.15	1.922	1.621	1.816
S6	0.12	1.967	1.602	1.790
S7	0.12	1.730	1.536	1.716

5.4.2.2　输电塔的风振系数

尽管随着计算机计算能力和风致响应计算方法的发展,能以较高精度获得输电塔风致响应的数值计算结果,但鉴于输电塔风振问题的复杂性,数值计算得到的结果不一定能满足要求,因此通过气弹模型来研究输电塔的风致振动是十分必要的。

气弹模型试验研究的输电塔为 500 kV 输电线路中普遍采用的鼓形输电塔(图 5-40),原型高度为71.4 m,基底宽度为 14.3 m,塔身顶部宽度为 2.4 m,呼高为 45 m,在塔顶段 25.7 m 范围内设置了三个横担。输电塔的构件均为角钢,各角钢构件通过螺栓连接而成。根据塔的有限元动力特性分析,得到塔顺导向的自振频率为 1.59 Hz,模态阻尼比假定为 1%。假定地貌类型为 B 类,风谱采用规范建议的 Davenport纵向脉动风谱,并在风洞中按照我国建筑结构荷载规范和日本 AIJ 规范模拟了两种紊流度风场,分别定义为低紊流度工况和高紊流度工况。

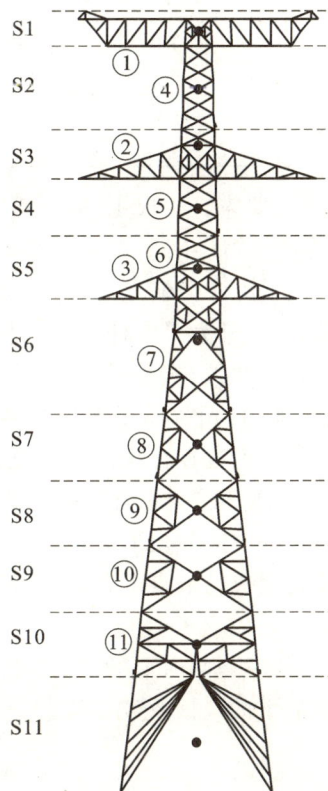

图 5-40　500 kV 输电线路鼓形塔

气弹模型不仅要求满足几何相似,还要求满足一系列模型与原型的无量纲参数一致。对于输电塔这类直立结构,重力对风振响应的影响不显著,因而其气弹模型可放松 Froude 数相似。由表 5-13 可以看出,刚度相似系数不但与几何缩尺比 n 有关系,还与风速比 m 有关系,因此模型设计时要预先选定一个合适的风速比。本模型设计初步选定风速比 $m=1.5$,但实际风速必须由模型动力标定试验确定实际的频率比 C_f,然后由 $C_f=\dfrac{n}{m}$ 反算出最终的风速比 $m=\dfrac{n}{C_f}$。

表 5-13 不满足 Froude 数相似性时的相似关系

参数名称	相似系数值	
	密度比＝1	密度比＝L
几何缩尺比 C_l	$\dfrac{1}{n}$	$\dfrac{1}{n}$
面积相似系数 C_A	$\dfrac{1}{n^2}$	$\dfrac{1}{n^2}$
空气密度相似系数 C_{pf}	1	1
结构密度相似系数 C_{ps}	1	L
质量相似系数 C_m	$\dfrac{1}{n^3}$	$\dfrac{L}{n^3}$
拉伸刚度相似系数 C_{EA}	$\dfrac{1}{n^2 m^2}$	$\dfrac{1}{n^2 m^2}$
频率相似系数 C_f	$\dfrac{n}{m}$	C_f
风速比 C_v	$\dfrac{1}{m}$	$C_f C_L$
位移相似系数 C_y	$\dfrac{1}{n}$	$\dfrac{1}{n}$
加速度相似系数 C_a	$\dfrac{n}{m^2}$	$C_f^2 C_L$

对于格构式输电塔结构,整体弯曲刚度主要来自 4 根主塔柱,而且主塔柱的拉伸刚度起主要作用,弯曲刚度对整体频率影响很小。若采用较小的几何缩尺比 $1/600 \sim 1/300$,输电塔构件的尺寸非常小,根本无法满足加工精度,根据风洞试验段的高度,确定模型几何缩尺比 $n=1/40$。

输电塔完全可以看作空间桁架结构体系,各杆为二力杆,因此刚度的模拟只要做到拉伸刚度 EA 相似。基于这一点,本模型设计拟订加工材料为铜材,原因在于铜的弹模低于钢的弹模,因此由铜材模拟原结构构件可以得到较大的构件截面积,便于控制精度,且铜材便于锡焊焊接。模型的刚度用矩形截面铜棒模拟之后,其构件外形并没有很好的模拟,而且模型质量也存在偏差。因此,模型外形采用 $0.01 \sim 0.1$ mm 厚的铜箔根据重量加以模拟,保证各构件的外形与原型相似,从而保证气动力的一致性。为了避免外衣提供刚度及阻尼,把外衣分段断开,然后用锡焊在每段的中间与矩形芯棒连接在一起。此外,原型构件上的螺栓及节点板的质量将按照计算模型等效地加在模型相应的节点上,以尽可能地模拟原结构。加工好的输电塔气弹模型如图 5-41 所示。

基于在模拟好的紊流风场中测试得到的输电塔加速度响应,根据等效惯性荷载法可得到风振系数。表 5-14 给出了低紊流度和高紊流度两种风场下的风振系数。从表 5-14 中可看出,紊流度对风振系数有较大影响。

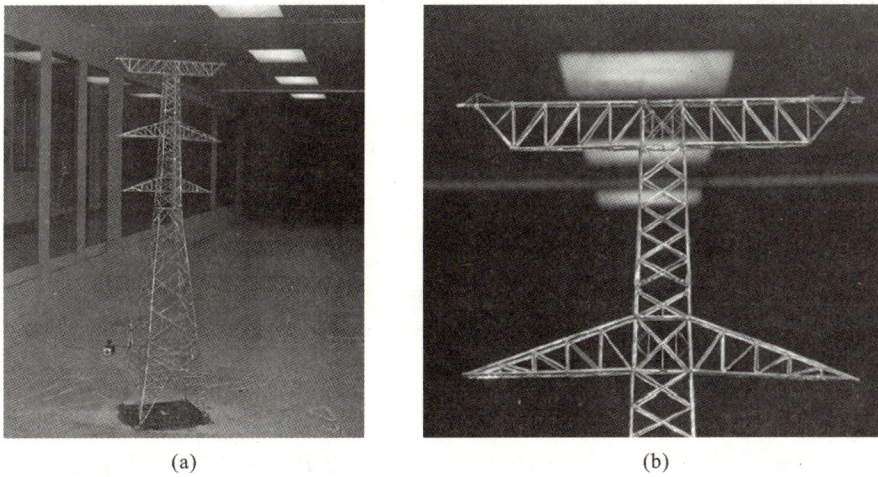

(a)　　　　　　　　　　　(b)

图 5-41　输电塔气弹模型

(a)整体；(b)局部

表 5-14　　　　　　　　　　　　　　**气弹模型风振系数测试结果**

塔段	风振系数试验值	
	低紊流度	高紊流度
1	1.03	1.10
2	1.08	1.25
3	1.08	1.25
4	1.09	1.28
5	1.09	1.27
6	1.09	1.26
7	1.13	1.30
8	1.13	1.29
9	1.18	1.40
10	1.20	1.46
11	1.19	1.46

　　将风振系数测试结果与相关规范进行比较以进一步分析各种方法取值的合理性。美国 ASCE 的输电线路结构荷载设计指南给出的风振系数实际为 Davenport 给出的位移等效风振因子，全塔高度内采用相同的风振系数，其计算方法如下：

$$G_t = 1 + g\varepsilon E \sqrt{B_t^* + R_t^*}$$

$$B_t^* = \frac{1}{1 + 0.375\dfrac{H}{L_s}}$$

$$R_t^* = 0.0123\left(\frac{f_c h_0}{U_{h0}}\right)^{-5/3} \frac{1}{\zeta_t} \tag{5-222}$$

$$E = \sqrt{24\kappa}\left(\frac{10}{h_0}\right)^\alpha$$

式中　g——峰值因子，一般取值在 $3.5 \sim 5.5$；

　　　ε——折减系数，反映了输电塔与导线间随机风振响应的不完全相关性，或者说塔的响应与导线响应峰值并非同时达到极值，Davenport 建议取值 0.75；

E——与地表粗糙度和输电塔高度有关的风速高度变化系数；

h_0——输电塔高度 H 的 2/3；

κ——地表阻力系数；

B_t^*——输电塔自身风振响应的背景响应因子；

R_t^*——输电塔自身风振响应的共振响应因子。

由于输电塔频率较高,因而共振响应一般并不明显,可以忽略。本章计算中,$g=3.6$,$L_s=70$ m,其他参数可根据输电塔的几何参数得到。

另外,根据国际电力技术标准 IEC 60286 的架空输电线路设计准则给出的图表也可计算得到风振系数；根据由时域或频域风振响应计算方法得到的输电塔风振响应,进一步也可以得到风振系数。

图 5-42 给出了各种方法得到的风振系数比较。由图 5-42 可知,不同方法得到的风振系数有较大差别,其中以国际电力技术标准 IEC 60286 给出的取值最大,低紊流度下的风洞试验结果最小。引起风振系数差异的一个重要原因是加速度响应中不含背景响应成分,另外一个原因是用等效惯性荷载法用于确定背景响应占主要成分的输电塔结构也不太合理。

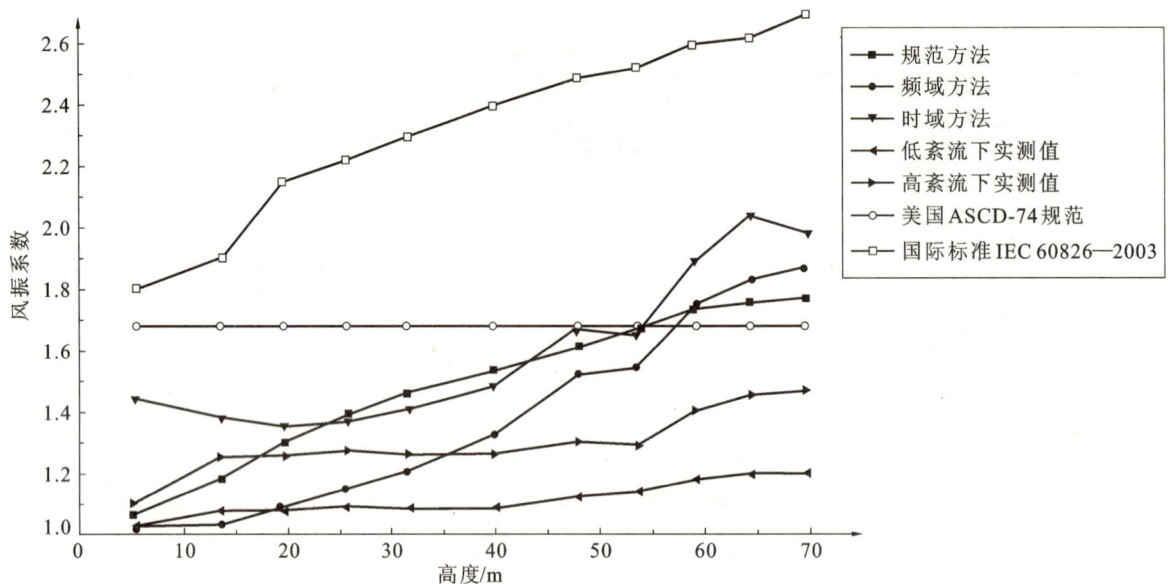

图 5-42 鼓形塔风振系数取值比较

5.4.2.3 输电塔的风振控制

输电塔的减振控制方式主要有:直接耗能减振装置,如黏弹性阻尼器、橡胶铅芯阻尼器,摩擦阻尼器与 MR 阻尼器等；吸能减振装置,如悬链式阻尼器、质量摆与 TMD 等；也有采用这两类装置的组合减振。直接耗能减振装置均是速度或位移相关型阻尼器,其减振效果完全取决于阻尼器安装位置处的结构相对位移,但对以整体弯曲变形为主的高耸输电塔结构,往往难以找到相对位移较大的位置。虽然将阻尼器与输电塔的主塔柱并联安装具有一定的理论可行性,但一般均要求有较长的安装距离(超过 10 m),这就有可能导致本身就非常微小的结构相对位移完全被阻尼器的支撑体系消耗掉,从而严重影响直接耗能减振装置对输电塔的减振效果。

陈政清及汪志昊针对输电塔结构的减振控制,研制了一种双悬臂摆式电涡流 TMD,并对一座高124.1 m 的干字形塔开展了现场减振试验工作(图 5-43)。图 5-44 所示为在相同断线载荷作用下安装 TMD 前后加速度响应对比。从加速度响应时程看,TMD 虽然不能降低自由振动响应前 4 个周期对应的输电塔加速度峰值响应,但在后期输电塔振动较小时,TMD 开始逐渐体现出较为明显的控制效果；从自功率谱密度看,有 TMD 时输电塔的共振响应振动能量明显减小,充分表明了 TMD 的吸能减振效果。

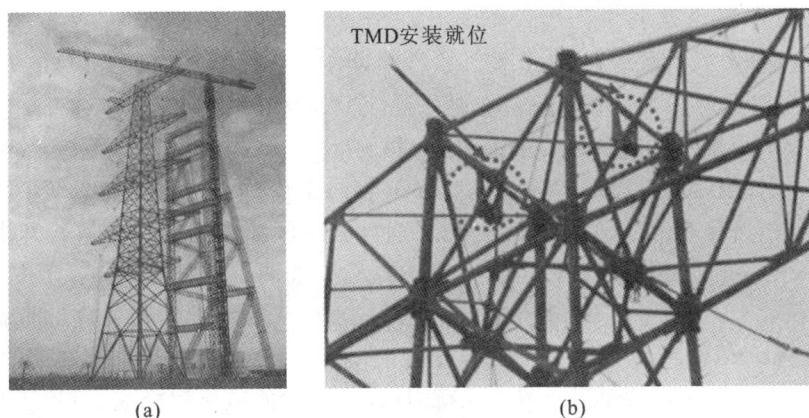

图 5-43 TMD 的安装

(a)输电塔;(b)安装在塔顶的两台 TMD

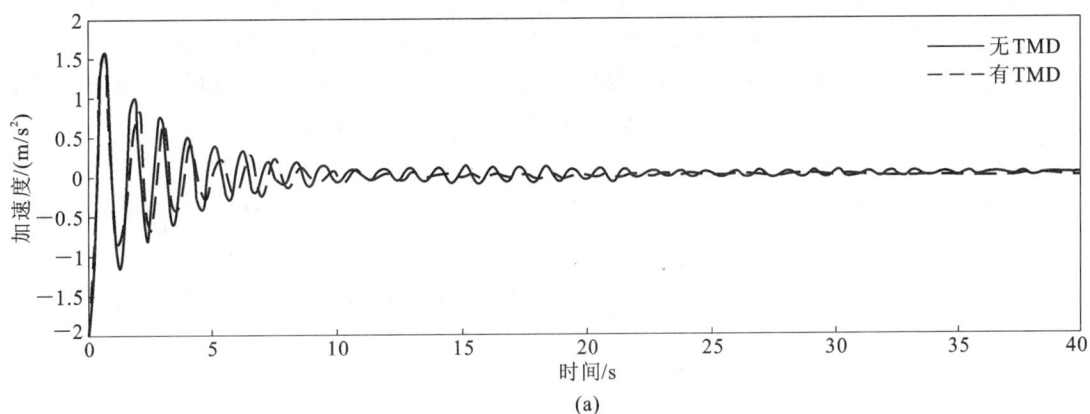

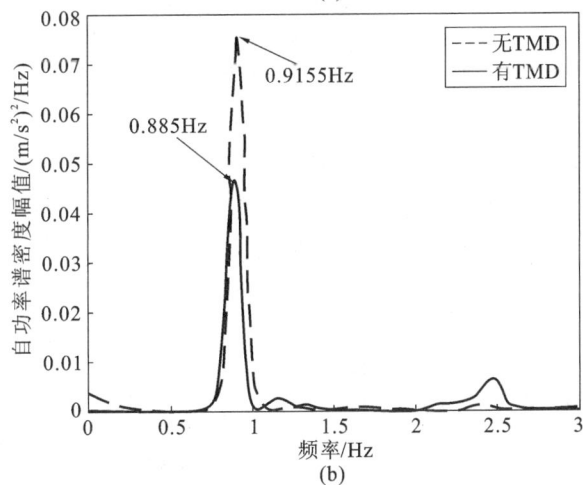

图 5-44 安装 TMD 前后加速度响应对比

(a)时程对比;(b)自功率谱密度幅值对比

5.4.3 冷却塔的抗风设计

本小节介绍的冷却塔几何参数如下:塔顶标高 200.20 m,喉部标高 156.70 m,进风口标高 12.59 m,人字柱底面标高 0.20 m,塔顶直径 96.60 m,喉部直径 94.60 m,底部直径 153.00 m,风筒采用分段等厚,最小厚度在喉部断面为 0.25 m,最大厚度在下环梁位置为 1.4 m,由均匀分布的 52 对 Φ1.3 m 人字柱支撑。更多详细的试验概况可参见本章参考文献[10]。

5.4.3.1 中外冷却塔风荷载规范比较

我国现行的冷却塔相关设计规范有《工业循环水冷却设计规范》(GB/T 50102—2003)和《火力发电厂水工设计规范》(DL/T 5339—2006),二者风荷载取值一致,以下简称"中国规范"。对于高度超过 165 m 的大型双曲冷却塔,我国规范未规定风振系数的取值,也未明确能否采用规范中的风压系数分布曲线。国外最为著名的双曲冷却塔设计规范有英国的 BS 4485-4(1996)(以下简称"英国规范")和德国的 VGB-R 610Ue(以下简称"德国规范"),这些规范都已经过多次修订完善,其他国家关于自然通风冷却塔的设计规范大多参考这两个规范。其中,英国规范根据渡桥电厂冷却塔倒塌事故调查结果进行多次修订,具有较强的参考意义;德国按其规范设计于 2001 年在 Niederaussem 电厂成功建成目前世界第一的超大型冷却塔(塔高 200 m,底部直径约为 152 m),运营至今十余年,没有发生任何损坏,且该规范未对高度限值作规定,代表着世界最先进水平。因此,本小节将中国规范等效静力风荷载(即规范中的风荷载标准值)各项参数取值原则和方法与英国、德国规范进行对比,见表 5-15。从表 5-15 的对比分析可以发现:

① 三国规范的外表面等效静力风荷载计算原则基本相同,均由基本风压考虑脉动放大效应后得到,但对荷载参数如风压分布系数、干扰系数、风压剖面等取值略有不同,中国规范给出有肋、无肋两条风压分布曲线,英国则不考虑有肋、无肋的区别,仅给出了一条风压曲线,而德国规范按粗糙度系数给出了 6 条风压曲线;风压指标中,中国规范给出的是 10 min 平均风压,德国规范给出的为 3 s 阵风风压,英国给出的则为 1 h 平均风压;中国规范、德国规范对风剖面的规定较为接近,但英国规范较为复杂。

② 中国规范未对内表面风压取值作出规定,但英国规范、德国规范均考虑了内压,其中德国规范认为内压沿高度、环向不变,大小等于塔顶阵风风压的 -0.50 倍,英国规范则认为内压沿环向不变但沿高度变化,它将内压计入外压一起考虑。

③ 中国规范未对干扰因子取值进行规定,但英国规范、德国规范均对干扰效应进行了考虑,不过英国规范仅给出了 1.5D 塔距时的干扰因子,而德国规范给出了 $L/D_m \geqslant 1.6$(L 为两塔中心间距,D_m 为冷却塔平均直径)时的干扰因子取值图表,并认为 $L/D_m \leqslant 1.6$ 时应通过风洞试验确定干扰效应大小。

表 5-15　　　　　　　　　　　　**冷却塔风荷载设计规范比较**

比较参数		中国规范	德国规范	英国规范
规范编号及出版时间		火力发电厂水工设计规范 (DL/T 5339—2006)	Structural Design of Cooling Tower-Technical Guideline for the Structural Design, Computation and Execution of Cooling Towers(VGB-R 610Ue) 2010	BS 4485 Part 4：Code of practice for structural design and construction-Water cooling towers 1996
风荷载重现期		50 年	50 年	50 年
风压指标及时距		基本风压 w_0(10 min)	阵风风压 $q_b(z)$(3 s)	基本风压 w_0(1 h)
风剖面		四类指数平均风剖面：A 类(0.12),B 类(0.16),C 类(0.22),D 类(0.30)	两类平均风剖面：A 类(0.12),B 类(0.16) 两类阵风风剖面：A 类(0.085),B 类(0.11)	没有明确的风剖面函数,根据地貌及距海洋的距离分别给出平均和阵风风速的高度调整系数
外风压荷载标准值	计算公式	$w(z,\theta)=\beta C_p(\theta)\mu_z w_0$	$w_e(z,\theta)=C_{pe}(\theta)\varphi F_I q_b(z)$	$w_e(z,\theta)=\lambda C_{pe}(\theta)S w_0$
	考虑参数	风振系数 β、外表面风压分布系数 $C_p(\theta)$(给出有肋、无肋两条曲线)、风压高度变化系数 μ_z、平均风压 w_0	外表面风压分布系数 $C_{pe}(\theta)$(给出 6 条曲线,根据粗糙度选取)、动力放大系数 φ、周边干扰系数 F_I、沿高度变化阵风风压 $q_b(z)$	外表面风压分布系数 $C_{pe}(\theta)$(一条)、脉动增大系数 λ(考虑阵风效应、动力放大效应和干扰效应)、高度调整系数 S

比较参数		中国规范	德国规范	英国规范
内风压荷载标准值	计算公式	未作规定	$w_i(z,\theta)=C_{pi}(\theta)F_1q_b(H)$	$w_i(z,\theta)=\lambda C_{pi}(\theta)Sw_0$
	考虑参数	未考虑	内表面风压分布系数 $C_{pi}(\theta)$（取 -0.50）、周边干扰系数 F_1、塔顶阵风风压 $q_b(H)$	内表面风压分布系数 $C_{pi}(\theta)$（沿高度变化，计入外压一起考虑）、脉动增大系数 λ、高度调整系数 S
高度限值		$\leqslant 165$ m	未作规定	$\leqslant 170$ m

5.4.3.2 冷却塔风振响应特性分析

（1）有限元分析

中国规范分别给出了光滑和加肋双曲冷却塔两条平均风压系数分布曲线，表达式采用 Fourier 级数八项式［式(5-223)］。德国规范则按表面粗糙度大小给出了 6 条曲线，并采用分段函数式表达，但 Gould 指出德国曲线也可用 Fourier 级数多项式表达以便设计输入，因此本章采用最小二乘法将德国规范曲线拟合为 Fourier 级数八项式，将中国规范、德国规范曲线的表达形式统一起来。中国规范、德国规范曲线及各阶谐波系数比较分别如图 5-45 和表 5-16 所示。

$$C_p(\theta) = \sum_{i=0}^{7} a_i \cos(i\theta) \tag{5-223}$$

式中　a_i——i 次谐波系数；

　　　θ——与来流方向的夹角。

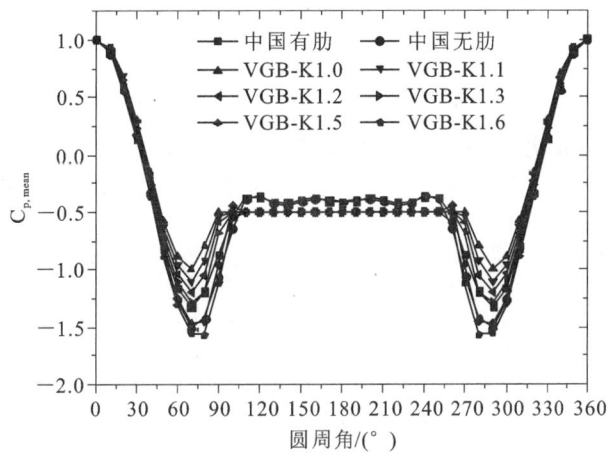

图 5-45　中国规范和德国规范风压曲线比较

表 5-16　规范曲线傅里叶多项式各项系数

规范曲线	谐波系数							
	a_0	a_1	a_2	a_3	a_4	a_5	a_6	a_7
中国有肋	-0.3919	0.2581	0.6013	0.5042	0.1052	-0.0955	-0.0194	0.0475
中国无肋	-0.4425	0.2460	0.6757	0.5356	0.0609	-0.1393	0.0010	0.0644
VGB-K1.0	-0.3181	0.4211	0.4841	0.3844	0.1419	-0.0506	-0.0718	0.0014
VGB-K1.1	-0.3421	0.4018	0.5106	0.4142	0.1394	-0.0687	-0.0736	0.0137
VGB-K1.2	-0.3715	0.3773	0.5397	0.4459	0.1351	-0.0861	-0.0714	0.0269
VGB-K1.3	-0.4012	0.3549	0.5723	0.4756	0.1256	-0.1029	-0.0630	0.0419

续表

规范曲线	谐波系数							
	a_0	a_1	a_2	a_3	a_4	a_5	a_6	a_7
VGB-K1.5	−0.4616	0.3096	0.6408	0.5378	0.1021	−0.1412	−0.0421	0.0730
VGB-K1.6	−0.4994	0.2937	0.6938	0.5559	0.0711	−0.1467	−0.0200	0.0714

图 5-46 所示为 VGB-K1.0 各谐波分量的风压系数比较。从图 5-46 可以看出，a_0 为直流分量，相当于均匀作用在冷却塔径向的压力，由于 a_0 为负值，其作用表现为吸力；a_i 为第 i 次谐波的风压系数，由于系数 a_7 较小使得 7 次谐波风压系数在零附近波动，其形状近似为直线；各项之和便为 VGB-K1.0 风压曲线。

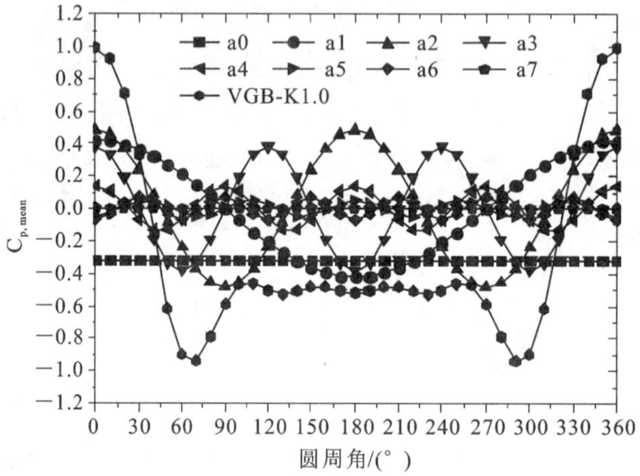

图 5-46 各谐波分量风压曲线比较

表 5-17 给出的是由规范曲线各谐波分量相应的风压系数沿圆周积分得到的顺风向阻力系数与总阻力系数的比较。从表 5-17 中可以看出，顺风向阻力系数完全由一阶谐波的风压系数贡献，其他各阶谐波风压系数对总阻力系数的贡献为零。事实上，从各阶谐波阻力系数计算表达式[式(5-224)]来看，仅当 $i=1$ 时，Cd_i 才不为零，因此总阻力系数：

$$C_d = \sum Cd_i = Cd_1 = \frac{a_1 \pi}{2}$$

$$Cd_i = 0.5 \int_0^{2\pi} a_i \cos(i \cdot \theta) \cos(\theta) \mathrm{d}\theta = \left. \begin{array}{l} i = 1, Cd_i = \dfrac{a_i \pi}{2} \\ i \neq 1, Cd_i = 0 \end{array} \right\} \quad (5-224)$$

表 5-17 规范曲线各谐波阻力系数分量

风压曲线	各谐波分量的阻力系数								总体阻力系数
	$Cd\text{-}a_0$	$Cd\text{-}a_1$	$Cd\text{-}a_2$	$Cd\text{-}a_3$	$Cd\text{-}a_4$	$Cd\text{-}a_5$	$Cd\text{-}a_6$	$Cd\text{-}a_7$	
中国有肋	0.00	0.41	0.00	0.00	0.00	0.00	0.00	0.00	0.41
中国无肋	0.00	0.39	0.00	0.00	0.00	0.00	0.00	0.00	0.39
VGB-K1.0	0.00	0.66	0.00	0.00	0.00	0.00	0.00	0.00	0.66
VGB-K1.1	0.00	0.64	0.00	0.00	0.00	0.00	0.00	0.00	0.64
VGB-K1.2	0.00	0.60	0.00	0.00	0.00	0.00	0.00	0.00	0.60
VGB-K1.3	0.00	0.56	0.00	0.00	0.00	0.00	0.00	0.00	0.56
VGB-K1.5	0.00	0.49	0.00	0.00	0.00	0.00	0.00	0.00	0.49
VGB-K1.6	0.00	0.46	0.00	0.00	0.00	0.00	0.00	0.00	0.46

由各阶谐波对阻力系数的贡献分析可知:直流分量引起圆截面均匀膨胀但没有刚体位移,一阶分量使得冷却塔发生刚体位移而圆截面没有发生局部变形,高阶分量使圆截面发生局部变形但没有刚体位移。各阶谐波产生的径向位移分量示意如图 5-47 所示。由此可见,冷却塔的截面阻力系数对结构总体位移的贡献仅为刚体位移。

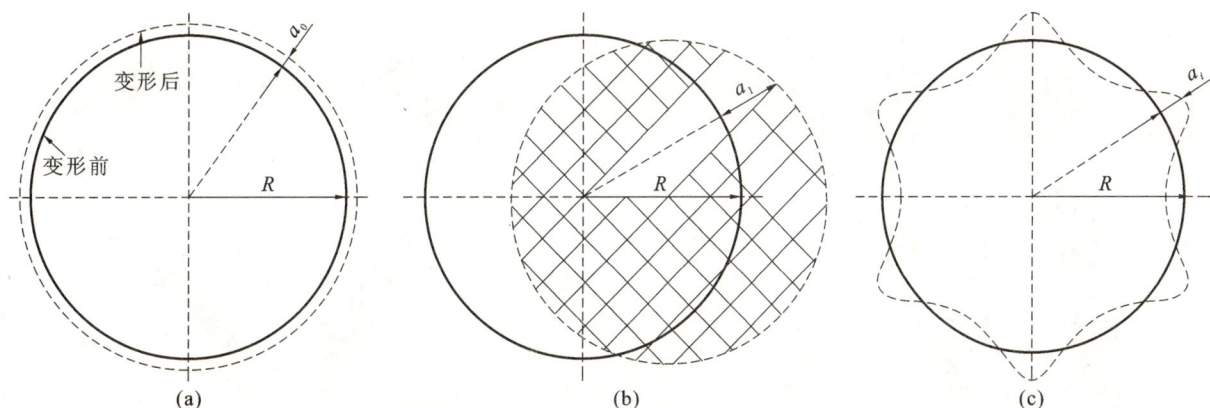

图 5-47 各谐波径向位移分量示意图
(a)直流分量;(b)一阶谐波;(c)高阶谐波

以各谐波分量作用下的位移响应结果对冷却塔风振响应机理进行分析,其中有限元分析软件采用 ANSYS。图 5-48 所示为中国有肋曲线各阶谐波分量在喉部处产生的位移响应计算结果。可以看出,各阶谐波产生的位移分量分布情况与图 5-47 的分析结论一致,即直流分量引起圆截面均匀膨胀,一阶分量使得冷却塔发生刚体位移,高阶分量使圆截面发生局部变形。

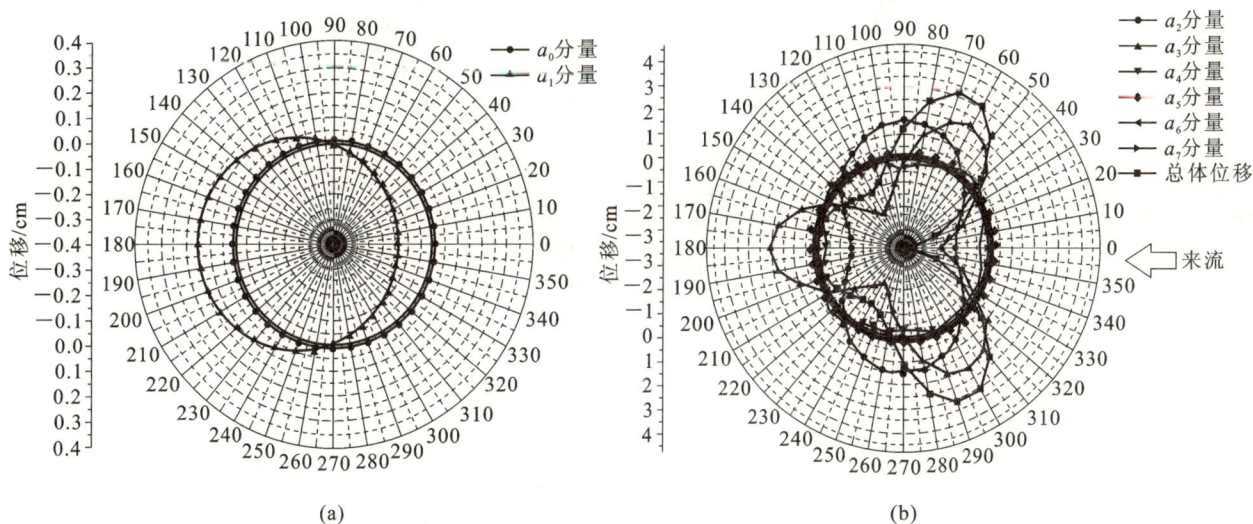

图 5-48 中国有肋曲线各阶谐波分量位移(喉部)
(a)直流与一阶谐波分量位移;(b)高阶谐波分量位移及总体位移

各谐波分量在 0°(最大正压区)、70°(最小负压区)子午线产生的位移如图 5-49 所示。从图 5-49(a)中可以发现,各规范曲线的一阶谐波分量位移均沿高度增大,同一高度的位移随规范曲线的阻力系数增大而增大,这是因为一阶谐波作用效果表现为阻力,冷却塔结构在该分量的作用下发生类似于竖立悬臂梁的变形,变形大小随高度增加,且阻力越大,挠度也越大。从图 5-49(b)中可以看出,直流与高阶谐波分量产生的位移沿高度变化呈"喉部附近大,两端小"的分布趋势,此现象可解释为,直流与高阶谐波分量作用结果表现为壳体局部变形,变形大小与壳体局部刚度大小有关,底部是冷却塔壁厚最大的区域,因而该区域的刚度是结构中最大的,而中段是冷却塔壁厚最薄的部分,故其刚度最小,顶部虽然壁厚较薄,大小与中段相当,但顶部的刚性环大大增强了该区域的刚度,因此不难理解壳体的局部变形发生在喉部附近;与一阶谐波分量位移相反,同一高度上的直流与高阶谐波分量位移随规范曲线的阻力系数增大而减小,这是因为壳体局部变形大小与局部风压大小更为密切,事实上,随着规范曲线的阻力系数增大,其最小风压系数幅值变小,最大局部荷载减小,故壳体局部变形也变小。总体位移的分布规律与直流和高阶谐波分量位移基本一致[图 5-49(c)],表明冷却塔风致变形以壳体局部变形为主。

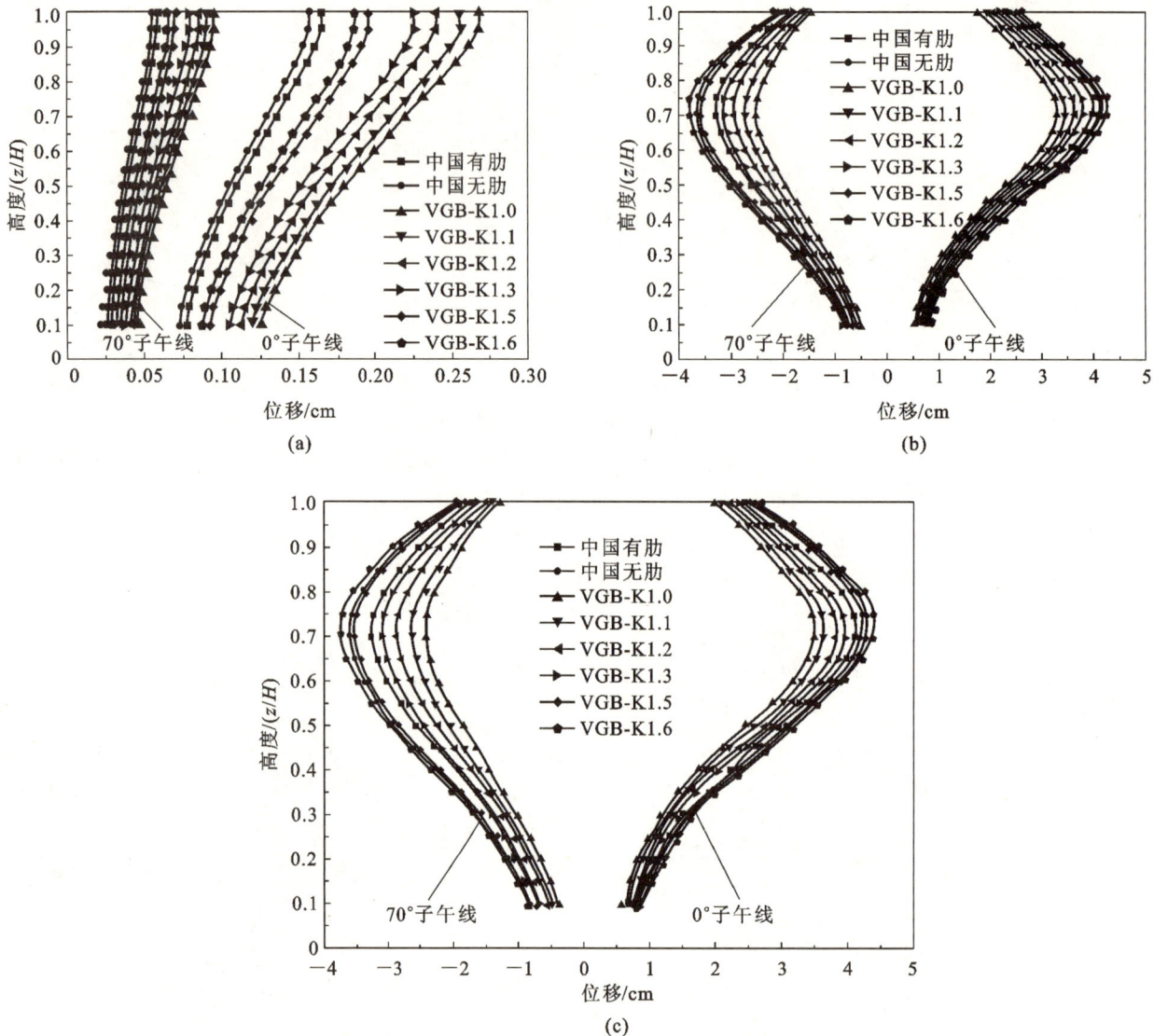

图 5-49 总位移及各谐波分量位移
(a)一阶谐波分量位移;(b)直流与高阶谐波分量位移;(c)总位移

图 5-50 所示为一阶谐波分量的 0°、70°子午线位移占总位移的百分比,可以看出,一阶谐波分量位移比重大多在 10% 以下,随着阻力的增加略有增大;与总位移的分布趋势相反,一阶谐波分量比例沿高度变化呈"中间小,两端大"的分布趋势。

图 5-51 给出的是各规范曲线的各阶谐波分量位移百分比的比较,可以看出不同规范曲线的各阶谐波分量位移百分比基本一致,比重最大的为第三阶谐波,约为 55%,其次为第二阶谐波,约为 35%,而一阶谐波仅约为 5%。从图 5-52 可以清楚地看出,一阶谐波分量位移随阻力的增大而增大,但其占总位移的最大比重也不过为 7%,而直流与高阶谐波分量位移虽然随阻力系数的增大而减小,但其最小比重也在 93% 以上,"此长"远小于"彼消",故总位移随阻力系数的增大而减小。

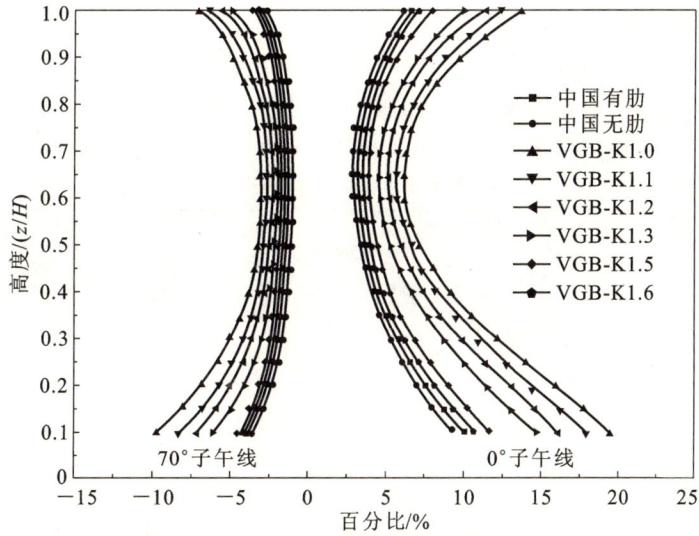

图 5-50　一阶谐波分量位移百分比

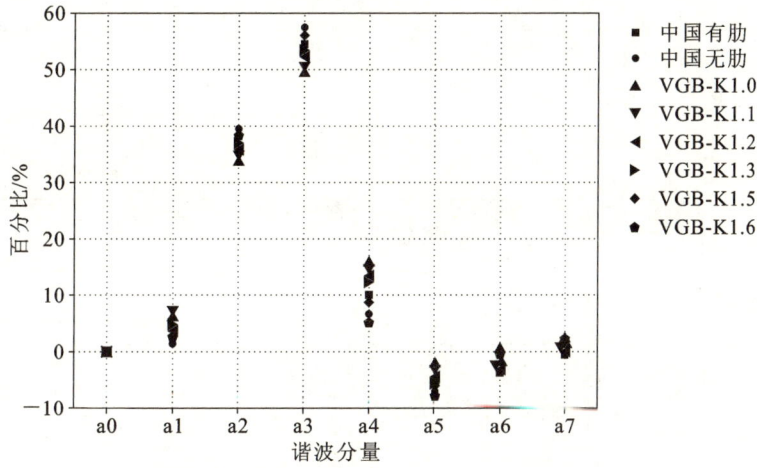

图 5-51　各谐波分量位移百分比（中段平均）

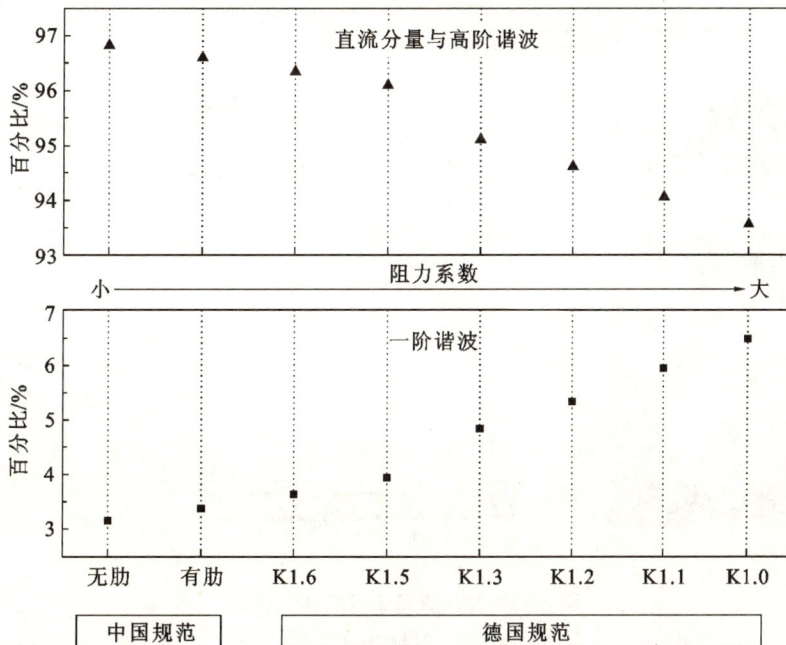

图 5-52　一阶谐波、直流与高阶谐波分量位移百分比（中段平均）

（2）完全气动弹性模型试验

本章参考文献[35]对冷却塔完全气动弹性模型的相似关系进行了详细推导，并通过有限元方法予以验证，冷却塔完全气动弹性模型的相似比见表 5-18，其制作的某核电站 200 m 高冷却塔完全气弹模型及位移测点布置如图 5-53 所示，这里给出的便是基于该模型的位移响应测试结果。

表 5-18　　　　　　　　　　　　　　冷却塔完全气动弹性模型相似比

参数名称	相似系数值	相似要求
几何缩尺比 λ_L	$\lambda_L = \dfrac{1}{n}$	几何相似
风速比 λ_U	$\lambda_U = \sqrt{\lambda_E}$	柯西数
频率比 λ_f	$\lambda_f = \dfrac{\lambda_U}{\lambda_L} = n\sqrt{\lambda_E}$	斯托罗哈数
时间比 λ_t	$\lambda_t = \dfrac{1}{\lambda_f} = \dfrac{1}{n}\sqrt{\lambda_E}$	斯托罗哈数
单位面积质量 λ_m	$\lambda_m = \lambda_\rho \cdot \lambda_L^3 = \lambda_L^3 = \dfrac{1}{n^3}$	量纲
单位长度拉伸刚度 λ_{EA}	$\lambda_{EA} = \lambda_E \cdot \lambda_L^2 = \dfrac{\lambda_E}{n^2}$	量纲
单位长度弯曲刚度 λ_{EI}	$\lambda_{EI} = \lambda_E \cdot \lambda_L^4 = \dfrac{\lambda_E}{n^4}$	量纲
单位长度抗扭刚度 λ_{GJ}	$\lambda_{GJ} = \lambda_G \cdot \lambda_L^4 = \dfrac{1}{n^5}$	量纲
阻尼比 λ_ξ	$\lambda_\xi = 1$	阻尼比
位移 λ_S	$\lambda_S = \lambda_L = \dfrac{1}{n}$	量纲
加速度 λ_a	$\lambda_a = \lambda_U^2 \cdot \lambda_L = \dfrac{\lambda_E}{n}$	量纲

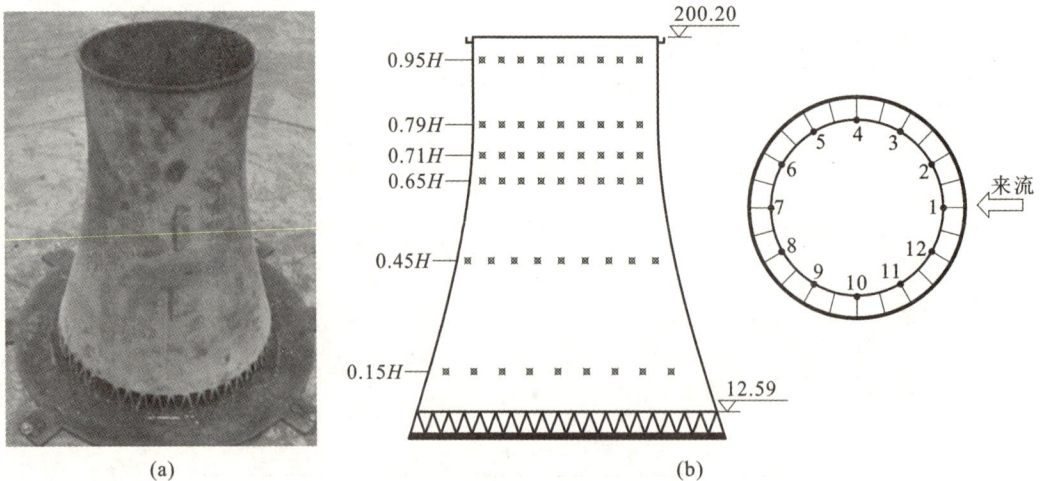

图 5-53　冷却塔完全气动弹性模型

（a）气弹模型；（b）位移测点布置及编号

图 5-54 给出的是由试验测试结果换算至原型基本风速 $U_0 = 26.8$ m/s 风荷载作用下的冷却塔各高度平均位移沿环向分布曲线。从图 5-54 中可以看出,冷却塔的变形与其平均风压分布比较类似,沿环向基本呈对称分布;迎风向(0°)的正位移最大,且大于发生在最大负压(60°)附近最大负位移的绝对值,尾流区的位移均值很小,在 0 附近波动;冷却塔的变形同风压分布一样,具有明显的"三维效应",呈中段位移大、两端位移小的分布特征,其中以喉部附近的位移最大,最大值为 3.03 cm。为验证测试结果的准确性,将刚性模型测压试验风压时程有限元分析结果与测试结果进行了比较(图 5-55),可以看出两者基本一致。

为考虑脉动位移的影响,极值位移 $Disp_{max}$ 定义为:

$$Disp_{max} = Disp_{mean} \pm g \cdot Disp_{std} \tag{5-225}$$

式中 $Disp_{mean}$——平均位移;

       g——峰值因子,取 $g = 4.0$;

       $Disp_{std}$——位移根方差。

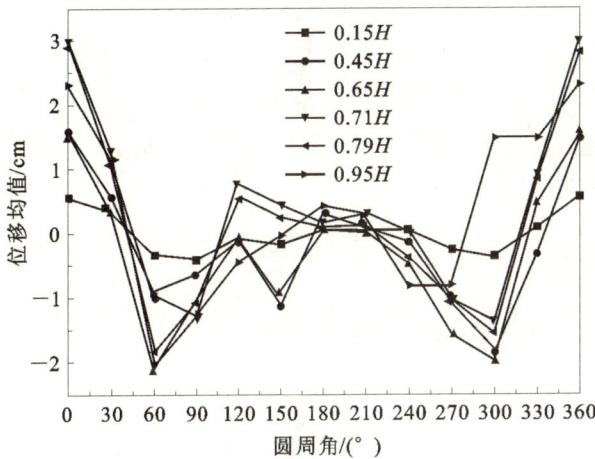

图 5-54   冷却塔平均位移沿环向分布

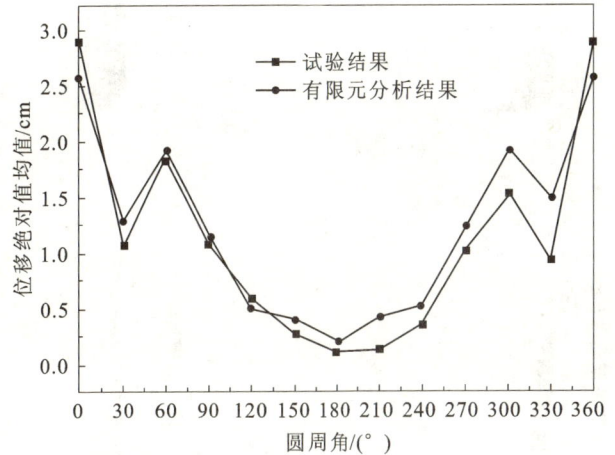

图 5-55   冷却塔位移绝对值测试结果与风压
计算结果对比$(0.79H)$

图 5-56 给出的是冷却塔各高度极值位移沿环向分布曲线,可以看出,极值位移的分布趋势与平均位移类似,最大极值位移为 5.24 cm,发生在喉部附近。总的来说,冷却塔的风致变形相当小(冷却塔风致变形示意如图 5-57 所示),最大极值位移也仅为喉部半径的 0.1%,约相当于喉部厚度的 20%。

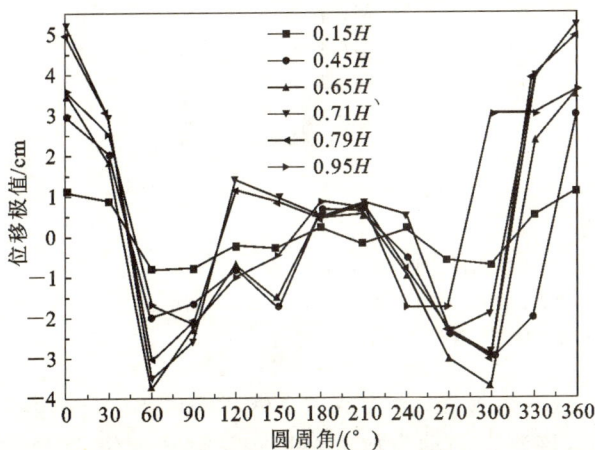

图 5-56   冷却塔极值位移沿环向分布

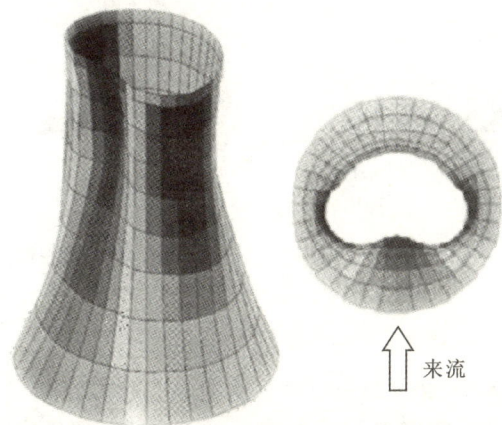

图 5-57   冷却塔风致变形示意图

动力放大系数 φ 定义如下:

$$\varphi = \frac{Disp_{mean} \pm g\sigma_{Total}}{Disp_{mean} \pm g\sigma_{B}} \tag{5-226}$$

式中　σ_{Total}——总风致动力响应的标准差;

　　　σ_B——共振响应的标准差;

　　　g——峰值因子,取 $g=4.0$。

图 5-58 给出的是典型高度中最大正位移、最大负位移和背压区测点位移(换算至原型)响应的自功率谱密度图,可以看出,冷却塔结构的风致动力响应主要由低阶振型贡献(0~1 Hz 频率范围包含了结构前 10 阶频率),频率大于 1.5 Hz 的高阶振型对风致动力响应的贡献很小;共振响应随着高度的增大而愈加显著,同一高度中,以背压区测点的共振响应最为明显。

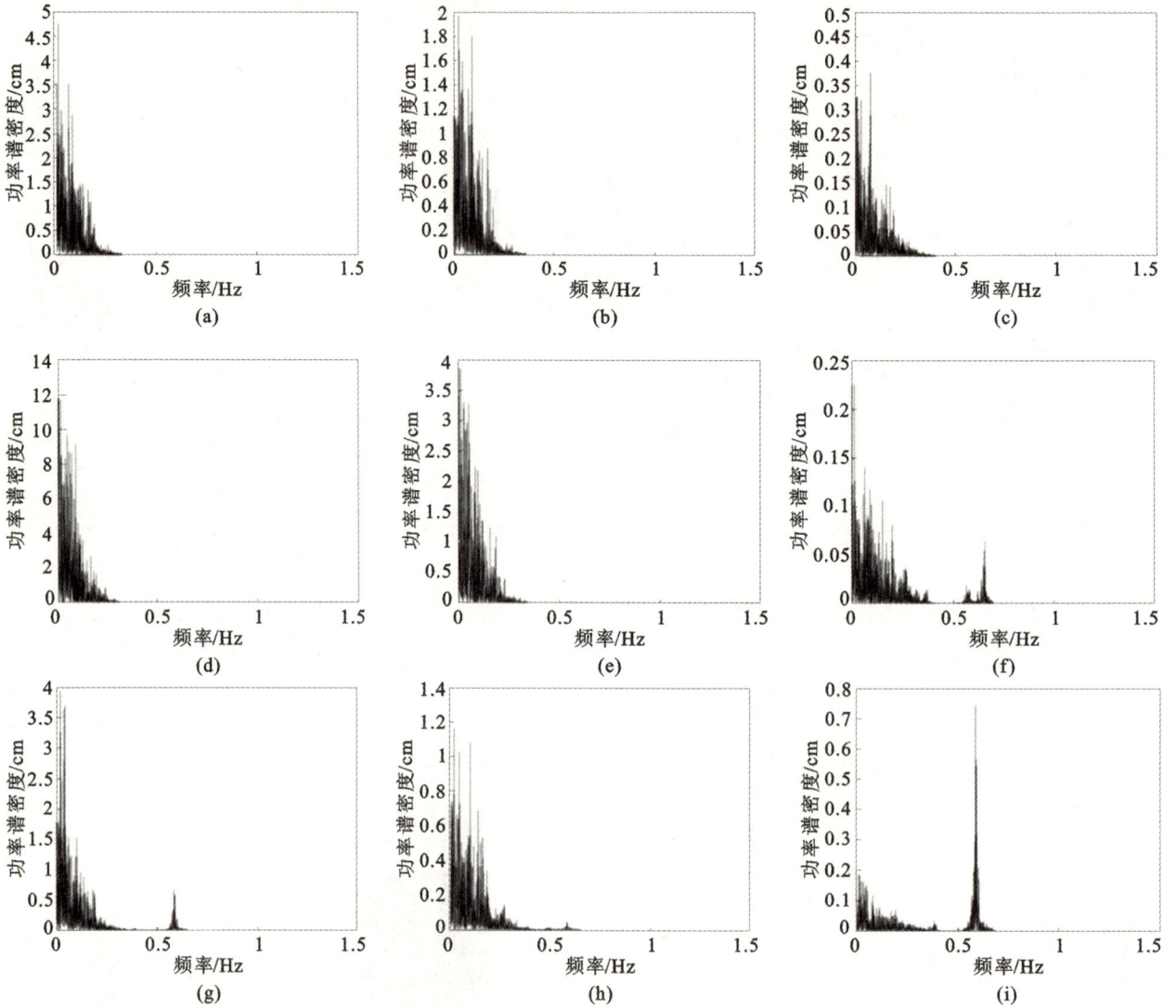

图 5-58　典型测点位移响应自功率谱密度

(a)0.45H-1 号测点;(b)0.45H-3 号测点;(c)0.45H-7 号测点;(d)0.79H-1 号测点;(e)0.79H-3 号测点;
(f)0.79H-7 号测点;(g)0.95H-1 号测点;(h)0.95H-3 号测点;(i)0.95H-7 号测点

表 5-19 给出的是位移总动力响应、背景响应和共振响应标准差及动力放大系数,各测点中以 0.95H-7 号测点共振响应占总动力响应的比例最大,达 43.43%,该测点的动力放大系数也达到最大值 1.14,除 0.79H-7号测点共振响应比例接近 10.0%,动力放大系数为 1.04 之外,其他测点的共振响应比例都小于 5.0%,动力放大系数均为 1.0;各个测点动力放大系数均值为 1.02,略小于按德国规范计算得到的 1.05,其原因在于规范值有一定的安全系数。

表 5-19　**典型测点位移总响应、背景响应和共振响应标准差及动力放大系数**

响应类型	测点编号								
	0.45H-1	0.45H-3	0.45H-7	0.79H-1	0.79H-3	0.79H-7	0.95H-1	0.95H-3	0.95H-7
总响应标准差/cm	0.1283	0.0607	0.0109	0.3144	0.1104	0.0069	0.0987	0.0391	0.0113
背景响应标准差/cm	0.1282	0.0606	0.0108	0.3136	0.1101	0.0062	0.0936	0.0386	0.0064
共振响应标准差/cm	0.0001	0.0001	0.0001	0.0008	0.0003	0.0007	0.0051	0.0005	0.0049
共振响应/总响应	0.11%	0.16%	0.57%	0.25%	0.24%	9.88%	5.15%	1.21%	43.43%
动力放大系数	1.0003	1.0005	1.0018	1.0005	1.0006	1.0407	1.0093	1.0028	1.1427
动力放大系数均值	1.0221								

考虑到冷却塔顶部和下部位移较小,由此计算得到的风振系数会偏大甚至不合理,因此试验数据分析过程设定一个原型结构平均位移为 1.5 cm 的阈值,当测点的平均位移超过该阈值时计入其风振系数的值。冷却塔位移风振系数计算结果从表 5-20 可以看出,风振系数值随高度的增加而减小,这与我国近年来针对冷却塔结构风振系数所取得的研究成果规律性一致;各高度控制点平均位移响应的均值为 2.27 cm,根方差均值为 0.43 cm,极值位移均值为 3.98 cm,平均风振系数为 1.75,略小于我国规范的 1.90。

表 5-20　**冷却塔位移风振系数**

高度/(z/H)	风致位移/cm			风振系数
	均值	根方差	极值	
0.45	1.52	0.37	3.00	1.97
0.65	1.57	0.33	2.89	1.84
0.71	3.04	0.58	5.36	1.76
0.79	2.90	0.52	4.98	1.72
0.95	2.31	0.34	3.67	1.59
均值	2.27	0.43	3.98	1.75

5.4.3.3　冷却塔干扰效应研究

以冷却塔为中心、半径 700 m 范围内的地形和主要建筑及风向角定义如图 5-59 所示,冷却塔三边被山体包围,另一边布置有主厂房等构筑物;山体最大高度为 80 m 左右,位于 $1^\sharp$ 塔正南方 700 m 远处,其他山体高度均较小;最高厂房高度为 70 m,距塔中心最近距离约为 400 m;双塔中心间距 $L=246.0$ m,与冷却塔平均直径 D_{mean} 的比值为 1.99。

限于篇幅,且考虑到 $2^\sharp$ 塔受山体影响较小,得到的结论更具普遍性,本章仅对 $2^\sharp$ 塔的试验结果进行介绍。由图 5-60(a)可知,由阻力系数各特征值得到的干扰因子沿风向角的分布特征较为接近,最小值均发生在串列时的下游塔,阻力系数均值干扰因子最小值约为 0.50,均方差与极值干扰因子最小值约为 0.80,最大干扰因子约为 1.40。合力系数均方差与极值干扰因子大小相当[图 5-60(b)],且随风向角的变

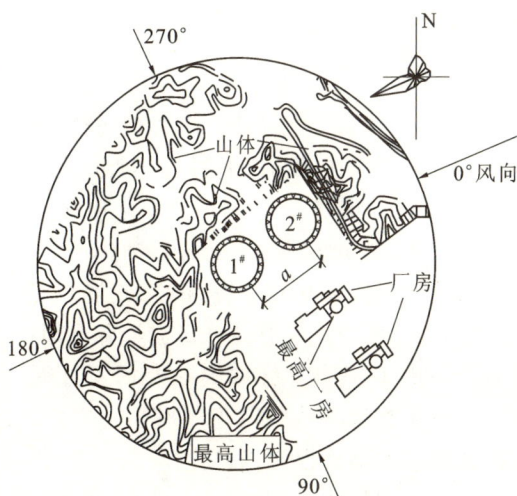

图 5-59　平面布置与风向角定义

化趋势基本一致,相对而言,合力系数均值干扰因子略微偏小;尽管串列时由于"遮挡"效应,下游塔受到的平均风荷载会减小,合力系数均值干扰因子约为 0.50,但均方差并未减小,合力系数均方差干扰因子甚至略大于 1.0,合力极大值也比单塔大。各顺风向弯矩干扰因子沿风向角的分布特征基本一致[图 5-60(c)],最小值发生在双塔串列时的下游塔,大小约为 0.50;双塔斜列时,当上游塔分离流线正好作用在下游塔时,干扰因子最大,大小约为 1.20。

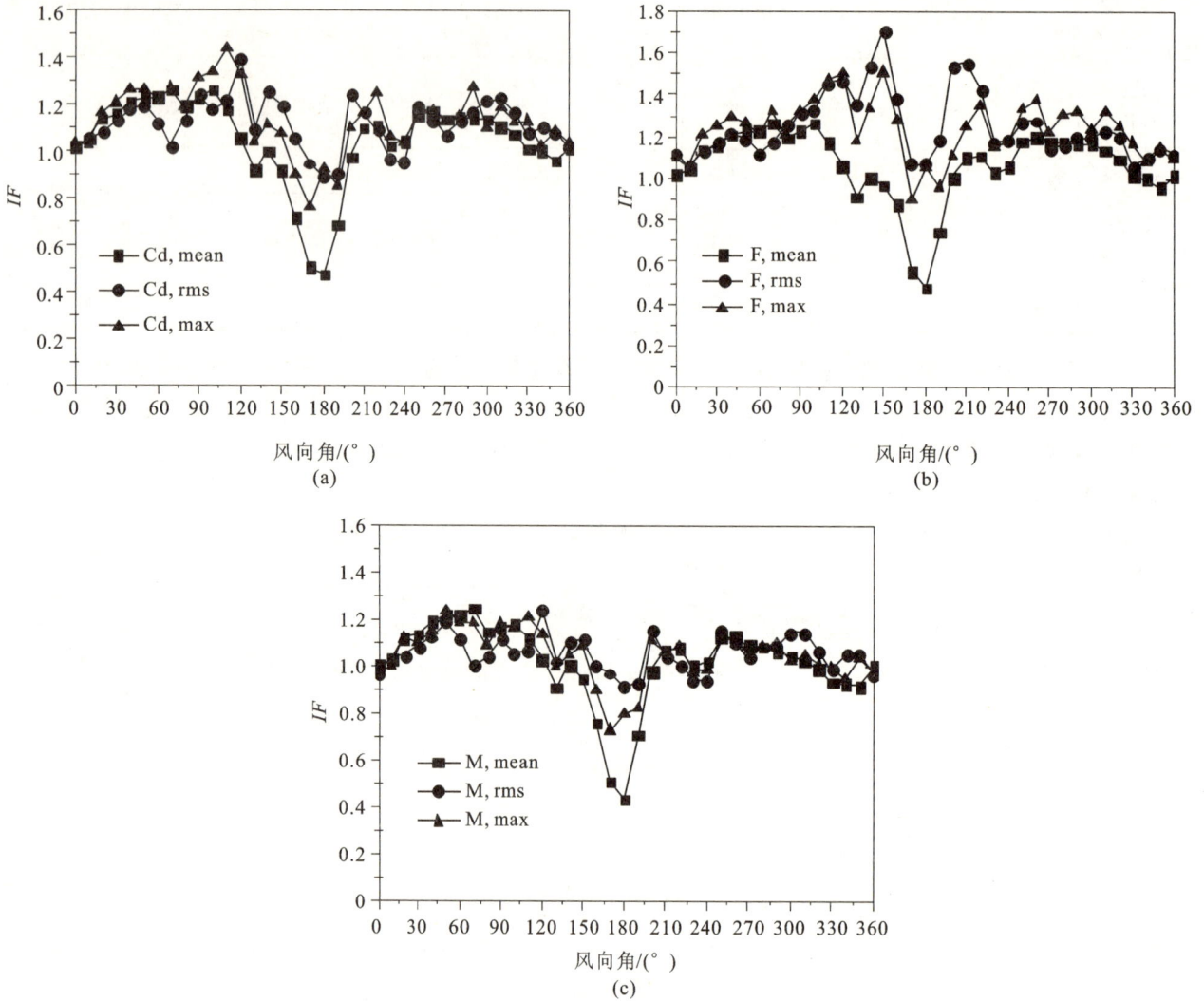

图 5-60 风荷载干扰因子
(a)阻力系数;(b)合力系数;(c)顺风向弯矩系数

图 5-61 所示为不同荷载参数相同特征值的干扰因子比较结果。由图 5-61 可知,由各荷载参数均值得到的干扰因子大小与分布特征基本类似,但不同荷载参数的均方差和极值干扰因子大小相差较大。

图 5-62 给出的是 2# 塔由整塔响应极大值得到的干扰因子随风向角变化曲线。可以看出,最小值发生在 180°风向角,此时 2# 塔处于双塔串列的下游,尽管由于上游塔的"遮挡"效应,平均风荷载的减小使得 2# 塔最大平均响应减小至单塔的 0.66 倍,但最大根方差由于干扰效应略有增大,响应极大值基本与单塔一致;斜列时,当上游塔尾流作用在下游冷却塔时(150°、210°风向角),响应放大系数最大,其中 210°风向角由于上游有较高山体,干扰因子略大于 150°风向角。考虑到干扰因子随风向角变化而变化,因此供结构工程师参考的推荐干扰因子应该考虑各风向发生的频率,结合当地风玫瑰图可得 2# 塔推荐干扰因子为 1.13。为验证测试结果的准确性,将测试结果与规范值比较,由于我国规范未对干扰因子作出规定,因此规范干扰因子取值参考德国规范 VGB-R 610Ue,可得规范值为 1.21,可见规范取值与测试结果基本一致。

(a)

(b)

(c)

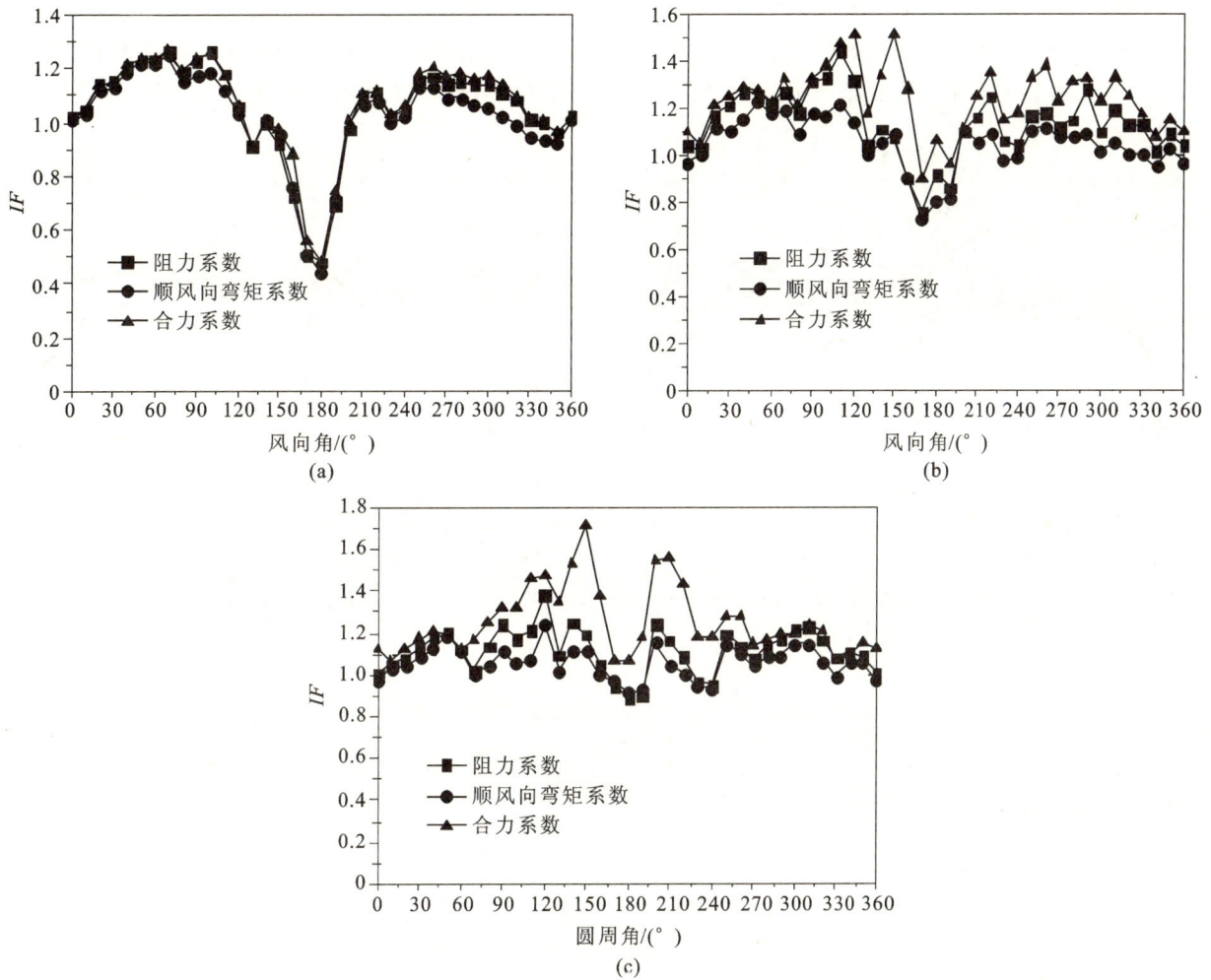

图 5-61 不同风荷载干扰因子比较

(a)均值;(b)均方差;(c)极值

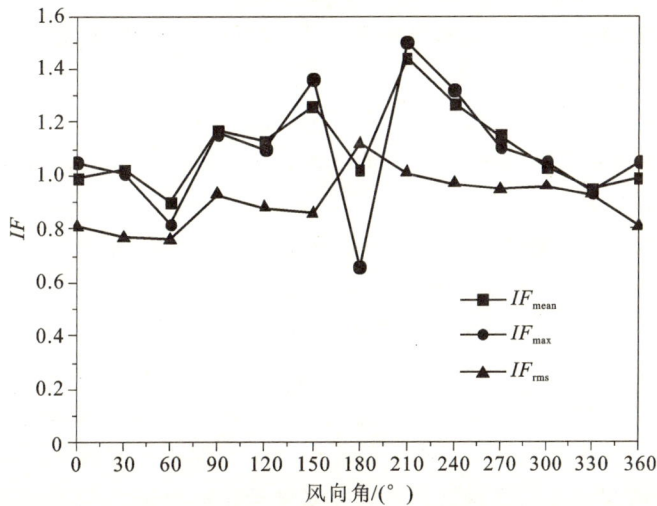

图 5-62 位移响应干扰因子

为进一步比较荷载与响应干扰因子的差异,将各荷载参数得到的干扰因子与响应干扰因子绘制于同一图中,如图 5-63 所示。从图 5-63 中可以看出,基于风荷载得到的干扰因子分布特征与响应干扰因子完全不一致,风荷载大时,响应可能较小,例如,1# 塔在 60°风向角下的荷载干扰因子显著大于 1,表明荷载较单塔大,而响应干扰因子却小于 1,响应较单塔小;反之,风荷载小时,响应可能较大。2# 塔在 180°风向角下的荷载干扰因子显著小于1,表明荷载较单塔小,而响应干扰因子却略大于1,响应较单塔大。综上所述,对于冷却塔结构而言,其表面受到的风荷载大小并不能完全反映响应的大小,由反映结构荷载大小的力系数得到的干扰因子并不能真实反映干扰效应对响应的影响,冷却塔的风致干扰效应大小应以风致响应来考察。

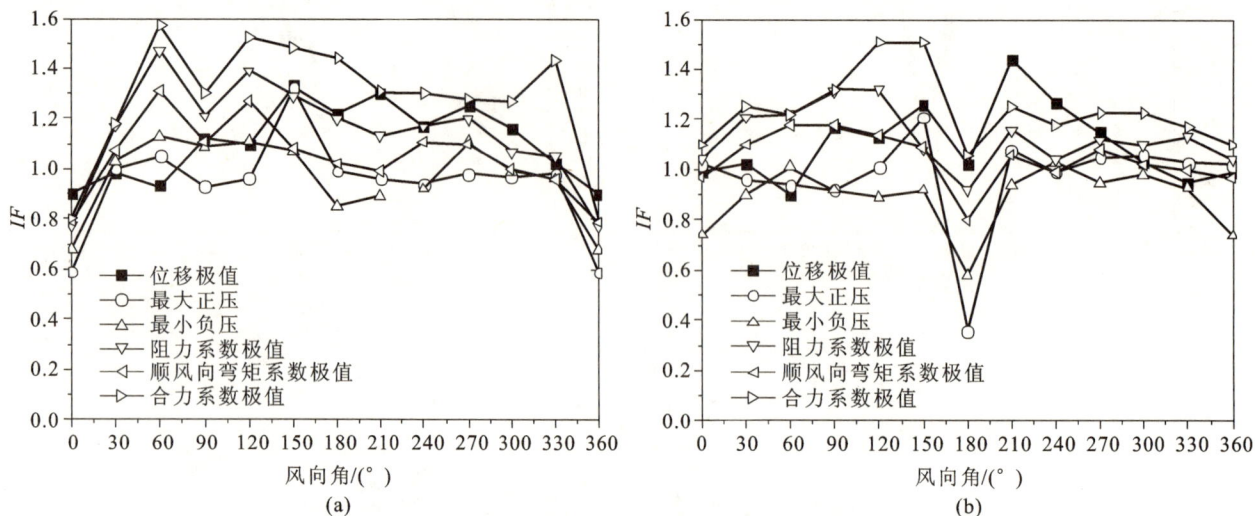

图 5-63 荷载与位移响应干扰因子比较

(a)1#塔;(b)2#塔

参考文献

[1] 陈政清.桥梁风工程.北京:人民交通出版社,2005.

[2] [美]埃米尔·希缪,罗伯特·H·斯坎伦.风对结构的作用——风工程导论.刘尚培,项海帆,谢霁明,译.上海:同济大学出版社,1992.

[3] DAVENPORT A G. The relationship of wind structure to wind loading. Proceeding of the Symposium on Wind Effect on Building and Structures,1965:54-102.

[4] 中华人民共和国住房和城乡建设部.GB 50009—2011 建筑结构荷载规范.北京:中国建筑工业出版社,2012.

[5] 项海帆.公路桥梁抗风设计指南.北京:人民交通出版社,2004.

[6] DAVENPORT A G. The application of statistical concept to the wind loading of structures. Proceedings of ICE,1961,19(4):449-472.

[7] 华旭刚.大气边界层紊流度剖面取值及其对抖振的影响.第十五届全国结构风工程学术会议暨第一届全国风工程研究生论坛论文集.北京:人民交通出版社,2011.

[8] 陈政清.工程结构的风致振动、稳定与控制.北京:科学出版社,2013.

[9] 庞加斌.沿海和山区强风特性的观测分析与风洞模拟研究.上海:同济大学,2006.

[10] 邹云峰.巨型冷却塔群的风效应及其风洞试验方法研究.长沙:湖南大学,2013.

[11] 黄本才,汪丛军.结构抗风分析原理及应用.上海:同济大学出版社,2000.

[12] 张志田.大跨度桥梁非线性抖振及其对风致稳定性影响的研究.上海:同济大学,2004.

[13] ZHANG Z T, CHEN Z Q, GE Y J, et al. Torsional divergence characteristics of long span bridge in turbulence. "Investigation of turbulence effects on torsional divergence of long-span bridges by using dynamic finite-element method". Journal of bridge Engineering, ASCE, 2010, 15(6):639-652.

[14] 张志田,陈政清,李春光.桥梁气动自激力时域表达式的瞬态与极限特性.工程力学,2011,28(2):75-85.

［15］ HARTLEN R T，CURRIE I G. Lift oscillation model for vortex-induced vibration. Journal of Engineering Mechanics Division，ASCE，1970，96(5)：577-591.

［16］ LARSEN A. A generalized model for assessment of vortex-induced vibrations of flexible structures. Journal of Wind Engineering and Industrial Aerodynamics，1995，57(2)：281-294.

［17］ KOLOUSEI V，PIRNER M，FISCHER O，et al. Wind effects on civil engineering structures. Elsevier Science Publishing Company，1984：492-498.

［18］ SCANLAN R H，Tomko J J. Airfoil and bridge deck flutter derivatives. Journal of Engineering Mechanics，ASCE，1971，97(6)：1171-1737.

［19］ 何旭辉，陈政清，黄方林，等. 洞庭湖大桥斜拉索减振试验研究. 振动工程学报，2002，15(4)：447-450.

［20］ 何旭辉，陈政清，黄方林，等. MR 阻尼器在抑制斜拉桥拉索风雨振中的应用研究. 湖南大学学报：自然科学版，2002，29(3)：91-95.

［21］ 禹见达，陈政清，曹宏，等. 永磁调节式 MR 阻尼器试验研究及工程应用. 振动工程学报，2006，19(4)：532-536.

［22］ DEN HARTOG J P. Transmission line vibration due to sleet. Transactions of the American Institute of Electrical Engineers，1932(51)：1074-1076.

［23］ DEN HARTOG J P. Mechanical Vibrations. 4th ed. New York：McGraw-Hill，1956.

［24］ JONES K F. Coupled vertical and horizontal galloping. Journal of Engineering Mechanics，ASCE，1992，118(1)：92-107.

［25］ YU P，DESAI Y M，POPPLEWELL N，et al. Three-degree-of-freedom model for galloping. Part I：Formulation. Journal of Engineering Mechanics，ASCE，1992，119(12)：2426-2448.

［26］ 李寿科. 屋盖开孔的近地空间建筑的风效应及等效静力风荷载研究. 长沙：湖南大学，2013.

［27］ 张相庭. 结构风工程：理论 规范 实践. 北京：中国建筑工业出版社，2006.

［28］ 国家能源局. DL/T 5154-2002 架空输电线路杆塔结构设计技术规定. 北京：中国电力出版社，2012.

［29］ 汪志昊. 自供电磁流变阻尼器减振系统与永磁式电涡流 TMD 的研制及应用. 长沙：湖南大学，2011.

［30］ 中华人民共和国建设部. GB/T 50102—2003 工业循环水冷却设计规范. 北京：中国电力出版社，2003.

［31］ 中华人民共和国国家发展和改革委员会. DL/T 5339—2006 火力发电厂水工设计技术规定. 北京：中国电力出版社，2006.

［32］ BS 4485-4 Code of Practice for Structural Design and Construction-Water Cooling Towers. British，1996.

［33］ Technical Guideline for the Structural Design，Computation and Execution of Cooling Towers. Structural Design of Cooling Towers(VGB -R 610Ue). German，2005.

［34］ GOULD P L，KRATZIG W B. Cooling tower structures. Structural Engineering Handbook，Boca Raton：CRC Press LLC，1999.

［35］ 邹云峰，牛华伟，陈政清. 基于完全气动弹性模型的冷却塔风致响应风洞试验研究. 建筑结构学报，2013，34(6)：60-67.

6 灾害风险管理

6.1 灾害风险概述   >>>

6.1.1 灾害风险概念

6.1.1.1 风险的概念

关于风险的讨论,在西方最早可见于19世纪末的经济学研究中。美国学者 J. Haynes 在其1895年所著的 *Risk as an Economic Factor* 一书中认为:风险意味着损害的可能性。后来,随着人们"减小这种损害可能性或不确定性的愿望"的日益增强和科学技术的不断发展,风险和风险管理作为一门学问于20世纪50年代开始在经济学、社会学、管理科学、环境科学和工程设计等领域都得到了不同程度的发展。

由于对不同学科的研究对象和角度不同,造成了人们对风险有不同的理解,因此也为风险的定义带来了困难。即使这样,对风险的表征和量化仍然十分必要,这也是风险分析发展的必要条件。在风险分析和管理有关问题的研究中,对风险的定义大致可以分为两类:第一类是广义风险,即着重于风险的不确定性;第二类是狭义风险,即着重于损失的不确定性。

对风险的理解有如下四种:

① 以事件发生的结果来表示风险,一般是数值表示的经济损失,称为数值风险;

② 以事件发生的可能性表示风险,一般是用概率表示,称为概率风险;

③ 以事件可能引起的结果之间的差异来表示风险,风险称为随机变量的取值,可用方差来表示,称为方差风险;

④ 以事件本身的不确定性来表示风险,称为抽象风险。

从这些理解中我们可以得到如下三点认识:

① 事件的发生存在不确定性;

② 事件的后果表现为一定的损失或收益;

③ 存在多种可能的结果。

需要说明的是,风险与危险是不同的。危险是指肯定会造成损失的那一类风险,着重在事件的危害性,即损失的大小;风险是损失的不确定性,即可能带来损失,也可能取得收益,风险的二重性表现在既有危险,又是机会。对风险的态度在不同人群、不同时间和不同空间有很大区别。

结合灾害风险这一领域的特点,国家科委、国家计委、国家经贸委和灾害综合研究组将灾害风险定义为:"灾害活动及其对人类生命财产破坏的可能性,具体而言,就是指某一地区某一事件可能发生哪些灾害,其活动程度和破坏损失有多大。"其数学表达为:

$$R = F(P_f, D) \tag{6-1}$$

式中　R——风险;

　　　P_f——事件发生的概率;

　　　D——失效后果严重性。

6.1.1.2 灾害风险成因要素

(1)风险源及其危险性

风险产生和存在与否的第一个必要条件是要有风险源。自然灾害风险中的风险源是可能发生的自然灾变(或致灾因子)。风险源不但从根本上决定某种灾害风险是否存在,而且还在量上影响该种风险的大小。因为风险源是自然界中的一种异常过程或超常变化,且这种过程或变化的进程越逼近自然灾变(或致灾因子)的发生临界,或这种过程或变化的频度越大,它给人类社会经济系统造成破坏的可能性就越大,相应地,人类社会经济系统承受的来自该风险源的灾害风险就可能越高。风险源的这种性质,通常用风险源的危险性来描述,如地震的危险性、泥石流的危险性等。

风险源的危险性是对风险源的灾变可能性大小和变异强度强弱两方面因素的综合度量,且一般来说,风险源的变异强度越大、发生灾变的可能性越大或灾变发生的频度越高,则该风险源的危险性越高。因此,风险源危险性的高低通常可用如下范式予以表达:

$$H = f(M,P) \tag{6-2}$$

式中　H——风险源的危险性(hazard);

　　　M——风险源的变异强度(magnitude);

　　　P——自然灾变发生的概率(possibility)。

(2)风险载体及其脆弱性

有风险源并不意味着风险就一定存在,因为风险是相对于行为主体——人类及其社会经济活动而言的,只有某风险源有可能危害某社会经济目标——某风险载体后,对于一定的风险承担者来说,才承担了相对于该风险源和该风险载体的灾害风险。

人类社会及其赖以生存的资源环境尽管多种多样,但作为风险载体,大致可归纳为如下几类:

① 人及其日常生活活动;

② 人类劳动创造的物质财富,包括其种植或饲养的动植物等;

③ 人类的各种社会经济活动,包括不同的产业活动、各类工程活动、防灾减灾活动、政治及文化生活等;

④ 资源与环境;

⑤ 由以上要素在一定地域单元上构成的具有一定空间尺度和组织形式的地域综合体,如一座城市、一个区域或者一个国家等。

而风险承担者总体而言就是人类社会本身,且在不同情况下,可有不同的具体形式,可以是某具体的人或人群、某种财产的拥有者、某种人类社会经济活动或组织,也可以是一个区域社会体系或一个国家等。风险承担者与风险载体既有区别,但有时又彼此统一。

与风险源类似,风险载体不仅决定了某种灾害风险是否存在,风险载体的性质还决定着灾害风险的形式、特点和大小。风险载体对灾害风险的影响,首先体现在其相对于某种风险源所具有的灾害脆弱性水平上。在国外,风险载体的灾害脆弱性(或承灾体的灾害脆弱性,下同)被统一定义为"vulnerability",且通常被理解为风险载体对破坏或损害的敏感性(susceptibility)或它被灾害事件破坏的可能性(possibility);在国内,不同学者或不同专业领域对"vulnerability"的提法则不尽相同。如在地震灾害研究中,"vulnerability"一般被称为"易损性",且通常被定义为各类建筑物或人群因灾害而导致损失的期望程度或被定义为建筑物或人群在确定的灾害作用下,发生某种程度破坏的概率或可能性。归纳起来,风险载体的灾害脆弱性(vulnerability)事实上是风险载体与自然灾变间相互作用水平的度量,是指风险载体受自然灾变破坏的可能性和对这种破坏或损害的敏感性,是风险载体一旦遭受自然灾变打击时所表现出来的一种动力学属性。风险载体的灾害脆弱性既包括各类风险载体单体的物理及结构易损性,又包括这些单体的功能脆弱性,在更大的范围和尺度上,还表现为社会经济系统的功能、经济和社会脆弱性以及资源环境的灾害脆弱性等。

风险载体的灾害脆弱性水平是影响灾害风险大小的基本因素之一,且一般地,风险载体相对于某风险源的灾害脆弱性越低,则该风险载体遭受损失的可能性越小,相应地其所承载的来自该风险源的灾害风险就可能越小;反之则越大。

分析风险载体的灾害脆弱性的本质和内涵可知:风险载体的灾害脆弱性高低,与影响它的风险源、风险载体本身和两者间的相互作用方式都有关系。第一,风险源是风险载体的灾害脆弱性存在的外因和条件。某风险载体的灾害脆弱性一定是相对一定风险源而言的,且风险源的种类不同,该风险载体的脆弱性形式和水平通常都是不同的。例如,一般来说,农作物对于干旱的灾害脆弱性比对于地震的灾害脆弱性高,而建筑物则相反等。在量上,风险载体的灾害脆弱性高低,还与影响它的风险源的变异强度有关,且风险源的变异强度越大,该风险载体就越有可能遭到破坏,因此其脆弱性越高。第二,风险载体自身的性质是其灾害脆弱性产生和产生多大程度脆弱性的内因和基础。对于同一风险载体来说,其自身的特点决定了其对来自不同类型风险源的影响,具有不同性质和程度的反应。如农作物对来自干旱缺水的反应敏感,而对来自地震振动的反应迟钝等。在量上,某风险载体相对于特定风险源的灾害脆弱性高低,直接取决于该风险载体在组成、结构和功能上的优良程度及其抗干扰能力,如众所周知的结构优良的建筑物更抗震、发达而富裕的地区更能承受突发事件的打击等。第三,某风险载体相对于某风险源的灾害脆弱性高低,还与风险源和风险载体两者间的相互作用方式密切相关。例如,来自地震的水平方向上的振动和垂直方向上的振动对建筑物的作用效果具有明显差异等。由此可见,风险载体的灾害脆弱性高低可用如下范式加以表达:

$$V_u = f[k_1, k_2, M_{k1}, Q_{k2}, m(k_1, k_2)]$$ (6-3)

式中　V_u——风险载体的灾害脆弱性(vulnerability);

k_1——风险源的种类标示码,如 1 代表地震,2 代表洪水等;

k_2——为风险载体的种类标示码,如 a 代表人,b 代表物等;

M_{k1}——第 k_1 种风险源的变异强度(magnitude);

Q_{k2}——第 k_2 种风险载体的组织、结构与功能品质(quality);

$m(k_1, k_2)$——第 k_1 种风险源和第 k_2 种风险载体间的相互作用方式。

(3)人类社会的防灾减灾措施及其防灾减灾有效度

防减灾措施是人类社会,特别是其中的风险承担者用来应对灾害所采取的方针、政策、技术、方法和行动的总称。一般分为工程性防减灾措施和非工程性防减灾措施两类。人类社会中各单类及综合的防减灾措施之防减灾有效性和效能的大小,通常用其防减灾有效度表示。防减灾措施的防减灾有效度与风险载体的灾害脆弱性之间的区别在于:风险载体的灾害脆弱性是指作为灾变作用对象的人类社会经济体系或其一部分,被动地遭受自然灾变打击时所反映出来的动力学特性;而该人类社会经济体系或其一部分的防减灾有效度,反映的则是人类,特别是其中的风险承担者主动地应对灾害的能动性、作用和水平。人类防减灾措施的防减灾有效度可用如下范式加以表达:

$$V_{dr} = f(C_e, C_{ne})$$ (6-4)

式中　V_{dr}——防灾减灾有效度(validity of disaster reduction measures);

C_e——工程性防灾有效性(capability of engineering measures);

C_{ne}——非工程性防灾有效性(capability of non-engineering measures)。

其中,C_e 和 C_{ne} 也是一系列相关变量的函数。

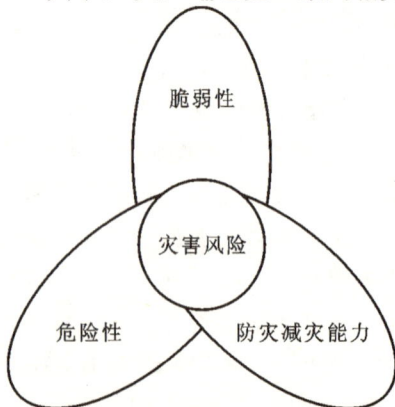

图 6-1　灾害风险三要素

人类社会的防减灾措施及其防减灾有效度,也是某种灾害风险能否产生以及产生多大风险的重要影响因素,且一般来说,防减灾有效度越大,相关的灾害风险就可能越小;反之,可能越大。例如,堤防保护下的一片农田,假如该堤防的防洪有效性足够大,以至于任何强度的洪水都不会影响到该片农田,那么不管这片农田相对于洪水的灾害脆弱性有多高,但对于该片农田来说,都不存在相对于洪水的灾害风险,因为这片农田和洪水没有相互作用而产生灾害的可能;又如,将某风险载体撤离某类风险源的高危险区,则该风险载体相对于该类风险源的灾害风险也随之降低等。

综上所述,灾害风险是危险性、脆弱性和防灾减灾能力三个因素相互综合作用的产物,见图 6-1。通过考虑灾害的主要原因、灾害风险的条件和承灾体的脆弱性等与灾害风险及其管理密切相关的关键问题,全面综合地概括灾害管理过程的各个环节,并且弥补其缺欠或薄弱环节,采取综合的减灾行动和管理模式是非常必要和有效的。

6.1.2 灾害风险分析评估的意义和发展

当代灾害数量和所造成经济损失急剧增加,发展中国家受害尤甚。根据德国慕尼黑保险公司的有关全球灾害数据,需要国际援助的灾害的发生数20世纪60年代约4件,而20世纪90年代约13件,是60年代的3.2倍;20世纪60—90年代,各种自然灾害所造成的直接经济损失(按2000年价格比较)则增加了约8.6倍。如果考虑此期间的经济成长,损失实际按照每年19%的速率在增加。在发展中国家,因各种灾害死亡的人数占死亡人口的95%。在过去30年中,世界上近乎一半以上的自然灾害发生在亚洲。亚洲是世界上各种灾害多发的地区,占世界灾害受影响人口的80%,占死亡人数的40%,占经济损失的46%。造成灾害多发和损失增加的主要原因可以概括为如下几个主要方面:

① 地理位置,发展中国家多处于自然灾害多发地区;
② 人口增长和城市化;
③ 气候和环境变化;
④ 灾害险情地区价值;
⑤ 保险投保率的变化;
⑥ 在存在风险地区开发;
⑦ 现代社会对灾害的脆弱性(易损性);
⑧ 忽视和低估自然灾害风险;
⑨ 缺乏有效而可操作的自然灾害管理方法。

从实际情况看,一方面发生各种风险和灾变的可能性增加;但另一方面,社会和政府的对应机制和管理模式似乎并不那么有效,社会有效治理能力的缺乏和社会缺乏有效的灾害预防和综合管理的能力造成各种灾害风险大大增加。当代自然灾害数量不仅急剧增加,而且还呈现出诸多新特征和发展趋势:灾害由个别的孤立事件变成普遍现象;灾害由偶发事件变成频发现象;灾害由主要是单一因素事件变成复合型事件;一些局部性灾害往往会迅速蔓延,酿成全局性危机;灾害所造成的一国危机随时可能转化为跨国危机,甚至造成全球危机。

从分析灾害风险的构成要素可知,直接生成灾害风险的危险性、易损性和防灾能力3项因素中,易损性和防灾能力均与人类的活动相关联,不论是易损性所表征的各种人工构筑物的抗灾能力以及人口密度和经济密度等因素,还是防灾能力所表征的人们建设活动的安全选址等问题,人的活动在其中都存在强化或减弱灾害风险因素的作用。减轻或者消除人们在这些活动中可能导致灾害风险的因素,无疑是实施综合灾害风险管理的主题中所必需的,也是降低人类面临的灾害风险的现实要求。

灾害的上述特征和变化趋势,加剧了灾害管理的难度,同时也说明了政府灾害管理能力的大小取决于各种各样的因素及其相互作用。因此,考虑到自然灾害风险的多因性(产生的原因复杂)、系统性(多种灾害风险并发并带着复杂后果)和不可预期性(新风险或不常见风险随时可能爆发),从国际社会和灾害管理先进国家的经验出发,建立系统化、跨学科、跨部门的综合灾害风险管理体系是十分重要的。

各类灾害作为重要的可能损害之源,历来是各类风险和风险管理研究的重要讨论对象。反过来,风险的理念和风险管理的手段作为深入认识灾害的途径和有效调控灾害的手段,也自然而然地引起了国内外防灾减灾领域的普遍关注。特别是20世纪90年代以来,灾害风险分析与风险管理工作在防灾减灾中的作用和地位更是日益突现。1999年,国际减灾10年(IDNDR)科学与技术委员会,在其"减灾10年"活动的总结报告中,列出了21世纪国际减灾界面临的5个挑战性领域,其中3个领域与灾害风险问题有密切相关:其一是综合风险管理与整体脆弱性降低;其二为资源与环境脆弱性;其三是发展中国家的防灾能力。这表明,灾害风险及其相关问题的研究,仍是当前国际减灾领域的重要研究前沿。

对自然灾害全面认识和恰当评价自然灾害给人类社会造成的风险十分重要,既是防灾减灾工作的基础环节,又是人类社会经济可持续发展的迫切需要。而人类社会的可持续发展更是迫切需要知道在何时何地、采取何种措施,才能经济、有效地减轻灾害的影响。因为目前人类几乎已经充斥到了地球的每一个可以生存的角落,致使许多自然灾害高危险区——河流冲积平原甚至河漫滩、海岸带甚至沿海滩涂、泥石流堆积扇甚至泥石流沟口等,恰是部分人群赖以生存的家园,在人口膨胀、资源短缺和环境问题积重难返的今天,彻底避开这类地区是不可能的。所以,只有面对现实,用风险的理念认识和管理灾害,才能在最大程度上减轻灾害的同时,谋求社会经济的持续发展。

灾害风险研究的兴起是灾害科学发展的必然。在国际减灾界,灾害风险理念的产生和发展与人们对灾害危险性和灾害危害性认识的不断深化相辅相成。以地震灾害为例,地震危险性分析历来是国际防震减灾研究的重要方面。1992 年,为配合 IDNDR 活动的开展,"国际岩石圈计划"启动了"全球地震危险性评估计划(GSHAP)",并于 1999 年发布了《全球地震危险性图》,从而首次实现了全球不同地区地震危险性定量和直接的对比。但正如该文献所讲述的那样:地震危险性评价只是地震灾害风险评价的第一步,地震灾害风险是地震危险性和一系列脆弱性因素,如建筑物的类型和年龄、人口密度、土地利用、日期和时间等因素相互叠加、相互作用的产物。

在我国,灾害风险理念的形成也经历了一个漫长的过程。最初的自然灾害研究主要侧重于灾害的自然属性,以认识自然灾害的形成机制、变化规律和时空危险性,我们称之为"灾变"研究。20 世纪 80 年代以来,灾害的社会属性逐渐引起普遍关注,对"灾害具有自然与社会双重属性,灾害是自然灾变(或致灾因子)与脆弱的承灾体相互作用的产物"等的认识更加明确。此时的灾害研究重视灾害的自然属性,更重视灾害的社会属性,其中,定量评估灾害造成的损失与影响是当时最热门的话题。20 世纪 90 年代以来,为更好地服务于防灾减灾,灾害损失与影响预测研究,在国内逐渐发展起来。伴随灾害损失与影响预测研究的发展,灾害社会属性研究的范畴不断扩展,此时关于各类承灾体的灾害脆弱性(或易损性)、人类社会的防灾减灾能力以及大规模或不合理的人类活动对灾害自然属性的影响等问题的讨论不断深化;与此同时,灾害中的一系列不确定性问题,包括未来灾害发生的可能性、可能达到的危险程度和危害程度等就自然地摆在了减灾界的面前;认识与把握灾害中这些不确定性问题的实际要求,有力推动了灾害风险理念的形成与发展,我们称之为"灾害风险"研究。

6.1.3 灾害风险分析流程

风险分析的主要内容可以分为风险辨识、风险估计,风险评价、风险控制四个方面,整个过程称为风险管理,分析流程如图 6-2 所示。

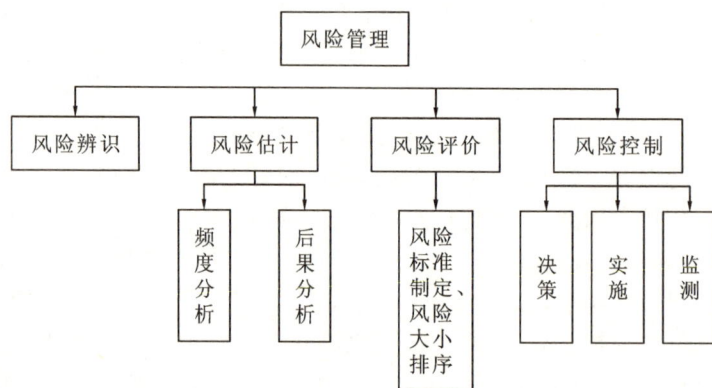

图 6-2 灾害风险分析流程

(1)风险辨识

风险辨识又称风险识别,是风险分析过程中最基础、最重要的工作。进行风险识别就是要找出风险的来源、范围、特性及与其行为或现象相关的不确定性,也就是要找出可能遇到的风险和引起风险的主要因素,并对其后果作出定性估计。风险辨识是风险管理的起点,其主要内容包括以下几个方面。

① 基础资料调查。

进行灾害风险分析需要建立该区域的地理结构模型、区域环境大气扩散迁移模型、生态结构模型及区域人口结构分布模型,并调查该区域的灾害历史与现状,搜集灾害风险分析与管理所需的各种标准。这些决定了灾害基础资料所涵盖的内容是十分广泛的,例如应该包括该地区的地理、地貌、地质、地震、水文、气候、气象、生物、生态及人口资料等。

② 风险源调查。

调查可能存在的灾害风险,例如可以通过对历史降雨量、气候变化规律的分析总结对洪水及其引起的滑坡、泥石流等规律进行研究,排查可能的滑坡体;对需要预防重大火灾的公共场所,可调查和模拟灾害物质进入环境的迁移过程与归宿,实测危害物在环境中时空浓度分布。

③ 事故风险调查。

针对不同的灾害,可统计城市各企业、单位以及重大技术设施在生产运行中,年发生重大事故频率、伤亡人数、经济损失等;统计年交通事故频率、伤亡人数、经济损失等;统计年火灾频率、伤亡人数、财产损失等;调查城市重大技术设施是否发生过灾难性事故,发生原因,发生后对整个城市环境生态、公众健康、社会经济的危害。

④ 潜在风险调查。

调查所研究区域中易燃、易爆、有毒、放射性物质储存库的位置、储存量,这些危险物质储存库是否有安全保证;评估这些危险物质一旦发生恶性事故时的爆炸、杀伤及毒害范围;调查城市的自然灾害史,如地震、洪水、飓风、旱灾等发生的年频率,历史上发生过的自然灾害最大危害程度。

风险辨识是一项跨学科的工作,需要有丰富的专业知识和实际工作经验,需要对风险问题有较深入的认识。正确地识别风险对风险管理的效果具有极其重要的作用,风险识别工作没有做好,必然导致风险管理的失误。

当前我国政府对城市风险问题的研究分析还很不够,主要表现为对某些重要的风险问题没有进行识别,或者把一些风险问题简单地当作确定性问题来处理,没有进行必要的风险分析和风险决策研究,这就可能给决策造成失误,给工程建设带来隐患。

(2)风险估计

在风险辨识的基础上,通过整理和分析所搜集的数据资料,采用专家会议法、概率统计法等方法,运用概率论和数理统计方法对特定风险事故发生的概率和风险事故损失的严重程度作出定量分析,计算具体风险发生的概率以及其损失后果的性质和大小,为分析整个工程项目风险提供基础,以便评价各种潜在风险的相对重要性,并进一步为制定风险评价、确定风险应对措施和进行风险监控提供依据。

与风险辨识阶段不同,工程风险估计阶段的风险资料的搜集是在风险辨识的基础上,侧重于搜集类似已发生的并在风险清单中罗列的风险相关的资料,并根据资料对风险清单进行补充。并以搜集资料所取得的风险数据资料为基础,对资料进行去伪存真、去粗取精、由表及里的筛选。其次根据搜集的历史资料,对风险事件发生在哪个阶段、持续时间多长,影响范围多大,发生概率多高,损失多大即风险等进行统计列表,运用概率与数理统计方法进行统计分析,为风险概率函数和损失函数的建立提供数据。

(3)风险评价

在风险辨识和风险估计以后,根据得到的风险发生的概率、后果严重性以及其他相关因素进行综合考虑,用风险度或其他目标参数来描述风险的大小,由此可以从重要性的角度对灾害的单因素风险因素进行排序,然后根据可接受风险准则对灾害的总体风险进行评价。

(4)风险控制

在对风险进行分析后,接下来的工作就是如何有效的控制这些风险,也可称为狭义的风险管理,来达到减少事故发生的概率和降低损失程度的目的。在这一阶段,针对灾害所存在的风险因素,积极采取控制措施,以消除风险因素或减小风险因素的危险性,在事故发生前,降低事故发生的概率,其最终目的在于改变灾害承受体所承受的风险程度,其主要功能是帮助避免风险,预防损失,降低损失的程度。当损失无法避免的时候,务求尽量减低灾害风险所造成的不良影响。

灾害风险的风险来源、风险形成过程、风险潜在的破坏机制、风险的影响范围以及风险的破坏力错综复杂,单一的管理技术或单一的技术、财务、组织和教育程序措施都有局限性,不能完全奏效,必须综合运用多种方法、手段和措施,才能以最少的成本将各种不利后果减少到最低程度。因此,灾害的风险控制是一种综合性的管理活动,其理论和实践涉及自然科学、社会科学、工程技术、系统科学、管理科学、信息科学、控制科学等多种学科。

6.2 风险分析方法 》》》

6.2.1 灾害风险辨识方法

风险辨识是灾害风险分析的第一步和基础性工作。然而,在大多数情况下,灾害风险并不是显而易见的,往往隐藏在细节之中,或被各种假象所掩盖。因此,风险的辨识要讲究科学的方法,特别是要根据灾害风险的特点,依靠科学的依据,按照科学的辨识程序,遵循一定的原则,采用不同的方法和手段开展风险辨识工作。目前灾害风险辨识方法主要有核对表辨识法、专家调查法等。

6.2.1.1 核对表辨识法

风险辨识实际上是对将来项目风险事件的设想,总结入册。如果把人们经历过的风险事件及其来源罗列出来,写成一张核对表,那么根据这张核对表,项目管理人员的思路就容易开阔起来,容易想到本项目会有哪些潜在的风险。因此,核对表的内容是人们在项目管理实践中逐步积累起来的,是实践经验的结晶。在风险辨识的实践中,核对表法是最常用的工具,简便易行,效果明显。对于项目风险人员辨识风险具有开阔思路、有章可循、循序渐进、增加效率的作用。在工程上对灾害风险的实践中,应善于总结自己的经验教训,建立风险核对表。

核对表中应该包括灾害风险形成的原因、当时采取的措施及本工程项目的基本情况等内容。表格可按照不同的分类加以详细编制。

核对表可以加快和简化风险辨识的过程。但其缺点是核对表不可能包揽一切,也容易限制使用者的思路。如果列入表中的风险跟本项目有关,就一定要注意核对表中未列出的事项。核对表应当把项目的所有可能的类型的风险均一一列出。项目结尾时应当重新审查核对表,对其做出改进,使之更为现实和丰富。

6.2.1.2 专家调查法

专家调查法是风险辨识中使用率较高、简便易行的方法。专家都具有长期的实践经验,通过他们进行调查可以获取许多项目风险的可靠信息。根据调查方式不同,专家调查法可分为头脑风暴法(Brain Storming)、德尔菲法(Delphi Method)、情景分析法(Scenarios Analysis)等。在专家调查法中,我们仅对头脑风暴法和德尔菲法作介绍。

(1)头脑风暴法

头脑风暴法简称 BS 法,又称智爆法、智力激励法。这是美国专家奥斯本在 1939 年首创的,最初用于广告设计业,从 20 世纪 50 年代起得到较为广泛的应用。我国于 20 世纪 70 年代末引入此方法,很快得到重视,并广泛应用于各个领域,其中包括项目管理领域。"头脑风暴"的概念来源于医学,是指精神病患者头脑中短时间出现的思维混乱现象。创造学中借用这个概念用来比喻思维高度跳跃,打破常规的思维方式进而产生大量创造性设想的状况。

这一方法的原理是通过强化信息刺激,并进一步诱发创造性设想,引起思维扩散,在短期内产生大量设想,并进一步诱发创造性设想。此方法的特点是,征求意见者努力营造一个无批评的、自由发表意见的环境,使与会者无拘无束,畅所欲言,充分讨论,相互启迪,相互交流,激活创新思维,突发奇想,达到集思广益的目的。头脑风暴法有两种:一种是直接风暴法,另一种是质疑风暴法。这是从讨论问题的方式上划分的类型。前者是按常规从寻求原因到推断结果的过程,而后者是从其前者提出假设、方案的基础上,对其进行逆向分析。

头脑风暴法要以一个共同的议题为中心,参会人员在他人的看法上发表自己的意见。这样可以提高对风险辨识的正确性和效率,过程中应注意以下几个要求:与会者没有上下级之分,要平等相待;允许胡思乱想;不回避矛盾,不允许否定和批评别人意见;可对别人意见补充或者发表相同意见。具体流程为人员选择、明确中心议题、轮流发言并记录、发言终止、意见评价、总结归纳。

头脑风暴法比较适合于问题单纯、目标明确的状况,如果所研究风险牵扯面太广,包含因素太多,应首先对问题进行分解。针对讨论结果也应进行详尽分析,对总结出的风险进行分析和论证,为风险评估打下基础。

(2)德尔菲法

德尔菲法又称匿名函询法,是20世纪40年代由O·赫尔母和N·达尔克首创,经过T·J·戈尔登和美国兰德公司进一步发展而形成的。"德尔菲"来源于古希腊传说中的太阳神阿波罗神话。传说中的德尔菲,具有预见未来的能力,故以这一名称命名。目前,德尔菲法已经在社会、经济、工程技术领域得到广泛的应用,是工程项目风险管理中最为常用的方法之一。

德尔菲法是典型的专家咨询方法,利用一系列简明扼要的征询表和对征得意见的有控制反馈,从而取得一组专家的最可靠的统一意见。具体地讲,首先成立一个对专家情况有一定了解,有一定统计学、数据处理和相关专业知识的管理小组,同时邀请专家做相关灾害风险分析,人数视征询意见涉及面的宽窄而定;然后向专家提供相关资料,以供分析研究,管理小组需要对专家回复汇总、列表、进行对比,让各位专家比较自己同他人的不同意见,修改自己的意见和分析判断;最后总结专家所有的修改意见并搜集汇总,再次发给各位专家,以便作第二次修改。逐轮收取函询表并为专家反馈信息是德尔菲法的主要环节。搜集意见和反馈意见如此反复多次,一般要经过四五轮,使认识趋于一致,直到每一位专家不再改变自己的意见为止。

该方法有以下三个特点:第一,在参加者之间相互匿名,以免某些答复会受权威、资质等其他原因影响;第二,对专家意见进行统计处理,并在统计评估基础上建立集体判断;第三,有反馈地重复地进行意见测试,每位专家至少修改一次自己的意见。

实际上,德尔菲法就是将许多专家的意见相互独立地(因为相互匿名)集中起来的一种方法,这比某个人的意见接近客观实际的概率要大,一般应用于以下情况:

① 面对一个复杂庞大的问题,各位专家的专业和经验有较大差别;

② 专家人数众多,面对面交流效率低;

③ 专家意见分歧严重,或者时间、费用和政治等因素限制不能经常开会讨论;

④ 需要保持参与者的多种成分,提出不同意见,避免因权威和人数众多压倒其他意见。

6.2.2　灾害风险概率估计方法

风险辨识主要解决的是有无风险及风险来自何处、其征兆如何等问题。要对灾害风险作进一步了解,就必须在辨识风险因素的基础上,对其作进一步估计。需要对这些风险事件发生的可能性有一个比较准确的把握。同时,更清楚地认识到哪些因素是主要风险因素,哪些是次要风险因素。

风险发生的可能性有多大,这是风险估计的首要任务。灾害风险发生的可能性,我们用概率来表示。风险事件发生的概率越高,造成损失的可能性也就越大,就越要对其进行管理,并实施有效的监控。目前对灾害风险概率的估计分为客观概率估计、主观概率估计和合成概率估计。

6.2.2.1　客观概率估计

风险分析结果的有效性,首先取决于风险的辨识及其风险概率的估计。一般而言,风险事件发生的概率应该由历史资料和数据来确定,也就是说由客观事物来决定,利用历史资料和数据对风险概率的估计,我们称作客观概率估计。客观概率估计可以分为两种:第一种是根据已知历史资料或数据进行估计,先得到风险概率分布,然后推断出风险的概率值、特征值;第二种是由人们以往的实践经验来判断、确定其风险分布的类型,根据理论分布模型,对风险概率进行估计。

(1)利用历史数据对风险概率估计

① 风险分布的估计。

要估计风险事件发生的概率,首先要对风险概率的分布进行确定,也就是说首先要掌握风险事件分布的客观规律,在此基础上才能够估计风险事件所发生的概率。利用历史数据对风险概率分布估计的思想是:通过同类型的一组历史数据,来推断该风险概率分布的情况。比如,假设有一组同类风险的历史资料:$x_1,x_2,\cdots,x_i,\cdots,x_n$。我们想通过这组数据来描述其概率分布的情况。通常需要对数据进行加工处理,然后制作频率直方图与累计频率图,计算其特征值。操作步骤如下:

a. 将数据排序。将数据 x_i 由小到大排序,找出这些数据中的最大值 $x_{\max}$ 最小值 $x_{\min}$,得到极差即 $(x_{\max}-x_{\min})$。

b. 将资料分组。按照数据 x_i 的大小将其分组。如分组数为 k,组间距 h 与极差有如下关系:

$$h = \frac{x_{\max}-x_{\min}}{k} \tag{6-5}$$

分组数目 k 应根据样本数目 n 的多少而定,根据经验,当资料个数为 $50\sim100$ 个时,适合划分 $5\sim10$ 组;当为 $100\sim200$ 个时,适合划分为 $7\sim12$ 组。也可参考下列公式,决定其组数。对于正态总体分布可利用式(6-6),对于二项分布可用式(6-7)。

$$k = 1.87(n-1)^{0.4} \tag{6-6}$$

$$k = 1+3.32\lg n \tag{6-7}$$

通过式(6-6)、式(6-7),计算 k,再利用式(6-5)计算其组间距 h。一般来说,h 值的精度应比数据的精度低一个数量级。这样做的目的是不至于使数据落入组分界线上。

c. 资料统计。统计落入每组范围内的资料个数,并计算落入每组的数据个数 m_i,即频数,计算每组的频率 f_i,并用式(6-8)计算频率 f_i。

$$f_i = \frac{m_i}{n} \tag{6-8}$$

d. 画直方图。以频率 f_i 为纵坐标,数据 x_i 大小为横坐标画直方图。横坐标值的取法应注意第一组的下界值。最小值 $x_{\min}$ 应被包含在第一组中,且要防止数据正好落在各组的组界上。因此,一般第一组下界值为 $\left(x_{\min}-\dfrac{h}{2}\right)$,然后依次加组距 h 即 $\left[\left(x_{\min}-\dfrac{h}{2}\right)+h\right]$,$\left[\left(x_{\min}-\dfrac{h}{2}\right)+2h\right]$,$\cdots$,$\left[\left(x_{\min}-\dfrac{h}{2}\right)+kh\right]$。最后一组应包含最大值 $x_{\max}$。

e. 绘制累计频率分布图。首先绘制以 x_i 为横坐标,以累计频率为纵坐标的图。数值从小到大,计算累计频率分布图。

根据统计数据做出两个频率分布图,就可在此基础上估计风险事件发生的概率。

② 风险概率的估计。

了解风险的概率分布的目的是要估计风险发生的概率及可能性有多大。根据上述的统计图,就可以估计某一风险的概率值。

③ 风险分布特征的估计。

在数理统计中还应用某些特征数字来反映数据的各种性质,经常使用的有以下几种特征数字。

a. 集中特征数字。位置特征反映了样本数据的集中位置,它们有均质、中位数、众数等。这三种数据反映样本数据的性质各有优缺点。

(a)均值 $\bar{x}$。均值就是数据 x_i 的简单算术平均值 $\bar{x}$,其计算公式如下:

$$\bar{x} = \frac{1}{n}\sum_{i=1}^{n}x_i \tag{6-9}$$

(b)中位数。将数据从小到大依次排列,居中间位置的数就是中位数。严格地说其定义如式(6-10)所示。中位数反映资料集中的程度,但其表性较弱,与实际总体数据具有较大的偏差,因此,具有一定的局限性。

$$\bar{x} = \left.\begin{array}{c} \dfrac{x_{n+1}}{2} \\[2mm] \dfrac{1}{2}(x_{\frac{n}{2}} + x_{1+\frac{n}{2}}) \end{array}\right\} \tag{6-10}$$

(c)众数。在数据 x_i 中占有大比例的那个数值就称作众数。众数的代表性较中位数 $\bar{x}$ 的代表资料的集中程度要强。

b. 离散特征数字。

集中特征数字反映的是数字的集中程度。离散特征数字则反映的是在样本中数字的波动幅度,换句话说也就是看一看样本数字距离集中特征数字有多远。离散数字越大则说明数字的波动幅度越大,集中特征数字的代表性就越差。离散特征数字越小则说明数字的波动幅度越小,集中特征数字的代表性就越强。离散特征数字有极差、方差或标准差、离差系数等。

(a)极差。样本数据中的最大值与最小值之差,即 $(x_{\max} - x_{\min})$ 。

(b)方差和标准差。方差就是样本中每一个数据 x_i 与均值 $\bar{x}$ 之差的平方和 $(x_i - x)^2$ 除以 n ,方差用 σ^2 表示。

$$\sigma^2 = \frac{1}{n}\sum_{i=1}^{n}(x_i - \bar{x})^2 \tag{6-11}$$

方差 σ^2 的开方就是标准差。标准差用 σ 表示,计算公式如下:

$$\sigma = \sqrt{\frac{1}{n}\sum_{i=1}^{n}(x_i - \bar{x})^2} \tag{6-12}$$

σ^2 与 σ 只是总体方差和总体标准差的有偏估计, S^2 和 S 则是总体方差、总体标准差的无偏估计。计算公式如下:

$$S^2 = \frac{1}{n-1}\sum_{i=1}^{n}(x_i - \bar{x})^2 \tag{6-13}$$

$$S = \sqrt{\frac{1}{n-1}\sum_{i=1}^{n}(x_i - \bar{x})^2} \tag{6-14}$$

(c)离差系数。离差系数用 C_v 表示。样本方差或标准差描述的是样本数据的绝对波动性。在风险管理中为了比较方便,经常用到样本标准差的相对值,这就是样本离差系数 C_v 。计算公式如下:

$$C_v = \frac{S}{\bar{X}} \tag{6-15}$$

(2)利用理论分布对概率的估计

在工程实践中,有些风险的发生是一种较为普遍的现象,前人已经做了许多的探索或研究,并掌握了这些风险的变化规律及分布规律,对这种情况就可以利用已知的理论概率分布去求解风险事件发生的概率。

① 理论分布类型。

一般而言,风险事件的概率分布应该由历史数据确定,这样可以得到客观的分布与概率。但是在实践中,由于缺乏历史数据来确定风险概率分布,对风险概率的估计就显得十分困难。此时,可以考虑利用理论概率分布进行风险估计。在实践中,有许多随机现象都符合某些理论概率分布,并被广泛地运用到实践之中。这些理论概率分布包括均匀分布、三角分布、正态分布、二项分布及泊松分布等。特别是正态分布、均匀分布和三角分布经常使用。运用何种分布取决于风险因素的性质、风险管理人员对风险的特征全面的了解,并有处理该风险的经验,加之风险专家的分析与判断。

a. 均匀分布是项目误差分析中常用的分布之一,如工程测量中我们只读到最接近的整数刻度为止,那么所产生的误差就均匀地分布在 -0.5 与 $+0.5$ 的刻度之间。对于不确定性较大的风险可以用均匀概率分布来计算其概率,例如地基条件不确定性较大,相应的工期、成本结果就可以用均匀分布来描述。

b. 正态分布在风险估计中具有重要的作用。有些专家认为,在正常生产条件下,工程项目施工工序的质量计量数据服从正态分布;土工试验得到的一些参数如抗剪强度、凝聚力等被认为近似服从正态分布;施工工期也认为是近似服从正态分布;不确定性较强的风险因素服从均方差较大的正态分布。

c.三角形分布在工程风险管理中也经常使用,一般来讲,对于相对比较确定的风险因素就可以用三角形分布加以描述。例如,材料价格变动的不确定性相对较少,则可使用三角形分布来加以描述;某个地区的天气在某个时期内相对变化较少,也可以使用三角形分布描述。

利用理论分布估计风险概率时,如果所得到的实测数据不能拟合理论分布时,也可以用所得到的实测数据直接确定概率分布,即"经验概率分布",用经验概率分布去替代理论概率分布。根据实测数据建立"经验概率分布"主要有两种方法,即阶梯形经验分布和逐段线性连续经验分布。

② 分布函数类型选择。

在工程风险估计中,为了估计风险事件发生的概率就要选择概率分布。选择概率分布并不是一件容易的事情,需要借助一定的方法去推断,经常用到的方法有以下两种。

a.直方图法。直方图法在前面已经作过介绍,实际就是针对掌握的数据,对风险密度函数图形进行概率分布估计的一种方法。在数据较大的情况下,它能以很大的概率接近随机变量的密度函数。根据直方图的形状找出与其接近的连续分布密度函数曲线。该方法简单、实用,且不受分布形式的限制,因此,在实践中应用得较为广泛。

b.概率图法。直方图是根据估计的密度曲线的形状来估计该风险事件符合哪种理论分布的一种推测方法。概率图法则是根据经验分布曲线函数来估计风险属于哪种理论分布函数的方法。一般由经验分布曲线来估计理论分布曲线,比根据密度曲线得出直方图要难得多,因为连续分布函数的分布曲线几乎均是 S 形的,不同分布没有明显的区别。但概率低就不同了,概率低的横坐标是实际数据,纵坐标是累积概率,其横坐标和纵坐标的刻度是不均匀的,而且反映分布函数的构造。

(3)参数估计

推断出风险的概率分布后我们还是不能对随机变量的概率进行估计,因为虽然我们知道了随机变量是属于哪种理论类型,但是分布函数还需要有参数来加以具体描述。参数估计的任务是在概率分布类型基本确定的基础上,根据样本数据对参数做出估计。前文所述的概率图法分布估计及其参数估计可以一起解决(可以通过观察拟合直线的斜率与截距等参数,可算得概率分布的特征值),但是直方图估计方法就不能够估计分布的参数了。参数估计分为点估计和区间估计。点估计是直接根据实际确定估计值的方法,常用的点估计有矩法和极大似然法,通过参数估计就明确了风险概率的分布函数。

(4)分布函数的检验

在工程风险估计中,经常使用样本分布代替总体分布来进行估计。前面我们已经介绍过了直方图法、概率图法和参数的点估计。这些方法直观、简单,但是其精度较低,对于一些精度要求较高的风险发生概率的分析,例如,风险发生的概率并不高但是发生后的损失十分大的风险估计,就需要用数值统计的方法对上述这种假设(样本分布代替总体分布的假设)的合理性进行检验。假设检验的常用方法有 χ^2 检验和 D_n 检验。通过分布函数的检验,就可以用样本分布代替总体分布,对风险概率进行估计。

6.2.2.2 主观概率估计

前文介绍了风险客观概率的估计方法:第一种是根据已知历史资料进行统计,得到风险概率分布,推断出风险的概率值。第二种是经验判断分布模型,根据理论分布模型,对风险概率进行估计。上述方法称为客观概率估计。下面我们介绍估计风险概率的另一种方法,即主观概率估计。

主观概率是与客观概率相对立的一个概念,认为概率所反映的是主观心理对事件发生所抱有的"信念程度",换句话说,就是人们凭借经验或预感而估计出来的概率。在实际工作中,特别是在项目风险分析的过程中,人们遇到的风险是很难重复的,往往是对未来可能发生风险的概率估计,故不可能作出十分准确的分析,客观概率方法更难以计算出风险发生的概率了。因此,当风险估计和决策需要时,我们可以由风险管理者和相关领域的专家对某些风险出现的概率进行主观判断,对风险发生的概率主观地给出一个数值。主观概率虽然是由风险管理者或专家利用较少的信息而作出的估计,但它是根据个人或集体的专业知识而作出的合理判断,加上一定的信息、经验和科学分析得到的。这种方法适合于复杂事件,可用于信息数据严重不足或根本无可用信息数据、客观概率估计方法完成困难等情况。

对于主观概率与客观概率的概念,往往容易产生错误的认识,认为客观概率是客观的,是正确的;而主观概率等同于主观,主观就等同于错误。主观与客观的概念在计量学的范畴内具有不同的意义。它是与测量标准有关的两个概念。人们根据外部标准进行的测量是客观的,但并不等同于结果正确。例如用量尺对建筑四周进行测量,虽然是一件客观活动,但是根据测不准原理,其结果则是不准确的客观实践。一个有经验的工程师对某些风险做出的判断,虽然是主观的,有时却是正确的。我们不能求得绝对反映客观事物的概率数字,即使是根据过去大量的统计数据或实验数据计算出来的数字,也是相对的、有限的,不可能完全反映出事物的全部客观内容。

当然,由于人们的主观认识不同、经历不同、知识水平不同、判断能力不同,对同一件事在同一条件下出现的概率会提出不同的数值,而且主观概率是否正确是无法核对的,但是在风险管理中却运用得十分普遍。主观概率的方法有以下几种。

(1)等可能法

等可能法又称拉普拉斯法(Laplace)。估计风险概率时当没有任何历史数据和客观数据时可以认为各种自然状态出现的可能性是相等的。比如,有 n 个自然状态,每个自然状态出现概率为 $1/n$,公式见式(6-16)。例如,在火灾风险中,有 6 项可能风险影响因素,若认为几个因素的影响概率相等,那么每个因素的影响概率是 $1/6$,而每个因素不会影响火灾的风险概率是 $1-1/6=5/6$。

$$p_i = p(S_i) = \frac{1}{n} \quad i \in (1,n) \tag{6-16}$$

式中　p_i——自然状态发生的概率;

　　S_i——自然状态;

　　n——自然状态的数目,$i=1,2,\cdots,n$。

(2)主观测验法

对于事件自然状态出现的概率,风险评估人员通过比较、试探的方法进行评估称为主观测试法。如自然状态 $S_1,S_2,\cdots,S_i,\cdots,S_n$。如果需要估计第 i 个自然状态 S_i 的概率,我们设定 $p(S_i)$ 表示第 i 个自然状态发生的概率,$p(\overline{S_i})$ 表示第 i 个自然状态不会发生的概率,概率 $p(S_i)$ 取值为 $[0,1]$。比较 S_i 较 $\overline{S_i}$ 更容易出现,则在概率区间取值为 $1/2,p(S_i)\geqslant 1/2$。此时,再从 $(1/2,1)$ 取中间值,分点为 $3/4$,风险管理者选择认为是 $p(S_i)\geqslant 3/4$ 的可能性大呢?还是 $1/2\leqslant p(S_i)\leqslant 3/4$ 的可能性大?如果风险管理者认为后者成立,再从 $(1/2,3/4)$ 取中间值即分点为 $5/8$,让管理者判断是 $p(S_i)\geqslant 5/8$ 的可能性大呢?还是 $1/2\leqslant p(S_i)\leqslant 5/8$ 的可能性大?……逐步逼近估计值,直到风险管理者对 $p(S_i)=p^*$ 达到管理者对风险准确性的要求为止。

(3)专家法

专家法就是充分利用专家们的集体智慧,由专家来确定风险发生的概率。这是一种最常用、最简单易用的方法。它的应用由两步组成:首先辨识出某一特定项目可能遇到的所有风险,列出风险调查表;然后利用专家经验对可能的风险因素的重要性进行评价,综合成整个项目风险。具体步骤如下。

① 确定每个风险因素的权重,以表征其对项目风险的影响程度。

② 确定每个风险因素的等级值,按可能性很大、比较大、中等、不大、较小这五个等级,分别以 1.0、0.8、0.6、0.4 和 0.2 打分。

③ 将每项风险因素的权数与等级值相乘,求出该项风险因素的得分。再求出该项目风险因素的总分。显然,总分越高说明风险越大。

6.2.2.3　合成概率估计

合成概率估计是介于主观概率估计和客观概率估计之间的一种估计概率的方法。它既不是直接由大量的试验或计量计算得到,也不是完全由主观判断或计算得到,而是介于两者之间。该方法由于是在试验或计量计算的基础上,对其进行主观判断和修正,所以人们又称其为"行为概率"。其方法分为前推法、后推法和旁推法三种。

（1）前推法

前推法就是在时间序列上追溯、前推以前的历史，来判断未来事件发生的概率。换句话说就是根据历史经验和资料来估计未来风险发生的概率。例如，某地区兴建某一建筑工程，要考虑气候因素对项目建设的影响，需要了解掌握大雨成灾的风险究竟有多大，可以前推这一地区水灾时间的历史记录，根据历史记录推断未来水灾的概率。如果前推的历史数据呈现出明显的周期性，那么可以认为未来风险的发生是简单的历史重现，也就是将前推的历史资料序列投射到未来作为未来风险的估计。如果不能预见水灾发生的确切时间，可以根据历史资料估计出现期的概率。有时由于历史资料是有限的或者看不出什么周期性，可以认为获得的数据只是更长的历史资料序列的一部分，对这一序列假设它服从某一曲线或函数后，再进行推算。有时需要根据逻辑上或实践上的可能性去推断过去未发生过的事件在未来发生的可能性。这是因为历史记录往往有失误或不完整的地方，事物又在不断地变化，历史事件的解释还可能带有个人的意见，造成历史记录数据的残缺。以前没有发生的事件也可能在未来发生。因此，必须考虑历史上未发生事件在未来发生的可能性。

（2）后推法

在没有历史记录数据时可以用后推法估计。所谓后推法，就是把未来想象的事件、后果和已知的某一事件、后果联系起来，也就是把未来风险事件归结到有据可查的造成这一风险事件的起始事件上来。在时间序列上就是由前向后推，由引起灾害的起始事件向未来灾害风险发生的状况进行推算。例如，要分析地质灾害风险，可以根据已有地质资料估算出可能以引起一定损失的地质灾害，再根据此假设的灾害对灾害出现的可能性作出估计。

（3）旁推法

所谓旁推法，就是根据某些情况相类似的项目或地区的资料对本地区或工程进行推测估计。例如，参照类似地区的地质灾害资料以增强本地区地质灾害情况的分析；使用类似地区一次地质灾害的情况来估计本地区地质灾害出现的可能性等。在工程中旁推法早已广泛采用，例如，用某一自然灾害取得的数据去估计其他自然灾害的状态。

6.2.3 灾害风险损失估计方法

在这一节将在风险概率估计的基础上，介绍风险损失的估计问题，主要对风险损失估计的方法进行介绍。

风险损失估计的方法可分为确定型风险估计、随机型风险估计和不确定型风险估计。

6.2.3.1 确定型损失估计

风险是由于项目的某些不确定因素导致的，但人们往往有时候可以通过经验或历史数据对项目未来状态有确切性的判断，从而知道各种状态发生给项目造成的损失，这种情况下，对风险损失的估计就属于确定型风险损失估计。

确定型风险损失估计应具备以下三个条件：

① 存在一个或多个确定的自然状态；

② 可供选择的一个或多个行动方案；

③ 各行动方案都有相应的益损结果。

敏感性分析是确定型风险损失估计常用的方法之一。灾害分析的诸多因素是处于不确定变化之中的。为了估计、评价一个或多个因素的变化对目标的影响程度有多大，用以判断各个影响因素对目标的实现的重要性，就是敏感性分析。具体来说，它是假设在某一因素处于确定性的基础上，重复分析假定某些因素变化时，对灾害主体影响的程度。

敏感性是指由于特定因素变动而引起评价指针的变动幅度或极限变化。如果一种或多种特定因素在相当大的范围内变化对灾害主体产生的影响很小，那么我们说这一种或几种特定因素对灾害主体是不敏感的；反之，如果有关因素稍有变化就使灾害主体发生较大的变化，则这个因素对灾害主体就有高度的敏感性。具有敏感性的因素将带来较大的风险。

　　进行敏感性分析的目的是估计、评价影响因素的变动将引起目标的变动范围,找出最为关键性的影响因素,进一步分析与之有关的可能产生不确定性的根源,通过敏感性大小和可能出现的最有利与最不利的范围分析,用来寻找替代方案或对原方案采取某些控制修订的方法,来确定风险的大小。

6.2.3.2　随机型损失估计

　　确定型风险是各种状态已知,而且知道其必然发生(发生的概率值 $p=1$)的风险事件。如果各种状态已知,但是否发生只知道其概率是多少(发生的概率值 $p \in [0,1]$),这种风险就是随机型风险,对随机型风险的损失估计就称为随机型风险损失估计。

　　随机型风险损失估计应具备以下条件:

　　① 存在两个或两个以上的自然状态;

　　② 已知各种状态发生的概率是多少;

　　③ 具有两个或两个以上可供选择的行动方案;

　　④ 各行动方案都有相应的损益结果。

　　经常使用的随机型风险损失估计方法有概率分析法、期望值法和效用期望值法三种,一般以期望收益值或期望效用值最大为原则估计。

　　(1)概率分析法

　　影响工程目标实现的某一因素具有随机性,是一个随机变量,这一随机变量可能产生各种状态。所谓概率分析法,就是通过计算随机变量各种状态的概率及其损益值(费用、进度、质量、安全等)估算风险损失的方法。其计算步骤如下。

　　① 选择某一随机因素为随机变量,将这种随机因素的各种可能状态一一列出,并分别估算各种可能出现状态的损益值。

　　② 估算各种可能状态出现的概率,概率的估算可以是根据过去统计数据进行,也可以是由风险管理者的经验得到的主观概率。

　　③ 依据各种可能状态出现的概率和各种可能状态的损益值,计算随机因素下目标的损益期望值。

　　④ 计算目标损益期望值的方差和标准差。

　　⑤ 综合损益期望值、方差、标准差,估计在一定时间或一定范围内(或其他情况)目标实现的可能性。一般来说,在正态分布条件下:

　　$[E(X) \pm \sigma]$的可能性为 68.3%;

　　$[E(X) \pm 2\sigma]$的可能性为 95.4%;

　　$[E(X) \pm 3\sigma]$的可能性为 99.7%。

　　(2)期望值法

　　期望值是指在概率统计中随机变量的数学期望值。在这里我们把影响工程的每一个因素看成是离散随机变量,期望值就是每种状态综合的损益值。每一目标的损益期望值为:

$$E(a_i) = \sum_{j=1}^{n} p(S_j) E(a_i, S_j) \tag{6-17}$$

式中　a_i——目标;

　　　　$p(S_j)$——S_j 状态发生的概率;

　　　　$E(a_i, S_j)$——a_i 目标 S_j 状态发生的损益值,j 为状态数目。

　　损益期望值越大,表示该项目风险就越大。

　　(3)期望效用值法

　　在经济活动中损失、利益与风险程度是紧密结合的,损益期望值越高其风险就越大,由于不同的风险管理者对风险的心理承受能力不同,往往对同一损益值会产生不同的满足或满足感,有的感到满足,有的则感到不满足,我们把管理者对某种损失和利益在心理上的满足或满足感称为"效用",把衡量这种心理上的满足或满足感的度量称为"效用值",管理者对某种结果越满意,其效用值就越高。效用值是一个相对的概念,没有量纲,通常情况下用 1 表示最大的效用值,用 0 表示最小的效用值。显然,效用值的大小可以用来描述人们对风险的态度,是风险管理者心理和行为的反映。在直角坐标系中,以横坐标表示收益或损失的大小,纵坐标表示效用值,且 $U \in [0,1]$。如果将管理者对风险所抱态度的变化关系用曲线反映出来,这种曲线就称为管理者的效用曲线。设最小的损益值的效用值为 0,最大损益值的效用值为 1,两者之间损益值的效用值确定可以通过对管理者的心理问询调查加以确定。

6.2.3.3 不确定型损失估计

对于有些风险我们既不知道有何种状态出现,更不知道各种状态的概率是多少,这种风险称为不确定型风险。这种情况下对不确定型风险的损失估计称为不确定型风险损失估计。但在实际风险管理中,我们一般通过信息的获取,把不确定型风险估计转化为随机型风险估计。人们在长期实践中总结了一些供选择、参考的方法,例如等概率准则、折中准则等。

(1)等概率准则

风险管理者将随机变量出现各种状态的概率一律视为等同。如式(6-18)和式(6-19)所示:

$$p_j = p(S_j) = \frac{1}{n} \tag{6-18}$$

$$E(a_i) = p_j \sum E(a_i, S_j) = \frac{1}{n} \sum E(a_i, S_j) \tag{6-19}$$

式中　S_j——风险事件状态;

　　　$p(S_j)$——状态的概率;

　　　n——风险事件状态的数目;

　　　a_i——目标;

　　　$E(a_i, S_j)$——目标 a_i 处于 S_j 状态的损益值。

(2)折中准则

风险管理者对风险损失的态度介于乐观与悲观之间,采取折中的态度来应对风险损失。因此需要引入折中系数 α,见公式(6-20)。

$$E(a_i) = \alpha \max_{1 \leqslant j \leqslant n} \{E(a_i, S_j)\} + (1-\alpha) \min_{1 \leqslant j \leqslant n} \{E(a_i, S_j)\} \tag{6-20}$$

根据期望值最大原则,取计算结果最大值的估计方案。

6.2.4　灾害风险评价方法

一般在对风险进行分析后,要对各风险因素的风险水平进行定级评价,目前灾害风险评价方法主要有层次分析法、风险矩阵评价法、模糊综合评价法、事件树等。

6.2.4.1　层次分析法

层次分析法是人们在研究复杂事物时常用的一般性方法。该法是美国运筹学家 T. L. Saaty 在 20 世纪 70 年代提出的一种定性与定量相结合的多因素决策分析方法,其优点是将专家的经验判断进行量化。用层次分析法作系统分析,首先要把问题层次化,根据问题的性质和要达到的总目标,将问题分解为不同的组成因素,并按照因素间的关联影响和隶属关系,将因子按不同层次组合,形成一个多层次的分析结构模型,最终将系统分析归结为最低层次相对于最高层次的相对权重值的确定或优劣次序的排序问题。这种方法的主要特点就是把复杂的事物,按一定的分解原则,分层次地逐步分解为若干个比较简单、容易分析和认识的事物,以便对这些较简单的事物进一步作具体、深入的研究。

利用层次分析法可以分析各因素之间的因果关系,并便于分别识别各个层次的主要风险因素。分析过程中,通常要经历由简到繁,再由繁到简的过程,以囊括所有重要的风险因素,并对已列举的几种风险因素作认真的分析和筛选,找出影响较大、需要深入研究的主要风险因素。在城市抗震能力指标体系的建立过程中就可以采用此法,对影响城市抗震能力的各种因素(包括建筑、生命线等)的隶属关系、关联影响等进行分析,从而得到城市的抗震能力指标。

层次分析法的分析过程为：

① 确定判断矩阵；

② 计算矩阵最大特征值和对应的特征向量；

③ 一致性检验；

④ 权重的确定。

该内容具体参看本章 6.4 节地震灾害分析案例。

6.2.4.2 风险矩阵评价法

风险矩阵是在系统管理过程中识别风险（风险集）重要性的一种结构性方法，并且还是对系统风险（风险集）潜在影响进行评估的一套方法论。这种方法是美国空军电子系统中心（Electronic Systems Center, ESC）的采办工程小组于 1995 年提出的。风险矩阵法作为一种简单、易用的结构性风险管理方法，具有以下优点：

① 可识别哪一种风险是对系统影响最为关键的风险；

② 加强系统要求、技术和风险之间相互关系的分析；

③ 风险矩阵方法是在项目全周期过程中评估和管理风险的直接方法；

④ 灾害风险和风险管理提供了详细的可供进一步研究的历史记录。

风险矩阵方法综合考虑了风险影响和风险概率两方面的因素，可对风险因素对灾害的影响进行最直接的评估。该方法不直接由专家意见得出判断矩阵，而是通过事先对风险影响和风险概率确定等级划分，由专家通过较为直观的经验，判断出风险影响和风险概率所处的量化等级，然后应用 Borda 分析法对各风险因素的重要性进行排序，从而对项目的风险进行评估。这种方法的决策过程规范可行，较好地综合了群体的意见。风险等级对照参照表 6-1。

表 6-1 风险等级对照表

风险范围概率/%	可忽略	微小	中度	严重	关键
0～10	低	低	低	低	低
11～30	低	低	低	中	中
31～70	低	低	中	中	高
70～90	低	低	中	高	高
91～100	低	中	中	高	高

同一风险等级的多个风险模块，其重要程度可能并不相同，必须对多个风险模块进行重要性排序，以确定各级风险中最重要的风险模块，解决这一问题的方法是 Borda 序值法。

Borda 序值法是根据多个评价准则将风险按照重要性进行排序，具体原理为：设 N 为风险总个数，设 i 为某一个特定风险，k 表示某一准则。风险矩阵只有两个准则：$k=1$ 表示风险影响准则 I，$k=2$ 表示风险概率准则 P。如果 R 表示风险 i 在准则 k 下的风险等级（在风险矩阵方法中，将比风险 i 的风险影响程度大或风险发生概率大的因素的个数作为在准则 k 下的风险等级），则风险 i 的 Borda 数可由下式给出：

$$b_i = \sum_{k=1}^{2} (N - R) \tag{6-21}$$

风险等级由 Borda 数给出，某一风险因素的 Borda 序值表示其他关键风险因素的个数。如某个风险的 Borda 序值为 0，说明该风险为最关键的风险。按照 Borda 序值由小到大排列，就可以排出各风险因素的重要性。

在项目风险管理中,应用风险矩阵的方法确定风险因素的排序,就可以集中精力和资源来防范和控制关键风险,忽略较不重要的风险,降低风险管理成本,提高效率。

6.2.4.3　模糊综合评价法

灾害风险涉及复杂的因果关系,很难用精确的方法加以解决,风险的界限和差别往往是十分模糊的,模糊数学恰恰能够表达这种差异的中间过渡性,较为客观地刻画出风险的大小。不少学者将模糊数学引入灾害的研究,利用模糊综合评判方法来对安全性作出评判。

(1)模糊综合评价法概念

对一个事物的评价,常常要涉及多个因素或者多个指标。比如,要判定某项产品设计是否有价值,每个人都可从不同角度考虑:有人看是否易于投产,有人看是否有市场潜力,有人看是否有技术创新,这时就要根据这多个因素对事物作综合评价。具体过程是:将评价目标看成是由多种因素组成的模糊集合(称为因素集 u),再设定这些因素所能选取的评审等级,组成评语的模糊集合(称为评判集 v),分别求出各单一因素对各个评审等级的归属程度(称为模糊矩阵),然后根据各个因素在评价目标中的权重分配,通过计算(称为模糊矩阵合成),求出评价的定量解值。

上述过程即为模糊综合评判。对其进行提炼和概括得如下定义:模糊综合评价法(Fuzzy Comprehensive Evaluation,FCE)是以模糊数学为基础,应用模糊关系合成的原理,将一些边界不清、不易定量的因素定量化并进行综合评价的一种方法,模糊综合评价法是对多种因素所影响的事物或现象进行总的评价,是一种以模糊性推理为主,定性和定量相结合,精确和非精确相统一的分析评价方法。

模糊综合评判最大优点是对不确定因素给予足够的重视,尤其适用于被评价的事物是由多方面因素决定的,如何考虑所有因素而作出一个综合评价问题。由于灾害风险的多样性、变异性和复杂性,因而各种评价因素都存在大量的不确定性、不精确性。这是因为:一是评判的结果一般是优、良、中、差,或正常、存在危险、危险较大等,其本身就不具备精确的定义;二是同时考虑多种因素或指标,难以确切地判断出它们对事物评判结果的最终影响程度,特别是在考虑的因素或指标较多时更是如此。这种不确定性、不精确性既具有随机性,更具有模糊性,比较符合模糊综合评判理论的适用条件,因此,处理综合评价问题,应用模糊数学的方法最为合适,这种方法必将提高评判结果的可靠性和准确性。

(2)模糊综合评价法思想

其基本思想是根据综合评价的目标,对客观事物的影响因素进行分解,以构造不同层次的统计指标体系,然后对这些指标进行指标赋值并确定其权重系数,最后采用综合评价模型进行综合,得到综合评价值,以此进行排序和评价。

在确定评价因素、因子的评价等级标准和权重的基础上,运用模糊集合变换原理,以隶属度描述各因素及因子的模糊界限,构造模糊评判矩阵,通过多层的复合运算,确定评价对象的可靠度。具体的步骤如下。

① 建立评价因素集。因素集是影响评价对象的各种元素的一个普通集合。

$$U = \{u_1, u_2, \cdots, u_n\}$$

② 建立评价集。评价集是评价者对评价对象可能作出的各种评价结果组成的集合。

$$V = \{v_1, v_2, \cdots, v_n\}$$

③ 找出评价矩阵。

其中的 $r_{i1}, r_{i2}, \cdots, r_{im}$ 是把对第 i 个指标的评分值分别代入 $v_1, v_2, \cdots, v_m$ 隶属函数 $\mu_1, \mu_2, \cdots, \mu_m$ 中计算出来的。

④ 建立因素权重集。由于各个因素的重要程度不同,为了反映各因素的重要程度,对各个因素应给予一个相应的权数 a_i,建立权重集如下:

$$A = \{a_1, a_2, \cdots, a_n\}$$

⑤ 模糊综合评判。单因素模糊评判,仅反映了一个因素对评判对象的影响,这显然是不全面的,要得出正确的评判结果,就要综合所有因素的影响,这就是综合评判。

$$B = A \cdot R = (b_1, b_2, \cdots, b_m)$$

⑥ 由模糊综合评判指标 b_j 对评判指标作出综合评判结论。按照最小-最大法则来运算,即:

$$b_j = \bigvee_{i=1}^{n} (a_i \wedge r_{ij}) \quad j = (1, 2, \cdots, m)$$

或

$$b_j = \max\{\min(a_1, r_{1j}), \min(a_2, r_{2j}), \cdots, \min(a_n, r_{nj})\} \quad j = (1, 2, \cdots, m)$$

6.2.4.4 事件树分析

事件树分析(Event Tree Analysis,ETA)起源于决策树分析(DTA),其按发展的时间顺序由初始时间开始推论可能的后果,这不仅可以应用于风险评价,而且可对风险辨识作出贡献。

一起事故的发生,是许多原因事件相继发生的结果,其中一些事件的发生是以另一些事件首先发生为条件的,而一事件的出现,又会引起另一些事件的出现。在事件发生的顺序上,存在着因果的逻辑关系。事件树分析法是一种时序逻辑的事故分析方法,它以一初始事件为起点,按照事故的发展顺序,分阶段,一步一步地进行分析,每一事件可能的后续事件只能取完全对立的两种状态(成功或失败,正常或故障,安全或危险)之一的原则,逐步向结果方面发展,直到达到系统故障或事故为止。因将所分析的情况用树枝状图表示,故称为事件树。它既可以定性的了解整个事件的动态变化过程,又可以定量计算出各阶段的概率,最终了解事故发展过程中各种状态的发生概率。

事件树有如下功能:

① 事件树可以事前预测事故及不安全因素,估计事故的可能后果,寻求最经济的预防手段和方法。

② 事后用事件树分析事故原因,十分方便明确。

③ 事件树的分析资料既可作为直观的安全教育资料,也有助于推测类似事故的预防对策。

④ 当累积了大量事故资料时,可采用计算机模拟,使 ETA 对事故的预测更为有效。

⑤ 在安全管理上用 ETA 对重大问题进行决策,具有其他方法所不具备的优势。

事件树风险评价方法在灾害风险的定性分析和定量分析中均可应用。事件树定性分析在绘制事件树的过程中就已进行,绘制事件树必须根据事件的客观条件和事件的特征作出符合科学的逻辑推理,用与事件有关的技术知识确认时间可能状态,因此在绘制事件树的过程中就已对每一发展过程和事件发展的途径作了可能性的分析。在画出事件树后,可以通过寻找事故链锁作出一定判断,显然,事故链锁越多,系统越危险,事故链锁中事故树支线越少,系统越危险。同时,可通过分析找出合理的预防事故的途径。

应用事件树进行定量分析是指根据每一事件的发生概率,计算各种途径的事故发生概率,比较各个途径概率值的大小,作出事故发生可能性序列,确定最易发生事故的途径。一般来说,单个事件之间相互统计独立时,其定量分析比较简单。当事件之间不独立时(如共同原因故障,顺序运行等),则定量分析变得非常复杂。具体计算内容和计算方法参看本章 6.4 节中火灾风险案例分析。

6.3 风险控制 ⟫⟫⟫

6.3.1 风险控制原则

风险控制原则是风险控制行动的框架结构,是整个风险分析管理的基础,也是为防灾减灾工作顺利进行、国家相关工作全面开展的基础,任何忽视基础的可能行为都可能将给长远的发展造成严重后果。为了保证风险控制能够有效的落实,以下原则需要给予足够的重视。

(1)预防性原则

生于忧患,死于安乐,风险的复杂性、不确定性、潜在性,决定了我们没有一劳永逸的方法保证安全。风险的普遍性和广泛性告诉我们人类的一切活动都与风险同行。风险的预防原则要求我们树立风险意识,增强和保持风险应变能力,要在行动方案中准备风险防范措施。

风险意识是对风险敏感性能力的体现。但现代社会是复杂性的社会,也充满了这个危机的社会,更是一种风险社会。人们除了要对灾害、事故等可能造成生命财产损失的风险具有防范意识之外,还要有对风险主动去思考、研究的意识。风险意识既是个人的,同时又是组织的或社会的,在现代社会条件下,加强风险意识的关键是个人与社会及组织之间能够进行良好的沟通,形成有效的机制,这是信息社会、知识社会的新要求。

(2)动态预警原则

各种风险的出现、所处状态或发展水平均处于不断变化的过程之中,对各种风险的警觉、准备应当随着这种变化而变化。尤其是当有可能造成严重影响的风险更加要加强监测,根据风险的发展进程发出预警。

比如在雨季,人们不仅要对暴雨有一般性防范意识,而且要有切实可行的措施,对于已经出现的暴雨状况严加关注,并实时地安排不同人员针对可能发生的山洪、泥石流等灾害作出不同的响应,如果没有特别必要理由更不要暴露于可能因暴雨而形成的各种危险之中。即由风险到事故灾害是风险变化的过程,在不同的阶段需采取不同的防范策略。

(3)以人为本原则

以人为本的原则既是对人的生命权、人格权等的尊重,又是对人的发展权、创新权的保护和支持,灾害风险是侵害性的,计划和安排风险控制措施应以人民的生命财产安全为重,譬如在四川地质灾害易发地区,当地政府组织人员对滑坡体进行分析研究,估计灾害发生风险大小,实时监测,一旦发现异常及风险过大情况,立即组织人员撤离,这是在风险控制过程中以人为本原则的体现。

自然灾害的发生和发展是不以人们的意志为转移的,自然灾害本质上是一种地球物理现象——物质运动,只是其对人类生命财产将造成严重破坏,灾害风险的防治主要是公益性的,需要各方面的资金和投入,只有坚持以人为本的原则才能做好灾害风险的防范工作。

(4)综合效益最大化原则

风险是人们憎恨的对象,安全、快乐是人们追求和向往的目标。但风险又是人类社会进步与发展的必要张力。人类不喜欢风险,人类也永远无法彻底消除风险,就像人类在追求产品质量的完美不可能达成一样。风险控制的标准在一定技术经济和社会文化条件下,存在着可接受性、可忽略性及不可容忍性等区别。风险是人类要克服的问题之一,绝不是全部,即能用于解决风险问题的资源是有限的,因此,风险控制是一个综合问题,需要根据具体情况权衡利弊以确保综合效益最大化。

6.3.2 风险控制措施

风险控制方法种类繁多,但是从对风险处理的过程来看,其可以归类为两大类,即风险控制对策和风险的财务对策。前者对风险加以改变,而后者不是图改变风险,只是在风险中的损失发生时,保证有足够的财力资源来补偿损失,如图 6-3 所示。

(1)风险回避

风险回避(avoidance)又称风险规避,即灾害管理单位采取主动措施,规避灾害发生的风险。在经济学上,是指放弃原先承担的风险或者拒绝承担风险的行为。风险回避在经济学上是一种消极行为,在灾害学上,却是一种积极行为,是灾害管理的理想目标,只有人类完全掌握灾害发生机理、并且能够通过人为干预,提高系统稳定性或降低致灾因子作用强度,才能避免灾害发生。

因此,灾害风险回避就是采取积极措施,预防灾害发生,主

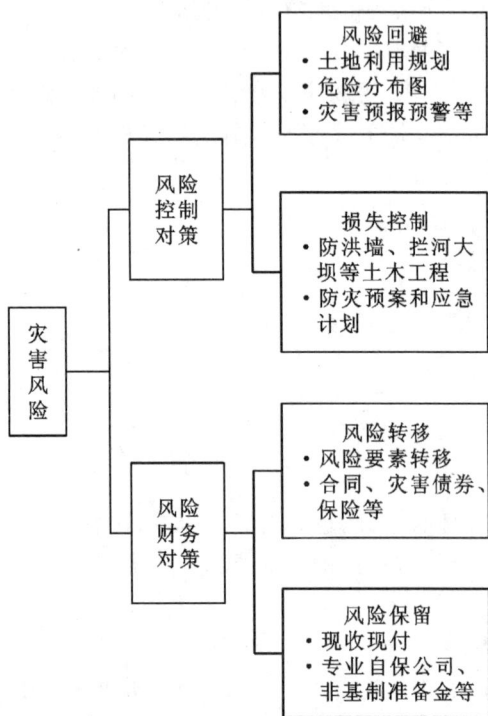

图 6-3 灾害风险控制措施

灾害风险
- 风险控制对策
  - 风险回避
    - 土地利用规划
    - 危险分布图
    - 灾害预报预警等
  - 损失控制
    - 防洪墙、拦河大坝等土木工程
    - 防灾预案和应急计划
- 风险财务对策
  - 风险转移
    - 风险要素转移
    - 合同、灾害债券、保险等
  - 风险保留
    - 现收现付
    - 专业自保公司、非基制准备金等

要途径有两种:一种是增强系统的稳定性,提高其抗灾能力;另一种是减轻致灾因子作用强度,或缩短致灾因子作用时间,使其保持在系统稳定性阈值内。

(2)损失控制

损失控制(loss control)是灾害管理单位在灾害不可避免发生的情况下,采取积极应对措施,最大限度地减少灾害造成的损失。

损失控制可以采用不同的控制策略减少灾害的损失。在控制方式上,像风险回避一样,可以通过增强系统的稳定性、减轻致灾因子作用强度或缩短致灾因子作用时间,从而降低灾害发生强度,或降低灾害发生频率、减小灾害影响范围,从而达到减少损失的目的。在控制过程上,可以通过灾前预防、灾中快速响应、灾后有效恢复等措施,降低灾害造成的损失。

(3)风险转移

风险转移(transfer-control type)是指通过一定的管理措施,将灾害风险转移到损失较小的承灾体上。通过风险转移,可大大降低灾害管理主体的风险程度。风险转移的主要形式有承灾体替换、承灾体转移、风险源转移、风险源替换、分散风险和灾害保险。

① 承灾体替换。它是将灾害造成损失相对较小的物体替换可能造成较大损失的承灾体,或者将抗灾能力强的、灾害对其影响不大物体替换脆弱的、相对重要的承灾体,从而避免重要的或可能造成较大损失的承灾体受到灾害的破坏。

② 承灾体转移。它是将重要的、脆弱的或灾害可能对其造成较大损失的承灾体转移到安全带,避免产生较大损失。

③ 风险源转移。它是将风险源转移到抗灾能力强或灾害损失小的区域。

④ 风险源替换。它是将相对安全的物体或危害不大的物体替换目前危害较大的风险源。

⑤ 分散风险。它是通过一定的管理措施,将部分或全部风险转移给多个参与者,共同承担灾害风险。分散风险具体操作形式,一般是通过风险管理合同,以经济合作形式,分摊灾害造成的损失,从而减轻风险管理主体独自承担灾害风险的强度。

⑥ 灾害保险。它是分散风险的一种特殊形式,由保险人提供风险转移工具给被保险人(或投保人),或者灾害一旦发生,由保险人补偿被保险人(或投保人)经济损失。

(4)风险保留

风险保留(risk retention)又称风险承担、自留风险。也就是说,如果灾害发生,灾害管理单位以当时可利用的资源进行救灾。其实,这一活动贯穿在其他抗灾救灾活动中,包括无计划自留风险和有计划自我保险。

无计划自留风险是指灾害损失发生后,调动现有资源进行救灾,即不是在灾害发生前作出救灾资源安排,这是一种被动风险管理方式,一般是灾害管理单位存在侥幸心理,或对潜在的损失程度估计不足从而暴露于风险中,这是一种非理性的风险管理方式。一般来说,无计划自留风险应当谨慎使用,因为,如果实际总损失远远大于预计损失,将引起资源调配困难,致使小灾酿成大灾,甚至于爆发"人祸"。

有计划自我保险是指经正确分析,认为潜在损失在承受范围之内,而且自己有计划地承担全部或部分风险,即在灾害损失发生前,通过作出各种计划安排,以确保灾害发生后能及时获得足够的资源用于抗灾救灾,这是一种理性地主动承担风险的管理方式。有计划自我保险主要通过建立灾害预留资金和贮备救灾物资的方式来实现。风险保留一般适用于对付发生概率小,且损失程度低的风险,对于大的灾害,可能需要动用区域的或国家甚至国际力量来救援。

6.3.3　灾害的风险控制绩效评价

在方案实施之后,需要对绩效进行评价,从而调整方案,修订风险控制计划和评价标准,通过实践来不断提高风险控制水平。绩效评价是对风险控制措施的科学性、适用性和效益进行检查、分析、评估。

风险管理绩效评价原则可以总结为全面性原则、客观性原则、效益性原则、发展性原则。全面性原则要求风险管理绩效评价指标要有综合性,能进行多层次、多角度的分析和评判;客观性原则要求风险管理绩效评价应该充分反映风险的特征,客观公正地评判风险管理的状况和成果;效益性原则要求风险管理绩效评价应该以风险管理的收益和效率为重点,真实反映风险管理的能力水平;发展性原则要求在客观评价风险管理成果的基础上,科学预测风险管理未来发展趋势。

(1)绩效评价内容

风险管理绩效评价主要内容包括风险管理的效果、风险管理措施的科学性、风险管理方式、风险管理水平和风险管理措施执行情况等。

(2)绩效评价程序

首先,制订风险管理绩效评价计划;其次,搜集整理风险管理有关资料,包括风险管理的技术资料和国家有关法律法规、技术标准,被评价单位基本资料,风险管理措施资料,风险管理措施实施后的有关资料等;再次,对被评价单位进行调查,获取现场风险管理资料;最后,编制风险管理绩效评价报告。

(3)绩效评价方法

绩效评价方法大体上分为定性评价和定量评价两类。在实际风险管理绩效评价工作中,常用方法有:

① 资料搜集法。资料搜集法是风险管理绩效评价的基础性工作,主要资料搜集方法有专家意见法、实地调查法、抽样调查法、专题调查法等。

② 过程评价法。对风险管理计划、决策到风险管理措施实施的各个环节,逐一进行评价。

③ 指标比对法。将风险管理措施实施前后的有关指标数据进行比对评价。

④ 因素分析法。对影响风险管理措施实施后的各项技术指标的因素进行分析与评价。

6.4　案　　例　≫≫≫

尽管有以上普遍适用的灾害风险评估方法,但是由于影响灾害风险的因素特别多,而灾害往往又具有突发性、不确定性等特点,因此,不同灾害的风险评估具体方法也是多种多样的。下面针对不同灾害的特点作具体分析。

6.4.1　火灾风险分析方法及案例

火灾风险为潜在火灾事件产生的后果及其发生的概率,是一种能够对人、财产或者环境造成潜在损害的化学或者物理状态。火灾风险的损失可分为直接损失和间接损失,包括人员伤亡、财产损坏及善后处理等。除此之外,火灾对社会稳定与自然环境也有重要的影响,这种影响难以用经济数值来描述。

6.4.1.1　火灾风险因素辨识

辨识导致火灾发生和蔓延的危险源对于防止火灾发生、控制火灾蔓延和评价火灾风险具有重要的意义。火灾风险辨识的主要内容包括可燃物和烟气及有毒、有害气体两个方面。

(1)可燃物

建筑内可燃物的存在是火灾发生的根本原因。可燃物可分为气相、液相和固相三种形态,它们与空气的混合难易程度不同,燃烧状况存在较大差别。辨识过程中可以使用建筑内的火灾荷载密度、建筑物内发生火灾后的热释放速率、可燃物起火后对环境的辐射热量等指标来评价建筑物内可燃物的等级。

(2)烟气及有毒、有害气体

火灾烟气是一种混合物,包括:

① 可燃物热解或燃烧产生的气相产物,如为燃气、水蒸气、CO_2、CO 及多种有毒或有腐蚀性的气体;

② 由于卷吸而进入的空气;

③ 多种微小的固体颗粒和液滴。

一般情况下,火灾中都会有大量的烟气,由于避光性、毒性和高温的影响,火灾烟气对人员构成的威胁最大。烟气的存在使得建筑内的能见度降低,延长了人员疏散时间,并不得不在高温并含有多种有毒物质的燃烧产物影响下停留较长时间。烟气对离着火点较远的地方也会有影响。火灾中85%以上的死者是死于烟气,大部分是吸入烟尘和有毒气体昏迷后致死的。

6.4.1.2　火灾风险分析方法

火灾风险评估方法的种类有很多,大体可分为定性分析方法、半定量分析方法和定量风险评估方法。

① 定性分析方法。该方法对分析对象的火灾危险状况进行系统、细致的检查,根据检查结果对其火灾危险性作出大致的评价。该法可以用于识别最危险的火灾事件,但难以给出火灾危险等级。

② 半定量分析方法。该方法将对象的危险状况表示为某种形式的分度值,从而区分出不同对象的火灾危险程度。该法通常用于确定可能发生的火灾的相对危险性,同时可以评估火灾发生频率和后果,并根据结果比较不同的方案。这种方法不像定量风险评估方法需要投入大量的资金和时间,具有快捷、简便的特点。其不足点在于,这种方法是按照特定火灾状况进行分级的,方法不具有普适性,而且评价结果与研究者知识水平、以往经验和历史数据积累以及应用具体情况有关。

③ 定量风险评估方法。该方法以系统发生事故的概率为基础,进而求出风险,以风险大小衡量系统的火灾安全程度,因此也称概率评价法。该方法需要依据大量数据资料和数学模型。因此,只有当用于火灾风险评估的数据量较充足时,才可采用定量评估方法进行火灾风险评估。定量评估法综合考虑建筑物发生火灾事故的概率以及火灾产生的后果,所得计算风险值可以直接与风险容忍度进行比较,也可以对不同建筑物或同一建筑物的不同区域或不同消防方案进行比较研究。

具体来说,针对不同的条件和火灾分析目标,世界各地的研究人员总结出了众多分析方法,见表6-2。

表 6-2　　　　　　　　　　　　　　　　火灾风险评估方法

类型	方法	应用领域及特点
定性	安全检查表	普通建筑火灾,简单但不准确,依赖于检查表制定的准确性
	预先危险分析	普通建筑火灾,对火灾危险性进行识别及对火灾出现条件和可能后果进行宏观分析
	Hazop、What-if 法	常用于化工业火灾分析
半定量	NFPA101M 火灾安全评估系统(FSES)	适用于建筑火灾,是一种动态决策方法,主要用于公共机构和其他居民区
	SIA81 法(Gretener 法)	主要用于评价大型建筑物可选方案的火灾风险
	火灾风险指数	可用于各类多层公共用房,可对火灾蔓延线路进行评估,且不需评估人员具备太多火灾安全理论
	古斯塔夫法	通过火灾对建筑本身的破坏和对内部人员和财产损失两方面综合分析评估
	等价社会成本指数法(the Equivalent Social Cost Index, ESCI)、致命事故等级法(fatal accident rate)、火灾-爆炸风险指数法等	适合工业火灾风险评估

续表

类型	方法	应用领域及特点
定量	建筑火灾安全工程法（BFSEM,L 曲线法）	可分析建筑内火焰蔓延信息,但不适合于生命安全评估,需要输入大量数据
	火灾风险与成本评估模型（FiRECAM TM）	主要通过推导预期生命风险和火灾耗费期望计算火灾损失
	事件树分析法(ETA)	能定性了解事件整个动态过程,且可定量计算各阶段概率,得到各种状态发生概率
	CESARE-Risk 法	主要用于量化建筑消防安全系统性能
	CrispⅡ	主要评估住宅人员生命安全,由人员伤亡给出相对风险

6.4.1.3　火灾风险分析及案例

据上文所述,针对不同的特点和环境,现采用事件树法对某建筑物内火灾风险进行分析。事件树分析是火灾损失场景最常用的风险评估技术,它可以将事件可能性、消防系统成功概率和火灾后果结合起来度量风险和风险减少效果。

基于事件树的风险分析一般包括以下 8 个步骤:项目目标分析、风险容忍度确认、损失场景设计与事件树构建、初始事件可能性、危害分析模型的建立、消防系统成功概率、风险估计以及与风险容忍度比较、对减小风险措施的成本效益分析。具体分析步骤如图 6-4 所示。下面简单介绍几个关键步骤的分析方法。

(1)构建事件树

① 确定火灾初始事件。

初始事件是构建火灾事件树场景时辨识的第一事件。这个事件可能是系统或设备失效、人员失误、物质自燃或外部事件,如地震、交通事故、人为纵火等,这些都可能形成火灾初始事件。辨识初始事件可以综合应用以下方法:场景辨识工作表、事故树分析、历史事件记录分析、企业数据和历史情况、危险评述和工程判断。

② 确定路径因素。

路径因素是初始事件后续发生的事件。建立事件树时,分析人员需要对影响火灾蔓延或限制初始事件的相关因素进行辨识。中间路径因素代表了条件状态和时效作用,在分析时需要用条件概率予以处理。主要的灾害发展或蔓延因素有燃料性质、火焰传播与二次引燃、通风作用、结构失效、应急操作响应。主要的消防系统因素有探测系统、应急控制系统、自动灭火系统、限制蔓延作用、人工灭火系统、空间限制。

③ 构建事件树分支逻辑。

事件树以初始事件开始,经历消防系统响应,显示了事故的时序发展过程,其输出即为火灾事故结果,尽管很多情况下事件几乎是同时发生的,但在分析时,消防系统的功能应按照顺序叙述。

构建事件树的第一步是输入初始事件和各级消防系统,包括初始事件发生的可能性、消防事件后果危害水平等。

初始事件发生可能性以频率表示(次/a),路径因素以条件概率(0~1)来表示。另外应注意,事件树结构有以下特点:事件树是由左至右;一般情况下,上分支表示系统成功,下分支表示失败;分支概率等于初始事件可能性与支线上各中间事件的条件概率相乘;事件树的不同分支得到不同的火灾事故结果;时间线为估计一定时间内消防系统成功概率和后果提供了参考系。

A 易燃液体泄露着火	B 探测系统成功	C 应急控制系统成功	D 自动扑救系统成功	E 消防员手动扑救成功	F 支线ID	支线概率	G 事故结果	建筑损坏	H 设备损坏	仓库损坏	I 停产误期	J 生命风险	K 总计等价货币	L 每年火灾风险/(美元/a)
			0.60 [D1]	0.95 [E1]	1	0.028	G1	1	1	1	1	1	5k	140
				0.05 [Ē1]	2	0.013	G2	1	2	2	2	0	10k	180
		0.60 [C1]	0.40 [D̄1]		3	0.0009	G3	3	3	3	3	0	1M	900
			0.20 [D2]	0.90 [E2]	4	0.004	G1	1	2	1	1	0	7k	28
	0.20 [B1]			0.10 [Ē2]	5	0.014	G2	2	2	2	2	0	25k	350
		0.60 [C̄1]	0.80 [D̄2]		6	0.0016	G3	3	4	3	3	1	2M	3200
			0.60 [D3]	0.20 [E3]	7	0.03	G1	1	2	1	1	0	7k	210
				0.80 [Ē3]	8	0.0004	G2	2	2	2	2	0	25k	100
		0.20 [C2]	0.40 [D̄3]		9	0.017	G3	3	3	3	3	3	2.5M	42500
	0.80 [B̄1]		0.20 [D4]	0.10 [E4]	10	0.04	G1	1	2	2	1	0	10k	400
		0.80 [C̄2]		0.90 [Ē4]	11	0.017	G2	2	2	2	2	0	25k	425
			0.80 [D̄4]		12	0.15	G4	4	5	4	4	4	6M	900000

成功吗？　是　否

0.33 次/a

F: 0.33

全年总风险/(美元/a)　948433

时间线/min：1-3　2-5　5-10　10-30

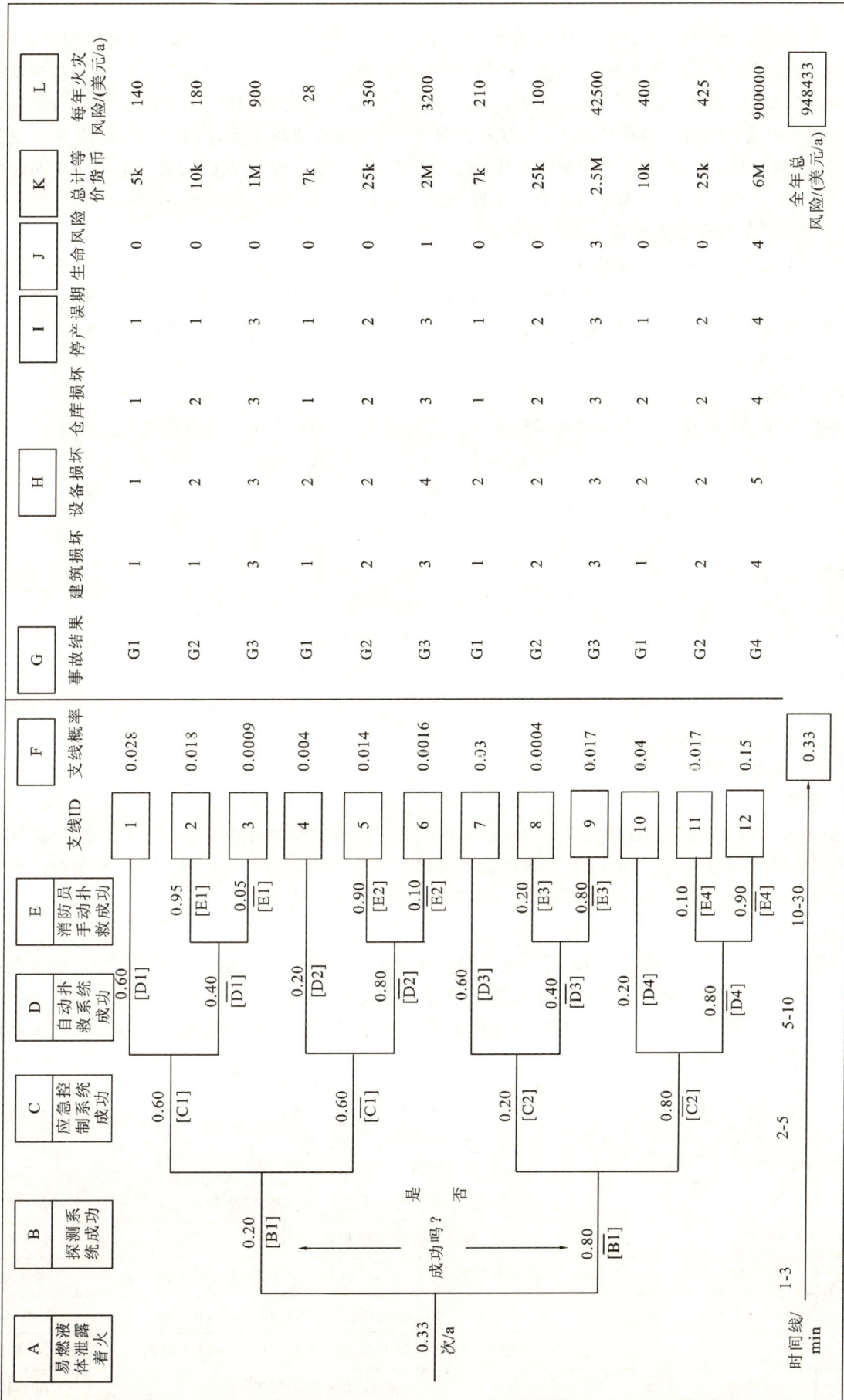

图6-4　火灾评估

④ 事件结果评估。

火灾风险事件树分支场景的后果有最好情形、最坏情形和其他可能情形,参考保险领域最初定义,作如下规定:最好的情况对应正常损失期望(NLE),它是指在所有的火灾探测和防护系统均正常工作并发挥其设计控制功能时的损失期望值水平;其他可能情形对应可能最大损失值(PML),它是指基本的火灾自动防护系统不在工作状态时的损失期望值水平,在这种情况下,应考虑被动防火手段(如防火墙)以及人工灭火能力的有效性;最坏场景对应最大预计损失(MFL),它是指自动和人工防火设施均处于不可用状态时的损失期望值水平,在这种情况下,只考虑被动防火手段和防火能力。

⑤ 确定并量化作用于目标的危害和后果。

要认识到火灾事故会有多种危害,包括财产损失,如建筑物、设备等破坏;运营中断,如因维修或更换设备所引起的营业、生产的延误;威胁人员安全,包括在火灾现场和在周围的人员;环境影响,包括对空气和土壤的破坏;其他危害,如强制罚款、公司形象等。各种危害的后果综合起来会构成很高的经济损失。

⑥ 分支概率量化。

⑦ 量化风险。

多个事件场景的风险应是所有场景的风险加和。与其他灾害类似,火灾风险的基本表达式为:

$$R = \sum_i (P_i \cdot C_i) \tag{6-22}$$

式中 P_i——表示单个火灾事件的发生概率;

C_i——表示该事件产生的预期后果。

(2)风险计算比较

① 支线概率[F]。

图 6-4 中给出的支线概率是初始时间[A]与从[B]→[E]消防系统的条件概率的乘积。如对支线1:

$$P_{ID-1} = [A] \times [B1] \times [C1] \times [D1] = 0.33 \times 0.20 \times 0.70 \times 0.60 = 0.028$$

$P_{ID-1} = 0.028$ 指在支线 1 的火灾场景出现的频率为 0.0028 次/a 或 1 次/35a。将事件树中所有支线概率相加和应等于初始事件概率 0.33。

② 总计等价货币值[K]。

a. 财产损失。

财产损失通常包括建筑物、设备及库存原料破坏的损失。根据建筑物和设备价值(当前价值)估计其折合价值和到最终使用寿命时的本身价值(未来价值),可以估算出平均价值。同时需要考虑有关财产价值的其他项目,包括建筑物维护设备(如通风、加热、电器等)的使用价值及储存物品价值。

b. 运营中断。

运营中断(BI)估算通常由延误天数、折合生产损失和每天生产损失金额构成。BI 估算中的变量包括正生产的产品、产品生产周期、产品利润等各项效益以及该产品应用在生产过程中耦合效益。表 6-3 中 100% BI 值对应于 BI 水平 6,作为初级评估,BI 值可以通过与平均生产耽误时间相乘给出。二级评估应包括依据工程项目要求注意的附加细节和分析。

表 6-3　　　　　　　　　　　　　业务中断等级和等效货币值举例(美国)

业务中断等级	停工范围/d	平均停工/d	一般定义	业务中断等效货币值
1. 轻微	0~1	0.5	设备局部微小损坏,不需要维修,但是要清洗和最短时间停工	0.5×BIV
2. 较轻	1~10	5	一些设备部件局部明显损坏,需要较短的生产停工期	5×BIV
3. 中等	10~30	20	众多设备部件明显的局部损坏,需要中等长度的停工期	20×BIV
4. 重要	30~90	60	主要设备严重损坏,需要维修和更新,且停工	60×BIV
5. 严重	90~270	180	大面积损坏导致大面积维修和主要设备停工更新	180×BIV
6. 最大值	270~365	318	主要设备大范围停工	100%BIV

c.人员风险。

人员风险包括火灾对操作者、雇员或现场人员的损伤水平、潜在的严重损伤或伤亡以及某些情况下现场意外公共场合的人员风险。对人员的生命赋值是一件困难且有很多争议的工作,目前还没有正式形成标准,但对消防工作有比较重要的意义。表6-4中提供了一定人员风险水平和响应的平均EMVs值。

表6-4　　　　　　　　　　　　　**人员风险等级和等效货币值举例(美国)**

	人员风险等级	生命安全等效货币值/美元
伤害	1.现场急救:1人(基本置于烟气中)	1000
	2.中等烧伤:1人(需要住院治疗)	10000
	3.严重烧伤:1~3人,需要住院治疗	100000
死亡	4.职员/现场承包人1人死亡	1000000
	5.现场:1~3人死亡	5000000
	6.场外死亡	20000000

③ 年度总风险[L]。

年度总风险是对事件树中所有支线时间风险水平估算的总概括。由图6-4数据,可以得到以损失预期值划定的分组事件,见表6-5。表6-5中的可能性和后果是从图6-4中的[F]和[K]栏累计而来的,最后一栏是汇总年度风险分布的相对百分数。

表6-5　　　　　　　　　　　　　　　　**损失预期划分**

多场景	损失期望定义	可能性/(次/a)	后果/美元 EMV	占全年度总风险的比例/%
G1-自动喷淋成功	NLE	0.102	29000	0.20
G2-喷淋系统不成功/消防队成功	PML	0.053	850000	0.25
G3-喷淋/消防不成功,消防队抑制火灾延误60 min	PML	0.0195	5500000	6
G4-不可控制火灾,假定火灾持续2 h	MFL	0.15	6000000	93.55

该表表明G4(不可控制的火灾)对全年度风险贡献量占93.55%,是人们最不希望的情形,所以必须降低风险,这是由于初发事件出现的频率和消防系统失效概率偏高。

6.4.2　地震灾害风险分析及案例

6.4.2.1　地震灾害风险分析主要要素

影响地震灾害对人类社会的影响因素有多个方面,对其分析也是在风险辨识和估计过程中的重要组成部分,以下对主要指标作简单介绍。

(1)危险性

地震危险性分为直接危险性和次生危险性。

地震直接危险性是指某一场地在一定时期内可能遭受到地震作用的大小和频次。这一指标有个很重要的特点:它不是人为或者社会原因所引起的,并且在现阶段一般无法通过人为的努力来改变其危险性的大小。一般而言,地震危险性评估指标从地震的强度和频率两个方面去评判,其中地震强度由地震动参数和断层指数两个指标衡量,地震频度由地震活动平静指数指标衡量。

地震间接危险性是指地震发生后造成的自然以及社会原有状态的破坏,主要包括水灾、火灾、山体滑坡、放射性物质扩散等。

(2)暴露性

因为地震灾害主要造成经济损失和人员伤亡,经济损失主要体现为建筑物的倒塌与损坏,因此暴露性指标主要从人口和建筑物两个方面来考虑。人口暴露性是指在致灾因子发生地的人口数量与密集度,衡量的指标主要有人口密度和人口年平均增长率;建筑物暴露性是指致灾因子发生地的建筑物数量和密集程度,衡量的指标主要有每平方公里内的建筑物面积和最近 5 年的年均增长率。

(3)脆弱性

脆弱性是指人类社会在面对地震灾害时的承受能力,主要从人口、建筑物和经济这三个方面来衡量。人口脆弱性是指人们在面对地震灾害时的承受能力,衡量的指标主要有老年抚养比和少年儿童抚养比,一般需要照顾的老人和儿童相对劳动人口的比率越大,对地震灾害的抵抗能力越弱;建筑物脆弱性是指建筑物在面对地震灾害时的承受能力,衡量的指标主要有居民用地比率、公共设施用地比率和工业用地比率;经济脆弱性是指地区经济在面对地震灾害时的承受能力,衡量的指标主要有最近 5 年的人均 GDP 增长率和失业率。

(4)抗震救灾能力

抗震救灾能力是指人们对地震灾害的应对能力,主要反映震后是否能及时得到外界救助,以及能否减少震后次生灾害,主要包括自救资源和流通性这两个指标。

6.4.2.2 地震灾害风险分析方法

地震灾害风险是指未来若干年内地震可能达到的灾害程度以及发生的可能性。地震灾害风险分析就是通过研究造成地震灾害的影响因素来评价灾害程度以及发生的可能性,并且计算出一个风险指数来比较区分各个地区的地震灾害风险大小。应用风险指数并不就某个地点发生地震的可能性等作具体分析,而是在一个全球尺度的、空间分辨率到一个国家、地区的层面上,研究灾害危险性、人类脆弱性的评价指标体系,主要侧重于研究国家发展与灾害风险的关系。地震灾害风险指数法是在灾害风险指数系统的基础上,研究区域地震灾害风险的一种方法。

应用指数法对风险进行评价需要确定影响因素的权重,权重是一个相对的概念,是针对某一指标而言的。某一指标的权重是指该指标在整体评价中的相对重要程度。确定权重的方法可以分为客观赋权法和主观赋权法两大类,见表 6-6。

表 6-6   地震灾害分析方法

类型	方法	特点和应用
客观赋权法	熵权法	根据样本数据自身的信息特征作出的权重判断,较准确但应用限制较多
	离差最大法	较准确,但受调研基础数据影响较大
	模糊聚类分析法	适用于样本模糊数据的相似性对重要程度进行分类,但只能给出指标分类的权重,而不能确定单项指标的权重
	主成分分析法	主要用于多变量数据表进行最佳综合简化,需要大量原始数据
主观赋权法	主观判断法	基于实践经验和主观判断,准确性低,用于简单权重分析
	专家咨询法	由专家评判出指标权重,通过归纳、综合得出结果,直接、可靠,但存在主观性且耗时较长
	层次分析法	定性与定量分析相结合的多目标决策分析方法,较客观,但随数据增多易出现不一致

本节通过结合案例,将综合应用专家咨询法和层次分析法对该方法进行介绍。

6.4.2.3 地震灾害风险案例

本案例结合陕西省关中地区的实际情况,以关中地区 5 个市为例,利用灾害指数法建立评价指标体系,从而比较各区域相对地震风险大小,并在不同震级情况下根据地震风险大小预测地震灾害经济损失,从而为城市制订防震减灾规划提出依据。为数据采集方便,仅以西安、铜川、宝鸡、咸阳、渭南五个市为研究对象,建立综合评价指标体系,综合比较各区域的相对地震灾害风险大小。

关中地区地处我国第二大地震带华北地震带,主要活动断裂有:东西向断裂(秦岭纬向构造体系),遍及盆地各地;北东—北北东向断裂(新华夏系),主要分布于盆地的东部;北东东向断裂(祁吕系),分布于盆地北侧;北西向断裂(含陇西系),主要分布在盆地西部陇宝地区及中部的西安附近。此外,也有一些南北向断裂。具体如图6-5所示。

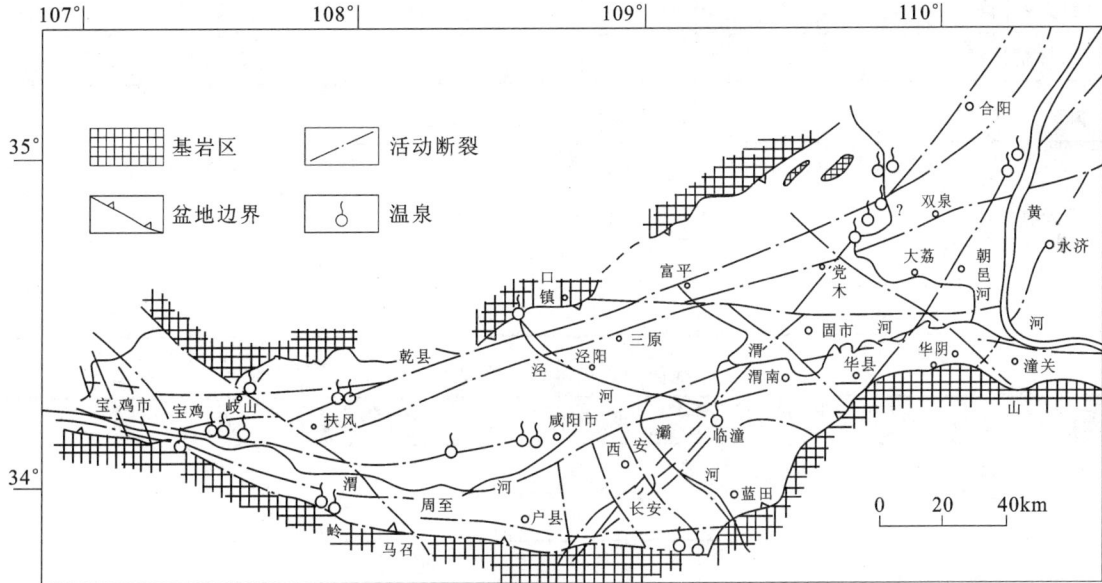

图 6-5 关中地区活动断裂分布图

分析中所用数据大部分可在《陕西年鉴》和《陕西省统计年鉴》中及相关统计资料中获得。

(1)评价指标

① 危险性。

直接危险性的各指标见表 6 7~表 6-9(各数值为标准化后的结果)。

表 6-7 关中地区地震强度指标

指标区域	西安市	铜川市	宝鸡市	咸阳市	渭南市
地震动参数	0.93	0.85	1	0.87	0.90
断层指数	1	0.78	0.86	0.83	0.88
地震活动评价指数的倒数	0.79	0.58	0.47	0.05	1

表 6-8 关中地区次生危险性指标

指标区域	西安市	铜川市	宝鸡市	咸阳市	渭南市
次生水灾危险指数	0.93	0.85	0.97	0.87	1
次生火灾危险指数	1	0.72	0.57	0.39	0.35
滑坡危险指数	0.68	0.84	0.76	0.53	1

表 6-9 暴露性指标

指标区域	西安市	铜川市	宝鸡市	咸阳市	渭南市
人口密度	1	0.26	0.25	0.58	0.50
人口平均增长率	1	0.92	0.92	0.98	0.98
每平方公里内的建筑物面积	1	0.11	0.19	0.34	0.09
最近 5 年的平均增长率	1	0.76	0.93	0.85	0.77

② 脆弱性指标。

脆弱性的各指标见表 6-10～表 6-12(各数值为标准化后的结果)。

表 6-10 关中地区地震人口脆弱性指标

指标区域	西安市	铜川市	宝鸡市	咸阳市	渭南市
老年抚养比	1	0.86	0.94	0.78	0.81
男女性别比率	1	0.89	0.74	0.83	0.71

表 6-11 关中地区地震建筑物脆弱性指标

指标区域	西安市	铜川市	宝鸡市	咸阳市	渭南市
居民用地比率	0.65	0.40	0.43	0.88	1
公共设施用地比率	1	0.53	0.79	0.81	0.69
工业用地比率	1	0.62	0.89	0.82	0.69

表 6-12 关中地区地震经济状况脆弱性指标

指标区域	西安市	铜川市	宝鸡市	咸阳市	渭南市
最近 5 年 GDP 增长率	0.68	1	0.87	0.88	0.81
失业率	0.90	0.95	0.99	0.99	1

③ 抗震救灾能力指标。

抗震救灾能力的各指标见表 6-13、表 6-14(各数值为标准化后的结果)。

表 6-13 关中地区地震自救资源指标

指标区域	西安市	铜川市	宝鸡市	咸阳市	渭南市
人均收入	1	0.80	0.76	0.79	0.71
每千人拥有医生数	1	0.79	0.71	0.66	0.46
万人病床数	0.84	1	0.77	0.70	0.48

表 6-14 关中地区地震自救资源指标

指标区域	西安市	铜川市	宝鸡市	咸阳市	渭南市
人均绿地面积	0.63	0.61	1	0.76	0.61
每平方公里道路公里数	0.71	0.48	0.79	0.51	1
每平方公里河流桥梁数	1	0.45	0.08	0.09	0.01

(2)指标权重的确定

① 构造层次分析结构。

运用层次分析法进行系统分析,首先要将包含的因素分组,每一组作为一个层次,按照最高层、若干有关的中间层和最底层的形式排列起来。一般而言,建立问题的层次结构模型是层次分析法中最重要的一步,把复杂的问题分解成为元素的各个组成部分,并按元素的相互关系及其隶属关系形成不同的层次,同一层次的元素作准则对下一层次的元素起支配作用,同时它又受上一层次元素的支配。最高层次只有一个元素,它表示决策者所要达到的目标;中间层次一般为准则、子准则,表示衡量是否达到目标的判断准则;最低一层表示要选用的解决问题的元素,它并不支配下一层次的所有元素。即除目标层外,每个元素至少受上一层一个元素支配;除方案层外,每个元素至少支配下一层一个元素。层次数与问题的复杂程度和需要分析的详尽程度有关。每一个层次中的元素一般不超过 9 个,因同一个层次中包含数目过多的元素会给权重比较判断带来困难。

对于案例而言,第一层为判断地震危险性、承灾体暴露性、脆弱性、抗震救灾能力四个因素对城市地震灾害风险指数的影响权重,第二层为判断地震危险性、承灾体暴露性、脆弱性、抗震救灾能力四个因素下各指标分别对这四个因素的影响权重。其层次列表可参考表 6-15。

表 6-15   两两比较判断矩阵

	危险性指标	暴露性指标	脆弱性指标	抗灾指标
危险性指标	1	3	3	5
暴露性指标	1/3	1	1	3
脆弱性指标	1/3	1	1	3
抗灾指标	1/5	1/3	1/3	1

② 构造判断矩阵。

建立层次分析模型之后,就可以在各层元素中进行两两比较,构造出比较判断矩阵。层次分析法主要是人们对每一层次中各因素相对重要性给出的判断,这些判断通过引入合适的标度用数值表示出来,写成判断矩阵。判断矩阵表示针对上一层次因素,本层次与之有关因素之间相对重要性的比较。判断矩阵式层次分析法的基本信息,也是相对重要度计算的重要依据。

在层次分析法中,为了使决策判定量化,形成上述数值判断矩阵,常根据一定的比例标度来判断定量化。常用的定量方法为 1~9 标度法,见表 6-16。

表 6-16   判断矩阵标度及其含义

序号	重要性等级	C_{ij} 赋值
1	ij 两元素同等重要	1
2	i 元素比 j 元素稍重要	3
3	i 元素比 j 元素明显重要	5
4	i 元素比 j 元素强烈重要	7
5	i 元素比 j 元素极端重要	9
6	i 元素比 j 元素稍不重要	1/3
7	i 元素比 j 元素明显不重要	1/5
8	i 元素比 j 元素强烈不重要	1/7
9	i 元素比 j 元素极端不重要	1/9

建立两两比较判断矩阵的方法以下面的例子来介绍。地震灾害风险这一层次下的影响因素包括危险性、暴露性、脆弱性和抗灾能力四个指标,参考表 6-15,脆弱性和暴露性指标同等重要,相对权重为 1;危险性较抗灾指标明显重要,则相对权重为 5,以此类推。

根据上述介绍,按照本文构建的指标体系分层次编制调查问卷,匿名向专家发放,并附上判断矩阵标度,要求专家根据判断矩阵标度和自己的专业知识打分。判断矩阵标度仅为参考值,专家可根据自己的判断给出标度值或其他值。

③ 矩阵的一致性检验。

所谓判断思维的一致性,是指专家在判断指标重要性时,各判断之间协调一致,不致出现相互矛盾的结果。在多阶判断的条件下出现不一致,极容易发生,只不过在不同条件下不一致的程度是有所差别的。通常,检验一致性是结合排序步骤进行,根据判断矩阵特征根计算得出的。

④ 权重的确定。

获得判断矩阵后,根据判断矩阵计算权重。具体方法为:将判断矩阵每一列正规化后按行相加,并对得出向量正规化,所得向量 $\overline{W} = [\overline{W_1}, \cdots, \overline{W_n}]^T$ 即为所求特征向量,也就是相对应因素权重。

(3)风险指标计算

根据以上介绍的层级分析法的基本程序,对关中地区各个市的地震风险作相关分析。

① 地震灾害风险指标权重的确定。

影响地震灾害风险指数的直接指标为地震危险性、承灾体暴露性和脆弱性、抗震救灾能力这四个,首先运用专家-层析分析法确定这四个指标的权重。按照第4章介绍的专家-层析分析法计算步骤,通过问卷发放、结果收集、一致性检验,最后得到判断矩阵如下:

$$\boldsymbol{W}_{\mathrm{CI}} = \begin{bmatrix} 1 & 3 & 3 & 5 \\ 1/3 & 1 & 1 & 3 \\ 1/3 & 1 & 1 & 3 \\ 1/5 & 1/3 & 1/3 & 1 \end{bmatrix}$$

权重为:

$$\boldsymbol{W}_{\mathrm{CI}} = [0.5433, 0.1976, 0.1741, 0.0821]^{\mathrm{T}}$$

② 危险性指标权重的确定。

危险性两个指标的判断矩阵如下:

$$\boldsymbol{W}_{\mathrm{H}} = \begin{bmatrix} 1 & 2 \\ 1/2 & 1 \end{bmatrix}$$

权重为:

$$\boldsymbol{W}_{\mathrm{H}} = [0.667, 0.333]^{\mathrm{T}}$$

直接危险性下两个指标的判断矩阵如下:

$$\boldsymbol{W}_{\mathrm{H1}} = \begin{bmatrix} 1 & 1.5 & 2 \\ 1/1.5 & 1 & 1.2 \\ 1/2 & 1/1.2 & 1 \end{bmatrix}$$

权重为:

$$\boldsymbol{W}_{\mathrm{H1}} = [0.46, 0.30, 0.24]^{\mathrm{T}}$$

次生危险性下3个指标的判断矩阵如下:

$$\boldsymbol{W}_{\mathrm{H2}} = \begin{bmatrix} 1 & 1/2 & 1/1.5 \\ 2 & 1 & 1.2 \\ 1.5 & 1/1.2 & 1 \end{bmatrix}$$

权重为:

$$\boldsymbol{W}_{\mathrm{H1}} = [0.46, 0.30, 0.24]^{\mathrm{T}}$$

暴露性、脆弱性和抗震救灾能力指标计算同上所述。综上可知,城市地震灾害风险评价指标权重见表6-17。

表 6-17 城市地震灾害风险评价指标权重

因子层	副因子层	指标层	权重
危险性(A) 0.5433	直接危险性 0.667	地震动参数 0.460	0.1667
		断层指标 0.300	0.1089
		地震活动平静指数 0.240	0.0870
	次生危险性 0.333	次生水灾危险指数 0.319	0.0577
		次生火灾危险指数 0.460	0.0832
		滑坡危险指数 0.221	0.0340

续表

因子层	副因子层	指标层	权重
暴露性(E) 0.1976	人口 0.600	人口密度 0.500	0.0593
		人口平均年增长率 0.500	0.0593
	建筑物 0.400	每平方千米内的建筑物面积 0.500	0.0395
		最近 5 年的年均增长率 0.500	0.0395
脆弱性(V) 0.1741	人口 0.319	老年抚养比 0.600	0.0333
		少年儿童抚养比 0.400	0.0222
	建筑物 0.460	居民用地比率 0.233	0.0187
		公共设施用地比率 0.336	0.0269
		工业用地比率 0.476	0.0381
	经济状况 0.211	最近 5 年人均 GDP 增长率 0.500	0.0184
		失业率 0.500	0.0184
抗震救灾能力(C) 0.0821	自救资源 0.400	人均收入 0.199	0.0065
		每千人拥有医生数 0.454	0.0149
		万人病床数 0.347	0.0114
	流通性 0.600	人均绿地面积 0.500	0.0246
		每平方千米道路面积 0.250	0.0123
		每平方千米河流桥梁数 0.250	0.0123

(4)城市地震灾害风险指数计算

根据评价指标的量化值(表 6-7～表 6-14)和指标权重(表 6-17)的确定,利用城市地震灾害风险评价模型计算关中地区五个市的城市地震灾害风险指数,计算结果见表 6-18。

表 6-18　　　　　　　　　　　　　　　关中地区城市地震灾害风险指数

城市	西安	铜川	宝鸡	咸阳	渭南
地震灾害风险指数	0.233	0.102	0.116	0.144	0.174

城市地震灾害风险指数是对评价一个城市的地震灾害总风险,并不能看出每个因素对地震灾害风险的影响,因此本文集中分析了每个城市组成风险的危险性、暴露性、脆弱性和防震减灾能力这些单一因子,分析结果如图 6-6 所示。

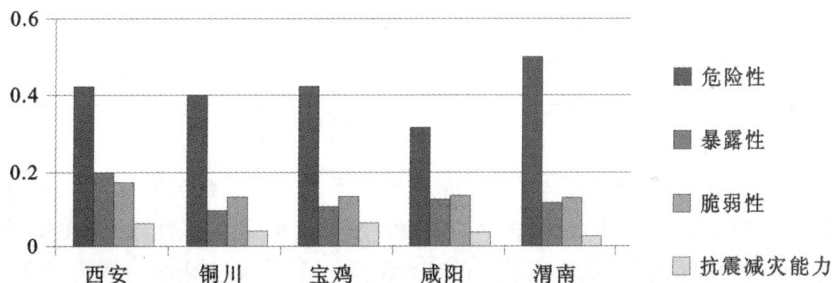

图 6-6　关中地区风险因子分析结果图

(5)评价结果分析

根据表 6-18,西安地震灾害风险最大,渭南次之,咸阳和宝鸡居中,铜川的地震灾害风险最小。再分析图 6-6,可知关中地区五个市中,危险性最高的是渭南,危险性最小的是咸阳;暴露性最高的是西安,暴露性最小的是铜川;脆弱性最大的是西安,脆弱性最小的是铜川;抗震减灾能力最强的是西安和宝鸡,最弱的是渭南。根据评价结果可知,西安地震灾害风险最大的原因是其承灾体暴露性和脆弱性都为最大,虽然抗震减灾能力最强,但是无法消减因为承灾体暴露性和脆弱性最大所带来的风险,因此,西安在加强抗震减灾能力的基础上,更应该减小承灾体的暴露性和脆弱性,例如在人员密集地修建广场、使建筑物达到抗震设防烈度等。渭南是地震危险性最高的城市,但是其抗震减灾能力却最弱,应更注重于增加其抗震减灾能力。

6.4.3 地质灾害风险分析及案例

6.4.3.1 地质灾害风险分析因素

地质灾害风险评估是通过对历史地质灾害活动程度以及对地质灾害各种活动条件的综合分析,评价地质灾害活动的危险程度,确定地质灾害活动的密度、强度(规模)、发生概率(发展速率)以及可能造成的危害区的位置、范围,主要包括危险性和易损性两个方面内容。

(1)危险性

地质灾害危险性评估的首要任务是研究评估区内各种的地质灾害发生的概率、强度和频率,地质灾害发生的时空可能性;对已发生地质灾害的规模、发生的可能性进行评估;对潜在滑坡灾害的形成条件,如地形地貌、岩性、构造、气象水文、人类工程经济活动等进行评估,确定危险区,并进行危险性区划。具体项目见表 6-19。

表 6-19 地质灾害危险性评估指标

评估方面 (目标层)	评估因素 (分析层)	评估指标 (基础层)
历史灾害程度	灾害分布密度	灾害点数/平方千米
	灾害活动频次	灾害活动频次
	灾害规模	灾害活动强度
孕育环境 (潜在危险性)	地质条件	坡地岩土性质、地质构造(活动断裂密度)、地震烈度
	地形地貌	地貌类型,地形起伏度大于25°斜坡面积、耕地面积、沟谷密度
	水文	河流经流量、地下水位变幅
	植被覆盖	植被覆盖率
致灾因子	人类活动	道路开挖、水利工程、矿山开挖、城镇建设、工程开挖堆积面积、弃土弃渣体积
	气象	平均降雨量、降雨强度、暴雨日数
	地震	地震烈度

(2)易损性

易损性评估通过对评价区内各类受灾体数量、价值和对不同种类、不同强度地质灾害的抗御能力进行综合分析,以及防治工程、减灾能力分析,综合两方面因素,评价承灾区易损性,确定可能遭受地质灾害危害的人口、工程、财产以及国土资源的数量(或密度)及其破坏损失率。通过对评估区内各类承灾体的数量、价值和对不同种类、不同强度地质灾害的抗御能力进行综合分析,对防灾和减灾进行分析,来综合评估承灾区地质灾害的易损性(表 6-20)。

表 6-20   地质灾害易损性评估指标

评估方面	评估因素 （分析层）	评估指标 （基础层）
历史灾情	受灾人口	伤亡人数、成灾人数、无家可归人数
	受灾范围	成灾面积、灾害破坏耕地面积、粮食破坏面积
	直接经济损失	破坏公共设施、破坏资源、企业资产损失、居民财产损失、倒塌房屋、停减产损失、产业关联损失
	间接经济损失	救灾物资、救灾人员、伤病人员抢救、提供的医疗设备、灾后流行病控制、生产自救、基础设施与生命线工程恢复等
承灾水平	人口承载力	人口密度、人口构成（老人、儿童）教育水平、贫困程度
	物质承载力	建筑物（密度和结构）、生命线工程（公路铁路、能源输送管道长度密度）、基础设施、工业基础资产
	资源环境承灾力	不同土地类型基准价
防灾水平	预测预报	灾害监测面积和检测手段及投入
	减灾工程	灾害治理面积及投入
	经济水平	GDP，居民收入，国内生产总值，第一、二、三产业产值，科技发展水平
	社会水平	保险投入、医疗水平（医院和医护人员数目、医疗设施、床位数）
	防灾意识	政府防灾教育宣传投入

灾害风险区划是建立在灾害危险度区划和易损度区划基础之上，简单而言，地质灾害风险可由下式表示：

$$风险＝危险性×易损性$$

两者都是地质灾害不可或缺的两部分，只有当它们同时存在时才会导致风险及损失的发生，两者关系如图 6-7 所示。

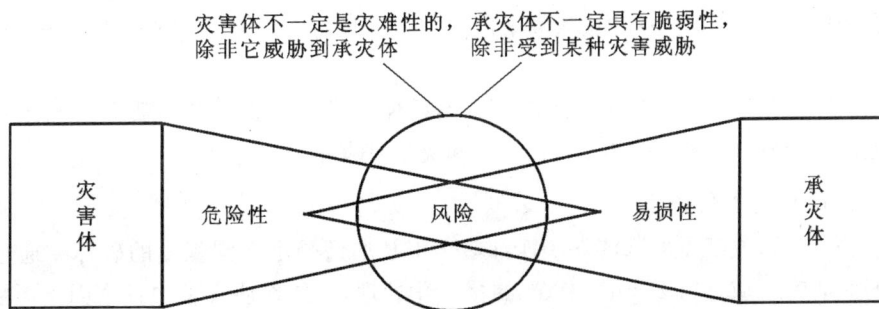

图 6-7 危险性与易损性关系

6.4.3.2　地质灾害风险分析方法

(1)基于数学模型分析方法

地质灾害风险评价是对一个复杂系统的定量化分析过程,所采用的方法属于多层次分级聚类分析,见表 6-21。其数学模型主要包括模糊聚类综合评价、灰色聚类综合评价、物元模型综合评价以及积分值法、W值法等,整个系统分析则常采用层次分析法。

表 6-21　　　　　　　　　　　　　　多层次分级聚类分析方法

方法	应用步骤
模糊聚类综合评价	根据地质灾害风险构成,建立因素集、综合评价集和权重集,确定隶属函数,得到综合评价结果,并进行解释分析
灰色聚类综合评价	确定聚类白化数和白化函数,标定聚类权,求聚类系数,构造类向量,求解聚类灰数
物元模型综合评价	确定物元组合,分析评价对象对于综合评价等级的关联度,评定综合等级
层次分析法(AHP法)	对一个包括多方面因子而又难以准确量化的复杂系统进行分析的方法

地质灾害风险分析一般应用上述方法进行分级分类分析,确定参数权重计算灾害风险,本节不详加叙述,可参考上节专家评判-层次分析法案例。

(2)结合 GIS 技术地质灾害风险分析

GIS(Geographical Information System)即地理信息系统,是集地理、测绘、遥感和信息技术于一体,采用计算机对地理空间数据进行获取、管理、存储、显示、分析和模型化,以解决与空间位置有关的规划管理问题。由于近年计算机软硬件技术的发展,GIS 系统应用到地质灾害管理的各个方面,对地质灾害风险分析也能作出巨大共享,一般都是采用 GIS 信息系统结合一定的数学方法作分析。

GIS 的空间数据管理能力和强大的空间数据分析能力,将其作为地质灾害危险性评价的分析工具,来加速地质灾害危险性评价的过程,提高危险性评价的精度;GIS 独特的空间分析功能和超强的数据分析能力使得在地质灾害危险性评价过程中又衍生出一些只有 GIS 才能完成的评价方法。

在一般应用中,将数学模型与 GIS 系统相结合,进行地质灾害风险分析。由于地质灾害风险评估系统,具有多要素、多层次和分布式网络结构的特点,基于地质灾害风险评估方法研究的结论,设计地质灾害风险快速评估系统的结构主要包括以下三层。

① 基础信息子系统。其主要包括与地质灾害评估有关的基础数据,如土地利用,滑坡、泥石流灾害分布,岩土类型,地质构造,地震烈度,降雨分布等数据,以及各种比例尺的地理底图的地形要素,统一投影和坐标系统,为所有专题图层提供统一的空间定位基础。

② 专题信息子系统。其主要为各种与地质灾害相关的孕灾环境和致灾因子,包括坡度、坡向、相对高差、地质岩性、断裂密度、河网密度、地震烈度、降雨以及灾点密度等。为进一步进行灾害的危险性评估奠定基础。

③ 目标层-地质灾害危险性评价系统。其是建立该系统的目的。通过基础数据层和专题信息层,最后获取的目标层对灾区地质灾害的综合减灾规划、管理和决策具有重要的意义。

6.4.3.3　地质灾害风险分析案例

"5·12"大地震发生后,成都市的都江堰等西部 5 个市县均遭受了不同程度的破坏。通过 GIS 技术,利用贡献率叠加模型对研究区域进行 3 km×3 km 的格式化处理,叠加地质灾害中各个因子图层,得出危险性等级区划图。再通过对承灾体的调查确定承灾对象,对承灾体进行易损度等级划分图。最后将危险度与易损度进行叠加得到风险区划等级划分图。风险区划图不仅有利于对地质灾害风险进行管理,而且能为灾后重建整体规划提供直接的参考依据。总体流程如图 6-8 所示。

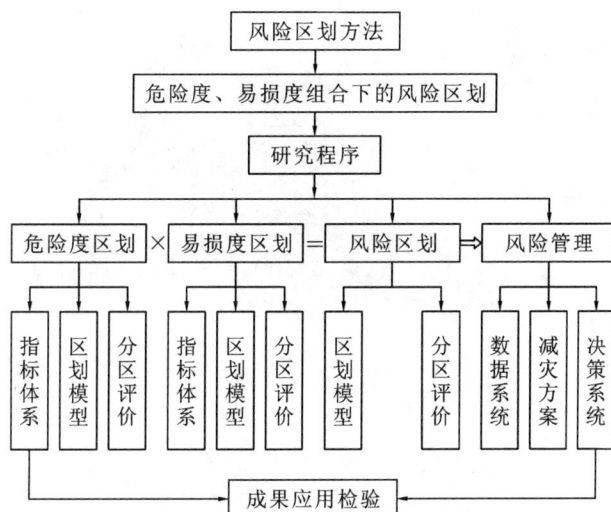

图 6-8 地质风险区划方法

(1)危险性区划分

根据搜集到的地质灾害(主要是滑坡)的资料,得到影响地质灾害的 5 个最关键因素为:地层、坡度、坡形、高差和坡向。通过 1∶50000 数字化地形图构建 DEM,生成坡度、高程、坡向、坡形等地形要素信息;地层信息由 1∶200000 地质及构造图获得。将以上因子图层按贡献权重叠加模型进行滑坡危险度区划。评价模型为将自权重和互权重乘以归一化的指标值,便得到易损性区划的结果:

$$H = \sum_{i=1}^{5} W_1 W_1' S_{ij} \tag{6-23}$$

式中　　H——危险度;

　　　　W_1——自权重;

　　　　W_1'——互权重;

　　　　S_{ij}——贡献指数。

危险度权重值见表 6-22。

表 6-22　　　　　　　　　　　　　　危险度权重表

因子	岩性	高程	坡度	坡向	密度
互权重	0.197	0.201	0.167	0.186	0.249
自权重	0.625	0.637	0.529	0.589	0.790
	0.329	0.283	0.335	0.326	0.190
	0.046	0.080	0.136	0.085	0.020

采用上式在 ArcGIS 内按 3 km×3 km 栅格完成运算后,得到 1∶50000 危险度分区图,如图 6-9 所示。

(2)易损度区划

根据调查,成都市灾区受地质灾害影响的区域内,承灾体易损性主要由人口、道路、林地、建筑和耕地 5 项因素影响。评价模型为将自权重和互权重乘以归一化的指标值,便得到易损性区划的结果:

$$V = \sum_{i=1}^{5} W_1 W_1' S_{ij} \tag{6-24}$$

式中　　V——易损度;

　　　　W_1——自权重;

　　　　W_1'——互权重;

　　　　S_{ij}——贡献指数。

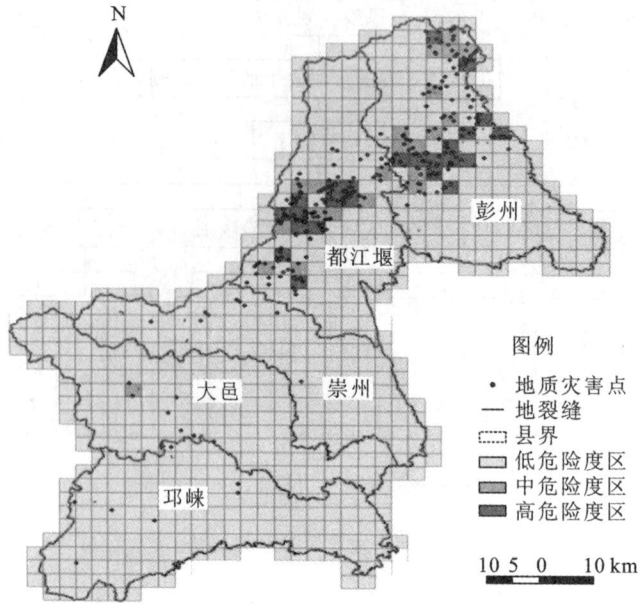

图 6-9 危险度分区图

易损度权重值见表 6-23。

表 6-23 易损度权重分配

指标	人口	道路	林地	建筑	耕地
互权重	0.226	0.256	0.197	0.117	0.204
自权重	0.457	0.374	0.297	0.551	0.502
	0.206	0	0.206	0	0.190
	0.336	0.626	0.497	0.449	0.308

采用上式在 ArcGIS 完成运算后,得到图 6-10 易损度分区图、图 6-11 地质灾害风险分布图。

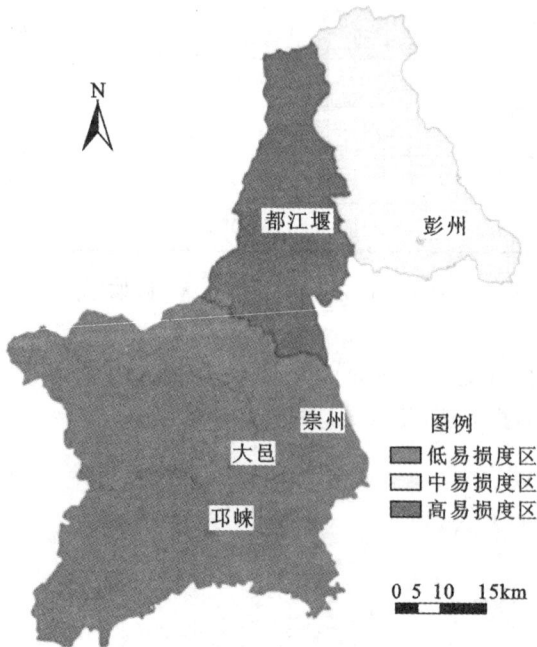

图 6-10 易损度分区图

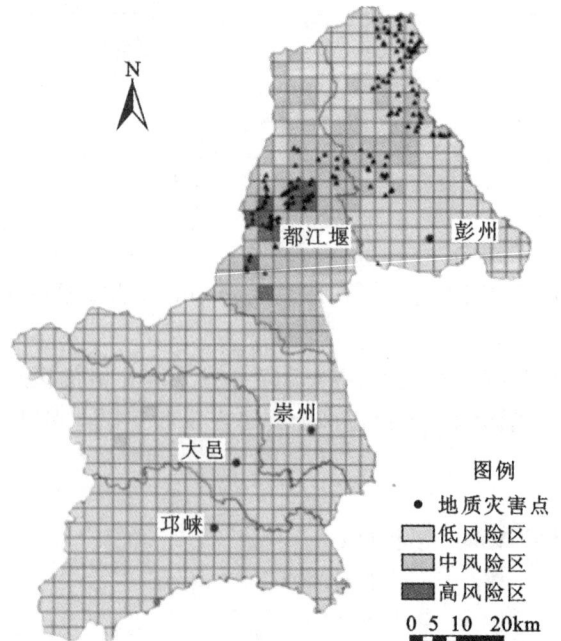

图 6-11 风险分布图

通过对成都市地震灾害危险度风险管理得综合评估结果表明：都江堰市、彭州市为成都市地震灾害的风险发生较多得地区，而邛崃市、崇州市、大邑县震后地质灾害风险较小。这不仅为成都市的防灾、减灾规划提供了科学依据，还为今后成都市的经济发展及整体规划提供直接的参考依据。

采用贡献权重叠加法和 GIS 技术，能够定量求解灾害风险因素对灾害体发育影响的作用，弥补定性评价的不足，使研究成果的可靠性、量化程度得以提高。该方法简单、统计方便、结果直观，具有应用价值。

参考文献

[1] 周云.防灾减灾工程学.北京:中国建筑工业出版社,2007.

[2] 陈津生.建设工程保险实务与风险管理.北京:中国建材工业出版社,2008.

[3] 范维澄.火灾风险评估方法学.北京:科学出版社,2004.

[4] 张雪峰.区域性山地环境的地质灾害风险评价研究.成都:成都理工大学,2011.

[5] 陈国华.风险工程学.北京:国防工业出版社,2007.

[6] 徐志胜.防灾减灾工程学.北京:机械工业出版社,2005.

[7] 黄崇福.自然灾害风险分析与管理.北京:科学出版社,2012.